材料科学经典著作选译

TOUSHE DIANZI XIANWEIXUE 第二版

透射电子显微学 上册
Transmission Electron Microscopy

David B. Williams　C. Barry Carter　著

李建奇　等　译

高等教育出版社·北京

图字：01-2014-7332 号

Translation from the English language edition：

Transmission Electron Microscopy by David B. Williams and C. Barry Carter

Copyright © Springer Science+Business Media，LLC 1996，2009

All Rights Reserved

图书在版编目(CIP)数据

透射电子显微学：第2版. 上册 /（美）威廉斯（Williams，D. B.），（美）卡特（Carter, C. B.）著；李建奇等译. -- 北京：高等教育出版社，2015.12

（材料科学经典著作选译）

书名原文：Transmission Electron Microscopy

ISBN 978-7-04-043150-6

Ⅰ.①透… Ⅱ.①威… ②卡… ③李… Ⅲ.①透射电子显微术-高等学校-教材 Ⅳ.①O766

中国版本图书馆 CIP 数据核字(2015)第 136772 号

策划编辑	刘占伟 刘剑波	责任编辑	刘占伟	封面设计	杨立新	版式设计	范晓红
插图绘制	杜晓丹	责任校对	刘春萍	责任印制	韩 刚		

出版发行	高等教育出版社	咨询电话	400-810-0598
社　　址	北京市西城区德外大街4号	网　　址	http://www.hep.edu.cn
邮政编码	100120		http://www.hep.com.cn
印　　刷	北京汇林印务有限公司	网上订购	http://www.landraco.com
开　　本	787mm×1092mm 1/16		http://www.landraco.com.cn
印　　张	42.5		
字　　数	760 千字	版　　次	2015 年12月第1版
插　　页	6	印　　次	2015 年12月第1次印刷
购书热线	010-58581118	定　　价	109.00 元

本书如有缺页、倒页、脱页等质量问题，请到所购图书销售部门联系调换

版权所有 侵权必究

物 料 号 43150-00

译者简介

李建奇，中国科学院物理研究所研究员，博士生导师，入选"百人计划"，国家杰出青年基金获得者。1983年，毕业于西北大学物理系。1990年，在中国科学院物理研究所获得博士学位。1995—1996年，在德国Max-Plank固体物理研究所从事高Tc超导薄膜微结构分析。1996—1998年，在日本无机材料研究所从事"巨磁阻Mn-氧化物材料中的电荷有序相变"研究。2001—2002年，在美国Brookhaven国家实验室从事"高Tc超导材料中电子条纹相"研究。2002年，与物理所其他九位优秀青年学术骨干一起入选国家杰出青年群体。2003年，获北京科技二等奖（排名第一）。现任 Chinese Physics Letter 和 Scientific Reports 编委。目前主要从事强关联物理系统结构问题的研究，侧重于发展低温电子显微术、EELS谱分析、时间分辨电子显微术。在国际主要学术期刊上已发表论文200多篇。在国际学术会议上做邀请报告30余次，并多次在国际知名院所做邀请报告和进行学术交流。组织过多次原位电镜和多铁材料国际研讨会。

译者的话

自从 E. Ruska 和 M. Knoll 在 1932 年成功研制出第一台透射电子显微镜（TEM）以来，电子显微镜（电镜）的广泛使用和电子显微学的迅猛发展极大地促进了材料科学、物理学和生命科学的发展。曾经有人说过，电子显微学发展的历史就是电子与物质相互作用产生的信息不断被利用的历史。高能电子和光波相比具有更短的波长，因而具有更高的空间分辨率，透射过样品的电子束携带有强度、相位以及周期性的信息，这些信息都包含在 TEM 图像中。电子显微学一般包括高分辨电子显微学和分析电子显微学两个方面，两者相辅相成，使人们可以在原子尺度上全面认识微观世界。高分辨电子显微方法是一种直接观察材料微观结构的实验技术。自 20 世纪 60 年代以来，电子显微学的基本理论和实验技术得到了迅速发展，特别是电镜制造技术和实验室技术的提高、真空技术的发展以及高相干性场发射电子枪的应用，大大提高了电镜的空间分辨率和微观分析能力。近年来，球差校正器和电子单色器得到了较为广泛的使用，透射电子显微镜的分辨率步入了亚埃时代，球差电子显微镜的普及对电子显微学、材料科学和物理学将产生难以预期的重大影响，可以解决一些重要的结构问题，同时也将提出一系列挑战性的新型研究课题。另一方面，分析电子显微学在数十年的发展中日趋成熟。化学成分分析方法（X 射线能谱分析、电子能量损失谱等）和结构分析方法（选区衍射、会聚束电子衍射等）在金属、半导体、超导体、陶瓷和矿物等材料的结构分析中发挥着不可替代的作用。另外，不断丰富的研究手段促生了不少新兴的研究领域，在材料科学和应用器件研究方面取得了诸多突破性的进展。

本书的两位作者 David B. Williams 教授和 C. Barry Carter 教授均是世界上电子显微学领域的著名学者。David B. Williams 教授现任 Alabama 大学（Huntsville）校长。从 1976 年开始，他在 Lehigh 大学的电子光学实验室和电子显微学培训学校从事研究和教学工作 20 余年，积累了丰富的电镜工作经验。他尤其对原子尺度的元素偏析及其对合金性质的影响有着浓厚的研究兴趣，其研究团队通过 X 射线能谱和电子能量损失谱的结合发展了一套高分辨微量分析技术方法，在铝基航空合金、核动力推进反应堆的低合金钢、陨铁、玻璃以及镍基超合金/蓝宝石复合材料的微结构分析中取得了很好的结果。迄今为止，已合著了 11 本教材和会议论文集，发表了 220 余篇学术论文，在 28 个国家的

译者的话

大学、会议和实验室做了 275 场邀请报告。C. Barry Carter 教授现任 Connecticut 大学化学、材料与生物分子工程系的主任，在博士后期间曾师从著名的 Peter Hirsch 教授，在 Cornell 大学工作的 12 年（1979—1991）期间曾领导了电子显微镜设施的安装工作，之后在 Minnesota 大学以创办主任的身份建立了高分辨电子显微学中心并担任界面工程中心的副主任，期间建立了一套集合多种显微和衍射功能的标准化表征设备。他的研究方向主要包括陶瓷材料的界面迁移，氧化物相变和固态反应，金属、半导体及陶瓷材料中的位移和陶瓷薄膜生长机制等。迄今为止，已与他人合著过两本教材、6 本会议论文集，发表了 275 篇论文。1990 年以后，总共做了 120 余场邀请报告。这两位在材料学领域中卓有建树的作者从事 TEM 相关的教学和研究工作均已超过 35 年，几乎涵盖了 TEM 的所有方面，培养了一批活跃在电子显微学领域的青年科学家。

本书是美国最为流行的教科书之一，并成为世界范围内透射电子显微学的经典教材。*American Scientist* 杂志曾高度评价其为"当今最好的教科书（The best textbook for this audience available）"。全书的写作风格和句式结构适用于课堂讲授，将众多理论性文章和实验性文献的核心内容以简练、明晰的语句并结合实例表达出来。作者在书中建立了完整的理论框架来诠释各项特定的 TEM 技术原理，在保证理论体系严谨的前提下合理地省略了一些物理学和数学处理细节，以保证阅读的流畅性。面对材料工程和纳米科学的研究者，书中不仅包含了大量高质量的图像、谱线和衍射花样，还提供了一系列实际操作说明和实例以供参考。历史是时代进步的基石，电镜相关的技术发展史和经典文献贯穿于全书，使得读者对电子显微学的发展史能够具有更为全面的认识，对现今电镜的发展状况理解得更为深刻。纵观全书，所述内容深入浅出，适合不同专业领域和知识层面的读者研读。

本书分为上下两册，共包含 4 篇：基本概念、衍射理论、成像原理和能谱分析。第一篇主要包括电子显微镜概述、相关的物理知识准备、透镜结构和功能以及样品制备等内容，给读者呈现出清晰的概貌，为后续内容做好铺垫。第二篇详述了诸多与衍射相关的基本概念，包括倒易空间、布洛赫波、衍射图像的获取和分析等内容。第三篇涵盖从基本成像原理到图像获取和分析处理的方法，在结合大量实际材料分析案例的基础上较为全面地阐述了成像的相关内容，其中着重介绍了高分辨电子显微学和图像模拟。第四篇包括 X 射线能谱和电子能量损失谱的分析和成像的相关内容。此次的翻译工作是基于 2009 年出版的 *Transmission Electron Microscopy: A Textbook for Materials Science*（第二版）完成的。全书共计 40 章，每一章又按照知识重点分为诸多精短的小节，在必要的地方均辅以示意图、实验图像和表格进行说明。文中公式众多，但都进行了明晰的推导和清楚的诠释。本书的正文中还别具特色地穿插了不同灰度的方框来对某些内容进行强调,例如重要的信息、容易犯错的地方、危险的操作或常见的错误。每一章的最后都会对该章节进行简要的总结,并列出所引用的文献来源。为了方便教学和自学,本书的第二版中新添了大约 800 道自测题和 400 道适用于家庭作业的题目,以增强对教材内容的理解。

在过去 10 年里,随着我国科学事业的发展和国力的增强,很多高等院校和科研院所都购置了高端透射电子显微镜,特别是新型球差校正电子显微镜,目前已经超过 15 台,这些先进设备在材料分析中已成为不可缺少的重要技术手段。值此国内电镜事业蓬勃发展之际,电子显微学人才队伍的培养和技术队伍的建设是我们面临的迫切任务。鉴于该教材具有如前所述的诸多优点,我们本着严谨和求真的精神将英文原版教科书翻译为中文,并修订了原著中的一些印刷或编写错误。希望以此为国内读者提供一本全面而专业的中文教材。由于透射电子显微镜在材料、物理、化学、生物、医学、工程、地质等领域有着广泛的应用,我们希望能够将电子显微学相关的术语和表述本地化、标准化,以增强不同行业间的交流,为从事相关学科研究的读者提供一本易于理解、便于深入的经典教材。

本译著篇幅较长,其中又经历了一次大的原著改版,工作量非常大。在此特别感谢杨槐馨研究员,田焕芳和马超副研究员在本书的校对和统稿过程中所付出的辛勤劳动。此外,译者所在课题组的李俊、王臻、蔡瑶、陈震、王秩伟、施洪龙、曹高龙、王莉、宋源军、卢江波、秦元斌、曾伦杰、曹石、李琳、李莹和潘文等都参与了部分章节的翻译工作,在此对他们致以诚挚的谢意。本译著的出版得到了原著作者的支持和帮助,我们深表感谢。最后译者还要感谢高等教育出版社相关人员为提高本书的出版质量所做的细致工作以及高等教育出版社对本译著出版的资助。

由于译者的水平有限,译作中的错误和疏漏在所难免,恳请广大读者批评指正。

译者
北京
2015 年 4 月

此书献给我们的父母
Walter Dennis 和 Mary Isabel Carter
以及
Joseph Edward 和 Catherine Williams
由于他们才使得这一切成为可能

作者简介

David B. Williams

David B. Williams 在 2007 年 7 月成为 Alabama 大学(Huntsville)的第五任校长。在这之前的 30 多年,他一直在 Lehigh 大学工作,是材料科学与工程(MS&E)系的 Harold Chambers 高级名誉教授。他分别于 1970 年、1974 年、1974 年和 2001 年在剑桥大学获得学士、硕士、哲学博士及理学博士学位,并在那里获得过橄榄球和田径的四次 Blues 奖。1976 年,他转到 Lehigh 大学,最初为助理教授,1979 年升为副教授,1983 年成为教授。1980—1998 年,他负责电子光学实验室,并领导 Lehigh 大学的电子显微镜学院长达 20 多年。1992—2000 年,为 MS&E 系的系主任,2000—2006 年,为 MS&E 负责研究的副院长。他是多个院校和研究机构的访问科学家,例如新南威尔士大学、悉尼大学、Chalmers 大学(Gothenburg)、美国洛斯阿拉莫斯国家实验室、德国马普金属研究所(Stuttgart)、法国国家航天研究所(Paris)以及哈尔滨理工学院。

他与别人合著或编辑了 11 本教科书和会议论文集,发表了超过 220 篇期刊文章和 200 篇摘要/会议论文,并在 28 个国家的大学、会议和研究实验室做了 275 个邀请报告。

在许多的奖项中,他获得过美国电子显微学会的 Burton 奖章(1984)、美国微束分析学会(MAS)的 Heinrich 奖章(1988)、MAS 总统科学奖(1997),并且是第一个 Duncumb 奖获得者(2007),以表彰他在显微分析中的杰出成就。在 Lehigh 大学,他获得过 Robinson 奖(1979)和 Libsch 奖(1993),并且是校庆日典礼的演讲人(1995)。他曾多次组织国内和国际电子显微学与分析会议,包括第二届国际 MAS 会议(2000),是第 12 届国际电子显微学会议(1990)的共同主席。他曾是 *Acta Materialia*(2001—2007)和 *Journal of Microscopy*(1989—1995)等杂志的编辑、MAS 的主席(1991—1992)以及微束分析学会国际联合会的主席(1994—2000)。他还是矿物金属与材料学会(TMS)、美国材料学会(ASM)、英国材料学会(1985—1996)以及英国皇家显微镜学会等的会员。

作者简介

C. Barry Carter

C. Barry Carter 在 2007 年 7 月成为 Connecticut 大学(Storrs)化学、材料与生物分子工程系的系主任。在这之前，他有 12 年(1979—1991)在 Cornell 大学的材料科学与工程(MS&E)系任职，有 16 年作为 3 M Heltzer Multidisciplinary 主任在 Minnesota 大学的化学工程与材料科学(CEMS)系工作。他分别于 1970 年、1974 年和 2001 年在剑桥大学获得学士、硕士及理学博士学位，在帝国理工学院(伦敦)获得理科硕士学位(1971)和 DIC，并从牛津大学获得哲学博士学位(1976)。之后在牛津大学其博士论文的指导老师 Peter Hirsch 组做博士后，1977 年，他转到 Cornell 大学，最初为博士后，然后依次晋升为助理教授(1979)、副教授(1983)和教授(1988)，并负责电子显微镜设备(1987—1991)。在 Minnesota 大学，他是高分辨显微镜中心的创办董事，随后成为界面工程中心的副主任。他创建了一个综合表征设施，即在同一位置包含多种显微镜和衍射的装置。他是多个研究机构的访问学者，例如美国桑迪亚国家实验室、洛斯阿拉莫斯国家实验室以及 Xerox PARC，瑞典的 Chalmers 大学(Gothenburg)，德国的马普金属研究所(Stuttgart)、Jülich 研究中心、Hannover 大学及 IFW(Dresden)，法国的 ONERA (Chatillon)，英国的 Bristol 大学和剑桥大学(Peterhouse)，以及日本 NIMS 的 ICYS(Tsukuba)。

他与别人共同编著了两本书(另一本是与 Grant Norton 共同撰写的 Ceramic Materials; Science & Engineering)，并共同编辑了 6 次会议文集，发表了超过 275 篇的期刊论文以及超过 400 篇的摘要/会议论文。自 1990 年起，他在多个大学、会议和研究实验室作了 120 多个邀请报告。在诸多奖项中，他获得过 Simon Guggenheim 奖(1985—1986)、Berndt Matthias 学者奖(1997/1998)以及 Alexander von Humboldt 高级奖(1997)。他组织过第 16 届固体反应国际研讨会(ISRS-16，2007)，曾是 *Journal of Microscopy* (1995—1999)和 *Microscopy and Microanalysis* (2000—2004)等杂志的编辑以及 *Journal of Materials Science* 的主编(2004)。他是 1997 年 MSA 的主席、电子显微学会国际联盟执行委员会的委员(IFSEM，1999—2002)。他现在是显微学会国际联盟的秘书长(IFSM，2003—2010)。他也是美国陶瓷学会(1996)、英国皇家显微镜学会、美国材料研究学会和显微镜学会等的会员。

前　言

这本书与其他关于 TEM 的书有哪些不同呢？这本书有很多独特的优点，但是我们认为区别于其他这类书的最重要的一点是，这本书是一本真正的教材。这本书是写给高年级的本科生和刚刚开始学业的研究生看的，而不是专门供实验室的研究人员学习的。写这本书时所采用的风格和句子结构与无数课堂使用的讲义一致，而不同于那些正式的科学论文(读的人很少)。因此，我们故意没有给出每个实验事实或理论概念的出处(尽管我们在各章给出了一些提示和线索)。但是，在每章的末尾，我们给出了一些参考文献。当对你自己要寻找的东西更有信心的时候，它们可以引导你找到最好的参考文献，让你了解得更加深入。我们非常相信历史是理解现在的基础的价值，所以将这些技术的历史和重要的历史文献穿插在本书之中。不能仅仅因为一篇文献是上个世纪的(甚至上上个世纪的)就认为它对你没用！类似地，我们从材料科学、工程和纳米技术领域所引用的大量图片，并没有在说明文字中全部给出出处。但是在本书的文前，对于引用了其工作的每位慷慨同事我们都给予了清楚的致谢。

本书由 40 个相对短小的章节组成(一些由 Carter 写的章节例外！)。大部分章节的内容可包含在 50~70 分钟的课程中(特别是当你讲话和 Williams 一样快的时候)。另外，这四卷平装本可以很方便地拿到 TEM 控制台上使用，这样就可以把你看到的和你应该看到的做个对比。也许最重要的是，所有学这门课的学生都可以买得起便宜的平装版。因此我们希望你不必费劲地去理解那些从学长那里弄来的二手的黑白复印书中本该是彩色的复杂图片。我们故意在一些地方采用了彩色图片，而不是它们本来的样子(其实所有的电子信号都不是彩色的)，书中有很多框形提示，提醒你注意重要的信息(绿色①)、易犯错误的警示(琥珀色②)以及危险的操作或常见错误(红色③)。

贯穿本书的方法我们试图回答如下两个基本问题：
我们为什么要使用特殊的 TEM 技术？
我们如何将这种技术应用到实践中？

---

① 中文版中用浅灰表示。
② 中文版中用中灰表示。
③ 中文版中用深灰表示。

在回答第一个问题时，我们试图在必要时建立一个坚实的理论基础，虽然并不总能给出所有细节。我们利用这些知识来回答第二个问题，包括用一般的方式解释操作细节，并给出很多说明性的插图。相反，其他TEM书籍不是太强调理论就是太注重描述现象（这些书常常包含TEM以外的其他内容）。本书协调了这两个极端，它覆盖了足够多的理论而显得比较严格，也不至于招致电子物理学家的愤怒，同时它还包含了充足的操作说明和实际例子，有助于材料工程师和纳米技术人员找到材料问题的答案，而不仅仅是提供花哨的图像、能谱以及衍射花样。我们不得不承认，为了达到这种协调，往往会忽视许多技术背后的物理和数学上大量的细节，但我们要强调的是，这本书的内容大体上是正确的（虽然有时并不是严格准确的！）。

这本书覆盖了TEM的整个领域，因而在书中不同程度地加入了目前不同种类的TEM的技术应用，并试图建立这些仪器诸多方面的一致看法。例如，并没有把传统TEM的宽束技术与分析型TEM的聚焦束技术分开，而是把它们像一个硬币的两个面那样对待。没有理由认为平行束TEM中的"传统"明场像（尽管是更成熟的技术）比聚焦束STEM中的环形暗场像更基础。会聚束、扫描束和选区电子衍射同样都是整个TEM电子衍射的一部分。

但是，在近10年，特别是本书第一版出版以来，TEM的数量和相关技术有了很明显的增加，显微镜的实验能力变得更加成熟，仪器的电脑控制技术得到了惊人的提高，新的硬件设计和强大的软件开发使其得以处理由几乎完全电子化的设备所产生的大量数据。这个领域内信息的暴增与全球范围内对纳米世界的探索相一致，与仍在生效的摩尔定律也是一致的。在本书的第二版中我们不可能将这些新知识全部加进来，否则会把已经很厚的书变得更加令人望而生畏。在你试图掌握最新进展前，这本再版书可以教会你理解TEM的基础知识，这是很重要的。但是我们两人不可能全面理解所有的新技术，特别是，在职业生涯中我们还都身负一些更多的行政职责。因此我们说服了大约20个好朋友和同事一起帮我们写了一本配套教材（TEM; a companion text, Williams and Carter (Eds.) Springer 2010），在本书中我们会经常提到它。这本配套教材就像它自己说的那样——当本书的知识不够用时，它是一个值得咨询的朋友。这本配套教材并不一定更加高深，但是在提供最新的重要进展和复兴传统TEM技术方面，它肯定会更加详细。我们汲取了同事们的贡献，并用与本书类似的浅显易懂的方式将这本配套教材重新写了一遍。我们希望通过这种做法以及两本书的深入互引能够指引你走上成为透射电子显微学家的成功之路。

我们两个都有超过35年的TEM各方面的教学和研究经验。我们研究过不同的材料，包括金属、合金、陶瓷、半导体、玻璃、复合物、纳米和其他颗粒、原子尺度的平面界面以及其他晶体缺陷（但我们都未曾研究过聚合物和生物材料，这从本书中它们的相对缺失可以看出）。我们培训过一代（希望如此）熟练的电子显微学家，他们中的一些和我们一样，已成为电子显微学领域的教授和研究人员。这些学生代表了我们对所热爱的研究领域所做的贡献，我们为他们取得的成就感到自豪。我们也希望这些仍然相对年轻的人中的一些将来能够写本书的第三版。我们认为，他们会像我们一样，发现写这样一本书会极大地拓宽他们的知识，也会给他们带来很多快乐、挫折，以及长久的友谊。但愿你读本书时可以像我们写这本书那样能获得快乐，我们也希望它不会占用你太多的时间。最后，也希望你给我们寄来评论，正面的或者负面的都可。可以通过 e-mail 联系到我们：david.williams@uah.edu 和 cbcarter@engr.uconn.edu。

第二版序

　　这本书是进入原子结构世界和材料科学表征的一本很好的入门书，包含如何使用电子显微镜观察和测量原子结构的非常实用的说明。你将从中学到很多，甚至有可能希望在接下来的一生中继续学习（特别是如果某些问题花费了你很大的努力！）。

　　纳米科学是"下一次工业革命"吗？或许将会是能源、环境和纳米科学的某种结合。无论是什么，这种目前能够在原子水平控制材料合成的新方法将会是纳米科学很重要的一部分，包括从喷气发动机涡轮叶片的制造到催化剂、聚合物、陶瓷和半导体的制造。作为一个习题，计算一下如果飞机涡轮叶片温度可以升高 200 ℃，那么跨大西洋的机票价格将会降低多少？现在计算一下由于这种燃煤发电涡轮机温度的提高所导致的 CO_2 释放量的减少以及效率的提高（同样电量而煤炭的使用量减少）。或许你将成为发明这些迫切需要的东西的那个人！美国能源部网站上的重大挑战报告列出了奇异纳米材料在能源研究应用中的重大进展，包括燃料电池分离媒介，以及将来某一天仅使用太阳光就能电解水的光伏材料和纳米催化剂。除了这些功能和结构材料，我们现在也开始首次观察人为制造的原子结构，此时原子可以被单独处理，例如基于可能的量子点的量子计算机。"量子操控"已经实现，并且我们已经观察到了用于标记蛋白质的荧光纳米点。

　　为了找出所合成的新材料究竟是什么，以及这种材料质量如何（以改进合成方法），这些新的合成方法必须结合原子尺度的组成和结构分析。透射电子显微镜（TEM）已成为实现这一目的的完美工具。它现在可以给出材料的原子分辨图像及其缺陷，以及来自亚纳米区域的能谱和衍射花样。它所使用的场发射电子枪仍然是整个物理学中最亮的粒子源，因此在所有科学研究中，电子微区衍射能从最小体积的物质中给出最强的信号。对于 TEM 电子束探针，我们使用磁透镜（目前进行了球差校正），而相对于 X 射线和中子来说，产生这样的探针（即使非常有限的性能）也是非常困难的。或许最重要的是，结合并行探测，电子能量损失谱能提供无与伦比的空间分辨率（X 射线吸收光谱是不可能达到的，因为被吸收的 X 射线不存在了，而不是损失一部分能量并继续进入探测器）。

　　材料合成的重大进展得益于半导体工业半个世纪以来的研究。当我们尝试合成和制造其他材料时，对硅而言，目前已经变得很容易了。例如，现在可以

第二版序

使奇异的氧化物一层层堆叠以形成具有新的有用性质的人工晶体结构。但是这也源于材料表征技术方面惊人的进步和我们在原子尺度观察结构的能力。或许最好的例子是碳纳米管的发现，它最先是通过使用电子显微镜确认的。任何好奇和细心的电子显微学专家现在都能发现新的纳米结构，只要他们在原子尺度仔细观察。重要的一点是，如果这是在一台环境显微镜里观察，他或她将会知道如何制造这些纳米结构，因为使用这种"显微镜中的实验室"可以记录热力学条件。仅仅采用反复尝试的方法就已经发现了很多材料，这或许可以进一步和我们的电子显微镜结合。这是必需的，因为自然界中通常存在"太多的可能性"而无法在计算机上研究——可能结构的数量会随着不同种类原子数的增大而显著增大。

Richard Feynman 曾经说过，"如果在某种大灾难下，所有的科学知识都丢失掉了，只有一句话可以保存，那么传下去的那句以最少字符包含最多信息的话将是：物质由原子构成。"但是令人惊讶的是，物质由原子构成的这种肯定观点直到近代才发展起来，直至 1900 年，许多人（包括 Kelvin）仍然不相信，即使有 Avagadro 的工作及 Faraday 的电镀实验。Einstein 在 1905 年关于布朗运动的文章以及 Rutherford 的实验最终很具说服力。Muller 第一个观察到了原子（20 世纪 50 年代早期在他的场-离子显微镜中），而 20 年后 Albert Crewe 在芝加哥用他发明的场发射枪扫描透射电子显微镜（STEM）也观察到了原子。希腊原子论者首先提出一块岩石通过反复切割最终将得到不可分割的最小碎片，并且 Democritus 确实相信"除了真空和原子外不存在其他东西。其他一切都是主观的"。Marco Polo 也谈到中国人对眼镜的使用，但正是 van Leeuwenhoek（1632—1723）在 *Phil. Trans.* 的一系列文章中首次使用他大为改进的光学显微镜从而将微观世界带入整个科学界。Robert Hooke 在 1665 年的显微图片中勾画出了通过使用新的复式显微镜所看到的、包括多面体晶体的漂亮图像，而且他用加农炮弹堆叠的图像来解释这些面的角度。或许这是自希腊人之后物质的原子理论的第一次复苏。20 世纪 30 年代 Zernike 的相位板将相位衬度引入到此前无法看见的超薄生物"相位物体"，而这也是高分辨电子显微学相应理论的先驱。

对于材料科学领域的电子显微学家来说，由于电子显微镜的许多模式和探测器的持续快速发展，过去的 50 年是非常令人振奋的。从使我们能够理解晶体及其缺陷的 TEM 图像的 Bragg 衍射衬度和柱体近似的理论发展到应用于原子尺度成像的高分辨电子显微学理论，再到所有强大的分析模式的理论和相关探测器的理论，例如 X 射线、阴极射线荧光及能量损失光谱，我们都能看到稳定的发展。我们总是认为缺陷结构在大多数情况下能够调控性质——最普通的（一级）相变都是从某些特定的位置开始的。在电子氧化物中，电荷密度的激发和缺陷的整个领域亟待应用电子显微镜来透彻理解。例如，陶瓷的相变韧化理论是 TEM 观察和理论结合的一个完美的例子，同样的例子还有合金析出硬化或者半导体晶体生长的早期阶段。在相变过程中研究缺陷的漫散射随温度的函数关系仍处在初级阶段，虽然我们具有比 X 射线方法强得多的信号。通过定量会聚束电子衍射，器件中纳米尺度的应变场的成像得到了及时发展，以解决半导体路线图上所列出的问题（你的笔记本的速度取决于应变诱导的迁移率增强）。在生物学中，TEM 数据定量化更被重视，我们已经进行了很多大的蛋白质的三维图像重构工作，包括核糖体（根据 DNA 指令合成蛋白质的工厂）。这些工作应该成为材料科学界持续追求更好的数据定量化的模式。

像所有最好的教材一样，这本教材也是从讲稿中整理出来的，经过很多年和很多代学生的试用纠错。作者们从许多深奥的理论文章和大量文献中提取精髓，使用最简单、最清晰的方式（使用很多例子）来解释现代透射电子显微学最重要的概念和实例。这是对该领域和教学世界的巨大贡献。愿你的爱好从原子开始！

J. C. Spence
物理学终身教授
亚利桑那州立大学和劳伦斯伯克利国家实验室

第一版序

通过在原子尺度对加工处理-结构-性质的关联的研究，电子显微学使得人们对材料的理解发生了革命性的变化。如今我们甚至可以调整材料的微观结构（或介观结构）从而得到一些特殊的性质。现代透射电子显微镜——TEM——由于其非同寻常的功能，可以给出几乎所有结构、相和晶体学信息，从而使我们能够获得如此之功绩。因此，显而易见，现代材料教育领域的课程都会适当加入电子显微学的相关知识。使用合适的教材对将要从事电镜操作和量化分析的学生以及研究人员进行指导和帮助也是十分必要的。

全书包含40章，由 Barry Carter 和 David Williams（和我们当中的很多人一样，他们都在剑桥和牛津接受过很好的电子显微学教育）编著，这正好满足了人们对电子显微学教材的需求。如果你想从电镜样品制备（最终限制）或者仪器构造方面着手学习电子显微学；或者你想知道如何正确使用 TEM 以得到图像、衍射和能谱——都可以从本书中找到答案！据我所知，本书是目前唯一一本涵盖 TEM 领域过去 30~40 年的所有显著进展的完整著作。本书的时间安排恰到好处，而且我个人非常激动的是，我们所做的部分工作也囊括在这些进展中——对材料科学有重大影响的进展。

实际上，电子显微学领域之外的很多人会认为 TEM 只是用于摄取一些漂亮的图片作为参考而已，那么请停下来浏览本书，从中可以知道，电镜工作者为了做出很好的工作，需要掌握以下诸多超乎寻常的知识：晶体学、衍射、图像衬度、非弹性散射以及能谱学。请记住，这些在过去都有其各自的研究领域。如今，要想解决重要的材料科学问题，一个人必须对上述各个领域都有基本的了解。TEM 是一种可以达到原子极限的表征材料的技术手段。对于 TEM 的使用以及结果的解释需要慎之又慎，很多情况下会涉及不同领域的许多专家。当然，电子显微学是基于物理学的，因此有抱负的材料科学家不仅需要掌握诸如固体物理、晶体学以及晶体缺陷等方面的知识，而且还要对材料科学有基本的理解，否则，怎么能够让 TEM 在材料分析中最大限度地发挥其作用？

对 TEM 已说了不少。这部优秀的新著无疑填补了一块空白。对研究与物性相关的结构（尤其是缺陷）感兴趣的科研工作者和研究生而言，本书提供了坚实的基础知识。甚至现在希望本科生也能够了解一些电子显微学的基础知识，而本书或者其中合适的部分可以作为材料科学与工程专业的本科生的

第一版序

教程。

本书的作者们应该为他们出色地完成如此大量的工作而感到自豪。

G. Thomas

加利福尼亚大学，伯克利

致 谢

我们花了20多年来构思和撰写本书以及之前的第一版，而这些努力无法通过我们自己独立完成。首先感谢我们尊敬的妻子和儿女们：Margie、Matthew、Bryn和Stephen，以及Bryony、Ben、Adam和Emily。我们的家人忍受了我们长时间不在家的压力(以及偶尔在家的压力)。本书的出版得到了第一版的编辑Amelia McNamara(最初在Plenum出版社，而后在Kluwer和Springer)的鼓励、建议和坚持。

在我们所尊敬的大学里与许多非常有才华的同事、博士后和研究生一起工作，我们感到很幸运，他们教给我们很多，对两个版本中的很多内容也做出了很重要的贡献。我们想直接感谢这些同事中的一部分：Dave Ackland、Faisal Alamgir、Arzu Altay、Ian Anderson、Ilke Arslan、Joysurya Basu、Steve Baumann、Charlie Betz、John Bruley、Derrick Carpenter、Helen Chan、Steve Claves、Dov Cohen、Ray Coles、Vinayak Dravid、Alwyn Eades、Shelley Gillis、Jeff Farrer、Joe Goldstein、Pradyumna Gupta、Brian Hebert、Jason Hefflefinger、John Hunt、Yasuo Ito、Matt Johnson、Vicki Keast、Chris Kiely、Paul Kotula、Chunfei Li、Ron Liu、Charlie Lyman、Mike Mallamaci、Stuart McKernan、Joe Michael、Julia Nowak、Grant Norton、Adam Papworth、Chris Perrey、Sundar Ramamurthy、René Rasmussen、Ravi Ravishankar、Kathy Repa、Kathy Reuter、Al Romig、Jag Sankar、David A. Smith、Kamal Soni、Changmo Sung、Caroline Swanson、Ken Vecchio、Masashi Watanabe、Jonathan Winterstein、Janet Wood以及Mike Zemyan。

此外，在电子显微学和分析领域的许多其他同事和朋友对本书也有很大的帮助(甚至他们自己都未曾意识到)。他们是：Ron Anderson、Raghavan Ayer、Jim Bentley、Gracie Burke、Jeff Campbell、Graham Cliff、David Cockayne、Peter Doig、Chuck Fiori、Peter Goodhew、Brendan Griffin、Ron Gronsky、Peter Hawkes、Tom Huber、Gilles Hug、David Joy、Mike Kersker、Roar Kilaas、Sasha Krajnikov、Riccardo Levi-Setti、Gordon Lorimer、Harald Müllejans、Dale Newbury、Mike O'Keefe、Peter Rez、Manfred Rühle、John-Henry Scott、John Steeds、Peter Swann、Gareth Thomas、Patrick Veyssière、Peter Williams、Nestor Zaluzec及Elmar Zeitler。这些(和其他)同事中很多人提供了部分图片，我们在

致谢

书中单独给出了致谢。

我们的电子显微学研究得到了多个联邦机构的资金支持；没有这些支持，用于支撑本书内容的任何研究将无法完成。特别是，DBW 希望感谢国家科学基金会材料研究部 30 多年来的持续支持，以及 NASA 地球科学部（与 Joe Goldstein）和能源部基础能源科学部（与 Mike Notis 和 Himanshu Jain），Pittsburgh 的 Bettis 实验室和 Albuquerque 的 Sandia 国家实验室。该版最后完成于 Alabama 大学（Huntsville），而两个版本均是 DBW 在 Lehigh 大学先进材料和纳米科技中心的时候撰写的，该中心有著名的电子显微镜实验室。两个版本的部分内容是 DBW 在休假或在不同的电子显微镜实验室访问的时候与合作者一起写的，如 Chalmers 大学（Göteborg）的 Gordon Dunlop 和 Hans Nordén、马普金属研究所（Stuttgart）的 Manfred Rühle、洛斯阿拉莫斯国家实验室的 Terry Mitchell、Dartmouth 学院 Thayer 工程学院的 Erland Schulson，以及悉尼大学电子显微镜中心的 Simon Ringer。CBC 希望感谢能源部基础能源科学部、国家科学基金会材料研究部、Minnesota 大学界面工程中心、Cornell 大学材料科学中心，以及橡树岭国家实验室的 SHaRE 计划。第一版始于 CBC 在 Cornell 大学材料科学与工程系任职期间。本版开始于 Minnesota 大学化学工程与材料科学系（这也是第一版完成的地方），完成于 CBC 在 Connecticut 大学的时候。第二版的部分内容是 CBC 在休假的时候与合作者一起完成的，如 Chalmers 大学的 Eva Olssen（也感谢 Chalmers 大学的 Anders Tholen）、Tsukuba 的 NIMS 的 Yoshio Bando（也感谢 NIMS 的 Dmitri Golberg 和 Kazuo Furuya，以及 Tokyo 大学的 Yuichi Ikuhara），以及剑桥大学的 Paul Midgley。CBC 也要感谢 Peterhouse 的主人和会员在最后一段时期的款待。

CBC 也要感谢 Ernst Ruska 中心的团队多次慷慨的招待（特别要感谢 Knut Urban、Markus Lenzen、Andreas Thust、Martina Luysberg、Karsten Tillmann、Chunlin Jia 和 Lothar Houben）。

尽管我们的共同科学起点开始于剑桥大学 Christ 学院的本科生阶段，但我们从不同的电子显微学家那里学到了很多：在剑桥大学 DBW 师从于 Jeff Edington，在牛津大学 CBC 师从于 Peter Hirsch 和 Mike Whelan。无须奇怪，由这些著名的电子显微学家撰写的书会在本书中多次引用。他们极大地影响了我们对于 TEM 的认识，改变了我们对整个学科的观点、符号表示以及方法的诸多偏见。

缩略词表

TEM 领域存在很多缩写(由首字母组成),这些缩写代表简单或复杂的意思。其中有些缩写代表了其创造者最初的思想(比如 ALCHEMI),它使得词语更加易懂并且有效缩短了著作的长度。读者在步入电子显微学领域之前最好先掌握这些缩略词,因此我们提供了一份你应熟记的缩略词列表。

ACF	absorption-correction factor	吸收校正因子
ACT	automated crystallography for TEM	TEM 自动化晶体学
A/D	analog to digital (converter)	模拟/数字(转换)
ADF	annular dark field	环形暗场
AEM	analytical electron microscope/microscopy	分析型电子显微镜
AES	Auger electron spectrometer/spectroscopy	俄歇电子谱
AFF	aberration-free focus	无像差聚焦
AFM	atomic force microscope/microscopy	原子力显微镜
ALCHEMI	atom location by channeling-enhanced micro-analysis	原子位置的通道增强微分析法
ANL	Argonne National Laboratory	阿贡国家实验室(美国)
APB	anti-phase domain boundary	反相畴界
APFIM	atom-probe field ion microscope/microscopy	原子-探针场离子显微镜
APW	augmented plane wave	缀加平面波
ASW	augmented spherical wave	缀加球面波
ATW	atmospheric thin window	常压薄窗
BF	bright field	明场
BFP	back-focal plane	后焦面
BSE	backscattered electron	背散射电子
BZB	Brillouin-zone boundary	布里渊区边界
C1, 2	condenser 1, 2, etc. lens	第1、2会聚透镜
CASTEP	electronic-potential calculation software	电子势计算软件

CAT	computerized axial tomography	计算机化轴向断层三维成像法
CB	coherent bremsstrahlung	相干韧致辐射
CBED	convergent-beam electron diffraction	会聚束电子衍射
CBIM	convergent beam imaging	会聚束成像
CCD	charge-coupled device	电荷耦合器件
CCF	cross-correlation function	互相关函数
CCM	charge-collection microscopy	电荷收集显微术
CDF	centered dark field	中心暗场
CF	coherent Fresnel/Foucault	相干菲涅耳/傅科
CFE	cold field emission	冷场发射
CL	cathodoluminescence	阴极发光
cps	counts per second	每秒计数
CRT	cathode-ray tube	阴极射线管
CS	crystallographic shear	晶体学切变
CSL	coincident-site lattice	重位点阵
CVD	chemical vapor deposition	化学气相沉积
DADF	displaced-aperture dark field	位移光阑暗场
DDF	diffuse dark field	漫散射暗场
DF	dark field	暗场
DFT	density-functional theory	密度泛函理论
DOS	density of states	态密度
DP	diffraction pattern	衍射花样
DQE	detection quantum efficiency	量子探测效率
DSTEM	dedicated scanning transmission electron microscope/microscopy	专用扫描透射电子显微镜
DTSA	desktop spectrum analyzer	台式能谱分析仪
EBIC	electron beam-induced current/conductivity	电子束诱导电流/导电率
EBSD	electron-backscatter diffraction	电子背散射衍射
EELS	electron energy-loss spectrometer/spectrometry	电子能量损失谱
EFI	energy-filtered imaging	能量过滤像

EFTEM	energy-filtered transmission electron microscope	能量过滤透射电子显微学
ELNES	energy-loss near-edge structure	能量损失近边结构
ELP™	energy-loss program (Gatan)	能量损失分析程序(Gatan)
EMMA	electron microscope microanalyzer	电子显微镜微分析仪
EMS	electron microscopy image simulation	电子显微学图像模拟
(E)MSA	(Electron) Microscopy Society of America	美国(电子)显微学会
EPMA	electron-probe microanalyzer	电子-探针微分析仪
ESCA	electron spectroscopy for chemical analysis	化学分析电子能谱
ESI	electron-spectroscopic imaging	电子能谱成像
EXAFS	extended X-ray-absorption fine structure	扩展X射线吸收精细结构
EXELFS	extended energy-loss fine structure	扩展能量损失精细结构
FEFF	ab-initio multiple-scattering software	从头开始的多重散射计算软件
FEG	field-emission gun	场发射枪
FET	field-effect transistor	场效应晶体管
FFP	front-focal plane	前焦面
FFT	fast Fourier transform	快速傅里叶变换
FIB	focused ion beam	聚焦离子束
FLAPW	full-potential linearized augmented plane wave	全势线性缀加平面波
FOLZ	first-order Laue zone	一阶劳厄区
FTP	file-transfer protocol	文件传输协议
FWHM	full width at half maximum	半高宽
FWTM	full width at tenth maximum	十分之一高宽
GB	grain boundary	晶界
GIF	Gatan image filter™	Gatan图像过滤器
GIGO	garbage in garbage out	无用输入无用输出
GOS	generalized oscillator strength	广义振荡强度

HAADF	high-angle annular dark field	高角环形暗场
HOLZ	higher-order Laue zone	高阶劳厄区
HPGe	high-purity germanium	高杂质含量的锗
HREELS	high-resolution electron energy-loss spectrometer/spectrometry	高分辨电子能量损失谱仪
HRTEM	high-resolution transmission electron microscope/microscopy	高分辨透射电子显微镜
HV	high vacuum	高真空
HVEM	high-voltage electron microscope/microscopy	高压电子显微镜
ICC	incomplete charge collection	不完全电荷收集
ICDD	International Center for Diffraction Data	国际衍射数据中心
ID	identification (of peaks in spectrum)	识别(能谱中的峰)
IDB	inversion domain boundary	反转畴界
IEEE	International Electronics and Electrical Engineering	国际电子学与电子工程
IG	intrinsic Ge	本征锗
IVEM	intermediate-voltage electron microscope/microscopy	中等电压电子显微镜
K-M	Kossel-Möllenstedt	
LACBED	large-angle convergent-beam electron diffraction	大角会聚束电子衍射
LCAO	linear combination of atomic orbitals	原子轨道的线性组合
LCD	liquid-crystal display	液晶显示器
LDA	local-density approximation	局域密度近似
LEED	low-energy electron diffraction	低能电子衍射
LKKR	layered Korringa-Kohn-Rostoker	层状 Korringa-Kohn-Rostoker 方法
MAS	Microbeam Analysis Society	微束分析学会
MBE	molecular-beam epitaxy	分子束外延
MC	minimum contrast	最小衬度
MCA	multichannel analyzer	多通道分析仪

MDM	minimum detectable mass	最小可探测质量
MLS	multiple least-squares	多次最小二乘法
MMF	minimum mass fraction	最小质量百分比
MO	molecular orbital	分子轨道
MRS	Materials Research Society	材料研究学会
MS	multiple scattering	多次散射
MSA	multivariate statistical analysis	多变量统计分析
MSDS	material safety data sheets	材料安全数据表
MT	muffin tin	糕模型
MV	megavolt	兆伏
NCEMSS	National Center for Electron Microscopy simulation system	国家电子显微镜中心模拟系统
NIH	National Institutes of Health	国家卫生研究院
NIST	National Institute of Standards and Technology	国家标准技术局
NPL	National Physical Laboratory	国家物理实验室
OIM	orientation-imaging microscopy	取向-成像显微术
OR	orientation relationship	取向关系
PARODI	parallel recording of dark-field images	暗场像的并行记录
PB	phase boundary	相界
P/B	peak-to-background ratio	峰背比
PEELS	parallel electron energy-loss spectrometer/spectrometry	并行电子能量损失谱仪
PIPS	Precision Ion-Polishing System™	精确离子薄化仪
PIXE	proton-induced X-ray emission	质子诱导X射线发射
PM	photomultiplier	光电倍增器
POA	phase-object approximation	相位-物体近似
ppb/m	parts per billion/million	十亿/百万分之几
PDA	photo-diode array	光电二极管阵列
PSF	point-spread function	点扩散函数
PTS	position-tagged spectrometry	位置标记光谱学

缩略词表

QHRTEM	quantitative high-resolution transmission electron microscopy	定量高分辨透射电子显微学
RB	translation boundary (yes, it does!)	平移边界
RDF	radial distribution function	径向分布函数
REM	reflection electron microscope/microscopy	反射电子显微镜
RHEED	reflection high-energy electron diffraction	反射高能电子衍射
SACT	small-angle cleaving technique	小角解理技术(花样)
SAD(P)	selected-area diffraction (pattern)	选区电子衍射
SCF	self-consistent field	自洽场
SDD	silicon-drift detector	硅漂移探测器
SE	secondary electron	二次电子
SEELS	serial electron energy-loss spectrometer/spectrometry	串行电子能量损失谱
SEM	scanning electron microscope/microscopy	扫描电子显微镜
SESAMe	sub-eV sub-Å microscope	亚电子伏亚埃电子显微镜
SF	stacking fault	层错
SHRLI	simulated high-resolution lattice images	高分辨晶格模拟像
SI	spectrum imaging	能谱成像
SI	Système Internationale	国际体系
SIGMAK	K-edge quantification software	K边定量分析软件
SIGMAL	L-edge quantification software	L边定量分析软件
SIMS	secondary-ion mass spectrometry	二次离子质谱仪
S/N	signal-to-noise ratio	信噪比
SOLZ	second-order Laue zone	二阶劳厄区
SRM	standard reference material	标准参考材料
STEM	scanning transmission electron microscope/microscopy	扫描透射电子显微镜
STM	scanning tunneling microscope/microscopy	扫描隧道显微镜
TB	twin boundary	孪晶界
TEM	transmission electron microscope/microscopy	透射电子显微镜
TFE	thermal field emission	热场发射

TMBA	too many bloody acronyms	太多可恶的首字母缩写
UHV	ultrahigh vacuum	超高真空
URL	uniform resource locator	统一资源定位符
UTW	ultra-thin window	超薄窗
V/F	voltage to frequency (converter)	电压-频率(转换)
VLM	visible-light microscope/microscopy	可见光显微镜
VUV	vacuum ultraviolet	真空紫外
WB	weak beam	弱束
WBDF	weak-beam dark field	弱束暗场
WDS	wavelength-dispersive spectrometer/spectrometry	波长色散谱仪
WP	whole pattern	全图
WPOA	weak-phase object approximation	弱相位物体近似
WWW	World Wide Web	万维网
XANES	X-ray absorption near-edge structure	X射线吸收近边结构
XEDS	X-ray energy-dispersive spectrometer/spectrometry	X射线能量色散谱
XPS	X-ray photoelectron spectrometer/spectrometry	X射线光电子谱
XRD/F	X-ray diffraction/fluorescence	X射线衍射/荧光
YAG	yttrium-aluminum garnet	钇铝石榴石
YBCO	yttrium-barium-copper oxide	钇钡铜氧化合物
YSZ	yttria-stabilized zirconia	钇稳定氧化锆
ZAF	atomic number/absorption/fluorescence correction	原子序数/吸收/荧光校正
ZAP	zone-axis pattern	正带轴花样
ZLP	zero-loss peak	零损失峰
ZOLZ	zero-order Laue zone	零阶劳厄区

符 号 表

本书中包含大量符号。由于希腊字母以及作者本身的一些局限性，虽然一直尽可能避免，但还是存在同一个字母代表不同意思的情况，希望读者注意，以免引起混淆。愿下表能为读者提供帮助。

符号	英文	中文
a	interatomic spacing	原子间距
a	relative transition probability	相对跃迁几率
a	width of diffraction disk	衍射盘宽度
a_0	Bohr radius	玻尔半径
a_0	lattice parameter	晶格常数
a, **b**, **c**	lattice vectors	晶格矢量
a*, **b***, **c***	reciprocal-lattice vectors	倒易空间晶格矢量
A	absorption-correction factor	吸收校正因子
A	active area of X-ray detector	X 射线探测器有效面积
A_0	amplitude	振幅
A	amplitude of scattered beam	散射束振幅
A	amperes	安培
A	atomic weight	原子质量
A	Richardson's constant	Richardson 常数
Å	Angstrom	埃
$\mathcal{A}$	Bloch wave amplitude	布洛赫波振幅
$A(\mathbf{u})$	aperture function	光阑函数
A, B	fitting parameter for energy-loss background subtraction	能量损失背底扣除的拟合参数
b	beam-broadening parameter	束展宽参数
b	separation of diffraction disks	衍射盘的分离
$\mathbf{b}_e$	edge component of the Burgers vector	伯格斯矢量边缘分量
$\mathbf{b}_p$	Burgers vector of partial dislocation	不全位错的伯格斯矢量
$\mathbf{b}_T$	Burgers vector of total dislocation	全位错的伯格斯矢量
B	beam direction	电子束方向

符号表

B	magnetic field strength	磁场强度
B	background intensity	背底强度
$B(\mathbf{u})$	aberration function	像差函数
c	centi	百分之一
c	velocity of light	光速
C	composition	组分
C	contrast	衬度
C	coulomb	库仑
C_a	astigmatism-aberration coefficient	像差系数
C_c	chromatic-aberration coefficient	色差系数
C_g	**g** component of Bloch wave	布洛赫波的 **g** 分量
C_s	spherical-aberration coefficient	球差系数
C_X	fraction of X atoms on specific sites	特定占位处 X 原子的百分比
C_0	amplitude of direct beam	透射束振幅
C_ε	combination of the elastic constants	弹性常量组合
$(C_s\lambda)^{1/2}$	scherzer	
$(C_s\lambda^3)^{1/4}$	glaser	
c/o	condenser/objective	会聚镜/物镜
d	beam (probe) diameter	束斑(探针)直径
d	diameter of spectrometer entrance aperture	能谱仪入口光阑直径
d	interplanar spacing	面间距
d	spacing of moire fringes	莫尔条纹间距
d_c	effective source size	有效光源尺寸
d_d	diffraction-limited beam diameter	衍射限制的束斑直径
d_{eff}	effective entrance-aperture diameter at recording plane	接收平面处有效入口光阑直径
d_g	Gaussian beam diameter	高斯光束直径
d_{hkl}	hkl interplanar spacing	hkl 晶面间距
d_i	image distance	像距
d_{im}	smallest resolvable image distance	最小可分辨像距
d_o	object distance	物距

d_{ob}	smallest resolvable object distance	最小可分辨物距
d_s	spherical-aberration limited beam diameter	球差限制的束斑直径
d_t	total beam diameter	总束斑直径
dz	thickness of a diffracting slice	衍射切片厚度
$d\sigma/d\Omega$	differential cross section of one atom	单原子微分散射截面
D	aperture diameter	光阑直径
D	change in focus	焦距变化
D	dimension (as in 1D, 2D⋯)	维度（比如一维、二维……）
D	distance from projector crossover to recording plane	投影镜交叉点到记录平面距离
D	electron dose	电子剂量
D_A	distance from beam crossover to spectrometer entrance aperture	电子束交叉点到谱仪入口光阑的距离
D_{im}	depth of focus	焦深
D_{ob}	depth of field	景深
D_1, D_2	tie-line point on dispersion surfaces in presence of defect	存在缺陷时色散面上的连线点
e	charge on the electron	电子所带电荷
E	energy	能量
E	electric-field strength	电场强度
E	Young's modulus	杨氏模量
E	total energy	总能量
Œ	energy loss	能量损失
E_a	spatial-coherence envelope	空间相干包络
E_c	chromatic-coherence envelope	能量相干包络
E_c	critical ionization energy	临界电离能
E_d	displacement energy	位移能
E_F	Fermi energy/level	费米能/面
$E_{h/l}$	high/low energy for background-subtraction window	高/低能扣除背底窗口
$E_{K/L/M}$	ionization energy for K/L/M-shell electron	K/L/M 壳层电子的电离能

符号表

$E_{K/L/M}$	energy of K/L/M X-ray	K/L/M X 射线能量
E_m	average energy loss	平均能量损失
E_P	plasmon energy	等离子体能量
E_P	plasmon energy loss	等离子体能量损失
E_s	sputtering-threshold energy	溅射阈值能量
E_t	threshold energy	阈值能量
E_0	beam energy	电子束能量
$E(\mathbf{u})$	envelope function	包络函数
$E_c(\mathbf{u})$	envelope function for chromatic aberration	色差包络函数
$E_d(\mathbf{u})$	envelope function for specimen drift	样品漂移包络函数
$E_D(\mathbf{u})$	envelope function for the detector	探测器包络函数
$E_s(\mathbf{u})$	envelope function for the source	电子枪包络函数
$E_v(\mathbf{u})$	envelope function for specimen vibration	样品振动包络函数
f	focal length	焦距
$f(\mathbf{r})$	strength of object at point (x, y)	点(x, y)处的物强度
$f(\theta)$	atomic-scattering factor	原子散射因子
$f(\mathbf{k})$	atomic-scattering amplitude	原子散射振幅
f_x	scattering factor for X-rays	X 射线散射因子
$f_i(x)$	residual of least-squares fit	最小二乘法拟合残差
F	Fano factor	Fano 因子
F	fluorescence-correction factor	荧光校正因子
$\mathbf{F}$	Lorentz force	洛伦兹力
F	relativistic-correction factor	相对校正因子
F	Fourier transform	傅里叶变换
F'	Fourier transform of edge intensity	边缘强度的傅里叶变换
F_B	fraction of alloying element B	合金元素 B 的百分比
F_g	special value of $F(\theta)$ when θ is the Bragg angle	θ 为布拉格角时 $F(\theta)$ 的特定值
$F(P)$	Fourier transform of plasmon intensity	等离子强度的傅里叶变换
$F(\mathbf{u})$	Fourier transform of $f(\mathbf{r})$	$f(\mathbf{r})$ 的傅里叶变换
$F(0)$	Fourier transform of elastic intensity	弹性强度的傅里叶变换
$F(1)$	Fourier transform of single-scattering	单次散射强度的傅里叶

		intensity	变换
$F(\theta)$		structure factor	结构因子
g/g		diffraction vector (magnitude of +/−**K** at the Bragg angle)	衍射矢量(在布拉格角时 +/−**K** 的强度)
g$_{hkl}$		diffraction vector for hkl plane	hkl 平面的衍射矢量
g		gram	克
$g(\mathbf{r})$		intensity of image at point (x, y)	点(x, y)处的图像强度
G		Bragg reflection	布拉格反射
G		radius of a HOLZ ring	高阶劳厄环的半径
G		giga	千兆
$G(\mathbf{u})$		Fourier transform of $g(\mathbf{r})$	$g(\mathbf{r})$的傅里叶变换
Gy		gray (radiation unit)	戈(辐射单位)
h		Planck's constant	普朗克常量
h		distance from specimen to the aperture	样品到光阑的距离
$h(\mathbf{r})$		contrast-transfer function	衬度传递函数
(hkl)		Miller indices of a crystal plane	晶面的米勒指数
hkl		indices of diffraction spots from hkl plane	hkl 晶面对应衍射点的指数
H		spacing of the reciprocal-lattice planes parallel to beam	平行于电子束的倒易空间晶面间距
$H(\mathbf{u})$		Fourier transform of $h(\mathbf{r})$	$h(\mathbf{r})$的傅里叶变换
i		beam current	电子束电流
i		imaginary number	虚数
i		number of atoms in unit cell	晶胞内的原子数
I		intensity	强度
I		intrinsic line width of the XEDS detector	XEDS探测器的固有线宽
i_e		emission current	发射电流
i_f		filament-heating current	灯丝加热电流
I_g		intensity in the diffracted beam	衍射束强度
$I_{K/L/M}$		K/L/M-shell intensity above	背底之上 K/L/M 壳层

符号表

	background	强度
$I(\mathbf{k})$	kinematical intensity	运动学强度
$I(1)$	single-scattering intensity	单次散射强度
I_P	intensity in the first plasmon peak	第一等离子峰强度
I_T	total transmitted intensity	总透射强度
I_0	intensity in the zero-loss peak	零损失峰强度
I_0	intensity in the direct beam	透射束强度
$I(t)$	low-loss spectrum intensity	低能损失谱强度
J	current density	电流密度
J	joule	焦耳
J	sum of spin and angular quantum numbers	自旋量子数与角量子数之和
k	magnitude of the wave vector	波矢大小
k	Boltzmann's constant	玻尔兹曼常量
k	kilo	千
$\mathbf{k}_I$	**k**-vector of the incident wave	入射波 **k** 矢量
$\mathbf{k}_D$	**k**-vector of the diffracted wave	衍射波 **k** 矢量
k_{AB}	Cliff-Lorimer factor/sensitivity factor	Cliff-Lorimer 因子/灵敏度因子
K	bulk modulus	体弹性模量
K	Kelvin	开尔文
K	Kramers' constant	Kramers 常数
K	sensitivity factor	灵敏度因子
K/L/M	inner-shell/characteristic X-ray/ionization edge	内壳层/特征 X 射线/电离边
$\mathbf{K}$	change in **k** due to diffraction	衍射引起的 **k** 的变化
$\mathbf{K}_B$	magnitude of **K** at the Bragg angle	在布拉格角时的 **K** 的大小
K_o	kernel	内核
l	angular quantum number	角量子数
L	camera length	相机常数
L	lattice spacing in beam direction	沿电子束方向的晶格间距
L	length of magnetic field	磁场强度

L_0		length of magnetic field along optic axis	轴向磁场长度
L		path difference	路径差
L		width of composition line-profile	成分线分布宽度
m		meters	米
m		milli	毫/千分之一
m		mirror plane	镜面
m		number of focal increments	焦距递增数
m_0		rest mass of the electron	电子静止质量
M		magnification	放大倍数
M		mega	百万
M_A		angular magnification	角放大倍数
M_T		transverse magnification	横向放大倍数
M_1, M_2		tie-line points on dispersion surfaces	色散面上的连线点
n		integer	整数
n		free-electron density	自由电子密度
n		number of counts	计数
n		number of scattered electrons	散射电子数
n_0		number of incident electrons	入射电子数
n		nano	纳
n		principal quantum number	主量子数
n		vector normal to the surface	面法向矢量
n_s		number of electrons in the ionized sub-shell	电离次壳层电子数
N		$h+k+l$	
N		newton	牛顿
N		noise	噪声
N		number of counts in ionization edge	电离边计数
N		number of atoms/unit area	原子数/单位面积
N_V		number of atoms/unit volume	原子数/单位体积
$N(E)$		number of bremsstrahlung photons of energy E	能量为 E 的韧致辐射光子数
N_0		Avogadro's number	阿伏伽德罗常量

符号表

O	direct beam	透射束
p	integer	整数
p	momentum	动量
p	pico	皮
P	probability of scattering	散射概率
P	peak intensity	峰强
P	FWHM of a randomized electronic-pulse generator	随机电子脉冲产生器的半高宽
Pa	pascal	帕斯卡
$P_{K/L/M}$	probability of $K/L/M$-shell ionization	$K/L/M$ 壳层的电离概率
$P(z)$	scattering matrix for a slice of thickness z	厚度为 z 切片的散射矩阵
q	charge	电荷
Q	cross section	截面
r	radius	半径
r	distance a wave propagates	波传播距离
r	distance between contamination spots	污染点之间的距离
r	minimum resolvable distance/resolution	最小可分辨距离/分辨率
r	power term to fit background in EEL spectrum	EELS 谱中用于背底拟合的幂指数
r_M	image-translation distance	图像平移距离
r$_n$	lattice vector	晶格矢量
r*	reciprocal-lattice vector	倒易空间晶格矢量
r_{ast}	radius of astigmatism disk	像散盘半径
r_{chr}	radius of chromatic-aberration disk	色差盘半径
r_{sph}	radius of spherical-aberration disk	球差盘半径
r_{min}	minimum disk radius	最小盘半径
r_{th}	theoretical disk radius	理论盘半径
r$'_n$	lattice vector in strained crystal	应变晶体内的晶格矢量
r_0	maximum radius of DP in focal plane	能谱仪焦面上衍射花样的

	of spectrometer	最大半径
R	ALCHEMI intensity ratio	ALCHEMI 强度比
R	count rate	计数率
R	crystal-lattice vector	晶体晶格矢量
R	distance on screen between diffraction spots	屏幕上衍射点之间的距离
R	radius of curvature of EEL spectrometer	EELS 谱仪的曲率半径
R	resolution of XEDS detector	XEDS 探测器分辨率
R	spatial resolution	空间分辨率
R	reduction in partial cross section with increasing α	随着 α 的增加，部分散射截面的减小量
R_{MAX}	diameter of beam emerging from specimen	透过样品后的束斑直径
R$_n$	lattice-displacement vector	晶格位移矢量
R(**r**)	displacement	位移
s	excitation error/deviation parameter	偏离参量
s	second	秒
s	spin quantum number	自旋量子数
s$_R$	excitation error due to defect	缺陷引起的偏离参量
s$_z$(**s**$_g$)	excitation error	偏离参量
s$_{eff}$	effective excitation error	有效偏离参量
S	distance from specimen to detector	样品到探测器的距离
S	signal	信号
S	standard deviation for n measurements	n 次测量的标准偏差
sr	steradians	球面度
t	shift vector between the ZOLZ and HOLZ	零阶和高阶劳厄线之间的位移矢量
t	student (t) distribution	学生(t)分布
t	thickness	厚度
t'	absorption path length	吸收路径长度
t_0	thickness at zero tilt	无倾斜时样品厚度
T	absolute temperature	绝对温度

符号表

T	tesla	特斯拉
T_c	period of rotation	旋转周期
$T(\mathbf{u})$	objective-lens transfer function	物镜传递函数
$T_{eff}(\mathbf{u})$	effective transfer function	有效传递函数
$\mathbf{u}$	reciprocal lattice vector	倒易晶格矢量
$\mathbf{u}$	unit vector along the dislocation line	沿位错线方向的单位矢量
$\mathbf{u}^*$	vector normal to the ZOLZ	垂直零阶劳厄线的矢量
U	overvoltage	过压
U_g	Fourier component of the perfect-crystal potential	完整晶体势的傅里叶分量
$[UVW]$	indices of a crystal direction	晶向指数
UVW	indices of beam direction	电子束方向指数
v	velocity	速率
V	accelerating voltage	加速电压
V	potential energy	势能
V_c/V	volume of the unit cell	单胞体积
V_c	inner potential of cavity	腔内势
V_t	projected potential through specimen thickness	厚度为 t 的样品的投影势
$V(\mathbf{r})$	crystal inner potential	晶体内势
w	$s\xi_g$ (excitation error multiplied by extinction distance)	偏离参量乘以消光距离
w	projected width of planar defect	面缺陷的投影宽度
w	width	宽度
x	distance	距离
$\times$	times (magnification)	放大倍数
x, y, z	atom coordinates	原子坐标
X	FWHM due to XEDS detector	XEDS 探测器引起的半高宽
X	rotation axis	旋转轴
y	displacement at the specimen	样品位移

y	number of counts in channel	通道计数
y	parallax shift in the image	图像的平移
z	distance within a specimen	样品内间距
z	distance along optic axis	沿光轴方向的距离
z	specimen height	样品高度
Z	atomic number/atomic-number correction factor	原子序数/原子序数校正因子

希腊字母符号

α	phase shift due to defect	缺陷引起的相移
α	semi-angle of incidence/convergence	会聚/入射半角
α	X-ray take-off angle	X射线出射角
α_0	beam divergence semi-angle at gun crossover	电子枪交叉点的束发散半角
α_{opt}	optimum convergence semi-angle	最佳会聚半角
β	brightness	亮度
β	ratio of electron velocity to light velocity	电子速度与光速比值
β	semi-angle of collection	接收半角
β_{opt}	optimum collection semi-angle	最佳接收半角
γ	degree of spatial coherence	空间相干度
γ	phase of direct beam	透射束位相
γ	relativistic-correction factor	相对校正因子
γ	specimen tilt angle	样品倾转角
Δ	change/difference	变化/差值
Δ	width of energy window	能量窗口宽度
Δd	change in lattice parameter	晶格参数变化
$\Delta \phi$	phase difference	相位差
$\Delta \theta_i$	angle between Kossel-Möllenstedt fringes	Kossel-Möllenstedt 条纹夹角
Δ_{AB}	difference in mass-absorption coefficient	质量吸收系数差值

符号表

ΔE	energy width / spread	能量宽度/发散
ΔE_P	plasmon-line width/change in plasmon energy	等离子线宽/能离子能量的变化
Δf	maximum difference in focus	焦距最大差值
Δf	defocus error due to chromatic aberration	色差引起的离焦误差
Δf_{AFF}	aberration-free (de)focus	无像差离焦量
Δf_{MC}	minimum contrast defocus	最小衬度离焦量
Δf_{opt}	optimum defocus	最佳离焦量
Δ	change (in height)	高度变化
Δh	relative depth in specimen	样品中相对深度
ΔI	change in intensity	密度变化
Δp	parallax shift	平移
ΔV	change in the inner potential	内势变化
Δx	path difference/image shift	路径差/图像移动
Δx	half-width of image of undissociated screw dislocation	固定螺位错图像半宽
Δx_{res}	resolution at Scherzer defocus	Scherzer 离焦下的分辨率
Δf_{sch}	Scherzer defocus	Scherzer 离焦量
δ	angle between XEDS detector normal and line from detector to specimen	探测器到样品连线与探测器法线的夹角
δ	angle between beam and plane of defect	电子束和缺陷平面的夹角
δ	diameter of disk image	盘图像直径
δ	diffuseness of interface	界面扩散
δ	precipitate/matrix misfit	析出物/母相失配
δ	small increment	微小增量
δ	smallest resolvable distance (resolution)	最小可分辨距离(分辨率)
ε	deflection angle	偏转角
ε	detector efficiency	探测器效率
ε	energy to create an electron-hole pair	电子空穴对激发能
ε	specimen tilt angle	样品倾转角度

ε	strain	应变
ε_0	permittivity of free space (dielectric constant)	真空电容率(介电常数)
η	phase change	相位变化
η	angle between excess Kikuchi lines at s = 0 and s>0	s = 0 和 s > 0 处亮菊池线的夹角
$\eta(\theta)$	phase of the atomic-scattering factor	原子散射因子的相位
Φ	phase shift accompanying scattering	散射引起的相移
Φ	work function	功函数
ϕ	rotation angle between image and diffraction pattern	衍射花样和图像之间的旋转角度
ϕ	angle between Kikuchi line and diffraction spot	菊池线和衍射点之间的夹角
ϕ	angle between two Kikuchi line pairs	菊池线对间的夹角
ϕ	angle between two planes	两平面之间的夹角
ϕ	angle between two plane normals	两平面法线的夹角
ϕ	angle of tilt between stereo images	立体图像间的倾转角度
ϕ	phase of a wave	波的位相
ϕ^*	complex conjugate of ϕ	ϕ 的复共轭
ϕ_g	amplitude of the diffracted beam	衍射束振幅
ϕ_0	amplitude of the direct beam	透射束振幅
ϕ_x	angle of deflection of the beam	电子束偏转角
$\phi(\rho t)$	depth distribution of X-ray production	X 射线产生的深度分布
χ	wave vector outside the specimen	样品外的波矢
χ_G	wave vector terminating on the point G in reciprocal space	倒易空间内终止于 G 点的波矢
χ_0	wave vector terminating on the point O in reciprocal space	倒易空间内终止于 O 点的波矢
χ^2	goodness of fit (between standard and experimental spectra)	拟合度(实验和标准谱线之间)
$\chi(\mathbf{u})$	phase-distortion function	相位畸变函数
$\chi(\mathbf{k})$	momentum transfer	动量转移

符号表

κ	thermal conductivity	热导率
ξ_g	extinction distance for the diffracted beam	衍射束消光距离
$\xi_{g'}$	absorption parameter	吸收参数
ξ_0	extinction distance for the direct beam	透射束消光距离
ξ_{eff}	effective extinction distance ($s \neq 0$)	有效消光距离($s \neq 0$)
ξ_g^{abs}	absorption-modified ξ_g	吸收修正 ξ_g
λ_c	coherence length	相干长度
λ	mean-free path	平均自由程
λ	wavelength	波长
$\lambda_{K/L/M}$	mean-free path for K/L/M-shell ionization	K/L/M 壳层电离平均自由程
λ_P	plasmon mean-free path	等离子平均自由程
λ_R	relativistic wavelength	相对论波长
λ^{-1}	radius of Ewald sphere	Ewald 球半径
μ	micro	微
μ	refractive index	折射率
μ/ρ	mass-absorption coefficient	质量吸收系数
$\mu^{(j)}(\mathbf{r})$	Bloch function	布洛赫函数
ν	frequency	频率
ν	Poisson's ratio	泊松比
ψ	amplitude of a wave	波振幅
ψ	the wave function	波函数
ψ_{sph}	amplitude of spherical wave	球面波振幅
ψ_{tot}	total wave function	总波函数
ψ_0	amplitude	振幅
ρ	angle between two directions	两方向夹角
ρ	density	密度
$\rho_{c/s}$	information limit due to chromatic/	色差/球差导致的信息

	spherical aberration	极限
$\rho(\mathbf{r})$	radial distribution function	径向分布函数
ρt	mass thickness	质厚
ρ_i^2	area of a pixel	单位像素的面积
σ	scattering cross section of one atom	单原子散射截面
σ	standard deviation	标准偏差
σ	stress	压力
$\sigma_{K/L/M}$	ionization cross section for K/L/M-shell electron	K/L/M 壳层电子的电离散射截面
σ_T	total ionization cross section	总电离散射截面
$\sigma_{K/L/M}(\beta\Delta)$	partial ionization cross section for K/L/M-shell electron	K/L/M 壳层电子的部分电离散射截面
θ	scattering semi-angle	散射半角
θ_B	Bragg angle	布拉格角
θ_C	cut-off semi-angle	接收半角
θ_E	characteristic scattering semi-angle	特征散射半角
θ_0	screening parameter	屏蔽参数
τ	XEDS detector time constant	XEDS 探测器时间常数
τ	dwell time	驻留时间
τ	analysis time	分析时间
ω	fluorescence yield	荧光产额
ω_c	cyclotron frequency	回旋频率
ω_p	plasmon frequency	等离子体频率
Ω	filter for energy loss	能量损失过滤器
Ω	solid angle of collection of XEDS	XEDS 接收的立体角
Ω	volume of unit cell	单胞体积
ζ	zeta factor	zeta 因子
$\otimes$	convolution (multiply and integrate)	卷积(相乘并积分)

关于本书的姊妹篇

如书中前言所述,在本书第一版出版后的多年以来,TEM 的数量以及实验技术种类有了很大增加,电子显微镜的实验功能也日趋成熟,在仪器的计算机自动化控制方面新的硬件设计得到了惊人的发展,利用软件对仪器产生的大量数据(现在几乎完全是数字化的)进行处理和模型化也得到了相当大的发展。这些信息的增长与全世界范围内对纳米世界的探索以及依然生效的摩尔定律是一致的。在本书中不可能包含所有的这些新知识,并且第二版的主要目的仍然是在努力掌握最新的进展之前教会你理解 TEM 的基础知识。我们个人也不可能完全理解所有的新技术,特别是在我们的职业生涯中都还身负更多的行政职责。

因此,我们说服了大约 20 个好朋友和同事一起帮助我们写了本书的姐妹篇(Carter and Williams, eds., Springer, 2010),在第二版中我们会经常提及它。该姐妹篇就像它自己说的那样——当本书的知识不够用时,它是一个值得咨询的朋友。它并不一定更加深奥,但是在提供最新的重要进展和传统的 TEM 技术复兴方面,它肯定会更加详细。我们汲取了同事们的贡献,并与他们一起用与这本书类似的、浅显易懂的方式写了若干章节。《透射电子显微学》的第二版是一本完全独立的教材,但是我们也认为,在你通往电子显微学家的道路上,你会发现两本书的互引是非常重要的。

图片来源

透射电子显微学是一门视觉科学，任何这方面的书籍都极大地依赖于黑白图片、半彩色图片和彩色图片(特别是最近)来传达信息。这些年来，我们与很多同事共事过，很幸运地得到了他们慷慨贡献的体现透射电子显微学艺术性和科学性的极好例子；在这里，我们想——地感谢他们。我们也用到了自己的和其他人的工作成果，并都征得了作者的同意，现——列出。

第1章

Figure 1.1：From Ruska, E（1980）*The Early History of the Electron Microscope*, Fig. 6 reproduced by permission of S. Herzel Verlag GmbH & Co.

Figure 1.2B, C：Specimen courtesy of Y Ikuhara and T Yamamoto, University of Tokyo, reproduced by permission of JEOL Ltd.

Figure 1.4：Courtesy of M Watanabe.

Figure 1.6：Courtesy of KS Vecchio.

Figure 1.7：Courtesy of T Hayes, from Hayes, T（1980）in O Johari Ed. SEM-1980 1 1, Fig. 8 reproduced by permission of Scanning Microscopy International.

Figure 1.9A：Courtesy of M Kersker, reproduced by permission of JEOL USA Inc.

Figure 1.9B：Courtesy of E Essers, reproduced by permission of Carl Zeiss SMT.

Figure 1.9C：Courtesy of K Jarausch, reproduced by permission of Hitachi High Technologies.

Figure 1.9D：Courtesy of M Kersker, reproduced by permission of JEOL USA Inc.

Figure 1.9E：Courtesy of OL Krivanek, reproduced by permission of NION Inc.

Figure 1.9F：Courtesy of JS Fahy, reproduced by permission of FEI Co.

图片来源

第 2 章

Figure 2.4：Courtesy of J Bruley and VJ Keast.

Figure 2.11：Modified from Hecht, E (1988) Optics, Fig. 10.21 Addison-Wesley.

Figure 2.13A, D：Courtesy of KS Vecchio.

Figure 2.13C：Courtesy of DW Ackland.

第 3 章

Figure 3.3：Courtesy of DE Newbury, modified from Newbury, DE (1986) in DC Joy et al. Eds. *Principles of Analytical Electron Microscopy* p 6, Fig. 2 original reproduced by permission of Plenum Press.

Figure 3.4：Courtesy of DE Newbury, modified from data in Newbury, DE (1986) in DC Joy et al. Eds. *Principles of Analytical Electron Microscopy* p 8, Table II reproduced by permission of Plenum Press.

第 4 章

Figure 4.1：Courtesy of DE Newbury, modified from Newbury, DE (1986) in DC Joy et al. Eds. *Principles of Analytical Electron Microscopy* p 20, Fig. 4 original reproduced by permission of Plenum Press.

Figure 4.3：Modified from Woldseth, R (1973) *X-ray Energy Spectrometry*, Fig. 3 original reproduced by permission of Kevex Instruments.

Figure 4.4：Modified from Williams, DB (1987) *Practical Analytical Electron Microscopy in Materials Science*, 2nd Edition, Fig. 4.3 reproduced by permission of Philips Electron Optics.

Figure 4.11：Courtesy of LW Hobbs, modified from Hobbs, LW (1979) in JJ Hren et al. Eds. *Introduction to Analytical Electron Microscopy*, Fig. 17.2 original reproduced by permission of Plenum Press.

Figure 4.12：Courtesy of LW Hobbs, modified from Hobbs, LW (1979) in JJ Hren et al. Eds. *Introduction to Analytical Electron Microscopy*, Fig. 17.4 original reproduced by permission of Plenum Press.

Table 4.1：Courtesy of JI Goldstein, from Goldstein, JI et al. (1992) *Scanning Electron Microscopy and X-ray Microanalysis*, 2nd Edition, Table 3.11 reproduced by permission of Plenum Press.

Table 4.2：Data obtained from National Physical Laboratory, Teddington, UK, web site. http://www.kayelaby.npl.co.uk/atomic_and_nuclear_physics/4_

2/4_2_1. html

Table 4.3: Courtesy of NJ Zaluzec and JF Mansfield, from Zaluzec, NJ and Mansfield, JF (1987) in K Rajan Ed. *Intermediate Voltage Electron Microscopy and Its Application to Materials Science* p 29, Table 1 reproduced by permission of Philips Electron Optics.

第 5 章

Figure 5.1: Modified from Hall, CE (1966) *Introduction to Electron Microscopy*, Fig. 7.8 McGraw-Hill.

Figure 5.4B: Courtesy of JI Goldstein, modified from Goldstein, JI *et al.* (1992) *Scanning Electron Microscopy and X-ray Microanalysis*, 2nd Edition, Fig. 2.7 original reproduced by permission of Plenum Press.

Figure 5.5: Courtesy of DW Ackland.

Figure 5.6A: Modified from Crewe, AV *et al.* (1969) Rev. Sci. Instrum. **40** 241, Fig. 2.

Figure 5.6B: Courtesy of DW Ackland.

Figure 5.7: Courtesy of M Watanabe, modified from Watanabe, M and Williams, DB (2006) J. Microsc. **221** 89, Fig. 14.

Figure 5.10: Courtesy of JR Michael, modified from Michael, JR and Williams, DB (1987) J. Microsc. **147** 289, Fig. 3 original reproduced by permission of the Royal Microscopical Society.

Figure 5.11: Modified from Williams, DB (1987) *Practical Analytical Electron Microscopy in Materials Science*, 2nd Edition, Fig. 2.12B Philips Electron Optics.

Figure 5.12: Courtesy of JR Michael, from Michael, JR and Williams, DB (1987) J. Microsc. **147** 289, Fig. 2 original reproduced by permission of the Royal Microscopical Society.

Figure 5.13A: Courtesy of DW Ackland.

Figure 5.13B: Reproduced by permission of NSA Hitachi Scientific Instruments Ltd.

第 6 章

Figure 6.7: Courtesy of DW Ackland.

Figure 6.8A: Reproduced by permission of Philips Electronic Instruments Inc.

Figure 6.8B: Reproduced by permission of Kratos Ltd.

Figure 6.8C: From Mulvey, T (1974) Electron Microscopy-1974 17, Fig. 1

reproduced by permission of the Australian Academy of Science.

Figure 6.8D: From Reimer, L (1993) *Transmission Electron Microscopy*, 3rd Edition, Fig. 2.12 reproduced by permission of Springer Verlag.

Figure 6.9: Modified from Reimer, L (1993) *Transmission Electron Microscopy*, 3rd Edition, Fig. 2.3 Springer Verlag.

Figure 6.10B: Courtesy of AO Benscoter.

Figure 6.11: Modified from Reimer, L (1993) *Transmission Electron Microscopy*, 3rd Edition, Fig. 2.13 Springer Verlag.

Figure 6.12A: Courtesy of OL Krivanek, reproduced by permission of NION Inc.

Figure 6.12A: Courtesy of M Haider, reproduced by permission of CEOS GmbH.

Figure 6.15: Modified from Reimer, L (1993) *Transmission Electron Microscopy*, 3rd Edition, Fig. 4.23 Springer Verlag.

第 7 章

Figure 7.1: Modified from Stephen, J et al. (1975) J. Phys. E 8 607, Fig. 2.

Figure 7.5: Modified from Williams, DB (1987) *Practical Analytical Electron Microscopy in Materials Science*, 2nd Edition, Fig. 1.2 Philips Electron Optics.

Figure 7.6: Modified from Berger, SD et al. (1985) *Electron Microscopy and Analysis* p 137, Fig. 1 original by permission of The Institute of Physics Publishing.

第 8 章

Figure 8.1: Courtesy of WC Bigelow, modified from Bigelow, WC (1994) *Vacuum Methods in Electron Microscopy*, Fig. 4.1 original by permission of Portland Press Ltd.

Figure 8.2: Courtesy of WC Bigelow, modified from Bigelow, WC (1994) *Vacuum Methods in Electron Microscopy*, Fig. 5.1 original by permission of Portland Press Ltd.

Figure 8.3: Reproduced by permission of Leybold Vacuum Products Inc.

Figure 8.4: Courtesy of WC Bigelow, modified from Bigelow, WC (1994) *Vacuum Methods in Electron Microscopy*, Fig. 7.1 original by permission of Portland Press Ltd.

Figure 8.6: Reproduced by permission of Gatan Inc.

Figure 8.7: Modified from Valdrè, U and Goringe, MJ (1971) in U Valdrè

Ed. *Electron Microscopy in Materials Science* p 217, Fig. 6 original by permission of Academic Press Inc.

Figure 8.8: Courtesy of NSA Hitachi Scientific Instruments Ltd.

Figure 8.9A, B: Reproduced by permission of Gatan Inc.

Figure 8.10A: Reproduced by permission of Gatan Inc.

Figure 8.11: Reproduced by permission of Gatan Inc.

Figure 8.12: Modified from Komatsu, M *et al.* (1994) J. Amer. Ceram. Soc. **77** 839, Fig. 1 original by permission of The American Ceramic Society.

Figure 8.13: Original by permission of NSA Hitachi Scientific Instruments Ltd.

Figure 8.14A: Courtesy PE Fischione, reproduced by permission of EA Fichione Instruments Inc.

Figure 8.14B: Courtesy PE Fischione, reproduced by permission of EA Fichione Instruments Inc.

Figure 8.15A, B: Courtesy NJ Zaluzec.

第 9 章

Figure 9.5: Courtesy of J Rodenburg, modified from original diagram on web site.

Figure 9.6: Modified from Reimer, L (1993) *Transmission Electron Microscopy*, 3rd Edition, Fig. 4.14 Springer Verlag.

Figure 9.10B: Courtesy of M Watanabe, modified from Watanabe, M *et al.* (2006) Microsc. Microanal. **12** 515, Fig. 6

Figure 9.15: Courtesy of R Ristau.

Figure 9.17: Modified from Williams, DB (1987) *Practical Analytical Electron Microscopy in Materials Science*, 2nd Edition, Fig. 1.7 original reproduced by permission of Philips Electron Optics.

Figure 9.19B-D: Courtesy of DW Ackland.

Figure 9.20: Modified from Edington, JW (1976) *Practical Electron Microscopy in Materials Science*, Fig. 1.5 original reproduced by permission of Philips Electron Optics.

Figure 9.21: Courtesy of S Ramamurthy.

Figure 9.22: Courtesy of DW Ackland.

Figure 9.24: Courtesy of DW Ackland.

Figure 9.25: Courtesy of DW Ackland.

Figure 9.26: Courtesy of S Ramamurthy.

图片来源

Table 9.1: From Williams, DB (1987) *Practical Analytical Electron Microscopy in Materials Science*, 2nd Edition, Table 2.4 reproduced by permission of Philips Electron Optics.

Table 9.2: From Williams, DB (1987) *Practical Analytical Electron Microscopy in Materials Science*, 2nd Edition, Table 2.2 reproduced by permission of Philips Electron Optics.

第 10 章

Figure 10.1: Modified from Médard, L *et al.* (1949) Rev. Met. **46** 549, Fig. 5.

Figure 10.3: Reproduced by permission of SPI Inc.

Figure 10.4: Reproduced by permission of South Bay Technology.

Figure 10.5A: Reproduced by permission of Electron Microscopy Sciences.

Figure 10.5B: Reproduced by permission of VCR Inc.

Figure 10.8A: Modified from Thompson-Russell, KC and Edington, JW (1977) *Electron Microscope Specimen Preparation Techniques in Materials Science*, Fig. 9 original reproduced by permission of Philips Electron Optics.

Fig. 10.8B: Modified from Thompson-Russell, KC and Edington, JW (1977) *Electron Microscope Specimen Preparation Techniques in Materials Science*, Fig. 7 original reproduced by permission of Philips Electron Optics.

Figure 10.9A: Modified from Thompson-Russell, KC and Edington, JW (1977) *Electron Microscope Specimen Preparation Techniques in Materials Science*, Fig. 12 original reproduced by permission of Philips Electron Optics.

Figure 10.9B: Courtesy PE Fischione, reproduced by permission of EA Fichione Instruments Inc.

Figure 10.10: Modified from Thompson-Russell, KC and Edington, JW (1977) *Electron Microscope Specimen Preparation Techniques in Materials Science*, Fig. 11 Philips Electron Optics.

Figure 10.11: Courtesy of R Alani, reproduced by permission of Gatan Inc.

Figure 10.12: Courtesy of AG Cullis, from Cullis, AG *et al.* (1985) Ultramicrosc. **17** 203, Figs. 1A, 3 reproduced by permission of Elsevier Science BV.

Figure 10.13: Modified from van Hellemont, J *et al.* (1988) in J Bravman *et al.* Eds. *Specimen Preparation for Transmission Electron Microscopy of Materials* Mater. Res. Soc. Symp. Proc. **115** 247, Fig. 1 original by permission of MRS.

Figure 10.16A, B: Modified from Thompson-Russell, KC and Edington, JW

(1977) *Electron Microscope Specimen Preparation Techniques in Materials Science*, Figs. 20, 21 original reproduced by permission of Philips Electron Optics.

Figure 10.17A: Modified from Thompson-Russell, KC and Edington, JW (1977) *Electron Microscope Specimen Preparation Techniques in Materials Science*, Fig. 25 original reproduced by permission of Philips Electron Optics.

Figure 10.17B: Courtesy of M Aindow.

Figure 10.19A-F: Courtesy of SD Walck.

Figure 10.20: Modified from Hetherington, CJD (1988) in J Bravman *et al*. Eds. *Specimen Preparation for Transmission Electron Microscopy of Materials Mater. Res. Soc. Symp. Proc.* **115** 143, Fig. 1 original reproduced by permission of MRS.

Figure 10.21: Modified from Dobisz, EA *et al.* (1986) J. Vac. Sci. Technol. B 4 850, Fig. 1 original reproduced by permission of MRS.

Figure 10.22A, B: After Fernandez, A (1988) in J Bravman *et al*. Eds. *Specimen Preparation for Transmission Electron Microscopy of Materials.* Mater. Res. Soc. Symp. Proc. **115** 119, Fig. 1.

Figure 10.22C, D: Courtesy of J Basu.

Figure 10.23: Reproduced by permission of FEI Inc.

Figure 10.24A-F: Courtesy of L Giannuzzi.

Figure 10.25A, B: Thanks to JR Michael.

Figure 10.26: Modified from Goodhew, PJ (1988) in J Bravman *et al*. Eds. *Specimen Preparation for Transmission Electron Microscopy of Materials*, Mater. Res. Soc. Symp. Proc. **115** 52.

Table 10.1: Courtesy of T Malis.

第 11 章

Table 11.1: Modified from Hirsch, PB *et al.* (1977) *Electron Microscopy of Thin Crystals*, 2nd Edition p 19, Krieger, NY.

第 13 章

Table 13.2: Modified from Reimer, L (1993) *Transmission Electron Microscopy*, 3rd Edition Table 7.2 p 296 Springer Verlag.

第 14 章

Figure 14.2: Modified from Hashimoto, H *et al.* (1962) Proc. Roy. Soc.

(London) **A269** 80, Fig. 2.

Table 14.2: Modified from Reimer, L (1993) *Transmission Electron Microscopy*, 3rd Edition Table 3.2 p 58, Springer Verlag.

第 16 章

Figure 16.5: Courtesy of ML Jenkins, from Jenkins, ML *et al.* (1976) Philos. Mag. **34** 1141, Fig. 2 reproduced by permission of Taylor and Francis.

Figure 16.6: Courtesy of BC De Cooman.

Figure 16.7: From Dodsworth, J *et al.* (1983) Adv. Ceram. **6** 102, Fig. 3 reproduced by permission of the American Ceramic Society.

Figure 16.8: Courtesy of BC De Cooman.

Figure 16.9: Courtesy of M Gajdardziska-Josifovska, from Gajdardziska-Josifovska M *et al.* (1995) Ultramicrosc. **58** 65, Fig. 1 reproduced by permission of Elsevier Science BV.

Figure 16.10: Courtesy of S McKernan.

Figure 16.11: Modified from Hahn, T (Ed.) *International Tables for Crystallography A* pp 538–539, No. 164 original by permission of The International Union of Crystallography.

Table 16.1: Modified from Edington, JW (1976) *Practical Electron Microscopy in Materials Science*, Appendix 8 Van Nostrand Reinhold.

第 17 章

Figure 17.2: Modified from Edington, JW (1976) *Practical Electron Microscopy in Materials Science*, Fig. 2.16 original reproduced by permission of Philips Electron Optics.

Figure 17.7: From Carter, CB *et al.* (1981) Philos. Mag. **A43** 441, Fig. 5C reproduced by permission of Taylor and Francis.

Figure 17.9: Modified from Hirsch, PB *et al.* (1977) *Electron Microscopy of Thin Crystals*, 2nd Edition, Fig. 4.11, Krieger.

Figure 17.10: From Driver, JH *et al.* (1972) Phil Mag. **26** 1227, Fig. 3 reproduced by permission of Taylor and Francis.

Figure 17.11A-C: From Lewis, MH and Billingham, J (1972) JEOL News 10e(1) 8, Fig. 3 reproduced by permission of JEOL USA Inc.

Figure 17.11D: Modified from Sauvage, Mand Parthè, E (1972) Acta Cryst. **A28** 607, Fig. 2.

Figure 17.12: Modified from Carter, CB et al. (1981) Philos. Mag. **A43** 441, Fig. 5A, B.

Figure 17.13: Modified from Carter, CB et al. (1980) J. Electron Microsc. 63 623, Fig. 8.

Figure 17.14: Modified from Carter, CB (1984) Philos. Mag. **A50** 133, Figs. 1–3.

第 18 章

Figure 18.2: Modified from Edington, JW (1976) *Practical Electron Microscopy in Materials Science*, Fig. A1.7 original reproduced by permission of Philips Electron Optics.

Figure 18.7: Courtesy of S Ramamurthy.

Figure 18.9: Courtesy of S McKernan.

Figure 18.10A, C: Courtesy of S McKernan.

Figure 18.10B, D: Modified from Vainshtein, BK et al. (1992) in JM Cowley Ed. *Electron Diffraction Techniques* **1**, Fig. 6.13 original reproduced by permission of Oxford University Press.

Figure 18.10E: From Vainshtein, BK et al. (1992) in JM Cowley Ed. *Electron Diffraction Techniques* **1**, Fig. 6.13 reproduced by permission of Oxford University Press.

Figure 18.11: Modified from James, RW (1965) in L Bragg Ed. *The Optical Principles of the Diffraction of X-rays* The Crystalline State Ⅱ, Figs. 170, 184 Cornell University Press.

Figure 18.12: Courtesy of DJH Cockayne, modified from Sproul, A et al. (1986) Philos. Mag. **B54** 113, Fig. 1 original by permission of Taylor and Francis.

Figure 18.13: From Graczyk, JF and Chaudhari, P (1973) Phys. stat. sol. b **58** 163, Fig. 10A reproduced by permission of Akademie Verlag GmbH.

Figure 18.14: Courtesy of A Howie, from Howie, A (1988) in PR Buseck et al. Eds. *High-Resolution Transmission Microscopy and Associated Techniques* p 60, Fig. 14.12 reproduced by permission of Oxford University Press.

Figure 18.15: Courtesy of LD Marks and CS Own, modified from Own, CS and Marks, LD (2005) Rev. Sci. Instrum. **76** 033703, Fig. 1.

Figure 18.16: Courtesy of J-P Morniroli.

Figure 18.17: From Tietz, LA et al. (1995) Ultramicrosc. **60** 241, Figs. 2–4 reproduced by permission of Elsevier Science BV.

Figure 18.18: Modified from Tietz, LA *et al.* (1995) Ultramicrosc. **60** 241, Fig. 5 original by permission of Elsevier Science BV.

Figure 18.19: Modified from Andrews, KW *et al.* (1971) *Interpretation of Electron Diffraction Patterns*, 2nd Edition, Fig. 41 original reproduced by permission of Plenum Press.

Figure 18.20: Modified from Andrews, KW *et al.* (1971) *Interpretation of Electron Diffraction Patterns*, 2nd Edition, Fig. 41 original reproduced by permission of Plenum Press.

Figure 18.21: Modified from Andrews, KW *et al.* (1971) *Interpretation of Electron Diffraction Patterns*, 2nd Edition, Fig. 41 original reproduced by permission of Plenum Press.

Figure 18.22: Modified from Edington, JW (1976) *Practical Electron Microscopy in Materials Science*, Fig. 2.20 original reproduced by permission of Philips Electron Optics.

Figure 18.24: Modified from Li, C and Williams, DB (2003) Interface Science **11** 461–472, Figs. 2A, 4. Courtesy of C Li.

第 19 章

Figure 19.6A: Courtesy of G. Thomas, modified from Levine, E *et al.* (1966) J. Appl. Phys. **37** 2141, Fig. 1A original reproduced by permission of the American Institute of Physics.

Figure 19.7: Modified from Okamoto, PR *et al.* (1967) J. Appl. Phys. **38** 289, Fig. 5.

Figure 19.8: Courtesy of S Ramamurthy.

Figure 19.9A: Courtesy of G. Thomas, modified from Thomas, G and Goringe, MJ (1979) *Transmission Electron Microscopy of Metals*, Fig. 2.30 John Wiley & Sons Inc.

Figure 19.9B: Modified from Edington. JW (1976) *Practical Electron Microscopy in Materials Science*, Fig. 2.27 Van Nostrand Reinhold.

Figure 19.11: Modified from Thomas, G and Goringe, MJ (1979) *Transmission Electron Microscopy of Metals*, Fig. 2.29 John Wiley & Sons Inc. Thanks to G Thomas.

第 20 章

Figure 20.2A：Courtesy of KS Vecchio, from Williams, DB et al. Eds. (1992) *Images of Materials*, Fig. 6.5 reproduced by permission of Oxford University Press.

Figure 20.2B：Courtesy of KS Vecchio, from Williams, DB et al. Eds. (1992) *Images of Materials*, Fig. 6.17 reproduced by permission of Oxford University Press,

Figure 20.3：Modified from Williams, DB (1987) *Practical Analytical Electron Microscopy in Materials Science*, 2nd Edition, Fig. 6.6 Philips Electron Optics.

Figure 20.5：Courtesy of JF Mansfield, from Mansfield, JF (1984) *Convergent Beam Diffraction of Alloy Phases*, Fig. 5.3 reproduced by permission of Institute of Physics Publishing.

Figure 20.6：From Lyman, CE et al. Eds. (1990) *Scanning Electron Microscopy, X-ray Microanalysis and Analytical Electron Microscopy—A Laboratory Workbook*, Fig. A 27.2 reproduced by permission of Plenum Press.

Figure 20.7A, B：Courtesy of J-P Morniroli, from Morniroli, J-P (2002) *Large-Angle Convergent-Beam Electron Diffraction*, Figs. V.8, V.12B (Thanks to SF Paris).

Figure 20.8A：Courtesy of J-P Morniroli, modified from Morniroli, J-P (2002) *Large-Angle Convergent-Beam Electron Diffraction*, Fig. VI.I.

Figure 20.8B-D：Courtesy of J-P Morniroli, from Morniroli, J-P (2002) *Large-Angle Convergent-Beam Electron Diffraction*, Fig. VI.2A-C (Thanks to SF Paris).

Figure 20.9：Courtesy of KS Vecchio, from Williams, DB et al. Eds. (1992) *Images of Materials*, Fig. 6.21 reproduced by permission of Oxford University Press.

Figure 20.10：Courtesy of JA Hunt, reproduced by permission of Gatan Inc.

Figure 20.11D：Courtesy of R Ayer.

Figure 20.12：Modified from Ayer, R (1989) J. Electron Microscopy Tech. **13** 3, Fig. 3.

Figure 20.13：Courtesy of WAT Clark from Heilman, P et al. (1983) Acta Metall. **31** 1293, Fig. 4 reproduced by permission of Elsevier Science BV.

Figure 20.14：Modified from Williams, DB (1987) *Practical Analytical Electron Microscopy in Materials Science*, 2nd Edition, Fig. 6.9 original by permission of Philips Electron Optics.

Figure 20.15：Modified from Williams, DB (1987) *Practical Analytical

Electron Microscopy in Materials Science, 2nd Edition, Fig. 6. 16 original by permission of Philips Electron Optics.

Figure 20.16: Courtesy of CM Sung.

Figure 20.17: Courtesy of M Terauchi.

Figure 20.18: Courtesy of CS Own and LD Marks.

第 21 章

Figure 21.1: Courtesy of ZL Wang, after Wang, ZL *et al.* (2003) Phys. Rev. Lett. **91** 185502, Fig. 2.

Figure 21.2: Modified from Williams, DB (1987) *Practical Analytical Electron Microscopy in Materials Science*, 2nd Edition, Fig. 6. 13 original by permission of Philips Electron Optics.

Figure 21.3: Modified from Williams, DB 1987 *Practical Analytical Electron Microscopy in Materials Science*, 2nd Edition, Fig. 6. 14 original by permission of Philips Electron Optics.

Figure 21.4: Courtesy of JM Zuo, simulation from WebEMAPS.

Figure 21.5: Courtesy of B Ralph, modified from Williams, DB (1987) *Practical Analytical Electron Microscopy in Materials Science*, 2nd Edition, Fig. 6. 18 original by permission of Philips Electron Optics.

Figure 21.6: From Williams, DB (1987) *Practical Analytical Electron Microscopy in Materials Science*, 2nd Edition, Fig. 4. 29A reproduced by permission of Philips Electron Optics.

Figure 21.8: Modified from Williams, DB (1987) *Practical Analytical Electron Microscopy in Materials Science*, 2nd Edition, Fig. 4. 29B, C original by permission of Philips Electron Optics.

Figure 21.9: Courtesy of R Ayer, from Raghavan, M *et al.* (1984) Metall. Trans. **15A** 783, Fig. 6 reproduced by permission of ASM International.

Figure 21.10A: Courtesy of KS Vecchio, modified from Williams, DB *et al.* Eds. (1992) *Images of Materials*, Fig. 6. 23 original by permission of Oxford University Press.

Figure 21.10B: Courtesy of R Ayer, modified from Ayer, R (1989) J. Electron Microsc. Tech. **13** 3, Fig. 7 original by permission of John Wiley & Sons Inc.

Figure 21.12: Courtesy of KS Vecchio, modified from Williams. DB *et al.* Eds. (1992) *Images of Materials*, Fig. 6. 19 original by permission of Oxford University

Press.

Figure 21.13: Courtesy of JM Zuo, modified from Kim, M *et al.* (2004) Appl. Phys. Lett. 84 2181, Fig. 1.

Figure 21.14: Modified from Johnson, A (2007) Acta Cryst. **B63** 511, Fig. 7 reproduced by permission of The International Union of Crystallography. Courtesy A Johnson.

Figure 21.15: Modified from Zuo, JM *et al.* (1999) Nature **401** 49, Fig. 3A reproduced by permission of Macmillan Magazines Ltd. Courtesy JCH Spence.

Figure 21.16: Courtesy of R McConville, from Williams, DB *et al.* Eds. (1992) *Images of Materials*, Fig. 6.33 reproduced by permission of Oxford University Press.

Figure 21.17: Courtesy of JM Cowley, from Liu, Mand Cowley, JM (1994) Ultramicrosc. **53** 333, Figs. 1, 2 reproduced by permission of Elsevier Science BV.

Table 21.1: Data from Williams, DB (1987) *Practical Analytical Electron Microscopy in Materials Science*, 2nd Edition p 79, reproduced by permission of Philips Electron Optics.

Table 21.2: Data from Williams, DB (1987) *Practical Analytical Electron Microscopy in Materials Science*, 2nd Edition p 79, reproduced by permission of Philips Electron Optics.

目　录

第一篇　基本概念

第1章　透射电子显微镜 ················ 3
章节预览 ······························· 3
1.1　TEM可以研究哪些材料？ ············ 4
1.2　为什么使用电子？ ··················· 5
    1.2.1　简史 ························· 5
    1.2.2　显微学方法和分辨率概念 ······ 6
    1.2.3　电子与物质的相互作用 ······· 10
    1.2.4　景深和焦深 ·················· 12
    1.2.5　衍射 ························ 13
1.3　TEM的局限性 ····················· 14
    1.3.1　取样 ························ 14
    1.3.2　解释透射像 ·················· 14
    1.3.3　电子束损伤与安全 ············ 15
    1.3.4　样品制备 ···················· 16
1.4　不同类型的TEM ··················· 17
1.5　电子的基本性质 ···················· 19
1.6　显微学方法的网络资源 ·············· 21
    1.6.1　与显微学方法和分析相关的网址 ··· 22
    1.6.2　显微学方法和分析软件 ········ 23
章节总结 ······························ 26
参考文献 ······························ 26
自测题 ································ 33
章节具体问题 ·························· 34

第2章　散射和衍射 ···················· 37
章节预览 ······························ 37
2.1　我们为什么对电子散射感兴趣？ ······ 38

2.2 散射和衍射术语 ………………………………………… 40
2.3 散射角 …………………………………………………… 43
2.4 相互作用的散射截面和微分散射截面 …………………… 44
  2.4.1 孤立原子的散射 …………………………………… 45
  2.4.2 来自样品的散射 …………………………………… 46
  2.4.3 一些数字 …………………………………………… 46
2.5 平均自由程 ……………………………………………… 47
2.6 TEM 中如何利用散射 …………………………………… 49
2.7 与 X 射线衍射的比较 …………………………………… 49
2.8 夫琅禾费衍射和菲涅耳衍射 ……………………………… 50
2.9 光的狭缝衍射和圆孔衍射 ………………………………… 51
  2.9.1 双缝(杨氏双缝实验) ……………………………… 51
  2.9.2 多缝(衍射光栅) …………………………………… 52
  2.9.3 单一宽缝 …………………………………………… 52
  2.9.4 圆孔散射 …………………………………………… 55
  2.9.5 为什么这与电镜有关? ……………………………… 56
2.10 相长干涉 ………………………………………………… 56
2.11 角度表示 ………………………………………………… 56
2.12 电子衍射花样 …………………………………………… 57
章节总结 ……………………………………………………… 59
参考文献 ……………………………………………………… 60
自测题 ………………………………………………………… 61
章节具体问题 ………………………………………………… 62

第 3 章 弹性散射 …………………………………………… 63
章节预览 ……………………………………………………… 63
3.1 粒子和波 ………………………………………………… 64
3.2 弹性散射机制 …………………………………………… 65
3.3 孤立原子的散射 ………………………………………… 67
3.4 卢瑟福散射截面 ………………………………………… 67
3.5 卢瑟福散射截面的修正 ………………………………… 68
3.6 卢瑟福散射电子的相干性 ……………………………… 71
3.7 原子散射因子 …………………………………………… 72
3.8 $f(\theta)$ 的来源 ………………………………………… 74
3.9 结构因子 $F(\theta)$ ……………………………………… 76
3.10 简单衍射概念 …………………………………………… 77

3.10.1 电子波的干涉、透射束和衍射束的产生 · · · · · · · · · · · · · 78
3.10.2 衍射方程 · · · · · · · · · · · · · 79
章节总结 · · · · · · · · · · · · · 81
参考文献 · · · · · · · · · · · · · 82
自测题 · · · · · · · · · · · · · 83
章节具体问题 · · · · · · · · · · · · · 84

第 4 章 非弹性散射和电子束损伤 85
章节预览 · · · · · · · · · · · · · 85
4.1 TEM 中的非弹性散射过程 · · · · · · · · · · · · · 86
4.2 X 射线发射 · · · · · · · · · · · · · 88
    4.2.1 特征 X 射线 · · · · · · · · · · · · · 88
    4.2.2 韧致辐射 · · · · · · · · · · · · · 95
4.3 二次电子发射 · · · · · · · · · · · · · 97
    4.3.1 二次电子 · · · · · · · · · · · · · 97
    4.3.2 俄歇电子 · · · · · · · · · · · · · 98
4.4 电子-空穴对和阴极发光（CL） · · · · · · · · · · · · · 99
4.5 等离子体和声子 · · · · · · · · · · · · · 100
4.6 电子束损伤 · · · · · · · · · · · · · 103
    4.6.1 电子剂量 · · · · · · · · · · · · · 104
    4.6.2 样品加热 · · · · · · · · · · · · · 105
    4.6.3 聚合物中的电子束损伤 · · · · · · · · · · · · · 105
    4.6.4 共价和离子晶体中的电子束损伤 · · · · · · · · · · · · · 106
    4.6.5 金属中的电子束损伤 · · · · · · · · · · · · · 107
    4.6.6 溅射 · · · · · · · · · · · · · 109
章节总结 · · · · · · · · · · · · · 110
参考文献 · · · · · · · · · · · · · 110
自测题 · · · · · · · · · · · · · 112
章节具体问题 · · · · · · · · · · · · · 113

第 5 章 电子源 115
章节预览 · · · · · · · · · · · · · 115
5.1 不同类型电子源的物理机制 · · · · · · · · · · · · · 116
    5.1.1 热发射 · · · · · · · · · · · · · 116
    5.1.2 场发射 · · · · · · · · · · · · · 117
5.2 电子束的特征 · · · · · · · · · · · · · 118
    5.2.1 亮度 · · · · · · · · · · · · · 118

5.2.2	时间相干性和能量发散	120
5.2.3	空间相干性和电子源尺寸	121
5.2.4	稳定性	122

5.3 电子枪 122
    5.3.1 热电子枪 123
    5.3.2 场发射枪（FEG） 127

5.4 电子枪的比较 128

5.5 电子枪特性的测量 129
    5.5.1 束流 130
    5.5.2 会聚角 131
    5.5.3 束斑直径的计算 132
    5.5.4 束斑直径的测量 134
    5.5.5 能量发散度 136
    5.5.6 空间相干性 136

5.6 加速电压的选择 137

章节总结 137
参考文献 138
自测题 139
章节具体问题 140

第6章 透镜、光阑和分辨率 141

章节预览 141

6.1 为什么要了解透镜？ 142

6.2 光学和电子光学 143
    6.2.1 如何画光路图 143
    6.2.2 基本光学元素 147
    6.2.3 透镜方程 148
    6.2.4 放大、缩小和聚焦 148

6.3 电磁透镜 151
    6.3.1 极靴和线圈 151
    6.3.2 不同类型的透镜 152
    6.3.3 通过磁场的电子运动轨迹 155
    6.3.4 像旋转和最佳物平面 158
    6.3.5 电子束的偏转 158

6.4 光阑和光圈 159

6.5 真实透镜及其问题 161

6.5.1	球差	161
6.5.2	色差	164
6.5.3	像散	166

6.6 电磁透镜的分辨率(和最终的 TEM 分辨率) ·················· 166
    6.6.1 理论分辨率(衍射限制分辨率) ························ 167
    6.6.2 球差导致的实际分辨率 ······························ 169
    6.6.3 色差导致的样品限制分辨率 ·························· 170
    6.6.4 定义的混淆 ······································ 171
6.7 焦深和景深 ·· 172
章节总结 ·· 174
参考文献 ·· 175
自测题 ·· 177
章节具体问题 ·· 178

第 7 章 如何"看见"电子   181
章节预览 ·· 181
7.1 电子探测和显示 ······································ 182
7.2 观察屏 ·· 183
7.3 电子探测器 ·· 184
    7.3.1 半导体探测器 ···································· 185
    7.3.2 闪烁体-光电倍增探测器/TV 相机 ···················· 187
    7.3.3 电荷耦合器件(CCD)探测器 ························ 189
    7.3.4 法拉第杯 ·· 191
7.4 对不同信号的探测器种类选择 ·························· 193
7.5 图像记录 ·· 195
    7.5.1 感光乳剂 ·· 195
    7.5.2 其他图像记录方法 ································ 196
7.6 扫描图像和静态 TEM 图像的对比 ······················ 196
章节总结 ·· 197
参考文献 ·· 197
自测题 ·· 198
章节具体问题 ·· 199

第 8 章 真空泵和样品杆   201
章节预览 ·· 201
8.1 真空 ·· 202
8.2 粗真空泵 ·· 203

目录

- 8.3 高/超高真空泵 ... 204
  - 8.3.1 扩散泵 ... 204
  - 8.3.2 涡轮分子泵 ... 205
  - 8.3.3 离子泵 ... 206
  - 8.3.4 低温(吸附)泵 ... 206
- 8.4 完整真空系统 ... 207
- 8.5 检漏 ... 209
- 8.6 污染:碳氢化合物和水汽 ... 209
- 8.7 样品杆和测角台 ... 210
- 8.8 侧插式样品杆 ... 211
- 8.9 顶插式样品杆 ... 212
- 8.10 倾斜和旋转样品杆 ... 213
- 8.11 原位样品杆 ... 215
- 8.12 等离子清洗器 ... 218
- 章节总结 ... 220
- 参考文献 ... 221
- 自测题 ... 221
- 章节具体问题 ... 222

第9章 设备

- 章节预览 ... 225
- 9.1 照明系统 ... 226
  - 9.1.1 平行束的 TEM 操作 ... 226
  - 9.1.2 会聚束(S)TEM 模式 ... 229
  - 9.1.3 聚光物镜 ... 230
  - 9.1.4 平移和倾转电子束 ... 233
  - 9.1.5 C2 光阑合轴 ... 234
  - 9.1.6 聚光镜缺陷 ... 235
  - 9.1.7 校准 ... 237
- 9.2 物镜和测角台 ... 239
- 9.3 形成衍射花样和像:TEM 成像系统 ... 240
  - 9.3.1 选区衍射 ... 241
  - 9.3.2 明场像和暗场像 ... 244
  - 9.3.3 中心暗场像操作 ... 246
  - 9.3.4 空心锥衍射与暗场像 ... 247
- 9.4 形成衍射花样和像:STEM 成像系统 ... 249

9.4.1	明场 STEM 像	251
9.4.2	暗场 STEM 像	253
9.4.3	环形暗场像	253
9.4.4	STEM 中的放大倍数	254

9.5 合轴和消像散 …………………………………………………… 254
    9.5.1 透镜旋转中心 ……………………………………………… 254
    9.5.2 成像透镜像散校正 ………………………………………… 256

9.6 成像系统的校准 …………………………………………………… 258
    9.6.1 放大倍数的校准 …………………………………………… 258
    9.6.2 相机长度校准 ……………………………………………… 261
    9.6.3 图像相对于衍射花样的旋转 ……………………………… 264
    9.6.4 图像和衍射花样的空间关系 ……………………………… 266

9.7 其他校准 …………………………………………………………… 266

章节总结 ………………………………………………………………… 268
参考文献 ………………………………………………………………… 268
自测题 …………………………………………………………………… 270
章节具体问题 …………………………………………………………… 271

第 10 章 样品制备 273

章节预览 ………………………………………………………………… 273
10.1 安全性 …………………………………………………………… 274
10.2 自支撑样品或使用微栅 ………………………………………… 276
10.3 制备最终减薄的自支撑样品 …………………………………… 278
    10.3.1 从大块样品上切薄片 …………………………………… 278
    10.3.2 切圆片 …………………………………………………… 278
    10.3.3 预减薄样品 ……………………………………………… 280
10.4 样品最终减薄 …………………………………………………… 282
    10.4.1 电解抛光 ………………………………………………… 282
    10.4.2 离子减薄 ………………………………………………… 283
10.5 截面样品 ………………………………………………………… 289
10.6 微栅/垫圈上的样品 ……………………………………………… 290
    10.6.1 电解抛光——金属和合金的窗口法 …………………… 291
    10.6.2 超薄切片 ………………………………………………… 292
    10.6.3 研磨和捣碎 ……………………………………………… 294
    10.6.4 复型和萃取 ……………………………………………… 294
    10.6.5 解理和小角度解理技术（SACT） ……………………… 296

10.6.6　90°楔形 ………………………………………… 298
　　10.6.7　光刻 …………………………………………… 299
　　10.6.8　择优化学刻蚀 …………………………………… 299
　10.7　FIB ……………………………………………………… 300
　10.8　存储样品 ………………………………………………… 302
　10.9　一些原则 ………………………………………………… 303
　章节总结 ………………………………………………………… 305
　参考文献 ………………………………………………………… 305
　自测题 …………………………………………………………… 307
　章节具体问题 …………………………………………………… 308

第二篇　衍　射　理　论

第 11 章　TEM 中的衍射 ………………………………………… 311
　章节预览 ………………………………………………………… 311
　11.1　为什么在 TEM 中使用衍射？ …………………………… 312
　11.2　TEM、衍射相机和 TV …………………………………… 313
　11.3　原子面的散射 …………………………………………… 314
　11.4　晶体的散射 ……………………………………………… 317
　11.5　布拉格定律中 n 的意义 ………………………………… 321
　11.6　动力学效应的图解介绍 ………………………………… 323
　11.7　衍射花样的标定 ………………………………………… 324
　11.8　实验电子衍射花样 ……………………………………… 324
　11.9　选区电子衍射花样 ……………………………………… 325
　章节总结 ………………………………………………………… 331
　参考文献 ………………………………………………………… 331
　自测题 …………………………………………………………… 331
　章节具体问题 …………………………………………………… 332

第 12 章　在倒空间思考 ………………………………………… 335
　章节预览 ………………………………………………………… 335
　12.1　为何引入另一种点阵？ ………………………………… 336
　12.2　倒易点阵的数学定义 …………………………………… 337
　12.3　矢量 g …………………………………………………… 337
　12.4　劳厄方程及其与布拉格定律的关系 …………………… 340
　12.5　Ewald 反射球 …………………………………………… 342

12.6 偏离参量 ··· 344
12.7 薄膜效应和加速电压效应 ··· 347
章节总结 ··· 348
参考文献 ··· 348
自测题 ··· 349
章节具体问题 ··· 350

第 13 章 衍射束 ··· 351
章节预览 ··· 351
13.1 为什么要计算强度？ ··· 353
13.2 处理方法 ··· 353
13.3 衍射束振幅 ··· 354
13.4 特征长度 ξ_g ··· 356
13.5 Howie-Whelan 方程 ··· 357
13.6 Howie-Whelan 方程的拓展 ··· 359
13.7 求解 Howie-Whelan 方程 ··· 360
13.8 $\gamma^{(1)}$ 和 $\gamma^{(2)}$ 的重要性 ··· 361
13.9 总波振幅 ··· 363
13.10 有效偏离参量 ··· 364
13.11 柱体近似 ··· 365
13.12 近似和简化 ··· 367
13.13 类比耦合谐振子 ··· 368
章节总结 ··· 369
参考文献 ··· 369
自测题 ··· 370
章节具体问题 ··· 371

第 14 章 布洛赫波 ··· 373
章节预览 ··· 373
14.1 TEM 中的波动方程 ··· 374
14.2 晶体 ··· 375
14.3 布洛赫函数 ··· 377
14.4 布洛赫波的薛定谔方程 ··· 378
14.5 平面波振幅 ··· 381
14.6 布洛赫波的吸收 ··· 384
章节总结 ··· 385
参考文献 ··· 385

自测题 ……………………………………………………………… 386
　　章节具体问题 …………………………………………………… 387

第 15 章　色散面 ……………………………………………… 389
　　章节预览 ………………………………………………………… 389
　　15.1　引言 ……………………………………………………… 390
　　15.2　$U_g = 0$ 时的色散图 …………………………………… 391
　　15.3　$U_g \neq 0$ 时的色散图 ………………………………… 392
　　15.4　色散面与衍射花样的关系 ……………………………… 394
　　15.5　U_g、ξ_g 和 s_g 之间的关系 …………………… 398
　　15.6　布洛赫波振幅 …………………………………………… 400
　　15.7　扩展到多束情形 ………………………………………… 401
　　15.8　色散面和缺陷 …………………………………………… 403
　　章节总结 ………………………………………………………… 403
　　参考文献 ………………………………………………………… 404
　　自测题 …………………………………………………………… 405
　　章节具体问题 …………………………………………………… 406

第 16 章　晶体衍射 …………………………………………… 407
　　章节预览 ………………………………………………………… 407
　　16.1　简单点阵衍射回顾 ……………………………………… 408
　　16.2　结构因子：思想 ………………………………………… 409
　　16.3　一些重要的结构：体心立方、面心立方和密排六方 … 410
　　16.4　扩充 fcc 和 hcp 使之包含基元 ………………………… 414
　　16.5　将体心立方和面心立方的分析用于简单立方结构 …… 416
　　16.6　将密排六方结构扩展到 TiAl …………………………… 416
　　16.7　超晶格反射与成像 ……………………………………… 417
　　16.8　长周期超晶格衍射 ……………………………………… 420
　　16.9　禁止反射 ………………………………………………… 421
　　16.10　国际标准表格的使用 …………………………………… 422
　　章节总结 ………………………………………………………… 424
　　参考文献 ………………………………………………………… 425
　　自测题 …………………………………………………………… 426
　　章节具体问题 …………………………………………………… 427

第 17 章　小体积衍射 ………………………………………… 429
　　章节预览 ………………………………………………………… 429
　　17.1　引言 ……………………………………………………… 430

  17.1.1 求和方法 ·················· 431
  17.1.2 积分方法 ·················· 432
 17.2 薄膜效应 ························ 433
 17.3 楔形样品的衍射 ·················· 435
 17.4 面缺陷的衍射 ···················· 436
 17.5 来自颗粒的衍射 ·················· 439
 17.6 单位错和多位错的衍射 ············ 442
 17.7 衍射和色散面 ···················· 444
 章节总结 ···························· 446
 参考文献 ···························· 446
 自测题 ······························ 447
 章节具体问题 ························ 448

第 18 章　平行束衍射花样的获取与标定　451
 章节预览 ···························· 451
 18.1 选择合适的技术 ·················· 452
 18.2 SAD 实验技术 ···················· 454
 18.3 极射赤面投影 ···················· 456
 18.4 单晶衍射花样的标定 ·············· 460
 18.5 多晶材料的环形花样 ·············· 464
 18.6 空心锥衍射的环形花样 ············ 467
 18.7 非晶材料的环形花样 ·············· 468
 18.8 旋进衍射 ························ 472
 18.9 二次衍射 ························ 473
 18.10 样品的取向 ····················· 477
 18.11 取向关系 ······················· 481
 18.12 计算机分析 ····················· 483
 18.13 取向的自动确定与取向分布图 ····· 484
 章节总结 ···························· 486
 参考文献 ···························· 486
 自测题 ······························ 490
 章节具体问题 ························ 491

第 19 章　菊池衍射　493
 章节预览 ···························· 493
 19.1 菊池线的来源 ···················· 494
 19.2 菊池线和布拉格散射 ·············· 495

19.3 绘制菊池图 498
19.4 晶体取向和菊池图 503
19.5 设置 s_g 值 505
19.6 强度 507
章节总结 508
参考文献 509
自测题 510
章节具体问题 511

第 20 章 CBED 花样的获取 513

章节预览 513
20.1 为什么使用会聚束？ 514
20.2 CBED 花样的获取 516
  20.2.1 SAD 和 CBED 的比较 516
  20.2.2 TEM 模式下的 CBED 518
  20.2.3 STEM 模式下的 CBED 519
20.3 实验变量 520
  20.3.1 C2 光阑的选取 520
  20.3.2 相机常数的选取 522
  20.3.3 束斑大小的选择 523
  20.3.4 样品厚度的影响 523
20.4 CBED 花样的聚焦和离焦 525
  20.4.1 聚焦 CBED 花样 525
  20.4.2 大角度（离焦）CBED 花样 527
  20.4.3 最后调节步骤 531
20.5 能量过滤 531
20.6 零阶和高阶劳厄带衍射 533
  20.6.1 ZOLZ 花样 533
  20.6.2 HOLZ 花样 533
20.7 CBED 花样中的菊池线和布拉格线 537
20.8 HOLZ 线 539
  20.8.1 HOLZ 线与菊池线的关系 539
  20.8.2 HOLZ 线的获取 539
20.9 空心圆锥/旋进 CBED 542
章节总结 544
参考文献 544

自测题 ·· 546
　　章节具体问题 ··· 547
第 21 章　会聚束技术的应用 ·· 549
　　章节预览 ·· 549
　　21.1　CBED 花样的标定 ·· 550
　　　　21.1.1　ZOLZ 和 HOLZ 花样的标定 ··························· 550
　　　　21.1.2　HOLZ 线的标定 ·· 555
　　21.2　厚度测量 ·· 556
　　21.3　单胞的确定 ··· 560
　　　　21.3.1　实验思路 ·· 561
　　　　21.3.2　HOLZ 环半径的重要性 ································· 561
　　　　21.3.3　晶格中心的确定 ··· 564
　　21.4　对称性的确定 ·· 566
　　　　21.4.1　对称性概念的回顾 ······································ 566
　　　　21.4.2　Friedel 定律 ·· 568
　　　　21.4.3　衍射花样中对称性的观察 ······························ 569
　　21.5　晶格应变的测量 ··· 571
　　21.6　手性的确定 ··· 573
　　21.7　结构因子和电荷密度的确定 ···································· 575
　　21.8　其他方法 ·· 576
　　　　21.8.1　扫描法 ··· 576
　　　　21.8.2　纳米衍射 ·· 578
　　章节总结 ·· 578
　　参考文献 ·· 579
　　自测题 ·· 582
　　章节具体问题 ··· 582

索引 ·· 585

第一篇 基本概念

- 第 1 章　透射电子显微镜
- 第 2 章　散射和衍射
- 第 3 章　弹性散射
- 第 4 章　非弹性散射和电子束损伤
- 第 5 章　电子源
- 第 6 章　透镜、光阑和分辨率
- 第 7 章　如何"看见"电子
- 第 8 章　真空泵和样品杆
- 第 9 章　设备
- 第 10 章　样品制备

第 1 章
透射电子显微镜

章 节 预 览

典型的商业透射电子显微镜(TEM)在电子束能量上每电子伏特大约要花费 5 美元，如果把所有费用都考虑在内，每电子伏特大约花费 10 美元。下面你会看到，我们所使用的电子束的能量在 100 000~400 000 eV 范围内，所以 TEM 是一种极其昂贵的设备。因此，在一台电子显微镜上投如此大量的资金必须要有充分的科学理由。在这一章中(本章只是对该书中要详细讨论的许多概念进行简单综述)，我们从介绍 TEM 的发展历史开始，这和为什么要用 TEM 去表征物质具有密切关系。使用 TEM 的其他原因是设备本身不断发展，目前可以说没有其他科学仪器能够提供如此大范围的表征技术，同时具有如此高的空间和分析分辨率，还能对各种技术进行全面定量的理解。确实，随着纳米技术和相关领域逐渐被公众和技术界认可，TEM 越来越成为纳米材料和器件表征的主要工具。然而，和优点紧密相连的必然是一系列限制显微镜性能的缺点，了解仪器优点的同时，也必须意识到其不足。所以，我们对其缺点也做了简要总结。

TEM 有许多不同的类型，相应地有不同的缩写，例如 HRTEM、STEM、AEM 等，我们会把这些不同的仪器介绍给读者。我们也将用这些缩写或者简写（参见缩略词表）来表示相应的显微学方法和设备（显微镜）。不同类型的 TEM 只是在基本框架之上做了一些小的改动，所以这本书的书名只使用了"TEM"。我们会描述一些电子的基本物理特性，整本书中会多次用到物理和数学公式，因为电子的基本物理性质、电子在显微镜中如何受磁场控制、电子如何与物质相互作用以及如何探测从 TEM 样品中发出的各种信号都是理解 TEM 用途和 TEM 不同操作技术的基础。

最后，我们汇总了一些 TEM 中常用的计算机软件包（本书中会多次提及），把它们放在第 1 章以强调计算机在当今电子显微学分析中的重要性。从本章节中学到的基本知识不仅仅是 TEM 的多样性，还会看到 TEM 除了是一种简单的用于高分辨成像和形成衍射花样（称为 DPs）的显微镜之外，重要的还是一种信号产生和探测的仪器，其中高分辨成像和衍射花样已经用了几十年。

1.1　TEM 可以研究哪些材料？

材料学家通常用 TEM 来研究金属、合金、陶瓷、玻璃、聚合物、半导体以及这些材料的复合体。此外，人们也尝试用 TEM 研究木材、纺织品和混凝土材料。除了将块材减薄研究外，通常也会研究其中某些材料的颗粒、纤维，它们通常都很薄，可以直接进行 TEM 研究。纳米科学作为贯穿本书的一个特色，是指"在约 1~100 nm 尺度范围对材料进行研究和操控，这个范围内的特殊现象会使这些材料有新的应用，包括纳米科学、工程和技术，纳米技术则主要包括纳米尺度物体的成像、测量、建模以及操纵"。

> **关　键　词**
>
> 借助 TEM 可以更好地实现"材料的成像、测量、建模及操控"，而该技术应用于纳米材料则形成了一个新的领域"纳米表征"，本书中尽量不使用该术语。

制备纳米级材料时，其在一维、二维或者三维方向都有特定的维度限制，因此 TEM 非常适用于观察纳米材料。本书中包含很多特定维度限制结构的例子。比如，单层材料（如石墨烯、量子井）、纳米管、纳米线、量子点、纳米颗粒，而且大部分催化剂颗粒可视为一维结构材料。这些纳米材料不用经过处理就可以直接在 TEM 中观察：一维纳米材料足够薄；二维纳米材料包含界面；而三维纳米材料一般为多层材料、半导体器件和功能材料，或者纳米孔隙结构（如用于催化剂颗粒分散的基体）。最后，应该指出 TEM 在纳米和生物交叉领域的迅速发展，尽管在过去的十多年中很多生物电子显微镜被损伤比较小的技术取代了，如共焦、双光子、多光子和近场光学显微镜，然而 TEM 在生物材料、生物/无机界面以及纳米-生物/生物材料中仍然具有重要的作用。

1.2 为什么使用电子？

为什么要用电子显微镜？从历史上讲，发展 TEM 是因为可见光波长限制了光学显微镜的图像分辨率。在电子显微镜发展起来以后，人们才逐渐意识到电子的优势，而这些优势在一定程度上已经融入到现代 TEM 的发展中。为引入主题，我们先来看一下 TEM 的发展历史及其优缺点。

1.2.1 简史

Louis de Broglie（1925）首先提出电子波动性理论，电子波长远比可见光短。1927 年，Davisson 和 Germer，Thomson 和 Reid 两个研究组分别独立进行了电子衍射实验，证明了电子具有波动性，之后不久人们就提出了电子显微镜的概念。Knoll 和 Ruska(1932) 的论文中首次用到了电子显微镜这个名称，并且实现了电子透镜成像的想法，在如图 1.1 所示的仪器上获得了电子图像。这是至关重要的一步，为此 Ruska 获得了 1986 年(稍微有些迟，逝世于 1988 年)的诺贝尔物理学奖。在 Knoll 和 Ruska 文章发表的同一年，电子显微镜的分辨

图 1.1　20 世纪 30 年代早期，Ruska 和 Knoll 在柏林建造的电子显微镜

率就超越了可见光的分辨极限。令人吃惊的是，Ruska 竟然从没听说过 de Broglie 关于电子波的观点，并认为波长极限不适用于电子。仅 4 年以后，商业公司就开发出了 TEM，Metropolitan-Vickers EM1 是第一台商用的 TEM，于 1936 年在英国建造。但它的工作状态不是很好。正规的 TEM 生产开始于 1939 年德国的 Siemens 和 Halske。第二次世界大战之后，其他几个制造商（Hitachi、JEOL、Philips 和 RCA）都开始生产电子显微镜。

对于材料科学家来说，20 世纪 50 年代中期最重要的一个发展就是，瑞士的 Bollman、英国剑桥的 Hirsch 以及他的合作者完美地把金属薄片减薄到电子可穿透的厚度（实际上由于很多早期的 TEM 工作都是用来检测金属样品的，"薄片"就变成了"样品"的同义词，本书中也会经常这么使用）。此外，剑桥研究小组还发展了电子衍衬理论，应用这一理论我们通常可以定量分析 TEM 图像中的线缺陷、面缺陷。这个理论工作总结在一本重要的教科书中，这本书被认为是 TEM 的"圣经"（Hirsch 等，1977）。在材料科学领域，美国的 Thomas 是用 TEM 来解决结构问题的先驱，他在书中首次清楚地论述了这些问题。另外，还有一些材料结构问题方面的优秀书籍，例如 Edington 有关"实际操作"的著作。

当今，TEM 已经成为材料表征最有效和最常用的工具，研究的尺度范围包括原子、纳米（1 nm 到 100 nm）以及微米量级或者更大。如果你想了解 TEM 的历史，Marton（1968）的书是一本比较简洁的论著。在 Hawkes（1985）编辑的书中也有一些个人的回忆录。Fujita（1986）在书中重点强调了日本对 TEM 发展的贡献。这个领域中许多先驱者都把他们的自传写到论著里，或者为他们编写论文集以表敬意（例如 Cosslett，1979；Ruska，1980；Hashimoto，1986；Howie，2000；Thomas，2002；Zeitler，2003），文集详述了他们几十年中对 TEM 的贡献，汇编了这个领域中有价值的综述性论文。如果你喜欢读材料科学史，我们推荐 Goodman（1981）编写的回顾性文章《电子衍射五十年》，以及 Ewald（1962）编的《X 射线衍射五十年》（1994 年出版的 CBE 手册讨论过 X 射线的术语问题）。而且最近，Haguenau 等（2003）总结了电子显微镜发展史上的重大事件，可以在网络上查阅到很多详细信息，有些还是很准确的。

1.2.2 显微学方法和分辨率概念

什么是显微镜？多数人会说是用来放大用肉眼看不到的东西的设备，他们很可能会谈到光学显微镜（VLM）。由于我们比较熟悉光学显微镜的概念，所以，必要时会把电子显微镜和光学显微镜进行类比。

人眼能分辨的两点间的最小距离约为 0.1～0.2 mm，假设有充足的照明，这个最小距离就取决于我们眼睛的视力情况，这个最小距离就是眼睛的分辨率或更准确地说是分辨能力。所以，任何能给出细节好于 0.1 mm 的图片（或者称之为"图像"）的设备，都可以叫做显微镜，它的最大有效放大倍数由分辨率决定。由于电子比原子小，因此，至少理论上就可能建立一个能看到原子以下量级的显微镜。这正是早期发展 TEM 时吸引人的主要地方。用电子可以"看"的观点可能使你困惑，因为我们的眼睛对电子并不敏感。如果一束高能电子射进你的眼睛，你很可能就会失明，因为电子杀死了视网膜细胞，你将什么都看不到！所以电子显微镜的一个主要部分是不同类型的观察屏（现在通常是平板计算机显示器），把电子的强度转化成光强，以便我们来观测和记录照相或者进行数字化存储。（我们将在第 7 章讨论这些屏幕和其他记录电子图像的方式）

VLM

为了避免歧义，不使用"optical microscopy"或"light microscopy"。

"visible-light microscope/y"表示可见光显微镜，其中用连字符表示意思时简单恰当。

TEM 的分辨率对不同功能的设备有不同的含义，我们会在适当的章节中进行讨论。最容易想到的是用光学显微镜中经典的瑞利判据来表示 TEM 图像的分辨率。根据瑞利判据，能分辨的最小距离，δ，可以近似表示为

$$\delta = \frac{0.61\lambda}{\mu \sin \beta} \tag{1.1}$$

式中，λ 为辐射波长；μ 为介质的折射率；β 为放大镜的收集半角。为简化起见，我们把 $\mu \sin \beta$（通常被称为数值孔径）近似为单位 1，所以分辨率大约等于光波长的一半。对于可见光谱中的绿光，λ 大约是 550 nm，所以一台好的 VLM 的分辨率约为 300 nm。利用式（1.1），TEM 能够达到的最好分辨率会非常高（近似为 $1.22\lambda/\beta$）。

对我们来说，300 nm 是一个很小的尺度，但它大约相当于 1 000 个原子的直径，因此许多决定材料性质的结构特性都在 VLM 的分辨率以下。而且 300 nm 也远远超出我们之前定义的纳米尺度范围。所以，如果我们想了解物质并最终调控其性能，那么在纳米材料科学和工程中就需要在原子量级上成像，这也是 TEM 非常有用的主要原因。

20 世纪初，人们已经彻底理解了光学显微镜的局限性，这使得这个领域里的一位巨人 Ernst Abbe 抱怨说："希望人类能够找到超越这个极限的方法"（他是对的，他有理由这么消沉，因为他死于 1905 年，而在他死后 20 年，de

Broglie 就解决了这个问题)。de Broglie 的著名方程给出了电子波长和能量 E 之间的关系，如果忽略相对论效应，可以将它近似表示为（此处不考虑单位的一致性，1.4 节有准确的表示）

$$\lambda = \frac{1.22}{E^{1/2}} \tag{1.2}$$

式中，E 的单位为 eV；λ 的单位为 nm。

从式(1.2)可知，对于 100 keV 的电子，λ 约为 4 pm（0.004 nm），它远小于原子的直径。

> **V 和 eV**
>
> 请记住，我们应该准确使用这些单位，V 代表显微镜的加速电压，而 eV 指的是显微镜中电子的能量（由式(1.4)可知两者之间的关系）。

我们还不可能建造一台达到受波长限制的极限分辨率的理想 TEM，因为我们不可能做出完全理想的电子透镜（见第 6 章）。直到近来，最好的电磁透镜才可能与用可口可乐瓶底做成的光学显微镜相比。但在 Ruska 早期电子透镜工作之后，相关研制工作进展很快。20 世纪 70 年代中期，许多商业的 TEM 就能分辨出晶体中的单个原子列，"高分辨透射电子显微学"（HRTEM）随之诞生，我们将在下册第 28 章中对这一问题进行深入讨论。图 1.2A 给出了一幅典型的 HRTEM 图像。

短波长的优势引领了 20 世纪 60 年代高压电子显微镜（HVEM）的发展，其加速电压在 1 MV 到 3 MV 之间。事实上，与其说高压电镜推高了分辨率极限，倒不如说这些仪器大部分用于给样品引入可控数量的辐射损伤，来试图模拟原子核反应堆的环境。三哩岛和切尔诺贝利对能源研究重点的改变有一定贡献。今天环境的改变正在迫使人们重新考虑核能源。近年来对于 HVEM 的需求已经很少。20 世纪 80 年代仅制造了一台用于高分辨成像的 HVEM（1 MV），90 年代制造了 3 台 1.25 MV 的 TEM。20 世纪 80 年代发展了中等加速电压的电子显微镜（IVEM），这些电子显微镜的工作电压为 200~400 kV，但它们仍然具有很高的分辨能力，分辨率接近于 1 MV 的高压电子显微镜。实际上，如今购买的大部分 IVEMs 都是具有原子分辨率的高分辨电镜。

我们仍然在提高分辨率，近年来球差（C_s）和色差（C_c）校正器的发展在电子显微镜领域具有里程碑的意义（分别见第 6 章和下册第 37 章）。引入球差和色差校正后，在其众多优点中，重要的是可以得到清晰的原子结构图像，对不同能量的电子进行滤波，还可以提高较厚样品的图像质量。

球差校正的 IVEM 图像分辨率可达到 0.1 nm 以上。电子显微镜发展到现在，追求更高的分辨率已不是发展的主要方向，人们试图发展它的其他功能。球差校正可能是近几十年来 TEM 技术的一个最激动人心的进步，本书会多次阐述，而且在后面也会详细说明这点。图 1.2B 和 C 分别为在传统电镜与球差（C_s）和色差（C_c）校正电镜上得到的高分辨图像，从中可以看出明显的差别。TEM 中球差和色差校正的优点会在后续的球差校正和能量过滤 TEM（EFTEM）章节中进行深入探讨。

C_c、C_s 和放大倍数

TEM 所记录的图像都对应一定的放大倍数，引入球差校正系统不会对它产生影响。只有样品较薄的情况下才能充分体现球差校正的优势。对厚样品来说，通过能量过滤的 C_c 校正更为有用。

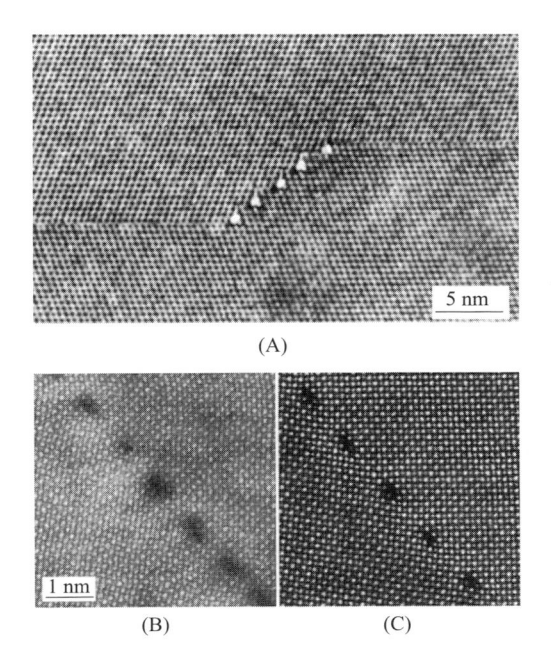

图 1.2 （A）尖晶石结构中的孪晶界，孪晶面为{111}，白点是原子列。即使不知道什么产生了白点或者为什么它们是白点，我们仍可以很容易地看到孪晶界处原子排列的取向改变。（B）和（C）分别为传统 TEM 和 C_s-TEM 拍摄的 $SrTiO_3$ 中的晶界，可以看出两者差别非常明显

1.2.3 电子与物质的相互作用

电子是一种"电离辐照"。它能通过把一部分能量转移给样品中单个原子使内壳层电子摆脱原子核的紧束缚。

使用电离辐照的优点之一是它可以产生一个很宽范围的样品的二次信号,如图 1.3 所示。其中许多信号都可以用在分析型电子显微镜(AEM)中,给出样品的化学信息和其他许多细节。AEM 用的是 X 射线能量色散谱(XEDS)和电子能量损失谱(EELS),例如图 1.4A 是图 1.4B 所示 TEM 样品中一个很小区域的 X 射线谱,能谱中有某些元素的特征峰,由此可确定这些区域的元素分布情况。我们可以将这些谱图转化为定量数据来描述与微结构不均匀性相关的化学元素的变化,如图 1.4C 和 1.4D 所示,本书下册第四篇将着重介绍这部分内容。相对而言,使用非电离辐照的显微镜,比如可见光显微镜,通常只能产生一般光(好处是没有太多热量)。

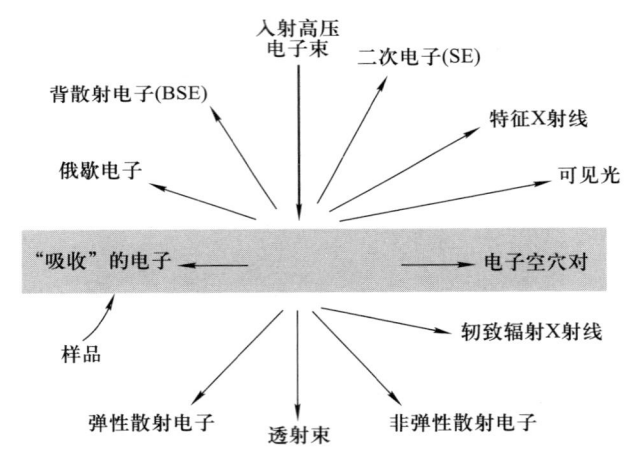

图 1.3 高能电子和薄样品相互作用时产生的各种信号。大多数信号可以在不同类型的 TEM 中用到。图中显示的方向并不总是代表信号的实际方向,但大体上表示了信号最强的位置或能被检测到的方向

为了从样品中获得最好的信息,我们必须输入最好的信号,因此电子源的质量非常关键。在第 5 章你会看到,现在这个方面已经得到了较好的完善,所以现代 TEM 是相当好的信号产生设备。为了获取局域信息,我们需要使 TEM 形成很细的电子束(常称为探针),直径一般小于 5 nm,最好在 0.1 nm 以下。我们通过把 TEM 和扫描电子显微镜技术结合而制造出的扫描透射电子显微镜(STEM)就具有非常小的束斑。STEM 是 AEM 的基础,也是一个具有独特性能

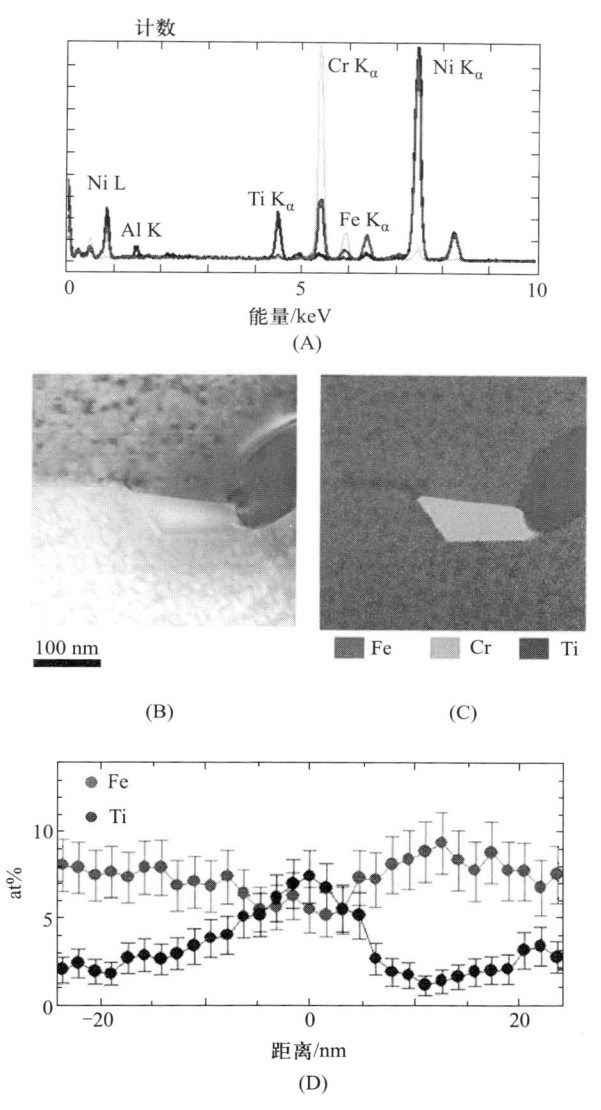

图 1.4 （A）为（B）图中 Ni 基超合金的 X 射线谱，给出 3 个不同区域内化学元素的特征峰。（C）为各个区域的元素分布，与（A）图中不同灰度的能谱相对应。（D）为横穿（C）图中一个小的基体析出相的元素定量分布曲线。见书后彩图

的扫描成像（或者扫描探针）显微镜。事实上，有些设备只能在扫描模式下工作，有时被称为"专用 STEM"，或"DSTEM"。类似标准 TEM 中图像分辨率的改善，AEM 在中等电压下具有更好的分析性能。

最重要的是，球差校正后可以产生束流更高、束斑更小的探针，这样可以显著提高电镜的空间分辨率和灵敏度。色差校正（能量过滤）的引入则可获得电子图像整个能量范围的图像信息，例如带隙成像和化学键成像。

1.2.4 景深和焦深

显微镜的景深是一种度量尺度，也就是我们所观察的物体在多大范围内能同时保持清晰图像。焦深则指在保证图像清晰的条件下，像平面在像空间内可移动的距离。即景深对应于物空间，而焦深对应于像空间。如果混淆了，可以回想一下景深和视场的概念，这两个都是指日常照相中的物体。与分辨率一样，这些性质是由显微镜的透镜决定的。正如我们前面提到的，电子透镜的质量并不是很好，提高其性能的一个方法是在透镜中使用孔径较小的限制光阑，把电子束变成细的电子"笔"，其截面最多只有几个微米。这些光阑降低了电子束的强度，但增大了样品的景深和图像的焦深，第6章中会有详细解释。

大的景深透镜主要用在 SEM 中，使表面形貌有很大变化的样品产生准三维的清晰图像，这一点对 TEM 也很重要。在 TEM 中，只要电子能穿过样品，样品通常都能同时聚焦，几乎与样品的形貌无关。图 1.5 是晶体中位错的 TEM 图像。这些位错开始和终止于样品的某个位置，但事实上它们从上到下贯穿了整个样品，而且总体保持聚焦（读完本书之后即可分辨样品的上下表面）。进一步说，我们可以在仪器最后一个透镜下方不同位置记录最终的图像，也是处于聚焦状态（即便放大倍数变化）。而对 VLM 来说，除非样品在可见光波长范围内表面是平的，否则就不会同时聚焦。在这个问题上，VLM 和 TEM 各有优缺点。要注意的是，在 C_s 电镜中，为了保证分辨率，一般使用较大光阑，这会减小景深和焦深（见 6.7 节）。所以 C_s 电镜的样品必须足够薄，以保证在任何情况下都能同时聚焦。下面的章节会对其作进一步讨论，也会提及 TEM 的

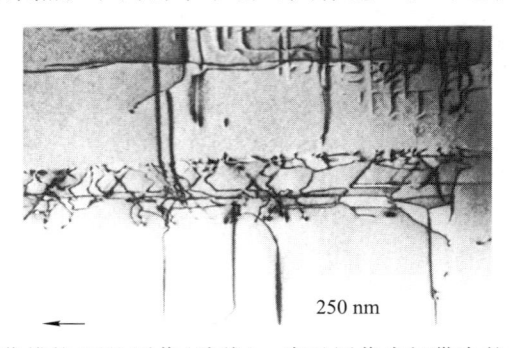

250 nm

图 1.5 GaAs 晶体中位错的 TEM 图像（暗线）。穿过图像中间带中的位错位于和另一个带成 90°的滑移面上，并从顶到底贯穿整个薄样品，且在整个样品厚度内可以很好地聚焦

"共焦"模式。

1.2.5 衍射

　　Thompson、Reid、Davisson 和 Germer 分别指出，电子通过镍的薄晶体时会发生衍射。Kossel 和 Möllenstedt（1939）认识到将电子衍射应用到 TEM 中的可能性。电子衍射是 TEM 中不可或缺的一部分，它可用于研究晶体结构（尤其是晶体缺陷）。而纳米材料的结构对其性质有很大的影响，因此对于材料科学家和纳米技术人员来说，电子衍射是非常重要的技术手段。图 1.6 是一张电子衍射花样，包含了晶体结构、晶格周期距离、样品形状等信息。衍射花样与对应样品的图像相关，插图为对应的图像。在本书第二篇中可以看到，如果将平行的 TEM 电子束会聚成一聚焦的电子束，即可得到很明锐的会聚束电子衍射花样（如图 2.13D），由此可对极小的晶体进行全面的晶体学对称性分析，包括点群、空间群的测定等。引入像差校正之后，我们可以得到更小区域（球差校正）内更为锐利（色差校正）的衍射花样。光学显微镜没有类似的功能，因为其可见光波相对比较长。

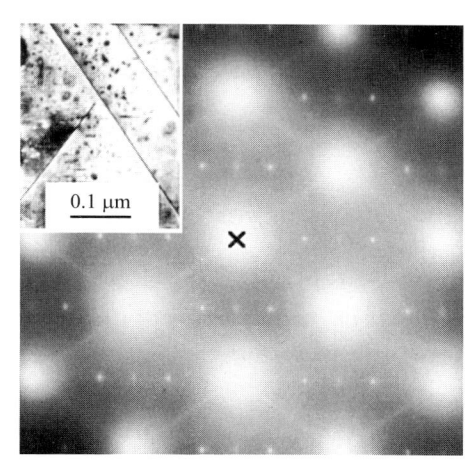

图 1.6　含有多种析出相的 Al-Li-Cu 合金（见插图）的 TEM 电子衍射花样。中间的点（×）包含直接穿过样品的电子，其他衍射点和线是被不同晶面散射的衍射电子

要　点

　　任何时候，衍射花样中（以及所有分析信息）的晶体学信息都与样品的图像相关联。

总之，电子显微镜可以产生原子分辨率的图像，产生各种信号来表征样品的化学成分与晶体学信息，而且总能得到聚焦的清晰图像。当然，使用电子显微镜还有许多其他方面的原因，希望当你读完这本书以后会更清楚。同时，也有许多原因使得某些结构问题并不能总是可以用 TEM 来解决。了解这个设备不能做什么也是非常重要的，就像需要知道它能做什么一样。

1.3 TEM 的局限性

1.3.1 取样

如上所述，TEM 的很多优点都伴随着相应的缺点。首先，高分辨成像技术的代价就是你每次只能看到样品的很小部分。分辨率越高，设备取样的范围就越小。Von Heimendahl(1980)报道了 Swann 在 1970 年左右的一个计算结果，他估计，自从 TEM 商业化以来(约 15 年)，所有 TEM 总共检测的样品只有 0.3 mm^3！迄今为止也不过 10^3 mm^3。由于这种设备的取样能力较差，所以在把样品放入 TEM 之前，你必须用分辨率较低而取样能力较好的技术检查一下，比如，肉眼、光学显微镜、扫描电子显微镜等。换言之，在看一片叶片上的叶脉之前要先观察一下整个森林。

1.3.2 解释透射像

透射电子显微镜给出的是三维样品的二维投影图像。虽然我们的眼睛和大脑会习惯性地理解反射光图像，但比较难理解 TEM 的透射图像，所以必须谨慎。Hayes(1980)通过两只并排犀牛的照片很好地说明了这个问题，如图 1.7

图 1.7 两头犀牛的照片，从投影图看上去是一只双头怪兽。人的眼睛很容易辨别出这类图像中的投影假象，但在 TEM 图像中，类似的东西就很容易被误认为是"真实的"结构特征

所示，一只犀牛头看起来好像与另一只的尾部直接连接。正如 Hayes 所说"当我们看到这幅图时我们会发笑（因为我们理解它的三维本质），但当在 TEM 中看到类似的（更容易误导）图像时，我们却会发表论文"，因此，要小心 TEM 图像中的假象。

通常这个缺点（也可称为投影缺陷）所导致的结果之一是，我们在本书中讨论的所有 TEM 信息（图像、衍射花样和谱）都是对样品厚度的平均。换言之，单一的 TEM 图像对深度不敏感，图 1.5 说明了这个问题，可由图像得到薄膜上下表面的信息，但并不直观。因此，如果你需要对样品进行全面了解，那么其他对表面或深度敏感的技术，例如场离子显微镜、扫描探针显微镜、俄歇谱、卢瑟福背散射等，都是必要的补充技术。

然而，生物学家要了解复杂分子、细胞和其他自然结构的形状，就更要克服投影缺陷的问题。为此，他们提出了电子断层成像技术，该技术利用一系列不同角度的图像合成样品的三维图像，原理类似我们比较熟悉的医学上用 X 射线进行的 CAT 扫描（计算机化轴向 X 射线断层成像技术）。近年来样品台发展迅速，可实现 360°倾转，结合先进的数据存储和处理技术，纳米技术人员已经开始利用电子断层成像技术研究复杂三维无机结构，例如包含催化剂颗粒的多孔材料。对材料学家来说，TEM 的电子断层成像是一项较新的技术，后面章节会详细介绍。

1.3.3 电子束损伤与安全

电离辐照的一个负效应是样品损伤，特别是聚合物（以及大部分有机物）或者一些矿物类材料和陶瓷。电子束损伤随电压升高而加剧，商业 TEM 设备可达到 400 kV，电子束损伤限制了 TEM 的一些用途，即使样品是耐熔金属也会发生损伤。在球差校正电镜中，由于其电子束会聚能力强，电子束损伤可能更为严重。图 1.8 所示为被高能电子损伤过的样品区域。

然而，还有希望，可以把强度更高的电子源和高灵敏度的电子探测器结合，利用计算机增强图像噪声来使照射到样品上的总的电子剂量降到损伤阈值之下。常结合样品冷却（冷冻电镜技术）和低噪声的电荷耦合器件（CCD）摄像机（分别见第 7 章和下册第 31 章）的小剂量电子显微技术是生物 TEM 的标准方法，而且即便每平方纳米仅有几百个电子照射样品，也可以成像。这些方法在材料 TEM 中越来越有用，其中 STEM 中电子束的数字化控制也是减小辐照损伤的方法。

如果我们不注意这个问题，在高压电子束和高强度电子源的共同作用下，几乎任何样品都会被损伤。同时，要切记把自己暴露在电离辐射下所带来的危险！现代 TEM 在设计和制造时已经把安全看作主要的因素，但是时刻谨记你

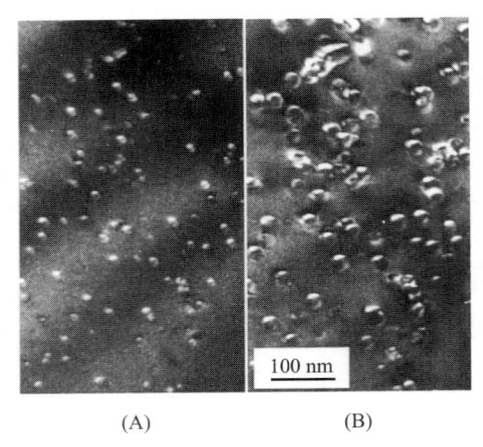

图 1.8 用 125 keV 的电子轰击后石英中的损伤情况，从（A）到（B），随着时间增加，损伤区域增加

所面对的是有潜在危险的机器，它产生的辐射等级可以杀死组织（该技术早期可能伤害一些操作员）。在没有咨询厂商和进行辐射泄漏检测前，决不要以任何方式改动显微镜。不确定是否安全就不要动它！

1.3.4 样品制备

如果准备用 TEM 中的透射电子来获得信息，样品必须很薄。薄只是相对而言，但在本书中是指"对电子透明"。电子透明样品厚度必须非常薄，使足够多的电子透过，才能保证屏幕、CCD 或照相底片上的照射强度，在合理的时间内才可以得到一个可解释的图像。一般情况下，电子透明样品的厚度是电子能量和样品平均原子序数（Z）的函数。对于 100 keV 的电子，铝合金样品达到 1 μm 就算是薄的了；而对于钢铁，大约要达到几百纳米才算薄。然而，在 TEM 中，样品越薄越好，低于 100 nm 的样品无论什么情况下都应该能使用，在极端情况下，例如用 HRTEM 或电子能谱，样品厚度必须小于 50 nm（甚至 10 nm）。随着电子束加速电压的增加，厚度要求变得不那么严格，但这一点会被高能电子产生的损伤所抵消。

聚焦离子束（FIB）是专门用于样品制备的工具，FIB 对半导体制造者来说是必不可少的，制造人员可用它制备样品，几十分钟内就可以从 12 in 的 VLSI 晶片上的几百万个门或结中制备出特定的单个结构的薄膜。FIB 的缺点在于其价格昂贵，相当于一台 TEM 的售价。第 10 章以及相关章节会具体讲解样品的制备方法。

> **薄 样 品**
>
> TEM 的主要局限性是样品要薄，几乎所有材料都有制备薄样品的方法，我们将在第 10 章讨论这个问题。但一般来讲，减薄 TEM 样品的过程确实会影响样品，会改变它的结构和化学性质，所以要清楚样品制备中的损伤，学会辨别标准样品制备方法引入的假象。

这里需要注意专有名词的区别，sample 和 specimen 经常互用，但在本文中我们用 specimen 指样品台中插入 TEM 的材料的薄片，并且假设 specimen 是从要研究的较大块材（bulk sample）上减薄出来的，有时会把这两个词混在一起以考察学生的理解力。

所以，现在你应该清楚，TEM 和相关技术联合使用是解决材料结构问题强有力的表征方法，不应该孤立地使用某一个技术手段。在用 TEM 研究之前，你必须用肉眼、光学显微镜（VLM）、扫描电子显微镜（SEM）等在低放大倍数下观察样品。否则，可能会受制于我们刚刚列出的局限性。但也应该知道，我们在充分发挥 TEM 优点的同时，也在不断地提高技术来解决这些局限性。

1.4 不同类型的 TEM

如前所述，TEM 有许多不同的类型，如 HRTEM、HVEM、IVEM、STEM 和 AEM，每种类型的设备都有专门的书籍介绍。从原理上讲，这些设备都是在传统 TEM 技术上发展起来的，所以在本书中，我们也是打算按这个顺序来介绍。事实上，目前 200 keV 或 300 keV 的 TEM 可以具有上面所有显微镜的综合功能。图 1.9 给出了提到的几种不同类型的 TEM 的照片。深入了解这些不同仪器的特征具有重要意义。一台 HVEM 通常需要两层楼高的空间。每一台仪器的规模通常能从操作控制台的高度判断出来。一台现代 TEM 本质上是一个电子光学腔，在这一腔体中，可以保持很好的真空度，而透镜和大多数其他功能可通过一台或多台计算机控制。值得一提的是，DSTEM 只有纯平显示器，没有观察屏。若观察屏不在电子显微镜内，操作者就不必待在放置电镜的房间或大楼里，甚至可以不在同一个国家就可操作，即实现远程操作，这是一个较为流行的 TEM 设计理念，这样避免了人为因素对电镜性能的影响。此外，远程操作也为更多研究者提供了接近最复杂的 TEM 的机会，就如同天文学工作者共同使用一些大型望远镜一样。

(A)

(B)

(C)

(D)

(E)   (F)

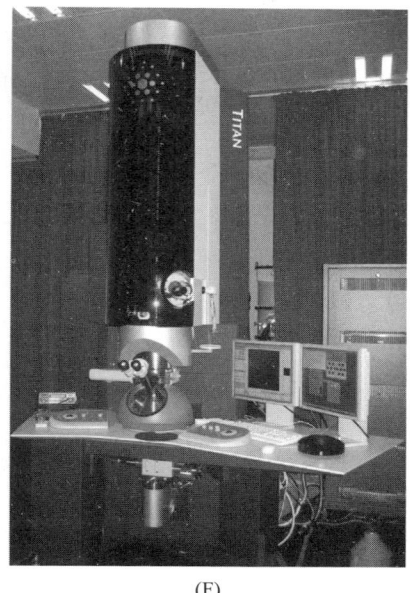

图1.9 不同类型的商用 TEM：(A) JEM 1.25 MeV 高压 TEM。注意其体积很大，镜筒上面的高压部分一般放于另一个房间。(B) 安装有球差校正器和能量过滤器的 Zeiss 高分辨 TEM。注意电镜外的大框架可以提高机械稳定性，保证高分辨图像质量。(C) Hitachi 200 keV 专用 STEM，电镜中没有观察窗。主要用于半导体器件的损坏分析，从生产线上的晶片上减薄的样品很容易转移和观察。(D) JEOL 200 keV TEM/STEM。注意没有观察窗。(E) Nion 200 keV 超高真空 SuperSTEM。唯一美国制造的(S)TEM，目前图像分辨率的世界纪录保持者。(F) FEI Tian。可以和 Ruska 的设备（已经有 70~80 年的历史）(图1.1) 进行比较，还是发人深省的。见书后彩图

1.5 电子的基本性质

我们在本书中多次提到电子的基本性质。电子既有粒子性，又有波动性，这种波粒二象性阐明了量子物理中的一个巨大难题，对此我们似乎都毫无疑问地接受了。事实上，和 G. I. Taylor 著名的杨氏双缝实验一样，TEM 也证明了电子具有粒子性和波动性。在杨氏双缝实验中，尽管使用了很弱的光源以至于任何时间只有一个光子通过这个仪器，但还是得到了干涉花样。TEM 中电子束流值大约为 0.1~1 μA，对应大约每秒有 10^{12} 个电子通过样品平面。但是，我们会看到，对于 100 keV 能量的电子，它的速度大约是 $0.5c(1.6×10^8$ m/s)，所以电子之间就以约 1.6 mm 的距离分开。这意味着在任何时候样品内都不会

超过一个入射电子。然而电子衍射和干涉发生了,两者都属于波动现象,这意味着不同电子波之间具有相互作用。尽管存在这种矛盾,我们对电子和它的行为还是增加了很多了解。表1.1中总结了电子的一些基本性质并给出了相关的物理参数。

表1.1 基本常数和定义

电荷(e)	$(-)1.602×10^{-19}$ C
1 eV	$1.602×10^{-19}$ J
静止质量(m_0)	$9.109×10^{-31}$ kg
静止能量(m_0c^2)	511 keV
动能(电荷×电压)	$1.602×10^{-19}$ N·m(1 V 电压)
普朗克常量(h)	$6.626×10^{-34}$ N·m·s
1 A	1 C/s
真空中的光速(c)	$2.998×10^8$ m/s

还有一些需要知道的重要方程。首先,基于 de Broglie 的波粒二象性的观点,我们把粒子的动量 p 和波长 λ 通过普朗克常量联系起来,即

$$\lambda = \frac{h}{p} \tag{1.3}$$

在 TEM 中,通过加速电压 V 对电子加速,并传递动量,电子动能为 eV。其势能一定等于动能,因此

$$eV = \frac{m_0 v^2}{2} \tag{1.4}$$

现在我们把动量 p 与电子质量(m_0)和速度(v)的乘积等价起来,把式(1.4)中的 v 代入,得到

$$p = m_0 v = (2m_0 eV)^{1/2} \tag{1.5}$$

因此我们可以得到电子波长和电子显微镜加速电压 V 之间的关系

$$\lambda = \frac{h}{(2m_0 eV)^{1/2}} \tag{1.6}$$

这个表达式和式(1.2)相同。λ 和加速电压 V 的反比关系引入了一个非常重要的概念:通过增大加速电压,我们可以减小电子波长。

由式(1.2)和式(1.6)可以得到很有用的结果,但要注意它们之间的区别。我们可以利用式(1.6)去计算表1.2中列出的一般商用 TEM 对应电压下的非相

对论电子波长。

这里进行的简单处理忽略了电子的相对论效应。但大于 100 keV 能量的电子显微镜不能忽略相对论效应，因为电子(作为粒子)的速度比光速的一半还要大(真空中光速为 $2.998×10^8$ m/s)。所以，为了精确，必须对式(1.6)进行相对论修正

$$\lambda = \frac{h}{\left[2m_0 eV\left(1+\frac{eV}{2m_0 c^2}\right)\right]^{1/2}} \qquad (1.7)$$

把式(1.6)和式(1.7)应用于数据表，很容易得到其他电压对应的电子波长。加速电压越高，相对论效应越明显，如表 1.2 所示，其涵盖了所有商用 TEM 的加速电压。

表 1.2 电子性质与加速电压的关系

加速电压/kV	非相对论波长/nm	相对论波长/nm	质量($×m_0$)	速度/(10^8 m/s)
100	0.003 86	0.003 70	1.196	1.644
120	0.003 52	0.003 35	1.235	1.759
200	0.002 73	0.002 51	1.391	2.086
300	0.002 23	0.001 97	1.587	2.330
400	0.001 93	0.001 64	1.783	2.484
1 000	0.001 22	0.000 87	2.957	2.823

这些数字发挥着重要作用，尤其在分析显微镜的分辨率和计算有关电子与物质相互作用方式时经常会用到它们。

对于各种物理量的单位，应该按照上面所指出的，都使用国际单位制。但有时候也有例外，原因有二：一是出于当时特殊目的，用一些特定的单位比较理想；二是在一些公式中，我们忘记了包含一些特殊的转换因子。Fischbeck(1987)有一本很有用的参考书，其中讨论了单位制的问题，例如高斯单位制和国际单位制的区别。此外，从 Kaye 和 Laby(1986)(专题网址 2)提供的有百年之久的标准数据电子版，或者 NIST 数据库中都可快速查出所需常量或者数据(专题网址 3)。

1.6 显微学方法的网络资源

TEM 使用者与因特网和万维网密切相结合。网络是了解关于该领域进展

的有用信息（和知识）的源泉。你可以网上实时观察 TEM 图像并进行研究工作，不仅能看到还能远程操作这些仪器（快速寻找远程显微镜可以提供很多有用的信息），这样就可以在舒服的办公室或实验室操作先进的 TEM（甚至如果有很好的宽带连接的话还可以在海滩上操作 TEM）。这种"远程显微镜"的发展使我们表征物质的能力有了非同寻常的跨越，即在你的实验室里可以有效地使用高端设备，而不需要去特定的地点。随着 Internet2 和 NLR（National Lambda Rail）在美国实验室的深入研究，相关系统也迅速在世界各地发展，可由高端计算资源快速得到实验信息以及相应的模拟结果。

此外，我们将在本书中介绍一些专业的软件包，可以让你做许多深入的分析（如衍射花样分析和图像/衍射/谱模拟等），这些软件包也可以通过网络获得。尽管重要的显微镜操作软件网上都有，但许多情况下，使用这些软件包要受到一定的限制（即必须付费）。有时在购买之前，你最好先看看它能做什么。

本章列出了一些重要的网址，我们会继续在本书的每章后面给出相应的网址。为了保证其可靠性，这些网站都与长期声誉好的机构相关，例如国家实验室、专业机构以及主要的出版公司。这些有用的站点被罗列如下，不必感到奇怪，它们与本书第一版（10 年前）有很大区别。同样，我们并不能保证所有的站点一直可用，这也是互联网时代的特点。

1.6.1　与显微学方法和分析相关的网址

http：//www.amc.anl.gov　这是美国最好的 TEM 信息资源站点，由 Argonne 国家实验室（ANL）的 N.J.Zaluzec 管理。通过它，你可以进入显微方法列表服务器和软件实验室。还有到显微方法和显微分析的 FTP 站点以及访问软件/图像实验室的链接。通过这个站点还能链接到如下一些有用的站点。

http：//microscopy.com/MicroscopyListserver/　以电子邮件为主的论坛，EM 社区会员会收到一个中心网址，该网址上以列表形式给出了显微方法和分析的不同领域的问题/评论/答案。

http：//www.microscopy.com/MMMeetingCalendar.pl　提供近期会议、学术报告和课程列表。

http：//zaluzec.com/cgi-bin/ANLWWWListingSQL.pl? SearchOrg = society 提供各个国家以及国际电子显微和分析机构的网站列表。提供与电子显微学相关的学校、政府和个人站点的链接。

http：//cimewww.epfl.ch/EMYP/emyp.html　电子显微学黄页的主页，与 ANL 站点相似，是由瑞士洛桑理工学院的 P.Stadelmann 管理。黄页包括电子显微学实验室、软件、学术团体、仪器、设备与咨询教育机构、数据和数据包、新闻和出版物相关的信息资源，会议、讲习班和学校，以及网络上一些有用的信息。

http：//cimesg1.epfl.ch/CIOL/ 和 http：//cimesg1.epfl.ch/CIOL/summary.html Stadelmann 也提供了一些复杂的 EMS 软件用于高分辨图像的分析和衍射模拟，本书下册第 30 章以及相关章节会具体介绍。

http：//iucr.org/resources/commissions 国际晶体学机构的资源丰富，美国亚利桑那州立大学的 J.C.H.Spence 给出了电子衍射和显微学相关的软件列表。

http：//www.numis.northwestern.edu/IUCR_CED/ L.Marks 管理的电子显微学和衍射的站点。

http：//tem.msae.wisc.edu/emdb/index.html NSF 支持、P.Voyles 管理的 TEM 数据库。

1.6.2 显微学方法和分析软件

万维网上有很多可用的软件，虽然 TEM 更新很快，但可以买一些优秀的软件包去做显微镜基础方面的研究：衍射、成像和显微分析等。在整本书中会提到很多类似的程序，但这里只对当前使用最好的做一个简单的总结（列出了其来源），其中一些仍然是免费的。除此之外还有很多软件包，这里所列的仅是我们比较熟悉的。

■ 电子散射截面：NIST 3.0 版本的数据库中，涵盖了电子能量由 50 eV 到 300 eV（步长为 1 eV）、原子序数在 1 到 96 之间的所有元素的微分弹性散射截面、总弹性散射截面、相移以及传输截面的值。可以从站点 http://www.nist.gov/srd/nist64.htm 免费下载。

■ CRISP：基于 Windows 的商业软件包，是 HRTEM 图像处理软件。可以与 ELD 结合（见下文），出品公司为 Calidris，地址为 Manhemsvägen 4, S-191 46 Solltuna, Sweden (46 8 625 00 41)。网址为 www.calidris-em.com/crisp.htm，这个网址不会经常改变。

■ Digital Micrograph™(DM)：是一个完整的系统，可用于显微镜数字图像的收集、控制和处理，也是 Gatan 系统（GMS）的主要软件（见下文）。Gatan 之于 TEM 就如同微软之于个人计算机。

■ DTSA(Desk-Top Spectrum Analyzer)：NIST/NIH 台式能谱分析仪可生成、解释、分析电子轰击样品后产生的 X 射线谱。该软件/数据包能模拟实验环境和样品特性，生成相应的 X 射线谱，由此可知样品的物理、化学和实际实验中的统计数据。DTSA 包括很多已为人们接受的 X 射线数据分析程序。技术支持：johnhenry.scott@nist，(301) 975-4981；网址为 http://www.cstl.nist.gov/div837/Division/outputs/DTSA/DTSA.htm。

这对 X 射线分析很有用，但现在只能从 NIST 得到，用于苹果机用户，Lehigh 大学的 Masashi Watanabe 开发了个人计算机版本。

■ ELD：基于 Windows 的个人计算机的商业软件包，由 CRISP 公司开发。用于定量分析衍射花样，出品公司为 Calidris，地址为 Manhemsvägen 4，S-191 46 Solltuna，Sweden（46 8 625 00 41）。网址为 www.calidrisem.com/eld.htm，该网址也不经常改变。

■ ELP：早期的 Gatan 能量损失谱的收集、处理和分析程序，目前只用于部分 GMS 中（见下文）。

■ EMS 和 jEMS：图像模拟程序；其功能见 1.6.1 节中的列表。

■ Gatan Microscopy Suite™（GMS）：该软件可实现 TEM 多项功能的数据采集、处理和分析，例如 EELS 分析、能量过滤成分分布、衍射花样分析、三维断层成像。源代码公开，以方便用户使用。多数电镜工作者都用其采集、分析和处理任意类型的图像数据。与 CCD 摄像机配合使用可实现 TEM 和 STEM 模式下的图像数字化处理。其出品人为 Gatan 公司，地址为 5933 Coronado Lane，Pleasanton，CA 94588，（952）463-0200，email 为 info@ gatan.com。

■ ImageJ：NIH 提供的具有强大图像处理和分析功能的开源免费软件（已取代原有的 NIH 图像处理软件）。该软件由 Wayne Rasband 开发，并已由世界各地共 1 400 人试用，运行环境包括 Linux、Mac OS 9、Mac OS X 及 Windows。它是最快的纯 Java 图像处理程序，可在 0.1 s 内滤波 2 048×2 048 的图像（每秒四千万像素！）。支持文件类型为 GIF、JPEG、BMP、PNG、PGM、FITS 和 ASCII。可打开 DICOM 类型文件。利用 URL 可打开 TIFF、GIF、JPEG、DICOM 和 RAW 类型文件。使用插件可处理其他类型数据。支持 8 比特灰度图像和 RGB 图像平滑、边缘滤波、中间滤波和阈值转换。可测量整个图像或者所选区域的面积、平均值、标准偏差、最小值及最大值。也可测量角度和长度。测量单位为常用单位，例如 mm。使用密度标准校正，可生成直方图、曲线等。

下载网址为 http：//rsb.info.nih.gov/ij/。

Image SXM 是 NIH Image 的一个版本，可以加载、显示、分析扫描图像。下载网址为 http：//www.liv.ac.uk/~sdb/ImageSXM/。

■ Maclispix：基于苹果机的图像处理程序，可以和 NIH-Image（见下文）或 ImageJ（见上文）结合使用，可进行

栈分析：录像、掺杂分布图、剪切以及大型数据包的保存。

群组分析：坐标测量、颜色叠加、散点图分析。

像素分析：数据类型包括比特、字节、整数、RGB、实数、复数。

统计测量分析：确定信噪比。

此外，还可以进行衍射分析、分割、记录、基本组分分析。
该软件由 NIST(micro@ nist. gov) 的 David Bright 开发，可通过网址 http：//www. nist. gov/lispix/MLxDoc/mlx. html 下载（免费）。

■ MacTempas 和 CrystalKit：基于苹果机的图像分析程序，可模拟高分辨图像、衍射花样和晶体结构。具有以下功能：

多层法计算高分辨图像和动力学衍射花样。

对于任意给定的电子束方向自动计算正确的单胞。

对多层法计算可以自动选择正确的阵列大小和形状。

以彩色和灰度阴影模式显示任意取向的晶胞。

计算图像的投影势、傅里叶变化系数、衍射花样。

描绘衍射束的振幅/相位与厚度、衬度传递函数的关系。

包含 230 个空间群的数据库；计算相关对称操作和原子坐标。

网址为 http：//www. totalresolution. com/MacTempas. html。

CrystalKit：该软件与 MacTempas 或 EMS 配合使用，可建立晶体缺陷模型，包括点缺陷、晶界、沉淀物等。给定晶粒、界面及带轴间的取向关系，在几分钟内即可模拟得到由数千原子组成的晶体界面。可自由旋转晶体，显示指定晶面，测量原子间的角度和距离，可移动、添加或者删除原子或者形成任意新的界面。

其网址为 http：//www. totalresolution. com/CrystalKit. html。

■ Monte Carlo Simulations：为了估算 X 射线微分析的空间分辨率或背散射电子的产生而开发的模拟电子束通过材料轨迹的软件。NIST 网站提供了很好的资源：http：//www. cstl. nist. gov/div837/837. 02/epq/index. html。

薄样品分析应该使用 David Joy 提供的蒙特卡罗软件，他的书（Joy，1995）中有详细介绍，可从田纳西大学的网站下载：http：//web. utk. edu/~srcutk/htm/simulati. htm。

■ NIH-Image(和 ImageJ)：NIH 提供的免费软件，由 Wayne Rasband 开发，包含基本功能的通用图像处理软件。详情可见 http：//rsb. info. nih. gov/nih-image/about. html，该软件现已由 ImageJ 取代（见上文）。

■ Adobe Photoshop：用于图像显示和标记的专业版面设计软件。是比较标准的软件，需付费购买，网址为 http：//www. adobe. com/products/photoshop/。

■ Diffraction-Pattern Indexing(衍射花样标定)：可从以下网址和软件得到相关信息：伊利诺伊大学 J. M. Zuo 负责的免费网站 http：//emaps. mrl. uiuc. edu、EM 黄页、EMS 软件、国际晶体学网站（见 1.6.1 节）。还可以尝试用 SingleCrystal™、CrystalMaker 附带的衍射花样和晶体结构软件，免费演示版的下载网址为 http://www.crystalmaker.co.uk/singlecrystal/index.html。

<h1 style="text-align:center">章 节 总 结</h1>

TEM 具有一系列不同类型的设备，原理上利用了电子的波粒二象性。TEM 可以提供丰富的信号，利用这些信号，我们可以获得图像、衍射花样和样品同一小区域的不同种类的谱。在本书后面章节中，将系统探讨电子显微学各个领域的基础知识，同时，解释为什么要用特定的方式解决特定的问题。我们将有选择地讲述一些电子显微镜操作技术。世界上有多种不同类型的商用电子显微镜，对特定 TEM 的操作方法的讲述意义不大，但在很多时候可以简单说明从特定 TEM 获得其所能产生的丰富信息所需要的操作。当然，我们也会论述一些你需要知道的基本知识，以便能更好地解释得到的实验图像、衍射花样和谱。

如果将成像、衍射和谱等不同操作加起来，TEM 中差不多有 40 种不同的用于成像、衍射和谱的操作模式，每种都可以给出样品的不同信息。每一种信息都可定量解释，甚至可用计算机模拟所有的 TEM 图像、衍射花样以及谱。没有其他表征仪器能够得到如此丰富的信息并且还能定量计算，尤其是采集不同放大倍数下的各种信息。

此外，还有很多关于 TEM 的丰富资源，在下面的参考文献清单中我们列出了一些合适的书籍以供选择，重点在材料科学和纳米科学（其中大部分还在印刷中），另外，还有一些期刊和定期发表的会议文集。此外，通过网络可得到 TEM 的更多信息，但一定要注意信息的准确性。一些信誉较好的网站可以信任：国家实验室、商用 TEM 和相关仪器制造机构、专业电镜工作者。从这些网站上可以获得大量的学习资料。

参考文献

为了避免繁琐，本书中的参考文献不会在正文中列出（但会给出提示）。要了解参考文献，可以查阅参考文献章节（本章是例外）。此外，注意图表对应的参考文献，从中可以得到更多有用的信息。要充分了解 TEM，必须大量地阅读文献。

普通 TEM 书籍

Amelinckx, S, van Dyck, D, van Landuyt, J and van Tendeloo, G (Eds.) 1997

Electron Microscopy：*Principles and Fundamentals* VCH Weinheim Germany. 比较贵的一本书，包含由许多著名的电子显微学家写的综述文章，覆盖了 TEM 领域的各方面。也是一本关于 TEM 综述性的书，但是得确保你们的图书馆已经购买了此书以及更贵的一本书 *Handbook of Microscopy*：*Applications in Materials Science*，*Solid State Physics and Chemistry*，由相同的作者编辑的，由 CVH 于 1997 年出版。

DeGraef, M 2003 *Introduction to Conventional Transmission Microscopy* Cambridge University Press New York. 这本书在很多方面是对本书很好的补充。利用不同材料的样品作为例子介绍了不同的实验技术。并有一个很好的网站作为支持（http：//ctem.web.cmu.edu/），但并不是一个真正的介绍！

Edington, JW 1976 *Practical Electron Microscopy in Materials Science* Van Nostrand-Reinhold New York. 原始版本由 TechBooks（2600 Seskey Glen Court，Herndon, VA 22071）于 1976 年印刷，是一本非常有用的书，尽管有点老，但有很多实例和实际操作；并不是针对于 AEM 或 HREM，仅仅是关于衍衬像。

Egerton, RF 2006 *Physical Principles of Electron Microscopy*：*An Introduction to TEM*，*SEM*，*and AEM* Springer New York. 如果你需要一本关于 EM 的简单介绍，这本书是个不错的选择。

Ernst, F and Rühle, M（Eds.）2003 *High-Resolution Imaging and Spectrometry of Materials* Springer Series in Materials Science 50 Springer Berlin. 收集了很多综述性文章，包含 TEM 的各个方面以及其他高分辨技术。

Fultz, B and Howe, JM 2002 *Transmission Electron Microscopy and Diffractometry of Materials* 2nd Ed. Springer New York. 一本利用 X 射线和电子的研究来强调衍衬像和晶体学的基础书。

Goodhew, PJ, Humphreys, FJ and Beanland, R 2001 *Electron Microscopy and Analysis* 3rd Ed. Taylor & Francis New York. 对 SEM、TEM 和 AEM 的简单总结。

Hall, CE 1953 *Introduction to Electron Microscopy* McGraw-Hill New York. 一本很精彩的书，但现在已经被人遗忘了。写作风格与本书类似。关注历史的学生会喜欢其前言部分。

Hawkes, PW and Spence, JCH（Eds.）2007 *Science of Microscopy* Springer New York. 很全面、也很新的书，由多个作者对不同类型电镜进行的综述。建议由你们的图书馆购买。

Heidenreich, RD 1964 *Fundamentals of Transmission Electron Microscopy* Interscience Publisher New York NY. 另一本很精彩、很经典的书，但易被

人们忘掉。

Hirsch, PB, Howie, A, Nicholson, RB, Pashley, DW and Whelan, MJ 1977 *Electron Microscopy of Thin Crystals* 2nd Ed. Krieger Huntington NY. 很多年以来，都是 TEM 使用者的圣经，也依然是真正的 TEM 操作者的必读之物！

Marton, L 1968 *Early History of the Electron Microscope* San Francisco Press San Francisco.

McLaren, AC 1991 *Transmission Electron Microscopy of Minerals and Rocks* Cambridge University Press New York. 对地质学家和陶瓷学家很有价值的一本书。

Reimer, L 1997 *Transmission Electron Microscopy*：*Physics of Image Formation and Microanalysis* 4th Ed. Springer New York. 很重要的一本参考书。需要有很强的物理背景，通常采用复杂的数学表示而不是用文字。

Ruska, E 1980 *The Early Development of Electron Lenses and Electron Microscopy*（translated by T Mulvey）S Hirzel Verlag Stuttgart.

Sawyer, LC, Grubb, DT and Meyers, GF 2008 *Polymer Microscopy* 3rd Ed. Springer New York. 一本很昂贵但很有用的书，主要是关于聚合物的 TEM 和 SEM 研究的介绍。

Thomas, G and Goringe, MJ 1979 *Transmission Electron Microscopy of Metals* Wiley New York. 对经典成像和衍射光学很重要的一本书。原始版本由 TechBooks（2600 Seskey Glen Court, Herndon, VA 22071）于 1979 年印刷。

Watt, IM 1997 *The Principles and Practice of Electron Microscopy* 2nd Ed. CUP New York NY. 对 SEM 和 TEM 介绍的基础而实用的一本书。

Wenk, H-R 1976 *Electron Microscopy in Mineralogy* Springer New York NY. 对地质和陶瓷材料的电子显微学进行研究的必读之物。来自图书馆。

Yao, N and Wang, ZL 2005 *Microscopy for Nanotechnology* Kluwer New York. 对纳米表征技术讲得很深入的综述文章。全书 22 章中的一半是用来描述电子显微学方法，而其中超过 80% 是关于 TEM 的。

专题 TEM 书籍

Ahn, CC（Ed.）2004 *Transmission Electron Energy Loss Spectrometry in Materials Science and the EELS Atlas* 2nd Ed. Wiley-VCH Berlin. 关于 EELS 的一本非常优秀而且很详细的书，是电离边能量的最佳数据库。

Brydson, R 2001 *Electron Energy Loss Spectroscopy* Bios（Royal Microsc. Soc.）Oxford UK. 在阅读 Egerton 的关于 EELS 的经典书之前必须阅读的一本书。

Champness, PE 2001 *Electron Diffraction in the TEM* Bios（Royal Microsc. Soc.）

参考文献

Oxford UK. 由懂 TEM 的晶体学家撰写的一本优秀的重要的介绍性书籍。

Cowley, JM (Ed.) 1992 *Electron Diffraction Techniques* Vols. 1 and 2 Oxford University Press New York. 另外一本收集了许多优秀的独立综述文章的书。

Egerton, RF 1996 *Electron Energy Loss Spectroscopy in the Electron Microscope* 2nd Ed. Plenum Press New York. 关于 AEM 的 EELS 方面的精髓的书。

Frank, J 1992 Electron Tomography Plenum Press New York. 一本关于生物电子显微镜的书，但也是很多材料中 TEM 研究的基础。

Garratt-Reed, AJ and Bell, DC 2002 *Energy-Dispersive X-ray Analysis in the Electron Microscope* Bios (Royal Microsc. Soc.) Oxford, UK. 与本书风格类似的基本介绍。

Hawkes, PW and Kasper, E 1989, 1994 *Principles of Electron Optics* Vols. 1–3 Academic Press New York, 1900 pp. 很全面也很先进的书。第三卷描述了 TEM 成像的许多方面，例如模拟和处理，附有 118 页的 TEM 参考文献，是很特别的资源。

Horiuchi, S 1994 *Fundamentals of High-Resolution Transmission Electron Microscopy* North-Holland Amsterdam. 如书名所言，是一本只讨论一个主题的书。

Jones, IP 1992 *Chemical Microanalysis Using Electron Beams* Institute of Materials London. 一本介绍 AEM 的很好的书，有很多的计算用于介绍定量分析的原理。

Kirkland, EJ 1998 *Advanced Computing in Electron Microscopy* Plenum Press New York. 电子显微学家进行数学描述的必读之物。

Loretto, MH 1994 *Electron Beam Analysis of Materials* 2nd Ed. Chapman and Hall New York. 对该方面内容的简单综述。

Royal Microscopical Society Handbook series. 一本范围很广的介绍性书籍，包括 TEM、SEM 和可见光显微镜。易读且不贵（见专题网址 5）。

Shindo, D and Oikawa, T 2002 *Analytical Electron Microscopy for Materials Science* Springer New York. X 射线和电子能谱的简单总结。

Spence, JCH 2003 *High Resolution Electron Microscopy* 3rd Ed. Oxford University Press New York. 关于实用 HREM 的原理，含有许多理论描述。

Spence, JCH and Zuo, JM 1992 *Electron Microdiffraction* Plenum Press New York. 定量会聚束衍射的深入描述。

Tonomura, A 1999 *Electron Holography* Springer New York. 非常好的介绍。

von Heimendahl, M 1980 *Electron Microscopy of Materials* Academic Press New York NY. 一本介绍性的书，不包含 AEM 和 HRTEM 部分。来自于图书馆。

Wang, ZL 1995 *Elastic and Inelastic Scattering in Electron Diffraction and Imaging*

Plenum Press New York. 关于 TEM 中电子衍射很全面的书。

姊妹篇

本章以及其他章节都会提及本书的姊妹篇。由于篇幅有限，本书中只简单提及一些主题，根据个人需要，可参考姊妹篇进行详细了解。

期刊

Advances in Imaging and Electron Physics Ed. PW Hawkes. Peter Hawkes 是一位编辑、作者和历史学家。任何他编辑或撰写的书都值得一读。该期刊整合了两本持续很长时间的系列期刊，*Advances in Electronics and Electron Physics* 和 *Advances in Optical and Electron Microscopy*。其综述的内容包括高能和低能粒子光学、成像和数字图像处理、电磁波传播、电子显微镜以及与这些内容相关的计算方法。http：//www. elsevier. com/wps/find/bookdescription. cws_ home/711044/description#description.

Journal of Electron Microscopy. 日本电子显微学会的官方期刊。所有文章均为英文，是一本广受欢迎的杂志。Oxford University Press Oxford. http：//jmicro. oxfordjournals. org/archive/.

Journal of Microscopy. 英国皇家电子显微学会、国际立体测量学会、爱尔兰电子显微学会、波兰电子显微学会以及奥地利电子显微学会的官方期刊。许多材料方面的 TEM 研究的开创性文章都发表在此期刊上，尽管不少文章都涉及生物。Blackwell Publishing Ltd Oxford，UK. http：//www. rms. org. uk/journal. shtml.

Micron. 关于电子显微学的研究和综述的国际期刊。Elsevier Amsterdam The Netherlands。 http：//www. elsevier. com/wps/find/journaldescription. cws_ home/475/description#description.

Microscopy and Microanalysis. 美国电子显微学会、微束分析学会(USA)、加拿大电子显微学会、墨西哥电子显微学会、巴西电子显微学和微分析学会、委内瑞拉电子显微学会、欧洲微束分析学会以及澳大利亚电子显微学和微分析学会的官方期刊。是电子显微学期刊中发行量最大的期刊。Cambridge University Press New York NY. http：//www. msa. microscopy. org/MSAUnits/Journal/Mscopy Manalysis. html.

Microscopy，Microanalysis，Microstructure. 法国电子显微学会的官方期刊。在 1998 年，转由欧洲物理(应用物理)继续出版。尽管已经遗失了很多，但有很多 1998 年之前的重要文章。

Microscopy Research and Technique. 发表新的电子显微学技术和方法、样品制备

或任何与 TEM 相关方面的期刊。John Wiley & Sons Hoboken NJ. http：// www3. interscience. wiley. com/cgi-bin/jhome/38527.

Ultramicroscopy. 与多个国家的学会相关的国际期刊，主要致力于电子显微学新方法、工具以及理论方面的进展，许多前沿的 TEM 研究也在上面发表。可以留意 Peter Hawkers 偶尔关于电子显微学方面的文献综述。Elsevier Amsterdam The Netherlands. http：//www. elsevier. com/wps/find/journaldescription. cws_home/505679/description#description.

部分会议文集

Asia-Pacific Electron Microscopy Conference organized by the Committee of Asia-Pacific Societies for Electron Microscopy（CAPSEM）every 4 years（2012）.

Australian Microscopy and Microanalysis Society every 2 years（2010）.

Electron Microscopy and Analysis Group（EMAG），Institute of Physics，London，UK every 2 years（2011）.

European Microbeam Analysis Society every 2 years（2011）.

European Microscopy Congress organized by the European Microscopy Society，every 4 years（2012）.

Inter-American Congress for Electron Microscopy organized by Comité Interamericano De Sociedades De Microscopía Electrónica（CIASEM），every 2 years（2011）.

International Congress for Microscopy organized by the International Federation of Societies for Microscopy（IFSM），every 4 years（2010 in Rio de Janeiro）. The world gathers here.

International Union of Microbeam Analysis Societies every 4 years（2012）.

Japanese Society for Microscopy annually.

Microscopy & Microanalysis combined meeting of the Microscopy Society of America，the Microbeam Analysis Society and occasionally others（including the Canadians）；annually.

有用的数据资料和常数

Fischbeck，HJ and Fischbeck，KH 1987 *Formulas，Facts and Constants* 2nd Ed. Springer New York. 非常有价值的参考文献。第 2 章描述了国际标准单位。用高斯单位的相关方程在书中也给出了相应的国际标准单位表达式。

Jackson，AG 1991 *Handbook for Crystallography for Electron Microscopists and Others* Springer New York. 适合电子显微学家的一本很理想的书，但也请参考 J. A. Eades 的评论 Microsc. Res. Tech. 21 368.

Kaye, GWC and Laby, TH 1986 *Tables of Physical and Chemical Constants* 15th Ed. 这本很有价值的书在 1991 年首次出版，现在可以在线查看，这要感谢国家物理实验室（英国）（见专题网址 2）。

专题参考资料

通常会将这些参考资料根据不同的主题分组，但此处的主题只是"引言"。

CBE （Council of Biology Editors） 1994 *Scientific Style and Format* 6th Ed. Cambridge University Press New York.

Cosslett, VE 1979 *The Cosslett Festschrift* J. Microsc. **117** 1–184.

Davisson, CJ and Germer, LH 1927 *Diffraction of Electrons by a Crystal of Nickel* Phys. Rev. **30** 705–740. 这是 Clinton J. Germer 和 Lester H. German 的早期工作，阅读其引言部分会得到些启发。

de Broglie, L 1925 *Recherches sur la Theorie des Quanta* (*Researches on the Quantum Theory*) Ann. Phys. **3** 22–128.

Ewald, PP 1962 *Fifty Years of X-ray Diffraction* International Union of Crystallography D. Reidel Dordrecht.

Fujita, H 1986 *History of Electron Microscopes* Business Center for Academic Societies Japan.

Goodman, P 1981 *Fifty Years of Electron Diffraction* International Union of Crystallography Utrecht.

Haguenau, F, Hawkes, PW, Hutchison JL, Satiat-Jeunemaitre, B, Simon, G and Williams, DB 2003 *Key Events in the History of Electron Microscopy* Microsc. Microanal. **9** 96–138.

Hashimoto, H 1986 *High Resolution and High Voltage Electron Microscopy* J. Elec. Microsc. Tech. **3** 1.

Hawkes, PW (Ed.) 1985 *The Beginnings of Electron Microscopy, Advances in Electronics and Electron Physics* Academic Press New York NY.

Hayes, TL 1980 *Biophysical Aspects of Scanning Electron Microscopy* SEM–1980 **1** 1–10 Ed. O Johari SEM Inc. AMF O'Hare IL.

Howie, A 2000 *A Symposium in Honor of Professor Archie Howie's 65th Birthday* Eds. PL Gai, ED Boyes, CB Carter, DJH Cockayne, LD Marks and SJ Pennycook. Microsc. Microanal. **6** 281–284.

Joy, DC 1995 *Monte Carlo Modeling for Electron Microscopy and Microanalysis* Oxford University Press New York.

Knoll, M and Ruska, E 1932 Das *Elektronenmikroskop* (*Electron Microscope*)

Z. Phys. **78** 318-339.

Kossel, W and Möllenstedt, G 1939 *Electroneninterferenzen im Konvergenten* Ann. Phys. **36** 113-140.

Thomas, G 2002 *A Symposium in Honor of Gareth Thomas' 70th Birthday* Eds. DG Howitt, CB Carter, U Dahmen, R Gronsky, DB Williams and R Sinclair Microsc. Microanal. **8** 237-364.

Thomson, GP 1928 *Experiments on the Diffraction of Cathode* Rays Proc. Roy. Soc. Lond **117** 600-609. George Paget Thomson 是 J.J. Thomson 的儿子，他与 Davisson 分享了 1937 年的诺贝尔物理学奖。

Zeitler, E 2003 *Zeitler Festschrift* Eds. GA Botton, K Moore and D Su Micron **34** 119-260.

专题网址

1. http//www.nano.gov/html/facts/whatIsNano.html.
2. http//www.kayelaby.npl.co.uk/.
3. http//www.physics.nist.gov/cuu/Constants/archive1998.html.
4. http//www.TEMbook.com.
5. http//www.rms.org.uk/other-publications.shtml.

自测题

Q1.1　简述电离辐射的定义并解释其作用。

Q1.2　列出 4 种由电子与样品中原子相互作用所产生的信号。

Q1.3　如何使电子束与样品的相互作用增强？

Q1.4　什么是电子显微镜的分辨率或分辨能力？

Q1.5　哪些因素限制 VLM 的分辨率？

Q1.6　哪些因素限制 TEM 的分辨率？

Q1.7　TEM 中如何获得比较高的分辨率？

Q1.8　定义 TEM 中样品的景深。

Q1.9　样品制备为何是 TEM 的一个问题，如何克服这个局限性？

Q1.10　与其他仪器相比，列出 3 种 TEM 在分析纳米颗粒方面的优势。

Q1.11　解释 TEM 图像时要注意哪些问题？

Q1.12　为何说 TEM 是很好的表征仪器？

Q1.13　传统 TEM 中最常用哪些信号？

Q1.14　解释以下缩写的意思：TEM、AEM、STEM、HRTEM、HVEM，是

否还有其他类型的电子显微镜？

Q1.15 AEM 中使用的是电子与物质相互作用产生的哪两种信号？

Q1.16 增大 TEM 的加速电压，电子波长如何变化？

Q1.17 TEM 要求样品"薄"，具体指什么？

Q1.18 TEM "薄"样品的厚度大约是多少？

Q1.19 为什么对于材料科学家和纳米工作者来说，TEM 是非常有用的分析仪器？

Q1.20 TEM 中常用电子束流为多少？

Q1.21 TEM 中样品损伤典型因素有哪些？

Q1.22 在计算能量为 100 keV 或更高的电子的速度时，应考虑哪些因素？为什么？

章节具体问题

T1.1 若你是一位 20 世纪 20 年代的物理学家，能否将电子在晶体中发生衍射这一现象与发明电子显微镜联系起来，为什么？

T1.2 利用式(1.1)和式(1.2)计算 50 kV 电子的波长，并利用瑞利判据估算该电子能量下显微镜的分辨率，假定 $\mu\sin\beta$ 近似于 β，估算 TEM 中折射率的大小和光阑尺寸是多少？

T1.3 根据图 1.2A，参考上下文，推断晶体相关信息，用示意图表示。

T1.4 从图 1.3 可知电子束与样品相互作用所产生的各种信号，推断哪些为常用信号，哪些信号不常用？（提示：参考 TEM 结构图）

T1.5 观察图 1.4，作为材料学家，你认为大部分 Ti 合金元素是位于基体比较小的析出相中，还是晶界上比较大的析出相或者颗粒上，或是图像中上部的大块黑色区域上，或者基体上？仅从图像中的颜色确定化学组分，是否还有其他因素需要考虑？

T1.6 在图 1.5 中，可以看到一些位错似乎起始或者终止于材料内部，而这是与位错不可能终止或者起始于晶体内部相违背的(Refer, e.g., to Hull, D and Bacon, DJ Introduction to Dislocations, Butterworth-Heinemann, 2001 ISBN 0750646810 or Weertman, J and Weertman, J, Elementary Dislocation Theory, Oxford University Press; 1992 ISBN 0195069005)。为何会有这种现象？

T1.7 图 1.6 中同时给出了电子衍射花样和对应区域的图像，并将两者方向对应起来，这样做有什么好处？

T1.8 若将电子束换为可见光，图 1.7 会有什么变化？（提示：在不同距离观察物体在介质中的图像，例如水和空气）

T1.9　从图 1.8 中的哪些信息可以判断样品上有电子束辐照损伤，如何避免？（提示：比较左右两幅图像，分析造成其差别的原因）

T1.10　高压 TEM 是否会比低压 TEM 对样品造成更大的损伤？

T1.11　由式(1.6)和式(1.7)推导表 1.2 所示不同电压所对应的电子束波长，并补充 50 kV 和 250 kV 下的波长。

T1.12　从 Google 上搜索"TEM"和"transmission electron microscopy"，"AEM"和"analytical electron microscopy"，并做比较。这会让你明白缩略词"TMBA"的含义。

T1.13　验证 1.6 节列出的网站，并确定哪些仍然可用。收集对自己有用的相关电镜网站。

T1.14　计算验证在 1.4 节所提到的 100 keV TEM 中，样品中不可能同时存在两个入射电子。

T1.15　从图 1.9 可以看出，高压电子显微镜要比其他电子显微镜体积大，为什么？

T1.16　为何某些 TEM 有观察屏而某些只有计算机显示？

T1.17　制造超高压 TEM 的目的是什么？为什么没有推广？

第 2 章
散射和衍射

章 节 预 览

电子是质量小、带负电的粒子。因此,当它靠近其他电子或带正电的原子核时,运动方向很容易发生偏转。库仑(静电)相互作用引起的电子散射过程是 TEM 的基础。我们将从电子的波动性出发来讨论衍射效应。如果没有电子散射,可以说就没有产生 TEM 图像和衍射花样的基础,更不可能得到能谱。为了能够合理解释 TEM 产生的所有信息,需要从波粒二象性两个方面来分析电子的散射过程。虽然材料的电子散射是物理学中相当复杂的课题,但并不一定要对散射物理理论有很详尽的理解才可以成为一个成功的电子显微学专家。

我们首先需要定义一些将贯穿于本书始末的术语,之后介绍几个必须掌握的基本概念,这些基本概念可以归结在以下 4 个问题的答案中。

■ 电子经过原子附近时被散射的概率有多大?

- 如果电子被散射，散射角是多大？
- 两次散射之间电子穿过的平均距离是多少？
- 散射过程中是否有电子能量的损失？

第一个是关于散射概率的问题，答案包含在散射截面的概念中。散射角（通常由微分散射截面决定）也是很重要的概念，因为 TEM 操作人员可以通过选择特定散射角的电子来成像并使所获图像中包含某种特定的信息，我们在本书下册第三篇中讨论图像衬度时会进一步详细阐述。第三个问题是需要定义平均自由程，这是在使用薄样品时一个很重要的概念。要回答第四个问题，必须弄清楚弹性散射和非弹性散射的概念。弹性散射决定了我们能从 TEM 衍射花样中得到哪些有用信息，我们在第二篇中再详细讨论这个问题。非弹性散射是产生 X 射线以及谱学信息的基础（见下册第四篇）。弹性和非弹性散射电子之间的差别是非常重要的，在随后的两章中我们将对这两类电子散射分别进行探讨，并在本章的基本概念的基础上进一步扩展。

2.1 我们为什么对电子散射感兴趣？

我们需要了解电子散射，因为它是所有电子显微镜的基础（不仅仅是 TEM）。众所周知，眼睛能看见物体是物体必须以一定方式和可见光相互作用，例如通过反射或者折射，这是两种散射形式（例如，我们并不能看见光束，除非它被光束内的灰尘散射或撞击到某一表面）。同样在显微镜中，样品只有与电子以一定方式相互作用并发生散射，我们才能看到电子显微镜图像。因此任何不发生散射的物体都是不可见的，我们将会遇到这种"不可见"的情况，这是一个非常重要的判据。在 TEM 中，我们通常对偏离入射电子束方向不是很远的电子最感兴趣。因为这些电子可以为我们提供有关样品内部结构和化学性质的信息，而 TEM 的结构设计也主要适用于收集这些电子。其他的散射形式，例如大角度散射的电子（包括背散射和二次散射的电子）也是很有趣的，我们不会完全忽略它们（但在 SEM 中对这部分散射电子更感兴趣，它们可以分别给出原子数衬度像和对表面敏感的形貌像）。

波 和 粒 子

本书对电子的描述有两种方式：在讨论电子散射时，可以将它看成连续的粒子束；而在讨论电子衍射时，可以利用波动理论来处理。X 射线和可见光具有类似的性质，既可以看作一束光子也可以作为电磁波处理。我们必须牢记电子是带电粒子，而且库仑作用力很强。

2.1 我们为什么对电子散射感兴趣?

这一章我们介绍有关电子散射的基本概念,在接下来的两章中我们将讨论弹性散射和非弹性散射这两种基本的散射形式。这两种散射形式都很有用,但不幸的是,你会看到非弹性散射会引起辐照损伤的负面效应,最终限制了 TEM 的使用。

为了理解电子散射的重要性,现在有必要说明一下 TEM 的基本原理。在 TEM 中,我们用宽电子束照射一个薄样品,使整个照射区域内电子束的强度均匀。

我们通常把入射和散射的电子都称为电子束,因为我们处理的是大量的而不是单个电子;这些电子通常局限于显微镜里设计好的光路,因此,打到样品上的电子通常称为入射束,而被样品散射的电子称为散射束(特殊情况下,称为衍射束)。透过薄样品的电子分为没有角度偏转的电子和在可测量角度范围被散射的电子,我们称未发生偏转的电子为"透射束"(direct beam)(多数文献中用"transmitted beam"表示,尽管所有穿过样品的电子都是"透射"的)。当电子通过样品时,它们可能会经历不同的散射过程,也可能不受样品的影响。结果就造成在样品的出射面上电子的不均匀分布,如图 2.1 所示。这种不均匀分布的电子中包含了有关样品的所有结构和化学信息以及其他信息。因此,通过 TEM 研究得到的样品信息都和一定的电子散射过程相关。

> **透 射 束**
>
> 透过样品且运动方向平行于入射方向的电子束,它很重要,称为透射束。

在第 9 章中,我们会看到电子显微镜可以通过两种不同形式来显示电子的不均匀分布。首先,散射的空间分布(图 2.1A)可以看成是样品的图像衬度,散射的角分布(图 2.1B)可以形成散射图,通常称为衍射花样。TEM 中一个简单(基础)的操作是用一定孔径的限制光阑或电子探测器来选择一定散射角度范围内的电子,这样就可以选择特定的电子进行成像,从而决定图像中所包含的信息。因此,要理解图像,必须首先理解发生电子散射的机理。衍射图也一样,可以通过例如倾转样品,来控制(在更小的范围内)散射的角分布。

我们将在第二篇中讨论衍射现象,下册第三篇中讲述成像原理。接下来,在下册第四篇中讲述通过使用分析电子显微镜得到非弹性散射来研究样品中原子的化学和价键信息。

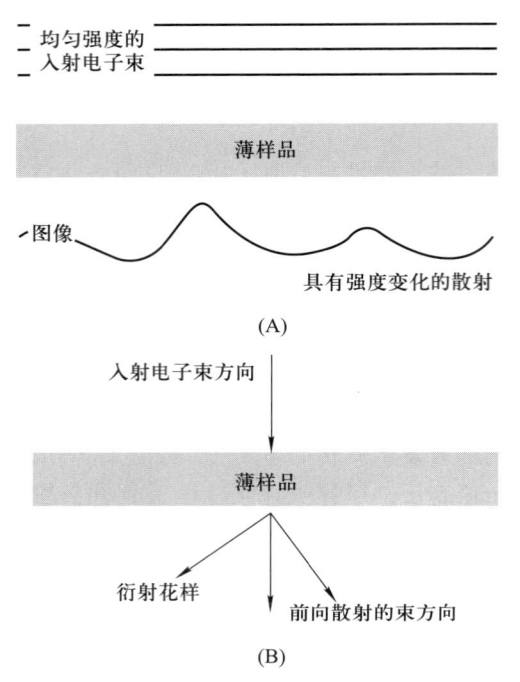

图 2.1 （A）强度均匀的电子束（表示为直线）照射在薄样品上。电子在样品内部发生散射，改变了出射电子的空间和角度分布。空间分布（强度）用波型线表示。（B）角度分布的变化用一束入射电子被转换成几束前向散射的电子束来表示

2.2 散射和衍射术语

电子散射可以按不同方式分类。我们已经用到了最重要的两个术语："弹性散射"和"非弹性散射"。这两个术语分别简单地描述了无能量损失的散射过程和具有一定可测能量损失（相比于入射电子束能量，通常很小）的散射过程，在这两个过程中，都可以把束流电子和样品中的原子看作粒子，而且入射电子被样品中原子的散射可以看成是类似台球碰撞的相互作用。这种台球碰撞的比拟在节 2.7 中非常实用，之后我们会以波的形式讨论。

电 子 散 射

这个主题贯穿全书，联系着透射电子显微镜的所有方面。

2.2 散射和衍射术语

然而，我们也可以基于电子的波动特性，把散射电子分成"相干"和"非相干"两类。这些不同的分类之间都是相关的，因为弹性散射电子通常都是相干的，而非弹性电子通常是非相干的（注意修饰语"通常"）。假定入射的电子波是相干的，也就是说实质上电子与电子之间是同步传播的（同相位），且都具有由加速电压决定的固定波长。我们会看到，在大多数情况下这是一个很好的假设。因此，电子束和样品相互作用之后，相干散射的电子仍然保持同相位，而非相干散射的电子之间就没有相位关系了。

散射可以产生不同的角分布，前向散射或背散射（通常用一个词表示）。这里散射是指当电子垂直于样品入射时，经散射后电子的出射方向同入射束之间的夹角关系（注意：有时前向散射还具有其他含义。）如果电子散射角小于90°，称为前向散射；如果散射角大于90°则为背散射。这些不同的散射通过下面的一般性原理而相互关联，图2.2对此做了总结。

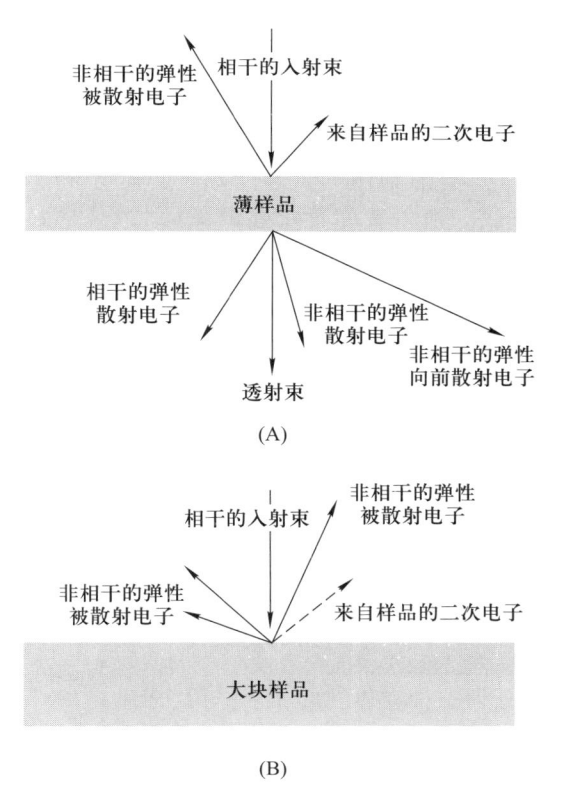

图 2.2 （A）薄样品和（B）大块样品中发生的各种的电子散射形式：薄样品中可以产生前向散射电子和背散射电子，大块样品中只是产生背散射电子

- 如果样品是薄晶体，弹性散射通常具有相干性（从波动性考虑）。
- 弹性散射通常发生在相对较小的角度范围内（1°~10°），也就是说主要集中在向前的方向（波）。
- 弹性散射角度越大（> 10°）相干性越差（现在考虑粒子性）。
- 非弹性散射几乎总是非相干的，并且是在相对较小的角度范围内（< 1°）的散射（从粒子性考虑）。
- 随着样品厚度的增加，前向散射的电子减少，背散射电子增加，在大块不透明的样品中能探测到的主要是非相干的背散射电子（从粒子性考虑）。

注意，电子能在不同角度发生散射也就说明电子可以不止一次地被散射。一般来说，散射发生次数越多，散射角越大（尽管有时二次散射可使电子散射到透射电子束方向，就像没被散射过一样）。

最简单的散射过程就是单次散射，而且我们经常将样品中所有的散射都近似为单次散射（即电子经历了一次散射或没被散射）。当样品很薄的时候（样品厚度可以控制），这种单次散射的假设是非常合理的。如果电子散射超过一次，称为多次散射，如果散射大于 20 次，称为多重散射。一般来说，多重散射不会发生的假设是比较保险的，除非你的样品特别厚（透过它你看不到任何东西）。散射次数越多，越难预测电子的行为，也就越难解释我们所收集到的图像、衍射花样和能谱。所以我们再次强调样品"越薄越好"的重要性，也就是说，如果你制备的样品足够薄，那么单次散射的假设就是可行的，TEM 研究就越容易。

衍射是弹性散射中很特殊的一种形式，其术语的使用也是令人困惑的。柯林斯词典把衍射定义为"经过障碍物边缘的波在传播方向上的偏离"，而散射被定义为"颗粒、原子等由于碰撞被反射的过程"。散射这个词可以作为一个名词代表散射行为。因此散射最好用于粒子，衍射用于波；两个词都用于电子！注意，衍射这个词不仅限于我们在 TEM 中强调的布拉格衍射；它指关于波的任何相互作用，但是许多教材对这方面的描述并不一致。

衍射的定义

任何一种波和任何一种物体间的相互作用（泰勒，1987）。

在 TEM 中，我们用的是穿过样品的电子。注意：在这里电子并不像可见光穿过玻璃窗那样简单地透射。电子主要是向前散射，也就是平行于入射电子束的方向［已经提到了直射（direct beam）和透射（transmitted beam）的混淆］。稍后我们会说明前向散射电子在整个电子散射中占有多大比例以及随样品厚度和样品中原子序数的变化规律。这种散射是由电子和物质间非常强的相互作用引起的。

前向散射包括透射束，大部分弹性散射、衍射，特别是布拉格衍射（见第3章），折射和非弹性散射（见第4章）。正是由于电子透过薄样品的前向散射，我们才能在观察屏上看到图像或衍射花样，在 TEM 镜筒外探测到 X 射线能谱或电子能量损失谱。但也不能忽略背散射，它是 SEM 中的重要成像模式。

前 向 散 射

TEM 中所使用的大部分信号的来源。

物理学家在讨论固体中电子相互作用理论时，通常首先考虑电子被单个孤立原子的散射，然后再进一步推广到原子团簇，首先在无定形材料中讨论，然后再在晶体材料中研究这个问题，我们将遵循同样的思路。

2.3 散射角

当电子碰到单个孤立的原子时，可以发生不同形式的散射，我们将在下面两章中讨论这个问题。假设电子以散射角 θ（弧度）被散射到用球面度（sr）表示的立体角 Ω 范围内，如图 2.3 所示。我们必须首先定义这个角度，因为接下来对散射截面的讨论中它起着重要的作用。

半 角

散射角 θ 事实上是半角，并非全角。之后当我们说"散射角"时，就是指"散射半角"。

我们总是假设 θ 很小，$\sin\theta \approx \tan\theta \approx \theta$。当 θ 很小时，使用 mrad 作为单位更方便一些；1 rad = 0.057 3°，10 mrad 约为 0.5°。

小 角

为方便起见，我们把小于 10 mrad 的角度定义为小角度。

散射过程受到入射电子束的能量、散射原子的原子序数/原子量等因素的

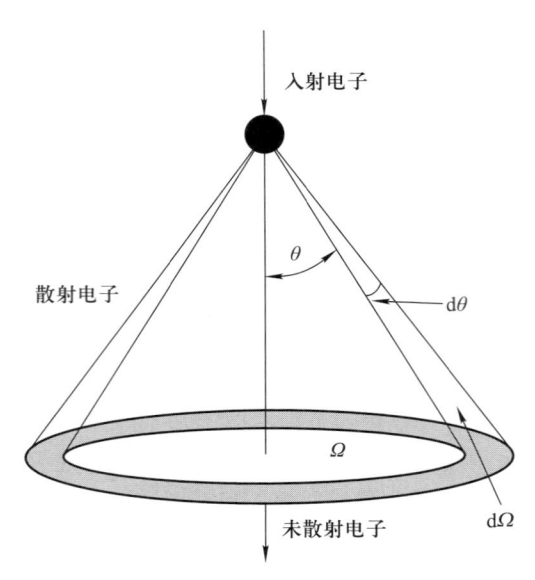

图 2.3 电子被一个孤立的原子散射。散射半角为 θ，散射立体角为 Ω，散射角增加 $d\theta$，对应的立体角增加为 $d\Omega$，这是确定微分散射截面的基础

影响，当考虑一个样品而不是单个原子的散射时，样品的厚度、密度、结晶度以及入射电子束与样品取向的角度等因素都很重要，要进一步理解这些变量，需要更详细地研究散射的物理过程。当然，我们的描述比较简单，且通常不太准确，因为我们试图把 Mott 和 Massey 的基础经典教材浓缩到几页里。

2.4 相互作用的散射截面和微分散射截面

电子和原子间发生的任何相互作用过程都由相互作用的散射截面决定。Rudolf Peierls（Rhodes，1986）通过下面的类比很好地说明了散射截面的概念：

"如果我们向面积为 $1\ ft^2$ 的玻璃窗扔一个球，窗户被打碎的概率为 1/10，球被反弹的概率为 9/10。用物理学家的语言来说，对于以这种方式扔过来的球，这个窗户有 $0.1\ ft^2$ 的破裂截面（它是非弹性的！）和 $0.9\ ft^2$ 的弹性截面。"

所以每种可能的相互作用都具有不同的散射截面，其大小依赖于粒子的能量，我们这里是指电子束的能量。散射截面（我们用希腊字母 σ 来表示）具有面积的单位（并不是 Peierls 使用的 ft^2，而是通常将原子面积的很小的一部分称为"靶恩"（barn，以符号 b 表示））。1 b 相当于 $10^{-28}\ m^2$ [即 $(10^{-5}\ nm)^2$]，这个名字源于早期的一些幽默的原子物理学家，他们认为这个面积和谷仓门差不多大。散射截面并不代表实际的物理面积,但如果将它除以原子的实际面积,就代表散射发生的概率。

2.4.1 孤立原子的散射

首先我们考虑单个孤立原子的散射截面,然后把这个概念推广到含有大量原子的样品中。本章将采用比较普适的方式开始讲解,然后把总散射截面的概念分解为单个过程的散射截面,例如在下两章中的弹性散射和各种非弹性散射过程。

散 射 概 率

散射截面越大,散射发生的概率也就越大。

按照 Heidenreich(1964)的说法,我们可以根据单个孤立原子的有效半径 r 来定义散射截面(面积)

$$\sigma_{\text{atom}} = \pi r^2 \tag{2.1}$$

在下一章中我们会看到,对于每个散射过程,r 都有一个不同的值。在 TEM 中我们所感兴趣的是入射电子束是否被散射到某一散射角 θ 之外,比如说,电子没有穿过透镜中的光阑或未到达电子探测器。因此我们有必要知道微分散射截面($d\sigma/d\Omega$),它描述了一个原子散射的角分布。如图 2.3 所示。电子以一定的角度 θ 被散射到立体角 Ω 内。θ 和 Ω 存在一种简单的几何关系

$$\Omega = 2\pi(1 - \cos\theta) \tag{2.2}$$

因此

$$d\Omega = 2\pi\sin\theta d\theta \tag{2.3}$$

对于单个孤立原子微分散射截面就可以写为

$$\frac{d\sigma}{d\Omega} = \frac{1}{2\pi\sin\theta}\frac{d\sigma}{d\theta} \tag{2.4}$$

现在,我们可以将式(2.4)从 θ 到 π 进行积分就能得到散射角度大于 θ 的散射截面 σ_{atom},

$$\sigma_{\text{atom}} = \int_\theta^\pi d\sigma = 2\pi\int_\theta^\pi \frac{d\sigma}{d\Omega}\sin\theta d\theta \tag{2.5}$$

式中,θ 在 0 到 π 范围内变化,取决于散射的类型。如果我们算出积分,可以发现 σ 随 θ 的增加而减小(这有一定的物理含义)。因为我们在实验中测到的通常是 $d\sigma/d\Omega$,这样利用式(2.5)就可以算出样品中原子的 σ_{atom},σ 对于所有的 θ 的值都是简单地从 0 积分到 π。

> **积　　分**
>
> 如果从 0 到 θ 积分，就能得到所有角度小于 θ 的散射截面，这和透射电镜的具体情况有关。

2.4.2　来自样品的散射

从单个孤立原子的散射截面（具有面积的单位）出发，考虑样品单位体积内包含 N 个原子的情况，则可以把样品总的散射截面（以 m^{-1} 为单位）定义为

$$\sigma_{total} = N\sigma_{atom} \tag{2.6}$$

式中，$N = N_0\rho/A$，N_0 是阿伏伽德罗常数（单位为 mol^{-1}），A 是密度为 ρ（$kg \cdot m^{-3}$）的样品中散射原子的原子量（$kg \cdot mol^{-1}$），可以写为

$$\sigma_{total} = N\sigma_{atom} = \frac{N_0 \sigma_{atom} \rho}{A} \tag{2.7}$$

因此，σ_{total} 是电子穿过样品时单位距离内被散射的次数。如果样品厚度为 t，电子在样品中的散射概率可以写为

$$\sigma_{total} t = \frac{N_0 \sigma_{atom} (\rho t)}{A} \tag{2.8}$$

式中，把 ρ 和 t 的乘积放一起，称为样品的质厚（例如，密度加倍和厚度加倍有相同的效果）。在讨论图像衬度和 X 射线吸收时，我们会谈到这个定义。式（2.8）是一个很重要的表达式，它包含了影响真实样品散射概率的所有变量，在讨论 TEM 中图像的衬度如何产生时，会再次用到这个表达式。

通过几个（非常简单的）方程式，可以了解电子散射的物理机制和在透射电镜中收集到的信息之间的关系。

在接下来的章节中会看到，实际样品中，为了对散射做出更好的近似而必须修正散射截面表达式，由此会使其变得更复杂。尽管如此，复杂方程式给出的结果并不会改变由简单方程式所得到的散射行为。

2.4.3　一些数字

由于存在很多影响 σ_{atom} 和 σ_{total} 值的因素，我们只可能给出一个近似的散射截面值。对于电子能量为 100~400 keV 的 TEM，发生的散射主要是弹性散射。查看后面的图 3.3 可知，过渡金属被能量为 100 keV 的电子束轰击时小角弹性散射截面一般约为 10^{-22} m^2。对于典型的弹性散射，这个数值很好记。非弹性散射截面一般很小，根据散射类型和材料特性不同，主要分布在 10^{-22} ~ 10^{-26} m^2 之间。回到式（2.1），典型的散射半径 r 约为 10^{-11} m 或 0.01 nm，

看起来有点小(约为原子半径的1/10),但是由于散射是局限在靠近原子核的内壳层/芯壳层,或者局限于特殊的电子-电子相互作用,这还是个不错的近似。

2.5 平均自由程

我们可以用长度代替面积来描述相互作用过程,当样品很薄时,在电子与原子发生相互作用过程中,两次散射之间电子通过的距离也是一个重要概念。这个新参数是电子在两次散射之间经过的平均距离,这个距离很重要,因为如果我们知道这个距离有多大,就可以算出需要把样品做多薄才可以使多次散射效应不明显,这样就可以更容易地用单次散射理论对图像和谱学数据进行解释。总散射截面 σ_{total} 可以表示为平均自由程 λ 的倒数,因为 σ_{total} 的单位是 m^{-1} [可用式(2.1)和式(2.7)验证]。平均自由程 λ 就可以用一个简单表达式表示

$$\lambda = \frac{1}{\sigma_{\text{total}}} = \frac{A}{N_0 \sigma_{\text{atom}} \rho} \tag{2.9}$$

对于 TEM 中的散射,λ 一般为几十纳米,所以要满足单次散射近似,样品的厚度就得在这个量级上。用 λ 表示平均自由程很方便,但注意不要把它和电子波长混淆。基于式(2.9)可以把电子通过样品厚度为 t 的散射概率 p 定义为

$$p = \frac{1}{\lambda} = \frac{N_0 \sigma_{\text{atom}} (\rho t)}{A} \tag{2.10}$$

这正好是式(2.8)中的 $\sigma_{\text{total}} t$。

虽然计算能力得到逐步提高,但对 σ、λ 和 θ 的了解在最佳情况下也还是不够精确的,尤其是在电子束能量为 100~400 keV 的 TEM 里。个别散射过程的散射截面和平均自由程只有在仅包含两个因素的情况下是可知的,但在 TEM 中通常只能够精确测定 θ。结合蒙特卡罗模拟中对散射的了解可以预测电子束被薄片散射时的电子路径。

蒙特卡罗模拟

之所以这么命名是因为在计算程序中用到了随机数;其输出结果通常是用统计学预测的。

蒙特卡罗计算是由美国洛斯阿拉莫斯国家实验室的两位著名数学家 John von Neumann 和 Stanley Ulam 在 20 世纪 40 年代最先提出的。Ulam 用掷骰子和

手算的方法得出中子通过氘、氚的路径，从而证明 Teller 设计的氢弹是不可行的(Rhodes，1995)。蒙特卡罗方法在 SEM 的图像计算和 X 射线计算中有更广泛的应用[参考 NIST 的网站(见网址 1)，Joy 1995，Goldstein et al. 2003]，在 TEM 中也可以用来估算 X 射线分析的空间分辨率，我们将在下册第 36 章讨论这个问题。图 2.4 是电子通过 Cu 和 Au 薄样品时电子路径的蒙特卡罗模拟图。

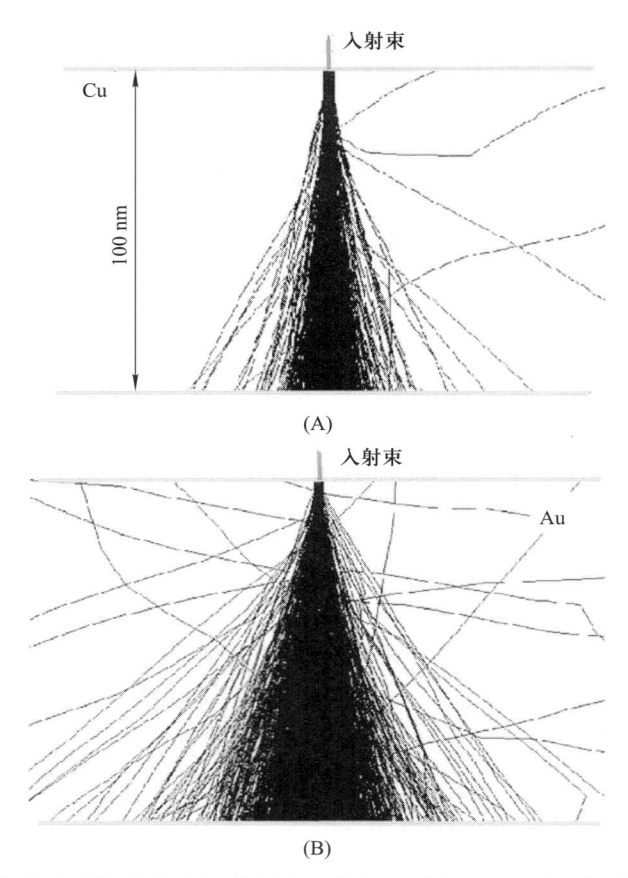

图 2.4 电子散射过程的蒙特卡罗模拟图，模拟电子数 1 000 个，加速电压 100 keV。(A) Cu。(B) Au。注意，散射角随着原子序数的增加而增加，少数电子的散射角超过 90°

2.6 TEM 中如何利用散射

为什么要理解以上的数学描述呢？这是因为当选择一定散射角度(即选择 θ)的电子时，也就改变了有效散射截面 σ_θ，因为散射强度通常随散射角增加而减少。因此，一般高角度散射电子很少，这就是为什么在本章开始强调主要对 TEM 中的前向散射电子感兴趣的原因。大多数电子的散射都发生在和入射束成 ± 5° 的范围内。

> **300 kV 与 100 kV**
>
> 总散射截面 σ 随着能量 E_0 的增加而降低；电子在 300 kV 时的散射要比在 100 kV 时少。样品中高密度区域要比低密度区域散射强。子弹越快目标变得越小！

也可以通过其他方式控制散射截面。首先是加速电压，加速电压决定了电子的能量 E_0(eV)，而电子能量会影响散射截面[式(2.3)，尤其是弹性散射截面]。事实上，对于所有形式的散射，总散射截面总是随 E_0 的增加而减小。因此，在中高电压的 TEM 中，电子散射要比典型的 100 keV TEM 中的散射少。第 4 章中会看到，这一点有助于理解对电子束敏感的样品(如聚合物)中的辐照损伤问题。其次，更直观的是，可以选择不同密度的样品，致密的样品散射更强，因此必须把样品做得更薄以保证单次散射的有效性。

在接下来的两章中会看到，元素原子序数对弹性散射的影响要比对非弹性散射的影响大。随着 Z 的增加，弹性散射逐渐占主导。这一点在探讨增强低原子序数材料(例如聚合物和生物组织)的散射衬度时很有用。

2.7 与 X 射线衍射的比较

在显微镜中使用电子源的一个主要原因是：电子和物质间存在合适的相互作用。描述电子和物质的相互作用主要是基于散射理论。除了弹性散射和非弹性散射，还会遇到诸如运动学散射和动力学散射等概念，可用散射因子对这个过程进行数学描述。正是由于散射过程随样品结构或组分不同而变化，才使我们最终可以得到样品的微结构信息，记录衍射花样，收集能谱。在下一章中会看到，当把电子看成波时，使用的是散射因子，电子衍射是一种特殊形式的散射。

因此，现在是时候从弹球模型推广到对波的描述了。在历史上，衍射提供了材料的绝大多数的晶体学信息，而这些研究手段大部分采用 X 射线。这就是为什么在科技文献中有很多关于 X 射线衍射资料的原因。对 X 射线衍射的理解可以在很大程度上帮助电子衍射的分析；然而，电子的散射过程与 X 射线的散射过程有很大区别。电子散射是一个更为复杂的过程。

X 射线受到材料中电子的散射，即通过带负电荷的电子和入射 X 射线的电磁场之间的相互作用来实现。样品中的电子受到 X 射线所施加电场的影响，且随着 X 射线做周期性振动。同时这些被加速的带电粒子发射出自己的电磁场，波长和相位与入射的 X 射线一致。从每个散射源径向传播的叠加场称为散射波。

> **电子与 X 射线**
>
> 电子的散射比 X 射线散射要强很多。

电子同时被材料中的电子和原子核散射。带负电的入射电子与样品的局域电磁场相互作用，入射电子直接被样品散射；而不是像 X 射线散射那样进行场与场的交换。

2.8　夫琅禾费衍射和菲涅耳衍射

可见光的衍射很好理解，所以尽可能进行一些深入的分析。光学是一个有着几百年历史的古老学科，这里要做的是把经典教材中（如 Hecht，2003）的主要信息浓缩在几页纸里。因此，对于电子衍射，要做一些简单近似。如果做过可见光的衍射实验，就会知道夫琅禾费衍射和菲涅耳衍射。

■ 当平面波波前和物体相互作用时就会发生夫琅禾费衍射。由于从一点发出的波在无限远处就变成了平面，因此夫琅禾费衍射情况也被称为远场衍射。

■ 不发生夫琅禾费衍射时，就会发生菲涅耳衍射。这种菲涅耳衍射情况就是已知的近场衍射。

后面会看到，在图像中看到菲涅耳衍射效应的时候，电子衍射花样很接近夫琅禾费的情况。

这两种形式的衍射在 TEM 中都会涉及。先简单介绍一下惠更斯的波动原理，之后说明一下夫琅禾费双缝衍射（杨氏狭缝），然后推广到多缝情况。那么为什么现在要讨论这些话题呢？回顾这些有两个原因：

■ 这些原理提醒我们相干干涉效应纯粹是一种物理光学现象。

■ 引入相量图的概念，后面的章节会用到。

惠更斯通过设想波前的每一点作为球面波的新波源来解释波前的传播。子波相互干涉会产生新的波前，且这个过程不断重复。

2.9 光的狭缝衍射和圆孔衍射

在这一部分中，将很简要地回顾一下与衍射有关的物理或几何光学知识。我们对电子衍射的大部分了解都是借助于对可见光和 X 射线衍射的理解。在高中教科书中都有所提及。

2.9.1 双缝（杨氏双缝实验）

我们从把一对很窄的狭缝放到波前的衍射开始，选择两个惠更斯子波，这两个子波在狭缝处必定有相同的相位。随着它们通过狭缝，其相位就会有差别，这种相位的差异取决于探测器的位置。最重要的一项是图 2.5 所示的光程差 $L = d\sin\theta$。两个沿 r 方向传播的子波，相位差为 $2\pi L/\lambda$。当 d、λ 保持不变且相位差为 2π 的整数倍时（这样 $d\sin\theta/\lambda =$ 整数 n），散射波就会再次同相位且振幅相叠加。这种相长干涉条件可以表示为 $d\sin\theta = n\lambda$。因此，对于给定的 d，θ 和 d 成反比；随着 d 减小，$\sin\theta$ 增加。如果把每个波前都看成具有一定的振幅和相位，波前可以用一个矢量——相量表示。当相量互相平行时两者相长；当它们反向平行时相消（由于它们具有相同的长度）。相量图就是画出总散射波的振幅和相位的一种方法；换句话说，当把光束的振幅相加时就必须考虑它们的相位。

反比关系

θ 和 d 的反比关系唯一地由狭缝位置决定，在讨论电子衍射时会遇到同样的关系式。

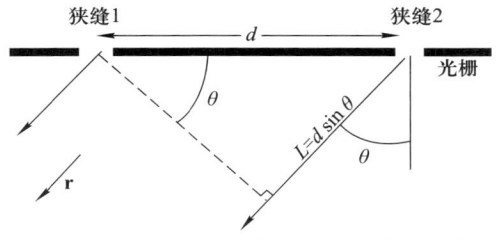

图 2.5 入射的平面波被间距为 d 的两个狭缝散射，如果两个散射波的光程差为 $d\sin\theta$ 的 $n\lambda$ 倍，则这两个散射波具有相同的相位

2.9.2 多缝(衍射光栅)

在分析两个狭缝以上的情况时,结果相同但会存在附加峰。附加峰的产生可以通过一系列的相量图来说明(在下册第 27 章讨论 TEM 图像的时候,会发现类似的相量图很有用)。这些相量图描述了散射波的振幅和相位关系。考虑 5 个狭缝情况。图 2.6 中的每个多面体都代表不同的 θ 值。当 θ 等于零时,5 束光之间相位相同,可以简单地把振幅相加(相量的方向一致);随着 θ 增加,光束之间的相位变得不再相同,这些相量仍然可以相加给出一个较大的总矢量,但也可以等于零。例如,当 θ 恰好为 72°时(5 个缝狭是 360°/5),相量图是封闭的五边形(如图 2.6 所示),总振幅是零,同样 θ 为 144°(2×360°/5)和 216°(3×360°/5)时,总振幅也为零,在这两个角度之间的 108°(1.5×360°/5)处,有一个振幅的局域极大值,这个值会在 180°(2.5×360°/5)处重复出现。如果以 θ 为变量对振幅作图,可以画出如图 2.6 所示的具有系列局域极大值的曲线。从这幅图中可以看到振幅强烈地依赖于 θ,在下一章中会学习到电子密度(在图像和衍射图中所看到的)正比于振幅的平方(因此负振幅没有意义),因此,散射电子的密度也类似地强烈依赖于 θ。

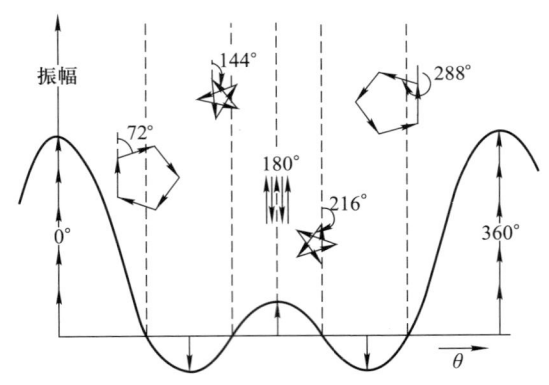

图 2.6 相量图给出了由 5 个狭缝产生的 5 个子波的总振幅和不同波之间相位角的变化关系。5 个狭缝产生的单个相量相加得到的总振幅在 θ = 72°、144°、216°、288°时为 0,在 θ = 0°、360°时为正的最大值,在 θ = 108°、252°时为单个相量的负振幅,在 θ = 180°时为单个相量的正振幅。请注意,强度由振幅的平方决定,因此振幅的正值和负值都对衍射强度有贡献

2.9.3 单一宽缝

如果允许狭缝有一定宽度(图 2.7),那么散射情况又会怎样呢?同一个狭

2.9 光的狭缝衍射和圆孔衍射

缝中的散射波会相互干涉。可以把单缝看成由许多宽度为 δw 的狭缝连接起来的。设想把一个缝分为宽度为 $\delta w/11$ 的 11 个狭缝,每个狭缝会生成一个如图 2.8 所示的相量图;如果使 δw 逐渐变小,相量图会变成一条曲线;相对于图 2.8,可以得到图 2.9(对应不同的 θ 值)。如果做一个全面的分析,会发现单个狭缝的振幅会随相位发生变化 $A=A_0\phi^{-1}\sin\phi$,对于宽度为 w 的单缝,相位 ϕ 可以表示为 $\pi w\sin\theta/\lambda$(让我们想起了对图 2.5 的分析)。如果只考虑一个狭缝,当 $\phi=\pm n\pi$ 时,总矢量为零。如果把强度画出来,可以得到图 2.10 中的艾里曲线。

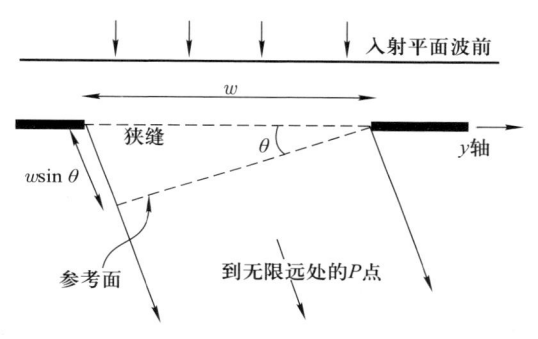

图 2.7 单缝散射几何示意图

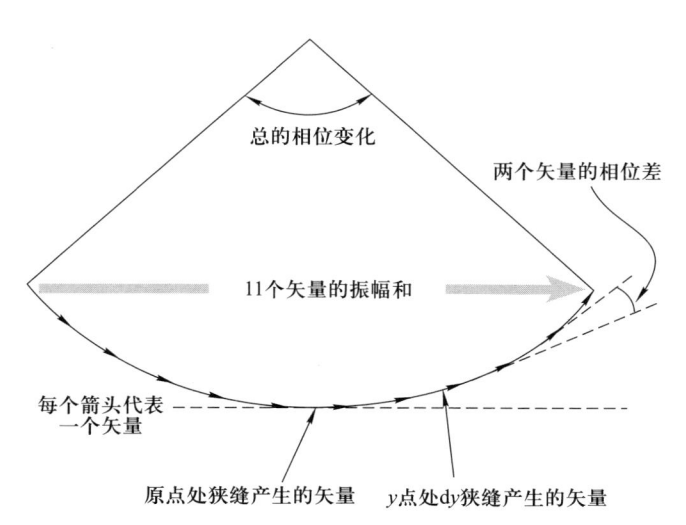

图 2.8 单个小的狭缝的相量相加得到图 2.7 所示狭缝的总相量

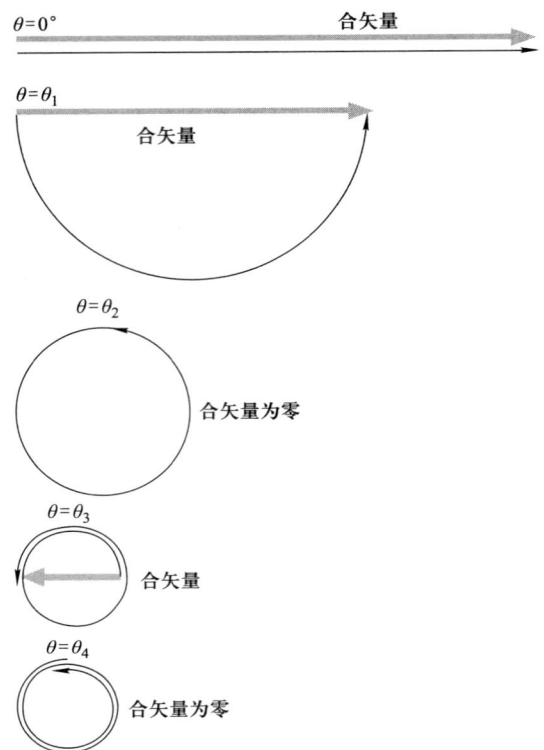

图 2.9 对于图 2.7 所示的某些 θ 值，单缝可以产生振幅为零的散射束，圆圈类似图 2.6 中的多面体，每个图中相量增加的总长度（来自每一个 dy）都是相同的

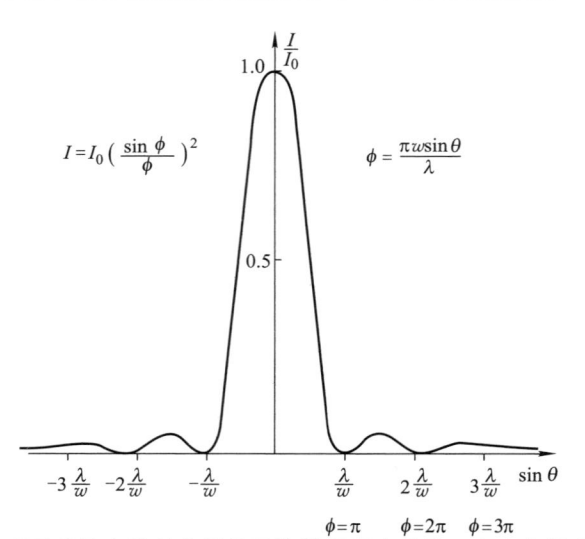

$$I = I_0 \left(\frac{\sin \phi}{\phi} \right)^2 \qquad \phi = \frac{\pi w \sin \theta}{\lambda}$$

图 2.10 从图 2.7 所示狭缝中散射获得的最终散射强度曲线；这个曲线称为单缝夫琅禾费衍射图；w 是图 2.7 中定义的狭缝宽度

艾 里 斑

半径为 $r = 1.22\lambda/D$ 的斑是以艾里的名字命名的，是 TEM 中可达到分辨率的基本限制条件之一，在第 6 章会讨论到。如果把任一光阑引入任意一台电镜，就会限制仪器的极限分辨率。

2.9.4 圆孔散射

现在练习的真正目的：不借助详细的数学描述，可以用圆孔或直径为 D 的光阑来代替宽度为 w 的狭缝。在图 2.11 中可以看出，在振幅与 θ 的关系图中峰宽在 $1.22\lambda/D$ 处有一个极大值，这是图 2.10 的 3D 表示(第三维是 I，不是 I/I_0)。

由于光阑的圆对称性，获得 1.22 这个值的计算需要运用贝塞尔函数，可以在物理光学方面的教材中找到，有一些也可以在本章末尾的参考文献中找到。

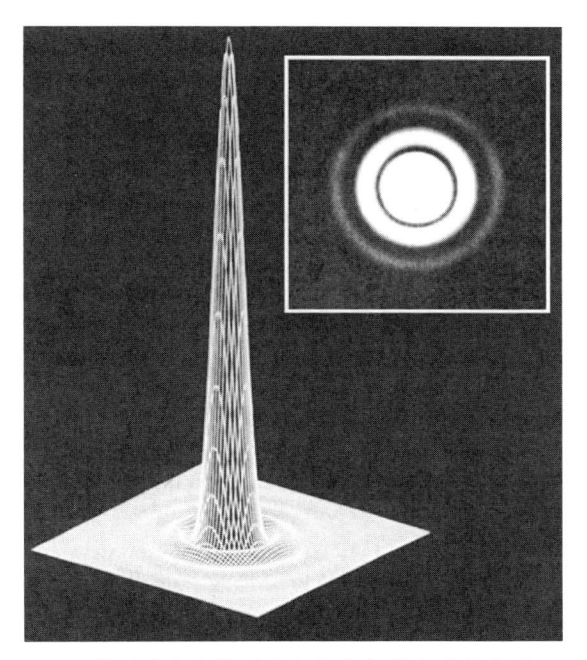

图 2.11 直径为 0.5 mm 的圆孔产生的可见光强度和观察到的艾里斑(插图所示)。中心强度区域的宽度为 $1.22\lambda/D$

随着光阑直径 D 的减小，最小分辨距离 r 增加(即分辨能力变差)。艾里斑直径的表达式也同样显示，随着波长 λ 减小，r 降低（因此通过提高 TEM 的加速电压来减小波长 λ 将会提高分辨率）。

2.9.5 为什么这与电镜有关？

这些分析对 TEM 的重要性在于后面的几章中会有同样的关系式，在那些章节中，我们将用一个光阑代替狭缝，或用一个原子或你的样品代替圆孔。换句话说，对狭缝和圆孔衍射的分析只是几何在光学上的应用——几何光学。

2.10 相长干涉

进一步讨论，考虑一个含有振幅和相位的无限平面波，波函数表达式为

$$\psi = \psi_0 \exp(i\phi) \tag{2.11}$$

式中，ψ_0 是振幅；ϕ 为相位，相位跟波的位置 x 有关。如果 x 变化一个波长 λ，那么相位差为 2π。换言之，两个单色波（波长相同）的相位差 $\Delta\phi$ 与它们从光源到探测器的光程差 Δx 有关，可以表示为

$$\Delta\phi = \frac{2\pi}{\lambda}\Delta x \tag{2.12}$$

图 2.6 讨论了相长干涉现象。波与波之间的干涉都是基于考虑相位关系的振幅叠加。如果样品中所有原子的散射波满足相长干涉，那么它们的相位差必须是 2π 的整数倍。显然，这种情况需要所有波的光程差都是入射波长的整数倍。只要散射中心在空间周期性分布就可以满足该条件。幸运的是，所有晶体都具有这样的特征，这样相长干涉的数学描述就简化了（见第二篇）。关键点在于，该分析是针对 X 射线的，但对电子也完全一样，因为它不依赖于散射机制，只依赖于散射几何。

2.11 角度表示

由于角度（注意是半角）在 TEM 中非常重要（其中一部分角度可以由操作者控制，其余的角度由样品决定），尽量采用统一的术语。

■ 可以控制样品上电子的入射角度，定义入射半角为 α，如图 2.12 所示。
■ 在 TEM 中，用光阑或探测器收集特定角度的散射电子，定义收集半角为 β。
■ 定义由样品决定的散射角为 θ。它可以是个特定角度，例如布拉格角的两倍（$\theta = 2\theta_B$）（见 11.4 节），也可以是一般的散射角 θ。因此，对衍射而言 θ 是散射半角，尽管它等于 $2\theta_B$！

事实上，TEM 中感兴趣的角度不是以半角的形式给出的，而是 XEDS 探测器中 X 射线的立体收集角（见下册第 32 章），是 X 射线产生的总立体角（4π sr）中非常小的一部分，通常以全角的形式给出。

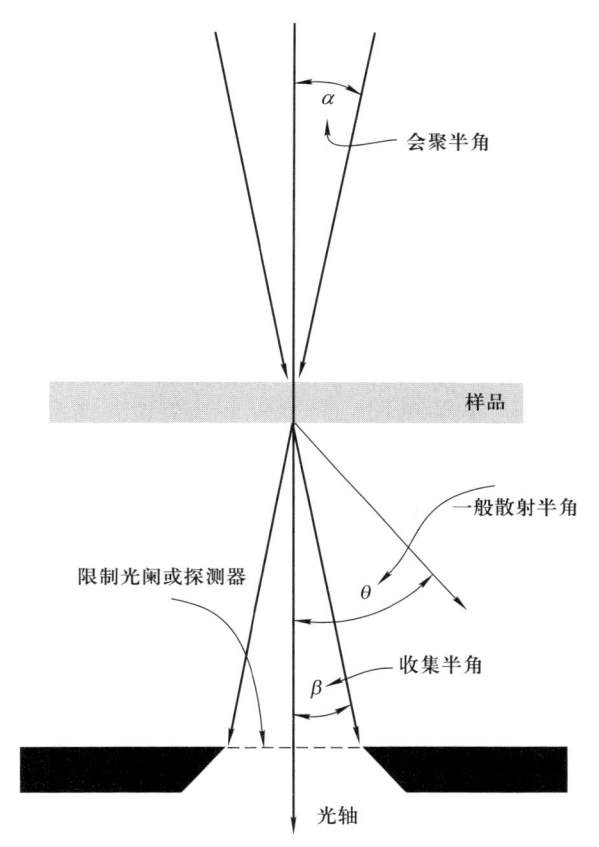

图 2.12 TEM 中主要半角的定义。所有的入射/会聚半角都用 α 表示；所有的收集半角都用 β 表示，一般的散射半角为 θ。所有的角度都是相对于光轴方向（沿 TEM 腔体长度方向的假想线）测量的

2.12 电子衍射花样

已多次提到 TEM 是一种唯一适合充分利用电子散射的优点的仪器，因为它能形成散射电子分布的图像（衍射花样），在第二篇中会做更详细的介绍。要全面理解 TEM 中衍射花样的形成过程，需要参看第 6 章所描述的电磁透镜的工作原理，以及第 9 章关于不同透镜结合形成 TEM 成像系统的内容。但在

阅读这些章节之前,给出几种 TEM 形成的衍射花样也是很有参考价值的。此时,可以想象将一个照相底片直接放在薄样品后面,被样品散射后的电子(图 2.1B)直接作用在底片上。这种情况下,散射角度越大,电子撞到底片的位置离中心就越远。

"底 片"

在一张衍射图中,底片上的距离对应着样品中的散射角。

即使用了这么简单的描述,也可以理解衍射花样的一些基本特性。图 2.13 是一组不同类型的衍射花样,这些都是在常规 TEM 中得到的结果。可以看出,关于散射特征的一些基本描述在衍射花样中还是很直观的。首先,透射电子束强度最大,位于图案中心,意味着大多数电子没有散射而是直接穿过样品。其次,散射强度随 θ 角的增加而下降(与透射束之间的距离也增加),反

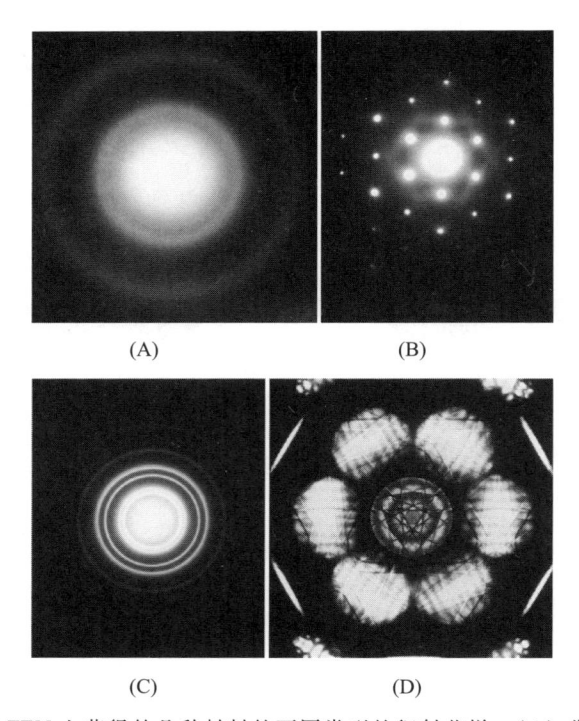

图 2.13 100-kV TEM 上获得的几种材料的不同类型的衍射花样。(A)非晶碳,(B)Al 单晶,(C)多晶金,(D)硅的会聚束电子衍射花样。衍射花样中最亮的中心斑对应透射电子束,透射电子束旁边的衍射点和环是由散射束引起的

映了散射截面随 θ 的增加而减小。再次，散射强度会随样品结构的不同有很大变化，在第二篇中对此会有进一步的认识。

> **散射角和衍射花样中的距离**
>
> 这个关系不同于通常的图像解释，其中的距离对应样品中的距离，但这对于理解衍射花样很关键。

迄今为止只考虑了电子波的振幅/强度，而忽略了相位。实际上，波在散射时相对于入射波其相位也会发生改变，因为电子波不可能在改变方向后依然和未发生散射的电子波同相位。在相位衬度像理论中，散射波的相位是非常重要的，它是原子级高分辨图像的基础，如前面的图 1.2 所示。当考虑衍射束的强度和衍衬像中的强度时，散射波相位也很重要。但现阶段，需要知道的就是撞到样品时电子束中的电子都是同相位的，任何形式的散射过程都会导致散射电子和入射电子束之间相位关系的变化。

章 节 总 结

请牢记，电子之所以会发生强烈散射是因为它是带电粒子，这一点是它与 X 射线的最大区别。电子会被原子中的电子云和原子核散射，而 X 射线却只能被电子云散射。(如果你是物理学专业，会发现量子力学的计算能给出和经典库仑力计算相同的电子云分布)。

本章定义了四个重要的参数：

σ_{atom} 原子散射截面

σ_{total} 在样品中传播单位距离内的散射次数

$d\sigma/d\Omega$ 原子的微分散射截面

λ 平均自由程(两次散射之间的平均行程)

最后，请注意语法！应该用"electron scatter"还是"electron scattering"呢？电子被散射(scattered)，观察的是发生散射(scattering，动名词)的结果，但事实上，所看到的电子的散射(scatter，名词)是可以测量的。尽管如此，还是使用"electron scattering"来定义这种效应，这与通用用法是一致的。这一用法可以追溯到布拉格和其他人的早期工作。

参考文献

散射和散射截面

Born, M and Wolf, E 1999 *Principle of Optics* 7th（对，就是第七版！）Ed. Cambridge University Press New York. 这可能是在描述和出版次数方面最经典的光学教科书。

Heidenreich, RD 1964 *Fundamentals of Transmission Electron Microscope* Interscience Publisher New York.

Jones 在 1992 年对散射给出了一个简短的介绍，Newbury（1986）明确给出了散射截面的单位，如果想查看进一步的描述，请读 Wang（1995）的书。如果你热衷于复杂描述，经典教材是先前提到过的 Mott 和 Massey（1965）的书。应该注意所介绍的都是电子光学界的巨人，像 Airy、Fresnel、Fraunhofer，但他们不懂电子波。

Jones, IP 1992 *Chemical Microanalysis Using Electron Beams* The Institute of Materials London.

Mott, NF and Massey, HSW 1965 *The Theory of Atomic Collisions* Oxford University Press Oxford.

Newbury, DE 1986 *in Principles of Analytical Electron Microscopy* p 1 Eds. DC Joy, AD Romig Jr and JI Goldstein Plenum Press New York.

Wang, ZL 1995 *Elastic and Inelastic Scattering in Electron Diffraction and Imaging* Plenum PressNew York. 使用比本章更严格的数学方法来深入阐述散射。

光学

我们应该对光学的奠基者，特别是 Abbe、Airy、Fraunhofer 和 Fresnel 有所了解，但还是由你自己在光学教科书中来寻找吧。

Fishbane, PM, Gasiorowicz, S and Thornton, ST 2004 *Physics for Scientists and Engineers* 3rd Ed. Prentice Hall Englewood Cliffs NJ.

Goodman, JW 2004 *Introduction to Fourier Optics* 3rd Ed. Roberts & Company Greenwood Village CO. 对于高年级学生，是一个很好的资源。

Hecht, E 2003 *Optics* 4th Ed. Addison-Wesley Reading MA.

Klein, MV and Furtak, TE 1985 *Optics* 2nd Ed. Wiley & Sons New York NY.

Smith, FG and Thomson, JH 1988 *Optics* 2nd Ed. Wiley & Sons New York.

Taylor, C 1987 *Diffraction* Adam Hilger Bristol UK.

微观分析及其他

Goldstein, JI, Newbury, DE, Joy, DC, Lyman, CE, Echlin, P, Lifshin, E, Sawyer, LC and Michael, JR 2003 *Scanning Electron Microscopy and X-ray Microanalysis* 3rd Ed. Kluwer New York.

Joy, DC 1995 *Monte Carlo Modeling for Electron Microscopy and Microanalysis* Oxford University Press New York.

Rhodes, R 1986 *The Making of the Atomic Bomb* Simon and Schuster New York. See p 282.

Rhodes, R 1995 *Dark Sun：The Making of the Hydrogen Bomb* Simon and Schuster New York. See p 423.

鉴于这些书的历史和科学内容，它们都很值得一读。

网址

1. http：//www.cstl.nist.gov/div837/837.02/epq/index.html.

自测题

Q2.1 什么是散射截面，它的单位是什么？

Q2.2 区分总散射截面、原子散射截面和微分散射截面。

Q2.3 为什么我们对散射强度的变化和电子散射的角分布感兴趣？

Q2.4 什么是电子的平均自由程？

Q2.5 电子束这个术语是什么意思，为什么这么定义？

Q2.6 透射束和散射束有哪些不同点和相同点？

Q2.7 区分散射和散射过程。

Q2.8 前向散射和背散射的不同是什么？

Q2.9 区分弹性散射和非弹性散射？

Q2.10 区分相干散射和非相干散射。

Q2.11 描述衍射和其他类型散射的区别。

Q2.12 区分夫琅禾费衍射和菲涅耳衍射。

Q2.13 区分角度 α、β、θ 和 Ω。

Q2.14 列出一个样品散射电子的不同方式。

Q2.15 在 TEM 中可以用几种不同的方式控制散射过程？

Q2.16 如何选择经历特定类型散射的电子？

Q2.17 电子散射和 X 射线散射的根本不同是什么？

Q2.18　什么是相量图？

Q2.19　为什么要在 TEM 中画相量图？

Q2.20　在 TEM 中多大的角度为小角度，为什么在 TEM 中的散射角通常很小？

章节具体问题

T2.1　给出相干、非相干、弹性和非弹性的简单定义，并将这些定义与图 2.2 中的信息联系起来。

T2.2　用一段话解释散射截面和原子散射因子的关系，要提及影响它们的重要因子。

T2.3　解释图 1.3 和图 2.1 中信息的关系。

T2.4　区分图 2.3 中散射角度 θ 和 Ω 以及在各自角度范围内收集到的信息。把这两个角度与图 2.12 中相关的角度联系起来。

T2.5　描述图 2.4 中 Cu 和 Au 样品由于散射投影到照相底片或观察屏上的强度，但其看起来不像本书中许多图片中的典型 TEM 图片或衍射图的强度。为什么？

T2.6　为什么图 2.4A 和图 2.4B 中背散射电子的数量如此的少，为什么它们都散射到了图 2.4A 中的一边？

T2.7　画出在下列条件下与图 2.5 等效的图：(a) 间距为 $d/2$ 的两个狭缝，(b) 间距为 $2d$ 的两个狭缝，(c) 间距为 d 的五个狭缝。说出散射中心的间距和数目对散射分布的影响是什么？

T2.8　对应于 3 个狭缝的情况，画出类似图 2.6 的相量图。

T2.9　图 2.10 和图 2.11 的关系是什么？

T2.10　复制图 2.13，在另一张纸上剪出直径分别为 5 mm 和 40 mm 的圆孔，对应如图 2.12 所示的不同的收集角 β，把小一些的圆孔加到不同图的不同位置处来模拟在 TEM 中对不同成像电子的选择。注意到选择特定方向的散射电子是多么的容易，同时注意当这样做的时候有多少电子被排除在外了。(a) 这样做能告诉我们小的选区光阑（或小的探测器）的优势和不足是什么？现在添加更大的光阑并注意有多少更多的电子被选择？(b) 这样能告诉我们大的选区光阑（或大的探测器）的优势和不足分别是什么？

第 3 章
弹性散射

章 节 预 览

弹性散射电子是 TEM 图像衬度的主要来源，也是在衍射花样中产生强度分布的主要因素，所以需要很好理解弹性散射过程。首先考虑孤立原子的弹性散射，然后再分析样品中大量原子的散射情况。要理解弹性散射，必须同时考虑电子的粒子性和波动性。

单个原子对电子的散射过程既可以是电子与带负电的核外电子云相互作用后发生小角度的偏转，也可以是受到带正电的原子核吸引发生几乎 180°的大角度散射。原子核的散射可以简单地用弹球模型、粒子碰撞、散射截面、平均自由程等前面章节介绍过的概念来理解。我们会介绍卢瑟福微分散射截面的概念，它能说明高角弹性散射和原子序数 Z 之间很强的依赖关系。之后，会利用这种散射对原子序数 Z 的依赖性来形成反映样品化学成分的图像。当把电子当作一种波处理时，它们的相干性就非常重要。散射电子的相干性与散射角 θ 有关。随着散射角增加，相干性变弱，高角度处的卢瑟福散射电子也逐渐变得不相干。

与卢瑟福高角散射相反，小角度散射电子（通常规定为小于3°）都是相干的。这些低角度电子散射强度受样品中原子排列的强烈影响。如前面章节中所述，这种原子的集体散射称为衍射，这种衍射只能从电子波动性的角度出发才能理解。衍射主要受入射电子束与样品中原子面的夹角、晶面间距以及面内原子间距的影响。所以这种小角度相干散射对于表征样品的晶体学信息很有价值，而且毫无疑问，它是 TEM 中最重要的散射现象。

因此在讨论弹性散射时，会同时用到波粒二象性，对这两条思想主线都需要予以充分理解。

3.1 粒子和波

可以用两种方式来理解透射电镜中电子束和样品的相互作用，把电子束看成连续不断的粒子或者一系列波。目的是要理解这两种方式的关系，可以总结为以下两个观点。

电子是粒子，所以有如下性质，这些曾经在第 2 章介绍过。
- 具有散射截面和微分散射截面。
- 可以在特定的角度发生散射（注意所提及的角度均为半角）。
- 电子与原子核和电子云通过库仑力相互作用。
- 可以把这个过程与其他粒子的散射关联起来，例如 α 粒子，因此很多其他体系的分析方法也可以应用到这里。

粒 子 和 波

讨论 X 射线和电子能谱时，必须采用电子的粒子性来描述。当讨论成像、HRTEM 以及衍射花样时则需要采用波动性描述。

电子具有波动性，而且电子束几乎是一个平面波，因此
- 波可以被原子或"散射中心"散射。
- 波被原子散射的强度由原子散射振幅决定。
- 将原子凝聚形成固体时，衍射过程变得更为复杂，但这是 TEM 的核心。
- 可以把这个过程与 X 射线衍射关联起来，很多 X 射线衍射的分析可以应用在这里。

3.2 弹性散射机制

在前面的章节中，简单叙述了通过薄样品的电子，有的被散射，有的没被散射，有的有能量损失，有的没有能量损失。现在来描述散射发生的方式，而且这一章仅限于讨论弹性散射，第 4 章才讨论非弹性散射。

为方便起见，把弹性散射机制分成两种主要形式：单个孤立原子散射和样品内部很多原子的集体散射。采用前面章节的方式，首先研究单个电子与孤立原子的相互作用。这种情况下，弹性散射会以下面两种方式之一发生，这两种方式都包含库仑力。如图 3.1 所示，电子与电子云相互作用，导致小角度偏离；或者，如果电子穿透电子云并接近原子核，则会被原子核强烈吸引，并发生大角度散射，在透射电镜中很少发生接近 180°的散射（即完全的背散射）。

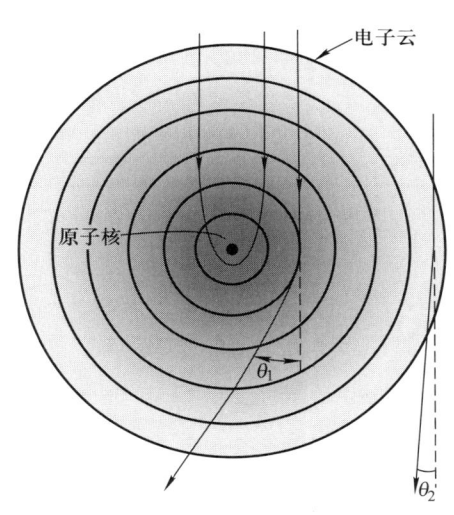

图 3.1 单个孤立原子对高能电子的两种散射机制。电子云内的库仑相互作用导致低角散射；电子和原子核的库仑吸引导致高角散射（当 $\theta>90°$ 时很可能是完全的背散射）。电子云内的库仑势总是正的

弹 性 散 射？

注意这两种相互作用可能都不是真正的弹性散射，所以把散射分为弹性和非弹性只是一种简化。

事实上，下一章中会看到许多电子-电子相互作用都是非弹性的。而且电

子与原子核相互作用会导致韧致 X 射线的产生，或者甚至会导致晶体中原子位置的移动，这两个过程都会伴随着电子的能量损失。实际上，样品中出射电子的散射角越大，它在穿过样品时发生非弹性散射的概率就越大。即便如此，这一章中依然会忽略任何非弹性效应。

当电子波与样品整体相互作用时，主要发生第二种形式的弹性散射。前面已提到了这个最有名的相互作用形式，即衍射，这种形式在低散射角处尤其重要。理解衍射要把电子束当作波来对待，而不是像图 3.1 中那样当作粒子来处理。根据惠更斯原理对可见光衍射的分析，设想样品中每个原子都是球面波的二次子波的波源，如图 3.2 所示。

干　涉

这些子波在一定的角度方向会彼此增强或减弱。增强和减弱都是非常有用的现象。

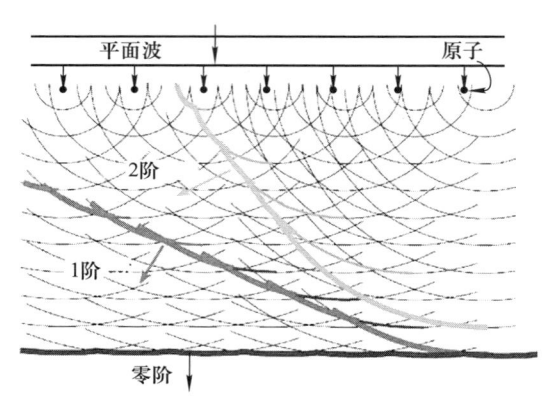

图 3.2　相干平面波在一排散射中心处（例如样品中的一排原子）会产生二次子波。二次子波相互干涉产生很强的透射束（零阶），而且在某些特殊方向会产生几条（高阶）相干的散射（衍射）束

这样，样品的晶体结构就改变了低角弹性散射的分布，强衍射束只会出现在某些特定的角度。最小散射角处的衍射束称为一阶衍射束，将会在第 11 章和第 12 章深入讨论这些现象以及高阶效应。下面将从最简单的弹球模型来详细讨论这两种弹性散射形式。然后简要描述波的散射过程以说明它与粒子处理方式之间的联系，进而以波动性描述为基础来全面地分析衍射。

3.3 孤立原子的散射

考虑图3.1所示的一束电子与孤立原子相互作用的两种可能路径。与原子核或电子云的相互作用不管谁更为强烈,电子的散射角度都记为θ。

> **散 射 角**
>
> 弹性电子-电子相互作用通常产生相对较低的散射角,而电子和原子核的相互作用会产生高角度散射。

如果只考虑经过电压V加速的带电电子(电荷为e)受孤立原子的散射,那么电子和核外电子以及电子和原子核的散射路径为双曲线,并且可以通过两个简单的等式表示(Hall,1953),这些等式很有用,因为它们总结了决定弹性散射的基本要素

$$r_e = e/V\theta \tag{3.1}$$

$$r_n = Ze/V\theta \tag{3.2}$$

式中,r是原子核与电子散射区域的半径。散射角大于θ时原子核的散射截面为πr_n^2,电子云中Z个电子的散射截面为$Z\pi r_e^2$。将两部分相加[如式(2.8)]并乘以$N_0\rho t/A$就可以描述穿过厚度为t的薄膜时所发生的总弹性散射。

正如 Hall 所述,这种方法"在很多方面都存在缺陷",但能对众多影响弹性散射的变量形成清晰的定性认识。可以看到电子和原子核的弹性相互作用主要受原子序数Z的影响,而电子与电子的散射是入射电子束能量(V采用静电单位才能使等式的量纲正确)的函数。在下册第22章会看到,为获得更好的 TEM 图像衬度,需要加强电子在低原子序数Z材料中的散射,如聚合物和生物组织,Z的作用会变得相当重要。当电子近距离经过原子核(r_n很小)时,散射角θ会变得很大。在下册第22章会看到这种对θ的依赖关系也会影响到 TEM 的图像衬度,电子束的能量在一定程度上也影响图像衬度。所以Z、V和θ都会影响图像衬度,同时也是我们必须学习电子散射物理的3个主要原因。

3.4 卢瑟福散射截面

在下面三节中,将忽略低角电子-电子散射,仅关注原子核的散射。高角度电子-原子核的相互作用类似于薄金属片中α粒子的背散射。这种背散射是1911年由 H. Geiger 和曼彻斯特大学的本科生 E. Marsden 第一次观察到的,他

们获得的结果使其导师卢瑟福能够推导出原子核的存在(决不要轻视本科生的研究结果!)。卢瑟福(1911)把背散射描述为"最不可思议的事情"(即便他已经在1908年获得诺贝尔化学奖),他推导出了仅由原子核产生的高角微分散射截面表达式

$$\sigma_R(\theta) = \frac{e^4 Z^2}{16(4\pi\varepsilon_0 E_0)^2} \frac{d\Omega}{\sin^4\frac{\theta}{2}} \tag{3.3}$$

式中,所有项在第2章中都定义过。这个表达式忽略了相对论效应,并假设入射电子经过非弹性散射后并没有很大的能量损失,所以电子能量 E_0(单位是 keV)是固定的。我们已经注意到,虽然这些假设确实不太精确,但在TEM中还是相对合理的(至少对于100 keV以及更低的能量而言)。

3.5　卢瑟福散射截面的修正

会经常看到物理意义不完全相同但数学形式相近的卢瑟福微分散射截面表达式。例如,式(3.3)忽略了所谓的电子云屏蔽效应。屏蔽效应可认为是原子核相对入射电子的正电荷减小(尽管电子云内部的总体电荷始终为正)。所以微分散射截面会明显减小,并且散射次数降低。屏蔽仅在电子束路径距原子核较远时才显得比较重要,这种情况下散射角也较小(一般小于3°)。如果要考虑这种屏蔽效应,则应将 $\sin^2(\theta/2)$ 用 $[\sin^2(\theta/2)+(\theta_0/2)^2]$ 替代,其中 θ_0 为屏蔽系数

$$\theta_0 = \frac{0.117 Z^{1/3}}{E_0^{1/2}} \tag{3.4}$$

式中,E_0 单位是 keV。就是说屏蔽系数可以用一个特定的散射角 θ_0 来表示。当散射角大于 θ_0 时,可以忽略电子-电子相互作用,这时电子和原子核的相互作用是主要的。100 keV的电子能量,对应铜的 θ_0 值约为2°,更轻的元素所对应的 θ_0 值会更小,所以散射角大于 θ_0 的散射都可以近似为卢瑟福高角散射。

至此,等式里都没有考虑相对论效应,这是不太合理的。因为能量大于100 keV(TEM中大多数材料研究都在该能量范围内)的电子的相对论效应还是很明显的。因此,利用相对论修正波长 λ_R [见式(1.7)]和散射原子的玻尔半径 a_0,经过相对论修正后,可以很容易得到一个更为精确的微分散射截面,这里

$$a_0 = \frac{h^2 \varepsilon_0}{\pi m_0 e^2} \tag{3.5}$$

式中,ε_0 是介电常数。用表1.1中列出的常数代入,可以得到 a_0 为 0.052 9 nm

3.5 卢瑟福散射截面的修正

(可粗略记为 0.5 Å),考虑屏蔽效应和相对论修正后的最终结果为

$$\sigma_R(\theta) = \frac{Z^2 \lambda_R^4}{64\pi^2 a_0^2} \frac{d\Omega}{\left[\sin^2\left(\frac{\theta}{2}\right) + \frac{\theta_0^2}{4}\right]^2} \tag{3.6}$$

该表达式描述了屏蔽效应下相对论修正的微分卢瑟福散射截面。考虑屏蔽效应后一个很重要的影响就是当散射角趋向于 0 时散射截面不会趋向于无穷大,这对于先前使用的所有简单等式都是一个很重要的限制。

考虑屏蔽效应的卢瑟福散射截面广泛应用于 TEM 计算中,尽管在超高压 TEM(300~400 kV)和重元素(Z>30)条件下使用起来具有局限性,会引起较大的散射角。在这些情况下,应该用其他散射截面,如 Mott 散射截面,可以查阅 Mott 和 Massey 的书(见第 2 章)或者 Newbury(1986)的书。

所以,依照第 2 章中对基本散射截面的处理方法,可以将该表达式积分以得到特定角度范围内的总散射截面。可以将各种常量用合适的数值代替,并将微分散射截面从 θ 到 π 积分来得到电子弹性散射角大于 θ 时所对应原子核的总散射截面(单位为散射次数/电子/原子/平方米)

$$\sigma_{\text{nucleus}} = 1.62 \times 10^{-24} \left(\frac{Z}{E_0}\right)^2 \cot^2\frac{\theta}{2} \tag{3.7}$$

(根据第 2 章中所介绍的内容应该可以得出决定电子被散射后散射角小于 θ 时散射概率的积分。)再次可以看到电子束能量(E_0)、散射角(θ)和原子序数(Z)都会影响电子被样品中原子核散射的概率。假设 θ 很小,并对式(3.7)进行简化,则可以看出它与 Hall 推导的原子核散射粗略表达式(3.2)有诸多相似点。然而,散射的完整过程远不止这里讨论的内容,当真正认识到它们的重要意义时可以分别阅读 Newbury(1986)和 Jones(1992)的书,以及他们对这些计算进行的更深入的讨论。

总结散射截面特征的最好的方法就是列出一些数据。图 3.3 根据式(3.7)给出了(A)两种不同电子束能量下和(B)3 种不同元素的屏蔽卢瑟福散射截面随散射角的变化情况。可以看到,对于 Cu 来说,当散射角从 0°到 180°增加时,散射截面大约从 10^{-22} m² 减小到 10^{-28} m²,减小了几个量级;所以散射主要发生在前向方向(θ 接近于 0°),并在几度的范围内迅速下降。当原子序数 Z 从 C 上升到 Au 时,散射截面可以增大大约 100 倍,这也是为什么在"透视"高 Z 材料时需要更薄的 TEM 样品的原因。保持其他条件不变,电子束能量加倍可使散射截面降低 2~3 倍,这就说明与低能电子相比高能电子被样品散射的可能性更小。图 3.4 给出了与弹性散射相关的平均自由程,可以看到如果保持样品厚度小于 100 nm,那么几乎没有高角度弹性散射发生。在这种样品里,大多数电子只发生单次散射或者根本不发生散射,这种简化对于显微镜里的实

际过程是一种可行的近似，本书会多次用到。这种近似也说明了为什么几乎所有 TEM 研究里"越薄越好"的准则能广泛应用。

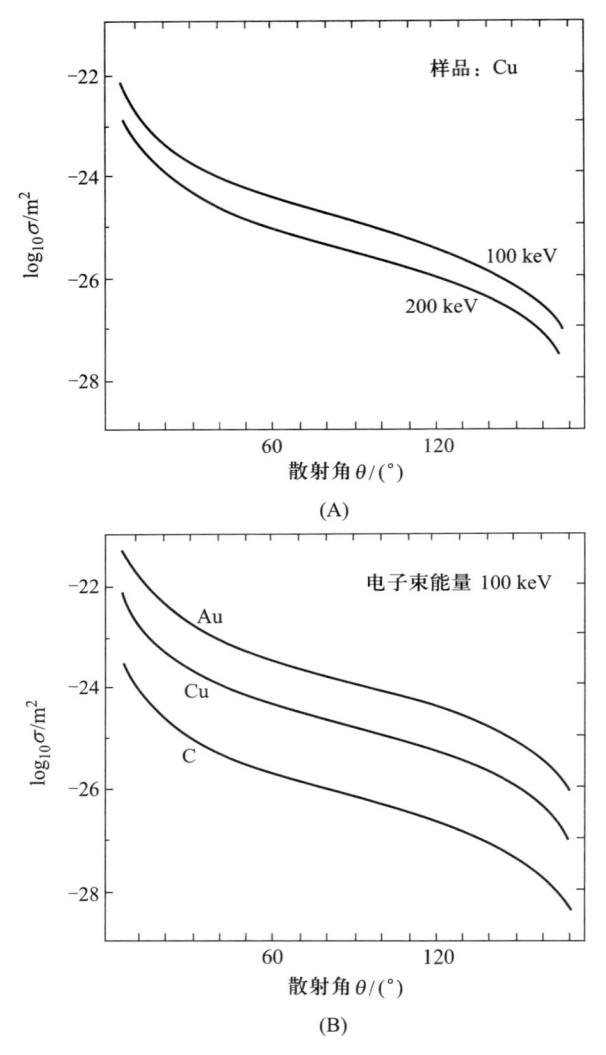

图 3.3　根据式（3.7）绘制的考虑了屏蔽效应和相对论效应的卢瑟福散射截面的对数随散射角的变化，描述了在电子散射角>θ处散射截面的变化情况。（A）铜样品在不同加速电压下的卢瑟福散射截面，（B）100 keV 下不同元素的卢瑟福散射截面

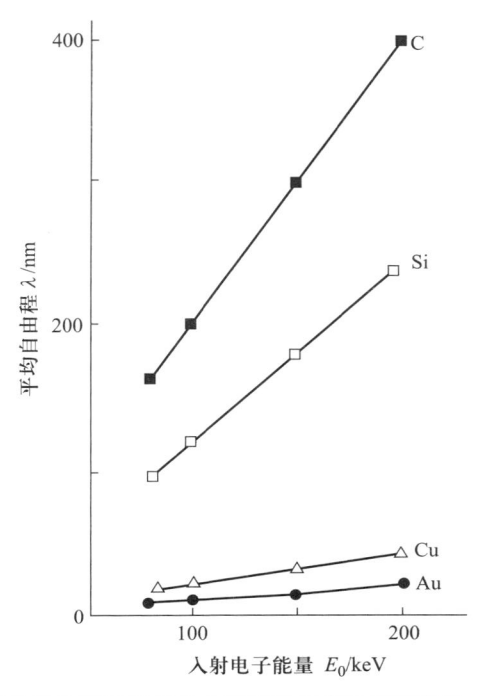

图 3.4 4 种不同元素的弹性散射平均自由程随电子束能量的变化，计算是在考虑了屏蔽效应和相对论效应的卢瑟福散射截面假设下得到的

3.6　卢瑟福散射电子的相干性

到现在为止，都是把电子当作粒子来处理的，如果考虑到散射电子的波动特性，会得到一些更有用的结论。高角度卢瑟福散射电子是非相干的，即它们之间没有相位关系。这是一个复杂的概念，因为考虑的是散射粒子，这种非相干散射在两个方面是很重要的。首先，高角度前向散射可以用来形成晶体样品的特殊高分辨像，原子序数 Z 而不是样品的取向决定了图像的衬度（就像低角度相干衍射成像那样）。在下册第 22 章中会看到，这种 Z 衬度像除了提供定性的原子分辨的元素分析外，还揭示了 Z 不同的区域界面处原子分辨的细节信息。相对于其他衬度像机制，Z 衬度成像对于大多数电子显微学家而言是一种较新的技术，但是自从有了 C_s 校正器，它一直保持着 TEM 中最高分辨率的图像和分析的记录（例如，Varela 等在 2005 年的工作），并且让我们对原子尺度内的结构以及晶体缺陷化学的理解开始有了彻底的变革。

> **相 干 性**
>
> 散射电子的相干性是一种波动特性。如果散射电子波之间具有相位关系,那么它们一定是相干的。

第二点(这一点不如前一点重要),高角度背散射电子(BSE)可以用于形成电子束照射区域样品表面的图像,这里的图像衬度不仅仅取决于不同的 Z 值,也取决于样品表面几何形态的变化。因为 BSE 信号很弱,BSE 图像很少用在透射电镜中。再回过头看图 2.4 的蒙特卡罗模拟,入射到 Cu 的 10^3 个电子中仅有大约 3 个(0.3%)发生背散射,因此,信号质量很差,图像噪声很大,衬度也很低。对于 SEM 中的块状样品则会产生更好的衬度,背散射电子数目更多(例如 Cu 中大约为 30%),并且背散射电子在 SEM 中提供了一种稳定、高衬度的成像技术,可以分辨元素周期表中相邻元素所产生的信号。原则上,TEM 中的 Z 衬度也可以实现相同的功能。

3.7 原子散射因子

由于忽略了电子束的波动特性,经典的卢瑟福微分散射截面不能用来精确计算散射截面。要精确计算散射截面需要考虑波动性,这超越了本书的范围。对散射截面的波动处理中最熟悉的一种方法就是采用原子散射因子 $f(\theta)$ 的概念,原子散射因子与微分弹性散射截面通过一个简单等式相联系(3.8 节会有详述)

$$|f(\theta)|^2 = \frac{\mathrm{d}\sigma(\theta)}{\mathrm{d}\Omega} \tag{3.8}$$

下面强调原子散射因子的两个重要性质。
- $f(\theta)$ 描述的是电子波被孤立原子散射后的振幅。
- $|f(\theta)|^2$ 正比于散射强度。

根据这两条性质以及散射电子强度在图像以及衍射花样中的重要性可以看出,$f(\theta)$ 在 TEM 中是一个相当重要的参数。

原子散射因子方法是对卢瑟福微分散射截面的补充,因为在描述低角度(即不大于 3°)弹性散射时散射因子非常适用,而卢瑟福模型则不太合适。通常,原子散射因子 $f(\theta)$ 可以定义为

3.7 原子散射因子

$$f(\theta) = \frac{\left(1 + \dfrac{E_0}{m_0 c^2}\right)}{8\pi^2 a_0} \left(\dfrac{\lambda}{\sin\dfrac{\theta}{2}}\right)^2 (Z - f_X) \qquad (3.9)$$

以上各项在前面都已定义过(注意已经去掉了屏蔽项,请记住其含义)。如果要了解得更详细,可以参考 Reimer 编写的物理基础教材。因为现在考虑的是波动特性,需要知道波长 λ(由入射电子束的能量 E_0 决定)以及 X 射线散射因子 f_X。关于 TEM 电子散射因子最好的资料是由 Doyle 和 Turner(1968)编写的书,当然也可以通过软件包查询具体数值(见 1.6 节),还能通过 NIST 数据库免费软件自行计算(见 1.6 节和网址 1)。式(3.9)中出现了 f_X 表明 $f(\theta)$ 是电子波动性的基本结果。

$f(\theta)$

原子散射因子 $f(\theta)$ 是 λ、θ 和 Z 的函数。

对单个孤立原子,可以画出 $f(\theta)$ 的角分布,图 3.5 总结了对弹性散射大小的理解[见式(3.1)和式(3.2)]。

■ 它随 θ 增加而减小($\theta = 0°$ 是入射电子束方向)。

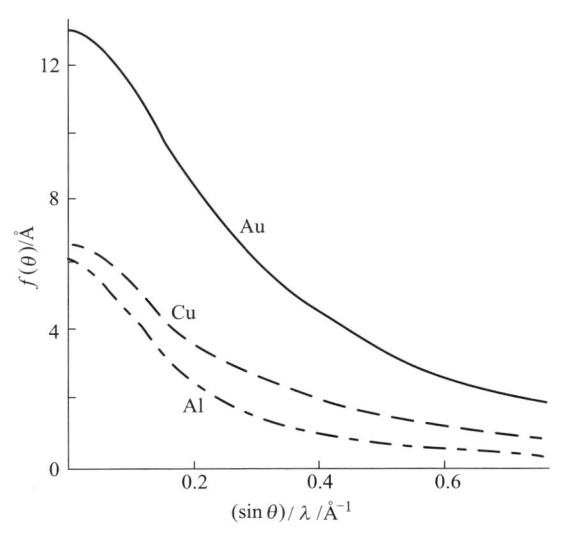

图 3.5 原子散射因子 $f(\theta)$ 随散射角 θ 的变化[式(3.9)]。弹性散射随散射角的增大而减小,随原子序数 Z 的增大而增大

- 它随 λ 减小而减小(也就是说随加速电压(V)增加而减小)。
- 对任何给定的 θ 值,它随 Z 增加而增加。

$f(\theta)$ 的表达式(3.9)中包含了原子核弹性散射项(Z 项)和电子云弹性散射项(f_X 项)。在第二篇的衍射章节中可以看到 $f(\theta)$ 是唯一用到的方法。如果忽略了方程中 f_X 项,数学上 $|f(\theta)|^2$ 和高角度卢瑟福微分散射截面是等价的,如式(3.6)所定义。所以,现在将粒子方法和波动方法通过弹性散射联系起来了。

角度变化

重点记住:微分散射截面和散射因子都是反映电子散射强度随 θ 变化的简单度量。

3.8 $f(\theta)$ 的来源

因为 $f(\theta)$ 与散射波振幅有关,将会简单介绍一下其产生的原因。下面的分析并不是完全严格的,仅仅给出了 $f(\theta)$ 的基本概念以及它与微分散射截面的关系。也可以等到想了解的时候再学习这一节,也可以阅读内容更为详尽的物理教材。

要得到总的弹性散射截面,必须对 $d\sigma/d\Omega$ 进行积分。注意这是一个粒子模型,应该留意电子的波动性是如何引入的。可以通过观察图 3.6(该图与图 2.3 和图 2.12 紧密联系)来引入电子的波动性。

入射电子束可以用一个振幅为 ψ_0、相位为 $2\pi kr$ 的平面波来表示

$$\psi = \psi_0 e^{2\pi i k r} \tag{3.10}$$

在相位的定义中,k 是波矢的大小,r 是波传播的距离,在第 11 章中也会讨论。当入射平面波被点电荷散射时会产生一个振幅为 ψ_{sc} 的球面散射波,相位除了后面会提及的一个 $\pi/2$ 附加相位外与入射波是相同的

$$\psi_{sc} = \psi_0 f(\theta) \frac{e^{2\pi i k r}}{r} \tag{3.11}$$

式中,如果 $\psi_0 = 1$,$f(\theta)$ 就是要得到的原子散射振幅。

显然,要得到 $f(\theta)$ 的值,建立一个合理的模型是解决该问题的关键。至此,对散射的处理是十分严格而理想化的,建立的模型应该对于中性原子、共价键原子和离子有所区别。原则上,$f(\theta)$ 的值总是可以通过薛定谔方程计算出来的。实际上,通常采用如下简单的近似。

图 3.6 所示的散射过程可以表示为

3.8 $f(\theta)$ 的来源

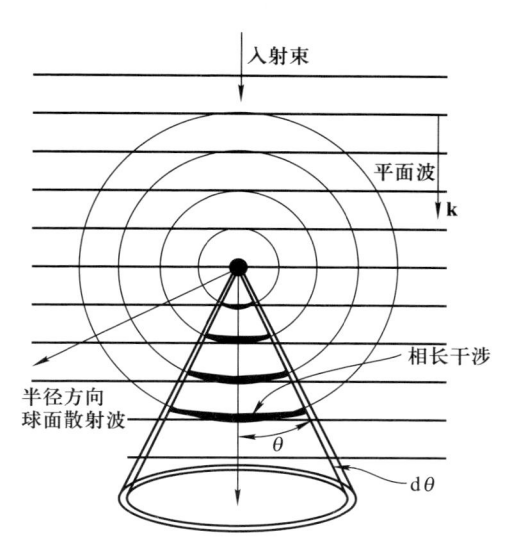

图 3.6 平面波（水平线，波长为 λ）与点电荷相互作用产生散射波。圆圈代表同相位的散射球面波波前（波长 λ 不变）。平面波与球面波之间的同位相相长干涉用黑色圆弧表示。角度 θ、$d\theta$ 与图 2.3 给出的相同

$$\psi_{sc} = \psi_0 \left[e^{2\pi i \mathbf{k}_I \cdot \mathbf{r}} + i f(\theta) \frac{e^{2\pi i k r}}{r} \right] \tag{3.12}$$

请注意，一般对于惠更斯子波，在入射束和散射束之间有一个 90°相移（由第二项中包含的"i"表示）。同时，$f(\theta)$ 可以表示为

$$f(\theta) = |f(\theta)| e^{i\eta(\theta)} = |f(\theta)| [\cos\eta(\theta) + i\sin\eta(\theta)] \tag{3.13}$$

这意味着 $f(\theta)$ 的相位 $\eta(\theta)$ 也是散射角 θ 的函数。

注 1：在式（3.12）中，引入了两个波传播参数，即入射平面波矢量 $\mathbf{k}_I$ 和球面散射子波的标量 k。通过把 2π 因子作为独立的相位项部分，可以把 k 定义为 $1/\lambda$。许多物理课本中 k 包含 2π，所以 k 等于 $2\pi/\lambda$。因此在比较这两种课本中类似公式时请务必小心。

$1/\lambda$ 和 $2\pi/\lambda$

有时定义 $k = 1/\lambda$ 而有时定义 $k = 2\pi/\lambda$，某些情况下很难区分到底使用了哪种定义方式。

注 2：在式（3.13）中，散射波分量的 90°相移可以作如下理解。如果波的初始振幅为 $\psi_0 \sin(2\pi k r)$，通过样品后将变成 ψ_{tot}。散射后相

位将增加 ϕ，把新的 ψ_{tot} 表示为

$$\psi_{tot} = \psi_0 \sin(2\pi kz + \phi) = \psi_0 \sin(2\pi kz)\cos\phi + \psi_0\cos(2\pi kz)\sin\phi \tag{3.14}$$

如果 ϕ 很小，则 $\cos\phi \approx 1$ 且 $\sin\phi \approx \phi$；$\cos\theta$ 总是和 $\sin(\theta+\pi/2)$ 相等，因此

$$\psi_{tot} = \psi_0 \sin(2\pi kz) + \psi_0\phi\sin\left(2\pi kz + \frac{\pi}{2}\right) \tag{3.15}$$

如果使用指数 e 而不是正弦去定义相位，就会产生 π/2 项，所以可以把式(3.15)式写为

$$\psi_{tot} = \psi + i\psi_{sc} \tag{3.16}$$

可以看到这和式(3.12)形式相同。

3.9 结构因子 $F(\theta)$

在下面对电子散射的讨论中，将运用孤立原子对电子散射的概念[即 $f(\theta)$]，并考虑当原子在晶体中堆垛时产生的效应(理论上对非晶固体材料也可以进行类似处理，但讨论晶体更为简明)。还会在第 13 章中对此进行详细处理，现在引入结构因子 $F(\theta)$ 的概念，它是晶体结构中晶胞散射振幅的度量。因为它是像 $f(\theta)$ 一样的振幅，也有长度的量纲。把 $F(\theta)$ 定义为单胞中所有 i 原子(原子坐标为 x_i, y_i, z_i)的 $f(\theta)$ 项和相位因子乘积的总和。相位因子考虑了相同米勒指数(hkl)下平行但不重合的原子面上原子产生的散射波之间的相位差异。散射角 θ 是入射束和散射束之间的夹角。可以写为

$$F(\theta) = \sum_i^\infty f_i e^{2\pi i(hx_i + ky_i + lz_i)} \tag{3.17}$$

散射振幅(其平方为强度)受原子类型[$f(\theta)$]、原子在晶胞中的位置(x, y, z)和组成晶体结构的具体原子面(hkl)的影响。这个不难理解，但在一定情况下这个等式给出的散射振幅可以为零。这种行为是散射过程中所固有的，图 3.2 中有所体现，这对于 TEM 中测定晶体结构是一种非常有用的鉴别方式。

零散射强度

特定条件下，晶体中电子散射可能会导致最终散射强度为零。为什么会发生这种现象呢？

第 13 章中会更详细地讨论这个问题。

3.10　简单衍射概念

如前所述，电子衍射是现代 TEM 中最重要的散射现象。这种重要性就像在第 11 章和第 12 章中介绍的那样，可以用来确定晶体的晶面间距。在后面的第 20 章和第 21 章以及指导手册里将会看到，有一个完整的领域称为电子晶体学，通过电子晶体学可以获取从空间群对称性数据到单个晶胞尺度这种空前庞大的晶体学信息。根本上讲，不同晶体结构的面间距就是不同晶体结构的特征。

可以看到电子衍射束的位置由单胞的大小和形状决定，衍射束的强度由样品中原子的分布、数目、类型来决定。本书下册第三篇也会介绍衍射是如何在 TEM 图像中形成衬度的，图像衬度由晶体相对于电子束的取向决定，而简单地倾转样品就可以改变取向。

> **衍射花样和图像**
>
> 通过观察和测量衍射花样可以区分不同的晶体结构。衍射花样和 TEM 图像结合是表征晶体及其缺陷结构最有力的工具。

很容易定性地看出电子衍射对低角度散射分布的影响，低角散射用 $f(\theta)$ 描述，图 3.5 表示的是单原子散射情况。如果考虑样品中原子的具体排列情况，必须对图 3.5 加以修正。对于一个无定形样品，原子几乎是（但不完全是）随机排列的，随机排列也会得到类似图 3.5 的结果，但一些特定的原子间距比较容易在无定形结构中存在（例如，相比较而言近邻和次近邻原子间距通常更易确定）。因此，衍射振幅（强度）在某些角度相对于其他角度会更强，在 TEM 显示屏上可以看到弥散而明亮的圆环。如果是晶体样品，衍射束的强度在某些特定角度会达到最大值，因为面间距是固定的。在图 3.7A 和 B 中，$f(\theta)$ 随 θ 的变化等同于图 2.13A 和 C 中衍射花样强度随着半径变化的情况，这表明了 $f(\theta)$ 和衍射强度密切关联。在 3.10.2 节中会用数学公式来描述这种重要关系。

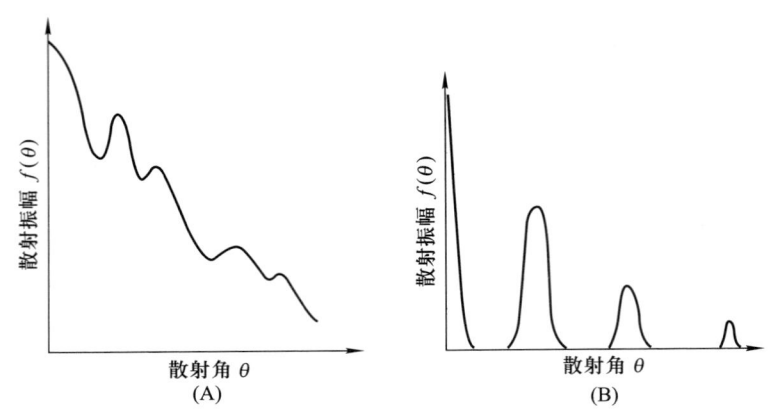

图 3.7 （A）非晶样品和（B）晶体样品的 $f(\theta)$ 随 θ 的变化情况。总体而言，散射振幅（即散射强度）随散射角 θ 的增大而减小。但是，这种平滑减小态势在某些特殊的散射角处会发生改变（可以与图 2.13A 和 C 中从衍射花样中心向外的半径上衍射强度的变化进行对比）

3.10.1 电子波的干涉、透射束和衍射束的产生

最好是从电子的波动性而不是粒子间的相互作用来理解低角度弹性散射（主要贡献来源于电子云），粒子间的相互作用可以用来表征高角度卢瑟福散射。回顾图 3.2，可以清楚地看到一维周期排列的散射中心（狭缝）以及一列单色波（固定波长 λ）向这些中心运动。每一个狭缝都可以视为具有相同 λ 的新波源，这样就产生了一系列新的波源，当出现一个以上的散射波时，散射波之间就会互相干涉。即使在最薄的样品中也会发生这个过程，这完全是典型的波动现象，这里不需要类似散射截面的概念，散射截面概念只是把电子看成粒子时才会用到。

波动理论的规律之一就是当波与波之间相位相同时它们彼此相长（这是相长干涉）。若相位不相同，则彼此相消（相消干涉）。在图 3.2 中衍射波只在一定方向上相位相同。这个过程中，总会产生一个零阶波沿着入射束方向在样品中传播，就像在第 2 章开篇定义的，在 TEM 中称之为透射电子束。另外，还有一些向前传播的高阶波，其传播方向和入射束之间有个固定的夹角（但是非常小），称之为衍射束。

所以衍射产生了许多相对于单色入射束成特定角度的电子束。在第二篇的衍射章节中，会深入讨论测量这些角度的方法，并把它们和散射面的间距联系起来。

透射和衍射

由电子组成的透射束散射后依然沿入射束方向。在 TEM 术语中这些电子通常被称为透射束,但实际上所有的前向散射电子束都是穿透样品的,因而这种称呼会引发歧义。

3.10.2 衍射方程

在这里将要介绍描述衍射过程的数学关系式。用衍射测定材料原子结构的方法由德国科学家 Von Laue 于 1913 年首先使用,尽管其他人如 Ewald 等在同一时期也从事类似的研究工作。Von Laue 的思想要点在于比可见光波长更短的电磁波可在晶体中引起衍射和干涉现象。他的同事 Sommerfeld 曾经在滑雪时与他一起讨论过该思想,尽管 Sommerfeld 极力反对,他的助手 Friedrich 和 Knipping 依然在实验中通过辐照硫酸铜晶体来验证该思想,并首次观察到来自晶体平面的衍射现象。事实上,用 $CuSO_4$ 观察到 X 射线产生的衍射是一个很幸运的成就,因为在实验中观测衍射的条件很苛刻。

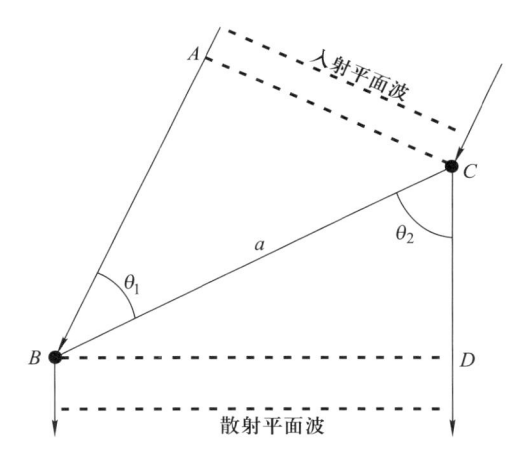

图 3.8 劳厄用来计算光程差的方法(波长为 λ)。在这个一维晶体示意图中,平面波被两个距离为 a 的原子(B 和 C)散射,入射角为 θ_1,散射角为 θ_2。散射波的光程差为 $AB-CD$

Von Laue 用熟知的光学方法指出,如果相邻散射中心散射的光程差是波长的整数倍 $h\lambda$(h 为整数),那么衍射波就具有相同的相位。如图 3.8 所示,如果散射中心(B、C)之间距离为 a,入射束(波长 λ)与散射中心连线(BC)夹角为 θ_1,并以角度 θ_2 散射,则光程差($AB-CD$)为

$$a(\cos\theta_1 - \cos\theta_2) = h\lambda \tag{3.18}$$

在三维晶体情况下，对于两个以上的距离 b、c 和合适的角度 θ_n，可以写出两个以上的劳厄方程

$$b(\cos\theta_3 - \cos\theta_4) = k\lambda \tag{3.19}$$

$$c(\cos\theta_5 - \cos\theta_6) = l\lambda \tag{3.20}$$

这 3 个联立方程以劳厄（von Laue）的名字命名，鉴于他所提出的开创性建议以及 Sommerfeld 的学生对实验的分析，1914 年他获得了诺贝尔物理学奖（漂亮的工作：3 个方程）。第 11 章中会讨论在透射电镜样品中如果同时满足 3 个劳厄方程，就会产生衍射束。在第 11 章和第 12 章中会进一步说明 hkl 是衍射束的指数，等价于晶体衍射平面的米勒指数（hkl）（或者面指数的整数倍）。

在电子显微镜中，通常使用更简单的方法来描述衍射。布拉格父子（父亲：Sir William H.，儿子：Mr. W. Lawrence Bragg）简化了劳厄的方法，他们认为波的行为就像是被图 3.9 所示的原子平面反射了一样（Bragg 和 Bragg，1913）。

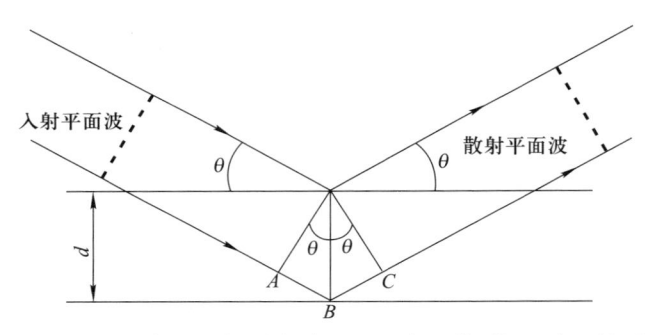

图 3.9 布拉格衍射图，一束平面波（波长为 λ）以 θ 角入射到间距为 d 的原子面上后被反射，反射波之间的光程差为 $AB+CD$

与劳厄的方法一样，布拉格指出被近邻散射中心散射的波如果保持相同的相位，那么它们的光程差一定是波长的整数倍。所以在 TEM 中，被图 3.9 中上下两个晶面散射的电子波的光程差为（$AB+BC$）。因此，如果"反射" hkl 的面间距为 d，入射角和反射角都为 θ_B，那么 AB 和 BC 都等于 $d\sin\theta_B$，总的光程差为 $2d\sin\theta_B$。由此得到了布拉格定律

$$n\lambda = 2d\sin\theta_B \tag{3.21}$$

把 θ_B 称为布拉格角，这是 TEM 中最重要的散射角（实际上为半角），本书中会多次用到。紧接着，在劳厄获奖的一年之后，布拉格也因这个简明的方程（更漂亮的工作！）获得了诺贝尔奖。尽管电子反射的思想在物理上是错误的，但在数学上是正确的。我们将继续使用布拉格反射去描述 TEM 中的衍射，即使不那么准确，但由于其超强的实用性大家都在使用。在第 12 章中将以严格

的方式说明布拉格反射和劳厄方法的等价性。

从布拉格方程可以直接看出,原子的面间距越小,产生的散射角就越大。这个倒数关系(d 正比于 $1/\theta$,见第 12 章)对衍射花样的解释非常重要。所以,如果知道入射束的波长 λ(通过改变加速电压来控制),并且从实验上测量出 θ,就能算出晶体的晶面间距。正是这个晶体学信息使得衍射成为 TEM 非常重要的一部分。

章 节 总 结

在这一章里应该记住什么呢? 只有当你花时间细心地学习这些内容时,才会发现它们很难,所以这里提出几点建议:

■ 理解这些名词! 尤其是要能用三个参数来描述散射过程。

$\sigma(\theta)$ 散射截面。

$\dfrac{\mathrm{d}\sigma(\theta)}{\mathrm{d}\Omega}$ 微分散射截面。

$f(\theta)$ 原子散射振幅。

特别是不要因为"微分散射截面"听起来很难就放弃了。在 TEM 的不同部分这 3 个量都非常重要。

■ $f(\theta)$ 和 $\sigma(\theta)$ 之间的关系非常重要(在理论中很重要,但实际中用得较少)。

■ $f(\theta)$ 和衍射花样强度之间的关系非常重要。

请记住,尽管总是把 $\sigma(\theta)$ 写成 σ,但是任何形式的 σ 中都包含一个角度变量。

■ 电子是带电粒子,这一点在整个散射过程中都很重要。

■ 反映散射强弱的量 $f(\theta)$ 与散射角 θ 成反比。

的确,对散射真正严格的处理应该同时考虑电子的波动性(波动力学)、相对论和电子电荷。但我们不会这样做,幸运的是可以查找现存的散射截面表格和散射数据就能很好地进行工作,这些表格可以在网站上找到(例如,网址 1)。

可以通过结构因子 $F(\theta)$ 来描述晶体结构对电子散射的影响。

■ $F(\theta)$ 是单胞散射振幅的度量,$|F(\theta)|^2$ 正比于散射强度。

TEM 样品里的衍射过程一般通过布拉格方程来描述,它反映了原子面间距与散射角之间重要的倒易关系。

最后要记住一点:$f(\theta)$ 具有"散射中心"的性质,通常把这个散射中心看

> 成是原子。如果是离子（即带电）会发生什么呢？散射过程会不会受到原子和它相邻原子之间成键的影响？如果原子之间是共价键而非金属键会有什么变化？这些都是非常重要的问题（否则就不会问这些问题），随着讨论的深入，会逐步回答这些问题。

参考文献

衍射和散射

Andrews, KW, Dyson, DJ and Keown, SR 1967 *Electron Diffraction Patterns* The Institute of Physics Bristol UK. TEM 中早期专门讨论衍射的书。

Bragg, WH and Bragg, WL 1913 *The Reflection of X-ray by Crystals* Proc. Roy. Soc. Lond. A88 428–438. 获得诺贝尔奖的文章。

Doyle, PA and Turner, PS 1968 *Relativistic Hartree-Fock X-ray and Electron Scattering Factors* Acta Crystallogr. **A24** 390–397.

Mott, NF and Massey, HSW 1965 *The Theory of Atomic Collisions* Oxford University Press New York.

Reimer, L 1997 *Transmission Electron Microscopy：Physics of Image Formation and Microanalysis* 4th Ed. Springer New York. 是对散射过程的严格处理，如 3.8 节中所采用的。

Rutherford, E 1911 *The Scattering of α and β Particles by Matter and the Structure of the Atom* Phil. Mag. **21** 669–688.

von Laue, M 1913 *Kritische Bemerkungen zu den Deutungen der Photoframme von Friedrich und Knipping* Phys. Z. **14** 421–423. 获得诺贝尔奖的文章。

Wang, ZL 1995 *Elastic and Inelastic Scattering in Electron Diffraction and Imaging* Plenum Press New York. 此处用到的方法更详细。

散射应用于电镜

Hall, CE 1953 *Introduction to Electron Microscopy* p 229 McGraw-Hill New York.

Jones, IP 1992. *Chemical Microanalysis Using Electron Beams* Institute of Materials London.

Newbury, DE 1986 *Electron Beam-Specimen Interactions in the Analytical Electron Microscope in Principles of Analytical Electron Microscopy* p 1 Eds. DC Joy, AD Romig Jr and JI Goldstein Plenum Press New York.

Varela, M, Lupini, AR, van Benthem, K, Borisevich, AY, Chisholm, MF, Shibata, N, Abe, E and Pennycook, SJ 2005 *Materials Characterization in the Aberration-Corrected Scanning Transmission Electron Microscope* Annu. Rev. Mat. Sci. **35** 539–569. Review of Z-contrast imaging.

网址

1. www.nist.gov/srd/nist64.htm. NIST 标准数据库#64 给出了原子序数在 1~96 之间的元素和电子束能量在 50 eV 到 300 keV（步长为 1 eV）之间的微分弹性散射截面、总弹性散射截面、相移和输运界面值。

自测题

Q3.1 发生弹性散射的主要原因是什么？

Q3.2 "波粒二象性"的含义是什么？

Q3.3 电子与原子相互作用时会受到什么力？

Q3.4 用什么量来描述散射过程的强度？

Q3.5 波之间的干涉受哪些因素的影响？

Q3.6 散射振幅与电镜中观察到的散射束强度之间有什么关联？

Q3.7 弹性散射的两种基本形式是什么？

Q3.8 叙述卢瑟福微分散射截面的一般形式[式(3.3)]与由 Hall 提出用来描述原子核散射截面的式(3.2)之间的关系。

Q3.9 什么是屏蔽参数，为什么在描述散射的等式中需要引入它？

Q3.10 在卢瑟福散射截面中引入屏蔽参数为什么会很重要？

Q3.11 为什么电子-电子弹性相互作用通常会导致一个较低的散射角，而电子-原子核弹性相互作用则导致更大的散射角？

Q3.12 根据对前面问题的回答请描述从低角散射电子和高角散射电子所获取信息的不同之处，如何获得这些信息？

Q3.13 为了接近每个电子在样品中仅发生一次散射过程的理想状态，样品至少为多薄？

Q3.14 原子散射因子 $f(\theta)$ 和结构因子 $F(\theta)$ 之间是什么关系？

Q3.15 为什么晶体样品和非晶样品会产生不同的衍射分布？

Q3.16 劳厄方法和布拉格方法描述衍射的本质区别和相似点分别是什么？

Q3.17 将合适的 d 和 λ 值代入式(3.21)，计算出 TEM 中布拉格角的一个典型值。

Q3.18　为什么布拉格方法从根本上讲是不正确的？

Q3.19　"散射中心"的概念是什么意思？

Q3.20　晶面间距与散射角之间是什么关系？

章节具体问题

T3.1　在图 3.1 中，原子核和电子云具有相反的电性，但为什么电子与原子核和电子云之间相互作用后偏离方向相同（即均弯转一个 θ 角）？

T3.2　在图 3.1 中，当电子距离原子核很近时为什么会围绕原子核旋转而不是被吸引进入（强正电性的）原子核？

T3.3　根据图 3.1 解释电子-电子弹性相互作用为什么通常会导致较低的散射角，而电子-原子核弹性相互作用则导致更高的散射角。

T3.4　在图 3.2 中，为什么看不到三阶散射束？

T3.5　请描述图 3.3 与式（3.1）、式（3.2）之间的联系。

T3.6　你能证明图 3.3 和图 3.4 中的数据是前后一致的吗（提示：假设弹性散射时 θ 角很小，即约为 $0°$）？

T3.7　请描述图 3.5 与式（3.1）、式（3.2）之间的联系。

T3.8　图 3.5 描绘的是屏蔽还是非屏蔽条件下的原子势能？并加以解释。

T3.9　在图 3.6 中，为什么在入射束方向没有画出波的相长干涉？

T3.10　图 3.3、图 3.5 和图 3.7 具有相同的形式。请解释。

T3.11　说明弹性散射时卢瑟福散射截面的优点和缺点。将一些具体数值代入式（3.7）中，计算出散射截面的大小。

T3.12　简要写出相干、非相干、弹性和非弹性的定义（提示：首先阅读一下 Webster 的书籍）。

T3.13　以一小段的内容描述散射截面和原子散射因子之间的关系，以及影响它们的主要因素。

T3.14　在图 3.6 中，如果该过程是布拉格衍射，布拉格角与 θ 的关系是怎样的？

T3.15　如果 $n=1$ 且 $d=2$，通过式（3.21）计算出表 1.2 中每个波长所对应的 θ 值。由此讨论相对论修正是否重要。

T3.16　复制图 3.8，画出衍射平面上其他原子应该位于什么位置（提示：参考图 3.9）。

T3.17　解释图 3.9 中所述的布拉格角为何实为散射半角。

第 4 章
非弹性散射和电子束损伤

章 节 预 览

前一章讨论了入射电子束与样品相互作用后无能量损失的弹性散射过程。非弹性散射（或能量损失）电子同样也很重要，本章将讨论这个过程，其应用留到后面章节讨论。为什么对非弹性散射感兴趣？因为非弹性散射可以产生很宽能量范围的多种信号，每一种信号都能给出比弹性散射更丰富的样品化学信息。除能量损失的电子外，最重要的信号是特征 X 射线、二次电子以及可见光（荧光CL），所以下面会着重介绍这些信号是如何产生的，也会讨论为什么这些特定的信号在材料科学、材料工程以及纳米科技中有广泛的应用。

如何利用这些信号？首先必须探测到这些信号，第 7 章中将描述电子的探测，而在下册第 37 章中会介绍与能量相关的能谱及散射电子，在下册第 38～40 章会讨论能量损失电子的分析问题，在下册第 32 章主要讨论 X 射线的探测，在下册第 33～36 章讨论能谱的定量元素分析等问题。不管是哪种信号都可以看做是 TEM 成像和电子衍射所得信息的补充。下册第 29 章会简要介绍 CL 成像和能谱。显然，这些信号中有大量有用的信息，这也是使用受激电离辐射的一个主要优点。然而，所有非弹性过程都会在样品中积聚能量并损伤对电子束敏感的样品，所以必须注意到非弹性过程的另外一面。在本章末，将讨论电子束损伤或辐照损伤的问题。

警告：本章包括一些非常难懂的理论及物理概念，但它确实是分析电子显微学形成的基础，这也是本书下册第四篇的主旨。读者完全可以在读到下册第 32 章时再回过头来详细学习这些内容。

■ 读完本章应该知道现代 TEM 是信号产生及探测的仪器，并不只是产生高放大倍数图像的工具。

还需注意的是，在本章的各种分析中都把电子视为粒子，而非电子波，因此这是一个没有（几乎没有）电子波的章节，这样更有利于读者理解，除非你有很深的物理基础。

4.1 TEM 中的非弹性散射过程

过去传统 TEM 通常只用到两种弹性散射信号，即透射束和衍射束。正如我们看到的，这些信号形成了衍射花样，而且在后面章节也会看到如何利用这些信号成像。以传统方式操作 TEM，由于忽略了大量包含在非弹性散射信号中的样品信息，信号的利用率很低，前面的图 1.3 中已列出了部分非弹性散射的信号。这些信号有时可以用相关仪器探测到，例如 SEM 和俄歇电子谱仪（AES），也可以在 TEM 中探测这些信号，这样就能对样品进行更全面的表征。

一些入射电子损失了能量，所以这些信号都跟电子能量损失谱（EELS）相关。EELS 信号和伴随的 X 射线信号构成了分析电子显微学，这部分内容在本书下册第四篇会详细讨论。在寻求从样品中探测更多信号的过程中发现，实际上并不能一次就完成所有信号的探测，也不能使之都具有相同的探测效率。然而不同分析型 TEM 的存在使得图 1.3 中的所有信号都能探测到。随着像差校正器的出现，各种仪器的空间分辨率和探测极限都已达到或接近单个原子的水平，所以很适合表征纳米材料。

本章会涉及所有可探测信号以及它们在纳米科学中的应用。本章需要理解的要点是：

■ 什么是非弹性散射相互作用？
■ 每个散射过程的能量损失是多少？
■ 每个能量损失过程发生的概率有多大？
■ 各种能量损失电子的散射角有多大？

4.1 TEM 中的非弹性散射过程

当高能电子遇到原子时，它首先穿过外层弱束缚的电子云，然后通过内部紧束缚的内壳层电子，最终可能会与原子核相撞。

> **经验法则**
>
> 电子穿透原子越深，能量损失越大，电子也有可能（但概率很小）在与原子核单次相互作用中损失掉全部能量。

非弹性散射中的散射角范围很大，但在损失能量和散射角之间没有一个简单的关系。非弹性过程可分为 3 个部分：
- 产生 X 射线的过程。
- 产生其他电子（二次电子）的过程。
- 和多个原子或电子的集体相互作用的过程。

对前面两个过程了解得比较多，但对第三个过程的阐述往往较少。图 4.1 给出了一些非常重要的非弹性散射过程的散射截面。其中，弹性散射和某一个非弹性散射（等离子体激发）过程是最可能发生的，两者之和几乎占了整个散射截面，这在第 2 章中讲过（注意图中数据只含小角散射部分）。这些散射截

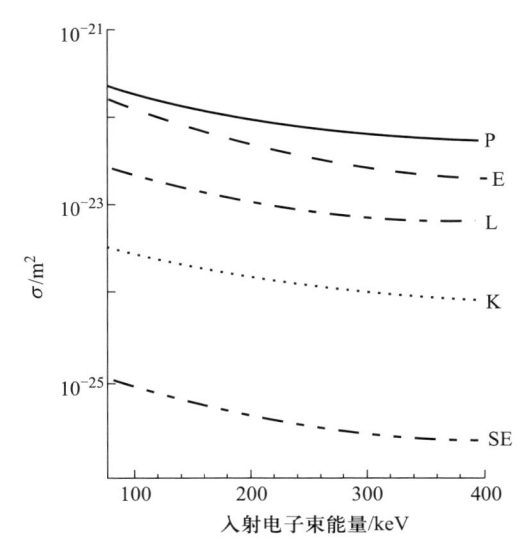

图 4.1 金属铝中不同非弹性散射过程的散射截面与入射电子能量之间的关系，假设散射角很小（θ 约为 $0°$）；P、K、L、SE 分别对应等离子体、K 壳层电离、L 壳层电离、二次电子产生的非弹性散射过程。为比较方便，图中也包含了弹性散射截面（E）。相对而言，非弹性散射截面的数值对电子束能量不是很敏感

面在几个数量级的范围内变化,这样就能对每种信号相对产生概率有一个直观的认识。就像描述每个独立的非弹性散射过程一样,这里会详细地讨论各种非弹性散射截面。

通览全书会发现,能量损失过程存在两面性。例如,在第 19 章描述了能量损失的电子如何在衍射花样中形成菊池线,这是非常有用的;然而,有些能量损失的电子产生漫散射,降低了衍射花样和图像的信背比。倘若样品足够厚,能量损失的电子就会淹没所有有用的衬度信息,在下册第四篇会讲到如何用 EELS 来过滤图像和衍射花样中的这部分电子。经过过滤能够提高图像和衍射花样的质量,就能研究更厚的样品。

4.2 X 射线发射

首先考虑 X 射线发射,因为它是样品中产生的最重要的二次信号。通过 X 射线可以很容易确定与电子束相互作用的样品由哪些元素组成,而且可以直接定量得到每种元素的含量(具体的方法会在下册第四篇介绍)。有两种 X 射线产生。

■ 特征 X 射线,对纳米材料和晶体缺陷中的局部元素分析非常有用。

■ 韧致辐射,主要用于生物学,但在材料科学(纳米或者其他领域)中通常被认为是一种干扰信号。

4.2.1 特征 X 射线

如何产生特征 X 射线以及它们的主要特征是什么?首先,高能电子束必须穿过外层导/价带电子,与内壳层电子相互作用,如果超过某一临界值的能量转移到了内壳层电子,电子就会被发射出来,也就是说它摆脱了原子核的吸引场,在内壳层留下一个空穴。对于孤立原子,该发射的电子就会逃逸到真空中,而在固体中电子跃迁到费米能级以上进入未占据态。发生这种过程以后,原子处于激发态,因为它具有比初始态更高的能量,称为"电离"态。

通过外壳层电子填充到内壳层空穴中,电离态原子几乎可以回到能量最低态(基态)。该跃迁过程伴随有 X 射线或俄歇电子的发射。俄歇电子的产生过程是 1925 年由法国人 Auger 最先发现的,并由此获得了诺贝尔物理学奖(由于发现者是法国人,就把他的名字发音读成"Ozhay",就像单词"beige"中的 g 发浊辅音一样)。任何一种情况所产生的能量都可以用两个电子壳层的能量差来表征,不同原子对应的能量差各有不同。图 4.2 给出的是 X 射线的发射过程。在 4.3.2 节中会讨论俄歇发射。

即使原子不是由电子辐照所电离,也能产生特征 X 射线。例如,X 射线轰

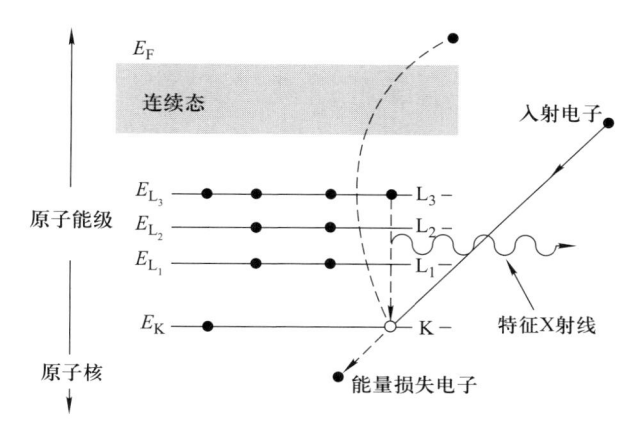

图 4.2 电离过程。一个内壳层(K)电子被高能电子撞击出原子。当 K 壳层中的空穴被来自 L 壳层的电子填充时，就有特征 X 射线 K_α 发射，虽然入射电子有能量损失但能继续穿过样品

击也可以使原子电离，称为"荧光"。虽然偶尔会遇到这种用法，但习惯上并不把电子诱导的 X 射线发射称为"荧光"。

电子显微镜中 X 射线的成功探测已经实现了很多年，但俄歇电子探测比较特殊，通常在专门的俄歇电子谱仪(AES)中进行。最近，发现了一种在超高真空(UHV)TEM 中探测俄歇电子的方法，这会在 4.3.2 节中讨论。

要理解特征 X 射线信号的有用性和产生机制，需要对电离过程有一定的了解。

- 什么是电子壳层？
- 为什么要用 X 射线谱线、谱线族、谱线权重？
- 什么是临界电离能和电离截面？
- 由什么决定 X 射线能量和波长？
- 什么是荧光产额？

电子壳层：使用特定的术语以区分不同的特征 X 射线。要理解这些术语，必须熟悉原子结构的波尔理论。在原子结构中，电子在特定的壳层中绕原子核旋转（因为电子运动受到量子理论的制约，电子会待在它们的壳层中而不会螺旋式地掉入原子核）。

小插曲：由于历史原因，把最里面的电子壳层称为 K 层，次内层叫 L 层，再次层为 M 层，依此类推，图 4.2 中用的就是这种命名法。所有层（除了 K 层）都有自己的子壳层（例如，L1、L2 等），根据被填充的壳层和产生电子的壳层来命名特征 X 射线。（K、L 等术语

最初由早期的 X 射线光谱学家 Charles Barkla 引入，与皇家航空公司没有任何关系，Barkla 选 K 作为第一壳层的原因可能是因为他不确定是否需要 J 层，但知道他需要 L 层！)

两个电子壳层间的能量差等于特征 X 射线的能量，因此，如果来自 L 层的电子填充到 K 层的一个空穴中，就会获得 K_α X 射线；如果电子来自 M 层，得到的就是 K_β X 射线。如果空穴在 L 层，电子来自 M 层，就得到 L_α X 射线；同样，如果电子来自 N 层，就获得 L_β X 射线。实际上这种表示方法很复杂，因为是根据来自外壳层的某个子壳层的电子填充空穴，采用 α_1 和 α_2 来区分 α X 射线的。α_1 X 射线来自最外子壳层(例如，L_{III} 或 M_V)，α_2 X 射线来自次外子壳层(原文中"次内子壳层"有误)(例如，L_{II} 或 M_{IV})。用图 4.3 来描述可能会更清楚，虽然图中各壳层中的电子都可能跃迁，但只有很少一部分的电子能产生足够剂量的 X 射线，所以 X 射线物理学是门很神秘的科学。但是对于 TEM 中的 X 射线探测，就不需要担心过多的细节问题，因为除了最高 X 射线能量外，往往无法区分来自不同子壳层的 X 射线，所以只需记住 K、L 和 M 以及 α 与 β 就行了。

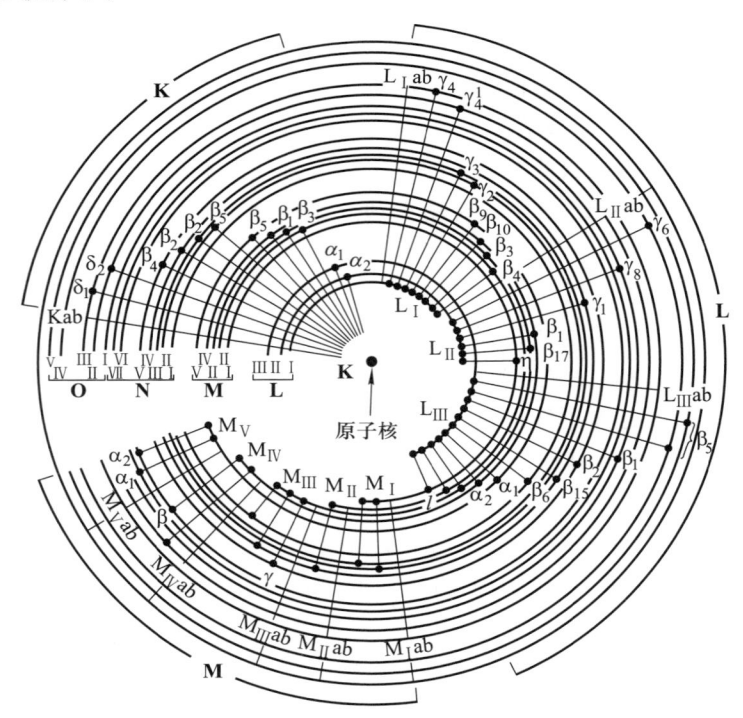

图 4.3 产生 K、L 和 M 特征 X 射线的可能电子跃迁的完整范围。并非所有的这些 X 射线都能被 TEM 中的 XEDS 探测到

X 射线谱线、谱线族、谱线权重：某些特征 X 射线在早期的谱仪底板上以"线"的形式出现，所以通常称之为"X 射线谱线"。每一特征 X 射线都有特定的波长和能量；由 K、L、M 壳层产生的谱线组称为"谱线族"。在下册第 34 章还会讲到这方面的内容，细节请参阅 X 射线以及 X 射线谱学方面的书籍。

不是所有的电子跃迁都有相同的概率（散射截面不同），还需考虑到谱线权重（例如，与最强线相比得到的相对权重），如表 4.1。这些权重只能在给定的 K、L 或 M 系列内进行比较，而不同谱线族（如 K 到 L）之间是不能比较的。因为实验条件对每个系列的影响是不同的，用 TEM 进行 X 射线分析，总是使用最强线，通常是 α 线（如果谱仪不能分辨它们，就用 α 和 β 线），等到在下册第 34 章中学习了 X 射线定量分析以后，就更好理解了。

K、L、M……

X 射线谱线族是一组光谱线，每一谱线都有不同的相对强度，称为谱线权重。

临界电离能：电子束必须向内壳层电子转移大于某一临界值的能量，这样才能使原子电离。该能量叫做临界电离能（E_c）。如果要产生 X 射线，那么电子束的能量 E_0 必须大于 E_c。电子被原子核束缚得越紧，E_c 值就越大，所以最内层（K）的 E_c 值要比 L 层的大，依此类推。原子序数 Z 越大，其质子数就越多，原子核对壳层电子的束缚就越强，因而 E_c 就越高。从图 1.4A（或第二册第四篇谱图）中就能很好地观察到这个效应，X 射线峰的能量随原子序数的增加而增加。因为存在大量的电子壳层和原子，如果你查阅一些 X 射线的参考书，会发现临界电离能的列表很长。这种列表方法在电子能量损失谱（EELS）研究中也是极其重要的，因为 E_c 值正好对应于某一临界损失能，在能量损失谱中以峰的形式出现（通常称为边）。在下册第 39 章中会看到，EELS 中的边，与特征 X 射线相似，也能进行样品中的元素识别。

表 4.1 谱线相对权重

$K_\alpha(1)$	$K_\beta(0.1)$		
$L_{\alpha 1,2}(1)$	$L_{\beta 1}(0.7)$	$L_{\beta 2}(0.2)$	$L_{\gamma 1}(0.08)$
	$L_{\gamma 3}(0.03)$	$L_l(0.04)$	$L_\eta(0.01)$
$M_\alpha(1)$	$M_\beta(0.6)$	$M_\zeta(0.06)$	$M_\gamma(0.05)$
	$M_{II}N_{IV}(0.01)$		

电离截面 (σ)：图 4.1 给出的是 K 和 L 壳层电子的电离截面(σ)，它随能量的变化不大，且具有相对比较大的值，所以希望在所有 TEM 中能探测到 X 射线。在低压的 SEM 中需要考虑到的另外一个参数就是过压 U，它是电子束能量 E_0 与 E_c 的比值。电离截面随 U 的变化关系如图 4.4 所示，可以看出如果 E_0 的大小很接近于 E_c，那么电离的概率很小。在 TEM 中 $E_0 \geqslant 100$ keV，且通常 $E_c < 20$ keV，所以 U 通常大于 5，电离截面几乎不随能量变化，近似为常数。尽管电离过程很简单，但电离截面的绝对值存在相当大的不确定性，因为很少能在 TEM 电压下进行可靠的实验测量。大多数模型都是基于 Bethe(1930) 的原始表达式，总电离截面(而非微分电离截面)为

$$\sigma_{\mathrm{T}} = \left(\frac{\pi e^4 b_s n_s}{E_0 E_c}\right) \log \frac{c_s E_0}{E_c} \tag{4.1}$$

式中，仅有的新项是 n_s、b_s 和 c_s，其中 n_s 为电离子壳层的电子数，而 b_s 和 c_s 在此壳层是常数。这里不是特别关注电离过程中的角度变化，Bethe 表达式的微分形式有两个特征：

■ 电离原子的电子仅偏离一个很小的角度(<~10 mrad)。
■ 产生的特征 X 射线为球面波，在 4π 的立体角范围内均匀发射。

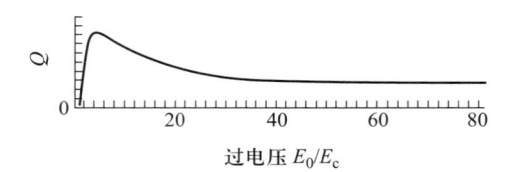

图 4.4 电离截面随过压的变化关系。如果电子束能量为临界电离能的 5 倍，电离的概率最大。对一般 TEM，在更高过压下，散射截面会减小，但不会减小得很厉害

类似卢瑟福散射截面(弹性)，Bethe 表达式为非弹性散射截面，也要对 TEM 中电子能量进行相对论效应修正，即用 $m_0 v^2/2$ 替代电子束能量，并引入一个标准相对论因子 β ($=v/c$) (Williams，1933)

$$\sigma = \left(\frac{\pi e^4 b_s n_s}{\frac{m_0 v^2}{2} E_c}\right) \left[\log\left(\frac{c_s m_0 v^2}{2 E_c}\right) - \log(1-\beta^2) - \beta^2\right] \tag{4.2}$$

修正后的 Bethe 截面只需要改变 b_s 和 c_s 就能拟合大多数 X 射线的数据，尽管这种参数化并不总是合理的。对 Bethe 方法进行适当的修正就能得到不同的散射截面模型(如 Newbury，1986；Goldstein 等，1986)。有关散射截面的数据都可以在 NIST 网站(见网址 1)上找到。

X 射线能量/波长：X 射线是电磁辐射，所以通常把它看成是具有特定波

长 λ 的波。但就像电子一样，X 射线也能表现出粒子性，因而可以用具有特定能量的光子来描述，如 E_K 或 E_L，其中下标 K、L 对应于核电子发射的壳层。

与第 1 章中讨论的电子一样，X 射线波长和能量之间也存在类似的反比关系。然而，也存在一些重要的不同点。

■ X 射线是具有电磁能量的光子，所以电子能量中的静止质量和动量的概念在这里是互不相关的；它没有质量。

■ 同所有的电磁辐射一样，X 射线在真空中以光速 c 传播，因此不必因为其能量增加而进行相对论修正。量子化的 X 射线能量是 $h\nu$，h 是普朗克常量，ν 是频率，采用电子伏特作为其能量单位，用 E 表示 X 射线能量，因此

$$E = h\nu = \frac{hc}{\lambda} \qquad (4.3)$$

因为 h 和 c 是已知的常数，用合适的单位代入方程可得

$$\lambda = \frac{1.24}{E} \qquad (4.4)$$

式中，λ 和 E 的单位分别是 nm 和 keV。该表达式与第 1 章中未修正的电子波长表达式（$1.22/E^{1/2}$，E 的单位是 eV）非常相似，两者很容易混淆，所以要非常小心。

速　　度

电磁波，如 X 射线，以光速传播，电子波的速度取决于电子所具有的能量。

因为 X 射线能量依赖于内壳层的能量差，并随 Z 单调增加，所以通过探测具有特定能量的特征 X 射线可以确定样品中某一元素的存在（但并不意味着这些元素就是样品本征的，可参见下册第 33 章）。样品中原子序数的概念和它与 X 射线能量/波长的关系是由年轻的天才物理学家 H. G. J. Moseley 给出的。随后 Moseley 志愿参加英国军队，可惜的是 1915 年牺牲在战壕中，而这恰是在他被提名诺贝尔奖之前，但毫无疑问他应该获得这个奖。他也因 Moseley 定律为人们所铭记，即

$$\lambda = \frac{B}{(Z-C)^2} \qquad (4.5)$$

式中，B、C 是常数。由此也能列出与每种原子跃迁相关的 X 射线能量。就像前面谈到的临界电离能 E_c 一样，完整列表也很大，在 Bearden 数值表中给出。装在 TEM 上的 XEDS 软件或者 X 射线谱仪制造商给出的比较小的"计算尺"中

都给出了更完整的列表，这些都可以在书本、综述性文章或者比较可信的网站上，如 NIST(网址 2)或 NPL(网址 3)上找到。

把 E_c 和 X 射线能量进行比较，可以看到两者并不相等。X 射线能量 E_K 或 E_L 总是要小于 E_c。表 4.2 列出了一些元素的临界电离能和对应特征 X 射线的能量，随着原子序数 Z 的增大两者间的差异也逐渐增大。这是因为当发射 X 射线时，原子并非完全回到基态。如果填充电离后内壳层空穴的电子来自某一外壳层，那么就会在该外壳层上留下一个空穴，而这个空穴也肯定会被其他电子所填充，也许是另一个 X 射线的发射(随着原子序数 Z 的增大发生的概率就越大)，依此类推，直到最后一个导带或价带中的自由电子填充到最外内壳层中的最后一个空穴。

表 4.2　E_c 和 E_K 间的差异

元素	临界电离能 E_c/keV	X 射线能量 E_K/keV
C	0.282	0.277
Al	1.562	1.487
Ca	4.034	3.692
Cu	8.993	8.048
Ag	25.531	22.163

注：这些能量受成键态的影响，会有几 eV 的移动。

实例：Cu 的 K 壳层的电子需要 8.993 keV 的能量才能电离(E_c = 8.993 keV)。该能量损失过程可能是先产生 Cu K_α X 射线(8.048 keV)，然后是 L_α X 射线(0.930 keV)。因此 X 射线能量总共是 8.978 keV，其剩余的几 eV 来源于导带电子填充到 M 壳层的空穴而发射一个光子或产生一个声子(见下文)。

逐渐回到基态

电离过的原子不可能一下子就能回到基态，需要经过一系列的跃迁，还与原子的电子结构的复杂性有关。

能量变化可能会很大，并且会受到诸如 Coster-Kronig 跃迁的影响，原子壳层的能量会在电子跃迁后重新排布。如果电离原子被另一个原子束缚住，情况将更加复杂，这种情况下 X 射线能量会有轻微的移动(<~5 eV)。这些细节已

超出本书的范围，如果想深入研究，可参考关于 X 射线谱学的书。

荧光产额：被电离的原子并非只有通过发射特征 X 射线才能损失能量，还可以通过发射俄歇电子损失能量。X 射线相对于俄歇电子发射的概率可用荧光产额 ω 描述，即 X 射线发射与内壳层电离的比值。荧光产额是原子序数的函数，如图 4.5 所示，随 Z 的减小，荧光产额以 Z^4 成比例地减小，ω 的一个近似表达式为

$$\omega = \frac{Z^4}{a + Z^4} \tag{4.6}$$

对于 K 层，$a \approx 10^6$。这只是一个近似，但与 Z 仍有很强的依赖关系。由此可以估算，对碳($Z=6$)和锗($Z=32$)，ω 分别为 $\sim 10^3$ 和 0.5。这意味着在获得单个 C K_α X 射线之前，必须电离 1 000 个碳原子，但对锗只需要电离 2 个。所以如果电离原子序数低的原子，很可能就看不到 X 射线。因此 XEDS 并不是探测轻元素的最佳方法，应该使用 EELS（见下册第四篇），毕竟无论是否产生 X 射线都能探测到能量损失的电子。要想了解更多关于电镜中 X 射线产生的概率，可参考 Hubbell 等的数据库。

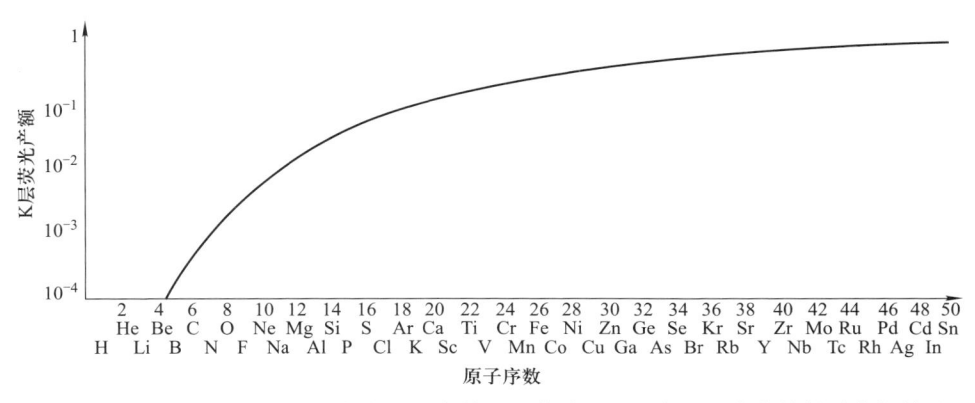

图 4.5 K 壳层 X 射线荧光产额与原子序数的函数关系。注意原子序数较低时产额快速减小。Be 以下元素的 X 射线是无法探测到的

4.2.2 韧致辐射

如果电子束完全穿过电子层，就会与原子核发生非弹性相互作用。如果电子与原子核的库仑（静电）场相互作用，动量会有很大的变化，这过程中可能会发出 X 射线。由于相互作用的强度不同，电子可能会产生任何数量的能量损失，那么这些 X 射线能量可以是小于电子束能量的任意值。这种 X 射线最初的德国名字为 "*bremsstrahlung*"（韧致辐射），可以翻译为 "braking radiation"

（韧致辐射）。

韧致辐射产生的概率通常由 Kramers（1923）给出的散射截面来描述。这个表达式一般适用于很薄的 TEM 样品，尽管最初是根据大块样品推导出来的。Kramers 散射截面常用来计算韧致辐射的产出而非相互作用概率。其近似表达式为

$$N(E) = \frac{KZ(E_0 - E)}{E} \tag{4.7}$$

式中，$N(E)$ 是能量为 E 的韧致辐射光子数，由能量为 E_0 的电子产生；K 是 Kramers 常数；Z 是电离原子的原子序数。这个关系式给出电子减速过程极有可能引起很小的能量损失，而电子仅靠在原子核中的一次减速就损失掉所有的能量是极其少见的。所以韧致辐射强度是能量的函数，如图 4.6 所示。与特征 X 射线各向同性的发射相反，韧致辐射是高度各向异性的，随 E_0 的增加，前向散射急剧增加。利用各向异性可以用来设计各种能谱仪，来收集有用的特征 X 射线而过滤那些几乎没用的韧致 X 射线。

韧致辐射光谱的能量是连续的，而前面所讨论的特征 X 射线就是叠加在这个连续谱上的，如图 4.6 所示，实际的实验谱如图 1.4 所示。因为特征 X 射线的能量范围很窄，所以会在谱中特定能量位置出现一个峰，在图中用计算机产生的线标出来（这是称为线的另一个原因）。韧致辐射强度决定于样品中原子序数 Z 的平均值，这对于那些对样品原子序数方面感兴趣的生物或聚合物学家非常有用，但材料学家一般把韧致辐射当作遮盖特征谱线的背景信号而去掉。下册第 32~36 章中会回过头来再详细讨论 X 射线谱。

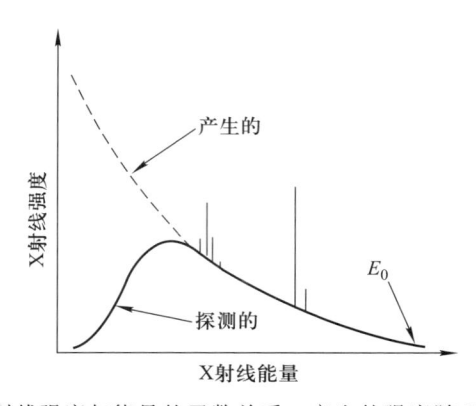

图 4.6 韧致辐射 X 射线强度与能量的函数关系。产生的强度随 X 射线能量的降低快速增加，但能量低于 2 keV 时韧致信号被样品和探测器吸收，所以在观测谱中信号快速减小到零。E_0 是产生 X 射线发射的电子能量。在特定能量处两组特征峰叠加在韧致辐射谱上

4.3 二次电子发射

二次电子(SE)是样品被入射电子束轰击所发射出的电子。

■ 如果电子在导带或价带，则发射电子所需的能量不多，一般低于 50 eV。

■ 如果被电离的原子回到基态时所释放的能量使电子从某个内壳层发射出来，则这些二次电子称为俄歇电子，这个过程通常称为无辐射跃迁(因为没有 X 射线产生)，而能量则进行"内部转化"(说法不太严格)。

长期以来，在 SEM 的成像中才考虑到二次电子，它们对表面形貌十分敏感。下面将依次讨论这些信号以及它们在 TEM 中的重要性。

4.3.1 二次电子

二次电子来自样品中原子的导带或价带。实际发射过程很复杂，而且没有一个简单的散射截面模型能涵盖所有产生机制。图 4.1 的数据说明二次电子发射的概率比前面所讨论的其他非弹性过程要小得多，但产生的量在 TEM 中还是足够用来分析的。二次电子通常被认为是自由电子，也就是说它们与具体的原子无关，因此不包含特殊的元素信息。但因为二次电子比较弱，所以只有离样品表面很近时，它们才能逃逸出来。所以在 SEM 中可利用二次电子进行样品表面成像。虽然二次电子是 SEM 中使用的标准信号，但它们也能在 STEM 成像中提供高分辨率的样品表面形貌像。第 7 章会讨论探测二次电子的方法，而在下册第 29 章将讨论二次电子成像。

在下册第 29 章中会讨论 STEM 中二次电子像分辨率高的原因。最近高分辨率场发射枪(FEG)的发展使 SEM 中产生的二次电子的图像分辨率在 30 kV 时优于 0.5 nm (接近表面原子分辨率)，而在 STEM 中(下一章会讨论 FEG 的二次电子成像)，即使没有 FEG，在 100 kV 时也能提供相近甚至更高的分辨率，所以二次电子是非常有用的。STEM 中的球差校正自然会产生更高分辨率的二次电子像，接近原子级别。

二次电子分辨率

STEM 中的二次电子像比低压 SEM 中的二次电子像有更好的分辨率。

二次电子数与其能量有关。能量为 5 eV 时二次电子数达到最大值，而能量大于 50 eV 时二次电子数趋于零。(由紧束缚的内壳层电子发射出高达 50%

入射束能量的二次电子的概率是相当小的，在 TEM 中这些快二次电子似乎并不制约 XEDS 的分辨率，通常忽略不计。)一般认为二次电子产额(二次电子数与入射电子数之比)与 E_0 无关；二次电子产额几乎与 Z 无关(仍存争议)。发射二次电子的角分布并不那么重要，因为二次电子探测器使用强场来收集从表面任意角度发射出的二次电子。但是二次电子数会随样品的倾斜角度变化，当样品表面与电子束平行时二次电子将更容易逃逸出来。这对二次电子发射是至关重要的，它类似于可见光反射的 Lambert 余弦定律，说明粗糙样品的 SE 图像与我们日常用肉眼看到的反射光图像之间具有很大的相似性。

4.3.2 俄歇电子

本章开篇就提到在电离原子恢复到基态的过程中俄歇电子的产生与 X 射线发射是同时进行的。图 4.7 给出原子是如何发射外壳层的俄歇电子的，可以与图 4.2 中 X 射线发射过程相比较。发射出来的电子所具有的能量等于激发能 E_c 与发射电子的外壳层的束缚能之差，通常用复杂的术语来描述俄歇电子(见图 4.7)。也就是说，俄歇电子具有与电离原子的电子结构相关的特征能量，与特征 X 射线的能量几乎一样。

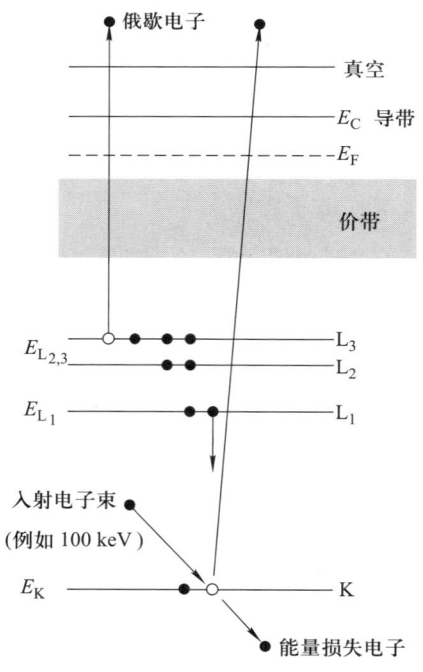

图 4.7 内壳层(K)电离和俄歇电子发射过程。当 L_1 电子填充 K 壳层中的空穴时，释放的能量传递给 $L_{2,3}$ 壳层中的电子，发射出 $KL_1L_{2,3}$ 的俄歇电子

俄歇电子的能量比较小，只有靠近样品表面的俄歇电子才会逃逸出来。由于俄歇电子含有化学信息，通常被认为是表面化学技术。但是俄歇电子和特征X射线的能量非常接近，读者可能会问，在 TEM 中轻元素的 X 射线分析为什么就不是表面分析技术呢？因为虽然特征 X 射线和俄歇电子具有相近的能量，但更不容易被样品吸收。所以，TEM 薄样品中产生的大多数 X 射线都能穿透样品被探测到。（所以首先要处理的就是相互作用散射截面。）

俄 歇

结合能较小的原子，也就是较轻的元素中都会发生俄歇过程，俄歇电子能量在数百 eV 至数千 eV 之间，而且很容易被样品吸收。

由于俄歇发射是种表面现象，样品表面状态就尤为重要。样品表面的氧化或污染都难以进行真正表面化学的俄歇电子分析，所以俄歇电子分析都是在超高真空中进行的。因此，电子显微学家通常都忽略俄歇信号，把它归为表面化学范畴，例如 ESCA 和 SIMS 技术。但随着 TEM 中真空度的提高，超高真空的 STEM 越来越普遍，人们对俄歇信号的兴趣与日俱增。不幸的是，在 STEM 中安装俄歇系统并没有那么简单，需要专业设备，普通的 AEM 还不行，所以电镜中俄歇分析还很少。

4.4 电子-空穴对和阴极发光(CL)

这两种信号是密切相关的。第 7 章中给出了一种使用半导体探测电子的方法，这种半导体在被高能电子轰击时会产生电子-空穴对。因此，如果样品刚好是直接带隙半导体，就会在半导体内部产生电子-空穴对。

图 4.8 给出了阴极发光过程。光子频率等于能隙(E_G)与普朗克常量(h)的比值，因此，如果带隙因为某种原因而发生变化，就会有光谱产生，或者光的颜色将随所观察的样品区域的改变而发生变化，所以 CL 光谱可用于半导体和掺杂效应的研究。虽然 CL 的空间分辨率并没有 X 射线或二次电子那么高（达到纳米量级），但仍优于 100 nm。

阴 极 发 光

电子和空穴会重新结合，同时发出光，这个过程就叫做阴极发光。

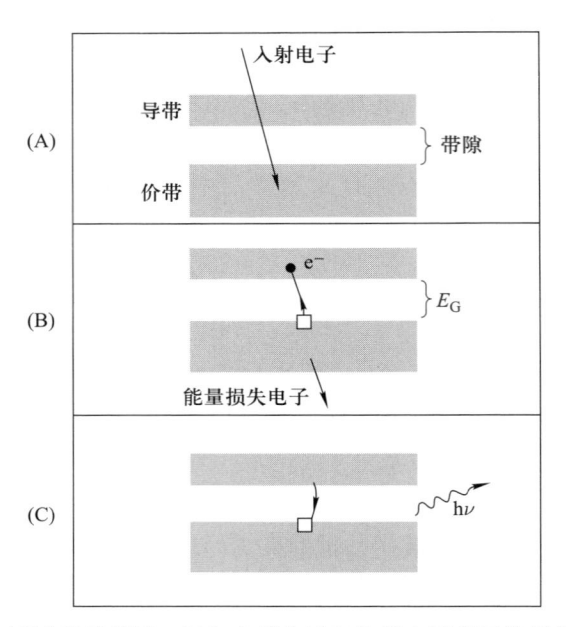

图 4.8 阴极发光(CL)的示意图。(A) 入射电子与价带电子相互作用前的初态。(B) 一个价带电子越过能隙激发到导带中,在价带中留下一个空穴。(C) 空穴被一个导带电子填充,即电子回到价带中的空穴。导带电子与价带空穴结合时就会发射一个光子,其频率由带隙决定

如果给样品加一个偏压,或它正好是个 p-n 结或肖特基势垒二极管,那么电子和空穴在内部偏压作用下将分开。如果你用皮可安培计接上样品就能收集到这些信号。这种情形下,样品本身作为探测器。探测到的电流有时称为"电子束诱导电流"或"EBIC"信号,如果通过探测它并用之成像,那就相当于"电荷收集显微镜"(CCM)。

CL 和 CCM 操作模式是 SEM 中表征块状样品的标准方法。原理上,在 STEM 中同样也能做这些,一些人已建立了专用设备,但 TEM 样品台的空间有限,在很大程度上限制了信号收集的效率。C_s 校正对信号收集会有所改善,但 CL 和 CCM 这两种技术都用得很少,大多集中在半导体的研究中(如,Boyall 等),只有少量用 CL 进行矿物研究。在第 7 章和下册第 29 章将分别描述 CL 探测器和成像。CL 和 CCM 都是强有力的工具,但也是很专业的技术。

4.5 等离子体和声子

它们都属于集体振荡,可以放在一块讨论。

4.5 等离子体和声子

等离子振荡跟声波类似，是自由电子气的纵向振荡，这种振荡会导致图 4.9 所示的电子密度的不均匀。振荡在 1 fs 内就会衰减，且局限于 10 nm 的范围内。如果回头看图 4.1，可以看出等离子振荡过程具有最大的散射截面，是材料中发生的最普遍的非弹性相互作用，在下册第 38 章中会发现等离子峰在 EELS 中是最常见的。等离子振荡可发生于任何具有弱束缚电子或自由电子的材料中，但主要发生在金属中，特别是在像铝这样具有大费米面和高自由电子密度的金属中。等离子振荡可以量子化，其等离子体激发的平均自由程为 100 nm 量级。在下册 38.3.3 节中会看到，用等离子体激发数来测量样品厚度是一种很有用的方法。此外，等离子体能量是自由电子密度的函数并随化学组分而改变（参见下册第 38 章），所以等离子体激发过程与化学性质有关，尽管很少用它进行元素分析。

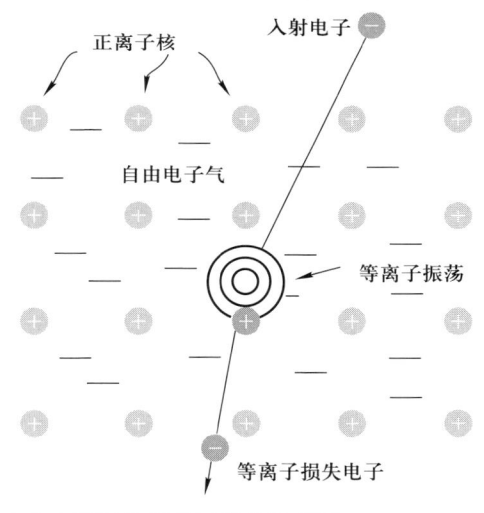

图 4.9 高能电子束激发金属中自由电子气的等离子振荡示意图

等离子体和声子

等离子体是电子束与自由电子相互作用时所产生的自由电子的集体振荡。
声子是电子束轰击固体中原子时出现的原子的集体振荡。

等离子体激发的微分散射截面满足 Lorenztian 形式

$$\frac{d\sigma_\theta}{d\Omega} = \frac{1}{2\pi a_0}\left(\frac{\theta_E}{\theta^2 + \theta_E^2}\right) \quad (4.8)$$

式中，a_0 是波尔半径；θ 是散射角；θ_E 是特征散射角，等于 $E_p/2E_0$（在 TEM

中 E_0 很大，所以特征散射角通常都很小）。由于等离子体能量 E_p 一般在 15~25 eV，散射截面主要取决于 θ，在 θ 大于 10 mrad 后就很快降为零，这又说明了电子明显的前向散射特性。

当高能电子束轰击样品中的原子时，就像用棍子敲击用链连着的栅栏一样，晶格就会振动。如图 4.10 所示，这个过程的发生是因为所有原子都可认为弹性地连接在一起。声子也能够通过发生在原子中的其他非弹性过程产生，例如，俄歇电子或 X 射线发射的能量或带内跃迁有时也能在内部转换成晶格振动。任何原子振动都相当于对样品加热，声子振动导致的最终结果是使样品温度升高。后面还会讨论到声子的产生很容易损伤样品。

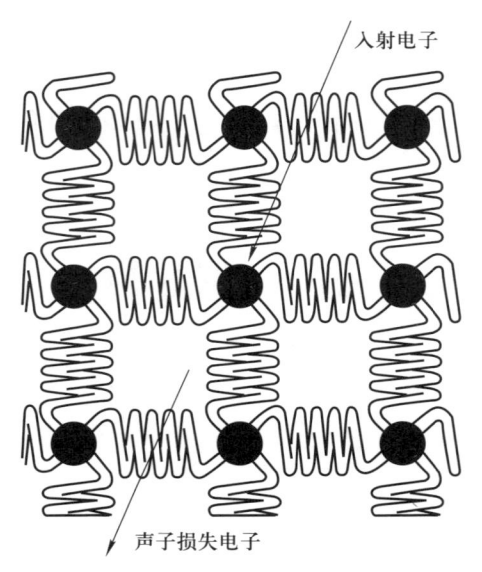

图 4.10 通过弹簧弹性连接的一组原子构成晶体点阵的示意图。受到高能电子撞击，化学键发生振动产生晶格振荡或声子。这些振荡等同于加热样品

入射电子可在任何固态样品，甚至是在不存在周期结构的非晶态中都能产生声子。一般声子振动引起的能量损失很小（不到 0.1 eV），但受到声子散射的电子散射角比较大（5~15 mrad），这些电子构成了衍射花样中布拉格衍射点周围弥散的背底。被声子散射的电子既不携带有用的化学信息，在电镜中也不会提供有用的衬度信息。

不必知道声子散射截面的确切值，但要知道声子散射近似以 $Z^{3/2}$ 的关系随 Z 增加，这比弹性散射要弱得多。由于温度对原子振动的影响，声子散射随温度升高而增加。这说明热漫散射随温度的升高而增加，这就是实验中为获得清晰的衍射花样而要冷却样品的主要原因。室温下声子散射的平均自由程从 Au

的几纳米到 Al 的大约 350 nm 的范围内变化，而在液 He 温度下，这些值要增加 2~3 倍。

可以既不用等离子体也不用声子来直接成像（虽然原理上可行），但会探测与之相关的电子，在下册第 38 章中将讨论等离子体能量损失电子的利用（有限篇幅）。

声　子

声子是晶格中所有原子的集体振动，这种原子的振动相当于加热样品，可通过冷却样品来减少声子数。

当电子束穿过样品时还会产生其他的非弹性散射，例如价带或导带内的带内/间跃迁。样品中原子的成键和原子的局域排布都会影响到非弹性散射的产生及解释。电子结构，例如带隙也会影响到某些非弹性散射的发生。原则上，当电子束穿过样品时与能量损失相关的任何原子或电子特征都会探测到，甚至可以量化和模拟。这些信号都可以用来成像，可以作为弹性散射电子成像（主要是衍衬像）的补充，它用于传统 TEM 对材料的研究。在下册第四篇还会给出非弹性散射成像的一些例子。

4.6　电子束损伤

前面讨论过非弹性散射能给出许多有用信号，但同时也带来了负面效应，即电子束损伤，不太准确地称这种现象为"辐照损伤"。影响样品结构和化学性质的损伤主要决定于电子束能量。有些材料对辐照非常敏感，电子束很容易损伤放进 TEM 中的样品，尤其是球差校正电镜入射束斑的能量更集中，更容易损伤样品。因此，电子束损伤成为 TEM 应用上的一个实际物理限制，被认为是显微学家的海森堡不确定性原理，也就是说观察样品的同时也改变了样品。

损　伤

一旦减薄样品的结构和化学性质发生改变，它就不能代表块材的特性，要解释 TEM 所成的像、衍射花样或者谱就比较困难。

另一方面，有时可以利用电子束损伤辅助某些原位转变，通过损伤过程可以加速原位转变，也可以使用电子束损伤去模仿辐照损伤的其他形式。一般来说，电子束损伤还是不希望出现的。

损伤主要有以下 3 种形式。

■ *辐照分解*：非弹性散射（主要是电子-电子相互作用，如电离）会破坏某些材料的化学键，如聚合物和碱金属卤化物。

■ *撞击损伤或溅射*：撞击损伤是原子偏离晶格的位移和产生点缺陷。如果原子从材料表面溅射出来，就称之为溅射。如果入射束的能量（E_0）足够高，这种损伤是很常见的。

■ *加热*：声子对样品的加热，这是聚合物和生物组织样品的主要损伤之一。

电子束能量 E_0 比较高时，辐照分解会减弱而撞击损伤会增强，这是两个相互矛盾的过程。不管用多大的入射能，损伤都会存在。假如样品很容易热损伤，冷却样品能明显地减小损伤。

在商业 TEM 的电压范围内都会出现损伤过程，需要引起注意。实际上电子束损伤很复杂，而且还与样品有关，所以常常给实验带来困难。然而我们要做的就是描述出不同材料中的基本损伤过程，说明怎样判断样品是否已经损伤，如何解决或使问题最小化。

要想了解更多有关辐照损伤的知识可以参考 Jenkins 和 Kirk 的书。但还要坦白地指出，原位或环境 TEM 是利用辐照损伤的优势来加速某些反应而进行的。

下面章节将通过介绍测量损伤所用的术语简要地介绍一下不同 TEM 样品的损伤情况。

4.6.1 电子剂量

在 TEM 中，把电子剂量定义为撞击样品的单位面积内的电荷密度（C/m^2）。很容易把它转换为单位面积的电子数（e/nm^2），其中 $e = 1.6 \times 10^{-19}$ C。这个定义不同于对人体的辐射效应，因为后者定义为每单位体积吸收的能量。该剂量用戈瑞（Gy）来定义，即每千克材料吸收一焦耳能量的电离辐射。1 Gy = 100 rad（国际单位制）。如果把入射电子剂量转化为吸收剂量就会很容易发现 TEM 中典型的电子照射量远大于人体组织的致命剂量，这是前人以自己生命为代价偶然发现的（有点夸大，据我们所知没有死亡发生，数据显然丢失了）。而这又是 TEM 中内在的一个危险警告，要时刻记住我们是在把高能电子束打在样品上。下一章会讲到，如果计算注入样品中的总功率，就能很好地理解上面所说的。幸运的是，电子束能量仅有很小的一部分被转移到了薄样品上，以至大多数样品都能够承受得住这种环境。

4.6.2 样品加热

样品加热在实验上很难测量，因为许多实验变量都会影响到实验结果，如热导率、厚度、样品表面情况和束斑尺寸、能量和束流。Hobbs 计算了束流和热导率对样品温度的影响，如图 4.11 所示。从图中可以看出，对于金属和其他良导体，电子束加热在标准 TEM 中是可忽略的，但对于绝缘体，这种效应非常大。要减小加热效应，可参考下一节末的说明。

你会经常听到有不使用 TEM 的人问电子束加热的问题。

- 如果材料热导性很好，加热效应可以忽略。
- 如果材料热导性差，就得考虑加热效应。

所以对金属材料来说，热效应通常都很小，但对于陶瓷小颗粒，电子束可能把它加热到约 1 700 ℃。如果热导性好的样品周围有导热性差的材料，也很可能出现加热效应。从 EELS 分析中可以发现，大多数电子都能穿透薄样品，只有少量的能量损失。

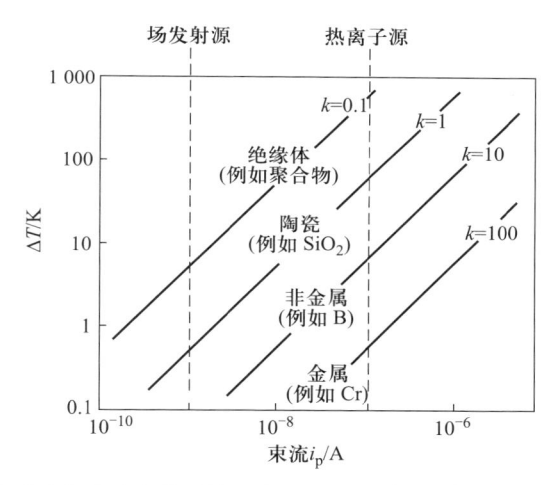

图 4.11 样品温度升高与束流和样品热导率 k（W·m^{-1}·K^{-1}）之间的关系。图中列出了几种典型材料，但并不具有代表性，因为 k 在不同类型的材料中变化非常大

4.6.3 聚合物中的电子束损伤

聚合物对电子-电子相互作用非常敏感，它能破坏化学键，形成新的结构，这个过程叫辐照分解。

- 电子能引起主要聚合物链的断裂，因而改变它的基本结构。
- 电子能引起边缘原子基团的脱落，留下易反应的自由基，它们交叉结合形成新的结构。

通过这种方式形成的聚合物链的破坏称为断裂。一般而言，在电子辐照下，聚合物会表现分解或者交叉结合的趋势。前者，聚合物的质量不断减小，而后者，聚合物最终剩下来的主要是碳。质量损失在 TEM 中有时可以通过 EELS 直接测出，也可以通过样品中的主要尺寸变化判断出来，最终会在损伤区域出现一个洞；如果仔细观察，你会发现在样品破坏前像的衬度通常会有所变化。

如果聚合物最初是结晶态，辐照损伤会导致非晶化，可以通过图像中衍射衬度消失或衍射花样中明锐斑点的消失（逐渐变为具有弥散散射强度的无定形结构）进行定量分析，可参看图 2.13A。有时晶体结构可以通过 Pb 或 U 等重金属进行负染而保留下来。然而，对样品进行染色后，会影响其结构并改变其化学性质，所以不是很理想的方法。

下面一些方法可用来减小聚合物中的电子束损伤。

■ 低剂量成像技术（见下册第 31 章）。
■ 把样品冷却到液氮温度或更低。
■ 给样品镀上导电金属薄膜。
■ 用 STEM 模式成像（见下册 22.3 节）。
■ 如果有必要，上面的方法可同时采用。

除以上方法外，通常任何由加热效应引起的损伤都可以通过减小非弹性散射的散射截面来减小，例如，用尽可能高的高压。所以，高压电镜更适合于研究对电子束敏感的材料。如果样品比非弹性散射的平均自由程还薄，则转移到样品上的能量就小，加热效应引起的样品损伤也会得到改善。

4.6.4 共价和离子晶体中的电子束损伤

在共价和离子材料中，例如陶瓷和矿物，在电子束的作用下会发生一系列的辐照分解，会改变样品的化学性质，甚至改变材料的结构。辐照分解引起的非弹性相互作用是类似于阴极发光（CL）的带间跃迁。价带电子跃迁到导带上并在价带中留下一个空穴。不发射光子但电子和空穴可能会通过称作激子的中间亚稳态部分复合，这要通过一系列相当复杂的过程，并产生一个阴离子的空位和阳离子的间隙。通过类似的过程，晶化的石英（尽管是非常硬的材料）能被非晶化。通常辐照分解能形成新的化合物，可通过电子衍射和 AEM 进行原位确定。一个辐照分解的例子是含 Ag 卤化物的图像板上有银的形成。所以，不管怎么说，胶片是利用辐照损伤来记录在 TEM 中产生的信息的（详情请参见第 7 章）。

不能简单地通过对样品冷却和涂层来防止辐照分解，因为不管热传递多好，辐照分解是始终存在的。最好的方法是用更高的加速电压来减小电子-电子相互作用的散射截面以及用尽可能薄的样品。然而，当用 TEM 观察陶瓷和矿物以及大多数聚合物时，辐照分解仍然是一个主要的限制因素。

4.6.5 金属中的电子束损伤

影响金属样品的主要方式是撞击、位移或溅射引起的损伤。这个过程中电子束能量直接转移给固体中的原子，把它们从原子位置撞击出来并形成空位和间隙的结合体（或 Frenkel 对）。要想把原子从非常稳定的晶格中打出来，入射电子必须打到（接近）原子核，还得有效阻止库仑相互作用的吸引，这样才能把大部分的能量转移到原子上。

撞 击 损 伤

它与电子束能量直接相关。

与近邻原子的结合强弱也是影响电子束损伤的一个因素。对于位移能 E_d，Hobbs 给出了一个简单的表达式用来确定原子量为 A 的原子位移所需的阈能

$$E_t = \frac{\left(\dfrac{100 + AE_d}{5}\right)^{1/2} - 10}{20} \tag{4.9}$$

式中，E_t 和 E_d 的单位是分别是 MeV 和 eV，E_d 通常为 5~50 eV，但随化学键类型而变化。如果给原子转移的能量大于其阈能，就能把它打出来。图 4.12 给出一系列元素的阈值。例如，入射电子束的能量为 400 keV，则至少有 80 eV 的能量可以转移到碳原子上，大约 45 eV 的能量转移到铝原子上，而只有 25 eV 的能量可以转移到钛原子上。如果想把平均位移能为 25 eV 的原子打出，则需要 400 keV 的中等电压 TEM，就能够使原子量在 Ti 以下的原子移动（除非有些成键后 E_d 值大于图 4.12 中的典型值）。如果利用电子束能量为 1 MeV 或更高的 HVEM，将不可避免地引起位移损伤，除非是最重的元素。避免位移损伤的唯一方法是在低于阈能的高压下操作，这时就得用图 4.12 中近似值来估算实验上的能量值。

如何确定位移损伤？方法是在辐照前后分别记录下样品的形貌像来比较相同成像条件下衬度的变化。撞击损伤通常形成一些小的空位簇，如图 1.8 所示，以黑白片状衬度或点状衬度出现。有时还可能被当做是位错环或者由空位堆积引起的堆垛层错，当然这些损伤引起的晶体缺陷很容易和材料本身的缺陷混淆。位移损伤当然也可能在聚合物和矿物中发生。问题是刚刚还建议采用更

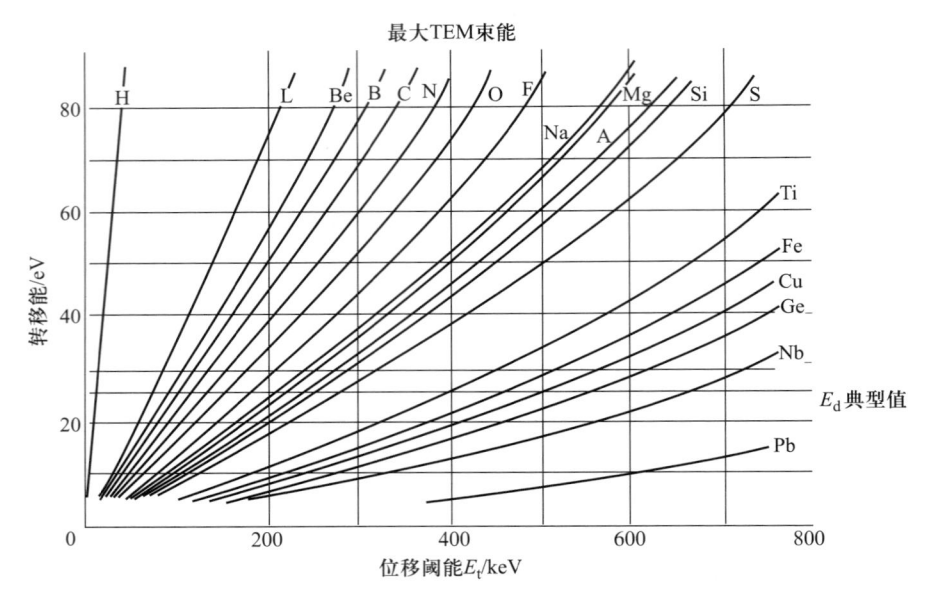

图 4.12 原子的最大转移能和位移阈能的关系，假设 IVEM 入射束的能量为 400 keV，典型的 E_d 为 25 eV，不同材料的键能不同，对应的 E_d 也不同。图中入射束能量高于 400 keV 和低于 E_d 的范围内辐照损伤不会发生

高电压来减少热效应和辐照分解，但高压又会造成撞击损伤。所以，究竟用多高的电压还得取决于具体的样品。事实上，在 TEM 中是无法避免这种或那种形式的损伤的。

位移损伤唯一有利的一面就是可以用来进行相关研究。虽然没有定论，但是仍然认为材料中的电子束损伤等同于诸如发生在核反应堆的中子损伤。一般来说，在 HVEM 中辐照几分钟等价于核反应堆中的几年，所以使材料衰变的加速研究成为可能。藉于此，在 20 世纪 60 年代核能很流行的时候，开展了大量的相关工作。三哩岛和切尔诺贝利事故的发生使这种研究急剧减少，但在一些比较老的文献和一些更近代的参考书中还是有不少综述的。假如当前的政治环境看好核能发展，束损伤的研究又会蓬勃发展起来。如果你还处于待业状态，还是花点时间了解一下该领域的状况，因为那些致力于辐照研究的很出名的电镜学家都已经退休或去世了，前人非常难得的研究结果正在面临被忘记的危险！

在原位 IVEM/HVEM 研究中，由位移损伤导致的空位能加快扩散，并最终会加速扩散转变。在原位观察时还会碰到其他问题，所以解释起来并不总是那么直接。Butler 和 Hale 的书中提出了很多实验细节，而且给出了薄样品在实时反应发生过程中的很多漂亮图像。近来 Gai 编辑了一卷有关原位 TEM 的书，书中强调了原位 TEM 技术在 TEM 领域的重要性。C_s 校正器使 TEM 具有更大的极靴空间,这样能够比较容易地插入气氛反应样品台,这些都可能极大地推动原位研究的发展。

4.6.6 溅射

当 TEM 中电压低于 $0.5E_t$ 时,会发生表面原子的位移或溅射。如果样品非常厚,这个问题还不严重,因为样品的细节并没有很大的改变。但是如果想获得高质量的图像和最多的分析信息,样品通常必须非常薄(也是越薄越好)。这些样品中,表面结构和化学性质的改变会影响图像的解释或者改变平均的厚度分布,进而影响定量分析的准确性。表 4.3 列出了典型的溅射阈能(E_s)与位移阈能(E_d)以及它们的相对值(不同电子束能量下,有多少能量能被转移)。可以看到,即使在 100 keV 时也不能忽略原子位移或溅射,对于 STEM,很容易就能在 MgO 样品上打个洞。

表 4.3 在 100 keV、200 keV、300 keV 和 400 keV 下最大转移动能(T)与位移能(E_d)和溅射能(E_s)的对比

元素	T/eV				E_d/eV	E_s/eV
	100 keV	200 keV	300 keV	400 keV		
Al	8.93	19.5	31.6	45.3	16	4~8
Ti	5.00	11.0	17.8	25.5	15	4~8
V	4.73	10.3	16.72	24.0	29	7~14
Cr	4.63	10.1	16.38	23.5	22	5~11
Fe	4.31	9.40	15.25	21.8	16	4~8
Co	4.08	8.91	14.45	20.7	23	5~12
Ni	4.10	8.94	14.5	20.8	22	6~11
Cu	3.79	8.26	13.4	19.2	18	4~9
Zn	3.69	8.03	13.03	18.7	16	4~8
Nb	2.59	5.65	9.17	13.2	24	6~12
Mo	2.51	5.47	8.88	12.7	27	7~14
Ag	2.23	4.87	7.90	11.3	28	7~14
Cd	2.14	4.67	7.58	10.9	20	5~10
Ta	1.33	2.90	4.71	6.75	33	8~16
Pt	1.23	2.69	4.37	6.26	33	8~16
Au	1.22	2.67	4.32	6.2	36	9~18

第 4 章 非弹性散射和电子束损伤

章 节 总 结

非弹性散射把能量转移给样品，产生了大量有用的信号，可用来成像或收集能谱以获得样品的化学和电子结构信息。很多信息都局限在纳米量级甚至更小。

■ 重要的化学或结构信息都需要纳米或纳米量级以下的空间分辨率，所以 TEM 是很强大的技术手段。

■ 非弹性散射对 TEM 样品会产生电子束损伤和加热效应，在有些情况下这对样品可能是致命的。冷却样品，用较高的电压，或用更薄的样品，都能减小热量的传递。

■ 注意，不管哪种材料，加速电压足够高时都会对材料形成撞击和溅射损伤，形成非固有的晶体缺陷，还会改变表面化学。

从另一方面看，束损伤在核辐射模拟中起到积极的作用，有助于原位形变或环境 TEM 的研究。

参考文献

除以下参考文献外，更多的文献可参看相关教材。

与原位相关的文献

Butler, EP and Hale, KF 1981 *Dynamic Experiments in the Electron Microscope* Practical Methods in Electron Microscopy 9 Ed. AM Glauert Elsevier Amsterdam. 在很多讨论的主题中辐射损伤都起主要作用。

Gai, PL Ed. 1997 *In-Situ Microscopy in Materials Research* Springer-Verlag New York.

Inokuti, M1971 *Inelastic Collisions of Fast Charged Particles with Atoms and Molecules—The Bethe Theory Revisited* Rev. Mod. Phys. **43** 297–347. 这是一篇经典的综述性文章，它详细地回顾了从 Bethe 首次对散射截面进行描述后近 40 年的发展。

Wang, ZL 1995 *Elastic and Inelastic Scattering in Electron Diffraction and Imaging* Plenum Press New York.

与 Bearden 表相关的文献

Bearden, JA 1964 NYO-10586 US Atomic Energy Commission Oak Ridge TN.

Deslattes, RD, Kessler, RD Jr, Indelicato, P, de Billy, L, Lindroth, E and Anton, J 2003 *X-ray Transition Energies: New Approach to a Comprehensive Evaluation* Rev. Mod. Phys. **75** 35–99.

历史

Auger, MP 1925 *Sur L'Effet Photoélectrique Composé* J. Phys Radium **6** 205–208.

Bethe, HA 1930 *Zur Theorie des Durchgangs Schneller Korpuskularstrahlen Durch Materie* Ann. der Phys. Leipzig **5** 325–400.

Kramers, HA 1923 *On the Theory of X-ray Absorption and Continuous X-ray Spectrum* Phil. Mag. **46** 836.

Moseley, HGJ 1914 *High Frequency Spectra of the Elements* Phil. Mag. **26** 1024–1032.

Williams, EJ 1933 *Applications of the Method of Impact Parameter in Collisions* Proc. Roy. Soc. London **A139** 163–86.

与辐照损伤相关的文献

Egerton, RF, Li, P and Malac, M 2004 *Radiation Damage in the TEM and SEM* Micron **35** 399–409. 关于辐照损伤的最新文章。

Hobbs, LW 1979 in *Introduction to Analytical Electron Microscopy* Eds. JJ Hren, JI Goldstein and DC Joy Plenum Press New York p437 gives calculations of beam heating.

Jenkins, ML and Kirk, MA 2000 *Characterization of Radiation Damage by Transmission Electron Microscopy* Institute of Physics Bristol and Philadelphia. 该主题的唯一教科书。如果样品损伤会影响实际工作，建议阅读该书。包含撞击损伤。

Sawyer, LC, Grubb, DT and Meyers, GF 2008 *Polymer Microscopy* 3rd Ed. Springer New York. 关于聚合物的研究。

相关技术文献

Boyall, NM, Durose, K and Watson IM 2003 *A Method of Normalizing Cathodoluminescence Images of Electron Transparent Foils for Thickness Contrast Applied to InGaN Quantum Wells* J. Microsc. **209** 41–46.

Goldstein, JI, Williams DB and Cliff, G 1986 *Quantitative X-ray Analysis in Introduction to Analytical Electron Microscopy* Eds. JJ Hren, JI Goldstein and DC Joy p 155 Plenum Press New York.

Hubbell, JH, Trehan, PN, Singh, N, Chand, B, Mehta, D, Garg, ML, Garg, RR, Singh, S and Puri, S 1994 *A Review, Bibliography and Tabulation of K, L and Higher Atomic Shell X-ray Fluorescence Yields*. J. Phys. Chem. Ref. Data **23** 339–364.

Markowicz, AM and van Grieken, RE 2002 *Handbook of X-ray Spectrometry* Marcel Dekker New York. 当真正需要关于 X 射线族的更多细节时，该书是一本很好的教材。

Newbury, DE 1986 in *Introduction to Analytical Electron Microscopy* Eds JJ Hren, JI Goldstein and DC Joy p 6 Plenum Press New York.

Venables, JA, Hembree, GG, Drucker, J, Crozier PA and Scheinfein MR 2005 *The MIDAS Project at ASU: John Cowley's Vision and Practical Results* J. Electr. Microsc. **54** 151–162. 少有的一个在 STEM 中安装俄歇系统的例子。

网址

1. www.physics.nist.gov/PhysRefData/Ionization/Xsection.html.
2. www.physics.nist.gov/PhysRefData/XrayTrans/index.html.

自测题

Q4.1 如何区分背底、连续 X 射线和特征 X 射线？

Q4.2 特征 X 射线表征什么？

Q4.3 为什么只用电离化的原子而不用电离化的电子？

Q4.4 与电子相比电子壳层有多大？

Q4.5 什么是临界电离能？

Q4.6 什么是电离截面？

Q4.7 特征 X 射线的能量和波长由什么决定？

Q4.8 什么是荧光产额？

Q4.9 X 射线谱线权重是指什么？

Q4.10 什么是过压？

Q4.11 电离出的电子和所发射的 X 射线的角分布间的差异是什么？

Q4.12 X 射线像电子一样有动能吗？

Q4.13 为什么电离过程中转移到原子上的总能量和所发射的特征 X 射线

的能量不相等？

 Q4.14 在电子-原子相互作用过程中能量是怎样守恒的？

 Q4.15 在 TEM 中为什么要考虑快二次电子？

 Q4.16 什么是荧光？

 Q4.17 怎样才能减小电子束损伤？

 Q4.18 为什么表面原子溅射消耗的能量要比样品内原子位移所需能量少？

 Q4.19 什么是辐照分解？

 Q4.20 为什么要利用 HVEM 特意使样品中原子发生位移？

章节具体问题

 T4.1 参考图 4.1，(a) 为什么无论非弹性散射在 TEM 操作中是否有用总要考虑等离子体能量损失？(b) 为什么所有的散射过程都与电子束能量有相似的依赖关系？

 T4.2 由图 4.1 说明 400 kV 和 100 kV 相比的优缺点各是什么？

 T4.3 读图 4.2，(a) 解释 TEM 中会发射哪种特征 X 射线（提示：可参看图 4.3）。(b) 当电子从 L_3 能级发射出来时，所留下来的空位会出现什么情况？(c) 在什么情况下会出现真空能级？

 T4.4 如前文所述，如果 K 壳层 X 射线能量要比 L 壳层的高，那么为什么 Ag L 谱线的能量(2.3 keV)却比 Al K 线的(1.5 keV)高？

 T4.5 用式(4.6)计算(a) Be 和 N、(b) Si 和 Ag 的相对荧光产额，并与图 4.5 对照来解释为什么低原子序数的 X 射线分析要比高原子的难，而高原子序数的定量分析更直接。俄歇电子有类似的产额吗？假如有，请推导出产额与 Z 的近似关系。

 T4.6 原子核和核外电子电性相反，其中一个对另一个有很强的吸引力时，请解释为什么还需要提到韧致辐射？

 T4.7 观察图 4.6，在低能区韧致 X 射线的强度逐渐增加，而在文中提到低能区(原子序数逐渐增大)的特征 X 射线强度反而减小，为什么？

 T4.8 为什么图 4.2 中的价带和导带并不像图 4.8 中的分开？

 T4.9 计算电流为 1 nA、束斑为 1 nm 的电子探针的电子剂量。

 T4.10 用式(4.9)计算比较 Li、Al、Cu、Au 的位移阈能，并估计溅射能，结果是否与表 4.3 和图 4.12 吻合。

 T4.11 非弹性散射把能量转移给样品引起临时或永久的结构和化学性质(TEM 的优势)的破坏，所以非弹性散射最终限制了能从 TEM 中获得的信息，但为什么还要努力加大这种非弹性散射的产生和探测？

T4.12　用经典的原子势井模型来推算电子能量损失的大小。

T4.13　如果观察表 4.1，你会发现对导致更大能量转移的相互作用，散射截面会更小，为什么这对 TEM 来说是好事？

T4.14　在 TEM 中为什么不试着用俄歇电子进行表面分析？

T4.15　基于图 4.1、图 4.4 和图 4.5，说明（a）100 kV 和（b）300 kV 电子打在 Be 和 Si 的样品上最可能出现哪些信号？

T4.16　比较等离子体和声子间的差异。（提示：考虑产生过程、能量、散射角、散射截面、范围和样品因素），根据它们包含或破坏的信息，说明这些信息对 TEM 使用者的重要性。

T4.17　（挑战性问题）如果要利用电子束从薄膜表面溅射出 Au，哪个面的影响最大？

第 5 章
电子源

章 节 预 览

用来"照射"样品的可靠电子源是 TEM 最重要的部分之一。所幸的是,电子源种类很丰富,但要从昂贵的显微镜中获得最好的图像和其他信号,就需要最好的可用电子源。对电子束的要求非常严格,因此目前只有两种电子源满足要求:热电子发射和场发射电子源(或称为"枪")。热电子发射电子源用的是钨灯丝(现在用得比较少)或六硼化镧(LaB_6)晶体(现在用得比较多),场发射电子源用的是很细的针状钨丝。本章首先简要介绍不同电子发射过程的物理机制,以理解电子源的特定工作方式;接着介绍所需电子束的特性;然后对各电子源进行比较,以表明对于 TEM 来说,没有哪一种类型的电子源是最好的,它们都各有优势;最后探讨一下检查电子源是否满足需求的方法。

电子源对显微镜的性能起着非常关键的作用,随着科学技术的快速发展显微镜的某些操作可以完全由计算机控制,操作员只需要按下"开始"键就可以了，这种显微镜的智能化发展在场发射源中尤为突出。由于场发射源既精密又昂贵，最好用计算机控制。但大多数 TEM 仍广泛使用热电子源，热电子源需要操作者进行部分手动控制，这种情况下，就需要了解电子源的工作机理和操作原理。因此，本章主要讨论热电子发射型电子源，尽管场发射源对于发挥 TEM 各个方面（成像，分析等）的最佳性能都是必需的，它很可能会是将来电子源的最佳选择。

5.1 不同类型电子源的物理机制

在 TEM 中通常有两种电子源：第一种叫做热电子源，如字面含义，电子源被加热时产生电子；第二种是场发射电子源，在它和阳极之间加一个大电势时产生电子。肖特基电子源则是热和场发射电子源的结合。电子源是电子枪的组成部分。从物理学角度了解电子源的工作细节是很有趣的，关于新电子源的研制和电子源的改进也有很多研究，碳纳米管已崭露头角（像未来的电视屏幕，但需更高的电压）。

从实际应用角度讲，不需要掌握太多的物理知识，可以通过两个简单的方程简要地总结一下。在阅读电子源的相关内容时，请记住以下两点：

■ 电子显微镜用的是热电子（W 或 LaB_6）或场发射（W）电子源，且两者不能互换。

■ 场发射电子源产生的是单色性更好的电子；热电子源的单色性稍差一些，即产生"更白"的电子。

这有点类似 X 射线或可见光。电子的"颜色"依赖于能量发散度［用式(1.6)可以转换到频率或波长范围］，将在节 5.2 中讨论。并非总是需要单色性好的电子，而且场发射 TEM 的费用是传统热电子型显微镜费用的两倍。

5.1.1 热发射

把任何一种材料加热到足够高的温度，电子都会获得足够的能量以克服阻止它们离开的表面势垒。这个势垒称为"功函数"(Φ)，大小约为几个电子伏。

热电子发射机制可以用 Richardson 定律表述，该定律将发射源的电流密度 J 与工作温度 T（单位为 K）联系起来

$$J = AT^2 e^{-\frac{\Phi}{kT}} \tag{5.1}$$

式中，k 是玻尔兹曼常量(8.6×10^{-5} eV/K)；A 是 Richardson 常数，$A/(m^2 \cdot K^2)$，具体数值取决于电子源的材料。从这个方程式可以看出，把电子源加热到温度 T，使电子获得大于 Φ 的能量并从电子源中逃逸出来，从而形成电子束。不幸的是，大多数材料在注入几 eV 的热能时就会熔化或蒸发。因此唯一可用的热

电子源材料要么是难熔(高熔点)材料,要么是 Φ 异常小的材料。最初的几十年里 TEM(一些 SEM 中仍然在用)中用的是钨,其熔点为 3 660 K,现代 TEM 中用的唯一的热电子源是 Φ 很小的六硼化镧(LaB_6)。表 5.1 给出了钨和 LaB_6 的 J_c、T 和 Φ 的相对值。

表 5.1 主要电子源的特性

	单位	W	LaB_6	Schottky FEG	冷场发射
功函数 Φ	eV	4.5	2.4	3.0	4.5
Richardson 常数	$A/(m^2 \cdot K^2)$	6×10^9	4×10^9		
工作温度	K	2 700	1 700	1 700	300
电流密度(100 kV)	A/m^2	5	10^2	10^5	10^6
交叉点尺寸	nm	$>10^5$	10^4	15	3
亮度(100 kV)	$A/(m^2 \cdot sr)$	10^{10}	5×10^{11}	5×10^{12}	10^{13}
能量扩散度(100 kV)	eV	3	1.5	0.7	0.3
发射电流稳定性	%/h	<1	<1	<1	5
真空度	Pa	10^{-2}	10^{-4}	10^{-6}	10^{-9}
寿命	h	100	1 000	>5 000	>5 000

电子源有几种不同的描述方式,称钨电子源为"灯丝",因为钨可以被拉成细丝,类似白炽灯中用的灯丝。LaB_6(不应该叫灯丝)通常沿 $\langle 110 \rangle$ 取向生长来增强发射能力。有时把钨和 LaB_6 源都称为"阴极",因为整套电子枪装置是一个三极管系统,在这个三极管系统中电子源为阴极。

从物理上需要知道,加热电子源可以产生很高的电流密度 J,但这是有限制的,因为高温引起的蒸发或氧化会降低电子源的寿命。所以需要选择合适的工作温度,通常选定电子源工作在"饱和"状态,这将在"热电子枪"中详细讨论。

5.1.2 场发射

场发射电子源,通常叫做 FEG(对于场发射枪,读作"F-E-G"或"feg"),其工作原理和热电子源有着本质区别。场发射的基本原理是:电场强度 E 在尖端急剧增加,这是因为如果把电压 V 加到半径为 r 的(球形)尖端,则

$$E = \frac{V}{r} \tag{5.2}$$

我们称细针为"针尖"(tips)。原子探针场离子显微镜(APFIM)技术是材料表征中另一种比较成熟的实验手段。APFIM 用非常细的针状样品，因此有许多可用的专门技术来帮助生产场发射针尖。钨丝是最容易加工成细针尖的材料之一，可以加工出半径小于 $0.1~\mu m$ 的针尖。如果把 $1~kV$ 的电压加在这个针尖上，那么 E 为 $10^{10}~V/m$，这就大大降低了电子隧穿钨表面的功函数。隧穿过程和半导体器件中的一样。这么高的电场强度会在针尖上产生相当大的应力，所以材料必须结实，以保证不变形。类似 LaB_6 热电子发射，场发射与钨针尖的晶体取向相关，〈310〉是最好的取向。

场发射要求针尖表面必须干净，即表面没有污染和氧化，这可以在超高真空(UHV)条件($<10^{-9}~Pa$)下实现。这种情况下，钨工作温度为外界环境温度，这个过程叫做"冷"场发射。另外，也可以在真空度较低的环境中加热针尖，同时保持干净的针尖表面。由于电子发射中热能起很大作用，事实上电子不是隧穿过势垒的。对于这种"热"场发射，将表面用 ZrO_2 处理，可以改善发射特性，特别是源的稳定性，这种肖特基(Schottky)发射源是目前最流行的。稍后将在本章讨论"冷"场发射与"热"场发射的优缺点。

5.2 电子束的特征

TEM 中的电子束必须具备一定特征，这些特征取决于电子源自身以及如何将电子源组装到电子枪中。通常用亮度、相干性和稳定性等词汇来描述电子源的性能。也许你已经知道这些词汇的含义，但在 TEM 术语中，它们有更准确的含义。所以，将讨论各种性能，以说明它们的含义以及在 TEM 中的重要性。然后比较不同电子源(可能是你所用电子显微镜中的电子源)的性能，你会看到，没有针对所有应用都可以称之为"最好"的电子源，但对于特定的应用，通常有一种会比较好。

在定义 TEM 所需要的电子束特征之前，有必要总结一下电子束的几个性质以及它们随加速电压的变化情况。

5.2.1 亮度

"亮度"这个词通常会和"强度"相混淆，而且事实上两者具有相关性。例如，当观察 TEM 的观察屏时，想真正描述屏幕上光的强度时，通常可能会说它有多亮。而当考虑辐射源的强度时，则是根据它发出的通量。对普通灯泡而言，是指单位时间通过单位面积的光子数；对于电子源，讨论的是电流密度，是指单位时间通过单位面积的电子(或电荷)数。

亮　度

> 虽然电流密度很有用，但更重要的是要引入亮度的定义。亮度是指电子源在单位立体角内的电流密度。

不同的电子源在尺寸上有较大差别，电子会以一定的发射角从源出射，所以不能忽略电子的角分布。当使用很小的会聚探针时，例如在 AEM 和 STEM 中，亮度尤为重要。在传统 TEM 中，一般使用相对较大的散焦束，亮度的概念不是那么重要，但它仍然与屏幕上看到的强度有关，所以会影响显微镜的操作以及对图像和衍射花样的观察。

所以认为电子源具有以下特性：
- 束流直径 d_0。
- 阴极发射电流 i_e。
- 发散角 α_0（指半角）。

在节 5.3 中会给出获得这些特征的实际方法，以及讨论完整的电子枪装置。由图 5.1 可以看到，i_e、d_0 和 α_0 都是在枪交叉点处定义的，也就是在离开发射源后电子聚焦的那一点。电流密度（单位面积的电流）为 $i_e/\pi(d_0/2)^2$，源的立体角是 $\pi\alpha_0^2$，所以定义亮度 β 为

$$\beta = \frac{i_e}{\pi\left(\frac{d_0}{2}\right)^2 \pi(\alpha_0)^2} = \frac{4i_e}{(\pi d_0 \alpha_0)^2} \tag{5.3}$$

亮度方程是一个应该记住的重要方程。此方程中未给出的是热电子源中 β 随加速电压增加而线性增加的关系，这也是发展中等电压（300~400 kV）设备的原因之一。

显然，β 值越大，给定尺寸的电子束中包含的电子数就越多，从样品中得到的信息就越多，对敏感样品的损伤也就越严重。束流是亮度方程的一个重要部分。原位测量束流是很好的诊断方法，稍后在本章讨论 β 测量时会进一步讨论。现在再看看表 5.1 中不同电子源亮度的比较。

> **亮度的单位**
>
> β 的单位是 $A/(m^2 \cdot sr)$。

现在考虑一些具体的数字。对于 100 keV 冷场发射枪，可以在直径为 1 nm 的面积上加 1 nA 的电流。如果把这个电流密度转化为能量的单位（1 W = 1 J/s），

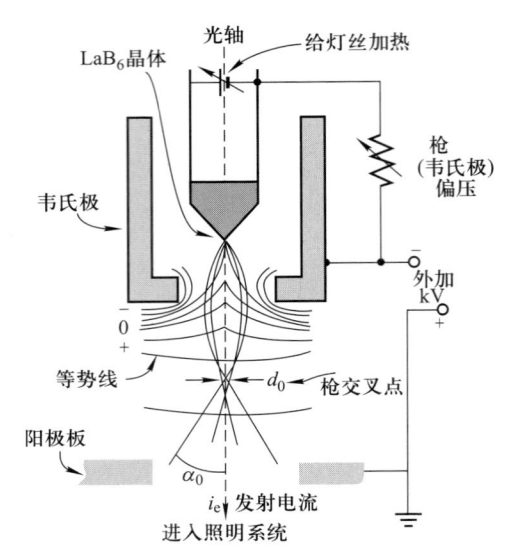

图 5.1 热发射电子枪结构示意图。在阴极和阳极之间加高电压,该电压可由韦氏极(其作用相当于三极真空管系统中的栅极)的电势调控,韦氏极上的电场使电子汇聚成一个直径为 d_0、会聚/发散角为 α_0 的交叉点。这是 TEM 照明系统中透镜的真实电子源。见书后彩图

会发现在样品这么小的区域内电子束的能量接近 $150\ \text{MW}/\text{mm}^2$。相比较而言,典型涡轮发电机的输出功率为 $350 \sim 1\,000\ \text{MW}$。如果所有能量都被 TEM 样品吸收,此技术将毫无用处,因为样品会蒸发。稍后会发现为什么这种情况不会发生,但很明显,当在 TEM 中观察样品时,可以改变样品,就像在前面章节中讨论与电子束损伤的关系时一样。刚才计算给出的能量密度说明,TEM 电子源是已知连续辐射源中的亮度最大的,比超新星还要亮许多。

亮度在 AEM 中尤其重要,因为要对电子束辐照样品产生的很多信号进行定量分析,如图 1.3 所示。在下册第四篇中会看到,需要使大部分束流处于最小的探针上来优化空间分辨率和分析灵敏度。同样在 HRTEM 中高放大倍数下,显示屏(见第 7 章)上光的强度会变弱,这是因为观察到的仅是样品被照亮区域的一小部分。可以通过使用最亮的电子源来增加电子密度,那么就可以在较短的曝光时间内,较小的图像漂移以及其他不稳定性情况下记录图像。所以对 AEM 和 HREM 来说是越亮越好。

5.2.2 时间相干性和能量发散

电子束的相干性是电子波之间"同步"程度的判据。我们知道白光是非相干的,因为它包含的光子频率(颜色)范围很大,因此要获得相干电子束,必

须使所有电子都像单色光那样具有相同的频率(即波长)。把这种相干称为"时间相干",它是对"波包"相似度的度量,如果它们都是相同的,则具有相同的相干长度,相干长度 λ_c 定义为

$$\lambda_c = \frac{vh}{\Delta E} \tag{5.4}$$

式中,v 是电子速度;ΔE 是电子束的能量发散度;h 是普朗克常量。这意味着必须给电子源提供稳定的电源和高压,才能使所有电子的能量发散度 ΔE 都很小,从而给出明确的波长。将在下册 37.7 节中详细介绍如何在电子枪中加一个能量选择谱仪,来选择能量扩展在 10 meV 内的电子。这样的单色器价格昂贵,且极大地削弱了束流,但是,对某些应用是非常有意义的。电流的损失可以利用 C_s 校正(甚至更贵)弥补一些。结合了单色器和 C_s 校正器的 TEM 是世上最贵的(且很少)。从表格 5.1 中可以看到,没有单色器的 3 种电子源的典型 ΔE 值范围为 0.3~3 eV(与总能量 100~400 keV 相比非常小)。因为 ΔE 很小,所以在本章开始说热电子源发射"白"电子是不太准确的。从 ΔE 的数值能算出典型的相干长度,大约是几百个纳米,注意单位的统一。

当入射到样品上的电子的能量发散度影响显微镜的使用时,时间相干性就显得尤为重要。由于可以制造很好的高压装置,除了高能量分辨率的电子能量损失谱(见下册第 37~40 章)之外,TEM 的其他研究方向基本上不受时间相干性的限制。也就是说,在大多数实际应用中,电子源是足够稳定的。然而,当必须考虑透射电子穿过样品可能损失相当一部分能量时,情况将大不相同,此时,能量过滤 TEM 技术变得非常有用(见下册 37.6 节)。

5.2.3 空间相干性和电子源尺寸

空间相干性与电子源尺寸有关。理想的空间相干性要求所有电子从电子源的同一点发出。所以电子源的大小决定了空间相干性,电子源尺寸越小相干性就越好(就像它们给出更高的亮度一样)。如同光学中大家熟悉的菲涅耳双棱镜实验,空间相干性可以通过电子干涉条纹严格定义。定义距离 d_c 为相干照明的有效电子源的尺寸,如下:

$$d_c = \frac{\lambda}{2\alpha} \tag{5.5}$$

式中,λ 是电子波长;α 是电子束从电子源到样品的发散角,可以通过在照明系统中引入一个光阑来控制 α,在第 9 章描述 TEM 构造时会提到这一点。如果没有光阑的限制作用,那么最小的电子源对应着最小的发散角,这样会产生最高的空间相干性。对 100 keV 电子,将适当数值代入式(5.5),得到最好的空间相干性也只有大约 1 nm,为使相干性最好,可采取如下方法:

- 减小电子源尺寸 d_c，例如，使用场发射源。这就解释了为什么目前研究用纳米管作为电子源。
- 使用小的照明光阑，减小 α。
- 如果电子源比较大（如发卡钨灯丝），可以减小加速电压以增加 λ。

小的电子源会在样品上形成较小的发散角，也可以采用较小的光阑进一步改善。小电子束比大电子束具有更好的空间相干性，给出更好的空间分辨率（见下册第四篇）。束的相干性和平行性越好，相位衬度像的质量越高（见下册第三篇），衍射花样越明锐（见第二篇），在晶体样品图像中的衍射衬度就越清晰（见下册第三篇）。这就是空间相干性很重要的原因。相干性的整体概念比这里描述的要复杂得多，对 TEM 中电子相干性更为深入以及详细的数学描述请参见 Hawkes 的综述文章及相关文献。

相 干 性

空间相干性实际上比时间相干性更重要，小电子源导致高 β 以及更好的空间相干性，但会降低稳定性。

5.2.4 稳定性

除了电子源的高压供电装置的稳定性之外，电子源发射电流的稳定性也是一个重要因素。否则，观察屏上的光强度不稳定，难以获得高质量的图像，也使定量分析测量变得不可能。除了新安装或即将报废的情况外，热电子源一般都很稳定。通常电流每小时的变化幅度小于 1%，热场发射源具有类似的稳定性。然而对于冷场发射源，发射电流不稳定，需要通过电子反馈电路来维持 $<\pm 5\%$ 的稳定性。电子枪中好的真空度有助于改善稳定性。

综上所述，电子源重要的性能参数有亮度、时间相干性、能量发散度、空间相干性和稳定性。小尺寸的电子源会给出更大 β 值和更好的空间相干性，但稳定性稍差。

了解了电子源需要的关键特性后，下面讨论商用 TEM 中的电子源特性。

5.3 电子枪

只有电子源是没有意义的，还需要控制电子束并引导它进入 TEM 照明系统。要实现这一点需要将电子源置入电子枪系统之中，电子枪系统能像透镜一样有效地聚焦由电子源产生的电子。对于热电子源和场发射源，枪的设计是不同的。

5.3.1 热电子枪

LaB_6 是现代 TEM 中所用的唯一的热电子源，所以这里仅讨论这一种。LaB_6 晶体被用做三极式电子枪的阴极，如图 5.1 所示。除了阴极还有一个称为韦氏极圆筒的"栅极"和一个中心有孔的接地阳极，这三部分的形状如图 5.2 所示，该图为元件分解图。阴极与连接有高压电源的高压电缆相连。LaB_6 晶体通常被绑在金属（例如铼）丝上通过电阻加热形成热发射。

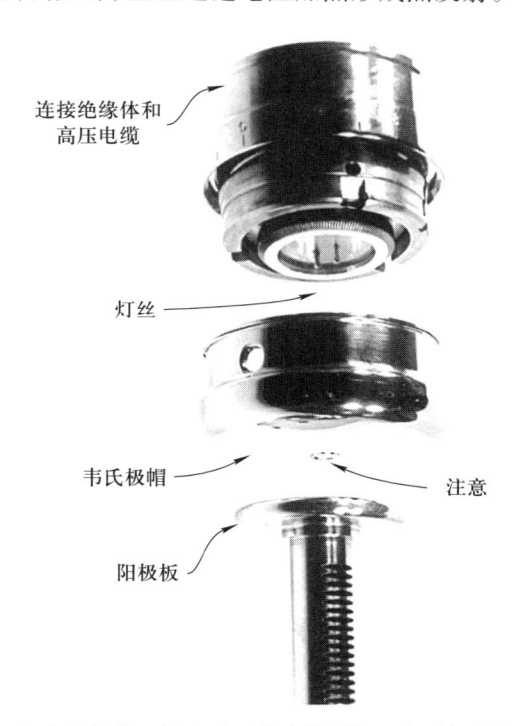

图 5.2 热电子枪的 3 个主要部分，从上到下依次是阴极、韦氏极和阳极。韦氏极通过螺纹接在阴极灯丝上，韦氏极和阳极灯丝都与高压电缆连接，来给灯丝加热和给韦氏极加偏压。阳极位于韦氏极下方，整个装置位于透镜镜筒顶部，而 TEM 的其他部分由透镜构成

从阴极发射出的电子，相对于接地阳极，具有所选择加速电压（例如 100 kV）的负电势，通过这个电势差电子被加速，就可以获得 100 keV 的能量和大于光速一半的速度。

要控制通过阳极孔的电子束进入显微镜，可以在韦氏极圆筒上加一个小的负偏压。从阴极发射出的电子受负电场作用，会聚到韦氏极和阳极之间的一个

交叉点上，如图 5.1 所示。可以分别控制阴极加热和韦氏极偏压，枪的电路设计也可以使得发射电流和韦氏极偏压同步增加，这种设计称为"自偏压"枪。图 5.3 给出了灯丝发射电流(i_e)和灯丝加热电流(i_f)的关系。如图所示，i_e 达到最大值后，再进一步增加 i_f 不会再增加进入显微镜的电流，这称为饱和情况，所有热电子源应在饱和情况或略低于饱和情况下工作。在过饱和状态工作没有任何好处，只会缩短灯丝寿命；以后会看到，虽然有时欠饱和会有用，但在远低于饱和状态下工作，会减少进入样品的电流，这样就会减弱从样品中出来的信号强度。

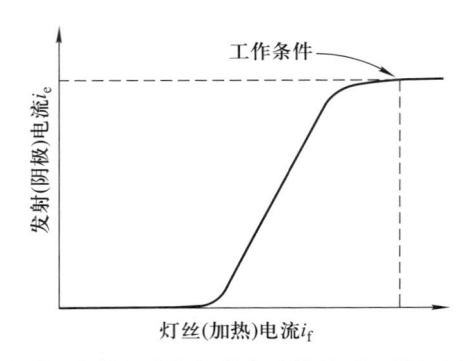

图 5.3 自偏压电子枪电子源发射电流与加热电流的关系，增加源电流会导致发射电流达到最大，称为"饱和"

束 流

随着阴极加热电流(i_f)的增加，温度升高，直到发生热电子发射。阴极发射电流 i_e 是可以测量的。有时会称这个电流为"束流"，但这是个误导，因为真正的束流指的是离开枪通过 TEM 照明系统后到达样品的电流。

韦 氏 极

韦氏极就像一个简单的电子透镜：TEM 中电子通过的第一个透镜。

在饱和状态下工作不仅能优化电子源寿命，还可以获得最佳亮度。如图 5.1 所示，交叉点大小就是亮度方程[式(5.3)]中用到的电子源尺寸 d_0，交叉点处的发散角对应方程中的 α_0，交叉点处的电流就是发射电流 i_e。如图 5.4A 所示，如果韦氏极偏压太低(图 i)，d_0 将不会很小，如果偏压太高(图 iii)，阴极发射电流会被抑制，这两种情况下 β 都很低。最佳的 β 是在中等偏压的时候（图 ⅱ），如图 5.4B 所示。如果认为韦氏极上的小偏压与加速电压相反，这是对的，真实的束电压是加速电压减去韦氏极偏压（可能达到 2 kV），但这在设计电子枪时就已经补偿过了，所以不用担心。

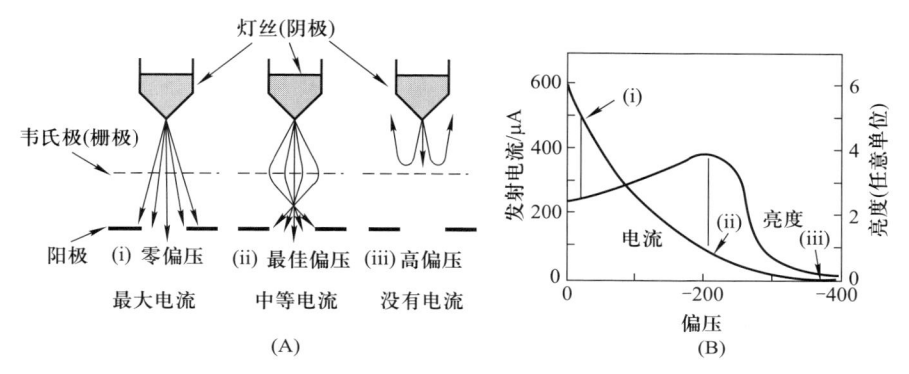

图 5.4 （A）增加韦氏极偏压（ⅰ~ⅲ）对到达阳极的电子分布的影响。（B）发射电流/枪亮度与韦氏极偏压的关系。亮度最大值（ⅱ）是在中等韦氏极偏压、中等发射电流（ⅱ）下得到的

那么如何达到饱和呢？一种方式是用显示 i_e 的测量仪表，看着它随 i_f 的连续增加而达到最大值，这个方法可能不太容易，因为很难找到合适的读数器，即使可用也不太灵敏。所以，标准的方法是观察 TEM 观察屏上的电子源交叉点的像，这个图像显示的是电子源发射出的电子的分布。当热电子发射开始时，电子可能来自灯丝中心的针尖和/或针尖周围区域。既然 LaB_6 电子源有确定的晶面（图 5.5A），欠饱和像如图 5.5B 所示。随着电子发射增加，发射光环塌缩到中心的亮斑上，仍然可以观察到一些细节。当观察不到细节时，阴极才真正饱和，见图 5.5C。

LaB_6 电子源最好是工作在略低于饱和的状态，这有利于延长电子源的寿命，并且不会过度损失信息。光环内电子比中心亮区电子的相干性强，且具有小的能量发散度。LaB_6 晶体对热冲击很敏感，所以加热、冷却 LaB_6 电子源时要小心（通常由 TEM 计算机控制）。当必须手动开关电子源时，要缓慢增加/减小加热电流，在每个设定值后停顿 10~20 s。对于新安装的 LaB_6 电子源，这点尤为重要。

如图 5.5 所示，电子源的像可以用来给电子枪组件对中，使电子束方向沿着 TEM 的光轴。这是除了调整饱和之外要对电子枪做的另一件事。电子源通常由厂商预先对中，所以当放入韦氏极后，合轴也相对简单。通常情况下，未对中、未饱和的电子源的像是不对称的，如图 5.5B 所示，这种情况下，就要

(A)

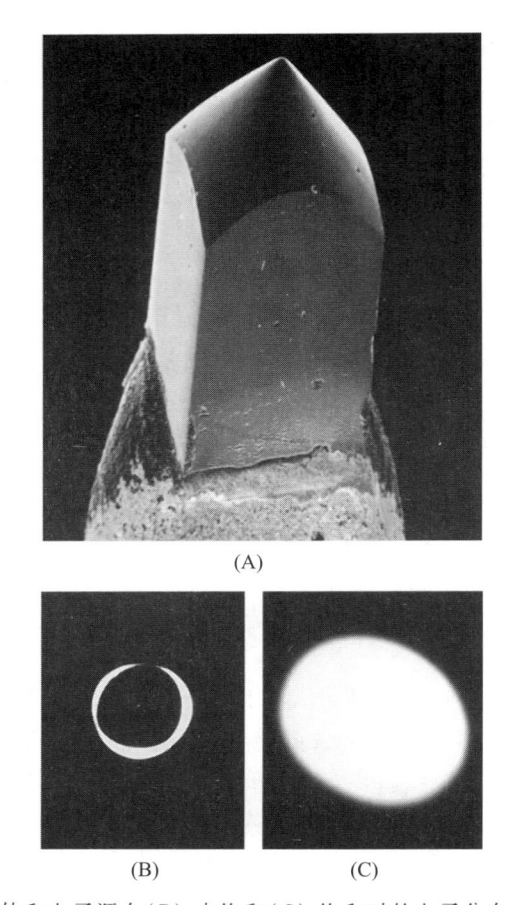

(B)　　　　　(C)

图 5.5　（A）LaB$_6$ 晶体和电子源在（B）未饱和（C）饱和时的电子分布

调整电子枪组件，使电子源在达到饱和前先对称，厂商手册中有详细说明。大多数现代 TEM 电子枪组装精良，你只需要轻微的电子校正就能保证其对中。

小探针-细束

在任何需要小束斑（<0.01 μm）的操作中，得到最优的 β 值是很关键的。

在 SEM 中，总是需要很小的电子束斑，而不是宽电子束，生产厂家已经将电子枪仔细调整过，使其在饱和状态下具有最优的 β 值，操作者也不需要再对韦氏极做额外的操作。在 TEM 中，特别是在进行宽束模式操作时，不需要

优化 β，但可能需要增加电流密度使图像看起来更亮。这点可以利用"电子枪发射"控制，通过减小韦氏极偏压来实现。降低偏压后，应重新调整 i_f 确保达到饱和，因为饱和情况会随偏压改变而改变。这样调整之后投射到观察屏的电流密度增加了，但同时交叉点的大小也会增加，这样就降低了 β 值。这在宽束模式下是不重要的，但如果你想在会聚束模式、最大的 β 值下操作，如 AEM 中那样，那么就需要能够测量 β 值，节 5.5 会讨论如何进行测量。

5.3.2 场发射枪（FEG）

FEG 在很多方面都比热电子枪简单。为使 FEG 工作，要把它做成相对于两个阳极的阴极。第一个阳极和尖端相比具有几个千伏的正电势，产生"拔出电压"，因为它会产生强场使电子从针尖隧穿出来。第一次启动时，要缓慢增加拔出电压，使热机械振动不至于损坏针尖。这就是使用 FEG 要执行的唯一实际操作，它总是由计算机来控制的。

- 正极 1 提供拔出电压把电子从针尖中拉出来。
- 正极 2 把电子加速到 100 keV 或更高。

电子被第二个阳极以合适的电压加速，阳极产生的场像静电透镜一样使电子束产生交叉点，如图 5.6A 所示。这个透镜控制着有效电子源的大小和位置，但并不灵活。在电子枪中加一个磁透镜能给出更可控的电子束和更大的 β 角。电子枪中透镜缺陷（也叫做透镜像差）对电子源大小的确定很重要，第 6 章会更全面地讨论透镜的像差。

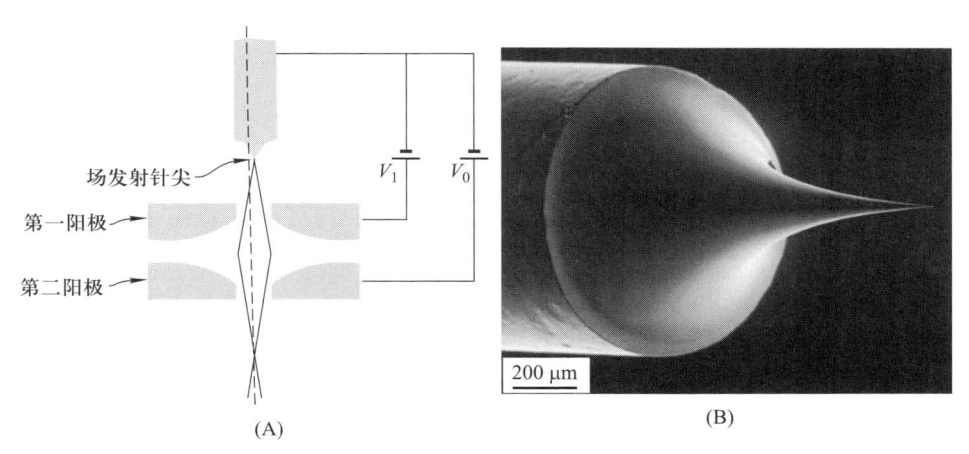

图 5.6 （A）场发射源中电子的路径，两个阳极像静电透镜一样使电子形成很小的交叉点。有时在第二个阳极后还会加一个额外的（枪）透镜。（B）FEG 针尖，显示出非常细的钨针尖

> **真空很重要**
>
> 在 10^{-5} Pa 的真空中，在不到一分钟时间内基底上就会形成一个单分子的污染层。而在 10^{-8} Pa 的真空中，要花 7 h 才能形成一个单分子层。

我们已经知道，冷场发射需要清洁的表面，即使在超高真空(UHV)条件下针尖表面也会被污染。随着时间增加，发射电流下降，必须增加拔出电压来补偿。但最终需要通过"闪蒸"(flashing)针尖去除污染，即通过反转针尖上的电势，"吹掉"表面原子层，或者把针尖迅速加热到约 5 000 K 使污染物蒸发。对于大多数冷场发射电子枪，当拔出电压增大到一定值时，自动进行闪蒸。由于肖特基场发射枪持续被加热，不会形成相同的表面污染层，所以不需要闪蒸。图 5.6B 给出的是一个典型 FEG 针尖。

下一代超亮场发射电子源很可能基于碳纳米管，其亮度已经超过 10^{14} A/$(m^2 \cdot sr)$，尽管这种实验结果离以学生为主的实验室中采用的商业 IVEM 的可靠服务相差很远。此技术变为 TEM 电子源之前，它很可能会在扫描探针显微镜的针尖或平板显示技术电子发射体中发展起来。

5.4 电子枪的比较

表 5.1 总结了讨论的 3 种电子枪的重要特征参数。由于历史原因，其中包括了在很多方面(价格除外)都是最差的钨电子源。

LaB_6 是一种更为有用的电子源，有几个原因。虽然 LaB_6 不如钨丝耐高温，但 LaB_6 的 Φ 值很低，由于 Φ 出现在 Richardson 方程的指数上，所以它对电流密度的影响很大。LaB_6 晶体可以加工成半径大约 1 μm 的很细的针尖，交叉点会非常小，所以 LaB_6 的电流密度远远大于钨丝，亮度通常是钨丝的 10 倍。为了延长 LaB_6 的寿命，通常需要在较低的温度下工作，即使这样 LaB_6 的亮度一般仍为钨丝的 10 倍。减小电子源的尺寸能改善电子的相干性，并能使能量发散度降至 1 eV。

因为 LaB_6 是高活性材料，枪内真空度必须足够高以减少氧化，从而保证合理的寿命。任何提高真空度的方法都是好的，因为高真空度可以提高 TEM 很多方面的性能。但同时价格也会提高。

亮度高、相干性好、寿命长等优势使得 LaB_6 成为 TEM 中目前仅用的热电子源。操作者可以很大程度上控制它的性能，除非计算机不允许。不小心地加热、冷却或过饱和都会轻易地毁坏 LaB_6 晶体，所以善待 LaB_6 电子源会使你受益很多。如果使用者不小心谨慎，TEM 管理员可能会试图延长 LaB_6 的寿命以至于其工作状态还不如钨丝好，LaB_6 不会彻底坏掉，但亮度会逐渐减弱。

在 FEG 中，电流密度很大，β 相应也很大。表 5.1 的值都是对应于 100 keV 加速电压，应该记住对于热电子源，β 随加速电压线性增加，所以使用 300 kV 和 400 kV 的设备会有优势。然而 400 kV LaB_6 电子源的亮度还不及 100 kV 的 FEG。所以对于所有要求电子源的亮度高、相干性好的应用来说，FEG 是最好的，例如在 AEM、HRTEM 中，以及在电子全息和洛伦兹显微镜（用于观察磁畴）等特殊应用中。然而，之后会看到，电子源的相干性可能会产生新的复杂问题：必须对图像含义做出合理的解释！

冷场发射（CFE）电子源和肖特基（TFE）电子源具有很大的不同，这依赖于你的需求，两者各有优缺点。首先，冷场发射枪电子源尺寸非常小，这就意味着电子束具有很高的空间分辨率，从而能量发散度也能达到最小，而不需要单色器。热辅助肖特基场发射枪具有较大的光源和较大的能量发散度，但其束流稳定，噪声较小。CFE 要求超高真空（UHV）。UHV 技术费用昂贵，并需要很高的操作技能。不过，超高真空可以带来其他优势，例如干净的样品台，以及显微镜系统对其污染减小。通过加热清洗肖特基针尖而不是像 CFE 中的闪蒸，减小了对针尖的压力，使其寿命更长。但 CFE 枪中更加干净的 UHV 系统保证了其较长的寿命，所以两种场发射源通常有类似的使用寿命，大约几千小时（小心使用时）。综上所述，如果做 EELS，则需要最低的能量发散度，或者做最高分辨的 STEM 成像和 X 射线分析，需要最高的亮度和最小的探针，冷场发射枪有优势。对常规的 FEG 工作，肖特基枪更好，更可靠，更易操作。

最后，应该注意，对常规的相对低倍数（<50～100 000×）的 TEM 成像，FEG 远不够理想，因为电子源太小。在低放大倍数下，要照亮大面积样品，就必然损失电流密度，导致荧光屏上的强度减弱。所以在低倍数下看不清图像。在这种情况下，LaB_6 电子源是更好的选择。不过，随着计算机控制的增加和对最优性能的需要，FEG-TEM 逐渐流行。为了最好的高分辨成像和分析性能，已别无选择。如果仍然不明白，网址 1 上有热电子和场发射电子枪以及它们如何工作的总结。

5.5 电子枪特性的测量

本节需要你懂得如何操作 TEM。如果是初学者，你现在应该跳过这部分内容，因为我们会提前用到本书中很多你需要知道的知识。

对传统 TEM 成像、衍射和其他常规应用，所需要做的仅是将（热电子）枪饱和，合轴，或者仅是打开 FEG，在很多仪器中由计算机负责处理这些。然而很多时候需要测量亮度和相干性。电子源亮度是 AEM 中需要测量的最重要参数，因为如果电子枪没有在最大的 β 下工作，产生的分析信号质量会较差。同样，电子源的能量发散度对 EELS 非常重要。相干性的测量对刚刚提到的几种先进技术也很重要。下面会提到如何测量刚刚讨论过的各种参数，先讨论 β，然后是 ΔE，最后是相干性。

通过测量方程式(5.3)中的 3 个变量，即束流、束斑直径、会聚半角，可以确定 β 值。电子枪的发射电流值很容易测定，但不可能测量 d_0、α_0 值(想想为什么)。所以做个近似，如果忽略透镜的像差，β 在整个光学系统中是常数，其值与测量位置无关。实际上在样品面上定 β 值最容易，稍后会说明如何测定。(忽略透镜的像差是有道理的，但是应该清楚，TEM 中的 C_s 校正可有效增加样品处电子束的亮度，因为可以采用大光阑，允许探针中有更高的电流，而没有加宽探针的尺寸。)

5.5.1 束流

可以使用样品杆上的法拉第杯直接测量样品上的束流 i_b。法拉第杯由接地金属块中的深洞和它上面的小光阑构成，如果光阑足够小(例如大约 50 μm)，金属块足够深(大约 2 mm)，且由像 Al 一样的轻材料制作而成，以减小背散射，那么可以合理地假设没有电子从入口光阑逃逸。所有进入杯内的电子都传至大地，在地线上使用皮安培计就能测定电流。(理想情况下，TEM 镜筒中总有可用的法拉第杯，以实现对束流的持续监控，但是没有 TEM 生产商提供。)应该通过 TEM 屏幕曝光测量仪或电子能量损失谱仪的屏蔽电流对法拉第杯进行标定校准。这个过程使得我们可以在任意需要的时候迅速估计 i_b 的值。

在装备有肖特基 FEG 的现代 TEM 中，束流的波动在运行数小时内应该小于百分之几。肖特基 FEG TEM 中稳定的束流不需要频繁监控，且很容易通过观察屏的读数去校准。相反，冷 FEG TEM 中，束流随时间减小。图 5.7 给出了冷 FEG STEM 中针尖闪蒸后测量的发射电流和束流随时间的变化情况。发射电流基本上线性减小，而闪蒸后 3 小时内束流抛物线下降。在热电子源 TEM 中，束流在稳定后也会减小，但变化不会像肖特基 FEG 中那么大，当然，从不需要闪蒸。

测量电子束

法拉第杯对电子来说是黑洞，对 TEM 性能来说也是很有用的诊断工具。

在第 6 章中将看到，i_b 是束斑尺寸的函数。因此，电流由第一聚光镜(C1)的强度和第二聚光镜(C2)最后的限制光阑控制。从图 9.10 和图 9.11 可

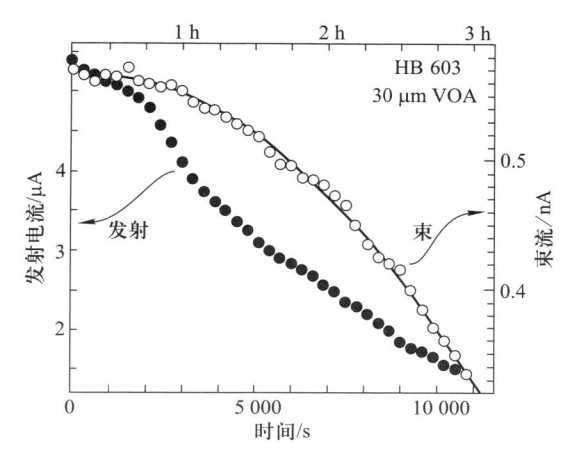

图 5.7 300 keV VG HB603 STEM 中冷 FEG 的发射电流和束电流随时间的变化。两条曲线均在闪蒸针尖后测量

知，i_b 是 C1 透镜强度的函数，C2 的光阑尺寸会影响 α_0。

- 束流范围通常是纳安到皮安。
- 发射电流通常为几微安。

所以电流在枪和样品之间会减小 3~6 个量级：大多数在照明系统中损失了，后面的第 9 章中会讲到。

5.5.2 会聚角

可以很容易地从 TEM 观察屏上直接看到会聚束电子衍射（CBED）花样中测量会聚角 α（这需要阅读第 21 章，找出如何产生 CBED 花样）。在图 5.8 所示的示意图中，总会聚角 2α 正比于衍射盘的宽度 a。如果已知样品的布拉格角 $2\theta_B$（见第 11 章），就可以很简单地标定 a 值，因为 $2\theta_B$ 正比于从 000 盘到 hkl 盘的距离 b。因此

$$2\alpha = 2\theta_B \frac{a}{b} \tag{5.6}$$

样品处的会聚角 α 不仅在亮度方程中很重要，在 CBED、STEM 成像、XEDS 和 EELS 中也具有重要作用，所以必须知道如何测量和控制 α，因为它在 TEM 的很多方面都是很重要的。α 的值可以由照明系统中最后一个限制光阑的尺寸控制，将在第 6 章详细介绍。

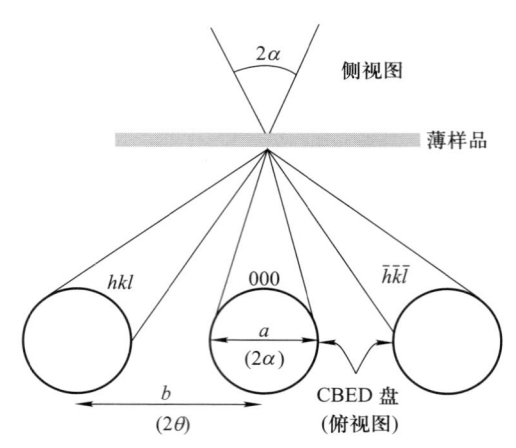

图 5.8 用来测量会聚半角 α 的会聚束电子衍射示意图，会聚半角 α 与衍射盘的宽度成正比

5.5.3　束斑直径的计算

i_b 的测量和 α 的确定相对简单，但束斑直径 d 无法直接测量。但是在 TEM 中所有要用到很细的聚焦束技术中，例如 AEM 和 STEM 成像，d 是一个关键参数。d 值可以通过计算或者实验测量获得。前者简单，但是不精确，后者困难，同样也不精确。确定 d 值首先要面临的问题是束斑直径没有广泛认可的一个定义。制造商会提供每种 C_1 透镜的设置情况所对应的名义束斑尺寸。但这些值是计算得到的，可能与实际值存在较大的差别。计算是假设电子束中的电子强度为高斯分布，束斑直径被定义为高斯分布的半高宽（FWHM），定义如图 5.9 所示。要达到高斯强度分布，束必须很好地对中，所有聚光镜的像散都要消除（见第 9 章），照明系统中的所有光阑都要精确对中。即使这些条件都满足，也不可能使每种可能的电子束尺寸都满足高斯条件。例如，C1 透镜可能有六种不同的激励状态，每个激励状态可以给出一个不同的计算束斑尺寸，但可用的 C2 光阑总是少于六个，所以每个束斑尺寸不能都有合适的光阑，而且球差效应会使电子束展宽而超出标准的高斯分布（见第 6 章）。如果选择过小的光阑，强度分布曲线形状就像从整个高斯分布曲线上截去一部分。如果选择过大的光阑，实际的电子束将会扩展，超出计算值，这对在下册 33.3.1 节中讨论的 TEM 中的 XEDS 有很重要的意义。

为了完整地计算束斑直径，假定它主要由电子枪中原始高斯直径（d_g）决定。这个直径被形成电子束的透镜的球差效应（d_s）和最后一个光阑的衍射效应（d_d）展宽。所有这些项可以以积分形式叠加（虽然给不出更好的理由，但好像

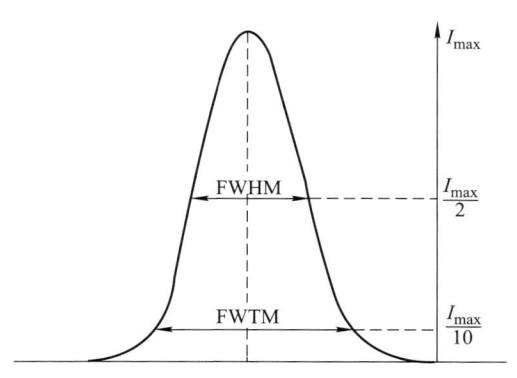

图 5.9 高斯强度分布（典型的对中电子束）半高宽（FWHM）及十分之一高宽（FWTM）的定义。理想状态下，打到样品上的电子束应该近似于此强度分布

是有一点道理的），给出总和，那么计算出的束斑直径 d_t 为

$$d_t = (d_g^2 + d_s^2 + d_d^2)^{1/2} \tag{5.7}$$

这个方程只给出了一阶的估算，因为贡献不都是高斯分布。现在要简单讨论一下每项的来源。

d_g 是 β 的函数，为了计算，需要假定 β 的值，d_g 的表达式是

$$d_g = \frac{2}{\pi}\left(\frac{i}{\beta}\right)^2 \frac{1}{\alpha} \tag{5.8}$$

式中，i、β 和 α 前面已定义。

球差引起的最小模糊斑直径为

$$d_s = 0.5 C_s \alpha^3 \tag{5.9}$$

式中，C_s 是球差系数，第 6 章会详细讨论。这是包含了 100% 束流的直径。显然，这一项不是高斯项，除非束流有合适的光阑限制，如刚刚讨论的，实际情况不会总是这样。然而，在形成探针的 TEM 中可以利用 C_s 校正器，所以此项对束展宽的贡献消失。由衍射计算的直径为

$$d_d = 1.22 \frac{\lambda}{\alpha} \tag{5.10}$$

这就是在 1.2.2 节中讨论过的瑞利判据，指探针的两个重叠图像之间的距离。尽管所有这些定义都没有明确定义电子分布的相同直径，但积分总和给出了电子束半高宽的近似值。图 5.10 给出了 VG HB501 STEM 中对束斑直径 3 种贡献的计算结果，以及与将要讨论的两种实验测量的比较。在所有假设情况下（有点不准确），与实验一致是很合理的。

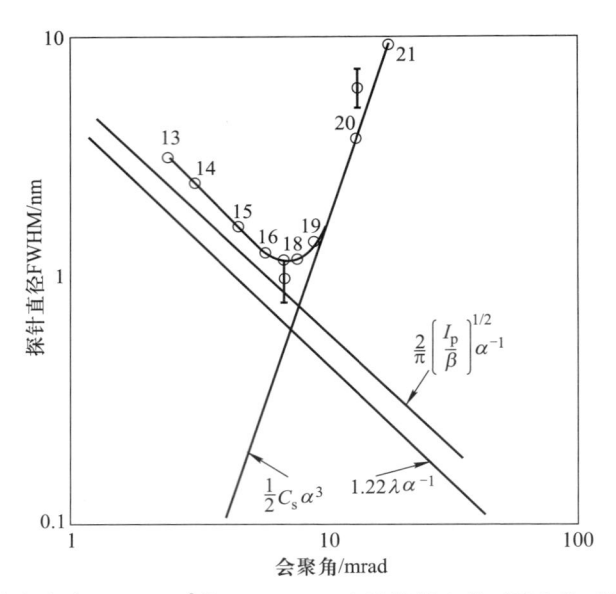

图 5.10 在探针电流为 0.85×10^{-8} 的 FEG STEM 中计算得出的不同参数对探针尺寸的贡献随会聚角 α 的变化。图中也给出了在第一聚光镜设置为 17 和 20(分别对应于最小和最大的探针尺寸)时的两个实验测量值,当 $\alpha<10$ mrad 时,最小束斑直径约为 1 nm

5.5.4 束斑直径的测量

给定计算的探针尺寸的不确定性,似乎实验测量 d 更可靠。要在 TEM 中测量束斑尺寸,需要知道或在校准放大倍率的条件下,在 TEM 观察屏或计算机显示器上形成电子束斑的图像。这个操作过程并不简单,可能要参考制造商手册确保操作的正确性。然后拍摄电子束斑的图像,用显微光密度计读出穿过胶片的电子或用电子扫描 CCD 探测器的电子(见第 7 章)来测定强度分布,如图 5.11 所示。在第 9 章将看到,第一聚光镜(C1)用来控制束斑尺寸(因此也控制电流),这就是为什么图 5.10~图 5.12 会提到 C1 的不同设置。从图 5.11 可以得到如下两个要点:

- 半高宽(FWHM)含有 50% 的积分强度。制造商计算束斑尺寸时就用这个值。在考虑 d 对(S)TEM 图像分辨率的影响时,它是很重要的量。
- 十分之一高宽(FWTM)含有 90% 的积分强度。这是个更重要的量,因为法拉第杯(或任何探针电流测量方法)测量的总束流很接近 FWTM 的值。这个量也与 XEDS 空间分辨率的测量更相关。(考虑一下,并阅读下册第 36 章。)

当把束斑直径代入亮度方程时,FWHM 或 FWTM 都可以用。FWTM 等于 $1.82 \times$ FWHM,如图 5.9 所示。因此应注意,如果用了比较小的 FWHM 值,就高估了 β 值。

5.5 电子枪特性的测量

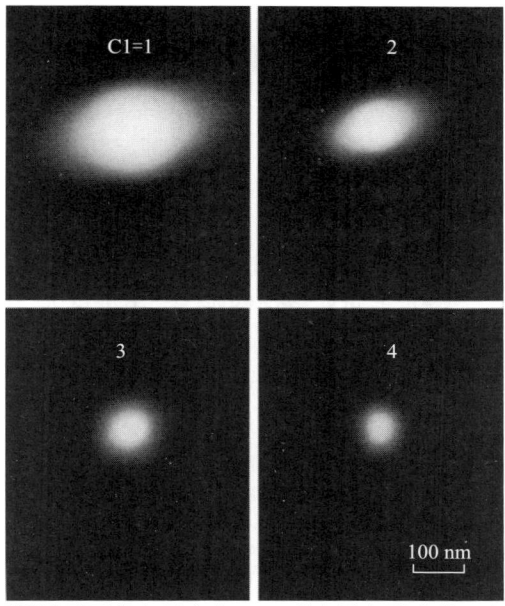

图 5.11 在 C1 透镜不同设置下的电子束在 TEM 观察屏上形成的 4 个图像。#3 点最接近图 5.9 中的高斯强度分布

在专用 STEM 中，由于样品后面没有透镜去放大图像，没有屏幕去投影图像，也没有照相底片去记录图像，不能对电子束直接成像。d 值必须间接测量，就像在其他扫描设备中一样。最差的方法（除了所有其他的）是用电子束扫描刃型样品，监视强度的变化，例如记录环形暗场探测器的输出（见第 9 章）。样品应该在原子级别上很锐，对电子不透明，除非刚好在边上，但这样的样品是不存在的。这种方法会产生一个积分强度分布，如图 5.12 所示。要

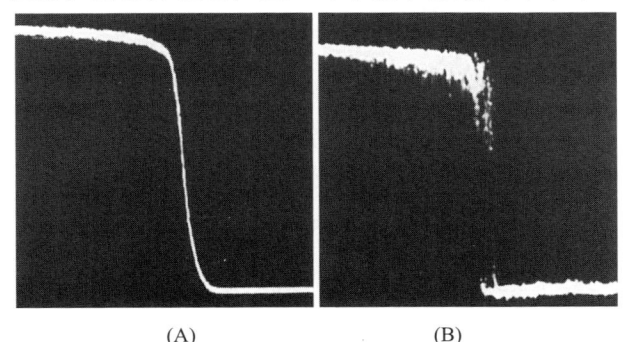

(A)   (B)

图 5.12 用很细的电子束扫描立方 MgO 样品锐利边缘所形成的强度分布图。测出的探针大小（FWTM）是 7.4 nm（放大倍数 1×10^6）(A) 和 1.8 nm（放大倍数 11×10^6）(B)。小探针对应的电流比较小，所以有明显的噪声

从这个分布中提取 FWHM 或 FWTM 值，必须在不同点之间做测量，这些点由二维高斯函数从一边到另一边的强度积分决定。然而图 5.10 中两个实验上测量的束斑直径与从亮度方程计算出的值一致。显然，d 的测量不是一个简单的过程。

5.5.5 能量发散度

电子束的能量发散度 ΔE 是对时间相干性的一种度量。这个展宽在 EELS 中特别重要。事实上，测量能量发散度的唯一方式就是使用电子分光计。在分光计本身不限制谱的分辨率且电子束下不放样品的情况下，可通过收集电子能谱简单地测量 ΔE 值，就像在下册 37.3.3 节中讨论的那样。电子能谱中包含单个高斯峰，谱的分辨率就定义为这个峰的 FWHM。表 5.1 中给出了不同电子源的典型 ΔE 值。利用单色器（见下册 37.7 节），任何电子源的 ΔE 都可以减小到小于 100 meV。

5.5.6 空间相干性

如前所述，尽管电子束的空间相干性很难通过实验直接测量，小尺寸的电子源还是能保证较高的空间相干性的。一种测量相干性的可行方法是在样品孔洞边缘处成像，例如很薄的多孔碳膜。调节电镜，使之稍微离焦，会出现如图 5.13A 所示明暗相间的菲涅耳条纹。热电子源通常只能观察到一两个条纹，这些条纹是由相位衬度效应产生的（详见下册第三篇）。也可以用这种条纹来消除物镜像散，在第 6 章中将会讲到这个问题。可见条纹的数目是电子束相干性的度量。图 5.13B 给出了由 FEG 产生的大量条纹。

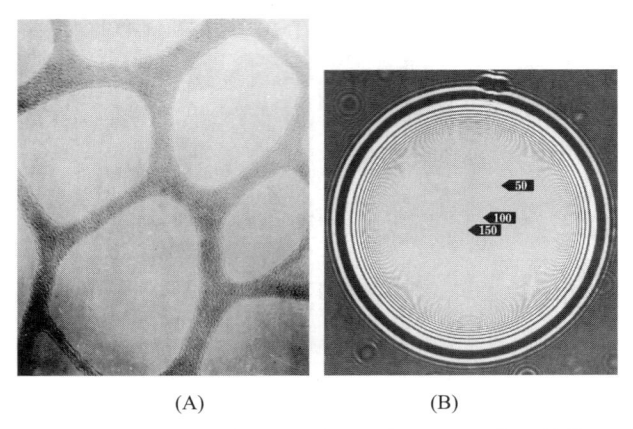

图 5.13　由（A）低相干性的热电子枪和（B）高相干性的 FEG 产生的菲涅耳条纹

5.6 加速电压的选择

对于材料学家和纳米技术专家，这通常是一个简单的问题：称之为高压法则。

> **高 压 法 则**
> 应该尽量选择最高可用高压(除非你不愿意)。

然而，也存在例外，最明显的就是为了避免电子束损伤，在本书后面的章节也会介绍其他原因，所以不要忘记 300 kV 的 TEM 也可以在 100 kV 的加速电压下工作。这就像在可见光显微镜中能改变单色光的波长一样。在第 4 章已经提到，大多数金属材料的位移损伤阈值小于 400 kV，这也是现有常规 TEM 的最高可用电压。对较轻的和对电子束敏感的材料，例如一些陶瓷材料和聚合物，低电压可能会更好。对大多数材料，低于 100 kV 的电压没有太多用处，因为图像会变得相当模糊，而且必须做极薄的样品才能获得一些有用的信息。然而，当通过衍射衬度研究晶体样品时，只要电子束能够穿透样品，100 kV 比 200 kV 要好，200 kV 比 300 kV 要好。低电压图像中可用衬度的增加对生物样品是很有好处的，(30 kV)SEM 中的 STEM 已是越来越有用的成像工具。

除了这些例外，选择最高电压的原因还有：
- 电子枪最亮，能使更多的电子入射到样品上。
- 波长最短；图像分辨率会更好。
- 弹性散射截面减小，束展宽减小，分析空间分辨率会提高。
- 非弹性散射截面较小，所以热效应会比较小。
- 可以"看"更厚的样品。
- 提高了 X 射线能谱中峰与背底的比值(见下册第 36 章)。

当稍后学习了 EFTEM，回到此章节，会问：为什么不是 80 kV？

章 节 总 结

大多数 TEM 使用 LaB_6 热电子源。当加热、冷却 LaB_6 晶体时要小心；在略低于饱和的状态下进行实验操作以延长电子源的寿命，(几乎)总是在最高电压下工作。如果做任何高分辨的工作，需找一台 FEG TEM 来得到高分辨像，此时相干性就很重要。如果做 XEDS，先要认真了解在典型操作条件下从 FEG 得到的束流情况，也可以测量束斑直径和会聚角得到 β 的值；如果是做 EELS，能量发散度是基本的信息，可能需要找一台稀有的单色器 TEM。如果 TEM 需要进行调整、合轴、调节饱和状态或者关闭等操作，要特别小心地对待电子源。没有什么比损坏电子源更令人烦恼的了，因为这经常会在工作中的一些关键时刻发生。幸运的是，计算机控制已使这种事情很少发生了。

参考文献

历史

为什么要讲历史？因为将会研究早期文献。20 世纪 50 年代和 60 年代用的电子源是所谓的发卡钨灯丝。简单的发卡被尖状钨灯丝（带有类原子探针的发卡）取代。70 年代，更有效的发射体 LaB_6 取代了 W。其他的材料可能更有效，但是，在 80 年代末，几个实验室开始使用 FEG。到了 21 世纪，这些都是可选择的电子源，尤其是对那些可以负担得起的实验室。所以我们又回到了尖状灯丝。现在，想想在那些早期文献中 TEM 技术为什么一定是不同的。

电子源

Broers, AN 1974 in *Recent Advances in Scanning Electron Microscopy with Lanthanum Hexaboride Cathodes* SEM 1974 9–18, Ed. O Johari IITRI Chicago IL.

de Jonge, N and van Druten, NJ 2003 *Field Emission from Individual Multiwalled Carbon Nanotubes Prepared in an Electron Microscope* Ultramicroscopy **95** 85–91. Demonstrated a brightness in excess of $10^{14} A/m^2 sr$.

Hawkes, PW 1978 *Coherence in Electron Optics* Adv. Opt. Electr. Microsc. **7** 101–184.

Orloff, J 1989 *Survey of Electron Sources for High-Resolution Microscopy* Ultramicroscopy **58** 88–97.

Veneklasen, LH 1972 *Some General Considerations Concerning the Optics of the Field Emission Illumination System* Optik **36** 410–433.

探针

Michael, JR and Williams, DB 1987 *A Consistent Definition of Probe Size and Spatial*

Resolution in the Analytical Electron Microscope J. Microsc. **147** 289-303. 关于怎样测量束斑尺寸的细节。

Mook, HW and Kruit, P 1999 *On the Monochromatisation of High Brightness Electron Sources for Electron Microscopy* Ultramicroscopy **78** 43-51.

姊妹篇

在姊妹篇中有更多关于电子枪的深层次的内容。电子相干性是一个很难理解的话题，经验丰富的专家也仍然很困惑。姊妹篇在透镜和全息的讨论中分析了这一点。

网址

1. http://www.matter.org.uk/tem/electron_gun/electron_sources.htm.

自测题

Q5.1 说出 TEM 中当前使用的两种类型的电子源并解释它们的工作原理。
Q5.2 说出两种热电子源以及使它们有用的性质。
Q5.3 场发射和热电子源 TEM 的不同是什么？
Q5.4 亮度是什么？它随电压怎么改变？
Q5.5 什么时候高亮度最有用？什么时候低亮度有用？
Q5.6 说出电子束五种最重要的性质或特性。
Q5.7 操作 TEM 时选择最高电压的理由是什么？
Q5.8 热电子源中韦氏极有什么用？为什么 FEG 中不需要？
Q5.9 说出 FEG 中两个阳极的作用。
Q5.10 为什么 FEG 需要高真空？
Q5.11 如果要对 LaB_6 急速升温，每一步需要多长时间？
Q5.12 场发射 TEM 的局限性有哪些？
Q5.13 如何使电子源的相干性最好？
Q5.14 热电子源的饱和条件是什么？
Q5.15 为什么热电子灯丝要刚好工作在略低于饱和状态？
Q5.16 在使用 TEM 过程中，如何知道电子枪已经达到饱和？
Q5.17 什么是空间相干性？它为什么很重要？
Q5.18 什么是时间相干性？它是怎么测量的？
Q5.19 说出 3 种增加束相干性的方法。

章节具体问题

T5.1 仔细地重画图 5.1。

T5.2 画图 5.5A 和 5.5C,带标尺。

T5.3 考虑方程 5.3,解释(a) 为什么 LaB_6 电子源的亮度是 LaB_6 晶体取向的函数?(b) 为什么调整韦氏极的电压可以很明显地改变热电子源的亮度?(提示:图 5.4)(c) 为什么冷 FEG 的亮度通常比(热辅助的)肖特基 FEG 的高?(d) 为什么发卡针尖变细时,钨电子源变亮?

T5.4 当在 TEM 模式观察样品时,为什么枪亮度的概念通常是不相关的?在什么条件下亮度比较关键?为什么?

T5.5 当 FEG 把 1 nA 的电流置于直径为 1 nm 的点上和 LaB_6 枪把 10 pA 的电流置于直径为 1 nm 的点上时,估算探针的能量密度。给出所有步骤以及任何假设。

T5.6 如果热电子源的发射电流是几百微安(见图 5.4B),为什么样品上的电流仅为几百或几千皮安?

T5.7 对 100 keV FEG 电子源,利用第 1 章的数据、表格 5.1 以及式(5.7)、式(5.8)、式(5.9)、式(5.10)计算束斑尺寸。说出所有假设,将数据与图 5.10 进行比较。

T5.8 由图 5.10 解释为什么在探针形成系统中用大光阑比较有用,直到最近,在大多数 TEM 中限制这样做的因素是什么?(提示:回到第 1 章的问题。)

T5.9 利用图 5.10 的数据计算电子束亮度。

T5.10 对每一个可能的 C1 设置,为什么需要一个不同的 C2 光阑?电镜中有这样范围的光阑么?(提示:图 5.11)

T5.11 TEM 和专用 STEM 中测量探针尺寸的方法为什么不同?(比较图 5.11 和 5.12)

T5.12 与热电子源 TEM 图像相比,在 FEG TEM 图像中,你能想起数目很多的菲涅耳条纹的用处吗?

T5.13 如果没有闪蒸针尖,图 5.7 中的数据会怎么变?

T5.14 利用图 5.12 中的方法,你能想起任何其他合适的样品来测量实验探针尺寸吗?

T5.15 非高斯探针会对(a) STEM 图像和(b) AEM 分析产生什么影响?

T5.16 对 TEM,图 5.10 中的哪一条线会随球差校正改变?它会怎么改变?对最小探针尺寸会产生什么影响?

T5.17 为什么称之为肖特基场发射?

第 6 章
透镜、光阑和分辨率

章 节 预 览

TEM 中的电磁透镜与光学显微镜（VLM）中的玻璃透镜类似，两者在很大程度上具有可比性。例如标准 TEM 中所有透镜的作用与凸（会聚）透镜对单色光的作用类似。透镜有两个基本功能：

- 把从物体中一点发出的所有光线在像上会聚成一点。
- 把平行光会聚到透镜焦平面上一点。

透镜不可能收集从物体发出的所有光线，而且我们还经常特意使用光阑来限制收集角。可以通过光路图来说明电磁透镜是怎样控制电子束的，这些图与物理光学中的光路图相对应。当然，在某些方面与物理光学的类比是不成立的，但在本章中这种对应关系基本是普遍存在的。所以本章首先回顾一下光学基本原理，在一定程度上它们和电子光学相关。然后将详细讨论电磁透镜，给出电子通过这样一个磁透镜时的轨迹。这里会描述一些实际的透镜，并说明如何在显微镜中使用各种类型的电磁透镜来实现不同的功能。

电磁透镜的最大局限性主要来自于不完善的制作工艺。电磁透镜存在严重的球差和色差，经常需要通过插入限制光阑来选择最靠近光轴的电子，因为它们几乎不受透镜像差的影响。最新的技术进展已经很大程度上克服了像差，但是球差校正电镜仍很少而且很贵；大部分电镜仍然要在这些像差的影响下使用。所以很有必要了解这些像差，因为它们决定了可以用电镜做什么和不能做什么。尤其是电磁透镜的像差（而不是电子波长）限制着 TEM 的分辨率（不同于可见光显微镜）。由于分辨率通常是购买 TEM 的一个最重要原因，因此需要深入理解这个概念。不幸的是，电子显微学家在分辨率的定义方面并不总是很精确。最后，会描述放到透镜中的光阑是如何帮助提高仪器的景深和焦深的。

6.1 为什么要了解透镜？

为什么要了解电磁透镜呢？与可见光显微镜类似，TEM 中的透镜控制着仪器所有的基本操作功能。正如你知道的，在光学显微镜中实际上是通过上下移动玻璃透镜去控制照明系统的强度和图像聚焦的。玻璃透镜的焦距是固定的，因此不得不更换透镜来改变放大倍数，选择强聚焦能力的透镜来实现更高的放大倍数。相反，在 TEM 中透镜的位置是固定的，但是可以任意改变透镜的聚焦能力。

> **改 变 透 镜**
>
> 通过改变透镜的强度来改变透镜的焦距、照明强度或者放大倍数。

后面会看到，大多数情况下使用的透镜都是电磁透镜，所以可以通过改变软铁芯上线圈的电流来改变磁场。在 TEM 中进行的几乎所有操作都包括放大倍数或聚焦的改变，用电磁透镜来实现放大和聚焦电子束，以及成像和获得衍射花样。

这些因素在透镜的基本操作中十分重要，例如成像、衍射和显微分析，这包含了后面三章的内容。一种类型的光阑可以用来选择不同的电子束以形成不同的图像，这样就可以调整图像衬度；正如第 9 章所见，另一种类型光阑可以用来选择样品的不同区域以形成不同的衍射花样。

所以了解光阑/透镜的协同工作方式有助于理解 TEM 的控制以及各种操作的内在机制。

光　阑

利用透镜中的光阑来控制电子束通过透镜的会聚或发散，同时影响了透镜的像差并控制了打在样品上的束流。

对电磁透镜的理解将有助于回答以下问题：
■ 为什么电子显微镜比光学显微镜能看到更精细的细节？
■ 为什么看不见物理理论上预期的许多细节？
■ 为什么 TEM 比 VLM 有更好的景深和焦深？

这些问题的答案在于透镜的质量以及如何使用它们。本章会讨论透镜/光阑协同工作的基本原理。透镜和光阑的各种不同使用方法和结合方式将贯穿于本书，所以对专业的显微镜操作员而言这是一个中心章节，但它只是电子光学重要方面的简单介绍，电子光学本身就是一个领域。需要深入研读一下本书姊妹篇第 2 章以及参考文献中的电子光学内容。除了球差校正电镜带来的巨大改进外，这段期间，电子光学的发展是相对静止的，但是传统可见光学历经了很大的复兴，电子光学从中应该得到收益。如果对这些很感兴趣，请参照第 2 章后面提到的光学参考书以及网址 1。

6.2　光学和电子光学

相信你已经很熟悉放大镜对光线的作用了。具有放大功能的玻璃透镜是凸透镜，可以用两种方式去控制穿过它的光线。首先，它能对所观察的事物形成放大的图像；其次，它能把平行光束在透镜焦平面上聚焦于一点（小的时候，就是利用后面这种性质聚焦平行太阳光来点燃东西的）。通过这两点作用，可把所观察的物成像，聚焦平行光到焦点，在理解透射电镜中透镜的作用时是必须要考虑到的。之所以可以这样简单假设，是因为所用电磁透镜的作用可以合理地认为与凸透镜相类似；实际上电磁透镜通常可以等价为多个凸透镜的复杂组合，而且像差校正中包含了类似的发散透镜和会聚透镜。第 9 章中将介绍 TEM 中透镜的实际应用。

6.2.1　如何画光路图

在传统光学中通常要画出光线通过透镜的光路图，这些光路图通常是水平作图，这是由于光学实验中的传统光具座通常都是水平放置的。同样，也可以画出电子通过透镜的轨迹，但由于电子显微镜通常是纵向设备，当假设电子枪在透镜腔体的顶部时，我们需要垂直地画出光路图（在第 9 章中可以看到这并不是固定不变的）。

首先通过光路图来说明透镜的两个基本作用：成像和平行束聚焦。本章以及随后章节的光路图中会用凸透镜的符号来表示所有 TEM 中的透镜，用直线来表示透镜外的电子束路径，并假设透镜都是理想透镜。我们会把透镜画成所谓的薄透镜，这意味着透镜的厚度相比于它的曲率半径会非常小。实际上会使这些透镜非常薄。后面会看到这些假设一定程度上是不正确的，但这些传统的描述方法非常有用。

首要的工作是画出作图的基线，这条线称作光轴（在 TEM 中也称为旋转轴，后面可以看到，虽然在光路图中画为直线，但是实际上电子是旋转通过透镜的）。

光 轴

光轴是沿着 TEM 镜筒向下通过每个透镜中心的虚拟线。

首先要说明透镜是如何成像的。TEM 中成像的对象通常是样品本身或是它的像，也可能是电子源，它是照明系统的成像对象。如果假设物体是一个点，电子束从那个点发出（所谓的"自照明物体"），则一个理想透镜将会聚一部分电子束而形成这个点的像。如图 6.1 所示，这个点位于光轴上。被透镜聚集的电子束在成像物体发出的全部电子束中所占的比例是一个重要参量，它由图 6.1 中的半角 β 决定。最终可以看到，β 角取决于透镜大小，但通常可以采用插入光阑的方法来限制 β 角，这在本章后面会进一步讨论。会看到收集角常常定义为 α，但这里专门把 α 定义为会聚角（见节 2.7）。从现在开始，如前面介绍的，讨论角度时指半角。

透镜的作用是有限的

所有透镜在一定程度上都不是理想的，因此不能收集从物体发出的所有电子束，也不可能永远得到一幅完美的图像。

然而，之前在第 2~4 章讨论过，大多数电子主要是向前散射，所以实际上透镜能收集到大部分的散射电子。

光路图 6.1 及其他光路图中的角度都被放大了。

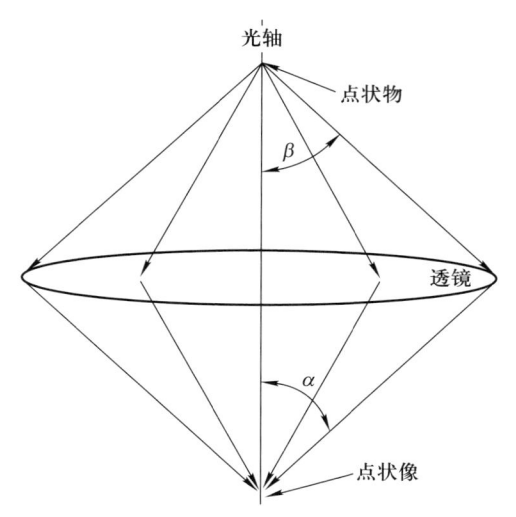

图 6.1 凸透镜成像。点状物成像为一个点,透镜的收集半角相对物和像分别定义为 β 和 α

夸大的角度

实际上,典型的 β 值可能只有几十毫弧度(10 mrad ≈ 0.57°)。如果按实际比例作图,那么长将是宽的很多倍,而且光线路径会极其狭窄。按比例作图在此并不现实,全部光路图中的角度都被相当地夸大了。

如图 6.2 所示,如果物体具有一定尺寸,可以通过相对光轴不对称放置的箭头来说明。透镜会形成箭头的像,相对于物箭头旋转了 180°。要画这个图,第一步是通过箭头顶端和透镜中心这两点确定光线 1,因为当光线穿过位于透镜内部的光轴时(或与光轴重合而沿光轴传播),不会受到透镜的任何影响,仍然保持直线。

第二步是画出通过箭头顶端且平行于光轴的光线 2。可以画出来自箭头上任一点的光线,这条光线离光轴越远,被凸透镜偏折得越厉害。因此,当光线 2 通过透镜时,会向光轴方向偏折。可以选择制造所需聚焦能力的透镜,聚焦能力决定了光线的偏折程度以及决定了光线 1 和光线 2 交点的位置,这一交点即为箭头顶点的像。光线 2 与光轴的交点决定了透镜的焦平面,而且说明了凸透镜的第二个基本作用,即透镜让初始平行光聚焦。

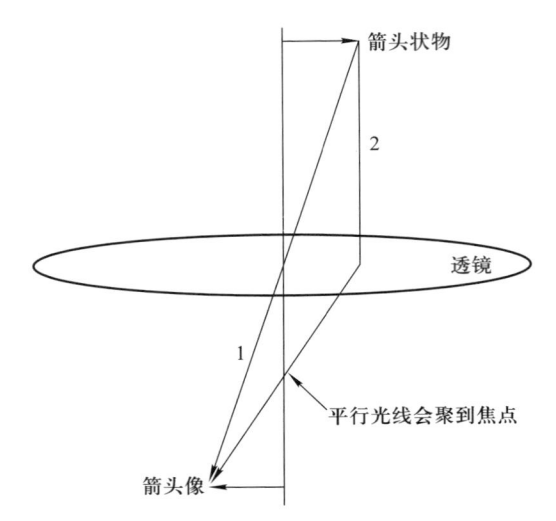

图 6.2 作光路图的方法：首先画出通过透镜中心的光线 1，然后画平行于光轴的光线 2（刚开始平行于光轴），这两条线可以确定透镜的聚焦度；光线 2 与光轴的交点决定了焦平面的位置

> ## 薄 透 镜
>
> 透镜工作的基本原理是通过透镜中心的电子不受影响，因此可把它的路径画成直线。通过透镜其他位置时，电子路径将被偏转。

电磁透镜的一些要点：
- 透镜的强度决定了平行电子束聚焦的位置：透镜越强焦距越短。
- 焦平面是平行光通过透镜后相交的位置。
- 透镜形成的像相对于物体旋转了 180°。

对于一个有限尺寸的物体，结合图 6.1、图 6.2 可以给出物体轴对称放置时的完整光路图，如图 6.3 所示。在图 6.3 中，从物体某一点发出的所有光线都汇聚于像上一点，所有的平行光（无论是否平行于光轴）都被聚焦到平面上的一点，它们在面上的位置取决于它们与光轴的夹角。

请注意，沿光轴方向的平行光聚焦到光轴上，离轴的平行光聚焦于光轴外。

这是一个非常重要的性质，因为这样可以在透镜焦平面上形成衍射花样。利用这幅图来引入透镜光学中的主要术语。

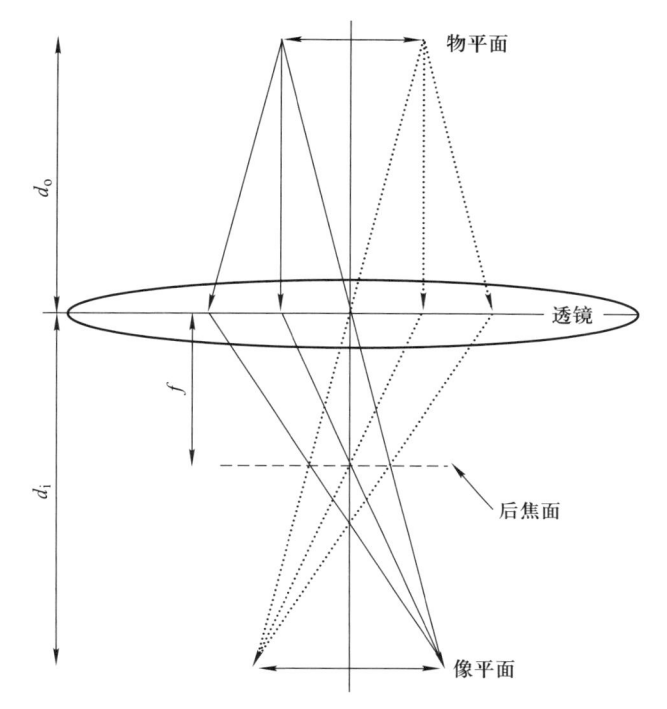

图 6.3 相对光轴对称放置有限大小物体的完整光路图。所有从物体上一点发出的光线（距离透镜 d_o）都被透镜聚焦到像上的一点（与透镜相距 d_i），而且所有从物体上发出的平行光都聚焦在透镜焦平面上（与透镜相距 f）

6.2.2 基本光学元素

从上面的光路图中，可以定义若干个重要且经常提及的平面。第一个是透镜平面，在薄透镜中，这个面可以被认为是通过透镜中心的一条线。物平面是包含图 6.1 中的物点或图 6.2、图 6.3 中箭头的平面。在本书对光路图的讨论范围之内，物平面总是位于透镜上方的。像平面（有时称为高斯像平面）是包含了像点或箭头像的平面，总是位于透镜下方。这两个平面是共轭的，意味着"光学等价"。从一个平面上某一点发出的光线会在共轭面上有个唯一的对应点（对理想透镜而言），反之亦然。换言之，与电子通过透镜的路径无关，这也是第 9 章在比较 TEM 和 STEM 时要讨论的倒易理论的基础。透镜的焦平面是平行线聚焦焦点所在的平面，如图 6.2 和图 6.3 所示。在 TEM 成像过程中，焦平面位于透镜后面，所以这个平面有时被称作"后焦面"（BFP），同样也有一个等价的前焦面，凸透镜收集从前焦面上的点发出的光线，产生平行束，确切地说就是与图 6.2 和图 6.3 中的方式相反。

6.2.3 透镜方程

从上面的图中，可以定义 3 个重要的距离，标示在图 6.3 中：从物平面到透镜的距离（物距，d_o），从透镜到像平面的距离（像距，d_i），从透镜到后焦面的距离（焦距，f）。如果透镜在透镜平面两边的强度对称（即前后焦面到透镜距离相等），则可以写出下面的基本方程：

$$\frac{1}{f} = \frac{1}{d_o} + \frac{1}{d_i} \tag{6.1}$$

> **平　　面**
>
> 透镜的主要平面包括物平面、像平面和焦平面。

这是牛顿透镜方程，它的证明过程可以在光学教材中找到（其中一些可以在第 2 章的后面找到）。这里假设在厚透镜中，d_o 和 d_i 可以从透镜的不同主平面测量，但在薄透镜中从透镜中间相同平面测量。在考虑的所有情况中，物距（像距）比焦距长，因此所成实像是在透镜另一边的后焦面之外。如果物体位于（前）焦距以内，就会产生一个与透镜在同侧的虚像，这是光学中常见的现象。由于在 TEM 的讨论中不涉及虚像，所以将忽略这个方面。

6.2.4 放大、缩小和聚焦

可以用牛顿透镜方程把凸透镜的放大倍数定义为

$$M = \frac{d_i}{d_o} \tag{6.2}$$

式中，M 也近似等于透镜对物体和像的收集半角（分别为 β 和 α）的比率，如图 6.1 所示，TEM 中总假设这些角很小而且保持不变，图 6.1 给出的示例中放大倍数为 1。

> **强度与放大倍数**
>
> 通常在 TEM 中，强透镜放大倍数小，缩小倍数大，这与对光学显微镜的理解相反，在光学显微镜中强透镜产生大的放大倍数。

有时希望得到一个物体的缩小像（例如，当需要形成一个小的电子源图像并在样品上形成尽可能细的束斑时）。这种情况下，定义缩小倍数为 $1/M$。光学显微镜中，通过相对透镜移动物体或相对物体移动透镜来改变放大率，同时需要相应地调整眼睛的位置，但一般是旋转到另一个不同强度（曲率）的物镜上来实现放大倍数的改变。在 TEM 中，采用后者改变透镜的强度来改变放大倍数，但不需要改变透镜本身便可做到这一点。所以电磁透镜与玻璃透镜的本质区别在于电磁透镜可以在一定范围内调节透镜的强度。

在图 6.4 中可以看到，如果把透镜强度加强，则透镜的焦距变短。如果 f 变短但是 d_o 保持不变，d_i 必须相应地变短，像的放大倍数变小了，或者说缩小倍数变大了。

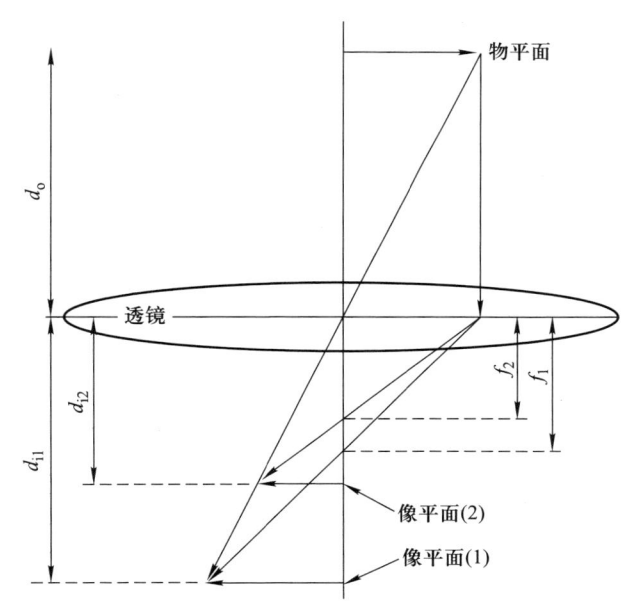

图 6.4 加强透镜的同时就会减小透镜的焦距 f。由于像距 d_i 增加但物距 d_o 不变，所以弱透镜(f_1)会比强透镜(f_2)有更高的放大倍数

为了形成原子像（如图 1.2）如何获得所需的高放大倍数呢？第 9 章将会看到，可以在固定励磁强度下操作 TEM 的物镜，把物体放在接近透镜的地方，使 d_o 变小，M 就会变大［见式(6.2)］，然后把第一透镜的像平面作为下一透镜的物平面，通过级联的几个透镜依次反复这一过程，就像复合光学显微镜一样最终形成一个多透镜系统。第 9 章关于照明和成像系统的部分会详细讨论透镜组合的内容。

原则上，可以得到所希望的任意放大倍数。然而，在特定放大倍数下，因为其他一些因素限制了像的细节，因此限制了透镜的分辨率而不能得到更多的信息。在节 6.6 中将会继续讨论这个问题。后面将会多次提到想要得到焦平面的像（因为包含衍射花样）。要实现这一点，那么在成像系统中前场透镜的后焦面就要作为后场透镜的物平面。

> **放大倍数与分辨率**
>
> 不要把放大倍数和分辨率混淆。

当讨论像的聚焦时，我们需要考虑另外的规则。因为许多有用的、要获取的信息以及某些操作的优势需要在离焦状态进行。这种情况与几乎任何其他形式的显微镜不同，离焦像一般不太有用，或者说差不多完全没有用。然而，在 TEM 中，相对聚焦像所在平面需要定义下面两种情况：

■ 如果透镜变强，会在预期的像平面以上成像（也就是在光线到达像平面前就成像了），这时会形成离焦像，把这时的情况称为过焦。

■ 如果透镜变弱，在像平面以下成像，也会是离焦像，把这一状态称为欠焦。

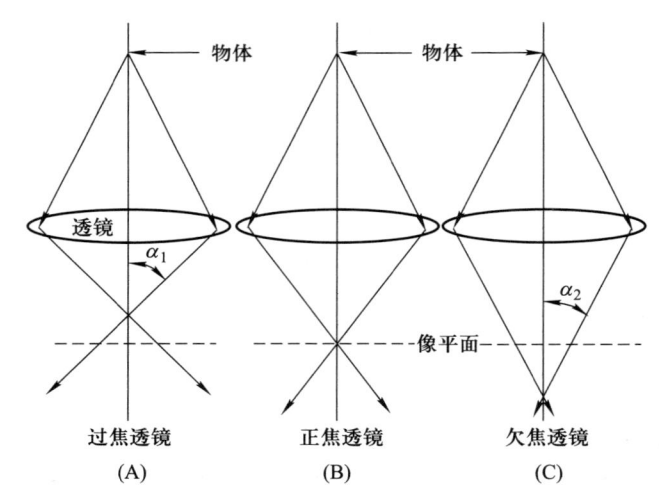

图 6.5 （A）透镜过焦光路图，强磁透镜会把来自物上一点的光线会聚到物的聚焦像形成的平面（B）之前。在欠焦情况（C）中，弱磁透镜会把光线聚焦到像平面之后。从图（C）可以明显看出，在给定欠焦量情况下的会聚光线比过焦情况下的会聚光线更平行于光轴（$\alpha_2 < \alpha_1$）。

如图 6.5 所示，除非从电镜竖直摆放考虑，否则这个两个概念很容易混淆。图 6.5 中需要注意的、非常有用的一点是，电子束在欠焦状态比过焦状态更平行于光轴。

> **弱 透 镜**
>
> 一个弱的欠焦的透镜会给出更平行的电子束。记住，α_1 和 α_2 都非常小。

后面的很多情况都是在欠焦条件下操作。也会经常在离焦情况下操作电子衍射得到与正焦情况下不同的信息。因此即使那些手脚不方便或者眼睛不太好的电镜操作员都可以做得很好。

6.3 电磁透镜

电子的聚焦是 1927 年由 Busch 首先完成的，他使用的是一块电磁铁，与 Ruska 在第一台 TEM 中使用的电磁铁是同一类，如图 1.1 所示。Busch 表明用静电场聚焦电子也是可能的，而且第 5 章中介绍热电子枪时已讨论过这种聚焦方式的原理。在实际应用中，磁透镜比静电透镜在很多方面具有更大的优越性，尤其是不容易受到高压的影响。所以要讨论的 TEM 全部使用磁透镜，之后也不再进一步讨论静电透镜，但在参考文献中会给出。

6.3.1 极靴和线圈

为了制造电磁透镜，需要有两部分。这两部分的截面示意图如图 6.6 所示。第一部分是由软磁材料做成的圆柱形对称磁芯，例如软铁，有一个小孔穿过它，软铁称为"极靴"，孔称为极靴孔（"软"是相对磁性而言，而不是对应于机械行为）。大多数透镜有两个极靴（上和下），它们可以是同一块软铁上的一部分（图 6.6），也可以是两块独立的软铁。两极靴正对表面之间的距离称为极靴间隙，极靴孔/间隙比是这种透镜的另一个重要特征，它控制着透镜的聚焦行为。一些极靴被加工成圆锥形，这时锥形角就是透镜性能的一个重要参量。

透镜的第二个部分是环绕在每个极靴上的铜线圈。当给线圈通电流时，孔中会产生磁场。沿透镜纵向磁场不均匀，但是轴对称的。磁透镜中的磁场强度控制着电子轨迹或者说光路。可以看到图 6.1 是对通过透镜的电子路径的合理近似。

线圈电阻发热意味着透镜必须冷却，循环水系统是 TEM 透镜的重要组成部分。TEM 镜筒内部的真实透镜如图 6.7 所示。

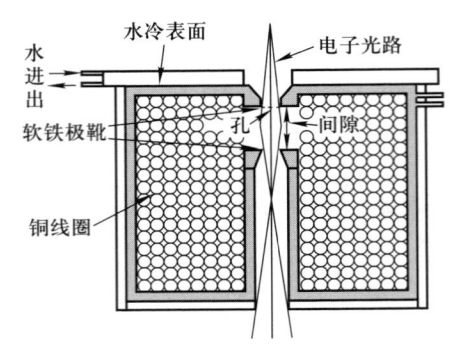

图 6.6 磁透镜示意图。软铁极靴位于透镜中部的孔中，并被通过电流来磁化极靴的铜线所包围。在它的截面图中，极靴间的孔和间隙都可以看见。轴上的磁场最弱，而且离极靴越近磁场越强，因此电子运动过程中离轴越远，向轴方向的折回越强

图 6.7 透镜实物图：圆柱形外壳密封着铜线圈。旁边的两个锥形极靴位于透镜的中心孔内部，3 个针状接头为线圈提供电流来磁化极靴，冷却水从透镜盘上面的两个孔中循环进出，冷却线圈产生的电阻热。与图 6.6 所示的图比较

6.3.2 不同类型的透镜

上述原理适用于 TEM 中不同种类的透镜。显微镜中的大多数透镜是具有大极靴间隙的弱磁透镜，它们的作用要么是把光源图像缩小到样品上，要么是把来自样品的像或衍射花样放大并以在第 9 章看到的方式投影到观察屏上或者 CCD 上。典型的透镜都类似于图 6.6，光阑可以放到透镜的极靴孔中，这一点在以后讨论。

> **实用的提示**
>
> 应该读出(在 TEM 计算机显示器上)通过任何透镜线圈的电流信息。对于常规操作模式,例如成像、衍射和形成不同大小束斑,知道标准透镜电流是很有用的。

与 TEM 中其他透镜相比,物镜是强磁透镜。根据 TEM 的需求不同可分为几种类型。最灵活的是上下极靴分开的物镜,极靴各自带有线圈,如图 6.8A 所示。这种结构为在极靴间插入样品和物镜光阑提供了空间。有了这种类型的极靴,其他设备,例如 X 射线光谱仪,能更方便地贴近样品。同样,也能更方便、直接地设计具有各种功能的样品台,例如倾斜、旋转、加热、冷却、应变等。这种灵活性促使 TEM 中普遍采用分离式极靴。

使用分离式极靴,还可以使上极靴和下极靴具有不同的作用,最常见的应用是上面的物镜极靴采用强激发类型,这种透镜(非对称)对俄歇电子显微镜(AEM)和扫描透射电子显微镜(STEM)都是理想的选择,因为它既能产生 TEM 模式需要的大束斑,也能产生 AEM 与 STEM 模式需要的小束斑,第 9 章会详细地介绍这种模式的工作原理。

如果主要是追求高分辨率,那么就需要保证物镜具有较短的焦距,这就意味着需要强磁透镜。传统上可以用浸没式透镜来实现,在这种透镜中,样品插入(也就是浸没)到图 6.8B 所示的透镜磁场的中心。在这种顶插式样品架中,样品被物镜包围,所以操作、加热或冷却样品都比较困难,也使 X 射线探测器不可能靠近样品,因此对于分析型透射电子显微镜是远远不够的。如果为获得高分辨率而使透镜焦距相当短,那么样品只能在很小的角度范围内倾斜,所以在高分辨率的 TEM 中,除了在有限的倾斜范围内成像、衍射外,其他什么也不能做(见第 8 章)。通过透镜设计,例如通气管式透镜,可以克服这种局限性,如图 6.8C 所示,它是带有一个小孔的单极靴透镜,可以产生强磁场。球差校正器也降低了通过强磁场来得到高分辨率的需求,因此大间隙可以很容易在球差校正 TEM 中得到而不需要牺牲分辨率。

物　　镜

物镜是 TEM 中最重要的透镜,因为它会形成被其他透镜放大的图像和衍射花样。物镜也是最难制造的,因为样品必须放置在离透镜平面非常近的位置。

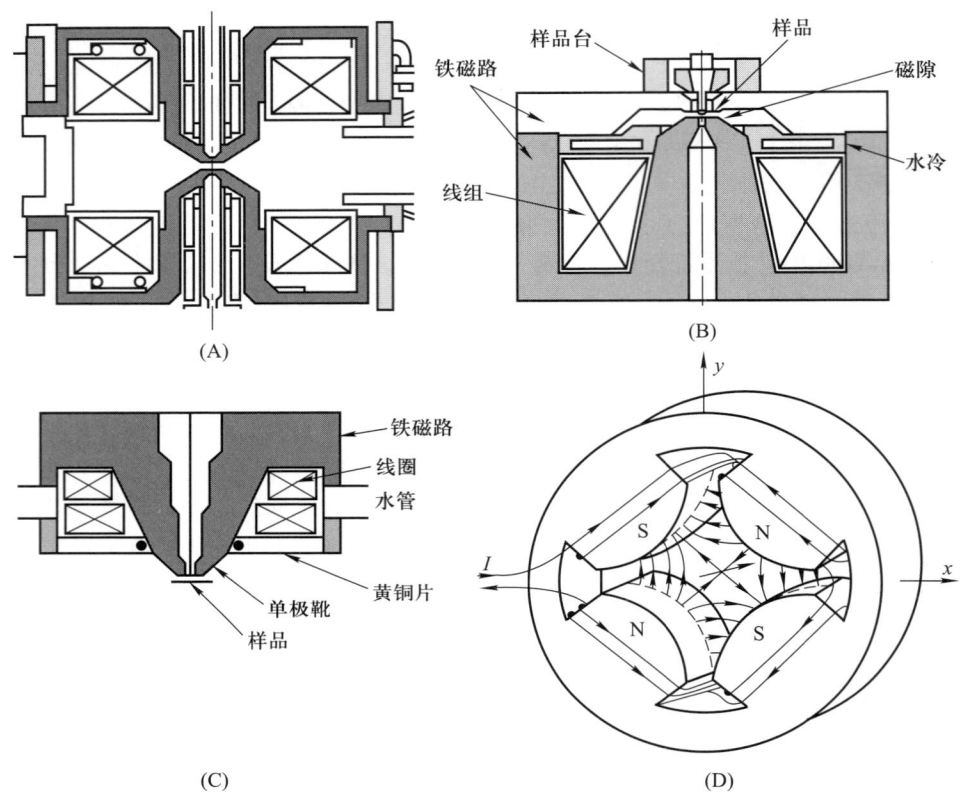

图 6.8 不同透镜的选择:(A)分离式极靴的物镜,(B)顶插式的浸没透镜,(C)通气管式透镜,以及(D)四极透镜。见书后彩图

铁磁极靴的局限性可以通过使用超导透镜来克服,因为制造的软铁极靴强度不会超过饱和磁化强度,这限制了透镜的焦距和形成束斑的能力。超导透镜能克服这些局限性,但由于超导体只能产生一个固定场,不能像传统铁磁透镜那样变化,所以灵活性不够。也经常会有一些文章描述超导透镜,因为它体积小,不需要水冷却,而且超导透镜能冷却样品周围的区域,这样既提高了真空度又有助于减小污染,同时可以保存生物和聚合物样品。当高 Tc 超导体发现之后这种透镜总会热一阵子。这些透镜能产生高强磁场(>100 T,与现在通常电磁透镜的约 2 T 相比),这在获得高能电子精细束斑方面很有前途(AEM 中很有用)。超导透镜磁场极强,以致它们的像差(节 6.5 中会讲到)本身很小,这可用于制造结构非常紧凑的 TEM。

除了采用单极靴或双极靴的结构之外，设计一个四极、六极或八极透镜也是可能的，这些透镜的聚焦行为分别通过 4 个、6 个或 8 个极靴实现，邻近的极靴具有相反的极性，如图 6.8D 所示。这些透镜在 TEM 中不用作放大透镜，而是用来校正透镜缺陷，例如像散（见第 9 章），可以作为球差校正器中的透镜使用（见第 6.5.1 节），也可以用作电子能量损失谱仪中的透镜（见下册第 37 章）。这种透镜需要的功率低，不会引入图像旋转，而图像旋转是目前所用的标准电磁透镜的一个特征。

6.3.3 通过磁场的电子运动轨迹

需要运用一点数学语言来描述磁透镜的工作原理。当带电为 $q(=-e)$ 的电子进入强度为 $\mathbf{B}$（单位为 T）的磁场和强度为 $\mathbf{E}$ 的电场中时，受到的力为 $\mathbf{F}$，即洛伦兹力，它依赖于电子速度 $\mathbf{v}$。这些参数之间的关系可用如下公式表示

$$\mathbf{F} = q(\mathbf{E} + \mathbf{v} \times \mathbf{B}) = -e(\mathbf{E} + \mathbf{v} \times \mathbf{B}) \tag{6.3}$$

式中，圆括号中的项是矢量的叉乘。由于透镜内不加电场，所以洛伦兹力 $\mathbf{F}$ 是与矢量 $\mathbf{v}$ 和 $\mathbf{B}$ 垂直的。$\mathbf{V}$ 和 $\mathbf{B}$ 之间的夹角为 θ。用右手定则能轻松确定 $\mathbf{E}$、$\mathbf{v}$、$\mathbf{B}$ 和 $\mathbf{F}$ 的相对方向。右手定则中，大拇指代表沿中指方向运动的正电荷穿过指向食指方向的磁场时受到的洛伦兹力的方向，所以作用在电子上的力与大拇指的方向相反。

右 手 定 则

场：食指；速度：中指；向心力：大拇指。

与磁场方向夹角接近 90° 进入匀强磁场的电子的受力为

$$F = evB\sin\theta = evB = \frac{mv^2}{r} \tag{6.4}$$

式中，r 是从电子到光轴的径向距离（有时候因为历史原因称为回旋半径），m 是电子质量。式（6.4）可以改写为

$$r = \frac{mv}{eB} \tag{6.5}$$

因为 v 是相对论速度，应把这个方程写为

$$r = \frac{\left[2m_0 E\left(1 + \frac{E}{2E_0}\right)\right]^{1/2}}{eB} \tag{6.6a}$$

式中，m_0 和 E_0 分别是电子的静止质量和能量。利用该方程可以代入已知常数

而估算 r

$$r = \frac{3.37 \times 10^{-6}[V(1 + 0.978\,8 \times 10^{-6}V)]^{1/2}}{B} \quad (6.6\text{b})$$

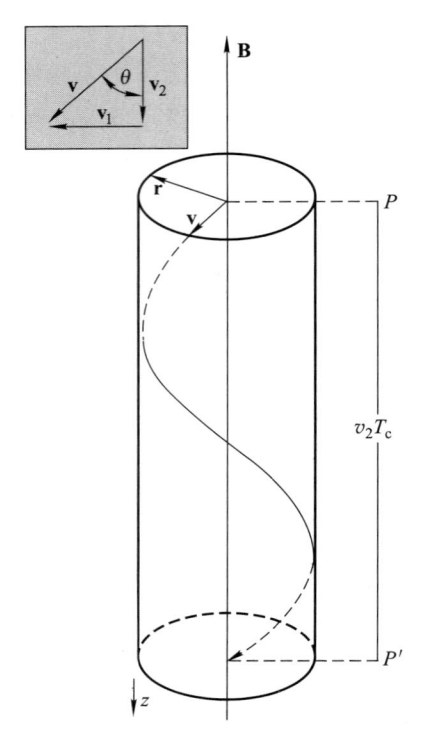

在推导式(6.4)时，做了粗略的简化。如果 θ 严格等于 $90°$，电子将直接穿过光轴而不被聚焦；实际上几乎感觉不到透镜的存在！如果 θ 偏离 $90°$ 就会产生透镜效应。下一步便是把电子在磁场中的速度 **v** 分成两个分量，$\mathbf{v}_1$、$\mathbf{v}_2$ 分别垂直和平行于磁场 **B** 的方向，如图 6.9 所示。$v_1 = v\sin\theta$ 和 $v_2 = v\cos\theta$。平行分量 $\mathbf{v}_2$ 使电子沿平行于光轴的 z 方向运动，$z = v_2 t$，而垂直分量使电子沿圆周运动，半径由式(6.5)给出。

图 6.9 匀强磁场 **B** 中的电子运动轨迹。电子只要不垂直磁场方向运动，就会有平行和垂直磁场的速度分量。洛伦兹力使穿过光轴上点 P 的电子螺旋通过磁场并与光轴相交于点 P'。电子的螺旋路径定义了回旋半径 r

场

对于 $V = 100\text{ kV}$，磁场 $B = 1\text{ T}$ 的情况，从式(6.5)可以得到半径 r 小于 1 mm。

因此，画出的所有光路图都忽略了这个复杂因子，这个复杂因子同时揭示了为什么有时光轴被称为旋转轴。通过磁场的旋转周期（T_c）给出（回旋）频率 ω

$$\omega = \frac{2\pi}{T_c} = \frac{eB}{m} \qquad (6.7)$$

根据这些变量关系，可以计算出电子通过透镜的完整轨迹。最重要的方程叫做旁轴（近轴）射线方程。在旋转对称的磁场 B 的影响下，当电子沿 z 轴方向绕轴运动时，这些方程确定了旋转半径 r 和相对于轴的旋转角 θ。这些方程忽略了离轴很远的电子运动轨迹，这在电子光学书中有详细的推导。正如 Hawker 简洁的概括："一个简明而冗长的计算过程"

$$\frac{d^2 r}{dz^2} + \frac{\eta^2 B^2 r}{2V^{1/2}} = 0 \qquad (6.8)$$

$$\frac{d\theta}{dz} = \frac{\eta B}{2V^{1/2}} \qquad (6.9)$$

式中，V 是加速电压；η 是 $(e/2m_0c^2)^{1/2}$。从式（6.8）可以看出，电子能量越高（电压 V 越高），半径 r 的变化率越小；磁感应强度越大（**B** 越大），半径 r 的变化率越大。同时，从式（6.9）中可以看出，旋转角变化速率随磁场强度增加而增加，随电子能量增加而减小。

> **螺 旋 运 动**
>
> 电子螺旋状通过透镜磁场：螺旋轨迹。对经过更高电压加速的电子，必须使用更强的磁透镜（更大的 **B**）来得到相似的路径。

这些结论都很直观，但隐含的意义经常被忽视。当改变 TEM 的加速电压时，也改变了显微镜中的透镜（试想这对于可见光显微镜将意味着什么）！因此，当改变加速电压时，显微镜的校准和透镜"常数"也随之改变。记住初始的旁轴假设；在后面的 6.5.1 节，将用非旁轴光线去解释球差对分辨率的影响。

然而所有这些射线方程都是近似的，它们是透镜中电子运动更为详细的数学模型基础（见姊妹篇第 2 章和网址 2）。很多先进软件中的完整模型可以模拟新透镜形状、孔/间隙比例等因素的作用，使得在透镜设计方面的改进可以满足现代 TEM 最新的需求。

> **螺　距**
>
> 如果不改变能量，当磁场 **B** 增加时，螺距将减小，因为电子沿光轴方向（z）每单位长度绕光轴旋转的次数更多。

6.3.4　像旋转和最佳物平面

　　电子沿透镜轴向穿过磁场时沿螺旋状轨道运动，这个旋转很少在标准的光路图中给出，但在常规 TEM 操作中能看到旋转效应，因为在聚焦或改变放大倍数过程中，图像或衍射图案会在观察屏上旋转。正如第 9 章将要看到的，这个旋转需要校准，除非厂商已经引入一个额外的透镜来补偿旋转了。

　　在图 6.4 中已看到，如果在保证 d_0 不变的情况下改变透镜的强度，焦平面和像平面的位置也会改变。为此，对于显微镜的主要成像透镜必须定义一个标准物平面，我们称之为最佳物平面。样品高度应该始终调整到使样品处于最佳的物平面上，因为在这个平面上物体的像不会随着样品沿样品杆主轴倾转而移动。（如果垂直倾转样品，样品的像仍会移动，除非样品台由计算机控制来补偿。）在成像系统中所有其他平面都是参照这个最佳物平面定义的。

　　本书后面的第 9 章会详细讨论这些非常重要的参考面。

> **最佳物平面**
>
> 如果样品在最佳物平面上，当屏幕上的像正焦时，物镜强度总是相同的。

6.3.5　电子束的偏转

　　在 TEM 操作中经常需要电子束偏转进入透镜。可能希望电子束横向偏离光轴或相对光轴以一定角度倾斜。在 STEM 中，这些操作对形成扫描图像的整个过程都是必需的。在 AEM 中要屏蔽电子束时这个过程中也非常重要，可以通过离轴偏转电子使之进入法拉第杯来测量电流，或者当不收集能谱数据时避免电子束对样品的轰击。实现方法是加电磁场来倾斜或平移电子束，或施加静电场将之屏蔽。电磁场扫描时间是毫秒量级而静电屏蔽能在几分之一毫秒内发生。

　　尽管假设透镜很薄，而且沿光轴的有效厚度为零，但磁场的实际作用范围

有一个长度 L。偏转角 ε 为（对于较小的 ε）

$$\varepsilon = \frac{eLB}{mv} \tag{6.10}$$

从这个方程中可以看出，要得到 5°的偏转角，需要在 10 mm 的长度上缠绕 100 圈带有 0.2 A 电流的线圈，产生的磁场为 0.01 T。对于静电屏蔽需要 20 kV/cm 的电场。

6.4 光阑和光圈

上文提到的光阑通常被插在透镜中。如图 6.10A 所示，光阑限制了透镜的收集角（β），而且这种在物镜中的光阑可以控制由透镜形成的图像的分辨率、景深和焦深、图像衬度、电子能量损失谱的收集角、衍射花样的角分辨率等。换言之，光阑特别重要！物理上，光阑可以放在透镜平面的上方、面内或下方，就像光路图中所画的那样（这个其实是没有关系的，因为实际效果是相同的，正如看到的电子并不关心它的路径）。之后会看到光阑还有其他一些功能，例如在照明系统中保护样品不受杂散辐射的影响，测量或改变束流。

光阑通常是金属圆盘中的圆形孔，而且盘是由高熔点金属 Pt 或 Mo 制备的。

关于术语的一些要点：光阑是盘上的孔洞，孔洞周围的金属称为光圈（就像光学显微镜或照相机上的可变光圈）。光阑可以使特定的电子通过透镜，其他电子则撞击在光圈上而被限制。这种光阑/光圈的术语，用严格正确的英语来表述是比较繁拙的，所以显微学家为了方便，使用术语"光阑"正确地表达了孔洞的含义，但也错误地描述了光圈的作用。所以可能会说"物镜光阑用于排除来自图像的高角散射电子"，或者就像上面说的"光阑可以保护样品不受杂散辐射的影响"，然而严格地讲，是光圈起到了排除和保护的作用。尽量保持这两个术语在使用上的一致性和准确性，但有时精确的术语用起来并不方便。

根据功能和显微镜的特性，光圈可以分为几种类型，既可以是有独立直径光阑的单个盘，也可以是单个金属片上带有一系列的不同光阑（图 6.10）。直径可以小到 10 μm，这大约是能稳定制作的最小圆形光阑，最大约为 0.3 mm（300 μm）。单一光圈或条形光圈通常是重金属例如 Mo 和 Pt，厚度通常为 25～50 μm，但如果还需要用来防止 X 射线撞击样品，那么厚度可能为几毫米（见下册第 33 章），这意味着如果制作光圈的材料是 Pt 的话，成本会非常高昂。

第6章 透镜、光阑和分辨率

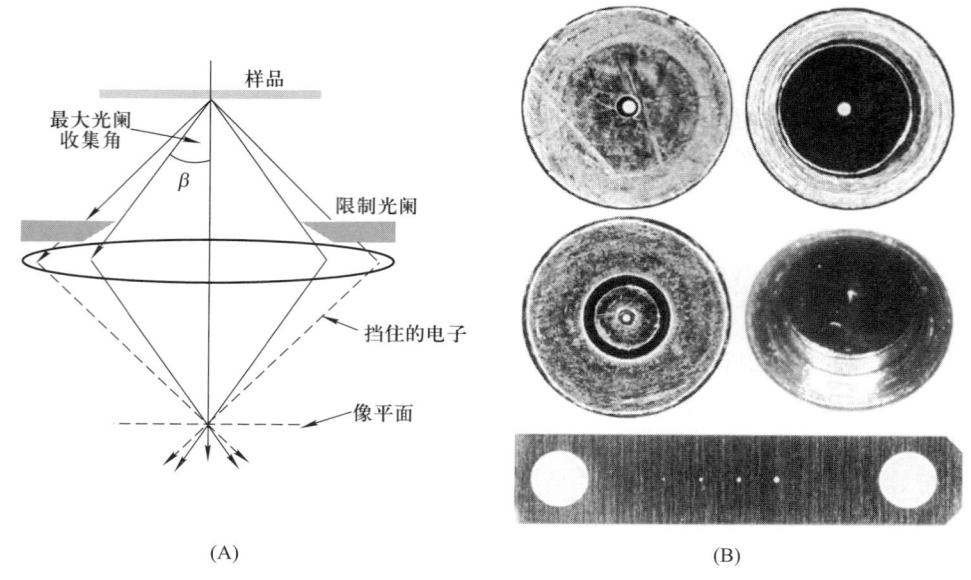

图 6.10 （A）光路图描述了光圈如何限制穿过透镜的电子的角分布。只有散射角小于半角 β 的电子才能通过透镜（实线所示）。从物体中散射出来的散射角大于 β 的散射电子都被光圈挡住了（虚线所示）。（B）光圈种类：左边上/中两个图分别是传统物镜光圈的俯视和仰视图；右边上/中两个图是礼帽式（top-hat）的 C2 光圈（较厚）；最下面的图是含有几个光阑的金属带。每个光圈的直径大约为 3 mm。

光圈上经常会聚集一些真空中由电子束分解残留碳氢化合物而生成的污染物（第 8 章中会对此进行描述）。污染物倾向于聚集在光阑的边缘，导致圆形不再规则，会引起像散。所以需要经常清洁光圈，可以用丁烷火焰中间蓝色的部分把它加热至红热状态来实现。在一些 TEM 中，这个问题可以通过在光圈上镀一层很薄的金属箔（如 Au 或 Mo）来消除，因为箔片在电子束作用下会发热把污染物蒸发。但这种自清洁的光圈比较脆弱而且容易开裂，这样电子就会通过其他间隙而使光阑失去其实际作用。

X 射线的安全提醒

电子束轰击表面（特别是限制光阑）会在透镜中产生能量可达到电子束能量的 X 射线。所以需要在 TEM 镜筒内引入经过仔细设计而且坚固的铅屏蔽层来保护操作员不受辐射。显然，对透镜或光阑做任何方式的改动都是很危险的，只有有资格的工程师才允许拆装或维修透镜或者去掉光圈。

6.5 真实透镜及其问题

到目前为止，所讨论的电磁透镜和玻璃凸透镜之间似乎具有完全的相似性。但其实不然，从 Van Leeuwenhoek 构建第一台光学显微镜的 300 年以来，玻璃透镜已经发展到可以制作得非常完美的程度。而从 Busch 第一个磁透镜问世至今的 80 年中，磁透镜并没有太多的完善，所以磁透镜还是相当地不完美。已做过比较，最好的电磁透镜相当于用可乐瓶底做的放大镜。另外常用的比喻是，如果你的眼睛与最好的电磁透镜一样，那么原则上你是失明的！由于透镜的缺陷，必须对所有理想光路图进行修正。这些缺陷限制了显微镜的分辨率，但矛盾的是，它有助于从显微镜获得更好的焦深和景深。

透镜有很多种缺陷（见姊妹篇第 2 章），而且所有缺陷可以在图像或衍射花样上观察到。然而实际中，大部分人并不需要全面地了解它们，这里将强调限制显微镜性能的主要缺陷，包括球差、色差和像散。

6.5.1 球差

自从球差这个词在哈勃望远镜的主要光学元件中首次被关注后（不过是在发射之后），对其使用就变得频繁起来。这个缺陷是由于透镜场不均匀地作用在离轴光线上而引起的。对于电磁透镜，电子离轴越远，被偏折就越厉害，结果导致点状物体折射后就形成了一个一定大小的盘，这限制了放大物体细节的能力，因为细节在成像过程中被削减了。就像前面介绍的，这种球差可以校正，但是它仍然限制了大多数 TEM 的分辨率，所以要对其进行仔细探讨。

球差的作用如图 6.11 所示，点状物 P 在高斯平面 P' 成像。这个像并不是一个点而是一个带有环绕光环的高强中心亮区（与图 2.11 类似）。球差在物镜中是最重要的，因为它降低了 TEM 图像的质量，所有其他的透镜放大了它所产生的误差。球差在 AEM 或 STEM 的聚光镜中也是同样有害的，这两种模式中都需要使用大的励磁电流来形成最小的电子束斑。所有形式的 TEM 在分辨率极限所能实现的功能几乎都受到了球差的限制，这就是为什么人们对能校正球差而感到如此兴奋的原因。

从图 6.11 中可以看到为什么用"球"来描述像差。球差的效应就是使来自于光源的弯曲（球状）波前的曲率增加。在前面的图 6.9 中，可以看到通过轴上点 P 的电子会再次与轴相交在点 P'，PP' 距离表示为

$$PP' = v_2 T_c = vT_c \cos\theta = 2\pi \frac{mv}{eB}\left(1 - \frac{\theta^2}{2} + \cdots\right) = L_0\left(1 - \frac{\theta^2}{2} + \cdots\right) \quad (6.11)$$

式中，$L_0 = PP'_0$，当 θ 非常小时，P'_0 是点 P 的高斯像（即旁轴情况）。随 θ 增加，

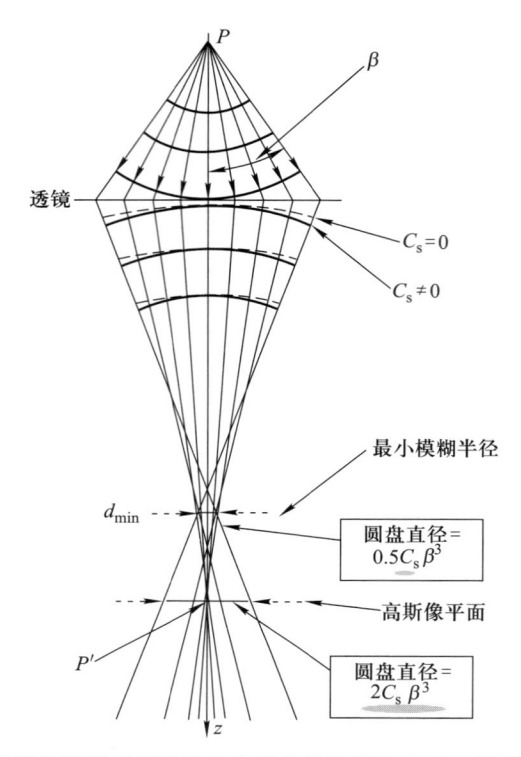

图 6.11 透镜球差是因为透镜对于透镜边缘的光线折射能力强于旁轴光线,这样会导致从物点 P 出射的波前发生球面扭曲。这个点状物成像为最小模糊面上半径最小的圆盘和在 P' 处高斯像平面上半径比较大的圆盘。最小模糊面是物体最小像形成的平面。这两个重要平面上的强度分布如光路图旁边所示

PP_0' 的距离会因为球差的存在而减小,可以写为

$$PP' = PP_0' - \Delta z \quad (6.12)$$

式中,$\Delta z = 0.5 L_0 \theta^2$。由此可以得到描述由于球差而在高斯图像位置上产生的误差 δ 的表达式

$$\delta = \Delta z \tan\theta \sim \Delta z \theta = 0.5 L_0 \theta^3 \quad (6.13)$$

所以由旁轴光线形成点状物的高斯图像的直径就由这个表达式给出,通常写作

$$\delta = C_s \theta^3 \quad (6.14)$$

对于特定的透镜,C_s 是常数(长度),称为球差系数。需要注意,经常用"C_s"来描述"球差校正"、"球差校正器"和"校正的球差"。将要看到,这个方程非常重要,因为它影响了 TEM 的分辨率,因此在这里有一些要点需要澄清:

■ 式(6.14)只是针对旁轴光线。在真实的 TEM 中,光阑通常很大而导致不满足旁轴条件,这样,清晰的像就变得模糊了。结果在非旁轴条件下,被球

差影响的高斯像被扩大至直径为 $2C_s\theta^3$ 的圆盘(图 6.11)。

■ 随后会看到,当涉及像平面时,式(6.14)有时被写成 $2C_s\theta^3 M$,这是因为在大多数情况下讨论 TEM 分辨率是指物平面(也就是样品)上的最小分辨距离。而放大倍数很多时候被略去了,这里就采用这种方法。

■ 当涉及 TEM 像的分辨率时,用点的半径比用直径更重要。

■ 对于真实透镜,式(6.14)中描述电子对光轴的夹角 θ 会被物镜光阑的最大收集半角 β 取代。

在后面关于分辨率的讨论中,将会使用半径,并涉及物平面以及用 β 来定义物镜的收集半角。这可以与第 5 章中讨论电子束尺寸时用到的 α 进行对比,其中 α 被定义为会聚半角。请注意:大多数其他 TEM 教材中不对 α 作区分,都用来表示收集半角和会聚半角。

最后描述在非旁轴条件下(实际情况)高斯像平面内的球差校正的强度盘半径 r_{sph},可表示为

$$r_{sph} = C_s\beta^3 \tag{6.15}$$

因为 β(弧度)很小,因此和 β^3 有很大关系。r 和 C_s 的单位相同,一般情况下 C_s 为几个毫米,所以 r 的单位也为(很小一部分)毫米。从这个等式[联系式(6.13)和式(6.14)]可以看出,C_s 具有长度量纲,一般近似等于透镜焦距,在大多数 TEM 中物镜焦距为 1~3 mm,但在高分辨率的仪器中可能远低于 1 mm(具有 C_s 校正器时,情况可有所不同)。

从图 6.11 中可以看到,由透镜作用而形成的光线锥的最小尺寸并不在高斯像平面上。正如图上所见,最小尺寸形成在很靠近透镜的位置,对此有个讨人喜欢的术语"最小模糊斑"。这个盘的半径为 $0.25\ C_s\beta^3$,直径为 $0.5\ C_s\beta^3$。一些教材中使用这种较小截面来定义球差限制的分辨率极限,这在节 6.6.3 中会进行介绍。TEM 的制造者们特别喜欢这个圆盘,因为它比高斯像平面上的圆盘小,因此透镜的分辨率会好一些。

易混淆之处

当读到 TEM 像的分辨率的时候必须要注意,因为很容易混淆高斯像平面和最小模糊平面的定义。

磁透镜中 C_s 校正器的作用是制造一个发散离轴光线的透镜(也就是凹透镜)从而使那些光线重新聚到一点而不是像之前高斯面上的一个盘。实际上,这种校正是依靠一组高度复杂的,计算机控制的四极、六极、八极透镜实现的。有两种主要方式来实现 C_s 校正。第一种是 Rose 和他的同事们在德国

CEOS 商业系统中开发的校正器，既有 STEM 中的束校正又有 TEM 中的像校正。第二种是 Krivanek 等人制造的用在 Nion 专用 STEM 系统中的校正器，现在已经被更新应用到了若干个 VG STEM 中。图 6.12 给出了 Nion 校正器和 CEOS 系统的光路示意图。在后面将会深入讨论 C_s 校正。

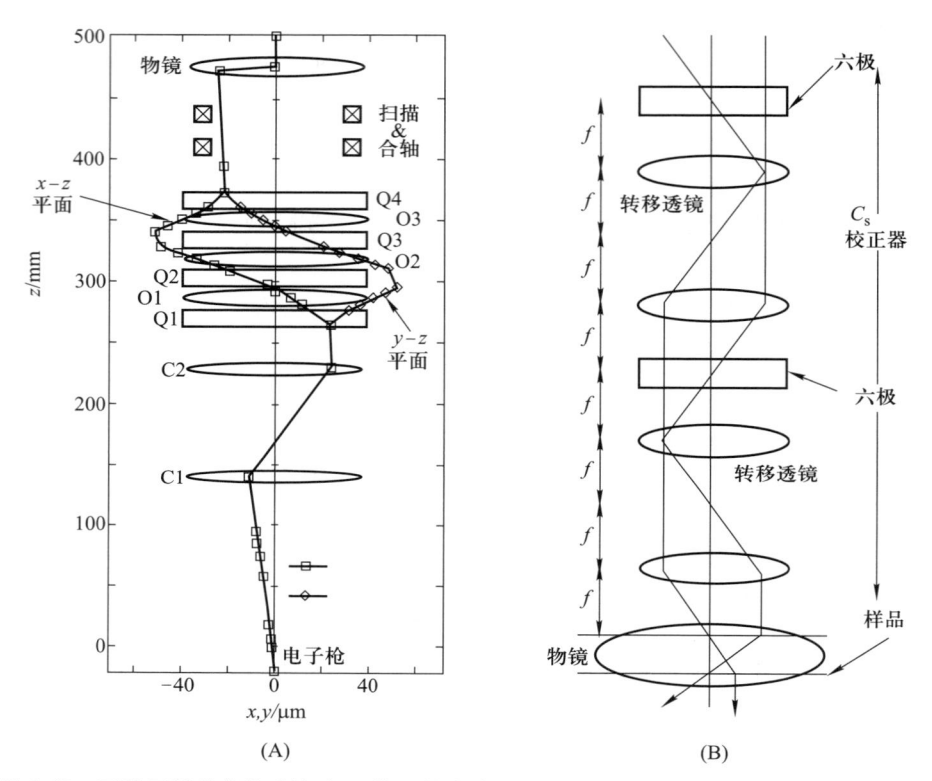

图 6.12 两种不同的商业系统对 C_s 校正的光路图：（A）四极（Q）和十极（O）透镜（Nion）；（B）六极和其他传递透镜（CEOS）

6.5.2 色差

这个术语和电子的"颜色"（即波长、能量）相关。曾假设电子是单色的，但实际上并不是。然而，由于现在可以制备出很好的高压电源，而电源引起的电子能量变化范围通常小于 $1/10^6$，也就是说，对于 100 keV 的电子束，电子能量变化为 0.1 eV。正如在第 5 章讨论的，取决于电子源的实际电子束中的能量发散大约在 0.3 eV（FEG）至 1 eV（LaB_6）范围内。这个范围如此之小，以致没有必要去担心色差对像分辨率的影响。例外的情况是，如果有了 C_s 校正器，在校正了 C_s 之后，C_c 就成了下一个最大的像差。现在正在开发校正 C_c 的透镜。

> **单色器的使用**
>
> 只有当样品足够薄以致样品引起的色差效应不是影响分辨率的主要因素时，C_c 效应的校正才有意义（跟 C_s 的校正类似）。

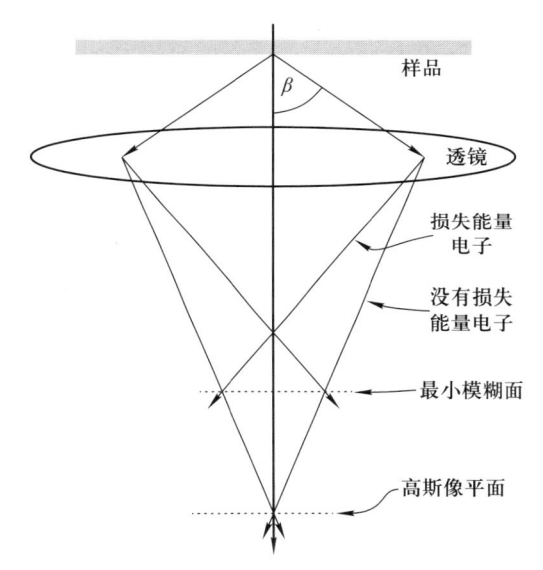

图 6.13 色差会使一定能量范围的电子聚焦在不同的面上。从样品中散射出来的没有能量损失的电子偏折程度要比有能量损失的电子小，所以如图 6.11 所示，样品中的一个点在高斯像平面上会成为一个盘，并有一个最小模糊面

如果不把样品放入电子束中，几乎可以完全忽略色差。但不幸的是，样品一旦放到电子束下，就会从薄样品上产生整个能量范围的电子（在第 4 章讨论过其原因）。物镜对低能电子的弯曲更为厉害，因此来自样品中同一点的电子就会再一次在高斯像平面上模糊形成盘（图 6.13）（在最小模糊面形成一个小的盘）。这个盘（参考物平面）的半径 r_{chr} 可以表示为

$$r_{chr} = C_c \frac{\Delta E}{E_0} \beta \tag{6.16}$$

式中，C_c 为透镜的色差系数；ΔE 是电子损失的能量；E_0 是初始电子束能量；β 是透镜的收集半角。C_c 与 C_s 一样具有长度量纲，近似等于焦距。在入射电子束中，$\Delta E < 1$ eV，对于大部分电子通过 50~100 nm 厚的薄样品时，能量损失

一般为 15～25 eV。很容易计算 r_{chr} 是一个非常大的数（与原子维度来比）。样品越厚，色差越大；样品越薄，色差越小（记住一个普遍的标准"薄就好"）。所以减小色差的最便宜的途径就是制作薄样品！

色差校正的方法取决于是否尝试去补偿电子束或者样品引起的色差效应。需要注意，电子枪发出的电子的能量范围主要受电子源类型的影响，因此这个范围值取决于 TEM 是哪种电子源。使用单色器使电子单色化是一种（昂贵的）解决方法。在下册第 37～40 章的 EELS 部分，会多次讨论单色器，因为这是单色器的主要用途。

不幸的是，对于大多数 TEM 研究，样品并不足够薄。当不得不考虑因为样品较厚而被 C_c 影响时，能量过滤（EF）是最好的解决方法。EFTEM 能够校正因为电子在样品中损失了很多能量而在成像或者衍射时造成的较差的分辨率，这些在 EELS 的章节将详细地讨论。

6.5.3 像散

电子绕光轴螺旋运动时，如果受到不均匀磁场作用就会产生像散。这个缺陷的产生是因为不能把软铁极靴中的孔加工成非常完美对称的圆柱形，软铁本身也可能由于微观结构的不均匀性引起磁场强度的局部变化。即使克服了这些困难，放到透镜中的光阑的中心轴如果没有精确地与光轴重合的话，磁场也会受到干扰。此外，如果光阑不干净，带电污染物就会使电子束偏转。影响像散的因素很多，会导致图像扭曲，可以用一个量 r_{ast} 表示

$$r_{ast} = \beta \Delta f \tag{6.17}$$

式中，Δf 是像散引起的焦距最大差值。幸运的是，通过消像散器可以很容易地校正像散。消像散器是个很小的八极透镜，它能引入补偿场来平衡引起像散的不均匀磁场分布。照明系统（聚光镜）和成像系统（物镜）中都有消像散器，第 9 章中会说明如何使用它们。

总之，球差、色差和像散是电磁透镜的 3 个主要缺陷。还有一些小缺陷，例如桶型和枕形畸变，这是根据图像的畸变方式给出的字面解释。偶尔在很低的放大倍数下可以看到这些缺陷，这是由于离极靴孔很近的电子参与成像所导致的。其他的缺陷如彗差、场弯曲等都可以忽略。

如果想要学习关于这些缺陷的更多知识，可参考姊妹篇中的第 2 章。

6.6 电磁透镜的分辨率（和最终的 TEM 分辨率）

术语的另一个注意事项：电子显微学家倾向于使用"分辨率"和"分辨能力"及相关表述，而不使用更为精确的词汇去定义这个概念。从经典的光学显

微镜那里借鉴了这些术语，光学显微镜关注的是非相干波振幅衬度的成像。电子显微镜的高分辨性能是一个不同的概念，它还包含了相干电子波的相位衬度成像，所以如果采用不同的术语，也不应该感到惊讶，但至少应该对使用的术语给出定义。在现代光学显微镜中，"分辨率"严格地用于表达在图像中显示精细细节的行为。显微镜的分辨能力是物体中非常靠近的两点在图像上能够区别开来的能力。物体上这些点之间的最小间距就是最小可分辨距离。由于电子显微学家通常讨论的显微镜的分辨率是指物体内部的距离（通常为几个埃），那么应该使用"最小可分辨距离"，而不是人们常说的"分辨率"。

因为透镜缺陷会导致物点成像为一个具有一定半径的高斯图像（r_{sph}、r_{chr}、r_{ast}的结合），这就限制了电磁透镜的分辨率，因此也限制了显微镜的分辨率。TEM 中的图像分辨率是由物镜成像能力决定的，而在 STEM 中图像分辨率是由小束斑中的束流强度决定的，这个束斑是投射到样品上的电子源的缩小像。任何一种情况像差都会限制分辨率。

再谈分辨率

使用术语"分辨率"，但把它定义为物体内"最小可分辨距离"。

6.6.1 理论分辨率（衍射限制分辨率）

如果一点不存在像差，透镜（玻璃的、电磁的、静电的）的分辨率通常是根据瑞利判据定义的，第 1 章中曾介绍过这种判据。瑞利判据是一个没有基本物理根据的主观感觉，但不失为一个实用的定义。这个判据给出了一个量化值，即根据眼睛区分两个自发光的非相干点光源图像的能力。

点 变 成 盘

即使没有像差或像散，点光源也不可能成像为一个点。有限大小的透镜会使位于透镜最大收集角处的射线发生衍射，这个角度通常由限制光阑来定义。

衍射导致了点被成像为盘（称为艾里斑），其截面强度分布曲线如图 6.14A 所示（也如图 2.11 所示）。任何接触过基础物理光学的人都很熟悉。如图 6.14B 所示，如果两个圆盘重叠将导致它们不能被分辨，那么物体中的点就不能分辨。瑞利指出，如果一个点源的最大值和另一个点源的第一个最小值重合,如图 6.14C 所示,那么眼睛能把这个凹坑辨别为两个图像的重叠,这样就说明了两个分立物体的存在。在瑞利判据下,当总强度曲线在中间位置出现一个凹坑时,即高度为最大强度的 80% ,则这两个点就不能分开。这两个非相干点源分开的距离被定义为透镜的理论分辨率 r_{th} ,由艾里斑半径给出,这与式(1.1)形式上相近

$$r_{th} = 1.22 \frac{\lambda}{\beta} \tag{6.18}$$

> **注 意**
>
> 在电镜书中有时会发现,有的是直径而不是半径。这是因为在 SEM 和 STEM 中是用束斑直径定义图像分辨率的;在 TEM 中,半径决定像的分辨率[因此式(5.10)中系数是 1.22]。

任何光学课本中(已参考过的)都有这个公式的推导。

严格地讲,对电子源不应该使用这个公式,因为它们并不是非相干的。当处理真正的高分辨率像时,会采用不同的方法(见下册第 28 章)。但对于此处介绍性的目的,这种近似还是比较令人满意的。

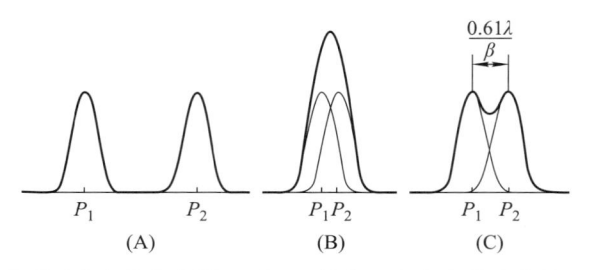

图 6.14 (A) 两个明显分离的点光源 P_1 和 P_2 的艾里斑强度分布曲线。(B) 图中两个艾里斑非常接近而不能区分,但是(C)图中两个斑可以区分开,P_1 的最大值和 P_2 的最小值重叠。最后一种情况是根据瑞利判据给出的透镜分辨率定义,也是最好(衍射限制)分辨率

从式(6.18)可以看到,如果降低 λ 或增大 β 就能得到更高的分辨率。这个术语一开始会引起混淆,就像刚刚介绍的,电子显微学家总是使用"更高的分辨率"这个词来表达"更好的分辨率"。在这里"高"意味着更小的数字,在式(6.18)中 r 更小。这不仅仅是针对电子显微学家,真空也是数量级更小意味着更高的真空! 通过降低 λ 改进分辨率的方法主要用于发展中等电压和高压显微镜,正如式(1.6)所描述的,λ 随电压升高而减小。但一个明显的问题是为什

么不增加 β（用大点的透镜光阑或是完全取走它）。只有拥有完美的透镜才能采取这种办法，但事实并非如此，所有透镜的像差会随 β 增加而增大[见式(6.15)~式(6.17)]；这就是为什么 C_s 校正如此吸引人的原因。

6.6.2 球差导致的实际分辨率

首先假设已经修正了所有像散而且样品薄到足以忽略色差。这种情况下，球差导致的误差 r_{sph} 决定着分辨率。现在如果回头看式(6.15)，可以发现 r_{sph} 随 β 的立方关系增加，即对 β 有很强的依赖关系。那么物体的分辨率是由瑞利判据和像差共同给出的。Hawkes 特别清晰地描述了结合两者给出显微镜分辨率数值的方法。这通常是一个权衡是否值得在 TEM 上花费数十万美元的标准，但要知道这个定义并不精确。

对瑞利盘半径和球差盘半径（高斯像平面）以均方根形式求和（记住，像分辨率是半径，束斑限制分辨率是直径）

$$r = (r_{th}^2 + r_{sph}^2)^{1/2} \tag{6.19}$$

由于以上两项都可以做近似

$$r(\beta) = \left[\left(\frac{\lambda}{\beta}\right)^2 + (C_s\beta^3)^2\right]^{1/2} \tag{6.20}$$

由于前后两项随光阑收集半角 β 变化趋势相反，当 $r(\beta)$ 对 β 的微分等于零时，会存在最优值

$$\frac{\lambda^2}{\beta^3} \approx C_s^2 \beta^5 \tag{6.21}$$

因此，可以得到 Hawkes (1972) 给出的 β 的最优表达式

$$\beta_{opt} = 0.77 \frac{\lambda^{1/4}}{C_s^{1/4}} \tag{6.22}$$

这个数值因子的精确值依赖于分辨率定义时众多可变项的假设，通常简单地写为 A。有时候这个精确值是通过 r_{th} 和 r_{sph} 的方程等价而近似确定的，而不用通过均方根的和来确定。对于一台 $C_s = 3$ mm、100 keV（$\lambda = 0.0037$ mm）的仪器而言，产生的 β_{opt} 约为 4.5 mrad。

如果把式(6.22)中 β_{opt} 的表达式代入到式(6.20)，就可以得到 $r(\beta)$ 的最小值

$$r_{min} \approx 0.91(C_s \lambda^3)^{1/4} \tag{6.23}$$

这就是所需要的表达式，它给出了显微镜的实际分辨率。

式(6.23)中的数值因子通常写为 B。r_{min} 值一般为 0.25~0.3 nm，而最好的高分辨仪器的 r_{min} 为 0.1~0.15 nm。没有 C_s 校正器的 TEM 最高能达到 1 Å 的分辨率，而具有 C_s 校正器的 TEM 目前（写作本书的时候）所报道的最高分辨

率大约为 0.07 nm。所以能分辨出原子列，如图 1.2 所示，大多数晶体中原子列间隔接近 r_{min}（尽管有一些金属材料中低指数平面间距在此分辨率以下）。值得指出的是，由于眼睛的分辨距离仅为 0.2 mm，那么最好的高分辨 TEM 的最大可用放大倍数约为 3×10^6，超过这个放大倍数，也不会给出更多的细节。

Hawkes（1972）提醒我们，对于式（6.19）进行均方是一种主观的处理方式，也可以把 r_{th} 和 r_{sph} 简单地相加来决定 r_{min}（见下册 28.7 节）。但不管怎么样，以任何方式把两项结合起来推导 r（如果是讨论束斑限制分辨率时可以认为是直径）都会得到与式（6.22）具有类似形式的 β_{opt} 值以及与式（6.23）具有类似形式的 r_{min} 值。在一些特定情况下，在很多教科书中都会看到用字母 A 和 B 代替这两个方程中的常数，并且通常将 A 和 B 定为单位 1。如果没有在计算或者实验过程中加入任何限制条件，后面的处理方式是一种非常合理的近似。

如前面刚开始介绍的，电子显微学家对分辨率的定义是十分不准确的。然而，分辨率总是以确切的数值给出。

6.6.3 色差导致的样品限制分辨率

前面部分假设了色差对分辨率没有影响。然而，如果是厚样品，很大一部分电子穿透样品过程中会损失 15~25 eV 的能量［大多数可能的（等离子体）能量损失的典型值，见图 4.1］。如果在式（6.16）中认为色差对分辨率的影响是 20 eV，则在 100 keV，当 β_{opt} 为 4.5 mrad 时，由式（6.16）可以得出 r_{chr} 的值约为 2.5 nm。

C_c 对分辨率的限制

色差限制的分辨率一般情况下是 C_s 限制的分辨率的 10 倍。当看一个厚样品时，TEM 的分辨率是正常状态的分辨率的 10 倍。

如果是一个厚样品，电压是多少以及 C_s 有多低都是没关系的；没有 1 MeV TEM 或者没有 C_s 校正器也是没有关系的；电镜像的分辨率一般在 1~3 nm，放大倍数只需在 10^5 倍以内就可以观察到样品上的所有可得到的信息。实际上，所记录的很大部分的 TEM 像都有 C_c 对分辨率的限制。

因此，多厚才是厚呢？这决定于 TEM 的电压和样品中的弹性和非弹性散射的平均自由程。这两项都随着原子序数 Z 的增加而增加（见第 4 章）。对于 100 keV 电镜，要得到高的分辨率，样品厚度就要小于 30 nm，在 300 keV，对于原子序数 Z 小于 30 的样品，可能在 50 nm 以内 C_c 效应不会影响分辨率。对于高原子序数 Z 样品，"越薄越好"是十分重要的。一个由 Sawyer 和 Grubb 给出的较为严格的经验方法是：对于生物和聚合物样品，分辨率极限是样品厚度的十分之一。在第一次讨论色差的时候就已经指出，这个问题的解决办法掌握在你自己手里（见第 10 章）。

6.6.4 定义的混淆

如果对这个话题不够熟悉，那么就不需要继续阅读这一章节，因为它会使你更为困惑，但如果已经阅读过其他 TEM 教材，那么可能已经注意到了在分辨率定义上存在的差异。现在使用的是在高斯像平面测量得到的 r_{sph} 表达式。严格地说，只有在理想情况下（即 $C_s = 0$）才可以使用高斯图像测量透镜限制的分辨率，只有在旁轴条件下使用高斯图像才是准确的，即要使用很小的物镜光阑。前面已经提到过，TEM 中 β 角通常很大，不满足旁轴条件，所以最小模糊斑才是定义最佳分辨率的相关特征量，如图 6.11 所示。

如果是这样，为什么要选择 r_{sph} 的定义作为高斯像平面斑的半径呢？Hawkes 讨论过这个问题。让图像稍微欠焦，使最小模糊斑位于像平面上，确实会使式（6.23）中的数值因子从 0.91 降到 0.43。Hawkes 也谈到由于后者 0.43 的值更小，制造商倾向用它来定义设备的分辨率。然而，整个分辨率的处理都是假设光源为非相干光源，这在 TEM 中并不适用。此外分辨率还跟图像衬度以及从物体到图像透镜传递信息的方式有关。因此，Hawkes 给出的结论［见式（6.23）］认为，即使最小模糊斑严格指的是 TEM 中的操作条件，$B \approx 1$（来自高斯图像）相比于 $B = 0.43$（来自最小模糊斑）仍是一个"更为明智的选择"（更接近于真实）。

因此，在高斯像平面或者最小模糊面上，用直径还是半径一直持不同见解。幸运的是，这个并不很重要，因为最终选择只是改变了常数 A 和 B 的值，而它们总是被近似为 1。例如 A 值是由 r_{sph} 的具体形式而精确确定的，也就是说如果 $C_s\beta^3$ 前面的系数是 0.25、0.5 或 1，将这些不同的项代入方程后便能得到对应的 β_{opt} 值，A 只有 ±15% 的变化。同样原因 B 值变化也很小。

注　意！

1. 用于描述 C_s 对 TEM 分辨率影响的定义一直是不一致的。
2. 使用物平面后面的高斯像半径来定义，即 $r_{sph} = C_s\beta^3$。

在使用艾里斑半径和像差/像散误差半径方面试图保持一致。显然，使用半径或直径并不重要，只要一致就行。然而，偶尔会有将艾里斑半径和最小模糊斑或高斯图像的直径联合使用的情况，所以不同 TEM 教材中会有很多矛盾的表述。

任何一个学习 HRTEM 的学生都会有一个问题：真正的分辨率是什么？

6.7 焦深和景深

由于透镜质量较差，必须用小的光阑去减小透镜的像差。这意味着削减了许多本应被透镜收集的电子。幸运的是，电子源具有很高的强度，尽管被大幅削弱依然有足够的束流撞击在样品上。事实上，尽管损失了一定的图像强度、束电流以及衍射限制的分辨率，使用小光阑依然有许多优点。使用小光阑可以产生更好的焦深和景深。由于 TEM 文字表述的多样性，这些术语也可能被混淆，所以需要回到物理光学去看看这些术语的准确定义。

通常我们试图知道样品在多大范围内能同时处于正焦状态以及图像在多大范围内也是处于正焦（后面这个问题与 SEM 以及专用 STEM 无关，因为它们没有后置透镜，所以不用传统透镜去成像，因此两者一样）。在 TEM 中这两个问题都很重要。

景深 D_{ob} 是以物来测量的。它是物平面两边的轴向距离，在这个距离内移动物体可以保持图像的清晰。焦深 D_{im} 和像平面有关。它是像平面两边的轴向距离，在这个距离内像是正焦的（假设物平面和物镜固定）。注意，两种情况的判断都和操作者的眼睛有关。

可以通过图 6.15 推导出这些定义的表达式。假设光线 1 源于镜筒内在分辨率限制下物体能聚焦的最高点，并经过镜筒达到能对图像聚焦的最低点。光线 2 代表另一个极端情况但以相同的方向朝着光轴运动。如果这两条光线来源于同一点（在透镜分辨率限制范围之内），d_{ob} 和 d_{im} 分别对应在物体或图像上能分辨的最小的距离。需要注意，d_{im} 比 d_{ob} 大，角度 α_{im} 和 β_{ob} 都很小，可以写为

$$\alpha_{im} \approx \tan \alpha_{im} = \frac{d_{im}/2}{D_{im}/2} \tag{6.24}$$

$$\beta_{ob} \approx \tan \beta_{ob} = \frac{d_{ob}/2}{D_{ob}/2} \tag{6.25}$$

因此角放大率是

$$M_A = \frac{\alpha_{im}}{\beta_{ob}} \tag{6.26}$$

横向放大率（简称放大率）为

$$M_T = \frac{d_{im}}{d_{ob}} \tag{6.27}$$

如果这两个放大率以通常的方式相关联，即

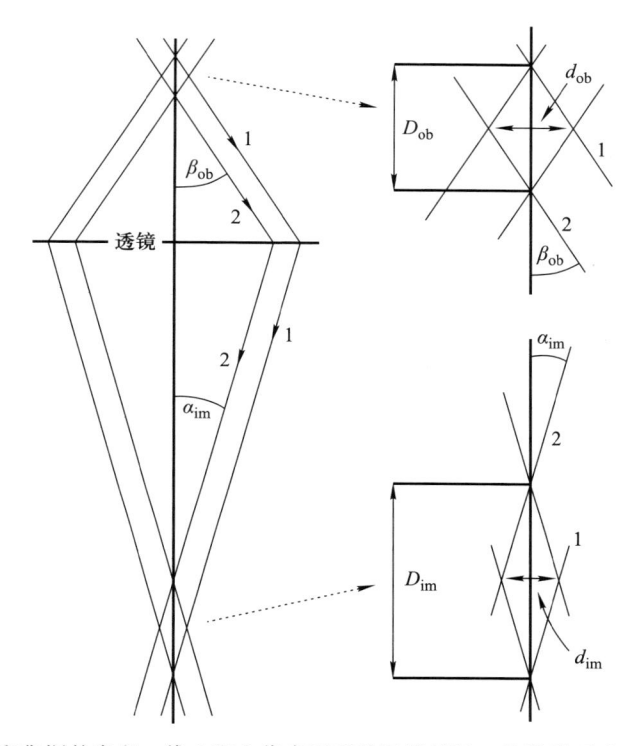

图 6.15 景深和焦深的定义。线 1 和 2 代表了两种极端情况,从样品两边 $\pm D_{ob}/2$ 范围内发出的光线都能聚焦。一般情况下,D_{ob} 大于样品厚度。这一组光线也用来定义景深,图像在像平面两边 $\pm D_{im}/2$ 范围能都可以聚焦。物体内的分辨率为 d_{ob},图像内的分辨率为 d_{im}

$$M_T = \frac{1}{M_A} \tag{6.28}$$

那么焦深可以写为

$$D_{im} = \frac{d_{ob}}{\beta_{ob}} M_T^2 \tag{6.29}$$

景深为

$$D_{ob} = \frac{d_{ob}}{\beta_{ob}} \tag{6.30}$$

焦深和景深

所以用比较小的光阑(小 β)可以得到比较大的景深和焦深。

对于 10 mrad 的收集半角 β_{ob} 以及 0.2 nm 的 d_{ob}，从式(6.30)可以得出景深为 20 nm，即这个厚度的样品可以被同时聚焦。如果只需要看到图像内 2 nm 的细节，那么可以使用 200 nm 厚的样品，而且也会被同时聚焦。

如果想看 0.2 nm 尺度以下的细节，需要约 500 000× 的放大倍数，这种情况下通过式(6.29)可以得到焦深为 5 km！如果只需要看 2 nm 的细节，可以使用 50 000× 的放大倍数，焦深为 5 m。无论哪种情况，都有很大的自由度去放置照相底片、CCD 相机（或其他记录介质），因为它在屏的任一边的很大范围内都可以记录到聚焦的图像。这解释了为什么能使用一个通常放在最后一个投影透镜下面的照相机以及标准底片相机下面的 TV 摄像机也能得到聚焦的图像。事实上，如果把 TEM 图像投影到显微镜下方的地板上，TEM 像也可以聚焦（或许 TEM 下面的地板也不是最底层的地板），但 M_T 会有所不同。

现在，如果使用带有 C_s 校正器的 TEM，情况就会复杂一些，因为使用大的聚光镜光阑就会产生大的会聚角（例如在 STEM 中），因此在样品厚度内对束斑的限制就更为严格。这种情况下，可以把电子探针聚焦在样品内不同位置来研究样品厚度内的结构或化学变化，而不用担心减少景深。现在可以考虑克服 TEM 像的投影极限。第一次尝试对样品厚度内特定深度处的单个原子成像已经有报道了。

章 节 总 结

本章介绍了电磁透镜的工作原理，通过简单的光路图描述了它的功能。有两种基本操作：用透镜对物体成像，或用透镜聚焦平行束。后面章节中会看到，第一个操作是在 TEM 观察屏上形成样品的放大像，而且也可以用来在 STEM 或 SEM 的样品平面上形成精细的电子探针（缩小的电子源图像）。第二个操作是在物镜的后焦平面上产生衍射花样。

透镜的性能比较差，导致需要使用较小的限制光阑。透镜像差限制了显微镜的分辨率，因此需要一个最佳光阑来达到最小的分辨率，小光阑削弱了电子束的强度，但也使图像和样品有了较大的焦深和景深。TEM 球差校正器的最新发展将彻底改变本章所写的内容。然而，只有很少量的 TEM 装有球差校正器，所以对于大部分使用者来说，理解透镜和样品对 TEM 分辨率的限制是非常重要的。

并不需要很多技能去使用放大镜，现今的 TEM 制造商们可能也会这么认为。你越了解 TEM，从中得到的信息就越多，产生令人为难的错误的概率也就越小。

参考文献

历史

Busch, H 1927 *Über die Wirkungsweise der Konzentrierungsspule beider braunschen Röhre* Arch. Elektrotech. **18** 583–594. 关于电子束的早期文章。

Hawkes, PW (Ed.) 1997 *Advances in Imaging & Electron Physics Vol. 100：Partial Cumulative Index* Academic Press New York (now published by Elsevier). 很重要的历史参考书。

Hawkes, PW 2004 *Recent Advances in Electron Optics and Electron Microscopy* Ann. Fond. Louis de Broglie **29** 837–855. 全面也很精确地回顾了电子光学和显微镜的最近进展，其中收集了大量参考文献，既有历史上的也有近代的。

透镜和电子轨迹

Reimer 对透镜缺陷进行了总结，并给出了式(6.11)的推导。

Grivet, P 1972 *Electron Optics* Pergamon Press New York.

Hawkes, PW 1972 *Electron Optics and Electron Microscopy* Taylor & Francis Ltd. London. 如果你对电磁透镜的物理感兴趣，那么这本书对这部分内容的阐述特别清楚，还特别讨论了如何考虑很多像差对透镜性能的影响。在分辨率定义中，采用的是 Hawkes 根据最小模糊面给出的清晰论证。

Hawkes, PW (Ed.) 1982 *Magnetic Electron Lenses* Springer New York. 这本书以自己的方式收集了大量的综述性文章，内容丰富，透彻易懂。

Hawkes, PW and Kasper, E 1989, 1994 *Principles of Electron Optics* **1–3** Academic Press New York. 这本书全面深入，第 3 册包括 TEM 中的成像。如果你现在意识到 Hawkes 的书是电子光学信息的来源，那么你是对的。

Klemperer, O and Barnett, ME 1971 *Electron Optics* Cambridge University Press New York.

Munro, E 1997 *Electron and Ion Optical Design Software for Integrated Circuit Manufacturing Equipment* J. Vac. Sci. Technol. **B 15** 2692–2701. 里面有电子通过透镜的更多内容。

Rempfer, GF 1993 *Electrostatic Electron Optics in the 1940s and Today* MSA Bull. **23** 153–158. 是由使用静电透镜的专家写的。

球差校正

新书中会有关于球差的更详细的讨论,特别是你会发现 C_s 最好写成 C_3,这里会有很多 C_s 项,这些参考书中都有介绍。

Chang, LY, Kirkland, AI and Titchmarsh, JM 2006 *On the Importance of Fifth-Order Spherical Aberration for a Fully Corrected Electron Microscope* Ultramicroscopy **106** 301–306.

Krivanek, OL, Delby, N and Lupini, AR 1999 *Towards Sub-Å Electron Beams* Ultramicroscopy 78 1–11. 用在 Nioen STEM 中。

Urban, K, Kabius, B, Haider, M and Rose, H 1999 *A Way to Higher Resolution: Spherical-Aberration Correction in a 200 kV Transmission Electron Microscope* J. Electr. Microsc. **48** 821–826.

分辨率

所有关于 TEM 的书都包括分辨率的讨论,Reimer(1997),Edington(1976),Fultz 和 Howe(2002)以及 Hirsch 等(1977)的书中有一些特别实用的部分。

■ 读到 C_s 限制的分辨率定义时需要注意:(参考第 1 章中的参考书)Sawyer 和 Grubb(2008)以及 Egerton(2005)的书中用的是物平面后面的高斯像半径,与我们用的一样,即 $r_{sph} = C_s\beta^3$。Reimer(1997)以及 Fultz 和 Howe(2001)的书中尽管也描述了高斯像平面,但用的是最小模糊盘直径即 $d_{sph} = 0.5C_s\beta^3$。注意:Edington(1976)和 Hirsch 等(1977)的书中表明 $C_s\beta^3$ 是最小模糊盘半径,而实际上不是,因为根据定义它肯定比高斯像半径小(见图 6.11)。

Sawyer, LC, Grubb, DT and Meyers, DT 2008 *Polymer Microscopy* 3rd Ed. Springer New York. 有很多关于聚合物的经验。

■ 读到景深和焦深时要注意。

Bradbury 等(1989)的书中对景深和焦深进行了清晰的讨论。Reimer(1997)的书中用焦深表示景深,用像深表示焦深,非常不一致!景深和焦深在 SEM 中互用,因为在物和像之间没有透镜。

Bradbury, S, Evennett, PJ, Haselmann, H and Piller, H 1989 *Dictionary of Light Microscopy* Royal Microscopical Society Handbook #15 Oxford University Press New York. 用于和 VLM 对比。

特殊技术

Borisevich, AY, Lupini, AR, Travaglini, S and Pennycook, SJ 2006 *Depth*

Sectioning of Aligned Crystals with the Aberration-Corrected Scanning Transmission Electron Microscope J. Electr. Microsc. **55** 7–12. TEM 中的共聚焦成像。

姊妹篇

景深和焦深的概念在姊妹篇的第 2 章有详细的介绍，书中也会有很多关于透镜光学原理尤其是牛顿透镜方程的内容。透镜可能也会用在 TEM 的其他部件中，例如电子能谱仪或者电子枪中；第 2 章中也有很多关于这方面的内容。四极、六极和八极透镜是球差校正和一些谱仪中非常重要的部件，决定放到姊妹篇中的特殊章节进行详细的介绍。

网址

1. http：//www.opticsinfobase.org/default.cfm. 美国光学学会的光学信息网站；文章和杂志列表。
2. http：//www.mebs.co.uk/about_us.htm. Munro 的公司网站，提供了大量的电子光学商业软件，这对真正的设计人员很重要。

自测题

Q6.1 在 TEM 中如何聚焦像？
Q6.2 磁透镜的行为与哪种类型的可见光学透镜类似？
Q6.3 讲出磁透镜的主要部件以及它们的功能。
Q6.4 什么是磁透镜的前焦面和后焦面？
Q6.5 光轴是什么意思？
Q6.6 磁场中电子受到什么力？怎么控制这个力？
Q6.7 相对光轴，磁透镜对电子轨迹的作用是什么？
Q6.8 为了实现最高放大倍数，样品应该放在物镜的什么位置？
Q6.9 定义"欠焦"和"过焦"。
Q6.10 为什么说物镜是 TEM 中最重要的透镜？
Q6.11 定义最佳物平面。
Q6.12 解释光圈和光阑的不同。
Q6.13 为什么在 TEM 中使用光阑？
Q6.14 引起球差的因素是什么？如何使它最小？
Q6.15 定义色差以及描述怎么使它最小。
Q6.16 引起象散的因素是什么？怎么修正它？
Q6.17 定义 TEM 分辨率(严格地说是分辨能力)。

Q6.18　限制 TEM 分辨率的最终因素是什么？

Q6.19　实际中，是什么经常限制透镜的实际分辨率？

Q6.20　在 TEM 中，什么是景深，如何控制它，为什么它这么重要？

Q6.21　在 TEM 中，什么是焦深，如何控制它，为什么它这么重要？

章节具体问题

T6.1　如果样品非常薄，估算 100 kV TEM 的分辨率极限。假设 $C_s = 1$ mm，$\beta = 110$ mrad。

T6.2　在相同条件下，如果样品足够厚以致每个电子平均损失等离子体能量 15 eV，估算分辨率极限。

T6.3　如果是纯 Al 样品，需要多厚才能使每个电子经历单次等离子损失。（提示：回顾第 4 章）

T6.4　在网上查查商业制造商们给出的 200 kV TEM 的图像分辨率。（查查 FEI、Hitachi、JEOL、Zeiss 的网页）。与问题 1 和 2 的答案相比较。对于具体指定 TEM 分辨率所做的假设，这个习题说明了什么？

T6.5　使用合理的 β_{ob} 和 α_{im} 来推导以下两种情况下的 D_{ob} 和 D_{im}：（a）100 kV 电子，20 K× 放大倍数，1 nm 图像分辨率；（b）200 kV 电子，800 k× 放大倍数，0.2 nm 图像分辨率。

T6.6　检查图 6.9，为什么 **B** 严格地平行于光轴？电子严格平行于 **B** 吗？用图说明你对问题的理解。

T6.7　从图 6.14 的推论过程知道其仅仅适用于平行光。为什么？

T6.8　如果图 6.13 中电子损失能量，为什么它会处于过焦状态？

T6.9　讨论使用法拉第杯测量电子束流的精确性。

T6.10　为什么总是把透镜画成凸透镜？为什么不能利用圆柱形对称透镜建造一个凹透镜？（提示：最近这个问题已经解决了，而且已经成了如何减小透镜球差这个长期问题的解决方法。）

T6.11　按实际比例画图 6.1，假设焦距和物距分别是 3 mm 和 1.5 mm，透镜空隙中的光阑直径是 60 μm，估算 α 和 β 的值，解释透镜的哪一种性质对于真实透镜来说并不是一个好的选择。

T6.12　计算 100 kV 和 300 kV，1 T 磁场下电子螺旋运动轨迹的半径。

T6.13　使用光路图来区分欠焦和过焦状态。通常，无论哪种型号的 TEM 最好是在透镜的正焦情况下使用。能够想出欠焦（或者过焦）有用的情况吗？（参考图 6.4 和图 6.5）

T6.14　为什么要用软铁磁体而不是永磁体来制造透镜？如果真的用永磁

体，在 TEM 的设计上会带来哪些优势呢？

T6.15 为什么必须要冷却透镜？尽可能多的列举不得不冷却透镜的缺点。能想出不需要冷却的透镜吗？能设计出不需要冷却透镜的 TEM 吗？

T6.16 如何补偿因为透镜引起的电子束旋转？为什么需要做这些？

T6.17 区别透镜的最小模糊面、高斯像平面、后焦面以及前焦面，必要的时候请用图表。（提示：可以从图 6.11 开始。）

T6.18 解释（必要的地方用图表）为什么从物体上一点发出的旁轴光线没有受到严重球差的影响，而且仍在高斯像平面被聚焦成一个圆盘而不是一个点？

T6.19 计算球差状态下最小模糊面上像盘半径和高斯像平面上像盘半径。假设所有参数都是合理值，证明你的假设。

T6.20 计算能够使 200 keV 电镜球差最小的物镜光阑的最佳收集半角。阐述所有的假设。TEM 电镜在这些状态下的实际分辨率是多少？

T6.21 如果使用厚样品，TEM 的实际分辨率如何进一步降低？假设所有的电子都损失大约 15 eV，计算期望的分辨率（也就是高斯像平面的最小模糊面圆盘半径）。假设所有参数都是合理值，证明你的假设。

T6.22 为什么术语景深和焦深在 TEM 中有很大的不同？但在 SEM 中可以互换？

第7章
如何"看见"电子

章 节 预 览

为了研究材料的结构，最终从 TEM 中得到材料的图像或衍射花样，需要做的是学习如何操作如此昂贵的 TEM，以及花费数小时用于样品制备等。这些图像和衍射花样只是不同的电子强度分布，首先必须通过某种方式对它们进行观察，然后决定是否需要保存这些结果以供进一步的分析研究，也许还可以打印出来用于演讲、技术报告或科学出版。第 1 章提到过，由于眼睛对电子不敏感，必须通过一定的方式把电子强度分布转化为可见光分布。本章就来说明如何"看见"电子。

这个过程分两部分：首先是图像探测（和显示），其次是图像记录。由于电子成像和存储技术的不断进步，图像的探测和记录这两个领域也都在快速更新，所以在读本章的时候，毫无疑问会有一些过时的内容。特别是目前数字数据比照片数据更普及，那么如何定量地比较两幅图像呢？比较两组数字就成了常见的事情。

7.1 电子探测和显示

正如前面图 2.1 所示，图像和衍射花样反映的是电子被薄样品散射后形成的两种不同的二维电子强度分布信息。用什么方式探测和显示它们，取决于用 TEM 模式还是 STEM 模式，在第 9 章会做进一步解释。对于传统 TEM 模式，因为入射束是固定的，图像和衍射花样都是静态的，所以在显微镜镜筒内可以轻易地把图像和衍射花样投影到观察屏上。例如 TEM 图像是物镜像平面上电子密度变化的模拟图像。在电子离开像平面到被投射到观察屏之间不能以任何方式操纵图像或图像衬度。这里会简单讨论一下观察屏的性质，观察屏原始材料的选择是由制造商决定的，所以你可能认为没有必要去深层次理解这方面的内容，也可能会为某些不必遵循的限制或可以进行的改进感到惊讶。

当使用 STEM 模式或专用 STEM 模式操作 TEM 时，图像不是静态的，而是伴随着很小的探针扫描观察区域后逐渐形成的图像。在这些情况下，可以用不同类型的电子探测器来探测电子信号。如果要探测二次电子(SE)或背散射电子(BSE)信号，探测器要放在样品测角台附近。如果希望得到前向散射的电子所形成的图像，例如在 TEM 荧光屏所看到的情况，探测器要安装在 TEM 观测室里。所探测到的信号通常要数字化，而且数字化的扫描图像作为模拟图像出现在荧光屏上。通常荧光屏简称为"CRT"，它是"阴极射线管"(cathode-ray tube)的英文首字母缩写，是从早期电子物理学中传下来的称呼。现在，将图像或者衍射花样显示在 TEM 镜筒旁受 TEM 主机控制的平面显示器上(甚至可投影在电子显微镜实验室墙壁上的等离子屏幕或者 LCD 屏上)已经变得越来越普遍。

应该指出，扫描图像所具有的这种连续性特征使其很适合进行在线图像增强、图像处理以及后继的图像分析。从任何电子探测器中得到的信号在显示到 CRT 或计算机屏幕之前都可以进行数字化和电子调控，而模拟图像不可能进行这些处理。同时可以调整数字信号来提高衬度或降低噪声，也可以存储数字信息并对它进行数学上的处理。计算机的内存越来越便宜而其运算速度越来越快，使得图像可以在线处理并且从扫描图像中快速提取定量数据。下册第 31 章会对此做进一步的讨论。由于计算机技术的发展，通过 TV 摄像机记录 TEM 模拟图像并对其数字化引起了人们的广泛兴趣，电荷耦合器件(CCD)摄像机已经可以用来对图像进行在线观察和处理，尤其是高分辨 TEM 图像。CCD 技术受到数码相机市场的极大推动且发展迅速，电子显微学家将不断受益于更大的 CCD 探测器的使用。所以本章部分章节会介绍这种对可见光和高能电子同样敏感的 CCD。

要比较探测和记录设备的性质，通常使用"量子探测效率"或 DQE 这个概念。如果探测器的响应是线性的，那么 DQE 可以简单定义为

$$\mathrm{DQE} = \frac{\left(\dfrac{S_\mathrm{out}}{N_\mathrm{out}}\right)^2}{\left(\dfrac{S_\mathrm{in}}{N_\mathrm{in}}\right)^2} \tag{7.1}$$

式中，S/N 是输出或输入信号的信噪比。所以理想探测器的 DQE 为 1，所有实际探测器的 DQE 都小于 1。

术语注释：通常使用一些不够准确的术语去描述如何"看见"电子。因为眼睛事实上看不见电子，必须借助阴极射线发光（CL）现象（在节 4.4 中已经介绍过）使肉眼能间接地看到电子。所有电子显示系统在某些程度上都是基于 CL 现象的，CL 过程是将电子（阴极射线）能量转换为光信号（荧光）。因此，任何电子显示屏都可以发出与落到显示屏上的电子强度成正比的光。一些定义如下：

- 电离辐射引起的光发射称为闪烁现象。
- 荧光过程意味着快发射。
- 磷光现象意味着波长和延迟时间都要长于荧光现象。

所有这些术语在电子显微学中都会遇到（可交替使用，但通常不够准确），因为"荧光屏"上涂了一层长延迟的磷光体（见第 9 章）。

7.2 观察屏

TEM 中的观察屏上涂有一层材料，例如 ZnS，它可以发出波长约为 450 nm 的光。通常会对 ZnS 进行掺杂，使其发出波长接近 550 nm 的绿光。所以你看到的都是深浅不同的绿色荧光屏，选择绿色是因为它位于可见光谱的中间，是最让眼睛放松的颜色。只要放出的光足够强，对观察屏的主要要求就是 ZnS 颗粒要足够小，小到肉眼不能分辨单个颗粒。这意味着颗粒尺寸<100 μm 是可以接受的（尽管通过辅助的聚焦双目显微镜可以看出颗粒大小）。典型的观察屏涂层所用的 ZnS 颗粒尺寸约为 50 μm，对高分辨率的屏，ZnS 颗粒更小，约为 10 μm。

第 4 章中提到，非弹性相互作用的散射截面（大多数信号的发射强度，包括 CL）随电子束加速电压的升高而减小。这样可能认为在比较高的电压下光强会减弱，但这可以通过增加枪的亮度进行补偿。在一些 HVEM 中，小聚焦屏的支撑物是由重金属（如 Pt）制成的，以增强背散射，从而增加屏上光的强度。当然，这种背散射会使光发射处的体积宽化，并使图像模糊，所以并不会得到

太多信息。事实上大多数 TEM 都有相似的屏，观察屏也会发出其他信号，例如 X 射线，无论什么时候看观察屏，都要有铅玻璃保护从而远离致命的辐射流，铅玻璃可以将辐射降低到环境背景值甚至更低。在 HVEM 中，会安装几十毫米厚的铅玻璃，当玻璃变厚时光学透射能力必然会衰减，显然，如果想直接观测观察屏，就没有其他选择。

关于观察屏的注意事项

由于制造商已经选择好了观察屏的材料，所以不必在最佳材料选择上动太多脑筋，但可以注意尽量避免过度曝光来延长它的使用寿命。屏幕损坏的最大来源是穿过薄样品的很强的透射束和衍射花样的中心透射斑。利用在第 9 章将要学到的以下 TEM 操作方法，可以减小对屏幕的损伤：（a）只在选区光阑插入的情况下才进入衍射模式，（b）只在 C2 透镜过焦时才进入衍射模式，（c）尽管采取了以上措施，如果中心斑强度还是很大，那么观察衍射花样时可以插入束遮挡器（但是记录时不用）。

现代 TEM 仍依赖模拟显示屏是很奇怪的，终结它的时代即将来临。最新的 TEM（见图 1.9）就没有观察屏，所有的信息均显示在和镜筒分离的计算机终端面板上。这种设计突破了 70 多年来的 TEM 设计，具有明显的优势。

■ 屋里的任何人（或者实际上通过互联网连接的所有人）均能看到图像和衍射花样，这提供了一种更好的教学环境。

■ 不需要有光射出来用以观察和记录信息。

■ TEM 镜筒可以放置在和操作者不同的房间里，因为操作者的存在必然会降低高性能电镜的分辨能力。

采用数字显示和记录的方式提供了在出版或展示前对图像或衍射花样进行处理以增强或抑制信息的可能性。这里存在明显的科学道德上的考虑，因为科学界希望出版的数据具有足够的背景信息以便于别人重复和核实实验。所以如果对数字图像进行了处理，最好能同时出版没有处理过的数据，从而使别人能够看出你进行了哪些数据处理。在下册第 31 章讨论图像处理时将对这种道德议题和相关话题做进一步的讨论。

7.3 电子探测器

除荧光屏外，还可以采用一些其他方法来探测电子。这些电子探测器在 STEM 和 AEM 中起主要作用（在 SEM 中也一样）。实际上这个问题对 STEM 成像过程很重要，在第 9 章中会说明。这种探测器通常是半导体（Si p-n 结）探测器或闪烁体光电倍增系统中的一种。这里会说明这两种类型探测器的优缺点，并在最后一节介绍 CCD。

7.3.1 半导体探测器

透彻理解半导体探测器的工作原理需要掌握一定的固体物理知识。这里只简要介绍一下探测器的原理，因为它们会影响 TEM 的使用。如果想更深入地学习，可以从 Pierret 的经典教材开始。

如图 7.1 所示，半导体探测器是一种掺杂的单晶硅片（经常不准确地称为固态探测器）。可以通过两种方式在 Si 表面下边形成 p-n 结使 Si 变成对电子敏感的探测器。一种类型的探测器是通过对 Si 掺杂产生 p-n 结（通过离子注入将 n 型杂质原子注入 p 型的 Si 中，或反之），这种掺杂打破了电荷载流子的浓度平衡，在 p-n 结交界处形成一个没有自由载流子的区域，称为"耗尽层"，把导电金属层蒸发到两个表面上形成欧姆接触。另一种类型的探测器为面垒探测器（有时叫肖特基二极管），通过在高阻 n 型 Si 表面蒸镀一薄层 Au 或在 p 型 Si 表面蒸镀一层 Al 制得。该蒸镀的表面层可作为接触电极，同时也在 Si 内部形成耗尽层和 p-n 结。

当把其中一种探测器放入高能电子束中时，大部分电子能量转移到了 Si 的价带电子上，从而将价带电子激发到导带，形成电子-空穴对（参照图 4.8）。可以对探测器外加反向偏压将电子和空穴有效地分开，也就是在 p-n 结的 p 端加一个负偏压而在 n 端加一个正偏压。实际上，由于 TEM 的高能电子束导致大量电子和空穴的形成，无需外加偏压，p-n 结中的内偏置场就可以将电子和空穴有效地分开。因为电子和空穴在 Si 中的运动相当快，只需要几纳秒就可以收集大约 1 μm^2 面积上的大部分载流子。所以半导体探测器对入射电子信号相当敏感。整个过程的最终结果就是将入射电子信号转化为连接在两个表面上的外电路中的电流，如图 7.1 面垒探测器中所示。

由于室温下在 Si 中产生一个空穴-电子对需要 3.6 eV 的能量，一个 100 keV 的电子理论上能产生大约 28 000 个电子，这表明探测器最大增益为 3×10^4，但实际上由于金属接触层的吸收以及 Si 表面电子和空穴的复合（死层区域），探测器实际增益会有所损失，实际获得的增益约为 2×10^4。

这些半导体探测器对于收集和放大电子信号是非常有效的。但不幸的是，它们的固有电容较大，对信号强度的快速改变不是很敏感，这种信号强度的变化在 STEM 成像的快速扫描过程中很可能发生。换言之，半导体探测器带宽很窄（通常为 100 kHz），这一性质使它们不适用于信号强度存在较大幅度变化的情况。可以通过减小探测器面积来降低电容，但这样一来信噪比就会降低，而

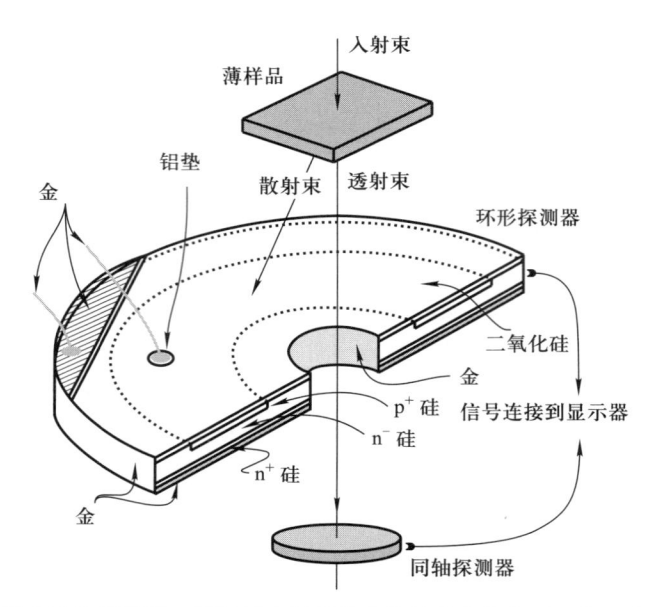

图 7.1 面垒型半导体探测器，可以用来探测前向散射的高能电子，位于光轴的小的圆形探测器探测透射电子，周围同心的广角环形探测器用来探测散射电子。见书后彩图

也正是因为信噪比最终限制了所有扫描图像的质量。

半导体探测器的一些优点：

■ 易于制作加工。

■ 更换便宜。

■ 只要材料平整就可以切成任何形状。

最后的这个优点使得这种探测器非常适合放入 TEM 测角台或镜筒的有限空间中。例如把半导体探测器做成环形，可以使主要的电子束通过其上的孔洞而能有效地探测到散射电子，这样就得到了一个暗场（散射电子）探测器。也可以把探测器分成相互绝缘的两块或四块，这有利于区别不同方向的信号，例如来自磁性样品的信号。

半导体探测器也有一些缺点：

■ 大的暗电流（没有信号入射到探测器时存在的电流），暗电流起源于电子-空穴对的热激发，或有光线落入了未涂层的探测器上。因为 TEM 中的探测器不可避免地有金属欧姆接触，所以光还是一个小问题，因为光不能穿过金属层。目前，也可以通过把探测器冷却到液氮温度来减小热激发，但这种措施不是很实际，会在真空中引入很容易聚集污染物的冷表面，所以还是需要忍受由于热激发而导致的噪声。

■ 噪声是半导体探测器的内在性质，对低强度信号，它的 DQE 很小，但对高强度信号几乎可以上升到 1。

■ 电子束能损坏探测器，特别是在中等加速电压显微镜中。这种情况下，掺杂的 p-n 结探测器灵敏度要低于面垒探测器，因为掺杂型 p-n 结的耗尽层在 Si 中更深。

■ 半导体探测器对低能电子不敏感，如二次电子。

尽管存在这些缺点，这两种类型的 Si 探测器远比将要讨论的另一种闪烁体探测器结实耐用。

7.3.2　闪烁体-光电倍增探测器/TV 相机

闪烁体和荧光屏中发生的阴极射线发光过程类似，当电子撞击时闪烁体也可发出可见光。观察一个静态的 TEM 图时，希望荧光屏在电子撞击后的一定时间内持续放出光，所以选择长延迟的闪烁体。当然，当使用闪烁体探测快速变化的信号时，例如在扫描成像中，希望发射的光能迅速衰减。所以在闪烁体探测器中不使用 ZnS，而是使用其他材料，例如 Ce 掺杂的钇铝石榴石（YAG）以及不同掺杂的塑料和玻璃，这些材料的延迟时间为纳秒量级，而 ZnS 是微秒量级。一旦把入射电子信号转化成可见光，从闪烁体发出的光就可以被光电倍增管系统（PM）放大，倍增管系统通过光纤和闪烁体连接。图 7.2 给出了 TEM 中用来探测二次电子的闪烁体光电倍增探测器的示意图，这种设计和 STEM 中探测初次散射电子的探测器是一样的。

用于 STEM 或 SEM 中的闪烁体表面通常涂有 100 nm 厚的 Al 层，用来反射显微镜中产生的光，使它不能进入光电倍增管中，一旦进入就会给信号增加噪声。如果探测器在显微镜的测角台中，而且如果样品是阴极射线发光体，这些光可能来源于样品本身，或者可能是热电子源产生的光线穿过镜筒后被样品抛光过的表面反射进入探测器。如果在观察室有一个闪烁体探测器，室内光也可能撞击探测器，所以应该盖上观察室的窗口。

闪烁体光电倍增系统的优点：

■ 系统的增益非常高，整个探测系统的增益是 10^n 量级，具体取决于光电倍增器中倍增器电极的数目（n）。增益为 10^8 是很常见的（和半导体探测器的约 10^4 相比）。几种商用闪烁体 DQE 值都接近 0.9，反映了这种探测器良好的性能。

■ 和半导体探测器相比，闪烁体的噪声低，带宽在 MHz 范围，所以低强度图像和 TV 速率的图像都能很容易地显示出来。TV 速率的数字信号成像具有很大的优越性，如果恰当地处理和显示，就可以在正常室内照明情况下观察、存储和记录，也就不必在黑暗中操作（S）TEM 了。

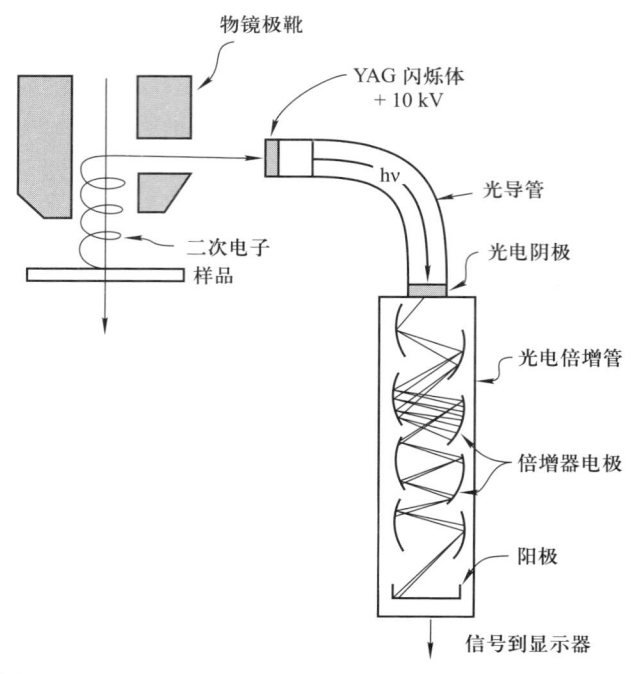

图 7.2 TEM 中探测二次电子的闪烁体光电倍增探测器系统。样品产生的二次电子(SE)向后螺旋通过极靴,被高压加速到闪烁体上,产生可见光,通过光纤输送到光电阴极,将可见光转换成电子。在用于调制显示屏之前,电信号被 PM 管中的几个电极(中间级)放大

闪烁体光电倍增系统的缺点:

■ 闪烁体没半导体探测器耐用,对辐射损伤很敏感,特别是长时间暴露在电子束下时。

■ 闪烁体光电倍增探测器和半导体探测器相比更贵重和庞大,既不适合放置在 TEM 测角台内,也不容易加工成多探测器结构,也比较贵。但塑料闪烁体适合加工成可进行大角度收集的探测器形状,例如在许多 SEM 中使用的 Robinson BSE 探测器。

■ 同半导体探测器相比,闪烁体探测器能量转化效率也是很低的(2%~20%),通常每一个 100 keV 的入射电子只能产生 4 000 个光子,比半导体探测器大约少 7 倍,这种低效率可以由光电倍增管的增益补偿。

总的来说,对 TEM/STEM 系统中多数类型的电子探测更倾向于使用闪烁体光电倍增探测器而非半导体探测器,然而务必注意减小高强度电子束,以免损坏探测器和降低探测效率。因此,当操作闪烁体探测器时要加倍小心。

前面已经提到过,可以不使用荧光屏而直接使用 TV 相机来观察 TEM 图

像。TV 相机具有很多优点，例如，在线观看模糊的 HRTEM 图像（参看下册第 28 章）或者记录动态原位实验（参看下册第 29 章）。同时，从教学角度来讲，实时地将 TEM 图像从观察室（这里只有操作者自己能看清）导出到教室或者实验室计算机屏幕或等离子体显示器上显示，将使教学容易很多。随着对远程显微镜兴趣的增加，TV 摄像机和网络摄像机在 TEM 实验室变得越来越普遍（如网址 1 和网址 2 所述）。装到 TEM 上的 TV 摄像机有模拟和数字两种形式。通常，相机安装在观察屏下方，因此要探测 TV 图像必须抬屏。如果安装有镜筒下置附件，例如 EELS 系统，相机必须侧移。有时相机安置在镜筒内，这样就可以根据需要将其移动到光轴上。

类似的 YAG 基闪烁体 TV 摄像机可以用于对微弱的图像进行图像增强（例如，因为样品容易被电子束损伤而采用低束流技术）。另外，目前可用的广角摄像机可以收集比标准 TEM 相片大得多的图像或衍射花样。然而，最广泛应用的 TV 摄像机仅采用数字探测技术，下面将进行介绍。

7.3.3　电荷耦合器件（CCD）探测器

记录图像和能谱的电子技术已日趋完善，其性能逐渐接近传统的模拟方法。CCD 摄像机正成为实时 TV 记录图像和衍射花样的标准。正如将在下册第 37 章介绍的，CCD 摄像机也可用做二维阵列来并行收集 EELS 和能量过滤像。

CCD 是存储由光或电子束产生的电荷的金属-绝缘体-硅设备。CCD 阵列由成千上万个像素组成，这些像素为单独的电容，通过每个 CCD 单元下面产生的势阱而相互绝缘，所以能收集正比于入射束强度的电荷，如图 7.3A 所示。目前，写作本书时最大的 CCD 阵列为千兆像素（10^9）。这样的系统非常昂贵，因此一般只用于大型天文望远镜中探测微弱的光源。事实上，并没有 CCD 用于电子显微镜中的好的参考书，倒是 Howell 写过一本很好地将 CCD 用于天文学的参考书。如果对数字图像记录感兴趣，这本书可以提供很好的背景材料。

目前 TEM 中的 CCD 最大尺寸是 4 k × 4 k，但这个尺寸会随时间而增加。（也可以用软件整合在一起形成多个 CCD 图像，如果有时间，CCD 本身的大小就不再是一个严重的问题。）尽管通常尺寸在 10～15 μm 之间，单个帧目前可以小到 6 μm。要形成一个图片，必须读取阵列。可以通过改变所加电势达到此目的，电势沿着阵列中的线顺序地将每个势阱中的电荷转移到输出放大器中，如图 7.3B 所示。如果电极设计得好的话，电荷转换效率可达 99.999%。一旦所有的帧都空了，那么阵列就可以重新曝光。这种所谓的"全帧"设计简单耐用，而且还可以提供最好的分辨率和最高的像素密度。

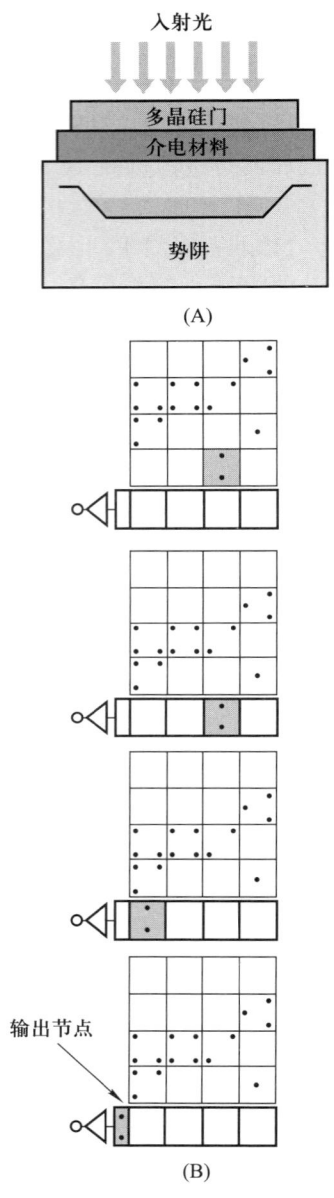

图 7.3 （A）CCD 列阵中的一个存储单元，显示了单个像素下面势阱内的电荷存储。如果顺序改变加在每行像素上的电势，如图（B）所示，一行像素会被转移到平行寄存器中，并且逐像素读出，接着，另一行像素再转移到平行寄存器中，如此反复，每个像素中存储的电荷都被输入到放大器中并被数字化

除了串行读取整帧的 CCD，还可以采用每帧转移 CCD，这种 CCD 可以将整帧传递给邻近的存储阵列，从而将主阵列清空用于收集新的信号流。这种方法允许短的帧时，从而得到更快的图像采集率，但是会变得更加复杂，并且由于需要更多的器件用于存储，将会降低 CCD 的分辨率和增加成本。一般记录 TEM 图像所需的帧时较长，因而通常不需要高的帧转移速率。

读取 CCD 的帧时取决于图像的尺寸和读取探测信号的技术。超高速 CCD 摄像机可以大于 10^5 帧/秒，但是在标准 TEM 中如此高的速率并没有多大用处。然而，值得注意的是，时间分辨的 TEM 是一个越来越重要的领域，在这种专用设备中，就需要超快记录了。通常帧时小于 0.001 s，远小于标准的 TV 速率 0.033 s，可用于原位记录快速过程。但是帧时也可以达到几分钟（例如，用于获取暗的衍射花样中的弥散散射）。显然曝光时间越长，图像越容易受外界的振动、漂移等的影响；所以长的曝光时间并不好，例如收集 HRTEM 图像。

CCD 探测器的一些优点：

■ 在冷却状态下，即使在输入信号很低的情况下，仍具有很低的噪声和较高的 DQE(>0.5)。

■ CCD 动态范围很高，很适合记录强度跨度很大的衍射花样。

■ 对输入信号线性响应，而且对大量像素的响应非常均匀。

CCD 存在一些缺点，尤其是它们的价格，但是就像任何基于摩尔定律的技术一样，CCD 的价格一直在降低。然而，当太多的信号充满像素点，信号就会溢到周围的像素点，也就产生了"开花"这种现象，这是一个问题。这个问题可以通过在装置中构建一种反开花或者溢出排出结构来显著改善。除了这些次要的因素以外，显然 CCD 或其他电子技术最终都会用于记录和存储所有 TEM 图像，衍射花样和能谱。

7.3.4 法拉第杯

在传统 TEM 中，一般不需要测量束流，但在 AEM 中的 X 射线分析中经常需要对比在相同束流下得到的分析结果，这样束流测量就变得很重要。法拉第杯是简单测量电子束中总电流的探测器，不用于任何成像过程，只用来表征电子源的性能，如第 5 章所述。电子一旦进入法拉第杯，就会全部流经测量电流用的附加皮安计而传入大地。

法 拉 第 杯

请记住：法拉第杯是电子的黑洞。

在 SEM 中构建一个法拉第杯比较容易，而设计一个适合放置在 TEM 测角台中的法拉第杯则比较困难。图 7.4A 给出了一个专用的法拉第杯，入口孔径比较小，腔相对很深且由低原子序数的材料构成，以减小背散射。如果将其稍微倾斜，电子被直接向后散射的机会就很小。对于这种测角台，如果能用 SE 或 BSE 探测器对上表面成像就能找到这个孔，如果没有 SE 或 BSE 探测器，就必须有一个在下表面也开孔的法拉第杯。当法拉第杯不倾斜时，电子直接通过孔洞；一旦倾斜所有电子都能被捕获，如图 7.4A 所示。确保所测量的电流为最大值的方法为：调节杯的倾斜程度，同时观测皮安计的读数。某些制造商现在将法拉第杯和样品杆合并，这样就可以通过偏转电子束使其进入法拉第杯或者部分拔出样品杆使电子束落入法拉第杯来测量电流强度（图 7.4B）。

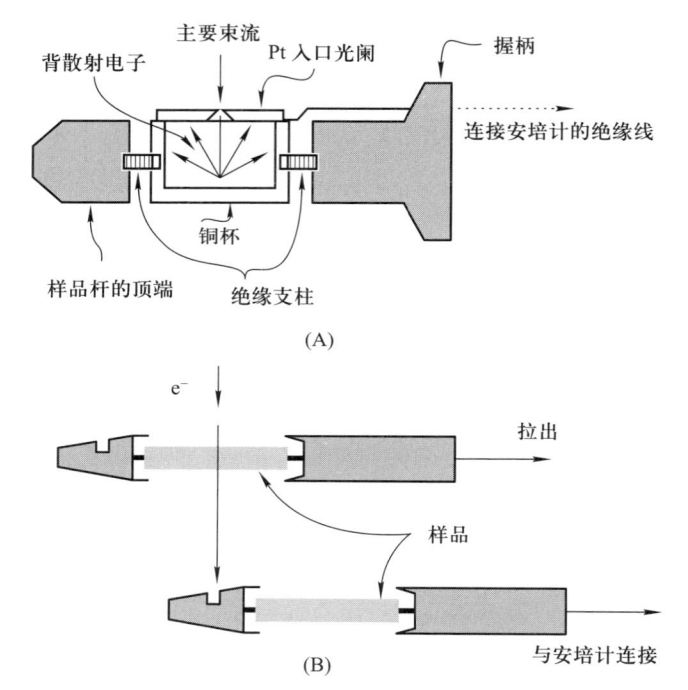

图 7.4 （A）侧插式样品杆顶端专用法拉第杯示意图（样品杆的细节参看第 8 章）。入口孔只可通过二次电子（SE）或背散射电子（BSE）寻找。（B）部分抽出样品杆可使电子进入样品杆顶端的法拉第杯（当然，此时无法观察到样品的 TEM 图像），当电子通过与样品杆连接的皮安计流向大地时，就可以测得电流

如果没有法拉第杯，也可以通过测量样品厚区绝缘线的电流，并且校正电子背散射后，来得到近似的束流值。电子背散射与加速电压无关，在 $Z \leqslant 30$ 的范围内与原子序数近似为线性关系。例如，Cu 的背散射系数大约是 0.3，Al

的大约是 0.15。也可以把电子束偏转到最后一个束限制光圈上（见第 6 章和第 9 章），通过绝缘引线来测电流（也需要做背散射电子校正）。

7.4　对不同信号的探测器种类选择

本章开头提到能探测的电子信号主要都是前向散射的电子（第 9 章会看到正是这些电子形成了最常见的 TEM 图像），BSE 和 SE 信号只能在电子入射的样品表面探测。

半导体探测器只对有足够能量（>5 keV）而穿透金属接触层的电子敏感，所以主要用来对高能的前向散射电子和高能 BSE 电子成像。因为表面接触层的存在，不用半导体探测器对低能 SE 电子成像，需要使用闪烁体光电倍增系统。闪烁体也覆盖有 Al 涂层来阻止可见光产生的噪声，这个 Al 涂层也会阻止低能 SE 电子的探测。所以对于 SE 电子探测，要么没有涂层，要么将电子加速到足以具有穿透涂层的能量，这可以通过对闪烁体施加一个高（>10 kV）的正偏压来实现。

半导体探测器的电容相对较高，所以在专用 STEM 中不用这种探测器，而通常的观察模式是高扫描速率的 TV 图像，也就是说需要反应速度很快的探测器，这种情况下闪烁体光电倍增系统更适用。由于大多数显微镜的扫描图像的显示都向着 TV 速率发展，所以在对前向散射电子的 TEM 成像中，闪烁体光电倍增管的应用可能会日益增多。半导体探测器可能只用于 BSE 成像，这并不是 TEM 主要的成像模式。图 7.5 总结了 TEM/STEM 中的各种电子探测器。在第 9 章将进一步讨论成像方法，并且在下册第三篇将讨论 STEM 中的主要探测器，这种探测器主要收集轴上前向散射电子［称为明场（BF）探测器］，小角度下小于 3°的前向散射［称为环形暗场（ADF）探测器］，或者向高角度散射的电子［称为高角环形暗场（HAADF）探测器］。

有时会研究在电子轰击下自身具有荧光性的样品。在前面第 4 章已经讨论过 CL 现象，在下册第 29 章将给出实例来说明 CL 成像的重要性。用一个镜子把光聚焦到闪烁体光电倍增系统中，图 7.6 给出了一个这样的设计。在这种装置中，结合准直透镜，样品必须移动和倾转直到 PMT 中探测的信号最大。这种装置可以有效阻止其他信号被探测到，包括 X 射线，这是因为镜子占据了 TEM 测角台的所有可用空间。所以必须把 TEM 单独用于 CL 探测而忽略其他信号。全世界也就只有几台这样的 CL-TEM。

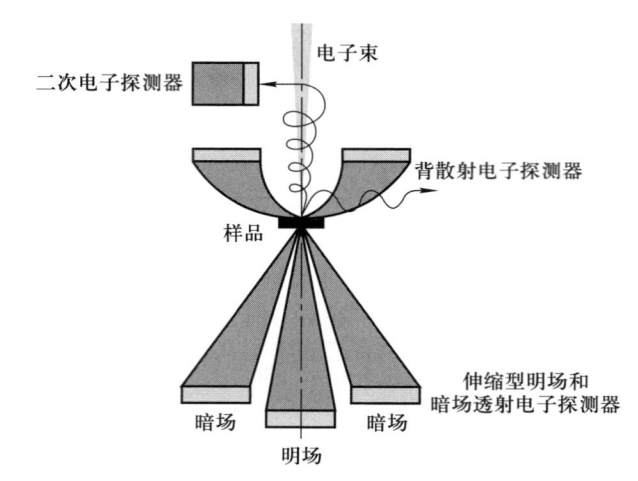

图 7.5 STEM 中的各种电子探测器。闪烁体光电倍增探测器总是用来探测 SE 电子，半导体探测器总是用来探测 BSE 电子。位于光轴上的和环形前向散射的探测器可能是两种类型中的一种，要根据具体电镜而定。SE 探测器很少见，BSE 探测器很浪费时间：只有前向散射电子探测器是标准配置

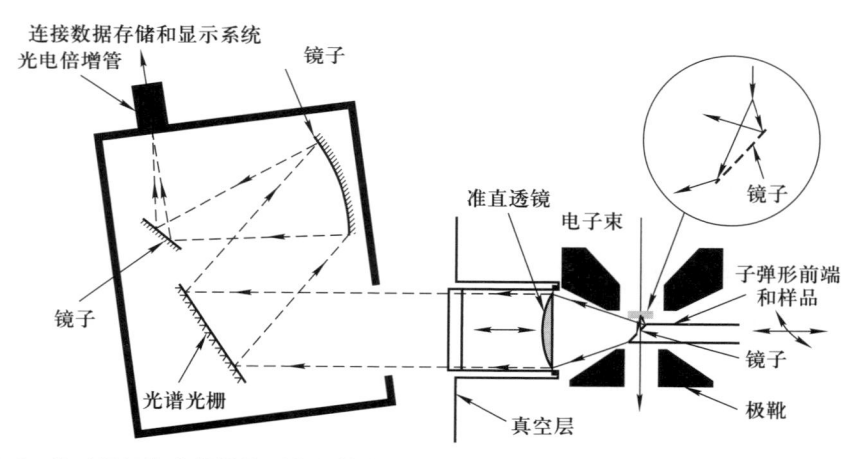

图 7.6 位于阴极发光薄样品下方的镜式探测器的截面图，镜式探测器收集光并通过准直透镜把它聚焦到闪烁体光电倍增系统中。CL 信号通常非常弱，所以探测器要尽可能地大，占据了 TEM 测角台的大部分空间，使得测角台中不可能再有其他探测器

7.5 图像记录

7.5.1 感光乳剂

尽管胶片是最老的记录介质,但它有很多优点,事实上在某些 TEM 中(大多都已经有超过 10 年的历史)仍在继续使用这种胶片。感光乳剂是卤化银颗粒分散在凝胶中所形成的悬浮液。电子撞击到卤化银,将卤化银电离转化成银。乳剂涂在聚合物底片上。与聚合物底片不同的是,早期的玻璃片不会释放气体,而且在预抽或处理的过程中不会收缩。但与聚合物底片相比,玻璃片较重且占据较大的空间,莫菲(Murply)定律意味着最好的底片最容易损坏,因为需要花费更多时间去处理它们。但是很多老电镜学家仍把 EM 胶片称为"底片"。

如果仍要使用胶片,与普通相机的底片一样,也可以选择不同的感光乳剂(因为如果使用 TEM 胶片,可能就会有一台胶片照相机)。可以选择不同感光速率的乳剂,感光快的胶片意味着卤化银粒度较大,因此分辨率较低,通常采用折中的选择。

- 原理上,对于最高分辨率的图像,感光最慢(最小颗粒)的胶片最好。
- 实际上,通常降低曝光时间且选择感光最快的胶片。

通常想降低辐照损伤和由样品/测角台移动(漂移)引起的图像模糊,所以会采用比较短的曝光时间,事实上感光比较快的胶片颗粒大小约为 5 μm,与慢感光胶片的 4 μm 比较,并没有损失太多分辨率。分辨率的损失可以从缩短的曝光时间得到一定的补偿,短的曝光时间会减小样品上的总电子剂量。只有当图像衬度很差时,才可能需要使用慢曝光感光胶片,这个问题在对非晶、生物或聚合物样品成像时比较常见。

尽管乳剂颗粒大小只有几微米,但由于电子在乳剂中的扩散,记录下的图像的实际分辨率比这个尺度还差,实际分辨率可能只有大约 20~50 μm。即使分辨率降低了,在标准 100 mm×100 mm 胶片上存储的信息仍有超过 10^7 个图像元素或像素(柯达底片上有等价于 $1.8×10^7$ 个像素的卤化银颗粒)。尽管动态范围相当有限,胶片还是具有很高的 DQE,这意味着胶片很容易饱和(把所有卤化银变成银),从而完全失去了电子强度和底片亮度的线性关系。我们已经知道,CCD 具有很宽的动态范围,具有线性响应特性,输出均匀,拥有反开花技术,并且最新的 CCD 已经具有 >10^9 的像素。所以,底片时代可能即将终结!

取消 TEM 中的胶片是一种很重要的操作上的改进,因为胶片吸收的水分会降低真空度。

> **感 光 胶 片**
>
> 聚合物底片上的感光乳剂是放入高真空设备里面的最糟糕的东西之一。

乳剂和支撑物释放的气体是设备中碳氢化合物和水蒸气产生的剩余的气压的主要来源，同时也会对样品产生污染。

在 STEM 模式中常用即显胶片来记录 CRT 显示的扫描图像，在一些旧的设备里面目前仍需这种胶片。但是一般来讲，很高兴看到所有类型的胶片都将不再使用，因为胶片均为模拟图像，昂贵，使用肮脏的化学物质，会在 TEM 实验室中产生很多脏东西。同时，也经常会碰到因为没有正确装载胶片而使电镜宝贵的时间白白浪费，并可能导致研究生直接的冲突和争吵。

7.5.2 其他图像记录方法

数字图像可以基于磁学原理在硬盘上存储和读出，或者基于光学方法在 CD 和 DVD 上存储和读取，最近还出现了全息存储磁盘。这些设备使用起来比胶片更便宜和简单，且存储在光盘上的图像即使在几年后也会不随时间衰减劣化。然而，数字存储技术常见的缺点是对于读取特定图像的技术能够持续多久。目前到底还有多少图像是存储在 3.5″软盘上的？很可能不多了！那么压缩的磁盘呢？或许还有很多其他格式都已经不能再读取了。

另外一种图像记录方法是采用 Fuji 制造的图像板，这是一种可以重复使用的数字图像板。这种图像板可以使用、读取、再使用，这就允许数据的在线图像处理。这项技术目前只在医学 X 射线实验室大量使用，而并没有在 TEM 领域使用，主要因为它太昂贵。

要使一幅存储过的图像用于出版发表，还必须以一定方式打印图像，目前仍是以照相的方式为主。然而，目前激光打印机可以提供最高分辨率的图像（1 200 dpi，或 48/mm），这意味着点的大小已经远小于人眼的分辨能力。同样，十几年前人为地对电子图像、衍射花样和能谱图上色技术的出现意味着照相打印方法已经完全过时了，因为实验室中单独对照片进行彩色处理一直都不是很令人满意的。

7.6 扫描图像和静态 TEM 图像的对比

可以选择传统 TEM 模式中生成的静态图像，也可以选择通过电子探测和显示技术获取的数字扫描图像，哪个是最好的？BSE 和 SE 图像只能在扫描模式下形成，而对于传统的 BF 和 DF 图像，哪个更好还不确定，答案在某种程度上依赖于样品的衬度形成机制，在下册第 22 章会进一步讨论。不管使用哪种类型的探测器，扫描图像总显示在计算机屏幕上，这限制了图像中的大量信息。一般来讲，观察所用的显示屏最多可以有 10^3 行，每行上最多可以有 10^3 像素，每一帧能给出的总像素为 10^6。目前，高精确度 TV 显示器能够提供至少每行 1 920 像素和每帧 1 080 行，总的像素为 $2×10^6$。相对而言，直接记录在感光乳剂上的 TEM 图像会有更高的信息密度，在 100 mm×100 mm 的图像上，有超过 10^7 个像素的可用信息。而且，如果扫描图像在合理的时间记录，电子束在图像中每一点上（即在显示器的每个像素上）只能停留很短的时间。每像素典型的驻留时间<<1 ms，这意味着扫描图像的信噪比可能非常低。与感光乳剂相比，低像素密度和短的驻留时间的共同作用，使得 STEM 图像质量普遍比静态 TEM 图像质量差。但由于 FEG(S)TEM 的发展，通过 C_s 校正提高了探针电流，改进探测和显示技术，STEM 数字图像质量可以达到类似的 TEM 图像质量。探测技术的进步面临的主要问题是存取数据的能力，而感光乳剂的显示会逐渐暗淡，慢慢变为棕褐色。

章 节 总 结

令人很惊讶的是对于如此高端的科学设备，TEM 仍处于模拟图像记录的时代，用荧光屏和计算机显示器观察图像，仍然使用胶片记录某些图像。但是，随着电子系统的发展，很多实验室的暗室已经不存在了，电子探测器的整个领域都处于迅速发展的时代。半导体探测器、闪烁体和 CCD 都体现了数字信号收集的优越性，因此图像经过处理后就可以以光或磁的方式存储。正如在 1996 年所说的，"这里关于这些技术的论述会在出版前就过时。"但可以大胆地预期，大部分模拟探测器以及图像和衍射花样的记录与存储最终都会被数字方式所取代，而 CCD 制造商已经宣布了胶片的终结。所以，从 TEM 中得到的将会是数字，但是一定要记住从 19 世纪 80 年代我们就能完全解释胶片上的图像。是否能从 20 世纪 70 年代的计算机穿孔卡片上或者 20 世纪 90 年代的压缩磁盘上读取数据？最后给出一点儿思考：鼓励去读 TEM 最原始的论文，而所有那些图像均为记录在感光胶片上的。

参考文献

对于 SEM，通常的参考书为 Goldstein 等（第三版）和 Reimer 写的 SEM 课本。

这里，其他的参考书也很有趣（通常很有挑战性）。

Chapman, JN, Craven, AJ and Scott, CP 1989 *Electron Detection in the Analytical Electron Microscope* Ultramicroscopy **28** 108−117.

Howell, SB 2006 *Handbook of CCD Astronomy* 2nd Ed. Cambridge University Press NY.

Knoll, GF 2000 *Radiation Detection and Measurement* 3rd Ed. John Wiley & Sons NY.

Pierret, RF 1996 *Semiconductor Device Fundamentals* Addison-Wesley Boston MA.

Reimer, L 1985 *Scanning Electron Microscopy* Springer Verlag New York.

网址

1. http://tpm.amc.anl.gov//.
2. http://telescience.ucsd.edu/gts.shtml.

自测题

Q7.1 如何"看见"电子？

Q7.2 观察屏的涂层通常是什么材料？

Q7.3 如何延长观察屏的寿命？

Q7.4 为什么选择绿光作为观察屏的出射光？

Q7.5 DQE 是什么意思？

Q7.6 CL 是什么？

Q7.7 半导体探测器如何工作？

Q7.8 半导体探测器的优点和缺点是什么？

Q7.9 闪烁体光电倍增探测器如何工作？

Q7.10 闪烁体光电倍增探测器的优点和缺点是什么？

Q7.11 CCD 相机的优点是什么？

Q7.12 法拉第杯是什么？

Q7.13 在 TEM 中，不同信号分别应该用哪种不同的探测器？

Q7.14 感光乳剂是什么？化学过程是什么？

Q7.15 闪烁、荧光和磷光之间的不同点有哪些？

Q7.16 为什么要对 ZnS 基底的观察屏掺杂？

Q7.17 为什么不能像在 X 射线探测器里那样对半导体探测器使用 LN_2（液氮）冷却来减小过大的暗电流？（见下册第 32 章）

Q7.18 给出在 TEM 中使用胶片的一个主要的缺点。

Q7.19　如何解决低图像衬度的样品图像的记录问题？

Q7.20　相对于"扫描"图像，"静态"TEM 图像是什么意思？

章节具体问题

T7.1　为什么在几乎所有的 TEM 中仍然使用模拟的观察屏，而不是使用计算机屏幕来数字化地观察所有图像和衍射花样？移除观察屏的最大的优点是什么？

T7.2　为什么有时仍然使用感光底片来记录 TEM 图像和衍射花样，而不是完全数字化的采集和存储？

T7.3　分析图 7.1，解释为什么这种探测器有利于大角度弹性散射电子成像？

T7.4　为什么这种探测器（图 7.1）不利于对如图 2.13B 和 D 的衍射花样成像？

T7.5　在图 7.1 中，为什么不使用闪烁体光电倍增探测器探测光轴上的直接束的信号？

T7.6　对非常大角度的弹性散射电子成像时，为什么闪烁体光电倍增探测器比半导体探测器更好？

T7.7　上网搜索目前商业的 CCD 相机的最小像素尺寸为多大。这个尺寸和通常的高分辨 TEM 胶片的乳胶尺寸相比如何？

T7.8　上网搜索目前商业的 CCD 相机的最大像素数为多大。这个数目和通常的高分辨的 TEM 胶片的有效像素相比如何？

T7.9　使用 CCD 相机记录衍射花样的一个问题是强的透射束会产生"开花"现象。什么是"开花"现象，如何修正？（提示：上网搜索非/反开花相机。）

T7.10　在 TEM 中，CL 探测器为什么远没有在 SEM 中普遍？（提示：参看图 7.6，考虑 CL 源和 CL 探测器的相对大小。）

T7.11　即使能够使用，为什么不应该在 TEM 中买（或者尝试去使用）BSE 探测器？

T7.12　上网弄清楚你可以看到多少别的实验室的 TEM？你认为通过这种方式能否获得某些益处？你认为能否在远程 TEM 上做自己实验室不能做的实验？

T7.13　为什么在 SEM 中 CL 图像相对来说是一种常见的成像方法而在 TEM 中很少使用？

第 8 章
真空泵和样品杆

章 节 预 览

前面3章分别介绍了TEM的电子源、透镜及各种探测仪器。此外还需要详细了解另外两部分,即盛放样品的样品台和真空系统,如果不认真关注这两部分,得到的实验数据质量会严重下降。没有有效的方法来进一步提高真空度,除非买更好的电镜!很多实际操作过程都会降低TEM中的真空度,造成样品污染。所以也会介绍一些真空泵的基本工作原理和真空系统的组成。尽管大多数TEM的真空系统由计算机控制,但放入电镜中的样品仍会影响到真空度。所以,必须清楚哪些操作过程可能会降低真空度,并尽量避免这些操作。

同标准大气压约 10^5 Pa 相比,一台典型的TEM在样品台处的真空度约为 10^{-5} Pa。值得注意的是,在向TEM传送样品时,样品表面的环境压强在几秒钟内就可以减小10个数量级,达到样品台处的真空度,从而可以把样品送进TEM中。能够快速地传送样品充分证明了 TEM 设计者的技术水平，特别是对样品杆和密封系统结构的设计。跨过这么大的一个真空范围，通过样品杆可以实现对样品的控制。必须通过样品杆来实现对加载在样品上的实验参数的调节，最基本的要求是应该能够横向移动样品来观察不同的区域；并且为了使成像最佳，还应该能够在垂直方向移动样品。此外，还将介绍如何对所研究的材料进行倾斜、旋转、加热、冷却、拉伸以及加偏压。遗憾的是，样品杆同样也会引起样品的振动、漂移和污染，同时可能会产生 X 射线，使自己想要的分析质量大大降低。样品杆的保护是极其重要的，破损或磨损的样品杆都会降低从电镜中得到的数据的质量。如果不小心，价值一万美元的样品杆很容易就能限制数百万美元的 TEM 的性能！

8.1 真空

原子对电子的强烈散射决定了 TEM 的多功能特性以及使用薄样品的必要性。气体对电子的散射也很强，所以无法在空气中将相干性好、可控的电子束发射到较远距离，因此所有的电镜都在真空下运行。这意味着样品必须通过密封系统进入 TEM，因此操作者只能远程控制样品，而非直接控制，这也使得 TEM 的造价很高。除了使电子束不受干扰地通过电镜外，高真空对于保持样品清洁也很重要。由碳氢化合物、水蒸气等造成真空负担加重的污染物引起的样品污染，对于电镜的很多方面来说都是一个问题。一般真空越好，污染就越少，但这里是指污染物的分压而非绝对压强，这一点非常重要。幸好现在大多数 TEM 的真空系统都比较干净，可全自动运行且操作简易。尽管这样，也应该对真空系统及其操作方式有所了解，所以本章会非常浅显地介绍一下真空系统和泵的基本原理。

首先，说明一下通常比较容易混淆的压强单位。压强的国际单位是帕斯卡（Pa），其他常用单位是托（Torr）和巴（bar）。这 3 种单位在 TEM 教材和厂商用户指南中都会遇到，所以需要知道三者之间的换算关系。

本书中主要用 Pa，但由于 Torr 仍是个常用单位，所以有时候会在圆括号内写明近似的 Torr 值，说明它们之间的转换关系。由于涉及的都是非常低的压强，数值都很小，通常总是用"高真空"来描述低压。真空分为粗、低、高和超高真空 4 种。压强在 $100 \sim 0.1$ Pa 之间为粗真空，$0.1 \sim 10^{-4}$ Pa 之间为低真空，$10^{-4} \sim 10^{-7}$ Pa 之间为高真空（HV）。如果压强小于 10^{-7} Pa，则称为超高真空（UHV）。这都是近似范围，不是标准的定义。一台典型的现代 TEM，镜筒内的压强约为 1.3×10^{-5} Pa（10^{-7} Torr），处于高真空范围。UHV TEM 的工作环境压强低于 10^{-7} Pa，而场发射透射电镜电子枪上的真空约为 10^{-9} Pa（约 10^{-11} Torr）。为了使 TEM 中的电子束不被镜筒内的空气分子散射，压强必须小于

0.1 Pa，在早期的 TEM 中使用简单的机械泵就能实现。但由于种种原因需要在更低的压强(更高的真空)下进行操作，这样就需要更尖端、更昂贵的仪器。

压　强

1 Torr 约为 130 Pa。

1 Pa 是 7.5×10^{-3} Torr

1 bar 即一个大气压(约 760 Torr)，相当于 10^5 Pa。

单位名称是托，单位符号是 Torr，但两者都不是国际单位。

$100\sim 0.1$ Pa(即 $1\sim 10^{-3}$ Torr)是粗真空。

$0.1\sim 10^{-4}$ Pa(即 $10^{-3}\sim 10^{-6}$ Torr)是低真空。

$10^{-4}\sim 10^{-7}$ Pa(即 $10^{-6}\sim 10^{-9}$ Torr)是高真空(HV)。

$<10^{-7}$ Pa(即 $<10^{-9}$ Torr)是超高真空(UHV)。

当听到"枪中真空是 10^{-8}"这句话时要注意，并且要记住，其帕斯卡单位符号是 Pa，而托的单位符号是 Torr。

通常先用一种类型的泵抽到低真空范围，再用另外一种泵抽到更高的真空度。TEM 需要一直保持在高真空状态，除非要进行维修或服务检查。如果需要打开镜筒更换样品、电子源或底片，那么就需要通过能独立抽取真空的密封系统来完成操作，随后将对此进行介绍。用于 TEM 的真空泵种类很多，所以在购买电镜时可以按需选择。通常，真空泵越贵，所得到的真空度越高，所以清洁的 UHV 系统都是非常昂贵的。这里把真空泵分为粗真空泵和 HV/UHV 真空泵，接下来会进行讨论。

8.2　粗真空泵

最常见的粗真空泵是机械(转动)泵，由皮带轮带动离心转子作往复机械运动，从进气阀把空气吸入到腔内，再从出气阀排出，如图 8.1 所示。这种泵的性能可靠，价格相对较便宜，只是噪声大，比较脏，只能获得约 10^{-1} Pa(约 10^{-3} Torr)的真空。机械泵应安放在 TEM 房间外，并通过一种不传递振动的管线与镜筒相连。机械泵常用碳氢油(烃油)作为媒质，如果使用这种泵，从泵到真空的管线应该含有一个前级阱来凝结捕获油蒸气，以免沉积在镜筒内。此外，机械泵的排气管道要埋好以免油蒸气泄漏到工作的房间中(可能含有致癌物质)。也可以选择用"干"粗真空泵，它不用油，但这种泵比较昂贵，而且性能不太可靠，真空达不到 10^{-1} Pa。

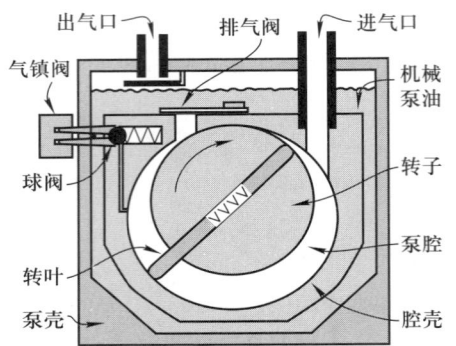

图 8.1 获得粗真空的机械泵。转子离心旋转在 RH 一侧形成真空后从进气口吸入气体，转子不断旋转，关闭进气口，从 LH 一侧的出气口排出空气，在进气口处再次形成真空，如此反复运行。由于转子和泵内壁不断摩擦，就需要用油进行润滑以减小摩擦产生的热。见书后彩图

房　　间

电镜的房间必须非常安静，也不应该感觉到气流的存在。所有带风扇的计算机都应该被取代或者放到房间外面——风扇会使房间里充满热气。所有的显示器都应该是平板显示器。

8.3 高/超高真空泵

8.3.1 扩散泵

扩散泵通过加热片使油沸腾，形成一系列同心的蒸气喷嘴，在油沸腾的过程中把电镜中的空气分子从这些喷嘴中排出，而后把空气分子冷凝在冷壁上，最后用前级机械泵把这些冷凝空气抽出，如图 8.2 所示。使用这种方法来抽取真空貌似并不高效，但事实上扩散泵每秒能抽出几百升的空气，这对抽空 TEM 镜筒相当有效。扩散泵没有可动部件，所以价格便宜且性能可靠，但需要外部的水冷系统来帮助凝结蒸气。扩散泵中唯一可能出现的故障是水冷系统失效和加热片烧坏。由于没有可动部件，扩散泵工作起来没有振动。与机械泵相似，如果油蒸气进入镜筒，油扩散泵也会污染真空。为此，最好使用低蒸气压的非烃合成油，例如 Fomblin™ 或 Santovac™（当然绝不能用硅基油）。在扩散泵顶端安放液氮冷阱可以冷凝残余的油分子，所以扩散泵工作时冷阱中要装满液氮，这样才能保持一个清洁的系统。

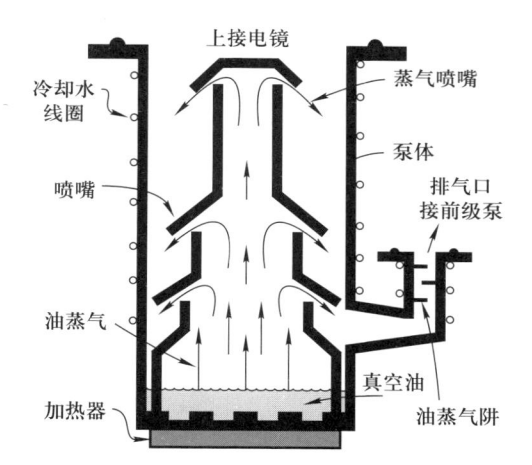

图 8.2 扩散泵工作原理。扩散泵底部的加热片加热合成油使之沸腾，沸腾的油不断蒸发、扩散产生蒸气压，气压迫使蒸气上升到圆筒中部并从几个油孔中排出。油蒸气流把从顶部排出的空气分子带向底部，此时油蒸气冷却而空气分子经级联的机械泵抽出

扩散泵的效率很高，能从大约 10^{-1} Pa 抽到 10^{-9} Pa(10^{-11} Torr)，如果冷阱正常，会保持一个清洁、可靠的 UHV 系统。VG 系列的 UHV DSTEM 仅用油扩散泵就能达到 UHV 环境。

8.3.2 涡轮分子泵

涡轮分子泵，或称涡轮泵，正如其名，是利用涡轮机将电镜中的空气排出。涡轮泵有许多高速运转(通常转速为 20 000~50 000 r/min，甚至更高)的部件，所以与扩散泵相比涡轮泵更容易损坏。涡轮泵结构非常简单，如图 8.3 所示。涡轮泵不用油，所以不会有碳氢化合物污染电镜，最好的涡轮泵(不像早期的涡轮泵)工作起来很安静且几乎没有振动。事实上，现代涡轮泵已经用于预抽测角台，这在低温转移技术中(见节 8.10)是很重要的。在购买涡轮泵时，首先需要确保它的使用不会给 TEM 镜筒造成振动，否则会影响图像分辨率。涡轮泵在环境压强下可以缓慢启动，随着压强降低转速逐渐提高，最终在足够高的转速时提供一个 UHV 环境。然而，通常还需要一个无油机械泵作为涡轮泵的前级泵。

排 气 泵

机械泵、扩散泵和涡轮泵都是排气泵，将空气从泵的一端吸进来，再从另一端排出。

图 8.3 涡轮分子泵(有外套和无外套),主体仅为一个高速旋转的涡轮机。类似喷气机涡轮,从前端吸气,从后端排出。这些叶片设计成螺旋桨状可提高整个系统的气流流动

8.3.3 离子泵

离子泵不用油,所以不会污染 TEM 镜筒,也没有运转部件,完全通过离子化过程排出气体。离子泵从阴极发射电子,这些电子在磁场中螺旋运动(见 6.3 节)并将空气分子电离,电离后的空气分子又被吸附到阴极上。高能气体离子从阴极溅射出钛原子,之后在整个系统中凝聚下来,主要凝聚在阳极柱上吸附气体原子。这样离子泵就有两种排气方式:一种是通过阳极表面的化学吸附,另一种是通过阴极的电吸引。两电极间的离子电流越小,真空度就越低,所以离子泵可以作为自己的真空计。离子泵只能在高真空下有效工作,所以通常只有在扩散泵抽到 $<10^{-3}$ Pa(10^{-5} Torr)以后,才能启动离子泵。一般直接在 TEM 测角台或电子枪腔室里加一个离子泵,以便集中将这些重要部分抽成真空。离子泵在电镜中很常见,特附上其工作流程图,如图 8.4 所示。

8.3.4 低温(吸附)泵

正如其名,低温泵主要靠液氮冷却具有大表面积的分子筛,冷壁能有效地去除气体分子从而使压强由环境压强降至 10^{-4} Pa(10^{-6} Torr)。由于是无油泵,低温泵也常用作离子泵的前级泵,以免油泵中的油回流而导致污染。

在大多数非 UHV TEM 中,也用冷壁来提高测角台的真空度。这种"冷指"或"抗污染装置"可以在不同位置(不仅仅是样品)凝聚真空中的残余污染物。

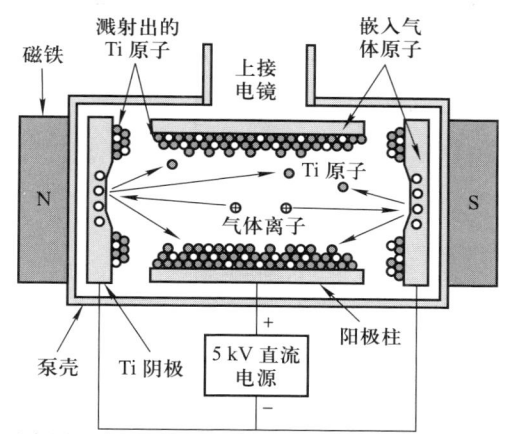

图 8.4 离子泵工作示意图。离子泵俘获被电极上的 Ti 原子层电离的气体原子,一旦被俘获就难以逃脱,除非离子泵关闭

同样道理,如果测角台里抗污染装置允许加热的话,那么加热时会释放空气分子,从而导致样品周围真空度降低,所以必须用另外一个泵把释放出来的气体分子抽走,例如扩散泵或机械泵,否则这些释放出来的气体会降低样品周围的真空,加速样品的污染。

俘 获 泵

离子泵和吸附泵都是俘获泵,运行时吸附空气分子,加热升温或关闭时释放空气分子。

8.4 完整真空系统

如图 8.5 所示,现代 TEM 至少有两个独立的抽气系统:一个抽取镜筒,一个抽取荧光屏和照相室。单独抽取照相室是因为底片是破坏真空的主要原因之一,因为含有 AgI 乳胶颗粒的底片会释放吸附其上的大量空气分子。所以,这部分通常由机械泵和扩散泵级联抽真空,而测角台则用独立的离子泵、涡轮分子泵、吸附泵或它们的级联来抽取真空。如果使用的是场发射枪,需要独立的 UHV 抽气系统来抽电子枪处的真空,该真空抽取系统通常由几个离子泵组成。真空系统的每一部分都需要低真空泵(机械泵或涡轮泵),只有抽到足够高的真空后,HV/UHV 泵才能启动。

如图 8.5 所示,有 3 个由计算机控制的真空阀。

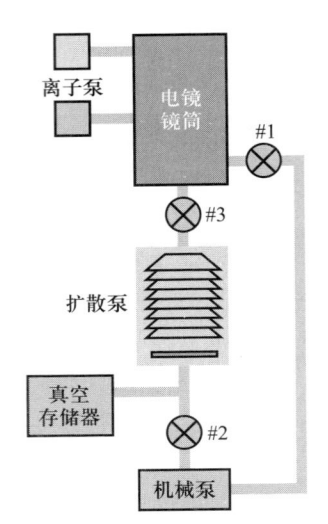

图 8.5 TEM 真空系统的基本原理，通常在 TEM 操作台的显示屏上也有类似的示意图。机械泵可以直接为镜筒抽真空，也可以与扩散泵联级使用，连接在电镜的最底端。离子泵直接与测角台或电子枪区域相连。泵与镜筒以及泵与泵之间通过计算机控制的阀门隔开

- #1 连接机械泵和镜筒（初抽阀）。
- #2 连接机械泵和扩散泵底部（单向阀）。
- #3 直接连接扩散泵和 TEM 镜筒（碟型阀）。

如果从常压开始抽真空，首先得用机械泵抽到压强足够低时才能启动扩散泵，以免加热片氧化。所以该过程要关闭#1 阀和#3 阀，打开#2 阀。

当扩散泵预热完毕后，就可以粗抽镜筒真空：打开#1 阀，关闭#2 和#3 阀。当镜筒内压强足够低时，就可以启动扩散泵。

此时，关掉#1 阀，依次打开#2 阀和#3 阀，这样扩散泵就可以对 TEM 抽真空，在此期间机械泵应当维持在开启状态，为扩散泵提供支持。比较好的方法是在机械泵和扩散泵之间装一个真空存储器，当里边的压强小于 0.1 Pa 时，机械泵关闭，扩散泵把空气抽到存储器里。当存储器里的压强过大时，机械泵会自动开启，对存储器抽真空。

其他的泵也有类似的流程，例如只有当扩散泵把测角台及电子枪处的压强抽到足够低时，离子泵才能启动等。在大多数 TEM 中测角台和电子枪处的真空度要比照相室的高，所以照相室/荧光屏部分和镜筒其他部分之间用一个差动泵光阑隔开（图 8.5 中没标明）。该光阑通常正好与投影镜的后焦面相匹配，因为所有的电子都得通过它，而且后焦面上的衍射花样汇集了所有近轴电子的

运动轨迹。在场发射系统中也有类似的部件把测角台与电子枪隔开，可以在测角台泄漏时保护电子枪针尖。

高质量数字记录设备的出现将不再需要照相室中的底片，由此带来 TEM 真空度的提高比任何抽气技术的改进都要好。

8.5 检漏

正如 Franois Rabelais 在 1534 年所说："大自然痛恨真空"。这就是真空泵需要持续抽气的原因——电镜漏气。有时漏气会很厉害，难以用真空泵维持真空，那么整个仪器的性能就会降低。如果电子枪没法启动，TEM 就毫无用处。在这种情况下，就得找出泄漏源，将其堵上，重新抽真空（这通常是售后服务工程师的工作），但是有些实验室或者用久了的 TEM 并没有服务协议。检漏要用到质谱仪，可以放到电镜的抽气管道中。然后，在认为可能漏气的各个电镜部件附近（比如，测角台的密封圈，用得比较多，通常是容易漏气的地方）释放氦气。小的氦原子比较容易从泄漏的地方渗透到镜筒中，质谱仪就能检测到。当泄漏点确定出来后，就得打开 TEM 更换损坏部件，例如 O 形密封圈。

最常见的泄漏源就是样品杆，O 圈位于侧进式样品杆的轴上（见本章的后半部分），很容易被灰尘或头发丝污染，因为样品杆经常从镜筒中插进或拔出，装卸样品时还要把它放在支架上。一定不要用手触摸 O 圈，不要让 O 圈太干燥，但如果干了（由于没有专人照看电镜），就要在 O 圈上涂一薄层真空脂。

泄漏源修复后，再次抽真空之前，通常烘烤一下镜筒比较好。烘烤的意思是把镜筒内壁加热到 100 ℃ 以上（或在 UHV TEM 中加热到 150~200℃），把由于镜筒放气进入到镜筒内的残余水汽和碳氢化合物烘干，否则它们会残留在镜筒内。通常，可以在不开冷却水的时候对透镜进行烘烤（在操作之前需和制造商仔细核实），有些情况下在镜筒周围还装有特殊的加热面板。烘烤也会导致其他泄漏，因为整个系统会先膨胀而后收缩，所以有时检漏与修复是一个反复循环的过程。对于 UHV 系统，就必须通过烘烤达到极限真空，烘烤温度越高越好。

然而需要注意的是，有些 TEM 的附件如 XEDS 和 EELS 系统，不具有与镜筒同样高的烘烤温度。

8.6 污染：碳氢化合物和水汽

正如本章开篇所描述的，真空（或者是镜筒里的任何东西）是污染的来源之一。真空泵油中残余的碳氢化合物会在电子束的轰击下裂解。含碳化合物会沉积在精心减薄好的样品上，使得高分辨成像和微区分析变得更加困难。所以一个清洁的真空系统（碳氢化合物的分压应小于 10^{-9} Pa）是很有必要的。幸运的是，大多数现代 TEM 几乎没有污染，特别是在真空泵上使用合成油及合适的冷阱（见 8.12 节）。

然而，即使花费很高的代价获得清洁的真空系统，污染还是会发生，这主要是通过密封圈来自样品的污染。可以通过加热台或者预抽室里的卤光灯把样品加热到 100 ℃ 以上，也可以把样品放在冷台上降到液氮温度来减小污染。如果能用无油泵抽取预抽室的真空也是有用的。最近已经证明了，在样品插入 TEM 之前对样品和样品杆进行等离子清洗是确保样品清洁的一种有效方式（8.12 节将作详细介绍）。

聚合物和生物样品很容易引入碳氢污染物，因为这些样品在真空里很容易释放气体，所以比较明智的是冷冻这类样品（由于加热或等离子清洗都会破坏这类样品）。然而，冷冻样品时样品表面会吸附水汽并凝结成冰。所以，要先装载好样品，然后在开启电子束之前在 TEM 里冷却样品。真空中一个比较低的水蒸气偏压显然是很重要的，在把样品从电镜里取出之前也要先把冷冻样品加热，否则一到常压下这些样品就会立刻结冰（除非在那种非常干燥的冬天）。在关于样品杆的章节中会有更多这方面的内容。

除样品外，操作者本身也是一个主要的污染源。注意千万不要触碰任何进入真空系统的组件，例如样品、微栅、样品杆（杆上 O 圈的前端）、固定样品的螺丝、替换光阑、新的灯丝、替换韦氏极以及 XEDS 和 EELS 系统的各种组件等。无论什么时候装样都要戴上橡胶手套，不要对着样品杆或样品呼气。样品杆和样品应保存在含有干燥剂（例如硅胶）的干燥箱里，干燥剂需要经常更换。刚换上的底片需要放在真空干燥器里预抽（有时候和 TEM 整合在一起，但最好在另外的地方预抽）。但是如果能不用胶片最好别用。类似这种简单的预防措施通常就能极大地减少对样品和电镜的污染，由此带来的最大回报就是能得到高质量的 TEM 数据。

8.7　样品杆和测角台

为了观察样品，需要把样品装载在样品杆上并一同插入 TEM 的测角台里。因此，在 TEM 中有不可分割的两个关键部分，即样品杆和测角台。本节重点是样品杆，但测角台也很关键，设计合理的测角台对计算机控制的 TEM 很有必要，这种设计已用于实践中。

冷阱、冷指或低温片是测角台的重要部分。理想情况下，冷指应当完全包围样品，使样品周围处于冷抽状态。然而，冷壁通常由黄铜做成，能产生杂散的电子和 X 射线，这对分析电子显微镜（AEM）很不利（见下册第 33 章），所以，对于 AEM 这些冷壁叶片应该是可以去掉的。

X 射线衍射仪使用测角仪来支撑和倾转样品。TEM 也一样，传统的 SEM 使用样品托架，在上面固定样品，这样可以把样品放置在靠近物镜的地方。然而，一些高分辨 SEM 所用的样品杆非常类似 TEM 的样品杆，这是因为样品必须插在透镜之间，而不是下面或外面。

TEM 的样品杆很重要，因为样品要放在物镜间，而物镜的各种像差决定着 TEM 的分辨率。

历史上，电子显微学家对样品杆的设计有两种不同方案，在这里或其他地方所阅读到的内容都带有很强的历史背景。

■ 传统的侧插式样品杆是杆状的，其上装有马达来驱动样品的倾斜和旋转，导线将其连接到电源、控制箱或者液氮杜瓦瓶上。

■ 传统的顶插式样杆台是筒状的，由上到下插到 TEM 透镜中，在实验的时候会与外界完全隔绝。

实际上容纳样品的小槽直径为 2.3 mm 或 3.05 mm，所以样品或支撑微栅也必须具有同样尺寸，第 10 章会有介绍。使用这种尺寸也是有部分历史原因的。顶插式样品杆中的样品和杆的一部分需要与物镜上极靴孔相吻合（见图 6.7 和图 6.8）。显然样品必须要比极靴孔径小。所以，最初的顶插式样品杆使用的都是比较小的样品。

> **单词"传统的"**
>
> 样品杆在不断变化，新的制造商和新的性能正在不断涌现。理想情况下，样品杆插入 TEM 后就不应该移动。

侧插式样品杆用途更为广泛，它们的出现使电镜可以第一次使用更大尺寸的样品。然而，侧插式样品杆通过一个很长的杆把样品与外界直接相连，这样一来既不方便也不稳定，而且在很多情况下是不必要的！理想情况下，侧插式样品杆应该把样品留在测角台上，不与外界相连，所有的操作都应通过测角台本身来实现，而不是样品杆。随着测角台的计算机控制程度变高，正在逐步接近这种理想情况。

8.8 侧插式样品杆

侧插式样品杆现在已成为标准样品杆，尽管近几年它们在设计上有了根本改变。传统设计如图 8.6 所示。其关键部件为：

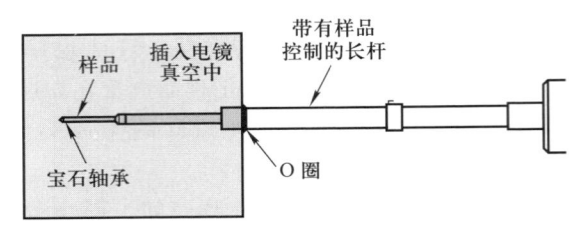

图 8.6 测角台中的侧插式样品杆的主要部件。样品被固定在样品杆一端的槽里。样品杆一端装有宝石（通常为蓝宝石）与测角台上的宝石轴承啮合，使得对样品的操作更加平稳。样品杆中含有 O 环的一端被密封到真空里，对样品的操作是在镜筒外部通过对样品杆的控制来实现的。（样品位置参见图 8.8~8.11）

■ *O 圈*：与电镜镜筒机械连接的一种部件。为提高真空，有些样品杆有两个 O 圈，两圈之间的部分独立抽取真空。

■ *宝石轴承*：这是另一个与镜筒的机械连接。推动该轴承就可以使样品前后、左右移动。就像 O 圈一样，必须保持轴承清洁，否则样品会不稳定。

■ *样品槽*：用来直接盛放样品，这样就会在镜筒内产生杂散电子和 X 射线。所以分析电镜样品杆上的样品槽是由 Be 制成的，以减小 X 射线的产生，否则会影响微区分析。

■ *固定环或螺丝*：用来固定槽中的样品。该环（图中未给出）也可能是由 Be 制成的，且需精心设计，必须紧紧固定住样品（这样，例如磁性样品，就不会被透镜磁场吸引而离开样品槽）。然而，环（螺丝）的固定过程不能过于困难，否则会在样品上施加过大的压力，从而导致脆性样品破碎。有两种固定环：螺丝环，易于操作，不会弄坏金属样品但会破坏陶瓷样品，因为在装载样品时会引入切应力；弹簧夹，对于初学者而言很难掌握，但实际上在装载样品时弹簧夹更容易控制。所以建议熟练的操作者最好用弹簧夹来固定陶瓷样品。不幸的是，没人用 Be 制造弹簧夹。

在最新的设计中去掉了宝石轴承，所以样品杆只有一个支点支撑。

8.9 顶插式样品杆

顶插式样品杆使用得越来越少，因为顶插式样品杆不能在 TEM 中进行 XEDS 分析，而且，设计样品操作性（如对样品进行旋转或者拉伸）比较好的样品杆很困难。由于顶插式样品杆没有直接与外界相连，其最大的优点就是样品漂移很小，所以早期 HRTEM 都使用这种样品杆。而如今几乎所有 400 kV 以下的 TEM 都使用侧插式样品杆，只有 DSTEM 仍然用顶插式(底插式？)设计。

顶插式样品杆的另一个缺点就是物镜极靴孔必须不对称(有一个上极靴和一个下极靴)，这限制了透镜设计，从而实际上也限制了其极限分辨率。图 8.7 为该样品杆的结构示意图。

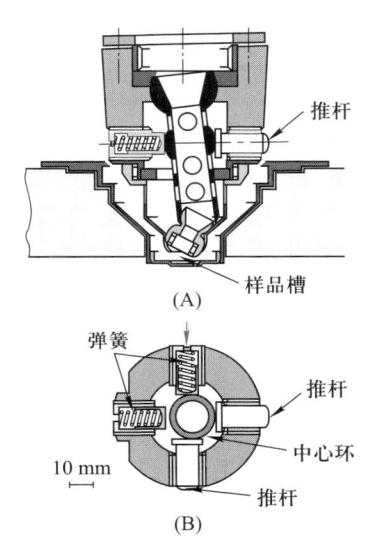

图 8.7 顶插式样品杆。(A) 侧面图。(B) 俯视图。锥形筒与物镜极靴的锥形间隙孔吻合，样品位于镜筒底部的小杯槽中，入射电子束会通过这个锥形。简单的操作诸如倾斜或旋转都需要很复杂的机械设计，由于样品位于筒的底部，完全被极靴包围。对于倾转样品来说，例如(A)所示，需要按下推杆以便在两个正交方向挤压弹簧，使环在镜筒周围偏移(B)，这样就使样品槽发生倾斜。见书后彩图

8.10 倾斜和旋转样品杆

假如刚开始接触 TEM，会惊奇地发现 TEM 的一个特征就是样品杆种类繁多。图 8.8 给出的是各种不同设计的侧插式样品杆。

■ *单倾样品杆*：这是最基本的样品杆，初学者都应该用它来练习。它只能绕着杆轴旋转。单倾杆相对便宜、耐用，在衍射衬度的研究中通过样品倾转也能得到很多有用的数据。

■ *速换样品杆*：它也是一种单倾样品杆，用杠杆臂来固定样品，该杠杆臂可以抬升或降低。不会在样品上产生很大的应力，但也不能把样品固定得很牢。所以不要用来夹持磁性样品，但对于陶瓷样品则是不错的选择。可以用各种护圈来替换图 8.8(最下面)中的固定夹，形成一个多用途样品杆。

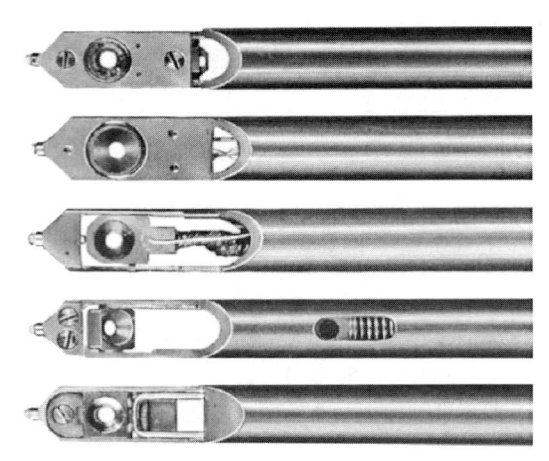

图 **8.8** 几种不同设计的侧插式样品杆。从上到下依次为旋转样品杆、加热样品杆、冷冻样品杆、双倾样品杆以及单倾样品杆

■ *多样品杆*：这通常也是一种单倾杆，但一次可以装载多达 5 个样品，如图 8.9B 所示。此外还有双样品双倾样品杆(图 8.9A)。如果不擅长样品制备或者是想在不关闭电子束时比较同一条件下的不同样品，那么这种样品杆会非常有用。然而，如今除了在一些 UHV 电镜中此类样品杆比较有用以外，现代 TEM 更换样品都很方便，因而很少使用这种样品杆。

(A)

(B)

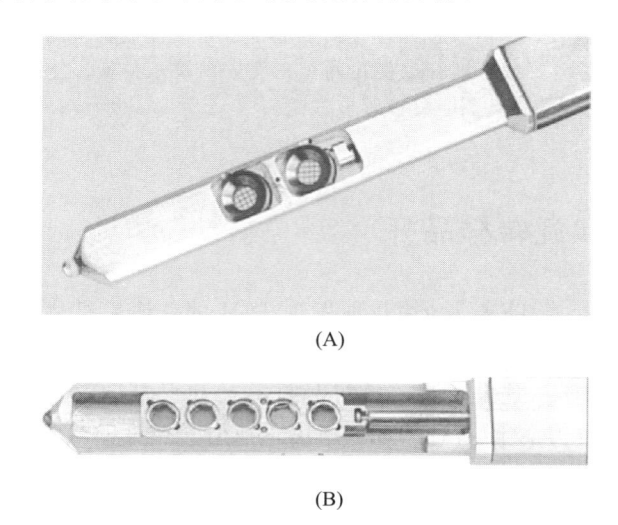

图 **8.9** 多样品杆：(A)可装载两个样品的双倾杆，(B)可装载五个样品的单倾杆

■ *块材样品杆*：这种样品杆用于表面成像和衍射，例如在 STEM 中利用

SE 或 BSE，或者在 TEM 中用反射电子衍射和成像（详细方法请参考下册第 8 章）。块材样品要比一般的 3 mm 样品大（通常约为 10 mm×5 mm）。所以如果能制成这样大尺寸的薄样品，这种样品杆的取样区域就会比较大（图 8.10）。

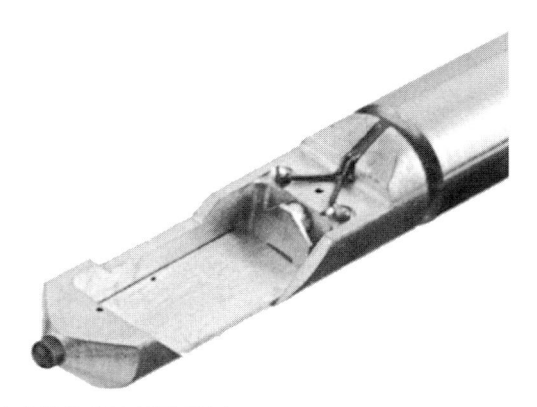

图 8.10 能装载大尺寸样品的块材样品杆

所以不要总认为样品尺寸只局限于 3 mm！

■ *双倾样品杆*：由于能够灵活地控制样品取向，这是最常用的样品杆。这种灵活性对于晶体样品成像和衍射研究非常重要。其倾斜轴固定在两个正交的方向。在有些双倾杆的设计中，已放置样品的样品槽可以取下来，这意味着可以再次插入样品槽，样品仍保持相同取向。假如样品很结实，那么这种特性相当有用。

■ *倾斜-旋转样品杆*：通常喜欢平行于倾斜轴（沿着样品杆）来转动样品，该样品杆恰好能满足这个要求。这也是侧插式样品杆的主要优势之一：因为倾斜轴总是平行于样品杆，所以通常可以进行大角度的倾转。

■ *低背底样品杆*：样品槽和固定弹簧夹都是用 Be 制成的，以最大限度地减少轫致 X 射线和特征 X 射线的产生，从而能够满足 XEDS 研究的需要。该样品杆可以是双倾或者单倾，同时也可以冷却样品。

■ *三维重构样品杆*：这是一种全新设计的样品杆，样品可以倾转整个 360°。非常适用观察针状样品（例如 AFM 或者原子探针的针尖）。

8.11 原位样品杆

为了在 TEM 观察中能够改变样品条件，已经发展了一些特殊的样品杆。换句话说，在 TEM 里面可以对样品做一些实验（例如加热、冷却、拉伸、扭转、压缩等）。

■ *加热样品杆*：在传统的透射电镜中这种样品杆能加热到 1 300 ℃ 左右，这个温度可以通过装在样品槽上的热电偶来测量。在高电压电镜中，由于其极靴间隙较大，从而能加热到更高温度。在加热样品杆中标定温度时要尤为仔细，而且必须记住不同的样品会对应不同的温度。同时必须保证所研究的材料不与样品杆发生反应而形成共晶合金！如果形成共晶合金，熔点比较低，很可能把样品和杆的一部分沉积到物镜上，假如电镜对中做得好，还可能掉到观察屏上。

■ *冷冻样品杆*：这种样品杆可以达到液氮温度或液氦温度，既有单倾杆，也有双倾杆。由于其表面污染较小，因而是 XEDS、EELS 和 CBED 研究的最佳选择。同时不仅是原位研究超导材料的必备附件，也是研究聚合物和生物组织的理想工具。但应该注意，冷冻样品杆就像一个小的吸附泵一样，实际上很容易吸附污染物。因为必须要改变样品相对周围环境的温度，所以会引起样品的漂移，需要一定的时间才能使整个系统稳定下来。FEI 公司的 Polara 是冷冻样品杆的一个改进，适用于特定的测角台，它的最大优点是样品杆的顶端与样品杆是分开的。

■ *低温转移样品杆*：通常一些样品要在低温液体、乳胶及组织中制备。该样品杆能够把这些冷冻样品转移到 TEM 中，而不会出现空气中的水蒸气在样品表面结冰的现象。

■ *拉伸样品杆*：这种样品杆是把样品两端固定，通过压力传感器或者螺纹装置在其中的一端加载载荷，如图 8.11 所示。样品通常处于一定的张力下，两固定点中间的样品会变薄（图 8.11 中的插图）。摄像机是必不可少的附件，有了它可以很容易实时观察位错运动及断裂的动态变化等。可以通过改变载荷大小来研究循环过程和张力的变化规律，而且应变率也是一个很容易控制的变量。图 8.11 中配有加热炉，所以样品在加载载荷情况下也可以同时加热。使用压电驱动可以使这种样品杆得到很大的改进。

■ *探针样品杆*：这种样品杆就像用于 TEM 的 AFM 样品杆。在 TEM 中利用这种样品杆去激励样品，就像 AFM、STM 或压头，从而观察其产生的效应。

■ *电子束诱导电流（EBIC）和阴极射线发光（CL）样品杆*：EBIC 和 CL 的显著特征就是有电信号的馈通，这样可以通过在样品表面施加偏压来控制半导体或特定矿物样品中电荷的复合。

注意：加热和拉伸样品杆得到的是薄试样的特性，并不一定可以代表块材性能，所以在使用这类样品杆的时候要特别小心，结果分析必须谨慎。在加热引发相变的过程中，表面反应通常会占主导。在某一温度下表面也会阻止在块材中可能发生的晶界迁移。很明显，在外加应力作用下，缺陷运动也会受到很大影响，因为块材中的三维应力场与减薄样品中差异很大。

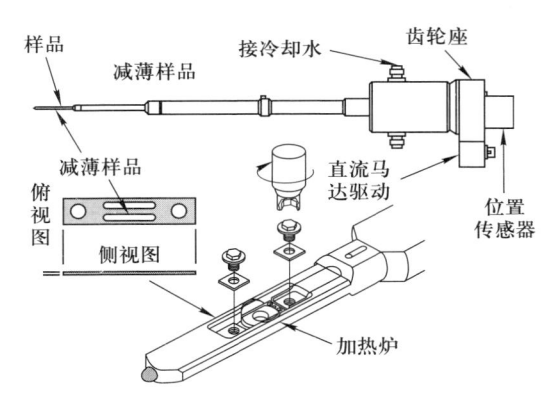

图 8.11 同时配有拉伸和加热部件的侧插式样品杆。插图中的样品看上去像小型的拉伸样品，可通过六角螺丝固定在两端。杆中有螺纹可以取出样品，加热炉装在样品中央薄区周围

使用较厚的样品，在高电压电镜（HVEM）或至少在中等电压电镜（IVEM）中观察样品，能够一定程度上克服这些问题。在整个原位研究的领域，特别是加热或拉伸实验中，很适合使用这类电镜（详见 Butler 和 Hale, 1981；以及下册 29.12 节）。然而，在该类电镜中高能电子可能引入各种晶格缺陷，从而影响到所要研究的实验现象，例如电子束诱导空位能很轻易地改变扩散相变动力学。

也有可能在顶插式样品台中进行类似操作，只是操作更为复杂，费用更为昂贵。图 8.12 所示的顶插式样品台装有加热-拉伸样品杆，能在高达 2 300 K 的温下操作。该样品杆用同轴 Ta 管支撑钨丝加热，如图所示。该样品杆用于 3-MV 型号的电镜中，对应的样品直径为 5 mm。更大的样品直径意味着这种样品可以像小的拉伸样品一样形变，而且样品不易损坏。

在某些特殊的应用中，需要把样品杆和测角台进行组合优化。图 8.13 就是例证之一，它结合了低能电子衍射（LEED）和 TEM 的俄歇分析来进行表面研究。过渡腔中装有离子枪，进行表面分析之前用来清洗样品表面，然后才能把样品放进 TEM 镜筒里进行透射研究。类似的过渡腔在分子束外延（MBE）或热蒸发生长薄膜的设备中很常见，用于在样品生长薄膜之前清洗样品。

用高加速电压的原因之一是为样品-测角台区域提供更大的空间，这样即使在 400 kV 的电镜中也可以安装小型的差分泵环境室。这种环境室特别是与加热样品杆结合使用时可以进行侵蚀、催化降解等原位研究。

开发新的样品杆以及它们在原位研究中的应用将是 TEM 中最令人兴奋的课题之一，这部分内容将在姊妹篇中进一步阐述。

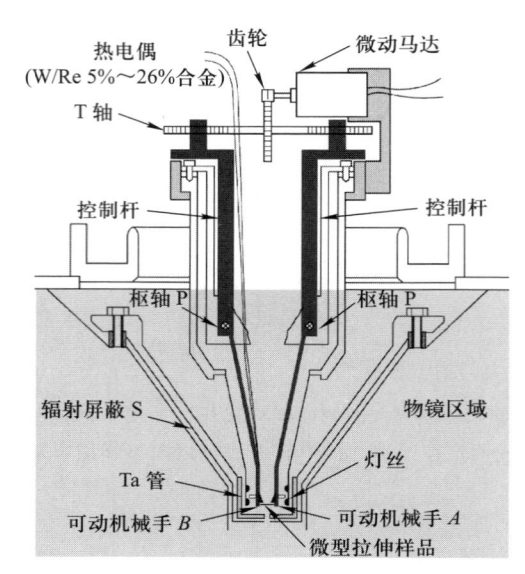

图 8.12　配有加热-拉伸功能的顶插式样品杆，该样品杆在 3 MV 的 HVEM 中可加热到 2 300 K

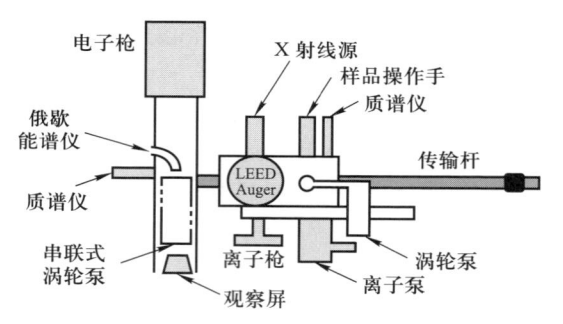

图 8.13　日立 H9000 UHV TEM 结构示意图。该仪器装有过渡腔，配有 LEED、俄歇谱仪和用来清洗样品的离子枪，这样可以在 UHV 下对 TEM 样品进行表面分析。样品杆传送样品时必须经过预抽过渡腔，样品在转移到镜筒之前在过渡腔中进行离子清洗

8.12　等离子清洗器

等离子清洗器在 30 年前就有了，它可以去除表面污染物和改变表面（例如改变湿度）。现在市场上都将它做成一个小箱子（如图 8.14A 所示），通常能容纳一个样品杆，样品杆在插入 TEM 之前，先在等离子腔里清洗，如图 8.14B

所示。等离子清洗器已经在改善/清洗玻璃表面、半导体及其他陶瓷、金属甚至是聚合物和生物材料上使用了很长时间。开发等离子清洗器清洗 TEM 样品杆(插入 TEM 真空腔部分)，特别是对已装到 TEM 样品杆上的样品的清洗，是近几年才出现的，但它的可能性是显而易见的。通常，这种清洗对小探针 AEM 是非常必要的。大多数电子束的污染是来自样品，而不是"脏的"真空。

(A)

(B)

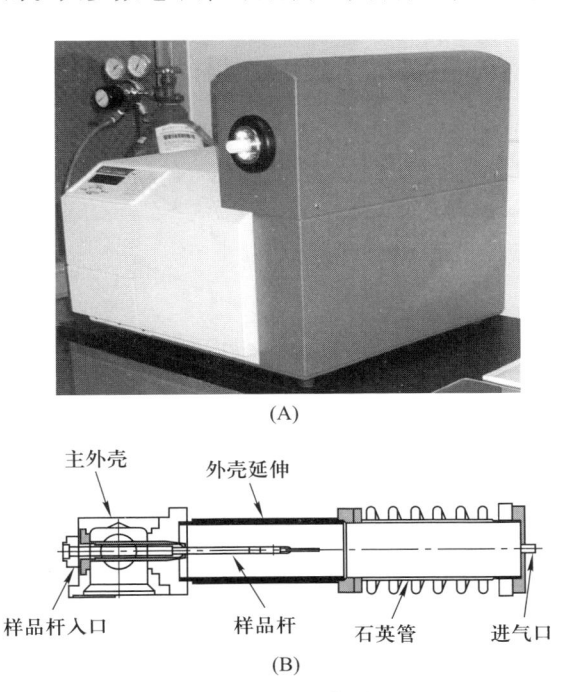

图 8.14 等离子清洗器。(A)实例。(B)结构示意图

尽管等离子体发生的过程是很复杂的(就像等离子体本身)，但基本思路就是去除样品表面的碳氢化合物污染物，如图 8.15A 所示。由高能电子和离子组成的等离子体轰击表面并打断 C-H 键，在短时间内，对样品表面本身是不会有影响的，因此碳氢化合物逐渐变成小分子并在清洗器的真空腔内被抽走。虽然生产商通常对等离子气体作了限制，但使用者依然可以选择不同的等离子气体。尽管原理上有很多气体可以使用，O_2、N_2 和 Ar 还是最常用的等离子气体。图 8.15B 中给出的是使用氧等离子体的效应：在电子探针下，它降低了污染的产生速率；氧活性气体的作用与在离子减薄中使用碘的情况类似。

区域 3

区域 1

100 nm

(A)

区域 2

300 s Ar

600 s Ar

900 s Ar

300 s O

(B)

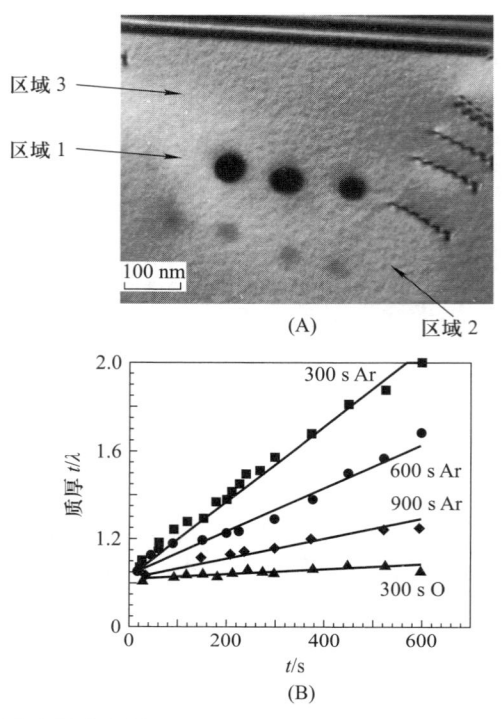

图 8.15 利用等离子清洗器清洗样品表面，减少由聚焦电子束引起的污染。(A) 区域 1 是样品清洗前的状况。区域 2 和 3 (看不见的) 是分别经 5 min Ar 等离子体清洗和随后外加 5 min 的氧等离子体清洗。(B) 样品污染物的生成速率；外加的氧清洗总是减小污染速率

章 节 总 结

  TEM 中真空和样品杆是最容易影响样品的两个部分。要想从 TEM 中获得更多高质量的数据，操作时就得特别小心。真空系统通常是自动运行的，所以不必进行过多操作。但如果粗心大意则很容易破坏真空；例如没有预抽底片。不要触摸任何插入真空的部分（包括样品杆）。实际上，对待样品杆就应当像对待稀世珍宝一样，其实样品杆中的确含有两颗人工合成的宝石，其成本就相当于几克拉钻石了！（也许比同质量的黄金还要值钱。）

  目前可用的样品杆的种类很多，用 TEM 观察的同时可以对样品进行很多材料科学实验。但在研究晶体材料时，最常用的操作仍然是两正交方向的倾转，使不同的晶面与电子束平行。在读完第二篇和下册第三篇（甚至下册第四篇）时，就会明白这点为何如此重要了。

参考文献

如果有时间，还有很多电镜相关的历史值得去探究。为什么样品的直径是 2.3 mm 或 3.05 mm？为什么要讨论装载样品？在很多情况下，这些历史阻碍了我们，但我们通常没有认识到为什么！

真空

更详细的参考文献列在姊妹篇的原位 TEM 一章中。有关 TEM 真空技术更完整的阐述，请阅读 Bigelow 的书或者 O'Hanlon 的使用手册。

Bigelow，WC 1995 *Vacuum Methods in Electron Microscopy in Practical Methods in Electron Microscopy* **15** Ed. AM Glauert Portland Press London. 一本必要的参考书。

O'Hanlon，JF 1981 *A User's Guide to Vacuum Technology* John Wiley and Sons New York.

样品杆和原位技术

Butler，EP and Hale，KF 1981 *Dynamic Experiments in the Electron Microscope in Practical Methods in Electron Microscopy* **9** Ed AM Glauert Elsevier Amsterdam.

Watt，IM 1985 *The Principles and Practice of Electron Microscopy* Cambridge University Press New York. See appendix 1.

Komatsu，M，Mori，H and Iwasaki，K 1994 *Design of a Hot Tensile Stage for an Ultrahigh-voltage Electron Microscope and Its Application to In Situ Deformation of Sapphire at 1620 and 1720* K J. Am. Ceram. Soc. **77** 839–842. Illustrates the use of temperatures as high as 2300 K.

Valdrè，U and Goringe，MJ 1971 in *Electron Microscopy in Material Science*，208–254 Ed. U Valdrè Academic Press New York. This article gives a detailed description of several TEM holders.

姊妹篇

有关样品杆的完整章节包含在姊妹篇中，特别关注了原位实验的样品杆。

自测题

Q8.1 扩散泵如何工作？

第 8 章　真空泵和样品杆

Q8.2　机械泵如何工作？

Q8.3　涡轮分子泵如何工作？

Q8.4　离子泵如何工作？

Q8.5　低温泵如何工作？

Q8.6　如果关注 TEM 中来自泵的污染，应该使用哪种泵（考虑装在哪里和为什么）？

Q8.7　TEM 中哪里最容易出现漏气，为什么？

Q8.8　列举一种查找泄漏源的方法。

Q8.9　哪种样品会引起污染，如何能避免这种污染？

Q8.10　个人如何会在电镜中引入污染，如何能阻止这种污染？

Q8.11　概括侧插式样品杆的优点和缺点。

Q8.12　为什么 TEM 的顶插式样品杆不受欢迎？

Q8.13　什么是高真空（给出带国际单位的数值）？

Q8.14　什么是超高真空，为什么值得花很多钱去买一台超高真空 TEM？

Q8.15　TEM 中哪类样品杆灵活性最大？

Q8.16　为什么要烘烤镜筒？烘烤时为什么要仔细操作？

Q8.17　样品杆中典型的样品槽尺寸多少？

Q8.18　为什么不制作大直径的薄样品？

Q8.19　使用拉伸样品杆有什么缺点？

Q8.20　为什么需要冷却样品？

Q8.21　有时候在样品插入 TEM 时，什么东西能比样品产生更多的污染并降低真空？

章节具体问题

T8.1　怎么样可以注意到 TEM 中存在漏气（不看真空计）？

T8.2　为什么烘烤既可以改善真空，又能引起更多的漏气？

T8.3　用图表说明（像图 8.5）以下情况如何组合使用高、低真空泵来联合抽电镜的真空：(a) 暴露在大气中（例如需要维修）；(b) 插入样品后真空下降；(c) 更换底片后真空下降。

T8.4　复制图 8.1，然后删除转叶上的圆盘，将圆盘和转叶放在抽气腔的不同位置，来说明空气如何从电镜中抽出（进入进气口），然后又如何从抽气泵中排出（通过出气口）？

T8.5　估算 10^{-3} bar 和 10^{-6} bar 真空下每立方毫米里的原子数，然后估算达到这两种真空度分别需电离多少 Ti 原子数目。说明任何假设并要求简明扼要。

T8.6 从稳定性(力学、热学等)、多功能性、成本等角度比较顶插式样品杆和侧插式样品杆。

T8.7 在什么情况下使用单倾斜外加旋转的样品杆?

T8.8 为什么要选择 Be 来制作分析样品杆,而不是更轻的金属或更重的金属(如 Mg)?使用 Be 的潜在问题有哪些?

T8.9 不同于大多数 TEM 的低真空,对 UHV 系统,测角台和样品杆的制造的主要问题是什么?

T8.10 为什么难以制造在极高温度或极低温度下操作(不同于电镜的常规操作)的样品杆?

第 9 章
设备

章 节 预 览

前面 4 章已经完整地介绍了透射电镜的所有重要组成部分。接下来需要了解电子枪(第 5 章)、透镜(第 6 章)、探测器/显示屏(第 7 章)和样品杆(第 8 章)是如何组合成为一台显微镜的。同光学显微镜(VLM)一样,也很容易把 TEM 分成 3 部分:照明系统、物镜/测角台和成像系统。照明系统包括电子枪和聚光镜,其作用是从电子源获取电子并将这些电子照射到样品上。照明系统有两种基本操作模式:平行束和会聚束,平行束主要用于 TEM 成像和选区衍射(SAD),而会聚束主要用于扫描成像(STEM)、X 射线与电子能谱分析以及会聚束电子衍射(CBED)。

物镜和样品杆/测角台系统是 TEM 的核心部分。这个关键部分通常位于 TEM 中心约 10 mm 的区域内。所有电子束与样品的相互作用都发生在这里,且 TEM 的两个基本操作也发生在这里,即形成各种像和衍射花样,之后被放大以便观察和记录。显然物镜是

TEM 中最重要的透镜，因为它的质量决定着所要观察样品的所有信息的质量。由于磁透镜存在各种固有缺陷，样品必须放在非常靠近物镜中心的位置。这就对操作样品和接收各种信号产生了制约。但是，前面已经多次提到，可以在镜筒中插入复杂的像差矫正系统来克服诸多限制透镜性能的缺陷。然而，只有那些最昂贵的 TEM 才装配了这样的系统。

成像系统是通过几个透镜来放大由物镜产生的像或衍射花样的，并且使它们在荧光屏上聚焦或者通过 CCD 或 TV 摄像机等探测器在计算机上显示。把放大透镜称为中间镜和衍射镜，而把最后一个透镜称为投影镜（把像或衍射花样投影在荧光屏或探测器上）。因此无论是否放置样品，所有的 TEM 操作都会涉及在某种形式的观察屏上观察电子。在许多现代 TEM 设备上都有对应聚焦、放大和衍射的按钮（或者是计算机屏上的滑动选择项）。从外观上看，照明系统、测角台、成像系统这 3 部分通常被称为镜筒。本书中涉及的电子在镜筒中的传输方式都是从上至下，这是大多数（而非全部）TEM 的构造。

本章的目的是介绍 TEM 镜筒中诸多透镜各自的基本功能，这样当"按下按钮、旋转旋钮、拖动鼠标"时对显微镜内部各透镜的状态就会有一些感性认识。对 TEM 操作理解得越多，就越能保证得到最好的结果。

本章不会专门说明如何操作一台具体的 TEM，因为要达到相同目的，不同的制造商可以在 TEM 镜筒中选择不同的方式来操作诸多的透镜、光阑和偏转线圈等。因此这里只介绍一般性的特定操作步骤，读者还需要学习 TEM 操作手册才能掌握所有的基本操作。

9.1 照明系统

照明系统是从电子枪发射出电子并将电子以发散束或聚焦束（通常称为"探针"或"点"电子源）的形式照射到样品上。我们可以认为，这两种情况分别是泛光灯和聚光灯照明条件。第 5 章已讨论过电子枪如何产生电子源的像（称为交叉截面），这个交叉截面是照明系统中第一聚光镜的成像对象，而照明系统包括多个聚光镜（称作 C1、C2 等）。下面将讨论照明系统的两种不同成像方式：形成平行束（尽管几乎不可能真正平行）或会聚束（可能有发散）。

9.1.1 平行束的 TEM 操作

传统 TEM 模式中，在适当的放大倍数下（20 000×～100 000×）通过调节聚光镜（C1、C2）可以得到直径几微米的平行电子束来照射样品。如图 9.1 所示，C1 透镜首先形成电子枪交叉截面的像。当电子源为热电子源时，原始的交叉截面直径可能有几十微米，所成的像可以缩小一个数量级或更多，而当电子源为 FEG 时，电子源的尺寸可能小于需要作用在样品上的束斑尺寸，所以可能需要放大交叉截面（因此聚光镜不是总起到会聚作用！）。要形成平行束，最简单的方式是减弱 C2 透镜使之形成 C1 交叉截面的欠焦像（目前使用的 TEM 的聚光镜都多于两个），如图 9.1A 所示。回忆 6.2.4 节及图 6.5 的内容，透镜要么处于聚焦状态要么处于散焦状态，而每种模式都很有用。在散焦状态时，如果透镜很强，称之为透镜过焦，交叉截面位于像平面之前；如果透镜过弱，称之为透镜欠焦，交叉截面位于像平面之后。注意，欠焦状态样品处的电子束平行度要比过焦时好。

会 聚 角

α 很小，本书所画的光路图中都夸大了这个角度。

图 9.1A 中的电子束并不严格平行于光轴，这种情况下，$\alpha < 10^{-4}$ rad（0.005 7°），这样的电子束可以认为是平行束。

STEM 和 AEM 中需要用到很小的电子束斑时，物镜上极靴可以当做聚光镜 C3 使用（见下面两节），用来控制照射到样品上的电子束，如图 9.1B 所示。此时，聚焦 C2 透镜可以在上物镜极靴的前焦平面（FFP）上形成像（交叉截面的

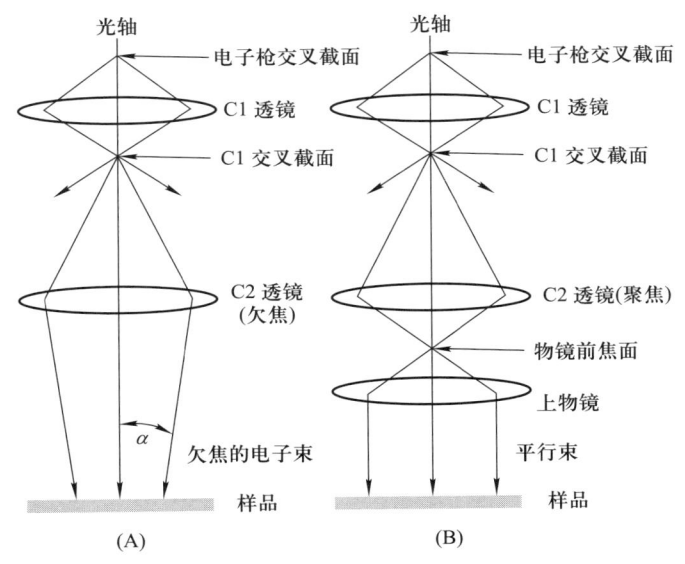

图 9.1 TEM 中的平行束操作。（A）基本原理图，只利用 C1 和欠焦的 C2 透镜。（B）大多数 TEM 的实际情况，利用 C1 和 C2 使电子源所成的像位于上物镜的前焦面上，这样在样品平面上就会形成平行束，因此上物镜有时称作 C3 透镜

像），之后通过上物镜作用产生平行束。几乎所有用于材料表征的 TEM 上都配有所谓的聚光物镜（c/o 镜）系统，而在专用的 STEM 以及大约 1980 年之前制造的和主要用于生物样品成像的 TEM 上没有 c/o 镜系统。在 9.1.3 节中将看到 c/o 镜系统会使电子光学复杂化。

要获得非常锐的选区衍射斑点（SADP）（第 18 章）和原则上最好的经典图像衬度（下册第三篇），平行束照明是非常有必要的。实际上解释经典图像时通常也是假设电子束是平行的。通常要将 C2 欠焦使入射到样品上的照明区域覆盖整个荧光屏。为了保持照明区域恰好覆盖整个荧光屏，放大倍数越高，越要增强 C2（使电子束平行度降低），这样样品上被电子束照射的区域就会减小。

经典？平行？

经典（传统或常见）意味着按照波或电子束的形式考虑，平行束照明并不是真正平行，只是会聚程度较低。

在平行束 TEM 模式下，如要用于形成衍衬像和 SADP 时，通常不需要改变 C1，因此 C1 位于制造商推荐的适中设置上。唯一的一个变量是 C2 光阑，小光栏可以减小作用在样品上的束流。然而，如果用较小的光阑就会减小电子束的会聚角，也就会使电子束更加平行，如图 9.2 所示。

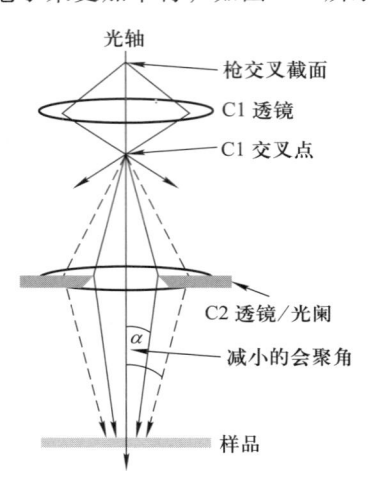

图 9.2　C2 光阑对电子束平行度的影响：光阑越小，电子束平行度越高，到达样品的电子总数越少（即减小束流）

9.1.2 会聚束(S)TEM 模式

有时需要提高电子束的聚焦程度,使样品某些特定区域的电子束强度增加。接下来讨论通常采用的几种方式。

如果想使样品的照明区域最小,可以简单地通过 C2 透镜聚焦而非散焦来实现,并且会在样品上形成 C1 交叉截面的像,如图 9.3A 所示。这样可以通过观察电子源的像来调整电子源的饱和度(图 5.5B 和 C)或测量束斑尺寸(5.5.4 节)。当 C2 处于这样的聚焦状态时,电子束平行度最低,会聚度最高。而荧光屏上电子束照明强度会最大,图像衬度就会降低,一些 SADP 会扭曲。理想情况下,对于常规的 TEM 操作,样品应该足够薄而不需要再调节 C2 聚焦,但实际上,会发现总是需要通过 C2 聚焦来补偿厚样品中较低的电子束透射率。

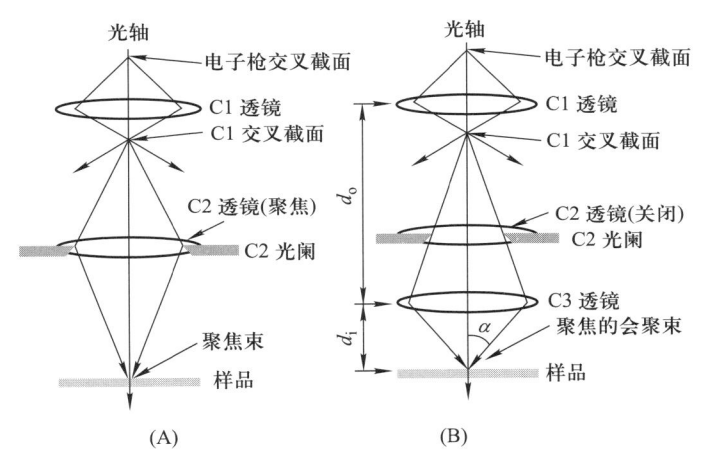

图 9.3 TEM 中的会聚束/探针模式。(A)基本原理:聚焦的 C2 透镜产生的非平行的会聚束作用在很小的样品区域内。(B)大多数 TEM 中的实际情形:把上物镜极靴当做 C3 透镜使用,会形成非常小的探针和比较大的会聚角。注意此时 C2 在光路中不起作用(实际上是关掉的)。d_o/d_i 的值越大,电子枪交叉点成的像越小

有时需要特意地在样品上形成聚焦的会聚束。那么可以使用另一种基本方式来操作照明系统:会聚束(探针/点)模式。使用这个模式时,不会立即看到样品的有用图像,而且电子束的会聚破坏了相干度和图像衬度。所以要看到图像,必须使用扫描的电子束。照明系统的这种操作模式对 STEM 和 AEM 而言是标准模式。

> **探　针**
>
> 会聚束相当于一个探针。当希望获得来自局域样品的信号时，就会使用这种探针，例如在 XEDS、EELS、CBED 和 HAADF 中会用到。

如果有 FEG，可以用 C1 和 C2 聚光镜将电子束会聚到埃量级的探针。但是，使用热电子源时不可能仅用两个聚光镜(如图 9.3A)就能将比较大的热电子源交叉点会聚成尺寸小于几个纳米的探针。因此，为了得到尺寸远小于 1 nm 的探针用于分析或其他功能，通常的办法是引入 C3 透镜或 c/o 镜。只有当物镜是由两个拥有独立线圈的分离的极靴组成时才能这样做，然后我们就可以使上物镜强度远高于一般程度，并减弱或关闭 C2，如图 9.3B 所示。此外，C1 必须强激发，使电子枪交叉截面的像离 C3 很远。这样 C3 的像距(d_i)就远小于物距(d_o)，就可以把 C1 交叉截面缩得很小[见式(6.2)]。

从图 9.3B 中可以看出，尽管 C2 关闭了，C2 光阑仍控制着作用到样品上的电子束的会聚角(α)。与平行束模式一样，C2 光阑越小，会聚角就越小。之后在第 20 章会看到，在 CBED 和 XEDS 及 EELS(见下册第四篇)中进行束斑尺寸的精确测量时，选择合适的 C2 光阑至关重要。一些 TEM(如 FEI 和老式 JEOL)使用双缝 C1 聚光镜(在制造商提供的手册中检查自己的 TEM 状态)，这些 TEM 中 C1 聚光镜只有一个线圈却有 4 个极靴，因此在透镜孔形成两个交叉。另一些 TEM(例如，Akashi 002B、JEOL 2010、Hitachi 8100 以及一些晚期的 TEM)中是 3 个独立的透镜。没有额外的交叉，不可能形成小于约 10 nm 的探针。增加一个聚光镜能使探针尺寸缩小到原来的大约 1/10。尽管只使用两个聚光镜(C1、C2)，却至少有 3 个交叉。由此可见，聚光镜的构造比图 9.3B 所示的基本原理要复杂得多。一台 TEM 装配的透镜越多，光路越灵活，因此能执行的操作也越多。

在会聚束 TEM 模式中，C1 的作用与在传统的平行束 TEM 模式中的完全不同。C1 用于控制作用在样品上的束斑大小。如图 9.4 所示，C1 较强时束斑较小，C1 较弱时束斑较大。此种区别是因为增强 C1 就会缩短的 d_i，这样就增大了用于形成束斑的 C2(或 C3)透镜的物距 d_o，于是就增加了缩小倍数(请注意，这只是非常简化的原理图)。

9.1.3　聚光物镜

最初在建造会聚束 TEM 时，不可能把物镜设计成既能产生平行束又能产生会聚束的透镜。因此，改变操作模式时需要更换极靴，这给操作带来很大的不便。20 世纪 70 年代中期，发明了聚光/物镜(c/o 透镜)系统，解决了这个问题。在 c/o 透镜系统中，物镜极靴之间的磁场很强(~2 T)。这个强磁场具有双重功

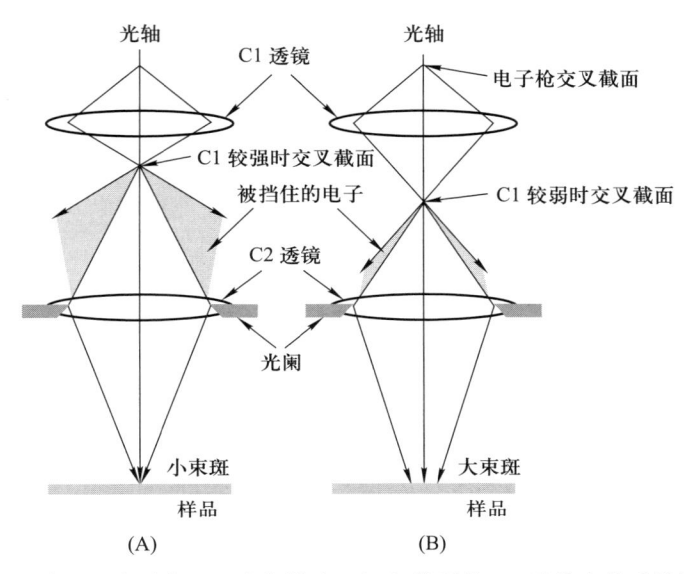

图 9.4 C1 透镜的强度对束斑尺寸的影响。(A) 较强的 C1 透镜会使后续透镜(C2 或 C3) 产生更大的缩小倍数，从而在样品上得到更小的电子束斑。(B) 较弱的透镜会产生较宽的电子束。注意改变 C1 的同时也会改变被 C2 光阑挡住的电子数目，这部分电子不会对到达样品处的束斑产生贡献

能：一是作为聚光镜把电子束会聚到样品上，即前文所述的聚光镜系统中的 C3 透镜；二是与普通透镜一样，当电子束到达样品后起聚焦作用。电子束穿过 c/o 透镜时几乎从不平行。因此，在 C2 和物镜之间引入一个额外透镜，如图 9.5 所示。这个额外透镜是一个小透镜(在 Philips/FEI 设备中叫做 twin lens)，是 STEM 和分析型 TEM(即所有的用于材料表征的 TEM)中的标准配置。专用 STEM 所有的成像和分析均使用会聚束，不会用到平行束成像，而在不使用小透镜时，c/o 透镜与物镜的作用基本相似。然而，当一台 TEM 既有平行束模式又有会聚束模式时，加上小透镜，可以在物镜的 FFP 处形成一个交点，从而抵消 c/o 透镜的会聚作用。此时，FFP 相当于 c/o 透镜中起会聚作用的部分。与普通物镜(见图 6.5)不同，c/o 透镜过焦时形成平行束，如果感到还存在疑惑，再看图 9.5。

---

c/o 透镜

早期的 TEM 没有 c/o 透镜，欠焦时在样品平面形成的平行束的平行度比过焦时好。而物镜是 c/o 透镜时的情况则不同，过焦时获得的平行束的平行度更好。

从图 9.5 可以看出，随着 C2 强度的改变，通过 c/o 透镜与小透镜的联合作用，可以得到不同的光路。随着 C2 的增强，到达样品的电子束从平行变成会聚再到发散最后回到平行。因此，通过 C2 与 c/o 透镜的共同作用，改变 C2 强度就改变了作用在样品上的探针的聚焦，进而改变 STEM 像和 CBED 花样的聚焦情况，也改变了 XEDS 和 EELS 的空间分辨率。具体细节将会在下册第四篇中介绍。在会聚束模式下，两个透镜控制着聚焦，这使操作变得复杂，需要特别注意。在平行束模式下，只需控制物镜（下极靴）就可使图像聚焦（见 9.3 节），而不需要改变照明系统光路。

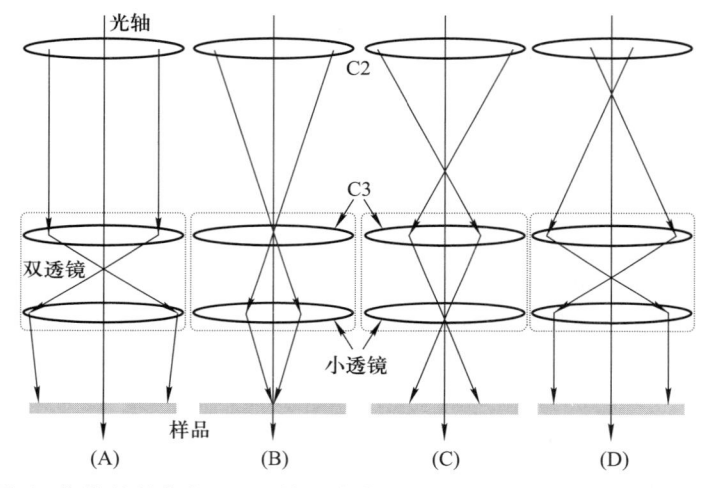

图 9.5 聚光/物镜的操作与 C2 透镜强度关系。随着 C2 增强，到达样品的电子束（A）近似平行，（B）会聚，（C）发散，（D）恢复平行。随着 C2 增强，其交叉点上移，C3 的交叉点位于小透镜上方，其位置取决于光路的会聚程度

最近的探针式 TEM 可以在一个特定的 c/o 透镜励磁状态下操作，此时在 TEM 模式中 STEM 探针可以在荧光屏或计算机显示器上成像。c/o 透镜同时聚焦和成像是一种非常有限的状态。（查找手册学习怎样设置这种状态。）否则，物镜将处于错误的激励状态，电子束按相反的方式改变，当你希望电子束会聚度增加时，它反而会减小，而且探针中的电子分布会发散成很大的光晕而不是一个很好的聚焦点。因此，在会聚束模式下需要找到正确的操作方式。

在 c/o 透镜中，尽管会聚角可以有效地降至零，电子束穿过强激发的上物镜极靴时电子是螺旋通过的，而不可能是真正的平行束。然而在早期的 C1/C2 传统光路中，物镜前场不太强，螺旋度减弱很多。因此，引入 c/o 透镜操作后会导致图像衬度的变化和一些其他效应。这些在 Christenson 和 Eades 的书中有很好的讲解。

9.1.4 平移和倾转电子束

有些操作需要在样品上平移电子束（例如，将微小的电子束移动到感兴趣的区域进行微区分析）。同样，有时需要使电子束倾转以偏离光轴，使它以一定的角度照射到样品上［例如用特定的衍射斑来形成中心暗场像（9.3.3节）、空心锥像/衍射（9.3.4节）、旋进衍射（18.8节）］。平移和倾转操作对于保持电子束平行于光轴是必不可少的。两种操作都是通过改变电位器（称之为扫描线圈）的电流从而产生一个局域磁场来偏转电子束（而非聚焦）。镜筒里有数个扫描线圈，一些用于平移电子束，另一些用于倾转电子束。用来说明平移和倾转过程的光路图如图9.6A和B所示。

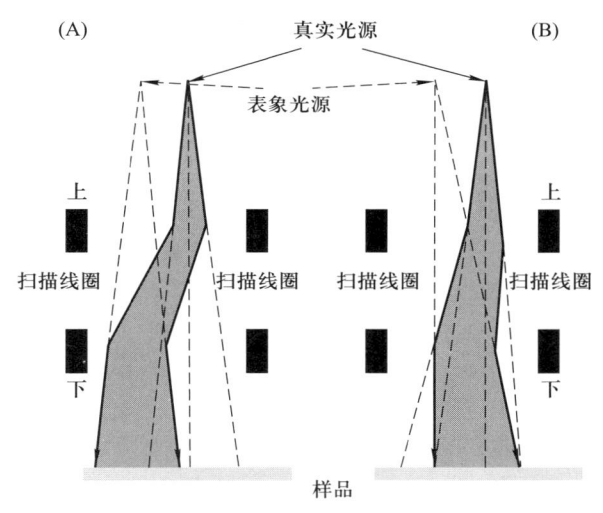

图 9.6 用样品上方的扫描线圈（A）平移电子束和（B）倾转电子束。平移使电子束在样品不同区域之间移动但保持电子束平行于光轴。相反，倾转电子束是让电子束从不同角度照射样品的同一区域

用于STEM成像的扫描电子束必须始终平行光轴移动，模拟标准TEM中的平行束模式。这种扫描可以用两套扫描线圈通过两次倾转电子束来完成（一套在另一套的上面），可以保证电子束与光轴在上物镜极靴的前焦面上相交。那么无论电子束从什么地方进入上物镜，都会被倾转到平行于光轴的光路上（有时为了平移必须倾转）。这种复杂的调整是由计算机控制的（见图9.17），就像许多现代TEM上的其他操作程序一样，当选择特定的（这里指STEM）模式时会自动完成这个调整。

9.1.5　C2 光阑合轴

不同透射电镜有不同的合轴程序，所以这里只简单说明其原理。即使不进行合轴的具体操作，也要检查它的状态是否正确。可以这样理解，如果汽车车轮没有校准，你也得明白平衡车轮对于车辆最佳性能的重要性，尽管需要其他人来做这个工作。如果想让仪器处于最好的工作状态，就要能够精细地调节合轴状态。

如果照明系统准确合轴，电子枪的交叉截面就会位于光轴上，那么电子就可以在照射到样品前沿直线通过透镜和光阑。第 5 章正是建立在电子枪对中从而其交叉截面位于光轴上这一假设的基础之上的。以前，合轴一直是繁重的手工活，包括倾转和平移每个聚光镜，并使光阑中心位于光轴上。现在，大多数部件的制造都很精确，只需要少量的电子束倾转和平移就可以了，而且这些操作通常都是计算机控制的。这种情况下，要使 TEM 处于最佳工作状态，特别是要在扫描模式下进行 STEM 成像和微区分析时，C2 光阑的手动对中依然是最关键的步骤。（照明系统中的其他光阑通常不能直接接触。）在大多数 TEM 中，C2 对中仍设计成手动操作，但不排除例外。

操作程序#1　必须使 C2 光阑中心严格处于 TEM 光轴上。如果光阑没有对中，当 C2 欠焦或过焦时荧光屏上的电子束图像就会离轴移动和扭曲，如图 9.7 所示。为使光阑对中，需要交替聚焦和发散 C2（选择过焦或欠焦作为初始状态都可行）。最好先在低放大倍数下找到光阑的像，再在工作所需倍数下反复调节直至光阑对中。

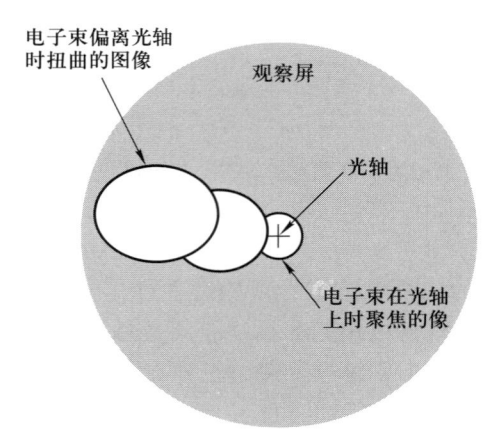

图 9.7　如果 C2 光阑没有对中，摇摆（交替欠焦和过焦 C2 透镜）时电子束的像会扫过光轴（即在观察屏上横向移动）并且扭曲

■ 首先，使 C2 过焦（增强 C2），这样电子束图像就会散开，并且 C2 光阑的

轮廓就可以在荧光屏上看见(此时要确保成像系统中的其他光阑不在镜筒内)。
- 然后用外部调节装置(或使用计算机控制)使光阑位于荧光屏的中心。
- 接着,减弱 C2 使电子束的像聚焦至最小。
- 然后,用偏转控制装置使电子束移至中心。
- 接着,使 C2 透镜欠焦(即不断减弱),直到能再次看到光阑并使用外部调节装置使光阑对中。
- 然后,增强 C2,直到光斑聚焦并用偏转线圈使之对中。
- 必须循环重复整套操作直到电子束的像可以绕屏的中心扩展和收缩,如图 9.8 所示。

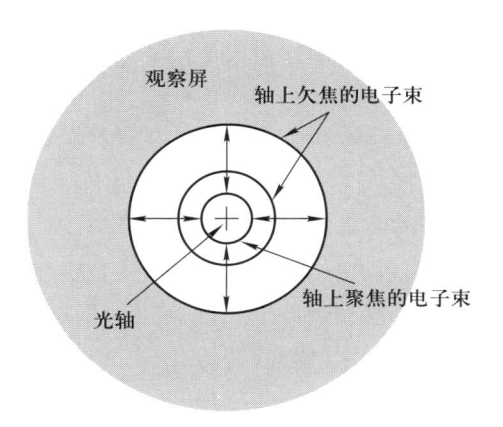

图 9.8 如果 C2 光阑对中,电子束的像会保持圆形并且在 C2 摇摆时以光轴为中心扩张或收缩

摇　　摆

通常,有一种操作可以在透镜线圈里引入交流电流,实际上就是通过调节透镜的焦距使透镜在欠焦和过焦状态"摇摆"。这免去了手动调节透镜使之欠焦和过焦的麻烦,但得想好需要做什么。

在 TEM 模式下,仅在更换光阑或调节 C1 透镜设置时需要重新使光阑对中。而在 STEM 模式下,任何改变束斑尺寸的操作都需要重新使光阑对中。

9.1.6　聚光镜缺陷

照明系统会受所有标准透镜缺陷的影响,例如像差和像散,正如第 6 章所描述的。这些缺陷在 TEM 平行束模式中无关紧要,但要想得到最精细的电子束用于 STEM 和微束分析工作，这些缺陷就至关重要。下面讨论每个主要缺陷所产生的影响。

1. 球差

这个缺陷对形成平行束没有影响。然而第 5 章讨论过，用最大可用电流来调整照明系统形成尽可能细的电子束探针时，形成电子探针的透镜（C3）的球差决定着可能的最小束斑尺寸。这与控制图像分辨率的原理完全相同（见第 6 章），球差限制了探针尺寸所能达到的最小半径［式（6.22）］，即 $r_{\min} \approx 0.91(C_s\lambda^3)^{1/4}$。C3 透镜焦距很短的原因就是为了降低 C_s。对于选定的探针尺寸 $\alpha_{\mathrm{opt}} = 0.77\lambda^{1/4}/C_s^{1/4}$，最终 C2 限制光阑也要选择最佳值［式（6.23）］。然而，事实上 C1 的设置要比可选择的 C2 光阑多，所以不可能每个束斑都能选择最佳的光阑。如果需要用一定的束斑尺寸来达到特定的空间分辨率，这种选择会引起很多问题，在下册第 36 章中将会讨论。当然，如果 STEM 装配了球差校正系统，那么这些问题就无关紧要了。

2. 色差

这种像差取决于电子的能量发散度。由于电子束中的电子（特别是 FEG 产生的电子）能量发散度很小，所以可以认为这些电子是单色的，对电子探针尺寸没有明显影响。然而为了得到很高的图像分辨率和很好的 EELS，通过对电子束单色性的 C_c 校正是很有效的，下册的 37.7 节将讨论这一问题。

3. 像散

像散是 TEM 照明系统中最常见的缺陷，它是由于 C2 光阑未严格合轴或是光阑被污染而带电导致电子束偏转引起的。在假设已对 C2 光阑合轴的情况下，下面讨论由污染的光阑所引起的残留像散的校正方法。聚光镜像散校正器可以引入补偿场（类似扫描线圈），用于修正这种扭曲。

操作程序#2A——判断像散　通过观察显示器/荧光屏上电子源的像可以判断照明系统中的像散。操作步骤如下：

■ 在像模式下将样品移出观察区域（或透过样品上的洞观察）。

■ 聚焦 C2 使电子束束斑最小（即会聚束模式下由 C1 决定的最小尺寸）。

■ 类似于合轴操作，调节 C2 光阑，使电子束在荧光屏中心成像且电子束的像是圆形的。

■ 摇摆 C2 透镜使之欠焦和过焦，电子束的像会相对于它的最小尺度扩展和收缩。

■ 如果有像散存在，像不会再是圆形的，而是扭曲成椭圆，并在过焦和欠焦状态下相对旋转 90°，如图 9.9 所示。

操作程序#2B——消像散

■ 首先使电子束过焦，这样可以看到像散在某一方向上的影响（即束斑为

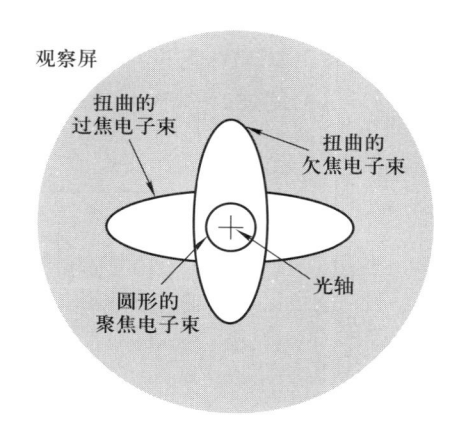

图 9.9 当 C2 透镜欠焦或过焦时，照明系统中的像散使得电子束的像扭曲成椭圆形。校正该像散后在 C2 透镜散焦时电子束的像将保持圆形（见图 9.8）

椭圆形）。

- 然后调节像散校正器使图像为圆形。
- 再使电子束欠焦并重复修正。
- 循环重复整个过焦/欠焦过程，直到再用 C2 透镜扩展和收缩电子束时它的像在荧光屏上保持圆形不变为止（见图 9.8）。一旦掌握了散焦和消像散器之间的相互作用，可以再次用到摇摆。
- 如果不能使像变圆，就必须增加消像散器的强度。如果消像散器已经调到最大值，说明污染太严重，那么就要像在第 6 章中描述的那样，更换光圈或者通过火焰燃烧清洗光阑。

9.1.7 校准

前面 5.5 节中已经描述了测量电子枪性能以及在 STEM 操作中获得最佳亮度需要满足的一些条件，这样最强束流就会形成最小束斑。我们也必须校准照明系统，主要的变量是不同的 C1 设置所对应的束斑尺寸以及不同尺寸 C2 光阑限制的会聚角。

C1 透镜的强度决定样品平面上的束斑尺寸。前面 5.5.3 节中已经详细描述了在样品上测量束斑尺寸的方法。图 9.10 给出了典型 TEM 束斑大小的计算值（非测量值）随 C1 透镜设置的变化情况。这些计算是近似的，因为其中定义了电子束宽度为强度的半高宽，并假设 C2 光阑精确地限制了高斯分布。尽管存在这些近似，但仍能清楚地看到束斑大小随 C1 强度的增加而减小的变化趋势。束流是束斑大小的关联函数。查阅 Goldstein 等的论著会发现，最大束流大约与束斑直径的三次方成正比：如果束斑直径扩大 10 倍，束流将扩大约

1 000 倍，这是一个非常重要的变化关系，说明了在进行与探针相关的 TEM 工作时（XEDS、EELS、STEM 成像、CBED）测量束斑尺寸和束流的重要性。（下册第四篇对这部分内容有更详尽的阐述。）图 9.10B 给出了 FEG AEM 的束流随束斑大小的变化曲线。

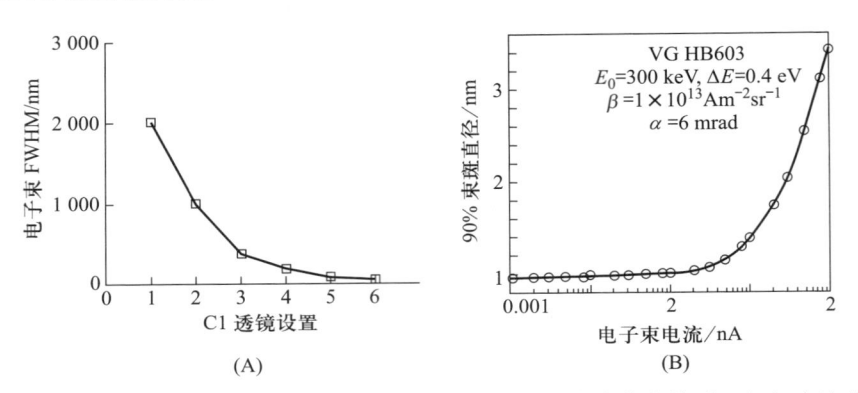

图 9.10 （A）照明系统的校准需要确定束斑尺寸与 C1 强度变化的关系。（B）束流是束斑大小的关联函数。图中数据是在 300 keV FEG-STEM 采集的。使用热电子源的 TEM 中束流对束斑大小的依赖性更强

C2 光阑大小决定着会聚半角 α，在第 5 章中确定电子枪亮度时也对此进行了讨论。

■ 根据 CBED 花样可以测出总的会聚角 2α（图 5.8）。
■ 通过增大 C2 光阑可以增加 α（图 9.11）。

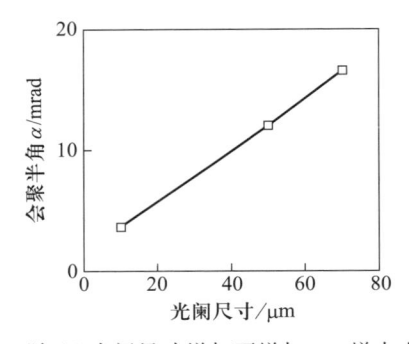

图 9.11 电子束会聚半角 α 随 C2 光阑尺寸增加而增加，α 增大也会增大束流

显然，束流也会受光阑大小的影响（即光阑直径增大一倍，穿过的电子数目将增加到四倍）。第 6 章［式（6.22）和式（6.23）］已经指出，透镜像差会随 α 增加而增大，总有一个最佳光阑对应最大束流（最佳图像分辨率）。如果 TEM

照明系统中装有球差校正器，就可以克服这些限制。

有些设备中 C2 光阑是虚拟的(因此发挥作用的是有效光阑尺寸)，这样测量 2α 就很困难(Goldstein 等的书中详细描述了这个问题，这个问题在 SEM 中很常见)。而且，如果 C2 透镜被激发，它也能改变 α，所以必须把 α 校准为光阑尺寸和 C2 透镜设置的函数，这是一个极为繁琐的工作。

9.2 物镜和测角台

物镜和测角台的结合是 TEM 的核心部分。通过测角台将样品杆固定在合适的位置，这样物镜可形成图像和衍射花样。第 8 章讨论过有两种不同类型的样品杆，顶插式和侧插式，样品杆类型决定了极靴的几何形状和调节的灵活度。由于侧插式样品杆已成为标准模式，所以讨论的重点放在侧插式样品杆上，但顶插式样品杆需要同样的 z 控制或样品高度调整。

实际操作中，希望倾斜样品的同时不改变它在光轴上的高度。否则，倾斜样品时就要不断地使用 z 控制。显然这意味着应该确保要研究的样品区域很接近样品杆的倾转轴。

聚焦与高度

需要在光轴上固定样品高度，这样就能在相同的物镜电流下工作，从而在固定的物镜放大倍数下工作。

这一点非常重要！但常常被忽视！

定义参考平面尤为重要，这样校准操作才具有可重复性。侧插式样品杆的参考平面(见第 6 章)是最佳物平面。这个平面垂直光轴，样品杆的轴也在这个平面上，显然有很多这样的平面。最佳物平面的特别之处在于当样品位于这个平面时图像正焦，物镜电流为最优值。物镜内的这个平面位置被称为最佳高度。如果将样品放在最佳物平面内，当围绕样品杆的轴旋转样品时，光轴上的点不会横向移动，这使很多必要的成像和衍射操作变得简单。然而，如果沿垂直于样品杆轴的方向倾转样品，或者旋转/平移至偏离光轴时，那么所观察的区域会因移出最佳物平面而不可见，所观察的点几乎都会从荧光屏上消失。只有完全使用计算机控制 5 个轴[3 个平移轴(x, y, z)、2 个倾转轴(平行和垂直于样品杆)]时，这种情况才能避免，这种样品台称为双倾台。双倾台很有用而且已经越来越普遍。

操作程序#3A 当把样品插入 TEM 中时首先要做的是确保样品处于最佳

物平面内。为此，需要先找到调整样品杆高度的旋钮，它通常是个旋钮，位于测角台外面插样品杆的孔的附近。然后按以下步骤操作：

■ 在合适的放大倍数（20~50 000×）下，选择样品上有特征的部位并将它移至荧光屏中央。

■ 沿顺时针或逆时针方向小角度倾转测角台，直到特征点移至荧光屏边缘。（如果在倾角最小时样品就跑出荧光屏，就要降低放大倍数，重复此步骤。）

■ 调整样品杆的高度，直到样品上特征点回到荧光屏中心。

■ 沿反方向倾转测角台，重复上面的步骤。

■ 增大倾角，倾转样品并调整样品杆的高度，直到在 ±30° 范围内倾转样品时样品的像仍保持静止不动。

■ 在所需的高放大倍数下，重复以上步骤。

操作程序#3B：调节最佳物平面的另一种方式　测角台的最佳点是镜筒中的一个机械位置。前面已经提到，STEM/TEM 中 c/o 透镜的优化设置是定义好的，而且这个设置是可重复的。对应这个设置也定义了一个机械位置，位于两极靴之间。需要让这两个位置（最佳点和 c/o 透镜最优激发位置）重合。要找到这两个位置重合时的最佳点，需要进行以下操作：

■ 将各透镜按 c/o 透镜最优设置。

■ 用 z 高度控制聚焦样品。

■ 此时样品高度位于最佳位置。

实际中，通常允许这两个点的误差不超过 10 μm 或 3 μm。

随着计算机控制和自动聚焦技术的日益普及，这个操作已经可以自动完成了。因此完全共心的样品杆无论绕哪个轴倾斜和旋转，里面的样品都不会移出光轴，而且保持聚焦。如果没有计算机控制的样品杆，就要小心谨慎并掌握同时倾转样品和调节样品杆高度的技能。

最佳物平面相对物镜上下极靴场也应该对称放置，这种情况下在 TEM 和 STEM 模式中最佳物平面与电子束成像面重合。如果对称面与最佳物平面不重合，TEM 和 STEM 模式中像和衍射花样将出现在不同的放大倍数和不同聚焦设置下。显然这个要求对 DSTEM 没有意义，因为它没有TEM 模式。

确保最佳物平面与对称面重合的工作通常由制造商来完成。可以通过比较 TEM 和 STEM 模式下衍射花样和像的聚焦情况来检查。当从一个模式切换到另一个模式时，应该不需要通过物镜重新聚焦像和衍射花样。

9.3　形成衍射花样和像：TEM 成像系统

物镜收集的是来自样品出射面的电子，散射后的电子会在后焦面上形成衍射花样，重新组合后就会在像平面上成像(见图6.3)。可以使用这个光路图来介绍TEM中形成静态电子束图像和衍射花样的基本操作。之后会说明在STEM模式下如何用扫描束来进行同样的操作。

下面的讨论会忽略许多细节，而主要集中在设备的作用上。在第11章中会讨论衍射过程的细节，并在第16~21章扩展这些思想。然后在下册第22~31章会讨论TEM中的成像。

> **TEM中的按钮**
>
> 操作台上有按钮或电脑显示器上有图标用于选择**像模式**或**衍射模式**。这是TEM的两个基本模式，也是核心操作。现在TEM已变得很容易操作。

当使用TEM时，首先需要掌握的操作是观察衍射花样(衍射模式)。在所有后续成像过程中，根据这个衍射花样，用物镜光阑选择具有特定散射角的电子来成像。

■ *衍射模式*：要观察衍射花样，必须调整成像系统透镜使物镜后焦面成为中间镜的物平面。这样衍射花样就会投影到荧光屏/CCD上，如图9.12A所示。

■ *像模式*：如果想观察像，就需要重新设置中间镜使它的物平面为物镜的像平面。那么像就会投影到荧光屏/CCD上，如图9.12B所示。

现在从仪器的角度来观察这两个基本操作的细节。在随后的章节中，会讨论如何理解图像/衍射花样以及用这种方式得到像/衍射花样的原因。

9.3.1 选区衍射

如图9.12A所示，衍射花样包含被电子束照亮的所有样品区域的电子。这样的衍射花样并不是很有用，因为样品通常是弯曲的。而且入射束通常很强而损坏荧光屏或使CCD相机饱和。因此可以通过一个基本的TEM操作来选择用于产生衍射花样的特定样品区域，同时降低荧光屏上衍射斑点的强度。

从图9.12A可以看出，有两种方式可以减小样品上对衍射花样有贡献的照明区域。

■ 使电子束尺寸变小。

■ 在样品上方插入光阑，只有穿过光阑的电子才会照射在样品上。

第一种方式包括使用C2和/或C3在样品上会聚电子束。也用这个方法来形成CBED花样，在第20章和第21章中将对此详细地讨论。会聚电子束会破坏平行度，衍射花样中的斑点不再明锐，而是扩展成盘。如果希望通过平行电

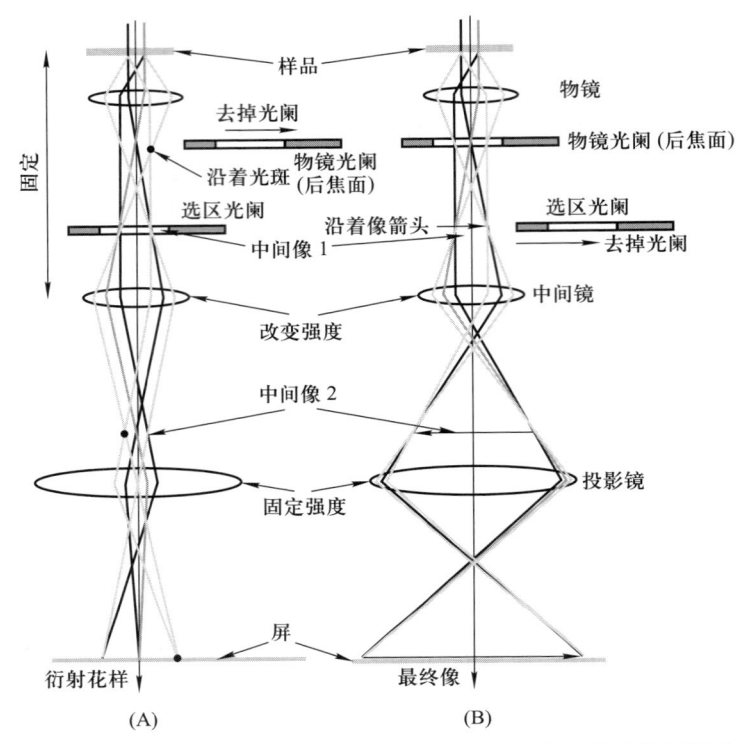

图 9.12 TEM 成像系统的两种基本操作。(A) 衍射模式：将衍射花样投影在观察屏上。(B) 像模式：将像投影在屏上。两种情况下中间镜分别选择物镜后焦面(A)和像平面(B)作为它的物平面。这里给出的成像系统图是高度简化了的。大多数 TEM 中用于成像的透镜比图中多很多，这样在成像和衍射花样时对放大倍数和聚焦范围的选择更加灵活。对选区光阑和物镜光阑的操作也只是近似地用插入或移出来表示。请注意：这幅图只示意地给出 3 个透镜。现代 TEM 的成像系统都有很多个透镜。见书后彩图

子束得到衍射花样，标准方法是使用选区光阑。这种情况下不能在样品平面插入光阑，因为空间已被样品占据！如果在样品共轭平面上插入光阑，即成像透镜的某个像平面上，那么就会在样品平面上生成一个虚拟光阑，我们正是采用这种做法。这个操作称为选区电子衍射(SAD)，如图 9.12A 所示。

所选择的共轭面是物镜的像平面，如图 9.13 所示。把 SAD 光阑插入物镜像平面，并且使选区光阑在光轴上对中就形成选区电子衍射花样。把像平面投影到荧光屏/CCD 上就可以看见这个光阑的像，然后可以调整它或对中。9.3.2 节会讨论这个问题。

操作步骤#4 获取选区衍射花样的一些步骤如下（这些步骤看起来繁琐，实际上仅需几秒钟就能完成。）

9.3 形成衍射花样和像：TEM 成像系统

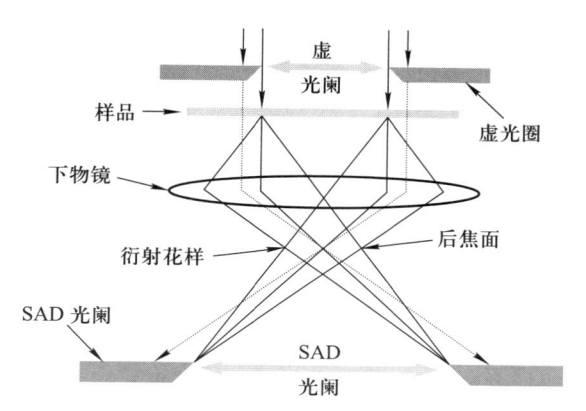

图 9.13 形成 SADP 的光路图：在像平面插入一个光阑会在样品平面产生一个虚光阑（这里在比样品平面稍高的位置示意地给出）。只有那些通过被虚光阑所限制的样品区域的电子才能进入成像系统形成衍射花样。其他电子（点线）将照射在 SAD 光圈上

- 选择像模式，这样可以在荧光屏上看到薄样品的像。
- 使 C2 欠焦，散开电子束。
- 确保物镜光阑移出。这时样品衬度很小，而且很难处于正焦，但此时的操作是正确的。
- 插入选区光阑。首先选用最大的光阑便于在荧光屏上找到它的像（TEM 的选区光圈一般有 3~5 个孔）。
- 如果荧光屏是空白的，什么也看不到，就说明光阑不在光轴上。这时需要降低放大倍数，直到荧光屏上出现光阑的像，然后将它对中。
- 如果照明区域根本看不到光阑（不受光阑限制），就说明放大倍数太大。这时需要降低放大倍数，直到荧光屏上出现光阑的像。
- 将感兴趣的区域移到光阑限制区域内。
- 调整中间镜励磁电流来使光阑像聚焦，从而可以与用物镜聚焦的样品像共轭（严格地位于这个平面上）。
- 选择选区衍射模式，SADP 就会投影到荧光屏上。
- 使用衍射聚焦旋钮使衍射点明锐。欠焦 C2 也能起到相似的作用。
- 如果需要用更小的光阑选择样品上更小的区域，只需将光圈移进或移出选择一个较小的光阑，然后重复以上操作。

当插入选区光阑移出物镜光阑时，任何照射到虚拟光阑限制区域外的样品上的电子运动到像平面过程中都会撞击到光圈上，这些电子就对投影到荧光屏上的衍射花样没有贡献了。实际上，并不能制备尺寸小于 10 μm 的光阑，而且光阑到样品平面的缩小倍数仅大约为 25 倍，这使得最小光阑选区约为 0.4 μm，

这个尺寸还达不到我们的期望值，特别是在今天的纳米世界。在第 11 章中会讨论更小的尺寸是否真的更有用。通常需要熟记所用的 TEM 的这些值，这样可以做相应的校准。

> **选区电子衍射(SAD)**
>
> 这是 TEM 操作中的一个基本原则：观察衍射花样时(即物镜后焦面)，要把 SAD 光阑插入物镜像平面。

SADP 通常以固定的放大倍数显示在荧光屏上。由此可以判断矢量 **g** 的大小。

与 X 射线衍射或手持照相机相类比，定义一个叫做"相机长度"(L)的距离。这个距离对应记录平面到衍射花样的距离(见图 9.23)，它不是真实相机中的真实距离。选择合适的 L 值可以使荧光屏和记录介质上的衍射花样中衍射斑点间距或衍射环比较容易区分开。这个放大倍数可以通过调整中间镜来改变。之后在 9.6.2 节会说明如何校准这个放大倍数。

需要指出，有 c/o 透镜时标定相机长度很困难。因为就像刚才讲的，如果改变聚光镜焦距会改变衍射交叉截面的位置，而且如果用中间镜重新聚焦 SADP，测量的相机长度 L 也会变。

注意：在所有早期的 TEM 教科书中，SAD 是唯一的标准衍射技术。结果，一些显微镜工作者只用 SAD 来获取衍射信息。然而，如后面第 20 章和第 21 章中讨论的，会聚束电子衍射(CBED)技术能提供许多补充的衍射信息，材料和纳米科技领域所有 TEM 操作者都应该使用这种技术。但是下列情况仍然需要形成 SADP：

■ 当需要选择一个衍射斑点形成明场或暗场像时(见下节)。

■ 当衍射点彼此很接近，并且在 CBED 花样中彼此重叠时(见下册第 23 章和第 24 章的示例)。

■ 当在衍射花样中寻找精细结构时，例如弥散的条纹(见第 17 章)。

■ 当样品对电子束敏感时。

其他所有情况下，衍射花样中的衍射极大值能提供最重要的信息时，应该使用 CBED。

9.3.2 明场像和暗场像

当 SADP 投影在荧光屏/CCD 上时，可以用它进行 TEM 中两个最基本的成像操作。无论观察哪种样品，SADP 都会包含一个明亮的中心斑点，这个斑点包含了透射电子和部分散射电子(如图 2.13A~C 所示),具体分布由样品性质决定。

成 像

TEM 操作的另一个基本原则是如果想观察像(即物镜像平面),需要在物镜后焦面上插入一个光阑,即物镜光阑。

操作程序#5 当在 TEM 中成像时,用中心斑成像,或者用部分或全部散射电子成像。选择哪部分电子进行成像的方法如下:

- 移出选区光阑和物镜光阑,在像模式下将需要观察的样品区域移到荧光屏上。这时由于没有插入物镜光阑,像的质量不好但不影响观察。
- 按操作程序#4 获取所选区域的 SADP。
- 在物镜后焦面上插入光阑,这样除了通过光阑可见的小区域以外,大部分衍射花样被光阑挡住。对 SAD 操作,可以用外部驱动来移动光阑。
- 调节外部光圈驱动装置,使光阑选择光轴上的透射束。

使透射束位于光阑中心是获取高质量像的关键步骤。如果 TEM 配有双目镜,可以在更高的放大倍数下观察,确保衍射点与光阑同心。否则,要用数字图像观察。

- 回到像模式,移出选区光阑,用物镜使图像聚焦。如果选择透射束,得到的像称为明场(BF)像,如图 9.14A 所示。
- 如果选择散射电子(通常选择特定衍射束,有时选择衍射环的一部分),所成像就称为暗场(DF)像,如图 9.14B 所示。

通过简单调整显微镜中的中间镜就能在各个放大倍数观察到明场和暗场像。典型的放大倍数为 25 000×~100 000×,高分辨像的放大倍数可高达 $10^6×$。校准真实放大倍数很有必要,而且也要能够把任意放大倍数下的图像取向与固定相机长度下的衍射花样取向对应起来。任何 TEM 都需要进行这两个基本校准。

明场像和暗场像

选择透射束,得到明场(BF)像。
选择不包含透射束的电子得到暗场(DF)像。

初学者很容易混淆 SAD 光阑与物镜光阑的插入和移出,而且经常插错光阑,或当光阑应该移出时没有移出。因此初学者必须经常练习获得 SADP 和明场/暗场像,从而熟练掌握应该在什么时候插入什么光阑。两个光阑都是在物镜下方插入,物镜光阑是在物镜后焦面(BFP)上插入,所以它比位于像平面的 SAD 光阑更接近透镜(即在镜筒中更高的位置)。记住,如果观察衍射花样,应插入(下面的)SAD 光阑,(上面的)物镜光阑要退出,如果想观察像,物镜光阑应该插入,而退出 SAD 光阑。

> **物 镜 光 阑**
>
> 物镜光阑是 TEM 中最重要的光阑。插入物镜光阑时,其大小限制了收集角(β),因此它决定了一些最重要的透镜的像差,因而直接影响分辨率。

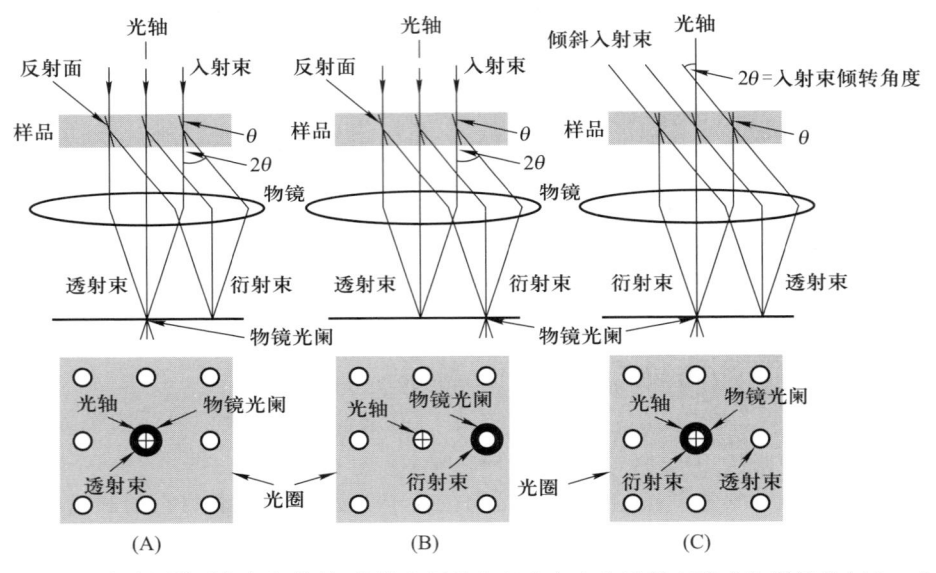

图 9.14 光路图说明如何把物镜/物镜光阑结合起来产生由透射束形成的明场像(A),由偏离光轴的衍射束形成的移动光阑暗场像(B)以及倾斜入射束使衍射束在光轴上而得到的中心暗场像(C)。每个光路图的下方都给出了在观察屏上看到的物镜光阑所选区域。(下册第三篇将对比明场像和暗场像。)

9.3.3 中心暗场像操作

观察图 9.14B,物镜光阑选中的电子偏离光轴,这是由于移动光阑去选择散射电子造成的。由于这些离轴电子受像差和像散的影响,在老式 TEM 上这种通过光阑偏离光轴得到的 DF(DADF)像很难聚焦,并且当改变物镜强度时图像会在屏上移动。有一种替代 DADF 像的方法，因为总是可以把散射电子移到光轴上，从而得到暗场像，该操作称为中心暗场（CDF）成像。这是形成暗场像的常规方法，接下来介绍如何操作。如果 TEM 比较新（球差很小），可以考虑只使用 DADF，因为那样会更容易，而无需考虑中心暗场像。

操作程序#6
- 将 SADP 投影到荧光屏上。类似于明场像操作，将物镜光阑移到光轴上，而不是用光阑套取散射电子。
- 撤出物镜光阑，回到 SADP。
- 开启物镜上方的电子束倾转（DF）电位计，并将所需的散射电子束倾转到光轴上。
- 交替开启和关闭电位计，通过双目镜观察，确保开启电位计时所选散射束的位置与关闭电位计时透射束回到光轴上的位置重合。
- 重新插入物镜光阑，检查光阑是否仍与光轴上的散射束同心。

与明场成像一样，光阑对中程序是形成高质量中心暗场像的关键步骤。
- 回到像模式下聚焦中心暗场像。

上述操作的目的是使透射束入射到样品上的角度与散射角大小相等，方向相反。这样散射电子就会沿光轴向下运动，如图 9.14C 所示。

在下册第 22 章讨论 TEM 像中特殊衬度形成机制时，会再次讨论 BF、CDF、DADF 和 SAD 操作。

9.3.4 空心锥衍射与暗场像

DADF 成像和中心 CDF 成像的一个显著缺点是只用到散射电子中很小的一部分。当这一小部分是晶体的一个特殊衍射点时非常有用，下册第三篇将会介绍这部分内容。然而，如果希望看到样品的所有部分或者一组衍射斑（例如，{111}晶面族而非（111）晶面对应的衍射点）对应的沉淀相时，那么除非从 SADP 中得到每个{111}衍射点的中心暗场像（显然很繁琐）或者进行空心锥（也称为锥形）衍射和暗场成像。同样地，如果样品是微晶/纳米晶，则会形成比较锐的衍射环，而样品是非晶时会形成弥散的衍射环，此时可以利用同样的技术得到最多的图像信息。空心锥暗场成像有两种方法：硬件法和软件法。这两种方法本质上都是当锥形扫描电子束满足特定的布拉格衍射条件时通过物镜光阑选择一组特定的衍射束成像的。（见 3.10 节和第 11 章）。

- *硬件法*：采用环形聚光镜光阑产生的锥形电子束沿与光轴成特定角的方向照明样品。利用 FIB 技术（见第 10 章）制造的环形光阑越来越常见。（思考怎样设计才能形成环形光阑而不是留下一个洞。）这样就可以形成多衍射花样。透射束（000）穿过样品并偏离光轴，而一组衍射束（取决于锥角）总是会沿光轴散射。

■ *软件法*：采用计算机控制扫描线圈使入射束（及透射束）绕光轴旋转。这个方法显然更灵活，因为环形 C2 光阑产生的是固定锥型（半）角，而扫描线圈可以产生一系列不同锥角的电子束。因此用软件法，所有沿某一特定散射角的电子都可以整合到一张暗场像中，可以想象成旋转入射束（如图 9.14C），这样一组衍射斑总会绕光轴旋转。空心锥衍射原理及所成的像如图 9.15 所示。

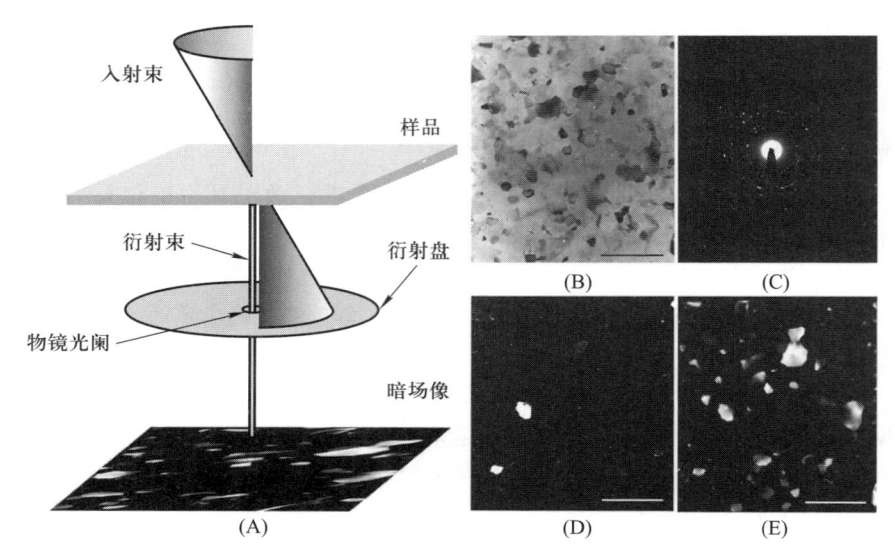

图 9.15 （A）空心锥照明方式示意图。入射束通常偏离光轴，但锥角处的电子衍射通常沿光轴方向发生。（B）纳米晶 Al 薄膜的明场像。（C）薄膜的空心锥 SADP。一张单独的（220）中心暗场图像（D）只显示几个衍射强的晶粒。而一张来源于所有{220}衍射的空心锥暗场像（E）可以显示衍射强度不同的很多晶粒。标尺为 500 nm

采用计算机控制的扫描线圈可以选择锥角即环半径，因此可以选择任意（hkl）圆环位于光轴上；也可以控制旋转速度，使单次旋转具有足够的曝光时间来记录暗场像。这个过程与通常 DF 倾转操作类似，只是将 x-y 平面内的衍射花样平移（倾转入射束，如图 9.14C 所示）由极坐标 r-θ 控制替换。如果将物镜光阑移出，观察旋转的衍射花样，那么透射束（000）将形成以光轴为圆心、半径为 r 的圆盘。距离（000）点为 r 的衍射花样中的任意点都会在衍射花样旋转时通过光轴。图 9.15C 给出了空心锥（而非旋转）衍射花样的一个例子。选区光阑与图像大小相当（约 50 μm），而物镜光阑小到可以收集来自单个圆环的散射电子。图 9.15B 给出了多晶金属薄膜的明场像，图 9.15D 是用衍射环中几个点所形成的传统中心暗场像，图 9.15E 是空心锥暗场像，显示了很多衍射强度不同的晶粒，图 9.15C 是它的衍射花样。通常需要一系列不同曝光时间才能得到一个比较好的空心锥暗场像。图 9.15E 的曝光时间为 20 s，期间穿过物镜光阑的衍射花样旋转了大约 1 000 圈。

18.6 节会继续讨论空心锥衍射花样。与之相关的旋进衍射将在 18.8 节介绍。下一节将介绍 STEM 中的环形暗场像，它与空心锥暗场像类似。

9.4　形成衍射花样和像：STEM 成像系统

如果想用很细的电子束探针形成 STEM 图像，那么物镜的光学系统要比 TEM 中的更复杂。需要记住的是电子束在扫描时其方向不能改变（这与 SEM 不同，SEM 中电子束绕样品上方的一点旋转）。如果入射方向改变，电子散射（特别是衍射）会随着入射角改变而变化，所以图像衬度解释起来很难。

> **STEM**
>
> 　　电子束必须始终平行光轴扫描，这样即使扫描时，电子束也类似 TEM 中的平行束。

如图 9.16 所示，实现电子束平行光轴扫描的方法是用两对扫描线圈使电

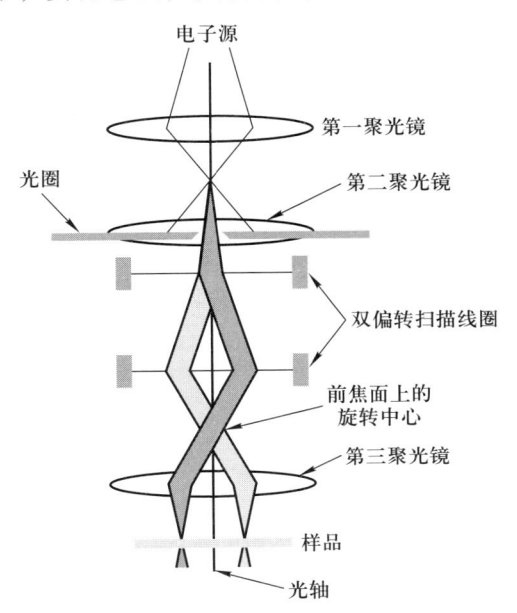

图 9.16　利用 C2 透镜（通常被关闭）与物镜上极靴之间的两组扫描线圈扫描会聚的电子束从而形成 STEM 像。二次偏转过程可以确保电子束在样品表面扫描时始终平行于光轴

子束以上物镜(C3)极靴前焦面为支点扫描。C3 透镜可以确保所有从中心点来的电子都平行光轴，而且 C1 透镜交叉点会在样品平面成像。如果物镜是对称的而且下物镜极靴足够强，物镜后焦面上会形成静态衍射花样（即使电子束在扫描，这个花样也不会移动，因为衍射花样与物镜前焦面(FFP)共轭，如图 9.17 所示）。如果停止电子束扫描，将在后焦面形成 CBED 花样，而且能投影到 TEM 荧光屏上。接下来会讨论如何形成 STEM 像。

> **STEM 成像透镜？**
>
> STEM 的成像质量取决于会聚电子束。会聚束具有像差，因为它是由一个透镜形成的。因此，STEM 的成像质量只依赖于一个透镜（不需要成像透镜）。

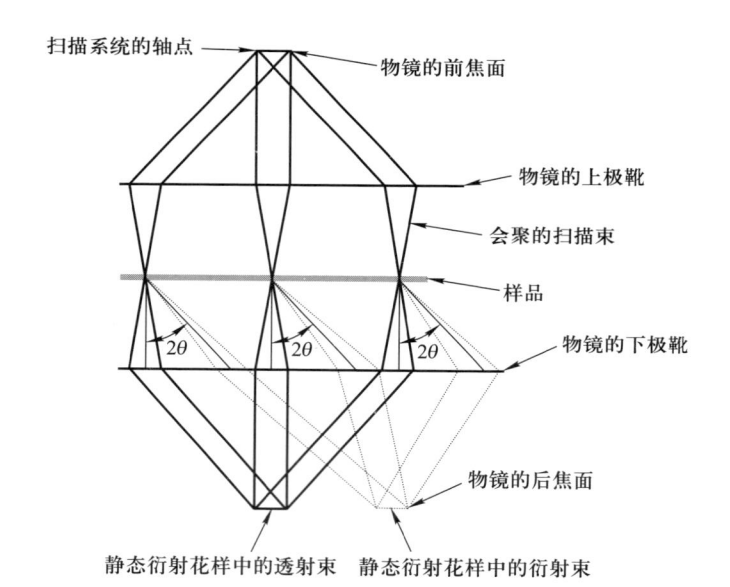

图 9.17 物镜后焦面生成一幅固定的（会聚束）衍射花样是形成 STEM 像的必要前提。通过样品不同区域而被散射相同 2θ 角的电子会聚焦到后焦面相同的点上

使用这种成像方式的一个最大优点是可以不用透镜成像，就像在 SEM 中一样。所以成像透镜的缺陷不会影响图像分辨率，分辨率只由电子束尺寸控制。因此限制 TEM 图像质量的色差（见 6.5.2 节）在 STEM 像中就不会存在，这有利于厚样品的研究。然而正如下面以及下册第三篇将要讨论的，这种方式也存在缺点，而且 STEM 图像的使用并不广泛，尤其是对于晶体样品。（译者

注：实际上，目前已经广泛使用）

9.4.1 明场 STEM 像

扫描模式成像的基本原理与 TEM 的静态电子束成像有着本质区别。之前已经看到，TEM 模式是选择从样品某一区域散射出来的部分电子，并将其投影分布在荧光屏上。扫描像形成的原理如图 9.18 所示。简单地说，通过调节扫描线圈使电子束在样品上扫描，同时利用这些线圈在计算机显示器上同步显示，而电子探测器作为来自样品的电子和显示屏上所显示图像之间的转换器。由于有时需要多达 2 048 条扫描线才能在记录屏上构成一幅图像，所以产生一幅 STEM 像的过程比 TEM 像慢：它是串行记录而非并行记录。

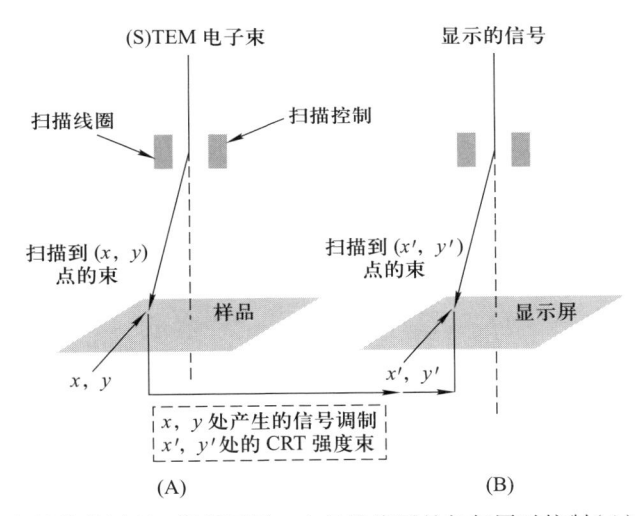

图 9.18 形成扫描像的原理。说明了同一个扫描线圈是如何同时控制（A）样品上的电子束扫描和（B）STEM 的计算机显示器上的束扫描的。这种成像不需要透镜

STEM 信号

样品上任意一点产生的 STEM 信号都可以被探测和放大，而且相应的信号会显示在计算机显示器的等价点上。图像的形成需要几秒甚至几分钟。

这个过程的原理和其他任何扫描束设备是完全一样的，例如 SEM 和 STM（扫描隧道显微镜）。记住，要形成 TEM 明场像，需要在 TEM 衍射花样所在平面插入光阑，只允许透射束电子通过并进入成像系统。在 STEM 模式下用的是电子探测器，与光阑的使用方式完全相同：只允许对成像有贡献的电子进入探

测器。所以把 BF 探测器(半导体或闪烁体探测器)放到显微镜的光轴上,如图 9.19A 所示,这样,不管电子束在样品的什么位置上扫描,只允许透射电子进入探测器。从探测器输出的可变信号通过放大系统可以调制计算机显示器上的信号,这样就形成了图 9.19D 所示的明场像。

> **BF 探测器**
>
> BF 探测器收集透射束,其强度变化取决于在特定时间电子束照射在样品上的特定点。

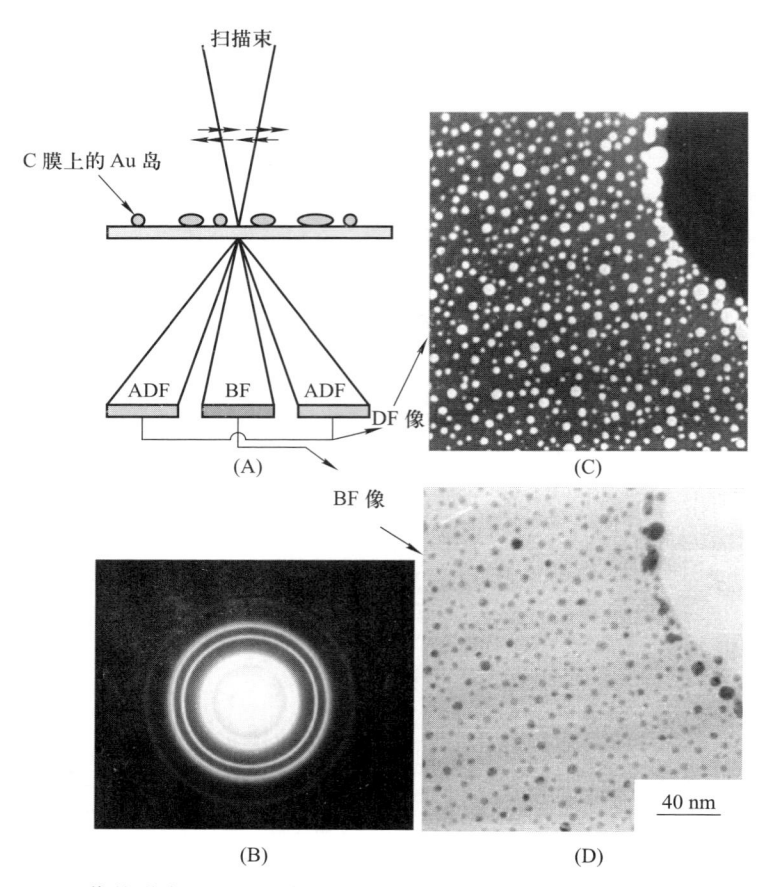

图 9.19 STEM 像的形成过程:BF 探测器放置在后轭面的共轭面上去收集透射束(A),中心环形 DF 探测器用来收集选区电子衍射花样中(B)的衍射电子。每个探测器上的信号都被放大并可以调制 STEM 的计算机显示。产生样品(C 膜上的 Au 颗粒)的互补的 ADF 像(C)和明场像(D)

由于会与物镜光阑冲突,所以在透射电镜中不能直接把探测器放到物镜后焦面上形成 STEM 图像。因此,通常把探测器插入到投影镜下方的静态衍射花样的共轭面上(图 9.19B)。所以当在 TEM 中形成 STEM 像时,要以衍射模式操作 TEM 并在观测室内屏幕的上方或下方插入一个探测器(下方时要抬屏)。静态衍射花样落在探测器上,进而将信号输出给显示器。在 DSTEM 中,可能没有任何成像系统(或者说在样品后方的)透镜,这种情况下,探测器直接放置在物镜下方。上面所述的许多过程都可以通过"按下 STEM 按钮"自动完成,传递的信息都是一样的:但要理解发生的过程及原因。

9.4.2 暗场 STEM 像

这个过程与 TEM 中的暗场像类似。通过选择散射电子而不是透射电子来形成暗场像。请记住,在 TEM 中通过倾转入射束使用于成像的散射电子沿光轴向下运动,并通过物镜光阑选择。而在 STEM 中,所使用的方法有很大的差别。

暗场 STEM 像

如果想使特定的散射电子束进入 BF 探测器,可以简单地通过移动静态衍射花样使散射束位于光轴上,并且进入 BF 探测器。

用衍射花样对中控制可以很容易实现这一点,也可以通过移动 C2 光阑实现。但更倾向于采用前者,因为后者会破坏照明系统的对中。

9.4.3 环形暗场像

通常使用环绕着 BF 探测器的环形探测器来实现暗场像,而不用 BF 探测器成暗场像,这样所有的散射电子就都可以进入探测器,称为环形暗场(ADF)像。在下册第 22 章中会看到,它具有一些优点,与样品成像的衬度机制有关。如图 9.19A 所示,ADF 探测器与光轴同心,中间有孔,其内放置 BF 探测器。在这个简单例子中,最后得到的 ADF 像(见图 9.19C)和明场像(见图 9.19D)互补。在下册第 22 章会看到,还有一种围绕 ADF 的环形探测器,接收高角度散射电子形成高角环形暗场像(HAADF,或称为 Z 衬度)。这时,Rutherford 散射效应最大,而衍射衬度被平滑掉。

当然,可以随意选择自己希望的探测器大小和形状。例如,可以把探测器分成两部分或四部分,而且探测器各部分之间都有自己独立的电子系统。这样就能对进入探测器不同部分的电子成像。由于用来选择电子的物镜光阑是一个孔，而且不能像半导体探测器那样被切开，所以在 TEM 中不可能这样做。在下册第 22 章讨论 TEM 和 STEM 像中的特定衬度机制时，会讨论更多这种类型的探测器。

9.4.4　STEM 中的放大倍数

刚刚描述的所有 STEM 图像都是以一定的放大倍数出现在计算机显示器上的，放大倍数是由样品被扫描的范围而并非 TEM 透镜决定的。这是扫描像和静态像形成的本质区别。

> **STEM 图像**
>
> STEM 图像不是通过透镜放大的。

扫描像不是通过透镜放大的，因而它不会受成像透镜像差的影响，但是受探针本身的像差影响。因此，可以通过(照明系统)像差校正器提高图像质量。

如果样品上的扫描区域是 10 mm×10 mm，并且最终显示在计算机显示器上的像面积为 100 mm×100 mm，那么放大倍数就是 10 倍。如果扫描的尺度减小到 1 mm，放大倍数就是 100 倍，以此类推，直到放大倍数超过 10^7 倍，这个量级的放大倍数在专用 STEM 中是很普遍的。与使用 TEM 类似，必须校准 STEM 的放大倍数和用于形成图像的衍射花样的相机长度。

9.5　合轴和消像散

9.5.1　透镜旋转中心

确保成像系统运行正常只需执行两步合轴操作。目前最重要的是物镜旋转中心对中，然后是光轴上衍射花样的对中。想要从 TEM 获得最佳结果，就必须掌握这两步基本合轴操作。

基本上，物镜旋转中心对中的目的是确保物镜磁场相对光轴中心对称，这样穿过样品的透射电子在穿过透镜时受到的磁场作用就是对称的。如果这个磁场偏离中心，那么电子就会偏离光轴，像散增大，而且当改变物镜强度(聚焦)时图像就会绕着离轴的点旋转一个角度，如图 9.20 所示。

操作程序#7

■ 物镜旋转中心对中，先从相对较低的放大倍数(例如 10 000 倍)开始，选择像中一个明显的参考点，把它移至屏幕中心，并且当摇摆物镜励磁电流使

9.5　合轴和消像散

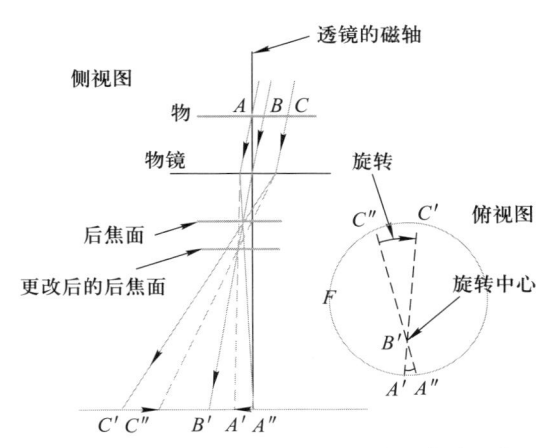

图 9.20　如果物镜旋转中心未对中，当透镜在正焦和欠焦状态摇摆时，图像会绕着一个偏离观察屏中心的点旋转。如果物镜旋转中心对中，图像绕观察屏中心旋转

之过焦或欠焦时观察该点的旋转方式。如果这个点不偏离屏幕中心，就说明透镜是对中的，在更高放大倍数下重复这个过程（$>10^5 \times$）。

■ 如果在 10 000×时这个点偏离屏幕中心，边摇摆物镜边通过电子束倾转将这个点移至屏幕中心。

■ 在 $10^5 \times$以上摇摆物镜时会引入更大的旋转，所以可能必须手动使物镜欠焦。实际步骤与具体设备有关，因此要参考厂商手册。这个过程也叫做"电流中心对中"。

■ 当放大倍数大于 $10^5 \times$时，像绕观察屏中心摇摆（旋转），物镜旋转中心就对中了。可达到对中的放大倍数越大，图像质量就越好。

现代 TEM 中这些操作可能由计算机控制。有些设备中，也可以执行"电压中心"操作，其中给电子枪施加可变电压使物镜对中，确保能量变化时电子仍然保持在光轴上。并不是所有设备都能这样合轴。

如果衍射中心偏离光轴，改变衍射花样的放大倍数（相机长度 L），整个花样会偏离光轴。通过调节投影镜可以使衍射中心对中，直到衍射花样的中心斑点位于光轴上。这时改变 L，衍射花样会绕光轴旋转。参考厂商手册如何准确地做这个合轴。

衍射花样对中在 STEM 成像中很有用，因为通过它可以让衍射花样与 STEM 探测器对中，就可以使透射束进入 BF 探测器而散射束进入 ADF 探测器。除了这个简单的操作外，STEM 成像系统不需要其他透镜对中。

9.5.2 成像透镜像散校正

将像和衍射花样置于中心后，成像系统的主要问题就是物镜和中间镜的像散。

> **像　散**
>
> 物镜光阑不对中常常会导致物镜像散的出现，所以必须仔细地把光阑中心置于光轴上，对称位于形成明场像和暗场像的电子束周围。

即使已经很仔细地对中了物镜光阑，残留污染物仍然可能会引起像散，因此必须通过物镜消像散器引入补偿场。聚光镜像散很容易在屏上看到，而物镜像散比聚光镜像散难观察。可采用以下步骤消除物镜像散：

操作程序#8　寻找样品上的小孔或查看样品的边缘。理想情况下，特别是在学习这个过程的时候，在放置样品前可以利用多孔碳膜消除残余像散，如图 9.21 所示。

■ 通常物镜像散只有在最高放大倍数下才能看到，因此要在高放大倍数（$>10^5 \times$）下获取小孔或样品边缘的明场像。首先，将照明系统调为平行光。（注意：操作方法取决于是否有 c/o 透镜。）

■ 使物镜离焦（过焦或欠焦都可以）。样品的薄边缘会产生菲涅耳条纹（由相位衬度引起，见下册第 27 章）。

■ 交替使物镜欠焦和过焦（再次用到摇摆）。

■ 如果存在像散，当物镜过焦和欠焦时弥散条纹出现并会旋转 90°。可以借助样品边缘的 Fresnel 条纹观察弥散条纹，见图 9.21。

■ 用消像散器消除过焦时的弥散条纹，然后消除欠焦时的弥散条纹（除非很熟练，不然可能需要关闭"摇摆"，手动使物镜离焦）。

■ 重复以上步骤，直到物镜离焦时图像上没有明显的弥散条纹，仅仅是变模糊。

■ 增大放大倍数重复以上操作。与旋转中心类似，可以消除像散的放大倍数越大越好，可能达到 250 000×。但是放大倍数增大，图像强度会降低。不要试图会聚电子束来补偿图像强度，这样做会破坏电子束的平行度，进而减小 Fresnel 条纹（相位）衬度。

如图 9.21A 所示，当物镜欠焦时，样品孔洞的边缘有一条亮条纹。如果条纹均匀环绕着孔洞边缘，那么就没有像散。如果条纹强度如图 9.20D 中所示发生变化，就说明像散导致孔洞周围不同位置透镜的离焦程度不同，所以必

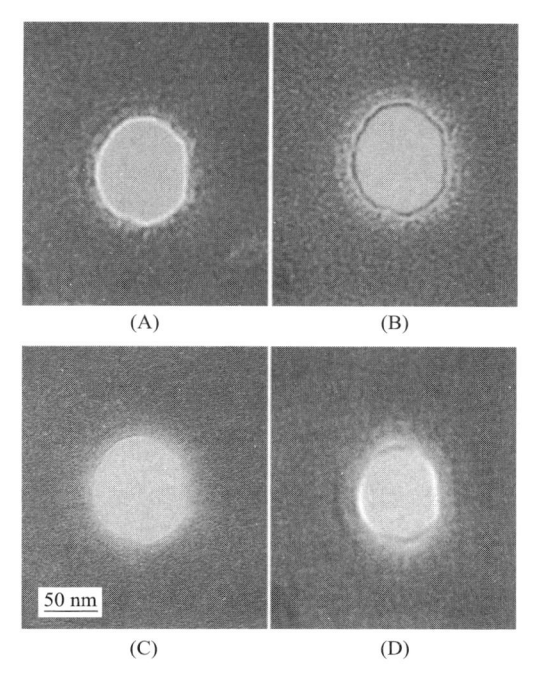

图 9.21 平行束条件下非晶碳膜上一个孔洞的像。(A)电子束欠焦，亮的菲涅耳条纹清晰可见。(B)电子束过焦时可以观察到暗条纹。(C)正焦时没有条纹。(D)残余像散使条纹变形。消像散要使(D)图像接近(A)或(B)

须调节物镜消像散器使条纹均匀。必须在过焦状态也重复相同操作，这时孔洞边缘会有一条暗条纹环绕(图 9.20B)。正焦时，不会出现条纹而且图像衬度最小(图 9.21C)。

菲涅耳条纹

欠焦=亮条纹。

过焦=暗条纹。

这种消像散的方法在高达几十万倍的放大倍数下都是合理的。

实际上，如果在这么高的放大倍数下工作，在整个 TEM 操作中都必须检查像散，所以，除了理想的多孔碳膜，更应该习惯观察薄膜或样品弯曲边缘上的菲涅耳条纹。

对于放大倍数大于 300 000× 的高分辨像，实际上可以用图像中的弥散条纹消像散。在下册第 28 章讨论 HRTEM 时会讨论这个问题。

中间镜像散是次要影响因素，它只影响衍射花样。因为物镜不对衍射花样进行放大，只由中间镜来实现放大功能。所以如果这些透镜有残余像散，衍射花样在聚焦过程中会有正交扭曲。这种影响比较小，而且只在使用衍射聚焦（中间镜）控制对衍射花样聚焦时才能在双目镜中看到。确保入射束强欠焦才能形成明锐的衍射斑点。就像处理图像中的物镜像散一样，需要简单地调整中间镜消像散器补偿过焦和欠焦时斑点的扭曲，直到调节聚焦状态时在所有方向斑点的扩展和收缩都是一致的。应该注意，并不是所有的电镜里都有能实现这种校正的中间镜消像散器。

9.6 成像系统的校准

TEM 在初次安装及之后的使用过程中都需要周期性地进行校准，尤其是想对图像或衍射花样进行精确测量时必须校准。如果设备彻底改动过（例如，更换烧坏的透镜线圈），那么也必须重新校准。所有情况都必须详细地规定一系列进行校准的标准条件（例如物镜电流和其他透镜设置，最佳样品高度等）。在 Edington(1976) 的书里能找到与 TEM 校准相关的所有细节的完整描述。记住，如果你是个很认真的 TEM 使用者，不要依靠他人的校准。

> **后来的使用者**
>
> 由于通常不是第一个使用者，所以应该花一些时间来检查已有的校准。不要假设它是正确的。

9.6.1 放大倍数的校准

要用标准样品来校准放大倍数。最常用的样品是已知间距的薄衍射光栅碳膜复型样品，如图 9.22A 所示。复型中典型的线密度是 2 160/mm（因而线间距为 0.463 μm，误差取决于可以测到的光栅间距的数目）。光栅复型使放大倍数最高可校准到约 200 000×。超过这个放大倍数，单个光栅间距就大于底片宽度。所以可以使用小的乳胶球（直径为 50~100 nm），尽管乳胶球在电子轰击下很容易损坏和收缩。在最高放大倍数下，也可以用已知晶格间距的图像，如石墨结构的 0002 面间距（0.344 nm）或 Si 的 111 面间距进行校准。通常是使用晶体中的已知周期进行校准的；相位衬度晶格像的直接解释需要考虑物镜的欠焦量和样品厚度，在下册第 27 章和下册第 28 章中会对此进行详细的讨论。

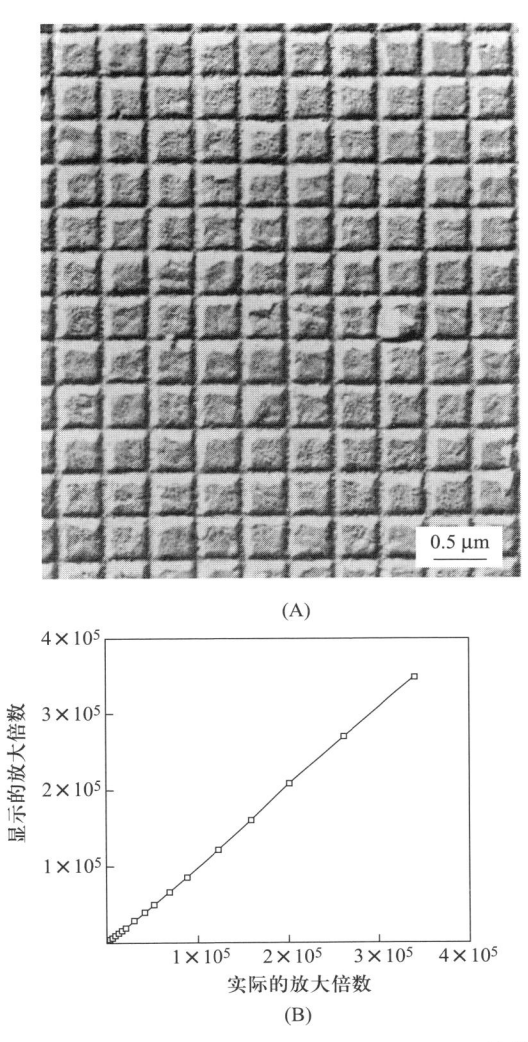

图 9.22 （A）衍射光栅复型像，其中光栅间距已知。（B）TEM 的放大倍数可以这样校准：将具体放大倍数设置（通常是近似的/计算的放大倍数）与实验所得的放大倍数值对应起来。如果曲线不是直线，说明测量方法或电镜有严重的问题

放 大 倍 数

放大倍数的校准对许多变量都非常敏感，有些使用者在他们研究的材料上沉积标准材料，这样校准就严格在相同条件下进行，并与感兴趣的区域显示在同一张图像上。

操作程序 #9
- 放入标准样品，使样品处于最佳样品高度。
- 保证照明电子束是平行的，物镜光阑与 SADP 中的 000 斑严格对中。
- 回到像模式聚焦明场像（下面有最好的聚焦方式）。
- 在所有放大倍数设置下记录衍射光栅的像，每次改变放大倍数都需要重新聚焦。
- 根据已知间距的图像计算放大倍数的实验值。

图 9.22B 给出了 Philips CM30 TEM 放大倍数的校准。现在可以用约 300 k×时的晶体点阵在同一个区域与比如 50 k×和 10 k×放大倍数下的点阵进行对比，然后再对这之间的所有放大倍数校准。

磁　　滞

电磁透镜有磁滞。如果希望得到的结果能重复，那么所做的每个操作必须都能重复。

由于 TEM 成像系统不能给出稳定并可重复的透镜强度，因此必须校准放大倍数。透镜强度会受到环境温度（例如房间里人数多少）、透镜冷却系统的效能及透镜的磁滞等因素的影响。因此，如果希望对 TEM 图像作精确的测量，在测量时必须校准放大倍数。特别是，必须使磁滞影响最小化，统一从过焦或欠焦状态使图像接近聚焦，和/或者在最终聚焦前翻转几次透镜的极性。而且，必须记住图像可能会发生桶形或枕形畸变，特别是在很低的放大倍数时（小于 5 000×），因为透镜的设计在低倍下工作状态不好。（学生应该能识别第一种扭曲对图像的影响，而早期可能不能识别第二种扭曲。）

放　大　倍　数

记录、打印和发表过程中，图像大小会改变。因此标定图像从来不用放大倍数，而是在图像上标出一个对应图像记录时实际样品上的距离。

记住，要研究的样品区域必须处于镜筒的最佳样品高度。由于 TEM 中放大倍数的误差，对于精确测量颗粒尺寸等用途而言它不是最好的设备。然而，只要已经注意到前面所描述的注意事项，那么在合理精度内（±5%）相关的测量还是比较容易做的。没校准时数字输出的精度可能不会好于±10%，因此声称放大倍数精度好于±10%是很草率的。当在文献中看到任何显微照片上放大

倍数的精度优于 3 个（甚至是两个）数字表示时，如 52 550 倍，那么就应该提出质疑。这可能意味着显微镜工作者并没有理解设备的局限性，对所做工作的解释要倍加谨慎。

以前受放大倍数限制把这些标尺称为"微米棒"，但是，随着 TEM 放大倍数不断增大，"纳米棒"更合适（尽管如此，仍不能很好地描述桶形畸变）。现代 TEM 可自动在底片上做这样的标尺。但是，这和手动操作的精度一样。

可以用相同的过程校准 STEM 图像的放大倍数。尽管原理上 STEM 数字图像的放大倍数很容易从扫描线圈强度计算出来，这种校准也很重要。因为物镜的变化，图像的放大倍数不同于数字输出。表 9.1 给出了典型的 STEM 放大倍数的数字输出值与实验上用衍射光栅复型得到的放大倍数之间的差异。

表 9.1　Philips EM400T 120 kV 时 STEM 模式下的放大倍数校正

数字输出	放大倍数计算值
3 200	3 420
6 400	6 850
12 500	12 960
25 000	27 000
50 000	54 000
100 000	108 000

9.6.2　相机长度校准

前面已经提到可以用相机长度（L）来描述衍射花样的放大倍数，这个术语来自不使用透镜（因为聚焦 X 射线很困难）的 X 射线投影衍射相机。这种相机中，通过移动记录底片使之远离样品就能增加放大倍数。这个原理与放映幻灯片时通过移动投影仪使之远离屏幕来增加放大倍数是一样的。（没有显微镜工作者采用这种方式使底片聚焦，或者说没有人通过调整投影镜聚焦来改变放大倍数！）

这个原理可以用到透射电镜中，如图 9.23 所示。这幅图是表示成像系统的示意图，但没有标出透镜。

相 机 长 度

如果增加样品和荧光屏之间透镜的放大倍数，就相当于增加样品和屏之间的有效距离 L。

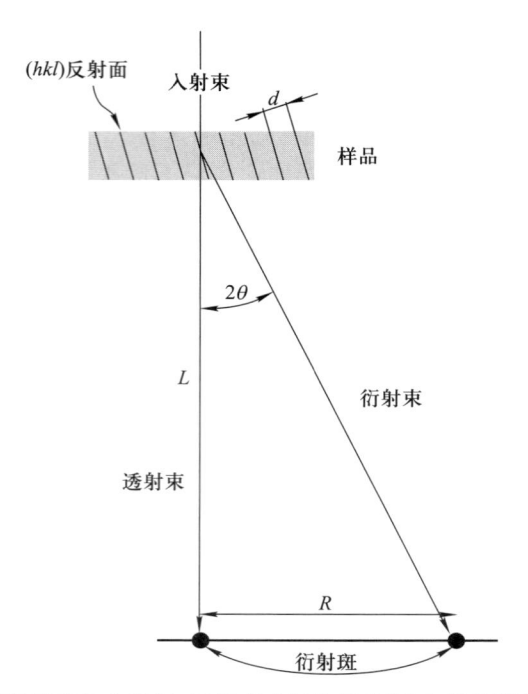

图9.23 透射束与衍射强度极大值(如衍射束或衍射环半径)之间的距离 R 与相机长度 L 之间的关系。增加放大倍数相当于增大 L，实际上这一过程通过透镜实现

TEM 中的相机长度是计算值而不是物理距离。如果电子被样品以 2θ 角度散射(类似第2章和第11章描述的典型衍射过程)，那么在屏上测量的透射束和衍射束之间的距离(R)就由 L 决定，因为

$$\frac{R}{L} = \tan 2\theta \sim \theta \tag{9.1}$$

根据布拉格方程[式(3.21)]可知 $\lambda/d = 2\sin\theta \sim 2\theta$，因此有

$$Rd = \lambda L \tag{9.2}$$

操作程序#10 要校准衍射花样的放大倍数需要记录已知晶面间距(d)的样品的衍射花样，例如多晶 Au 或 Al 薄膜。它们会产生衍射环(见图2.11)。

■ 确定样品处于最佳高度，明场像处于正焦。

■ 插入选区光阑，进入衍射模式。

■ 确认电子束是平行的，衍射斑或环可以聚焦到最小尺寸。如果衍射花样不锐，调节第一聚光镜(衍射聚焦)使之聚焦。有 c/o 透镜时要注意，照明系统状态改变(例如，电子束平行度提高)时衍射花样聚焦状况随之改变。如果通过调节衍射聚焦使衍射花样变锐，相机长度也会改变。如有疑问请参考制造商的手册。

■ 由于样品的晶格常数已知，可以在照相底片上或者计算机显示器上测量衍射晶面对应的衍射环的半径 R（第 18 章中有此过程的详细描述）。

■ 由于已知 λ，从式（9.2）可以很容易确定 L 值。

表 9.2 给出了一个典型 TEM 的相机长度的校准。如果 TEM 模式和 STEM 模式物镜下的设置不一样，那么 STEM 相机长度的校准就不同于 TEM，这取决于设备的制造时期和构造。所以在花时间进行校准之前应与制造商核实这些情况。

表 9.2 Philips EM400T 120 kV（λ = 0.033 5）相机长度（和相机常数）的实验测量与数字输出值的对比

相机长度设置	数字输出/mm	相机长度测量值 L/mm	相机常数 λL/(mm·Å)
1	150	270	9.04
2	210	283	9.47
3	290	365	12.22
4	400	482	16.14
5	575	546	18.28
6	800	779	26.08
7	1 150	1 084	36.29
8	1 600	1 530	51.22
9	2 300	2 180	72.99
10	3 200	3 411	114.20

有必要详细介绍 c/o 透镜对 SAD 校准的影响。如图 9.5 所示，电子束经过 c/o 透镜后可以先散开再在样品上会聚成束。然而，衍射花样聚焦情况会随电子束入射角改变而变化，除非电子束是平行的。这样，照明条件不同会导致衍射花样聚焦时衍射镜的设置不同。因此，相机长度会随会聚/发散角改变（可以高达 15%）。为了保证相机长度不变，必须在同一种状态下校准每一幅衍射花样。下面介绍几种方法。

■ 对每一衍射花样，使衍射透镜设置为相同的状态，调节 C2 使衍射花样聚焦。

■ 使衍射花样在物镜光阑位置处聚焦（特别是物镜后焦面和物镜光阑处于同一位置时）。

- 调节 C2 至最强，聚焦衍射花样，并利用 C1 调节衍射花样的亮度。

随着自身技术的提高，还可以采用一些其他方法。总之，在做校准时要始终使用所选择的条件。

9.6.3 图像相对于衍射花样的旋转

在研究晶体材料时必须确定图像和衍射花样取向之间的夹角。一定相机长度下，衍射花样总是以固定的取向出现在荧光屏上。但是如果在不同的放大倍数下记录图像，图像相对于固定的衍射花样就会旋转一定的角度 ϕ。（有些 TEM 中这个旋转通过引入补偿投影镜已经消除了，这种情况下两取向间的旋转是固定的，理想值为 $0°$）。

> **黄 金 法 则**
>
> 这些校准都应自己完成，而不要依赖于工厂的校准，因为实验室用的环境可能和制造商的不同。

操作程序#11 可以用 α-MoO_3 样品测定这个旋转角，因为可以形成薄的不对称晶体，其长边平行于晶体中的 001 晶向。
- 与通常一样，要注意确保样品位于最佳物平面上，且图像已聚焦。
- 插入 SAD 光阑，并用中间镜使光阑聚焦和像平面重合。
- 切换到衍射模式，调整衍射聚焦使衍射斑点明锐。
- 收集两次曝光的衍射花样和图像，如图 9.24A 所示。
- 在不同放大倍数下重复整个过程，画出如图 9.24B 所示的角度 ϕ 的变化情况。
- 如果有必要，可以对不同的 L 值进行同样的操作，这会使得 ϕ 对称变化。建议在标准的 L 值下进行所有 SAD 工作，通常优先选择 500~1 000 mm。

更复杂的因素是，随着图像放大倍数增加，TEM 透镜控制逻辑电路可能会关闭或启用成像系统中的一个透镜。如果发生这种现象，图像就会旋转 $180°$。当改变放大倍数时，如果仔细观察图像就能看到这种情况。这种反转必须包含在旋转角校准中，否则在标定图像取向时会产生 $180°$ 的反转。确定图像是否有 $180°$ 反转的一种方法是观察衍射花样并使之轻微欠焦，这样在很低的放大倍数下就能直接观察到透射束中的明场像，这样 $180°$ 反转就非常明显了，如图 9.25 所示。前面已经提到，一些制造商采用成像系统透镜对旋转进行补偿，使图像与衍射花样之间的角度在所有放大倍数下保持不变。同样地，在 STEM 模式下，由于成像透镜不参与放大，图像与衍射花样之间的相对转角

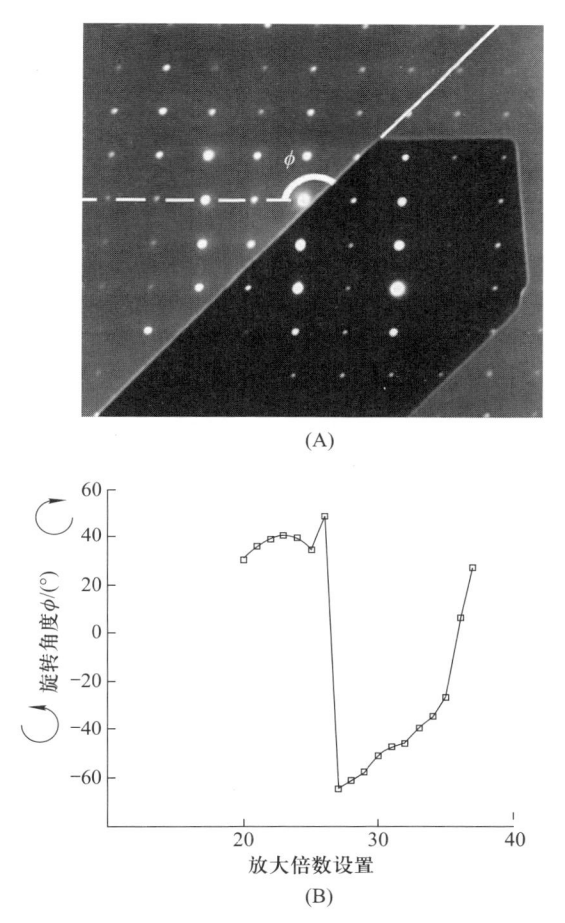

图 9.24 （A）一幅二次曝光像显示出了 α-MnO$_3$ 晶体的图像与此晶体上得到的衍射花样的叠加，定义旋转角为 ϕ。（B）对旋转角的校准给出了当放大倍数改变时像与衍射花样之间的相对转角 ϕ。该校准假设相机长度固定不变。如果放大倍数改变（例如，在设置 26 和 27 之间变化）时成像系统透镜在开和关之间转换，旋转角会发生显著的变化

保持不变。

  McCaffrey 和 Baribeau 采用分子束外延法生长出单晶 Si/Ge 薄膜样品，并制备出截面 TEM 样品，用这个样品可以完成三个主要校准（放大倍数、相机长度以及图像与衍射花样相对转角）。从 TEM 耗材供应商那里可以买到类似的样品（见网址 1~3）。这些供应商还提供一系列用于 TEM 的其他需求（例如 XEDS 和 EELS 分析）的标准样品。如果你很认真，可以购买自己的标准样品，保持其清洁安全，可以经常使用。

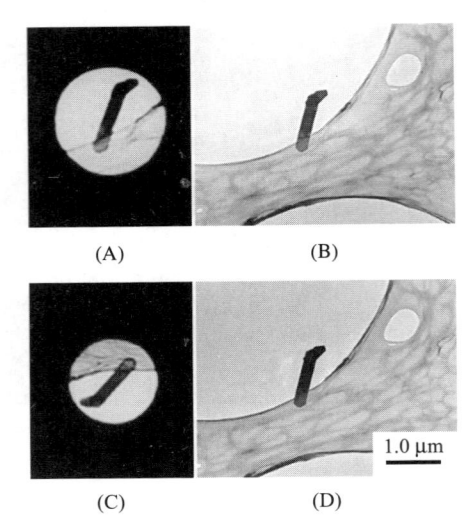

图 9.25 α-MoO₃ 的衍射花样中欠焦的透射斑与明场像的比较，从中可以确定是否存在 180°反转。如果透射斑中的图像相对观察屏上的图像旋转了，如(C)和(D)所示，那么需要 180°反转确定图像与衍射花样之间相对转角的正确值。在(A)和(B)中，衍射花样和明场像之间没有旋转

9.6.4 图像和衍射花样的空间关系

在比较图像和衍射花样（或事实上比较任何两张底片上的取向）时，如果不用二次曝光，那么就需要一条固定的参考线。这条线必须固定不变，不随底片尺寸或放置方式等因素的改变而发生变化。最好的参考线是叠加在每张底片上的计数系统的边缘。

以往建议：无论在何时比较图像和衍射花样，都要使感光面朝上来比较照相底片。这与通常的摄影技术相反，但很有必要记录对样品的操作及其与屏幕显示之间的关系。如果不这样做，就很容易在图像和衍射花样的关系中引入180°误差。

当今建议：不再使用底片，如果使用CCD，就不再需要考虑反转图像了。

9.7 其他校准

加速电压：所选电压和绝对电压之间可能会存在一定的差别。有几种方法可以确定实际电压值：首先可以通过测量两条菊池线对（见第19章）之间的

角度 ϕ 来确定电子波长 λ，两条菊池线对的交叉点与透射束之间的距离为 R

$$\tan \phi = \frac{R}{L} = \frac{\lambda}{d} \tag{9.3}$$

另外，可以将模拟的 CBED 花样中的高阶劳厄线与实验结果(见第 21 章)对比，来确定哪个 λ 值最合适。最后，原则上可以用 XEDS 计算机系统把 X 射线谱图(见下册第 34 章)显示为电子束能量 E_0，那么在严格的电子束能量时轫致辐射强度会衰减至零(称为 Duane-Hunt 极限)。但是，XEDS 计算机显示器很少能显示能量大于 30~40 keV 的范围。

样品的倾转轴和对倾转的判断：在侧插式样品台中，主倾转轴平行于样品杆。由于图像总是相对样品旋转，该如何确定旋转轴方向呢？如果能沿已知方向移动样品就很容易确定。通过样品的移动，可以确定已知几何形状样品的倾转轴方向。

> 以往建议：如果轻轻地推侧插式样品杆的尾部，图像就会沿着平行于主倾斜轴的方向移动。但是，不要沿其他方向晃动样品杆以免空气锁漏气。

> 当今建议：一旦固定了，就不允许把定位销(位于样品杆尾部)再拔出以致触碰样品杆。可以调节放置样品的方式，这需要耐心练习——TEM 大部分操作都要这样。

如果观察的是衍射花样，那么使衍射花样欠焦就能在透射斑里看样品的明场像，如图 9.26 所示，然后执行相同的操作(译者注：与上面方法一样，沿主轴方向移动样品杆就可以确定衍射花样与旋转轴之间的取向关系)。如果用的是顶插式样品台，就要用已知几何形状的样品去校准这个倾转。这使校准会更加复杂。

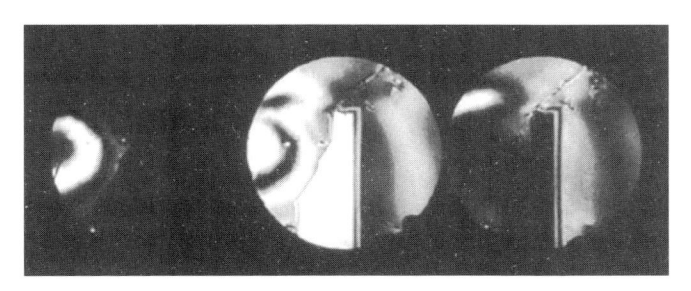

图 9.26 欠焦的多个暗场像给出如何同时确定像中某些特征方向(例如，垂直的孪晶界)和衍射花样中的取向(例如，衍射盘之间的水平矢量)。如果样品杆沿着主旋转轴方向移动，像也会移动并由此确定该旋转轴与衍射花样中的晶体学方向之间的取向关系

物镜焦距的步长：如果进行的是高分辨相位衬度成像，又没有球差矫正

器，那么就需要知道物镜每一步的欠焦量。这样才能正确计算和解释图像衬度。有一个简单的方法可以确定这个步长。将一幅正焦像和一幅已知物镜焦距步长（Δf）数的欠焦像叠加，这两幅图像分开的距离 Δx 与 Δf 的关系为

$$\Delta f = \frac{\Delta x}{2Mm\theta} \tag{9.4}$$

式中，M 是放大倍数；m 是焦距步长的增加次数；θ 是用于成像的反射电子的布拉格角。如果用一些典型值，会发现很难用这种方式得到精确的结果，在下册第 7 章中会继续讨论这个话题。

章 节 总 结

  本章说明了 TEM 是如何组合起来的。尽管制造商的工作已经很完善，但依然有一些关键步骤需要操作者亲自完成。必须理解如何使照明系统对中才能使电子束位于光轴上，从而能在 TEM 模式下得到平行束，在 STEM 模式下得到会聚束。C2 光阑是整个照明系统的核心部分，而且也最容易偏离中心。如果保持仪器状态正常并且光阑清洁，像散问题不会很难解决。物镜/测角台结合控制着所有样品散射电子束所产生的有用信息。在开始进行显微镜操作时，总要先固定最佳样品高度，并且在进行任何有价值的成像工作之前，需要对中物镜旋转中心，并在高放大倍数下使像散减至最小。衍射和 STEM 操作需要对中的聚焦衍射花样。

  如果想根据图像和衍射花样进行一些定量测量（如果希望成为一名真正的显微镜工作者那么就应该去做这些工作），就不能避免校准。除非知道图像和衍射花样的放大倍数和相机长度以及两者之间的取向关系，否则，相对而言它们用处很小。所以在学习初期得花时间专心去做这些事情。这样不仅能确保得到高质量的数据，同时也能学到很多关于这些复杂设备工作原理的知识。

  你会发现文中给出的一些数据（例如图 9.12B 和表 9.1）是老式 TEM 的数据。用老式 TEM 的数据会好一些（应该问为什么），但是这些仪器今天可能已经见不到了。

参考文献

历史

  SAD 是 LePoole 在 1947 年发明的。一些早期的透射电镜采用一对可以相

对滑移的有 90°折角的叶片充当方形光阑。见 LePoole，JB 1947 *A New Electron Microscope with Continuously Variable Magnification* Philips Tech. Rept. **9**(2)33-45。在 Edington 的书中有关于 TEM 校准的更深入的探讨。

TEM 操作

Chapman，SK 1980 *Understanding and Optimizing Electron Microscope Performance 1. Transmission Microscopy* Science Reviews Ltd. London. 这是一本比较老的书，但给出的原理非常清楚，如果你足够认真，实验室应该备一本。

Chapman，SK 1986 *Maintaining and Monitoring the TEM* Royal Microscopical Society Handbook No. 8 Oxford University Press New York. 如果在办公室书架上找不到这本书，一定要买一本，小小的投资会有多次回报。

Chescoe，D and Goodhew，PJ 1990 *The Operation of Transmission and Scanning Microscopes* Royal Microscopical Society Handbook No. 20 Oxford University Press New York. 本章中简要描述的操作原理在这本书中都有很深入的描述。

Christenson，KK and Eades，JA 1988 *Skew Thoughts on Parallelism*，Ultramicroscopy **26** 113-132.

Edington，JW 1976 *Practical Electron Microscopy in Materials Science* Van Nostrand Reinhold New York. 这本书现在尽管过时了，但仍然是一本很有价值、很实用的书，里面有衍衬像和 SAD 的细节，尤其在校准方面描述得很好。然而，这本书是在有 c/o 透镜之前写的，之前提过，c/o 透镜使类似形成平行束这样简单的操作变得更复杂。

Goldstein，JI，Newbury，DE，Joy，DC，Lyman，CE，Echlin，P，Lifshin，E，Sawyer，LC and Michael，JR 2003 *Scanning Electron Microscopy and X-ray Microanalysis* 3rd Ed，Kluwer New York. 主要讲述了虚拟 C2 光阑，扫描成像及其他一些内容。

Keyse，RJ，Garratt-Reed，AJ，Goodhew，PJ and Lorimer，GW 1997 *Introduction to Scanning Transmission Electron Microscopy* Royal Microscopical Society Handbook No. 39 Bios Scientific Publishers Oxford. 这本书内容比较基础，但也是唯一一本强调专用 STEM 操作的书。历史上专用 STEM 是由一个公司（VG）制造的，但现在至少有 3 个厂家生产（Hitachi，JEOL，and Nion）。类似 20 世纪 80 年代的 SEM，DSTEM 可能会成为半导体工业的主流，如果是这样，这些仪器在任何自主研发的 EM 中心都会成为固定设备。如果你现在意识到 RMS 手册很有用，这是绝对正确的（参见网址 http://www.rms.org.uk/other-publications.shtml）。

McCaffrey, JP and Baribeau, JM 1995 *A Transmission Electron Microscope (TEM) Calibration Standard Sample for All Magnification, Camera Constant, and Image/Diffraction Pattern Rotation Calibrations* Microsc. Res. Tech. **32** 449-454.

Watt, IM, 1997 *The Principles and Practice of Electron Microscopy* 2nd Ed. Cambridge University Press New York. 这是一本基本、实用且易读的书，包含很多有启发性的图片和图表，而且很容易理解和解释。

网址

1. http://www.emsdiasum.com/microscopy/products/catalog.aspx.
2. http://www.tedpella.com/calibrat_html/TEM6.htm.
3. http://www.2spi.com/catalog/stand.html.

姊妹篇

C_c 校正将在介绍 HRTEM 和 EELS 的章节中讨论。C_c 校正器有几种不同的形式，但是都会降低电子束强度。

自测题

Q9.1 列举 TEM 的 3 个主要组成部分。

Q9.2 如何平移或倾转电子束？

Q9.3 如何形成平行束？为什么要这么做？为什么实际上电子束不是严格平行的？

Q9.4 如何形成会聚束？为什么要这么做？为什么会聚束有时是发散的？

Q9.5 如何对中电子枪？操作难点是什么？

Q9.6 如果 C2 光阑不对中，如何表述它，应该怎样校正它？

Q9.7 束斑大小随 C1 设置的变化规律是什么？为什么要改变束斑大小？

Q9.8 什么是 SAD？它与 CBED 有什么区别？

Q9.9 明场像和暗场像有什么区别？

Q9.10 与 TEM 相比，STEM 在成像方面有什么优点？

Q9.11 引起透镜像散的原因是什么？在照明系统和成像系统中怎样消像散？

Q9.12 为什么物镜旋转中心需要校准？

Q9.13 为什么要形成空心锥衍射花样和图像？

Q9.14 解释 CDF、DADF、HCDF、SADP、SDP、HCDP、FFP、BFP。如

果不能在教材中找到全部这些缩略词，请试着自己解释。

Q9.15 TEM 中最重要的光阑是什么？为什么？

Q9.16 在 TEM 中怎样改变图像放大倍数？

Q9.17 在 STEM 中怎样改变图像放大倍数？请解释为什么与 TEM 中的方法相比 STEM 中的方法更有优势。

Q9.18 为什么需要校准放大倍数？

Q9.19 什么情况下需要平移电子束？

Q9.20 TEM 开机时应该怎样操作？

Q9.21 TEM 关机时应该怎样操作？

章节具体问题

T9.1 为了使电子束会聚，需要使用哪些透镜？对于不同的电子源，有什么区别？（提示：查看第 5 章和图 9.3~9.5。）

T9.2 请解释形成图 9.1 和图 9.2 中的平行束的方法的区别。

T9.3 利用图 9.4 解释为什么小束斑具有小束流。列举一些降低束流的结果。

T9.4 为什么要使用 SAD，而不是直接形成衍射花样（在不用选区光阑的情况下）？

T9.5 消像散时应该怎样操作照明系统形成菲涅耳条纹？

T9.6 TEM 照明系统最常见的问题是什么？（排除前面一位操作者的影响）

T9.7 如何说明样品处于最佳物平面上？为什么要把样品放在那儿？

T9.8 通常情况下，TEM 中图像放大倍数的精度是多少？要获得更高的精度应该怎么做？

T9.9 按顺序列举当 TEM 屏幕上有明场像时为了看到 SADP 所需要采取的操作步骤。

T9.10 按顺序列举当 TEM 屏幕上有暗场像时为了看到 CDF 所需要采取的操作步骤。

T9.11 解释图 9.13 中所显示的在样品平面形成虚光阑而非插入实光阑获取选区衍射的原理。

T9.12 利用图 9.16 和图 9.19 解释为什么不能改变 STEM 成像中的入射电子束的方向。

T9.13 为什么说 STEM 成像不受成像透镜缺陷的影响？这样说对吗？

T9.14 图 9.21 使用的是热电子枪电子源还是 FEG 电子源？为什么？

T9.15　以图 9.5 为例讨论 c/o 透镜系统的优点和缺点，并说明为什么用于所有材料研究的 TEM 都需要有 c/o 透镜系统。

T9.16　辨别束平移和束倾转，用书中的图例解释这些操作在 DADF 操作、空心锥成像和衍射、静态衍射花样形成以及扫描成像模式中是如何运用的。

T9.17　什么时候会用到摇摆器？画光路图解释摇摆器是怎样工作的。画图解释摇摆时有像散和没对中的电子束是怎样变化的。

T9.18　利用参考文献给出束流和束斑大小之间关系的方程。

T9.19　估算照明系统中最下方的光阑半径和电子束会聚角之间的关系，并解释其如何与图 9.11 联系起来。

T9.20　为什么会聚束会使衍射花样中的衍射点发散？为什么不同发散点包含不同的(像)衬度信息，如图 9.26 所示？

T9.21　为什么校准衍射花样相对图像的旋转很重要？

T9.22　估算放大倍数和旋转校准的精度。

T9.23　查阅 α-MoO_3 的晶胞参数，并作一些合理的假设，然后近似计算图 9.24 中衍射花样所使用的相机长度。

第 10 章
样品制备

章 节 预 览

样品制备是一个很广泛的课题，有许多书籍专门讨论这个话题。本章旨在总结样品制备技术，列出可用的方法，最重要的是强调 TEM 样品制备方法的多样性。具体方法的选择取决于需要获得什么信息、时间限制、现有设备、操作者的技术及所用材料。所以这里主要集中在"制作原理"上，不会列出各种方法的具体细节。需要牢记的一点是，选用的方法不能影响到观测的内容，或即便影响了，必须知道是如何影响的。样品制备过程中引入的假象可能很有意思，但通常不是想要研究的内容。顺便提一句，要观察的 TEM 样品（specimen）即制备的样品，是取自要研究的样品（sample），但有时候这两者（specimen 和 sample）在英语资料中会相互使用。

制备好的 TEM 样品必须对电子束透明，而且能代表想要研究的材料。大多数（并非所有）情况下，都希望样品均匀减薄，在电子束和实验条件下稳定,具有良好的导电性而且不带磁性(后面会讨论一些特例)。实际上很少有样品接近理想情况,通常必须采用折中的方法。一般把样品分为两类:自支撑样品和支撑环或薄垫圈上的样品。支撑环或垫圈通常是铜,但也可以是金、镍、铍、碳、铂等材料制成。在讨论这两类样品之前,先简单回顾一下样品制备中最重要的部分,即安全性,之后的操作可能会损坏显微镜,但这个阶段可能伤害到你自己或者你的同事。

TEM 样品制备通常要花费好几个小时。实际上对于同种材料这个时间可以短至五分钟或长至两天。例如,如果想观察高温超导样品 $YBa_2Cu_3O_{6+x}$,可以把样品放在研钵中用研磨棒在无水溶剂中粉碎,把小颗粒捞在碳膜上再放到 TEM 中观察,大约需要十分钟时间。也可以用金刚石刀把样品切成直径为 3 mm 的圆薄片,在研磨轮上将样品磨薄,然后在磨薄的薄片上做出凹坑,之后在液氮温度下用离子束轰击,使样品减薄至对电子束透明,然后在干燥环境中小心地把样品恢复至室温,放入 TEM 中,这需要一到两天的时间。选择哪种方法取决于所研究的内容。

10.1 安全性

对于在 TEM 中观察的样品,无论是对样品本身还是选用的制备方法都要格外小心。样品以块体形式存在时是相对安全和稳定的,变成粉末后可能比较危险。常用的 4 种抛光液(很好用)为氰化氢、氢氟酸、硝酸和高氯酸。这些液体有的有毒,有的具有腐蚀性(HF 透过身体能溶解骨头)或爆炸性(当高氯酸和硝酸与特定有机溶剂混合时)。显然在样品制备前,有必要询问实验室管理人员,查阅一些参考资料和相应的材料安全数据表(MSDS)。这样可能会节省大量时间。

> **安 全 第 一**
>
> 这一部分当然应该用大红色方框标出。一些化学试剂确实很危险。请牢记,应该在小的制样间使用氢氟酸、高氯酸和氰化氢。

尽管有安全方面的限制,这些酸和酸的混合液还是有用的,例如没有离子减薄仪或不能接受离子束对样品带来的损伤时。这种情况下,请牢记以下 5 点:

- ■ 开始前要确定能安全处理所产生的废弃物。
- ■ 确定手边有解毒剂。

■ 不要在样品制备室单独工作。如果安全手册有要求，样品制备时就要始终戴着安全眼镜和/或全套保护服，包括面具和手套。

■ 准备的溶液够一次抛光就可以，绝不能用嘴对着吸管检测溶液的组分，使用后需要处理废液。

■ 化学药品要在通风橱中使用，检查通风橱的工作效率是否足够。

由于下面四种酸非常危险，这里会专门介绍，但要记住：化学制备样品前一定进行必要的咨询。

*氰化物溶液：*即使在书上看到过这种溶液，如果有可能还是尽量避免使用。它最大的优越性是可以腐蚀金，但金的样品可以通过离子减薄来制备。

*乙醇或甲醇中的高氯酸：*如果必须使用这个"通用抛光剂"，应该注意，实验室都要求使用专门防护的清洁厨，这样可以把溶液完全清洗掉，因为结晶的高氯酸是很容易爆炸的。图 10.1 给出的是高氯酸-乙酸-水系统的相图，可以看得更清晰。如果必须使用高氯酸-乙酸的混合物，或确实要使用含高氯酸的混合液时，要保持密度低于 1.48。如果每次都是很谨慎地把酸加到溶剂中，同时确保液体不会变热，那么高氯酸溶液就可以制备出非常好的 Al、不锈钢和许多其他金属和合金的 TEM 样品。

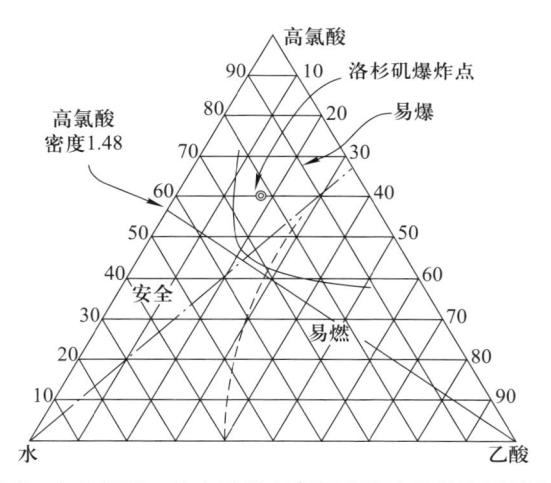

图 10.1 高氯酸-乙酸-水的相图，给出了所有高氯酸溶液的危险区域和建议安全使用的密度线，一定要在这条线左边使用

*硝酸：*与乙醇混合后可能发生爆炸，特别是长时间暴露在阳光下。最好用甲醇而不用乙醇，但任何情况都要使混合物保持在低温状态并且要合理地处置。

*氢氟酸：*这种酸广泛用于半导体工业和具有磨砂面的发光灯中。原因是

第 10 章 样品制备

这种酸能腐蚀二氧化硅而没有残留物。如果使用得当,稀释的氢氟酸溶液可以制备出薄区较大的样品。如果用氢氟酸就要完全保护好裸露的皮肤,氢氟酸能迅速穿透皮肤而腐蚀骨头,甚至感觉不到。

10.2 自支撑样品或使用微栅

用什么方法制备 TEM 样品取决于要观察什么,所以减薄前想想要做的实验。例如,是不是需要不惜一切代价避免机械损伤?或只要不发生化学变化就可以?或者反之亦然?样品是不是都能承受热或辐照?根据答案的不同,下面的有些方法可能不太合适。图 10.2 总结了不同类型样品制备的流程图。

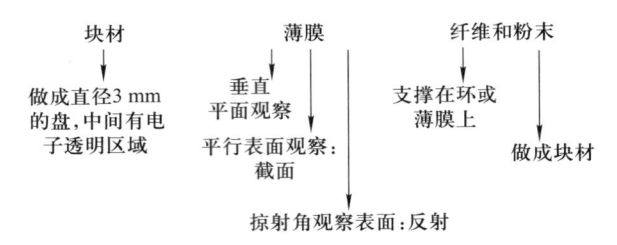

```
块材                    薄膜                     纤维和粉末
 ↓                       ↓                         ↓
做成直径3 mm           垂直                      支撑在环或
的盘,中间有电         平面观察                    薄膜上
子透明区域                ↓                         ↓
                      平行表面观察:                做成块材
                       截面
                         ↓
                    掠射角观察表面:反射
```

图 10.2 可能会碰到的不同形状样品的制备流程

纳 米 材 料

考虑选择哪种材料的支撑微栅。

自支撑样品就是整个样品包含一种材料(也可以是复合材料),其他的样品是支撑在微栅或单缝的 Cu 圈上。图 10.3 给出了一些不同类型的支撑网(环),通常样品或微栅的直径为 3 mm。

以上两种方法各有优缺点,处理薄样品时都比较方便,因为无论是自支撑样品还是支撑环边缘都比较厚,可以用镊子夹起。样品薄的时候就不要再碰它,建议使用真空镊子,但需要练习使用,真空镊子很容易使样品振动并损坏薄区。可以用吸气镊子来避免振动,不过要首先注意安全。样品的机械稳定性总是很重要,例如,单晶 GaAs 或 NiO 很容易损坏,因此通常将样品固定在支撑环上,这样可以操作支撑环。但是如果对样品进行 X 射线分析,由于支撑环也可以产生 X 射线信号,收集的信号中可能包含支撑环的信息。因此,即使样品中不含有 Cu 元素时也能看到 Cu 的峰,在下册第 33 章会讨论如何减少这种假象。当然,自支撑的样品也有相同的问题,只是不明显。事实上,对于

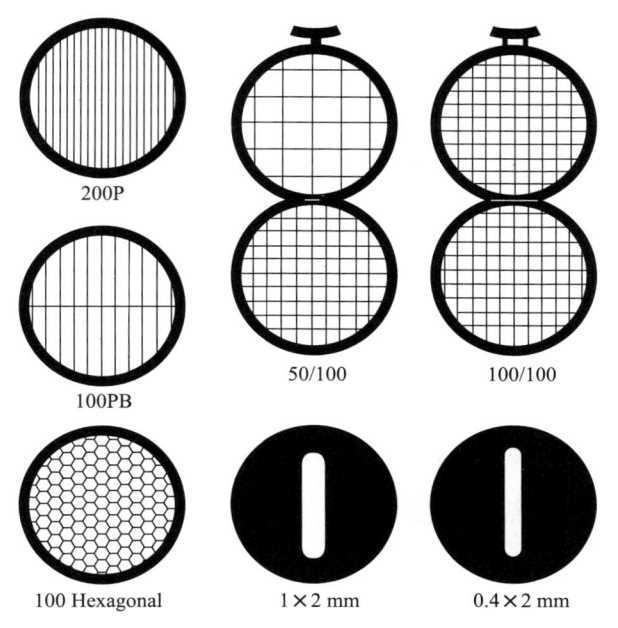

图 10.3 不同网格形状和大小的各种样品支撑网。右上方是类似牡蛎形状的双联微栅,用来夹小薄条样品

这样的分析最好的区域通常是样品最薄的地方。

> **TEM 样品的直径**
>
> 为什么 TEM 样品的直径是 3.05 mm?因为制造商这么要求。必须总是这么大吗?除非需要双倾或倾转旋转操作。

为什么是 3 mm 的盘?盘直径通常是 3.05 mm。因此称样品为 3 mm 的盘。偶尔会遇到使用 2.3 mm 盘的显微镜。小直径的盘主要用在早期的显微镜中,使用小直径的盘有两个重要的优点,但并没有被现代仪器所采用。理想情况下无论盘多大,要研究的样品区域都应该在盘的中心。如在第 9 章中所提及的,在显微镜中倾转样品时,感兴趣的区域仍位于物镜上方和光轴上相同的位置(高度)。因此,对于自支撑样品,样品边缘必须相对较厚,要研究的材料的整个区域就会很小且局限在盘的中心。对于给定大小的材料,可以多制备几个 2.3 mm 的样品,因为如果样品很特殊(贵重、稀有)或很容易损坏时,多备几个样品就很重要。如 5 mm×5 mm 样品可以制成一个 3 mm 盘或 4 个 2.3 mm 的盘。小直径盘的第二个优点和样品倾转有关，样品越小，样品杆越容易进行大角度倾转。不要忘记，如果只需单方向倾转样品，会发现块状样品杆很有用，那么就可以使用长至 10 mm、宽至 3 mm 的样品。

10.3 制备最终减薄的自支撑样品

最终减薄包含 3 个部分：
■ 把样品初始减薄成厚度为 100~200 μm 的薄片。
■ 从薄片上切下 3 mm 的盘。
■ 从盘的一边或两边把中心区域预减薄到几微米。

根据想要研究的内容和材料的物理特性选择要用的方法（材料是软或者硬，塑性或者脆性，脆弱或者结实，单相或者复合物等）。

10.3.1 从大块样品上切薄片

要减薄的样品种类繁多，显然，对于塑性材料和脆性材料需要采取不同的处理方法。

（1）*塑性材料，例如金属*。通常不希望引入机械损伤。例如，想要研究处理过的材料中的缺陷结构或缺陷密度，理想的方法就是使用化学线锯、薄片锯（不是金刚石的，软金属会使刀片变钝）或电火花腐蚀（电致放电加工）的方法制备厚度小于 200 μm 的薄片。（线锯工作流程为：使线通过酸或酸的溶剂后再穿过样品直到切下样品为止，例如，可以用稀释的酸去切铜。）也可以把材料辗轧成很薄的薄片，然后退火去除由于辗轧引入的缺陷，这是不同的材料制备路线。

（2）*脆性材料，例如陶瓷*。这有两种情况：① 不能引入机械损伤，② 不介意引入机械损伤或材料不易损坏。根据材料不同，有几个选择。有些材料（Si、GaAs、NaCl、MgO）可以用刀片切开，这些材料有很好的解理面，而且能反复解理成电子透明的（见 10.6.5 节）样品。超薄切片（见 10.6.2 节）可以切成直接观察的薄片。如果不希望解理样品或想制备不平行于解理面的样品，要使用金刚石片锯。有些材料有特殊的方法，例如用水作为切岩盐的线锯溶剂。用锯的一个主要的局限性是这个过程会毁坏部分样品。

10.3.2 切圆片

钻孔取样和切薄片的限制相同：如果材料的延展性比较好而且机械损伤不是特别严重，那么可以用机械打孔机冲出一个圆片。一个设计优良的打孔机能使圆片边缘的损伤最小，但振动会在一些材料中引入切应变。对于脆性材料用到的 3 个主要方法是电火花加工（金属中避免损伤的重要方法）、超声钻孔和研磨钻孔，切割工具都是内径为 3 mm 的中空管。而且，管壁比较薄，尽可能减少材料浪费。电火花加工用于导电样品且引入的机械损伤最小。选择超声波钻孔（在水中振动）还是研磨钻孔（在浆液）通常由个人喜好或适用性决定，它们都是去除材料多余部分的机械方法，广泛用于陶瓷和半导体，钻头可能在样品上留下小的颗粒，所有的机械减薄方法都会在表面留下一些损伤。实际经验是，研磨剂会产生 3 倍于它们粒度大小的损伤。因此，1 μm 的研磨剂在样品每一个表面会产生 3 μm 的损伤，因此最终的盘厚度必须大于损伤深度的 2 倍，否则在最终的样品上就会看到机械损伤。图 10.4 是一家生产商的四种不同的钻孔设备。

钻　孔

类似于挖出苹果核或从土里挖掘岩石样品。

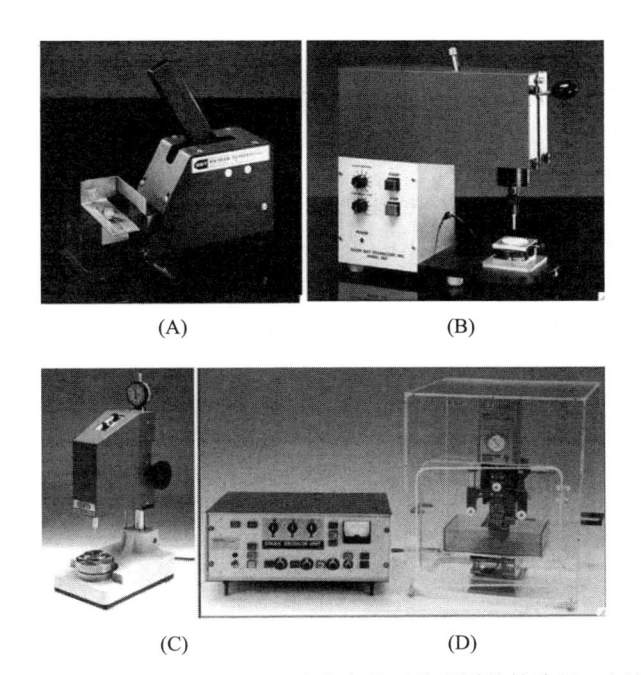

图 10.4　由南湾科技（South Bay Technology）生产的四种不同的钻孔机。（A）机械冲压（机械切片机）可以冲压韧性材料的薄圆片。片状样品放在图中所示的冲压孔中，右边的手柄向下压就会冲出一个适合减薄的 3 mm 直径的圆片。（B）涂有研磨膏的盘形铣刀利用钻孔管的旋转运动挖出圆片。（C）超声切割机。（D）电火花腐蚀切割，在安全罩内的溶液中腐蚀

请注意，所有这些方法在实际应用中都可以有一些变化，例如，对于 Si、GaAs 和一些其他材料，可以把样品粘到支撑环上，涂上保护层，通过薄膜切出圆形，然后化学刻蚀想要的区域。这个需要试验，但这个方法不会造成机械损伤。

10.3.3 预减薄样品

这个过程的目的是使圆片中心变薄，同时要使样品表面的损伤最小。不论采取什么方式，通常称这个阶段为"钉薄"。这个过程产生的任何损伤都必须在最后减薄过程中去掉（如果你对缺陷感兴趣或者损伤改变了化学组分）。

大部分商业机械钉薄仪用的是半径很小的工具把圆片中心研磨和抛光成固定的弯曲半径。尽管第一个钉薄设备是"自制"的（见图 10.5），但现在已商业化并得到广泛发展，可以控制所加载荷，精确地确定磨掉材料的厚度（钉薄的深度），快速地更换抛光工具，而且钉薄过程可以中间停止，待仔细观察样品后再继续减薄。这种投资对于材料实验而言是很有价值的。另外一个比较成功的方法是与（循环利用的）牙医用的电钻类似的方法。尽管原理上通过微机控制的精确钉薄有时可以制备厚度小于 $1~\mu m$ 的对电子透明的样品，但一般情况下钉薄区域的厚度只能达到约 $10~\mu m$。

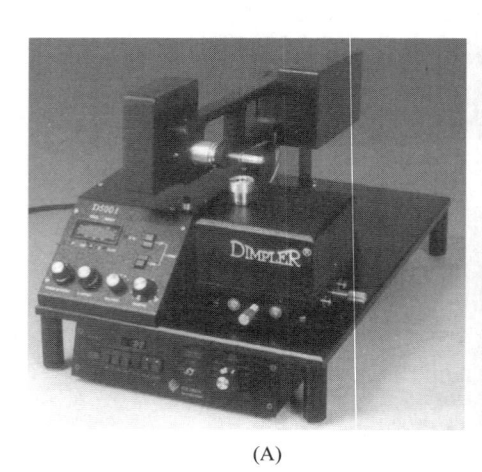

图 10.5 （A）钉薄设备。（B）磨薄工具和样品托

通常，所有的机械抛光顺序都相同，总是逐渐降低"磨粒"尺寸，最后用最小尺寸的研磨剂，确保样品最终厚度大于最小尺寸磨粒引起的损伤层深度的 2 倍。表面抛光越好，最终制备的样品越好。如果两边都钉薄，会大大增加最终在样品中心出孔的机会，但是有些情况下，想要保留样品的一边而只能从另

一边减薄时，一边钉薄就会优先在变薄的地方穿孔。

也可以用化学方法钉薄。对 Si 来说，通常用 HF 和 HNO_3 喷溅（从下面腐蚀，如图 10.6）到 Si 盘上减薄，盘边缘涂保护层形成支撑边。HNO_3 会氧化 Si，而 HF 可以去掉氧化的 SiO_2。类似地，可以用 Br 和甲醇减薄 GaAs。这种减薄方法用的都是危险的化学物质，但非常有效。如果足够小心的话，用这种方法甚至可以进行最终穿孔。

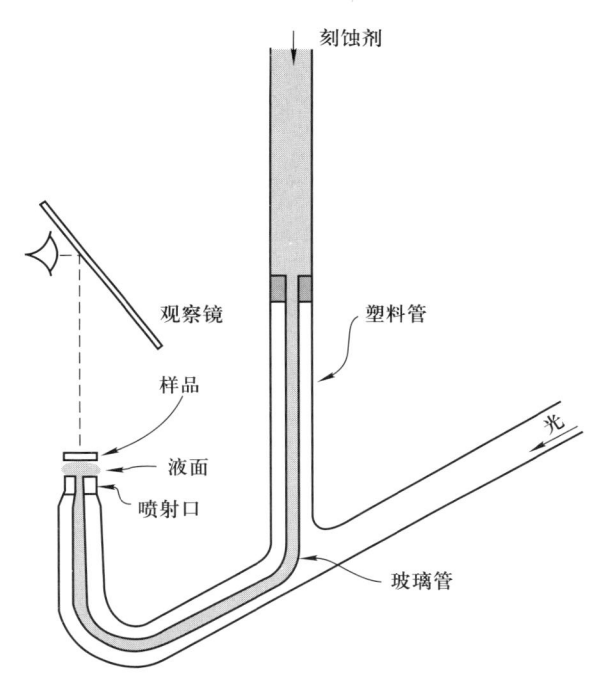

图 10.6 用化学溶液进行表面钉薄。例如，从 Si 圆片一边去除 Si，用镜子通过光管可以观察检测穿孔情况

由于三脚抛光器的使用使得 TEM 样品制备方法取得了很大的发展。这个工具可以把样品机械减薄至 1 μm 以下。用这个工具前必须查阅一下本章末的参考文献。所谓三脚抛光器是指有 3 只脚、能简单地盛放样品的装置，而样品在抛光轮上机械减薄。抛光器可以通过商业购买或者自己制造获得。

三脚抛光器

三脚抛光器已经在宝石行业应用了几十年，只是在这里有点不同。

对于一些材料，例如 Si，可以用这种抛光器把样品减薄至对电子透明。

然而，用三脚抛光器也有一些秘诀：

■ 必须用很平的抛光轮，建议用玻璃板。调整平衡三脚架的测微计时要非常小心。

■ 需要足够细的金刚石抛光膜，抛光膜不便宜，但磨损后继续使用可不叫节约。由于特别容易损坏，抛光样品另一面时要更换新膜。

■ 金刚石抛光膜上一定不能有黏合剂，要通过水的张力把它贴到玻璃板上，用刮水片保证它平整，片下的凸起会毁坏样品。

■ 抛光膜上任何残余物都会减少它的有效寿命。如果衬垫干后上面还有抛光膏，就应该去除它。

■ 要注意样品放置到抛光轮上的位置，减小样品减薄时在抛光层上产生的残余物的影响，截面样品的界面要垂直抛光轮半径，不要穿过有残余物的地方。

通过练习，三脚抛光器可以大大减少最终减薄时需要的时间，这个工具在使 TEM 成为一种质量检测的设备中起了重要作用，特别是在半导体工业。

10.4 样品最终减薄

10.4.1 电解抛光

电解抛光只能用于导电样品，例如金属和合金。这个方法相对比较快（几分钟到一小时左右），可以形成没有机械损伤的薄片，但它能改变样品的表面化学成分，正如在本章开始讨论安全时所看到的，这对人体有危害。

电解抛光的基本前提是要加一定的电压，在这个电压下样品阳极溶解产生电流，就形成抛光表面而不是刻蚀或刻蚀斑，如图 10.7 所示。典型的喷射抛光如图 10.8A 所示，保持储液器的体积不变，在恒定压力下喷射，电压加在喷射管尖端和样品之间。双喷的设备可以通过泵使电解液喷射到钉薄过的样品的两边，如图 10.8B 所示。激光束或光传感器可以探测样品的透明度并发出警告。发生警告时，电解液流必须立刻停止以免损坏薄区，样品也必须快速从电解液中取出来，在溶液中清洗以去掉残余的可能腐蚀样品表面的电解液膜。

毫无疑问，多练习才能做好电解抛光，但是要重复温度、电解液的化学性质、搅拌速率、外加电压、抛光液流速等正确的条件，只能通过反复试验来实现。

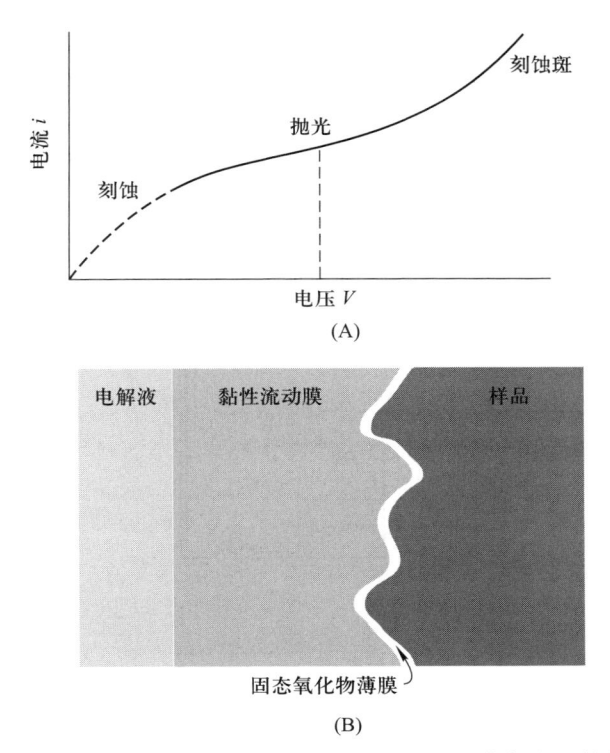

图 10.7 （A）电解抛光曲线，显示了阳极和阴极之间电流随外加电压的增加而增加，抛光主要发生在曲线上较平的区域，低电压处会发生侵蚀，而高电压时会有刻蚀斑点。（B）获得一个抛光表面理想的条件是要在电解液和样品表面之间形成黏性膜

10.4.2 离子减薄

离子减薄包括用高能粒子或中性原子轰击薄的 TEM 样品，并使材料溅射下来直至薄到能在 TEM 中进行观察，示意图和商业模型如图 10.9 所示。可控的变量包括电压、样品温度[如冷减薄（液氮）]、粒子特性[Ar、He 或活性离子(碘)]及几何位置(入射角)。

离子减薄

变量包括离子能量、入射角度、真空、初始表面形貌、初始化学性质、初始取向、初始表面晶体学性质、离子束能量和轮廓。注意初始这个词。

通常使用 4~6 kV 的加速电压，离子束一定程度上总是会穿透样品，所以

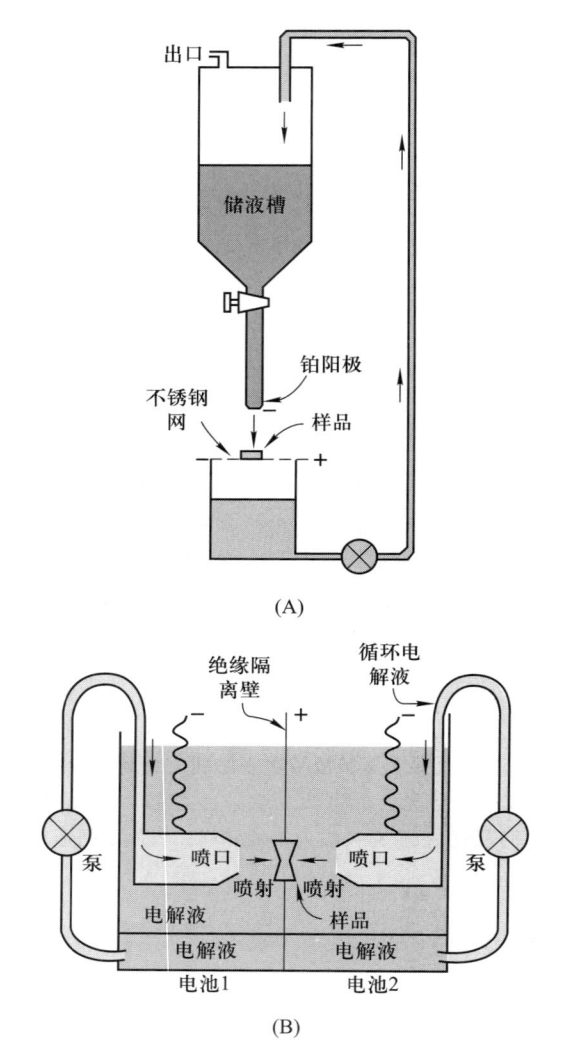

图 10.8 （A）喷射式电解抛光可以用重力加压式电解液单面喷射来减薄支撑在带正电的丝网上的薄片样品，圆片必须周期性旋转。（B）双面喷射式的电解抛光示意图。带正电的样品放置在两个喷射器之间的聚四氟乙烯支撑杆上。光管（没有显示）可以用于检查穿孔情况来决定停止抛光

可以通过倾转入射到样品表面的离子束来减小这种作用，过去，离子束和样品表面夹角通常为 15°~25°。然而 Barna 发现在许多情况下不该使用这个入射角度，因为它会导致成分选择性减薄。小于 5° 的倾转入射可以避免选择性减薄和减小离子注入。某些离子注入会导致样品表面化学成分的改变，材料会受到

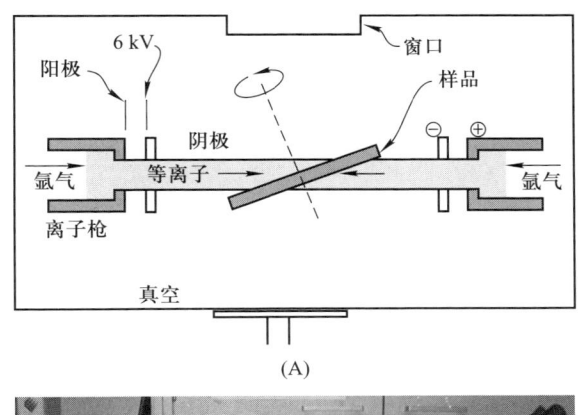

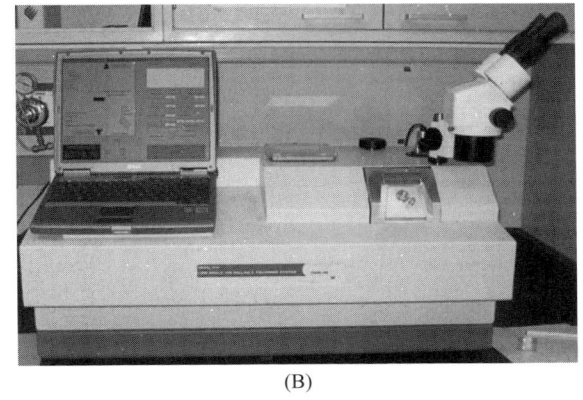

图 10.9 （A）离子束减薄设备示意图：氩气进入离子腔，腔中电压加到 6 kV 产生 Ar 离子束，轰击到旋转样品上。尽管没有显示，整个仪器是处在真空条件下的，样品可以冷却到液氮温度，通过检测穿过样品的离子束可以探测样品是否已经穿孔。（B）典型的离子减薄仪

物理性损伤（表面层通常非晶化）。如果使用较低的入射角（< 5°），离子束的能量将沉积在接近样品表层的范围。使用比较低的电子束能量或低原子序数（Z）的离子可以降低损伤，但两种情况下减薄时间都会增加（图 10.10）。原则上，也可以控制样品周围的真空。

应该记住的是，离子减薄和离子束沉积紧密相关。有些制造商用类似方法给 SEM 样品涂层。结果是从样品上去除的一部分材料很容易沉积到样品的其他位置上。

离子减薄理论比较复杂。定义溅射产额为单位入射离子溅射的原子数，产额依赖于入射粒子的质量，也依赖于使用的离子和要减薄的样品。主要的变量是：

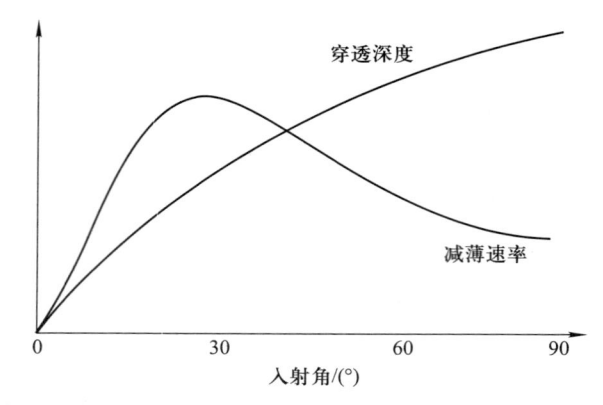

图 10.10 离子穿透深度和减薄速率随入射角变化。高入射角会增加离子注入使减薄不理想。减薄速率在入射角约为 20°时达到最大，超过这个角度后离子束主要是穿透样品而不是溅射样品表面，初始减薄应该从 20°~30°开始，快穿孔时减小到 10°

- 离子：质量、能量、电荷和入射角。
- 减薄对象：质量密度、原子量、结晶性、晶体结构和取向。

使用 Ar 是因为它是惰性的，比较重，而且大多数样品不含 Ar。一些特殊的应用中可能会使用活性碘或加入氧等。这种用活性离子刻蚀的想法通常用于半导体制备过程。但活性离子可能污染或腐蚀减薄设备和扩散泵等。使用重离子可以减小穿透，但会引入更多的损伤。

除了离子能量、入射角、样品的旋转和温度之外，大多数减薄参数通常是固定的。常用的方法是开始时快速减薄（重离子、高入射角），等穿孔后逐渐降低减薄速率。入射角对减薄过程的作用如图 10.10 所示，建议所有材料的样品在减薄时都要冷却，否则离子束可能把样品加热到 200 ℃ 或更高。即使在热导率很好的金属中，离子损伤产生的空穴也会引起扩散性改变，类似在这个温度对样品进行热处理。

可能会遇到使用离子还是中性原子减薄的问题。一种观点就是中性原子不会受到非导电样品放电的影响，但整个减薄过程中中性原子是否仍保持中性还不是很清楚，所以这个讨论也没有实际的意义。

离子减薄是用途最多的减薄过程，可用于陶瓷、复合材料、多相半导体和合金以及许多截面样品。此外，纤维和粉末组成的很大一部分重要的材料也可采用离子减薄。要进行离子减薄，首先必须把粒子或纤维包埋到环氧胶中，然后把这个混合物转移到 3 mm 的铜管去增加强度，下一步就是把管/环氧的混合物锯成 3 mm 的圆片，最后进行钉薄和离子减薄而得到对电子透明的样品，如图 10.11 所示。在对粉末和纤维样品进行超薄切片之前也可以用类似的方法制备（见 10.6.2 节）。

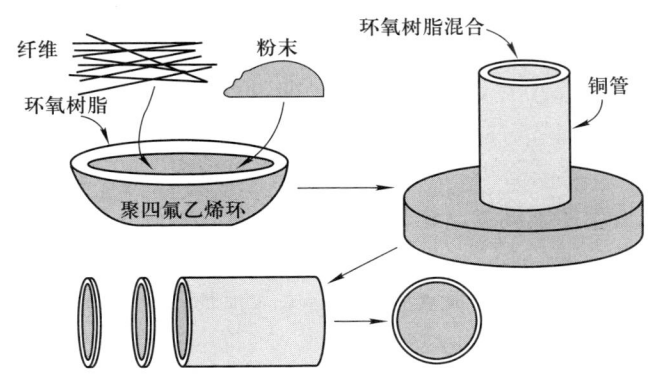

图 10.11 减薄颗粒和纤维的步骤顺序：先把它们包埋在环氧树脂里，在环氧树脂固化前压进直径为 3 mm 的铜管（外径）中，然后用金刚石锯将铜管和环氧树脂切成圆片，钉薄并离子减薄至电子透明

请记住：要时刻注意人为引入的假象，有些例子能很好地说明这个现象。Goodhew 报道过，经过 5 keV 电压减薄后在硅中 10 nm 的深度处有 Ar 的气泡形成。某些 β-氧化铝的 HRTEM 显示它有正确的结构（成分为 $K_2O \cdot 11Al_2O_3$），但元素分析（XEDS）给出的成分构成是 K 被 Ar 全部取代了，玻璃和沸石能容纳大量的 Ar。冷却样品通常会降低污染和表面损伤，最好使用两个离子枪。如果想要研究表面区域，不能用两个枪减薄，那么就在样品的一边涂上一层聚合物保护漆，减薄之后再把这个涂层溶解，去掉溅射上去的材料。

为什么旋转和冷却样品？ 样品在减薄期间通常要旋转（大约为每分钟几转儿），否则会得到特定表面结构——在某个方向有一个凹槽。如果看到凹槽，要检查旋转是否停止。在制备截面样品时，可以使用束阻挡板和旋转控制，前者可以使某个方向的样品不被减薄，比如说优先减薄界面。后者可以通过改变样品的旋转速率来达到相同的效果。由于花在减薄样品上的时间都很长，如果便于使用的话，可以首选后者。

为什么要冷却样品？冷却可降低样品内部和表面的原子迁移，否则样品可能会加热到 200 ℃ 以上。另外一个优点就是冷却系统也会冷却样品周围的环境，产生类似低温泵和简单冷阱的作用。然而减薄后必须留出专门时间加热样品，这增加了样品制备时间。

倾转样品 这取决于离子减薄仪，如果使用的是新机器，倾转枪可能比倾转样品更有利。如果样品是倾转的，就需要夹环，而且在减薄样品时有可能溅射到夹环上。这促进了离子抛光设备（见后文）的发展，此时离子减薄仪已经可以做到在不使用夹环的情况下提供低角度减薄。放在支架上样品能以 4°~5° 的角度减薄。

离子减薄仪的实际设计 图 10.9 给出的离子减薄仪的示意图不足以代表现代离子减薄仪。现代离子减薄仪是一种非常精密的设备。可用两个离子枪减薄样品两边，没有氩气时操作真空小于 10^{-3} Pa，而当枪中有氩气存在时操作真空为 10~10^{-1} Pa。离子枪基本是中空的容器，可以充入氩气，然后通过阴极孔电离和加速。由于离子溅射，这个孔会逐渐扩大，经过一段时间后需要替换阴极来保持高强度的离子束。先进枪的设计加进了鞍型场来聚焦样品位置处的离子束，增加减薄速率。如果带电离子引起太大损伤，一些系统可以使用中性粒子束。

下面给出常见的一些专业术语：

■ 活性离子减薄。典型例子是 Cullis 和 Chew 描述的碘的运用。碘对于 InP 样品有很多明显的优点，可以克服使用 Ar 减薄 InP 时形成 In 岛的情况。在 CdTe 材料中用碘减薄的样品只观察到了生长缺陷，但是在同种材料中用 Ar 离子减薄时，还可以观察到很多其他缺陷（图 10.12）。

■ 束阻挡和可变旋转速率。通常截面样品中的环氧胶减薄速度要比样品快，所以希望可以控制离子束对不同的材料进行不同时间的减薄。使用的两个方法是用"束阻挡板"挡住离子束的路径或变化旋转速度，例如，不想离子束沿着界面减薄。变换旋转速度的方法也可以进一步换成摇摆减薄样品，始终保持离子束在相同的入射方向，这样就不会平行于界面。

■ 低角度和低能量离子减薄。例如 PIPS（Gatan 公司制造的精确离子减薄仪）和 Baltec 型离子减薄仪。这些离子减薄系统结合了高功率离子枪和低角度入射（4°），可以以最小的表面损伤和最小加热效应减薄样品的一边。低入射角可以去除任何表面不平整和多种不同的减薄问题，而高功率枪确保合理的减薄速率。Baltec 型离子减薄仪可以用来减薄 FIB 做成的样品（不是用 C 基底的）（参看 10.7 节）。

最后要记住如下几点：

■ 不同材料的减薄速率不同。对于个人负责的离子减薄仪，最好在相同条件下周期性地利用测试样品进行检测，确保机器始终在最佳状态下工作。

■ 不要从厚样品就开始减薄。在离子减薄前要尽可能使样品表面平整。

■ 记录使用情况：记录束流、入射角、旋转速率和加速电压。

■ 离子减薄将在一边或两边形成表面层，可能是非晶、严重损伤和形成离子注入材料的混合。表面层的化学性质和样品的其他部分不同，这样晶体材料的厚度就会小于总厚度。

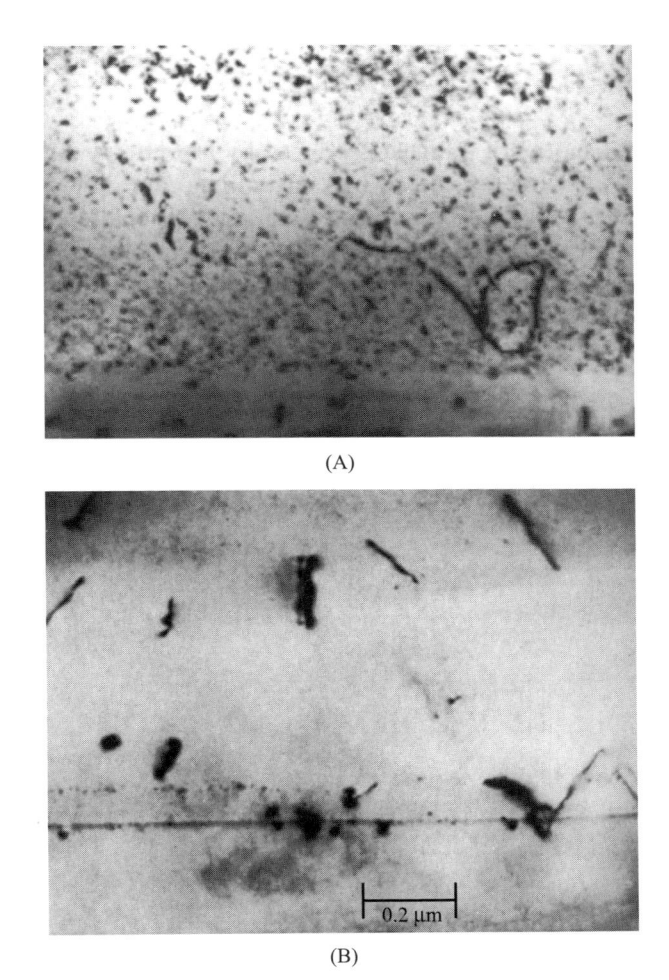

图 10.12 CdTe 的明场像。(A) Ar 离子减薄样品中的缺陷(黑点);(B) 活性碘离子减薄的未受损伤的晶体。残余的缺陷是在 CdTe 晶体生长过程中产生的

10.5　截面样品

  截面样品是一种特殊类型的自支撑样品。如果要研究界面就必须掌握这种制备技术。常常强调 TEM 的一个主要局限性是,在电子束方向上对样品结构和化学性质的变化不敏感。因此,如果要观察界面附近的结构和化学变化,必须制备界面平行于电子束的样品,这就涉及截面样品。广泛研究的截面样品是半导体器件,通常是多层的,有多个界面。但任何复合材料、有表面层的样品

（例如氧化物金属界面）、MBE 样品和量子阱异质结等，都属于这种样品制备的类型。

有许多技术制备截面样品，而且在 4 个材料研究学会（MRS）论文集中也给出过诸多细节，所以这里只描述一些基本原理。首先，不要只去减薄一个界面，样品可以切片，粘在一起形成几层，很像三明治。之后把三明治切开就能看到各个层，如图 10.13 所示。这个过程中，关键步骤是把层粘起来形成三明治结构。有一些环氧胶可在低温固化，这样就不必加热处理样品。环氧胶层的厚度必须厚到有足够好的结合力，也不能太厚，否则最终离子减薄时会被全部减掉。

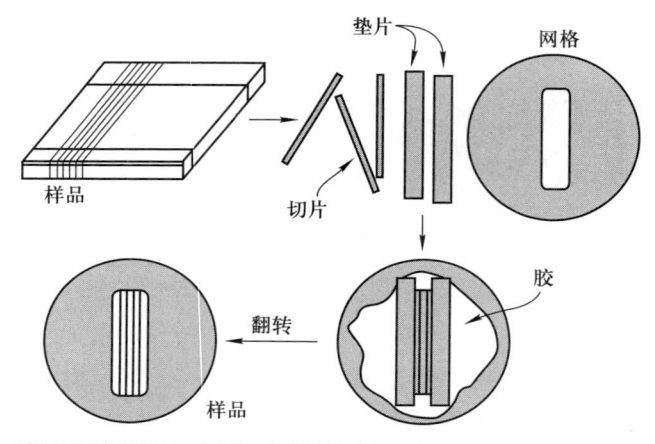

图 10.13 截面样品制备顺序示意图：把样品切成垂直于界面的薄片，界面粘接在一起夹在两块垫片之间，垫片可以是硅、玻璃或其他一些比较便宜的材料，这样样品的整个宽度就比支撑网的狭缝宽一些，用胶把夹好的样品粘在支撑网（狭缝上面）上，再离子减薄穿孔

可以用超声钻把黏合的部分切成 3 mm 的柱，也可以把样品切的很小，嵌入到直径为 3 mm 的壁管中，把管子切成圆片，就能进行离子减薄。这个方法的优点是最终的样品周围有个很厚的金属管子环绕着，增强了机械稳定性。对于多界面样品，最终的减薄几乎总能保证在有用的地方有电子透明区域。

10.6 微栅/垫圈上的样品

除了选择自支撑盘，还可以在样品上制备较小的电子透明部分，或制备颗粒并把它们支撑在微栅或垫圈的膜上。可以把这些小颗粒沉积在非晶膜或晶体薄膜上。典型的例子是非晶碳膜（有孔碳膜），但它并不总是最佳选择。感兴趣材料的颗粒会有一部分在孔上，这样它们就不会和任何其他东西重叠。

薄的支撑膜厚度应该均匀，因为感兴趣的并不是支撑膜材料，因此希望它对要观察的材料图像的影响最小。

颗粒可以粘在薄膜上或夹在两个支撑网之间。有这种专门铰链接合的"牡蛎"状的支撑网（图 10.3），样品制备就变得很容易。前面讨论的一些过程方法可以用来制备这类样品。

10.6.1　电解抛光——金属和合金的窗口法

电解抛光是电化学的应用，有人说它是"魔术"：这个方法对一种样品适用，对另一种样品可能就不适用。可以电解抛光薄金属片，首先把薄片切成边长约为 10 mm 的正方形，然后用聚合物喷漆密封边缘，以免择优侵蚀。暴露的金属的"窗口"浸入被阴极包围的电解液中（通常需要冷却以减慢溶解率），加一个电压，如图 10.14A 所示。溶液可以搅拌或不搅拌。合适的电压可以确保样品表面形成电解液的黏滞层，这样减薄就会均匀可控而不会形成凹陷或腐蚀。一段时间后（这个时间由实验决定）移出薄片，清洁，转 180°后重新放到电解液中，如图 10.14B 所示。如果这些步骤完成得较好（可能需要几次旋转），样品薄片中心最终会变薄。如果最终减薄太靠近顶部，孔的边缘会比较平滑且相对较厚。穿孔后，移出薄片，在中性溶剂如乙醇中用手术刀把孔周围的材料切成条。把漂浮的长条放置到牡蛎状的支撑网上，干燥后就可用于观察了。

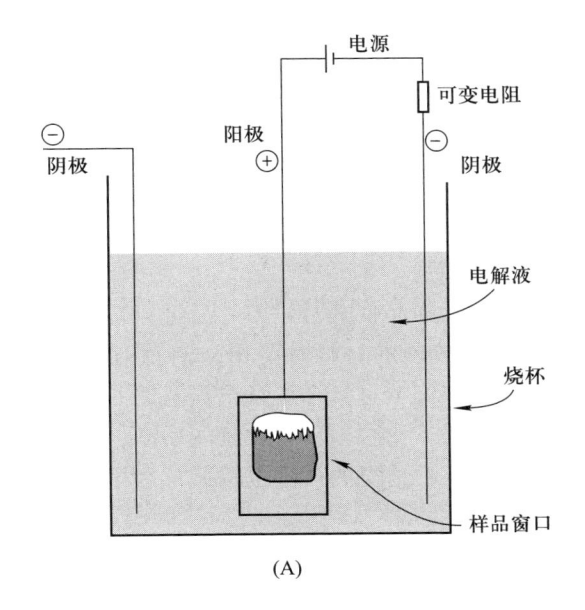

(A)

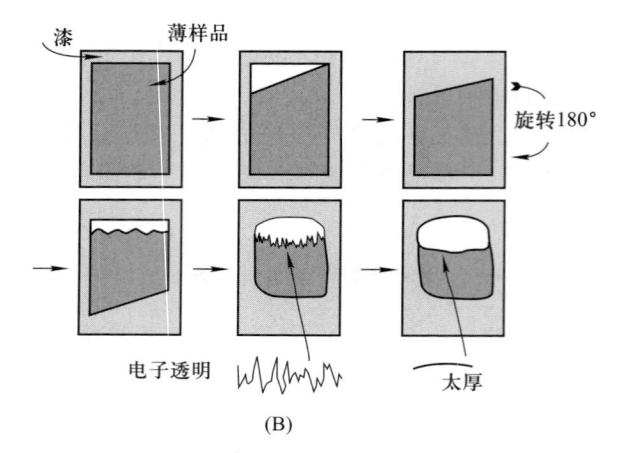

图 10.14 窗口抛光：(A) 在约 1 cm² 的金属薄片周围喷涂一层聚合物，然后制成电解池的阳极。(B) 减薄过程：最初的穿孔通常发生在薄片的顶部，通常用硝基漆盖住最初的孔，把薄片旋转 180°后继续减薄，确保最后的减薄发生在薄片的中心附近；如果最后的样品边缘比较光滑而不是呈锯齿状，那么样品可能比较厚

10.6.2 超薄切片

超薄切片很长时间内都用于切生物材料，切片是指切下薄片，而超薄切片机指的是用于切很薄的片的设备（和之前看到的不同）。经过细心的很多次试验后，生物学家可以重构出样品的三维图像。对于可见光显微镜样品厚度通常小于 0.1 mm，对于 TEM 薄片的厚度可能要小于 100 nm，这样的设备称为超薄切片机。这些设备通常用于比较软的生物样品或聚合物样品。最近超薄切片已经用于很多晶体材料的研究中。这个技术的主要优点是它不改变样品的化学性质，这对 AEM 样品是很理想的，而且可以用来制备均匀的多相材料的薄膜。当然其主要的缺点是会使材料断裂或者变形，因此在不太关注材料缺陷结构的情况下，这个技术是最有用的。

超薄切片机是通过移动样品使其通过刀片后进行切片的。切软材料时可以用玻璃刀（便宜），但切比较硬的材料时要用金刚石刀片。超薄切片机应用广泛，这里只举例说明，更多细节可参考本章末提及的一些参考文献。原则上会出现下面两个过程：如果样品比较软，刀片就能切动；如果样品很硬或脆，刀片会造成样品部分破裂。两种情况的局限过程通常是样品的塑性形变。该技术的原理如图 10.15 所示。

对于那些尺寸太小，不能单独减薄而对电子束不透明的粒子或纤维，超薄切片也非常有用，可以像离子减薄那样包埋样品，但不使用金属外壳（图

10.6 微栅/垫圈上的样品

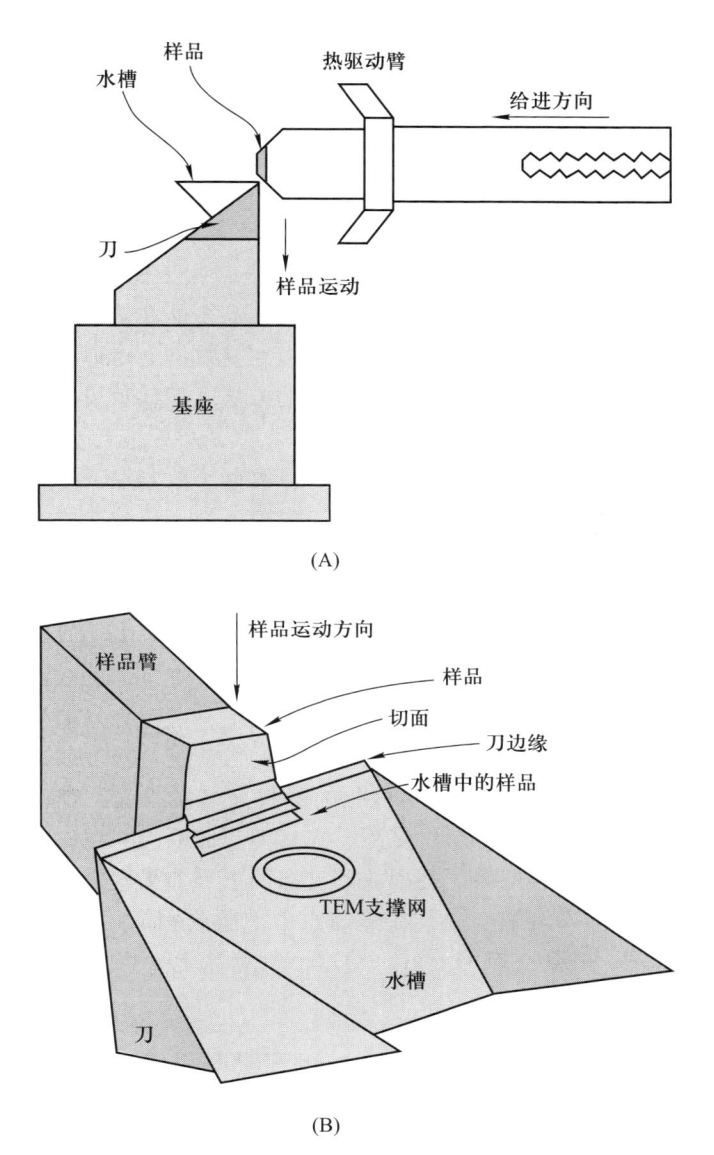

图 10.15 超薄切片：（A）首先将样品包埋到环氧树脂或其他介质里，或者将整个样品夹住并移动穿过刀口。（B）样品脱落漂浮在水中或者其他合适的惰性媒介中，然后再收集到支撑网上

10.11）。如果样品含有太多相连的气孔而不能机械减薄时也可以使用环氧胶。对于多孔材料，可以把样品放在真空腔中，抽出空气，在腔中使用滴管用环氧树脂包覆样品。当样品被全部包裹后，允许空气进入腔中，这样就能把环氧树

脂推进样品的孔中，固化后就可以采用常规超薄切片的方法切样品了。

10.6.3 研磨和捣碎

许多脆性材料，例如陶瓷和矿物，最容易的制备方法是采用干净的研棒和研钵（适宜在中性液体中）将其捣碎。含有粒子的液体可以超声搅拌，然后沉淀一会儿。适合 TEM 观察的小粒子肉眼不可见，所以含有颗粒的悬浮液体仍然是清澈的。把悬浮液滴在支撑网的多孔碳膜上，在干燥的环境中溶液挥发，而后就会在支撑膜上留下分散开的粒子。如果样品不能在溶剂中捣碎，结块会成为问题。静电作用引起小粒子团聚，使颗粒在支撑网上难以分散。这种情况下，有时会采用在环氧树脂中混合压碎材料的方法，然后就可以像前面描述的那样用超薄切片机来切环氧树脂。

可以把支撑网和支持膜在空气中放置一段时间来收集空气中传播的污染物粉尘颗粒。星际空间中的粉尘可以由宇宙飞船或高空飞机收集。

10.6.4 复型和萃取

这些方法是最老的 TEM 样品制备技术。一般使用直接复型研究断裂表面或表面形貌。把碳膜蒸发到感兴趣的表面，然后用酸把下面的表面腐蚀掉，这样碳膜就会脱落。如果沿某一角度给这个薄膜喷上一层重金属薄层，可以提高质厚衬度（见下册第 22 章），把这层薄膜放置在支撑网上就可以进行观察。另外一种复型方法（图 10.16A）是先用软化的塑料来复制表面，把软化的塑料压在表面上，当塑料硬化后剥掉塑料复型，在复型表面喷涂一层碳膜，然后用合适的溶剂把塑料溶解，再把碳的复型放到支撑网上。如果碳复型直接来自金属表面，可能需要用酸来溶解金属，在蒸馏水中把碳膜剥离后再放到支撑网上，如图 10.16B 所示。放到支撑网上后，给这个复型涂上一层重金属，这对提高形貌衬度（厚度）会很有用。

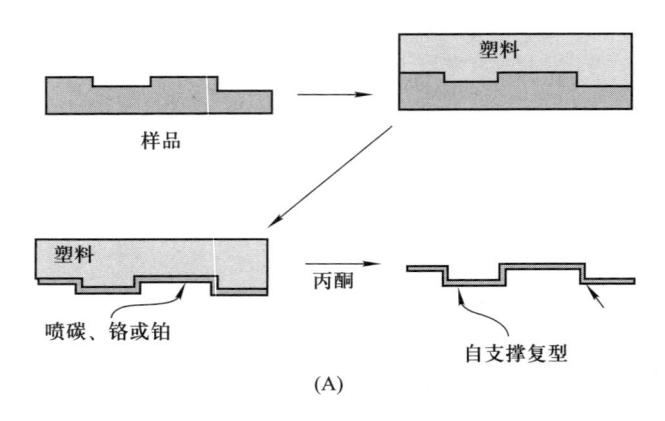

(A)

(B)

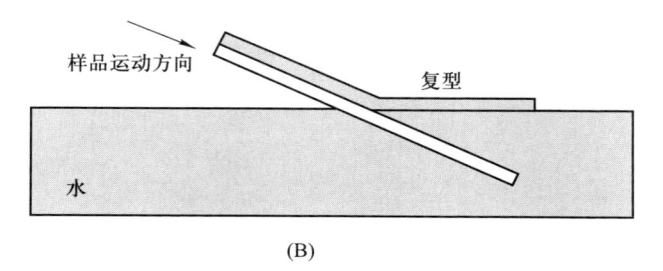

图 10.16 两步法表面复型：(A) 在样品表面压上塑料(通常是乙酰纤维素)之前，用丙酮喷涂样品表面准备复型，塑料表面与丙酮接触后就会软化，塑料变硬后就可以从表面取下来，并在复型的塑料表面喷涂上碳、铬或者铂等薄膜；然后用丙酮溶解塑料，而蒸发到塑料上面的薄膜就保留了样品表面原始的形貌。(B) 另外，金属表面的直接碳复型在划开碳膜把它腐蚀成自由膜后可以在蒸馏水中剥离，之后可以倾斜喷涂重金属膜来提高形貌衬度

自从 AEM 技术出现以后萃取复型又重新引起了人们的关注，因为它可以从周围的基体中萃取颗粒，进而可以对这个相单独分析，而不会受到基体对电子散射的干扰。

图 10.17A 给出了萃取的几个步骤。把样品抛光使其表面露出颗粒，用适当的刻蚀方法去除基体，这样颗粒就会在表面上露出来。把碳膜蒸发到表面上并划成约 2 mm 的方块，然后继续刻蚀。随着基体溶解，带着颗粒的方形碳膜会浮到表面上，捞一些方形碳膜到支撑网上就是所要观察的 TEM 样品，如图 10.17B 所示。另外，倾斜投影可能对提高图像衬度会有用，但如果用 AEM 研究就没用了。

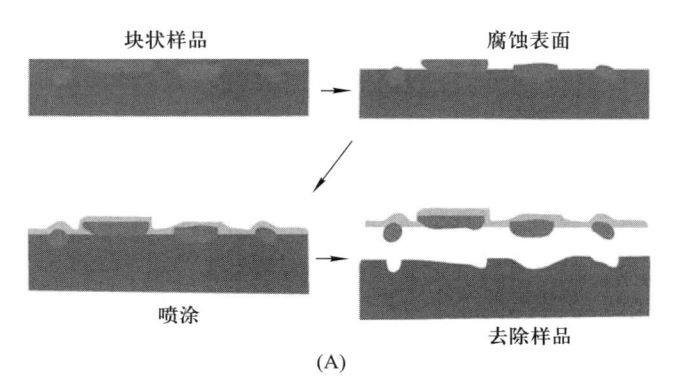

(A)

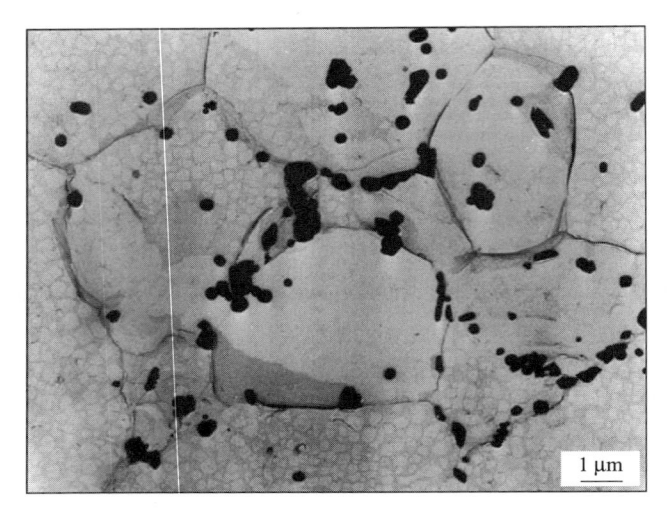

(B)

图 10.17 （A）萃取复型：通过刻蚀掉部分基体可以使包埋到基体中的颗粒显露出来，颗粒就位于表面上；在颗粒表面喷上一层无定形薄碳膜，之后再把剩余的基体继续腐蚀掉就剩下了粘有碳膜的颗粒。（B）γ/γ'合金样品不仅显示颗粒主要位于晶界上，而且还显示了 γ' 和两相 γ/γ' 晶粒的不同衬度

10.6.5　解理和小角度解理技术（SACT）

这是一个最古老的技术，通常用于制作石墨、云母和其他沿某个面键合较弱的层状材料的薄样品。方法是在样品两边贴上黏性胶带，然后把两个胶带拉开，不断重复这个过程，直到样品薄到可用 TEM 观察。只能从经验上说明：随着样品变薄，石墨在透射可见光下变成浅灰色。二硫化钼（MoS_2）会变成浅绿色，如图 10.18 所示。把带有薄材料片的胶带放到溶剂中将胶溶掉（所有胶液痕迹都必须去掉）。该技术并不像说起来那么容易。胶通常比较容易溶解在三氯乙烯溶液中，而现在知道它是致癌物。

解理的一种特殊情况叫做小角度解理技术（SACT），如图 10.19 所示。这种方法是产生一个非解理面的断裂平面和另一个断裂面，使之近似与第一个面平行。这种方法可以用在没有择优断裂取向的晶体样品上，如 Si 基薄膜或玻璃样品（图 10.19）的薄膜上。对于玻璃样品，这很有优势，因为离子减薄的方法会在玻璃开放的结构中植入氩离子，这对 AEM 样品是不合适的。

图 10.19A 显示的是几条平行线切割的样品，每一个矩形样品都可以通过探针压碎产生锐利的楔形样品。幸运的话，会得到电子束透明的样品，图

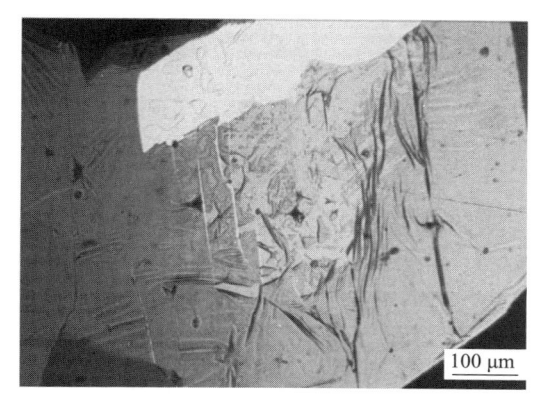

图 10.18 剥离过的 MoS_2 样品图像,不同的衬度阴影对应不同的厚度

10.19D 是在玻璃基体和覆盖层间的小的 NaCl 颗粒的图像。尽管这是种碰巧的技术,但可以多做几个样品,这样通过一次压碎样品就能保证得到电子束透明的样品(多加练习)。还可以进一步将样品放进 FIB 中加工出更好的 TEM 样品,并且不会花费很多 FIB 时间(钱)。

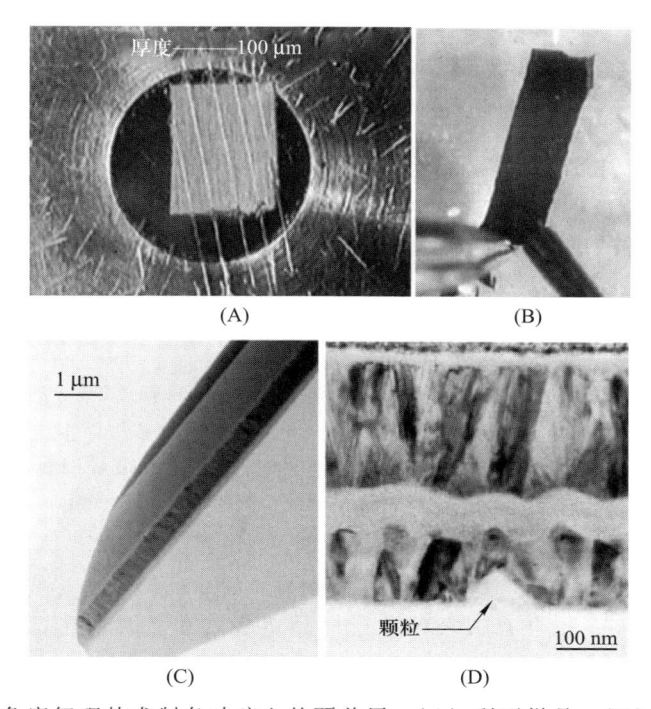

图 10.19 小角度解理技术制备玻璃上的覆盖层。(A)刮下样品。(B)沿划痕解理。(C、D)TEM 图像

> **SACT**
>
> 小角度解理技术对没有晶体结构的 Si 或玻璃上的薄膜很有用,产生 90° 的楔形就是大角度解理技术(LACT)。

10.6.6　90°楔形

发展 90°楔形样品是因为许多复合半导体如 GaAs 沿(001)面生长,而且很容易沿垂直于这个生长面的(110)和(1$\bar{1}$0)面解理。当能熟练地切成图 10.20 所示的样品时,就可以在 30 min 内观察完整生长的 TEM 样品。

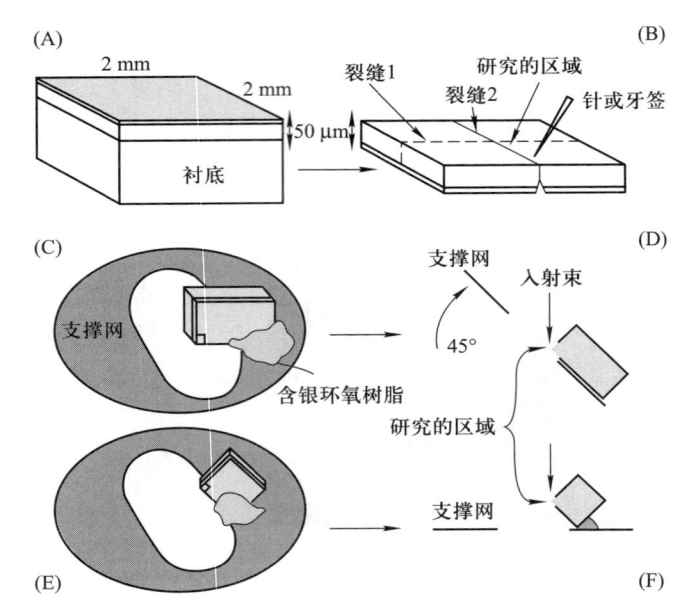

图 10.20　90°楔形样品:(A)把 Si 基体上的多层膜样品预减薄成 2 mm 的方块。(B)穿过表面层用划线器给 Si 划线,把样品反过来,劈开,检查确保解理面干净,形成一个明锐的 90°边;如果不是的话丢掉重来。(C、E)把 90°角固定在 Cu 支撑网洞的边缘。(D、F)然后放到 TEM 中观察;注意到单次解理操作可以看到两个不同的方向

如图所示固定样品,这样就不需要在显微镜中倾转它,尽管样品只是紧贴着洞的边缘透明,也会有很长的条形样品适合观察。时刻注意人为引入的假象,如果样品比较完美,就能准确知道选择位置的厚度。在下册第三篇讨论图像衬度时会发现这种楔形样品很有用。

10.6.7 光刻

光刻是在先进的工程应用中发展起来的一个技术,用于微电子工业光刻的线宽在 100 nm 左右。图 10.21 说明了如何用光刻技术制备 TEM 样品(对应产生最好用 TEM 表征的结构)。可以用标准的光刻技术在层状材料上划线,之后线两边的材料通过刻蚀(化学或离子的)去掉,形成在一个方向很薄的平台。之后去掉大部分剩下的基底,把样品黏合在支撑垫圈上,就可以直接在 TEM 中观测样品了。尽管电子透明区域的宽度(原来的高度)很窄,但可以覆盖 3 mm 盘上的洞。这个技术的主要缺点和局限性是:(ⅰ)受光刻技术能力的限制,样品在电子束方向的尺度是固定的,(ⅱ)倾转样品时可能很快就会形成比较厚的区域挡住电子束。

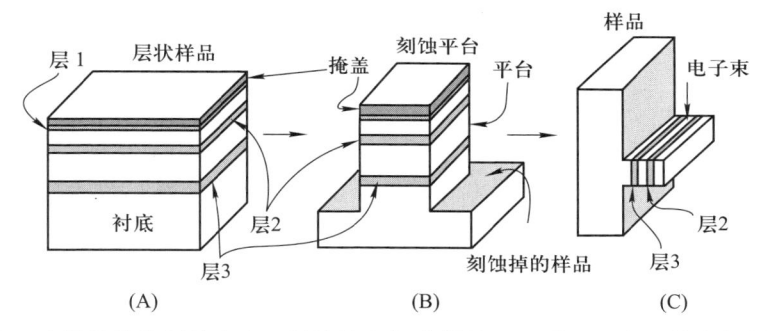

图 10.21 多层膜样品刻蚀(A)。刻蚀掉大部分样品,只剩下一个比较小的刻蚀平台(B);遮住一个小于 50 nm 的区域,把周围大部分平台刻蚀掉。如果这个薄区转 90°装在样品杆上,那么界面就平行于电子束(C)

10.6.8 择优化学刻蚀

这种技术在原理上与光刻相同:去掉一部分样品留下一个电子透明的区域。窍门是保留最终样品上比较厚的一部分可以操作样品,或理想的话可以支撑整个样品。尽管原理上这种方法可以用到其他薄膜样品上,但它通常只对某些特定材料有效。这种技术一直用于 Ⅲ-Ⅴ 族化合物,其中 $Al_{1-x}Ga_xAs$ 可以作为 GaAs 的刻蚀停止层,而对于 Si,停止刻蚀可以通过硼的注入来实现(图 10.22)。这两种情况下,最终的薄层都可以用作薄膜研究的基底材料而不是研究薄层本身。该方法的一个极端的例子是用 Si_3N_4 薄膜作为刻蚀停止层,这样可以得到均匀厚度的非晶 Si_3N_4 膜。这样的样品支撑膜已经商业化,类似的方法可以得到金刚石薄膜。

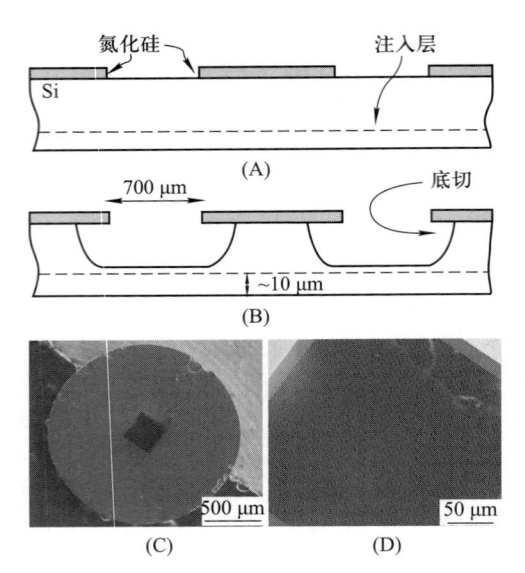

图 10.22 用于减薄多层样品的光刻技术：（A）带有 Si_3N_4 势垒层网的未减薄样品。（B）在两个势垒层之间刻蚀，形成一个向下底切的注入层，可以作为刻蚀阻挡层，这样就形成一个厚度约为 10 μm 的均匀层。用不同的溶液进一步减薄会形成支撑在 Si_3N_4 网上的大面积的均匀薄材料（没有给出）和剩下的未减薄的区域。（C、D）商业化的 Si_3N_4 薄膜支撑盘。（D）放大图

10.7 FIB

随着聚焦离子束（FIB）设备的价格变得越来越便宜，其价值才逐渐得到认可，其应用也越来越广泛。然而，场发射枪的 FIB 可能还是比所用的 TEM 贵。在参考书中会有关于 FIB 的详细介绍，这里总结一些必须了解的内容，不论你有没有机会用 FIB。

制备 TEM 样品时，FIB 本质上是内附了离子刻蚀的 SEM（有时 FIB 就是配有 SEM 附件的离子枪），单离子枪发出容易控制的 Ga 离子束（而不是离子减薄用的 Ar）。最简单（便宜）的设计中，离子束会像电子束一样产生二次电子，形成样品的 SEM 像，图 10.23 给出了 FIB 的示意图。制备过程中的不同阶段如图 10.24 所示。图 10.24A 中的样品台上沉积了 Pt，离子束在样品上用两个×号标记出感兴趣的区域，另外一条 Pt 带沉积在两个×号中间（图 10.24B）。之后，在 Pt 带两侧挖出两个阶梯，留出墙一样的薄层（图 10.24C）和（图 10.24D）。在（图 10.24E）中，两边的"墙"被切去，只剩顶部相连。最后一步

(图 10.24F)是离子减薄样品,直到它成为真正的 TEM 样品,最后,把它粘在探针上拉出来或者靠静电力移出样品,放到支撑膜上(通常是碳膜)。将 FIB 制备的样品粘到探针上是常用的方法,这样可以进一步清除 Ga 的污染或者进一步减薄。图 10.25 所示是 FEI 公司的 FIB 设备外观。因为并不是每个人都能承担购买或使用 FIB 的费用,详细的讨论会在参考书中找到。

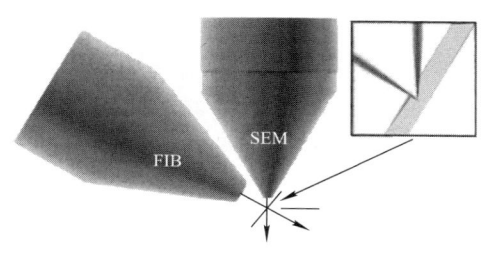

图 10.23　双束(电子束和离子束)FIB 设备示意图

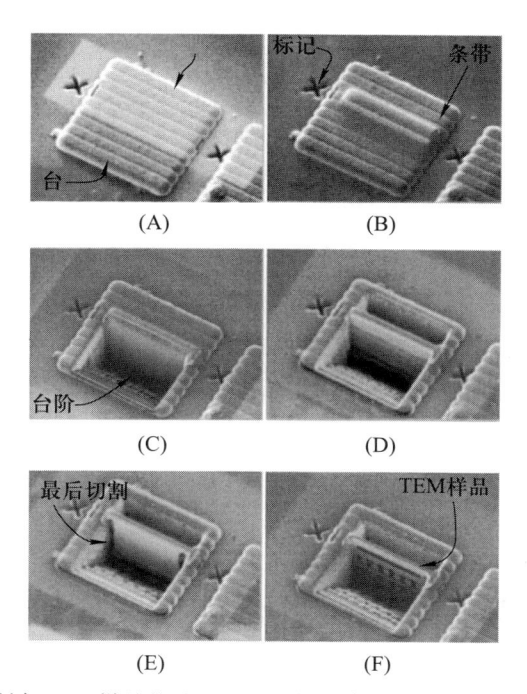

图 10.24　FIB 设备制备 TEM 样品的过程。(A)标出感兴趣的区域。(B)沉积 Pt 条带,保护此区域不受 Ga 离子轰击。(C、D)挖出两侧的凹槽。(E)薄片的底部和侧边被切割。(F)在取出 TEM 样品前先抛光

第 10 章　样品制备

(A)

离子镜筒　　　　SEM 镜筒

金属源

样品台

(B)

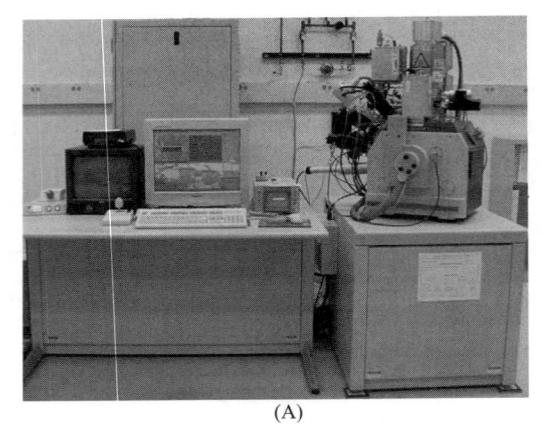

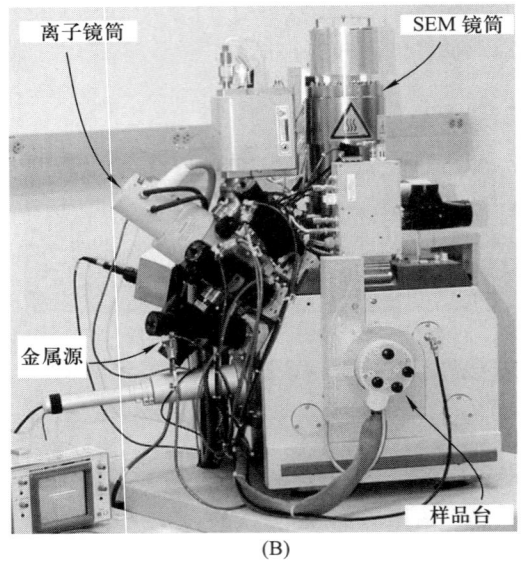

图 10.25　双束 FIB 设备。(A) 总体视图。(B) 放大图，与图 10.23 比较

10.8　存储样品

样品制备好后最好尽快观察，如果不行的话，要把样品保存在合适的条件下。通常要保持样品干燥(水分会影响大多数材料的表面区域)，可以存放在惰性气体(干燥的氮气，或抽真空的干燥器)和惰性的容器(有滤纸的培养皿)中。

接下来的问题是长期存储；保存一个月左右，可以使用上述方法，如果想更长时间保存样品，就会比较困难。"易碎的"材料都不要用胶囊保存，在操作时可能变形（损坏或弯曲）的材料不要使用槽形栅极座，这不包括自支撑的陶瓷、金属和半导体。要使用真空钳操作易碎样品。请记住，最重要的样品也最容易损坏和弯曲，也容易与尖锐的钳子相互作用或掉在地上。

最后，旧样品可以用离子抛光清洗或者化学清洗。这个过程确实能进一步减薄样品，但这样最初研究的区域可能就丢掉了。离子抛光在切样品方面也有用。比较安全的重新清洗方法是用等离子清洗，但这会改变样品。

如果样品是一些纳米颗粒，这些颗粒活性非常强，它们可能会在被放到 TEM 之前就发生变化，这需要类似冷传输的手段将样品在可控的氛围中从制备腔转移到 TEM 中，这个过程用的不是常规的样品杆。

10.9 一些原则

再次强调，开始制备样品前一定要清楚要研究什么。图 10.26 所示的流程图总结了各种可能的选择，注意所选方法的局限性，特别是引入的假象。表 10.1 总结了不同方法引入的假象情况。

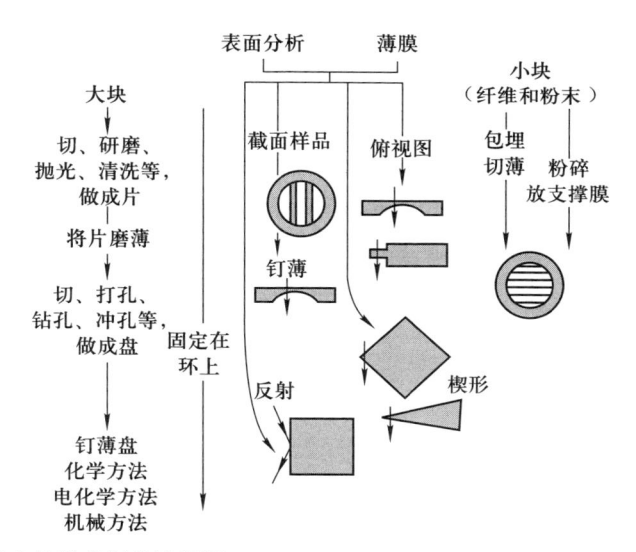

图 10.26 总结出的样品制备流程图

表 10.1　样品制备中产生的假象

假象/问题	结果
可变厚度	■ 局部区域的化学分布（EP、IT、C、CD） ■ 有限区域的 EELS 分析 ■ 有限区域的无吸收 XEDS ■ 低密度缺陷的遗漏 ■ 扭曲的缺陷密度（EP、IT、TP）
均匀厚度	■ 有限的衍射信息（UM） ■ 有限的微结构信息（UM） ■ 操作困难（UM）
表面薄膜	■ 浴残留，特定溶解和/或再沉积（EP） ■ 加速表面氧化（EP） ■ 极端不规则形貌（IT） ■ 电子束下加速污染（EP、R） ■ 萃取颗粒上母体的残留 ■ C 再沉淀（UM——包埋、UM、C、R——支持膜） ■ 加热时铜网上形成 Cu_2O（R、UM、C） ■ 离子非晶化，扩散泵油，再沉淀（IT*）
差异减薄	■ 不同的相减薄速率不同（EP、IT） ■ 不同取向减薄速率不同（IT） ■ 晶粒/相界槽（EP、IT） ■ 基体/颗粒的阳极腐蚀（UM） ■ 局域缺陷结构会影响穿孔（EP、IT）
"选择性"	■ 非常有限的或没有微结构信息（C、R） ■ 局域区域键结合较弱甚至脱落（所有） ■ 被高密度缺陷模糊的显微结构（UM、CD）
"假"缺陷	■ 形变诱导的缺陷（EP、TP） ■ 离子诱导的环、空位（IT） ■ 热效应改变的缺陷（EP、IT）

注：EP 为电解抛光，UM 为超薄切片，CD 为可控钉薄，R 为萃取复型，IT 为离子减薄，TP 为三脚抛光器，C 为解理（研磨、压碎）。

章 节 总 结

样品制备是一门手艺，要想掌握它只能通过努力工作和细心、详细的实验。这是所有 TEM 工作中最乏味的，但如果投入了时间，得到的回报会在操作 TEM 时体会到。得到的数据质量至少直接正比于样品的质量（而且这个关系通常远强于线性关系）。必须找出适合制备特定样品的方法。尽管有许多参考书，但给出的方法通常只是针对个别情况而并不适合自己的特定要求。

除了越薄越好外，有少量样品制备的原则，尽管这样的样品会产生人为假象。想好每一步以及哪一步可能改变样品的微观结构和微观化学。使用危险化学品、离子辐射或锋利的小刀时要小心避免使身体处在危险之中。要保持干净，使用新鲜的材料，用完之后收拾整理，把从一开始学到的经验教训融会贯通。

尽管这里所有提到的设备都可以商业购买到，但大多数实验室是在有限经费预算下从零开始发展起来的，所以总可以搭建自己的电解抛光仪或者甚至是离子减薄仪。如果研究脆性材料，可以购买或建一个三脚抛光器并学会如何使用。

最后提醒：下面列出的参考书中提供了很多样品制备的方法，新的参考书也一直不断出现。跟烹饪的情况类似，观察专业人员进行样品制备可以意识到哪些是可能做到的。换句话说，当看到一个非常好的 TEM 样品时，你会知道你的样品看上去应该是什么样子。

参考文献

这里只提供了简略的参考文献，在姊妹篇中会有详细的列表，特别是像 FIB 这种专门的技术。

一般技术

在姊妹篇的样品制备章节中给出了大量的参考文献。下面四个参考文献是很关键的，来自 MRS 会议。

i. Bravman, JC, Anderson, RM and McDonald, ML（Eds.）1988 *Specimen Preparation for Transmission Electron Microscopy of Materials Mater*. Res. Soc. Symp. Proc. **115** MRS Pittsburgh PA.（Number Ⅰ in the series.）

在 Goodhew, PJ 文章的第 51 页更新了流程图, Klepeis, SJ, Benedict, JP and Anderson, RM 在第 179 页描述了三脚抛光器。(Pictures of the gem variety are shown in Figure 36.3 of *Ceramic Materials* by Carter and Norton.) Brown, JM and Sheng, TJ 在第 229 页描述了光刻的用法。

ii. Anderson, RM (Ed.) 1990 *Specimen Preparation for Transmission Electron Microscopy of Materials*, II Mater. Res. Soc. Symp. Proc. **199** MRS Pittsburgh PA.

iii. Anderson, RM, Tracy, B and Bravman, JC (Eds.) 1992 *Specimen Preparation for Transmission Electron Microscopy of Materials*, III Mater. Res. Soc. Symp. Proc. **254** MRS Pittsburgh PA. Alani, R and Swann, PR (1992) 在第 43 页讨论了离子减薄。

iv. Anderson, RM and Walck, SD (Eds.) 1997 *Specimen Preparation for Transmission Electron Microscopy of Materials*, IV Mater. Res. Soc. Symp. Proc. **480** MRS Pittsburgh PA.

化学抛光

Thompson-Russell, KC and Edington, JW (1977) *Electron Microscope Specimen Preparation Techniques in Materials Science* Macmillan Philips Technical Library Eindhoven Netherlands. 给出了很多方法。

离子减薄和 FIB

Barber, DJ 1970 *Thin Foils of Non-metals Made for Electron Microscopy by Sputter-Etching* J. Mater. Sci. **5**(1) 1-8. 第一个用离子减薄制备陶瓷 TEM 样品。

Barna, A 1992 *Topographic Kinetics and Practice of Low Angle Ion Beam Thinning* in MRS Proc. **254** 3-22. 早期用低能离子束的提倡者。

Cullis, AG, Chew, NG and Hutchinson, JL 1985 *Formation and Elimination of Surface Ion Milling Defects in Cadmium Telluride, Zinc Sulphide and Zinc Selenide* Ultramicroscopy **17** 203-211. 有关反应离子刻蚀制备 TEM 样品的文章。

Giannuzzi, LA and Stevie, FA 2004 *Introduction to Focused Ion Beams: Instrumentation, Theory, Techniques and Practice* Springer Verlag NY. 介绍 FIB。

Harriott, LR 1991 *The Technology of Finely Focused Ion Beams* Nucl. Instr. Meth. Phys. Res. Section B: Beam Interactions with Materials and Atoms **55**B(1-4) 802-810. 如果你有兴趣想知道"为什么用 Ga",从这篇文章开始。

Medard, L, Jacquet, PA and Sartorius, R 1949 *Sur les dangers d'explosion des bains aceto-perchloriques de polissage electrolytique*（*Explosion Hazard of Acetic and Perchloric Acid Mixture Used as Solution in Electrolytic Polishing*）Rev. Metall. **46**（8）549–560. 如果你的法语比较好的话，Jacquet 还有很多关于样品制备的其他文章。

其他材料

Carter, CB and Norton, MG 2007 *Ceramic Materials：Science and Engineering* Springer Verlag NY. 这篇文章中描述了用于抛光金刚石的三脚抛光器。

Malis, TF 1989 *AEM Specimens：Staying One Step Ahead* in Microbeam Analysis-1989 487–490 Ed. P. E. Russell, San Francisco Press San Francisco. 讨论了用显微镜切片方法制备硬样品的方法。

Sawyer, LC, Grubb, DT and Meyers, GF 2008 *Polymer Microscopy* 3rd Ed. Springer Verlag NY 详细地给出了制备聚合物样品的方法。

姊妹篇

在姊妹篇中不仅讨论了更具体的技术，同时对本章的讨论进行了延伸。

自测题

Q10.1　说出两种在制备样品过程中会使你自己受伤的方式？
Q10.2　自支撑样品和微栅或薄垫支撑的样品有何不同？
Q10.3　用微栅的主要问题是什么？
Q10.4　凹坑的意义是什么？
Q10.5　用三脚抛光器预减薄样品时要注意什么？
Q10.6　电解抛光和离子减薄的区别是什么？
Q10.7　离子减薄时为什么要用低角度入射？
Q10.8　离子减薄时为什么要冷却并且旋转样品？
Q10.9　在制备 TEM 样品时为什么要用不同的化学刻蚀技术？
Q10.10　为什么要让感兴趣的样品区域出现在微栅中间？
Q10.11　什么方法可以制备塑性材料的薄样品（初始减薄）？
Q10.12　损伤表面如何影响样品的厚度？
Q10.13　电解抛光时为何需要冷却电解液？
Q10.14　超薄切片的优点和缺点是什么？
Q10.15　什么情况下用机械穿孔是合适的？

Q10.16　根据经验，一般的抛光剂能引起多大的样品损伤？

Q10.17　GaAs 的截面 TEM 样品如何做？如果材料对加热比较敏感（也就是说反应），如何降低加热的影响？

Q10.18　样品制备如此重要，但为什么在本书中、课堂上以及训练中都是用很少的篇幅讨论这个话题？

Q10.19　列出 4 种最常用的抛光溶剂。

Q10.20　列出至少 3 种使用危险化学药品时要牢记在心的预防措施。

Q10.21　短期存放样品需要哪些必要的措施？

章节具体问题

T10.1　什么情况应该采用窗口法（图 10.14）制备金属薄片样品，而不用钉薄或者喷射减薄（图 10.8），为什么？

T10.2　超薄切片样品会对什么 TEM 技术有利，对什么技术作用不大？

T10.3　列出 5 种容易制备的 TEM 观察的颗粒样品，每一种列出一个参考文献（研究文章）。

T10.4　最近纳米管、纳米线和巴基球等纳米尺度的样品受到显著关注，如何制备这类样品用于 TEM 研究？

T10.5　如果有一块大的焊接样品，想制备一块特定区域的薄样品做化学分析，如何制作这样的薄样品？

T10.6　如图 10.16，做样品表面的复型进行 TEM 观察与直接观察表面相比有什么优缺点？

T10.7　如图 10.17，从样品表面做颗粒的萃取复型进行 TEM 观察与直接在薄片中观察颗粒相比有何优缺点？

T10.8　用电解抛光或离子减薄的样品在 AEM 中做元素分析时可能会有什么困难，如何克服这些困难？

T10.9　为什么超薄切片制备的样品对 AEM 是理想的，而对常规的 TEM 成像和衍射却完全不合适？

T10.10　为什么要将减薄好的样品隔离存放？

T10.11　利用图 10.26 给出制备如下 TEM 样品的合适方法：（a）焊接铜合金的接点。（b）基底上的催化剂颗粒。（c）半导体器件中的特定结。

第二篇 衍射理论

- 第 11 章 TEM 中的衍射
- 第 12 章 在倒空间思考
- 第 13 章 衍射束
- 第 14 章 布洛赫波
- 第 15 章 色散面
- 第 16 章 晶体衍射
- 第 17 章 小体积衍射
- 第 18 章 平行束衍射花样的获取与标定
- 第 19 章 菊池衍射
- 第 20 章 CBED 花样的获取
- 第 21 章 会聚束技术的应用

第 11 章
TEM 中的衍射

章 节 预 览

本章将为下面讨论衍衬像打下基础。简单来说，衍射衬度的产生是因为样品不同区域的衍射束强度不同。衍射条件的改变或样品厚度不同时，会引起衍射强度的变化。在 TEM 衍射中，可以观察到斑点——很多斑点。这些"斑点"有时是小而微弱的点，有时是较大的圆盘，它们本身包含了"结构"及其他信息。一些电子衍射花样中会有一些线条，这将在第 19~21 章加以讨论。

我们需要知道怎样去利用衍射花样所包含的信息。接下来将会讨论如何最好地记录衍射花样，以便尽可能多地得到这些衍射花样中所包含的信息，本章不会对所使用的每个方程给出严格的证明。衍射花样直接反映了样品小区域的晶体学信息，这种功能是 TEM 最重要的特性之一，因为可以以此为桥梁将晶体结构与所看到的图像关联起来。

阅读本章时，读者可以翻阅第 2 章中狭缝阵列对波的散射的讨论，很多分析在几何层面上与可见光是一致的——本质上它们归属于相同的物理光学。最大的不同在于此处"被调制的"孔分布于三维空间，并且"孔"间距和电子波长都很小。

历史回顾：以前都是通过感光乳胶片来记录衍射花样的，但现在许多 TEM 都不再使用感光片了，而是用 CCD 相机。CCD 相机具有更大的动态范围，但需要使用几种不同相机长度来记录衍射花样。另外，强光对 CCD 相机造成的损害比在感光片中烧出一个小孔更为严重。

11.1 为什么在 TEM 中使用衍射？

下面从讨论一幅实验衍射花样开始。图 11.1 给出的是一张拍摄的硅的薄样品的衍射花样，该类型的图在第 2 章中介绍过。这幅衍射图的主要细节特征是存在很多斑点，且斑点的大小、强度存在变化（它们之间存在关联）。

图 11.1 实验观察到的衍射花样，显示了中心的强透射斑和一系列来自不同原子面的衍射斑。这种有明锐斑点的衍射花样在电子束欠焦时最易获得

第一次看到这样的衍射花样，可能会有以下疑问：
- 这是什么？
- 能从中得到什么？
- 为什么要观察它？
- 图片尺度是由什么决定的？点间的距离或线的位置由什么决定？

想要了解样品的哪些性质呢？对于一个材料学家，完美晶体常常是很枯燥的，且往往可以通过其他的技术手段更好地进行研究，例如 X 射线衍射（结构表征）和电子微探针（化学成分分析）等，尽管新的电子显微镜技术可能会改变这一情形。当样品不完美时，尤其是当材料缺陷对所被关注的材料特性有益的情况下，利用 TEM 研究是非常好的选择。

通过分析 TEM 衍射花样可以解决以下问题：

- 样品是晶体吗？晶体和非晶材料的衍射性质存在很大差异。
- 如果是晶体，那么样品的晶体学特性（晶格常数、对称性等）是怎样的？
- 样品是单晶吗？如果不是，晶粒的形貌是怎样的？晶粒尺寸有多大？晶粒粒径分布如何？等等。
- 相对于电子束，样品或单个晶粒的晶体取向是怎样的？
- 样品中是否有多个相？如果有，它们之间的取向关系是怎样的？

一般而言，若能看到斑点，则样品至少是部分结晶的（后面会讨论准晶的情况）。相比 SEM 和光学显微镜，确定局域（小到纳米量级）晶体学取向的能力是 TEM 的一大优势。在第 21 章中将会看到，利用会聚束电子衍射花样可以更精确地确定晶体取向（可以精确到 $0.001°$）。

本章中将着重讨论衍射斑点的几何构型，这部分内容是针对晶体材料而言的。斑点状衍射花样本身包含丰富的信息，同时也是理解其他衍射花样的基础。根据一组材料共同的标准衍射花样，不需要将花样标定就可以迅速地确定特定晶体取向，甚至特定晶界和孪晶界等。例如，对于某一特定晶体取向，所有立方晶体都给出同样的斑点排列，尽管有些斑点强度可能为零！斑点的强度将会在第 12 章中讨论。

然而，请记住 SADP 并不总是最有用的衍射花样，因为 CBED（第 20 章和第 21 章）还可以给出其他有用信息。本章将着重讨论 SADP，因为下册第三篇中需要通过它来解释 TEM 图像衬度。

11.2　TEM、衍射相机和 TV

电子衍射于 1930 年左右开始应用于材料研究，所用的衍射相机在外形上很像 X 射线管。如果以后深入研究 TEM，会发现许多早期关于电子衍射的讲义对于深入理解 TEM 很有帮助。在阅读这些讲义时，考虑发展过程中的历史背景是很有益的。比如，许多早期文章中光路图的光轴都是水平的，其中一个原因是早期的理论分析都是从 X 射线衍射（XRD）的拓展而发展起来的，或者是由同时使用 X 射线或电子衍射相机的研究者发展起来的。这两种情况下，仪器光轴的方向均为水平的，类似于仍在使用的可见光光路。现代电子显微镜的光轴通常都是竖直方向的，尽管电子束可以在镜筒的底部或顶部产生。实际上，不止一台早期的 TEM，如 Philips EM100，具有水平光轴，且电子束直接对准观测者。这样的设计和电视机类似，但是 TEM 使用的是高能电子（≥100 keV，而不是 TV 中的 20 keV）。早期讲义的参考书目和它们的历史意义将在本章的末尾给出。当阅读早期 TEM 讲义时，需注意，许多内容是写于大多数 TEM 的工作电压为 100 kV 的时期。这一事实很容易被忽略，但是它会影响衍射的许多特性，包括相机常数。

本书大部分内容重点讨论的是斑点的位置而不是它们的强度。这种分析方法不同于众多的 X 射线研究。在 TEM 中通常不进行电子束强度测量，因为电子束在典型 TEM 样品中会经历多次衍射。与粉末 X 射线衍射（XRD）中的情形类似但不完全相同，后者衍射在不同晶粒上同时发生。可以将电子衍射花样和 XRD 进行比较。对于 X 射线，如果研究对象是单晶，为了"看到"所有的衍射束，需要旋转晶体或采用"白光"辐射源（本质是使用一定范围的波长）。而电子衍射却完全不同，采用单一波长仍能看到许多衍射束。两种技术在用感光胶片记录衍射花样所需的时间上也有差异，XRD 通常需要数分钟或数小时来记录，除非采用同步辐射源或使用位置敏感探测器来记录每一个光子，而电子衍射花样在小于 1 s 的时间内就能被记录，尽管通常为了使"电子束充分散开"（入射束平行度更好），会采取相对长一些的记录时间；对于感光胶片需要几秒到一分钟或更长的时间。

许多有关电子衍射的讨论都是直接来自于 XRD 分析。这样既有优点也有缺点，取决于是否熟悉 XRD。本章末尾会给出几篇有关 XRD 的参考文献。在考虑衍射时，切记电子和 X 射线有很大差别：

■ 电子比实验室中使用的 X 射线具有更短的波长。

■ 电子与散射原子的原子核及核外电子都具有库仑相互作用，所以电子散射更为强烈。

■ 由于电子为带电粒子，电子束易于操控。

特别重要的是电子束可以在样品上方一小段距离偏离光轴，然后再穿透样品；这种倾转电子束的过程在第 9.1.4 节中描述过。这种偏离对衍射花样最明显的影响是整个衍射花样会相对显示屏发生平移。入射束相对于晶体方向发生变化所导致的精细效应会在随后的章节中进行讨论。

11.3 原子面的散射

回顾第 3 章的弹性散射，会发现已介绍了两种不同的方法来考虑衍射：劳厄条件和布拉格定律。本章会再次推导布拉格定律，并引入一个在本书的其他

11.3 原子面的散射

部分都会用到的矢量符号。在第 12 章中会根据劳厄条件进行同样的处理。

图 11.2 显示了一入射波前 W_I 被两原子面散射，产生出衍射波前 W_D。W_D 是否对应于一个衍射束取决于原子的散射是否同相，而这是由入射束、衍射束与衍射面间的夹角决定的。各个波同相的条件就是劳厄条件，这已经在 3.10.2 节中介绍过。为便于分析，先将其简化为图 11.3 和图 11.4 所示情况，图中定义了波的传播矢量，在后面的讨论中简称为波矢或 **k** 矢量。下面从考虑两个原子的散射开始。

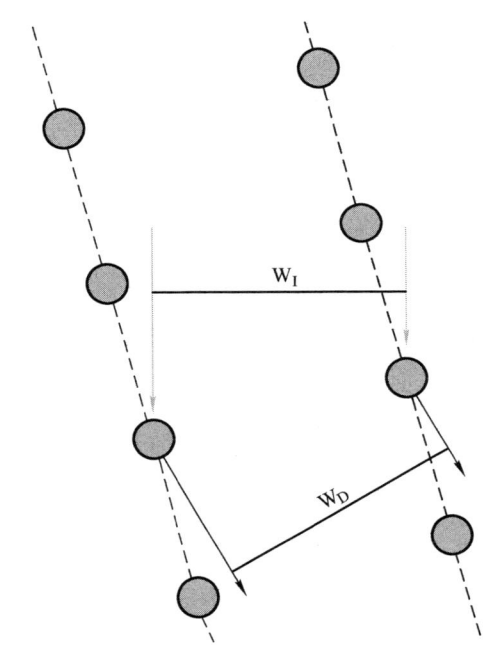

图 11.2 两原子面的散射，W_I 和 W_D 分别为入射和衍射波前

请注意，在这里已不明确区分波和电子束的概念了。

只考虑平面波波前，即波前是平面，且 **k** 垂直于波前。图 11.3A 和 B 中定义了矢量 $\mathbf{k}_I$、$\mathbf{k}_D$ 和 **K**，并给出了一个如下重要的方程（矢量关系）：

$$\mathbf{K} = \mathbf{k}_D - \mathbf{k}_I \tag{11.1}$$

式中，$\mathbf{k}_I$ 和 $\mathbf{k}_D$ 分别为入射波和衍射波的 **k** 矢量；**K** 为由于衍射而产生的 **k** 矢量的改变量。以上分析的一个重要特点是它对任何 $\mathbf{k}_D$ 均成立，亦即对任何 **K** 值成立；这里的 θ 角不一定是布拉格角。

根据 3.10.2 节中的讨论，可得

$$|\mathbf{k}_I| = |\mathbf{k}_D| = \frac{1}{\lambda} = |\mathbf{k}| \tag{11.2}$$

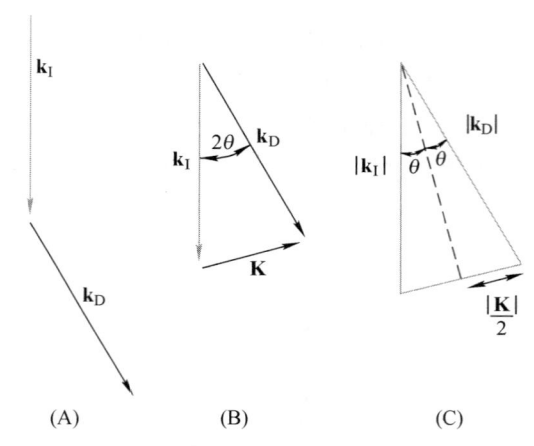

图 11.3 散射矢量的定义:(A)入射波前法线为 $\mathbf{k}_I$,衍射波前法线为 $\mathbf{k}_D$;(B) $\mathbf{K}$ 为矢量差($\mathbf{K} = \mathbf{k}_D - \mathbf{k}_I$);(C) $\sin\theta$ 定义为 $\mathbf{K}/2\mathbf{k}_I$

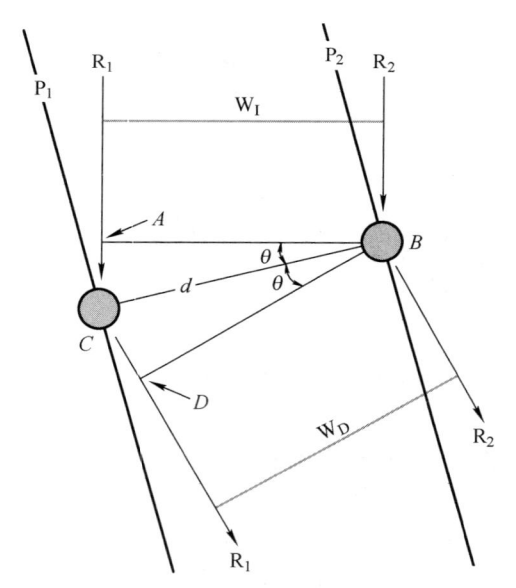

图 11.4 两电子束被不同平面 P_1 和 P_2 上的两点 C 和 B 散射。两光线通过的距离不同,路程差为 $AC+CD$

式中假设衍射过程中电子的能量守恒,即发生弹性散射。根据图 11.3C 并利用简单的三角函数关系可以写出 θ 的表达式

$$\sin\theta = \frac{|\mathbf{K}|/2}{|\mathbf{k}_I|} \tag{11.3}$$

或

$$|\mathbf{K}| = \frac{2\sin\theta}{\lambda} \tag{11.4}$$

当 λ 以 nm 为单位时，$|\mathbf{K}|$ 和 $|\mathbf{k}_I|$ 的单位均为 nm^{-1}。因而 $\mathbf{K}$ 和 $\mathbf{k}_I$ 称为倒格矢。注意该散射过程是发生在晶体内部的，因此所有 $\mathbf{k}$ 矢量都适应于晶体中的电子（而非真空中）。

> **方程（11.4）非常重要**
>
> 请记住，无论什么时候看到 $\sin\theta/\lambda$ 项，此项即为 $\mathbf{K}/2$，与波矢的变化相关联。

如果将上述讨论拓展，考虑被两点（可以看作原子所在位置）散射的波之间的干涉，可以得到图 11.4 中所描绘的情形。由此图可联想到第 3.10 节中讨论的相长干涉和相消干涉。图 11.4 本质上是 Young 用来演示光波动性的双缝截面图（见 2.10 节），定义两个平面，P_1 和 P_2，两者均正交于长度为 d 的矢量 $\mathbf{CB}$。光线 R_1 比光线 R_2 多传播了 $AC+CD$ 的距离。由简单的几何关系可得

$$AC + CD = 2d\sin\theta \tag{11.5}$$

在下面的讨论中很快会看到这就是布拉格定律的基础。

11.4　晶体的散射

在图 3.9 中引入的布拉格角是 TEM 中最重要的散射角；在布拉格角处，电子波是干涉相长的。进一步分析图 11.4，在特定的情况下，当 θ 等于布拉格角 θ_B 时，式（11.4）可改写为

$$|\mathbf{K}| = \frac{2\sin\theta_B}{\lambda} \tag{11.6}$$

当 θ 为 θ_B 时，式（11.5）中的路程差为 $n\lambda$，其中 n 是任意整数，式（11.5）变为

$$n\lambda = 2d\sin\theta_B \tag{11.7}$$

如果 $n=1$，此即为布拉格定律[式(3.21)]

$$2\sin\theta_B = \frac{\lambda}{d} \tag{11.8}$$

但从式（11.6）可知，在布拉格角时

$$2\sin\theta_B = \lambda |\mathbf{K}| \tag{11.9}$$

所以，在布拉格角时，矢量 **K** 的大小有一个特殊值，即 $\mathbf{K}_B$

$$|\mathbf{K}_B| = \frac{1}{d} \tag{11.10}$$

定义这个矢量 $\mathbf{K}_B$ 为 **g**，即

$$\mathbf{K}_B = \mathbf{g} \tag{11.11}$$

以上一系列推导步骤可能略显呆板，但是结论却极为重要。布拉格定律以及用来证明它的几何分析在讨论中会经常用到，所以深究它到底能给出什么信息是很有价值的。尽管它并不是所看到现象的严格处理方法，但是布拉格定律对衍射过程给出了一个非常有用的物理图像，因为衍射原子面对入射电子束就像镜子一样。因此，衍射电子束或者衍射花样上的斑点也常称作"反射"，并且经常称矢量 **g** 为衍射矢量。上述推导只是简单几何方法。在 12.3 节中，会推导劳厄方程，并从第一性原理推导出布拉格定律。

衍射，不是反射

请记住，实际处理的是衍射而非反射，而且只在考虑两个原子的情况下推导了布拉格定律。依然采用反射模型，而实质上并非如此。

这种推导布拉格定律的方法不够严谨的原因在于（它仅仅给出了正确的结果），它只能应用于一定掠射角下的散射，出射和入射电子束位于散射面同一侧，不是透射。

之前曾提到过所有图中的角度相对于 TEM 中的衍射情况都是夸大了的。例如，铜的 111 面，d 为 0.21 nm；120 kV 电子的 λ 为 3.35 pm（0.003 35 nm 或 0.033 5 Å）；式(11.8)给出 $n=1$ 时 θ 为 7.97 mrad（0.46°）。通常在成像时感兴趣的布拉格角都不超过 1°（尽管许多重要的信息可能呈现在衍射花样上的角度更大，10°~20°）。记住这些数字的数量级是很有用的。

度数和弧度

请记住，10 mrad 等于 0.573°，即大约 0.5°。

现在将单个原子的散射推广到原子面。想象图 11.4 中给出了两个"原子面"P_1 和 P_2，并且点 B 和 C 不一定为原子，而是平面上的两个点，且 d 是两平面间的最小距离。如果在 P_2 面内移动 B 原子，那么"同相"性质会如何改

变呢？

考虑如图 11.5 所示的单个原子面的散射。由几何学知识可知，当光线 R_1 通过距离 EJ，R_2 通过距离 HF 时，这两段距离是相等的。因此，某一特定平面不同位置的原子产生的散射不会产生路程差。这个似乎不重要的结论意味着能对图 11.4 的结论进行推广。

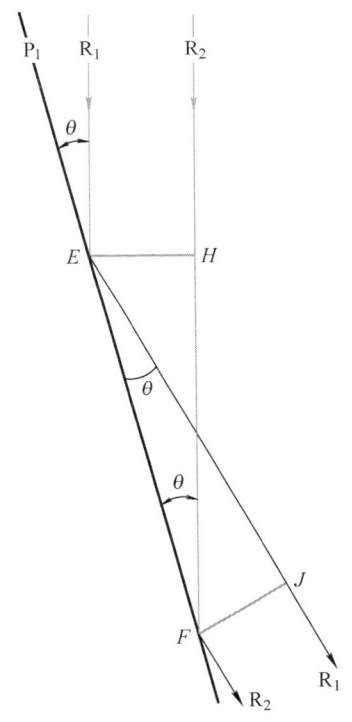

图 11.5 两电子束被同一平面 P_1 上的两点 E 和 F 散射。此简图表明两电子束通过了相同的距离，因为三角形 EHF 和 FJE 是全等的

图 11.6 总结了这个结论。如果 $\theta = \theta_B$，光线 R_1、R_2 和 R_3 都是同相散射。

平 面 散 射

原子(散射中心)在两个平面上如何分布并不重要；分别位于平面 P_1 和 P_2 上任意两点的散射将会产生相同的路程差 $2d\sin\theta$。

接下来，将该分析推广到存在很多平行平面的情况，相邻平行平面的间距为 d，如图 11.7 所示。

第 11 章 TEM 中的衍射

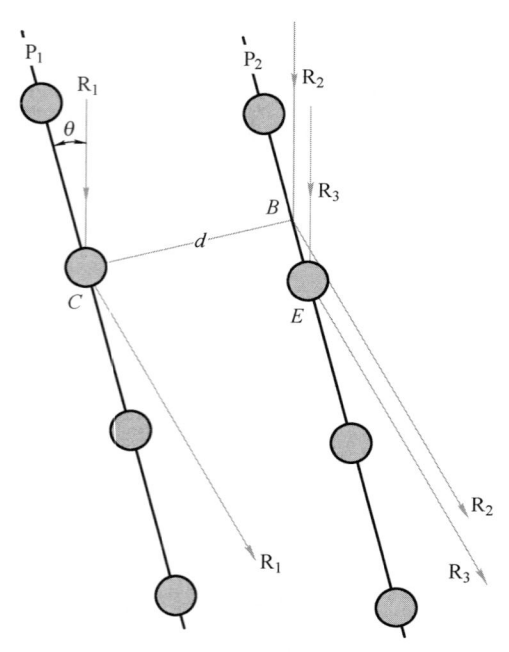

图 11.6 两平面上 3 个点的散射。点 B 和 C 处散射的路程差为 $2d\sin\theta$，点 C 和 E 处散射的路程差也为 $2d\sin\theta$。因此如果 $2d\sin\theta = n\lambda$，在衍射束方向上所有点的散射都是同相的

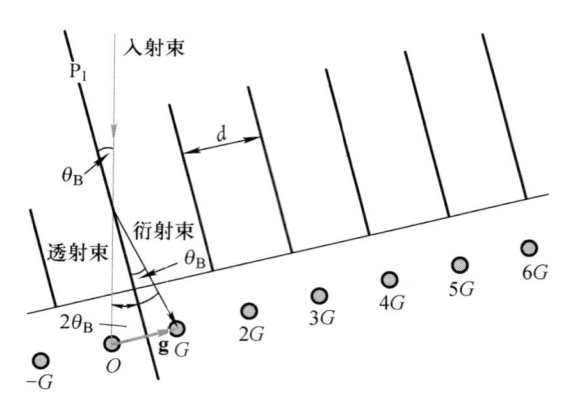

图 11.7 一系列距离为 d 的平行平面的衍射。平面的方向满足布拉格衍射条件（θ_B 是入射角）。注意到衍射平面和入射束是不平行的。产生的衍射斑点（倒格点）标记为 G、$2G$ 等。从原点（O）到第一衍射点 G 的矢量 $\mathbf{g}$ 垂直于衍射平面

在布拉格衍射这一特殊条件下，入射束与布拉格衍射束间的散射角为布拉

格角的 2 倍（$2\theta_B$）。见图 11.7 并回顾 2.12 节。

布拉格反射 **g** 垂直于衍射平面。显然这是式（11.11）的另一种表述。图 11.2 和图 11.7 表明当矢量 **K** 等于 **g** 时发生布拉格衍射。

布 拉 格 角

对于上述定义要注意：很容易认为布拉格角 θ_B 为衍射半角。其实不是，在所有其他非布拉格衍射的情况下，θ 才是衍射半角。

11.5 布拉格定律中 n 的意义

如图 11.7 以及图 11.1 中的衍射花样所示，实际中不只存在一个布拉格反射点，而是一系列以一定周期排列在一条直线上的布拉格反射点；可将其视为反射的规则排列，$-G$、O、G、$2G$、$3G$ 等，对应衍射矢量分别为 $\bar{\mathbf{g}}$、**0**、**g**、**2g**、**3g** 等。

符号：当讨论衍射花样的电子束时，字母 O 指"直接的（透射）"电子束，即使没有样品它也是存在的；字母 G（非黑体，它不是一个矢量）指任何单一衍射束；数字 **0**（黑体）表示电子束 O 的衍射矢量（一个长度为 0 的矢量）；字母 **g**（总是黑体，它是一个矢量）表示电子束 G 的衍射矢量（在衍射花样中）。正如前面已提过的，许多显微学家将 G 与 **g** 混用，所以要小心。

BAR g

矢量 $\bar{\mathbf{g}}$ 的读音为"bar g"，它由 O 到 $-G$，$-G$ 的读音为"负 G"！$\bar{\mathbf{g}}$ 也可以读为"g bar"。

其他的反射（$n\mathbf{g}$，$n \neq 1$）称为高阶反射，在 TEM 中特别重要。可以像绘图那样想象它们来自于间距为 nd 的平面的干涉，其中 n 为有理数。为了理解此描述的物理意义，在平面 P_1 和 P_2 的中心插入平面 P_3，如图 11.8 所示。

当下式成立时，面 P_1、P_2 和 P_3 将同相散射

$$2\left(\frac{d}{2}\right)\sin\theta = \lambda \tag{11.12}$$

因为新的"d"为 $d/2$。因此会产生相干散射，当

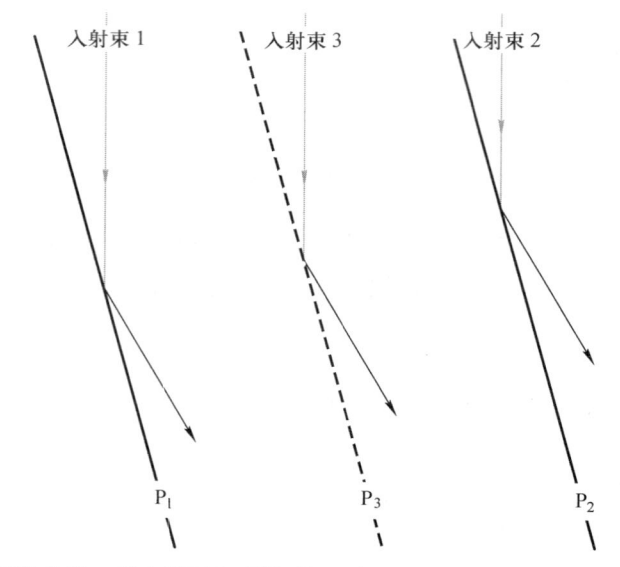

图 11.8 三平面的散射，其中平面 P_3 刚好位于平面 P_1 和 P_2 的正中间

$$|\mathbf{g}_2| = \frac{2}{d} \tag{11.13}$$

即

$$|\mathbf{g}_2| = 2|\mathbf{g}| \tag{11.14}$$

正如在对图 11.3 的讨论中所提到的，无论原子（散射中心）在 P_3 面如何分布，来自 P_3 面的散射始终会发生——即使 P_3 面没有原子！因此，总会看到 $\mathbf{g}_2 = 2\mathbf{g}$，类似地有 $\mathbf{g}_3 = 3\mathbf{g}$ 等。所以可以推广式（11.12）为

$$2\left(\frac{d}{n}\right)\sin\theta = \lambda \tag{11.15}$$

或改写为

$$2d\sin\theta = n\lambda \tag{11.16}$$

上式给出了式（11.7）中 n 的物理解释。

小结：电子被一系列面间距为 d 的平面衍射，既有相长干涉也有相消干涉。可以认为式（11.15）中的 n 表示电子衍射来自于一系列面间距为 d/n 的平面，而不是 d。该方程可以应用于不同原子占据的平面。尽管上述处理不够严格，但在实践中却被证明很有效。另一种等价的观点可以通过将在第 12 章中讨论的劳厄方程给出。也许会考虑为什么衍射是来自面间距为 d/n 的平面，而不是 nd 的平面。

11.6 动力学效应的图解介绍

动力学衍射经常会使一些非数学家感到恐惧，然而 TEM 中多数实际的成像条件都包含动力学散射。该术语是从 X 射线理论引申而来的（在 X 射线理论中并没有这么重要）。动力学衍射在电子衍射中非常重要，原因在于电子束与晶体中的原子存在强烈的相互作用。对于大部分情形，动力学衍射可以一种非常简单的方式考虑，如图 11.9 所示。

动力学衍射

发生一次强烈布拉格衍射的电子束必然会在严格的布拉格方向上被相同的一系列平面衍射回透射束方向。

该电子束被称为二次衍射束。此过程发生的可能性会随着样品厚度的增加而提高。显然，二次衍射束也可以被再次衍射，如此往复。图 11.9 给出了两

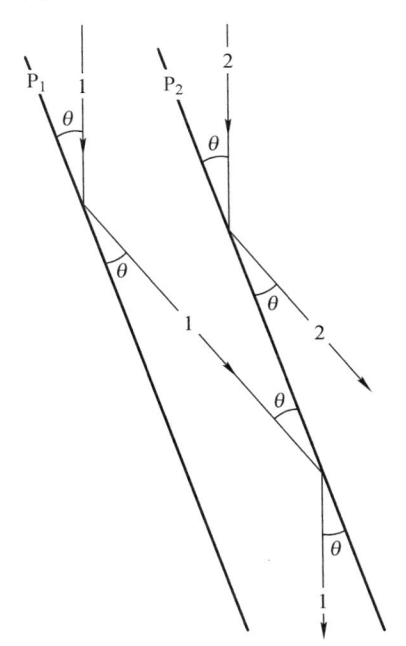

图 11.9 电子束可以被多次散射。发生过一次布拉格散射的任何电子束会被自动地散射回可以再次散射的理想方向上。由于电子束可以被多次反复散射，这导致了动力学散射现象的发生

电子束之间的动力学耦合。

11.7 衍射花样的标定

在第 18 章中将讨论如何标定衍射花样，即如何将衍射花样中的一个斑点与样品中的衍射的平面联系起来。相比于介绍花样标定的具体方法，暂且介绍一些规则会更为有用。

首先请记住，特定晶面是由米勒指数 (hkl) 定义的；一系列晶体学等效晶面记作 $\{hkl\}$。定义透射束为 000 反射，每一个衍射束标记为不同 hkl 指标的反射束。晶体学惯上将来自某一特定 (hkl) 晶面的衍射斑点记为 hkl，即没有圆括号。如果将 **g** 对应于 hkl，那么二阶斑点 $(2g)$ 对应于 $2h2k2l$，$3g$ 对应于 $3h3k3l$，等等。类似地，$-g$ 反射对应于 $\bar{h}\bar{k}\bar{l}$。将在 12.3 节中进一步讨论上述内容。

现在可以解释为何衍射花样中会出现这么多衍射斑点了。如果沿晶体的某一带轴观察，会看到侧向取向的一系列晶面。记住，带轴是沿两个甚至多个晶面相交的方向。

符号：带轴 $[UVW]$ 是该晶带所有晶面共有的方向。因此，如果 (hkl) 晶面在 $[UVW]$ 晶带上，那么 $[UVW]$ 就垂直于 (hkl) 面的法线。后面会看到，$[UVW]$ 定义为入射束的方向。上述结论适应于所有晶系，并给出了 Weiss 晶带轴定律：$hU+kV+lW=0$。

如果有许多晶面接近于布拉格方向，将会观察到来自许多不同晶面的斑点。现在仍未解释为何在同一花样中可以看到 200 和 400 斑点：它们显然不能同时满足布拉格条件。这一现象来源于 TEM 样品的形貌特征，将在第 12 章和第 17 章中加以讨论。

11.8 实验电子衍射花样

从第 9 章起，就讲过可以用两种互补的方法，SAD 和 CBED，在 TEM 中形成衍射花样。

SADP 是明锐聚焦的斑点图案，用于在所有成像模式中选择合适的衍射点成像。可以很容易地将明锐斑点和衍射矢量 **g** 联系起来。

CBDP 是一系列圆盘。能够将某一 **g** 矢量与一个圆盘联系起来，但是 **g** 的位置需要更多的分析。所以，将暂不详细讨论 CBDP，而讨论衍射理论，之后再通过第 20 章和第 21 章的内容来对其进行详细讨论，因为该内容相当重要。

11.9 选区电子衍射花样

第 9 章讨论了 SAD 模式下如何形成衍射花样。现在来讨论该方法的一些实际意义和不足之处。

为什么要选择一个特定区域来形成衍射花样？所有薄片都有一定程度的弯曲，所以移动到样品的不同位置时，各处衍射条件发生改变，因此需要选择一个取向一致的区域。有时希望确定两块不同晶体间的取向关系，那么可以通过选择它们的交界区域来实现。如果研究对象是镶嵌在薄样品中的小颗粒，也需要选取对应区域。图 11.10 显示出衍射花样形成于物镜的后焦面（BFP）上。图 9.13 也给出了类似的光路图。

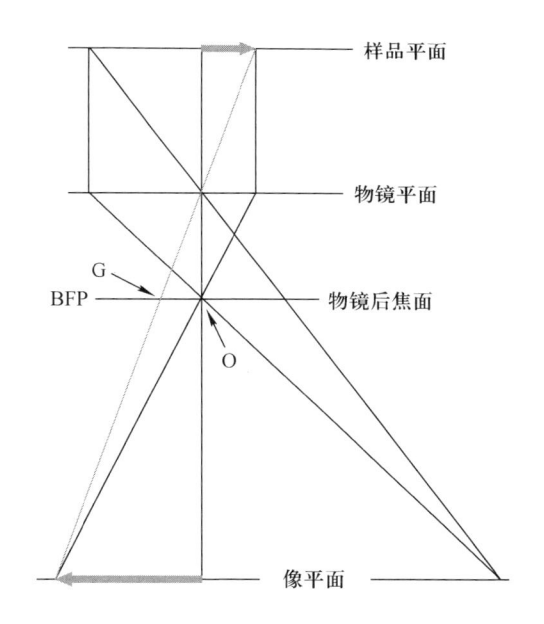

图 11.10 衍射花样形成于或靠近于物镜的后焦平面。O 是透射束，G 是衍射束

SAD 方法是通过在物镜下方第一个像平面处放置光阑来实现区域选择的。此时所选的区域即为所成像中的一个区域，但总是对应于衍射样品的体积。由于在像平面上操作，从而不需要将会聚透镜聚焦，而实际上，一般通过减弱透镜（欠焦）来提供平行度更好的光束，使得所有电子束都聚焦在同一平面，即后焦面。这样衍射花样上的点就变得更明锐。在实际操作中，由于衍射花样的聚焦与会聚镜的强弱相关，所以通常需要精细调节使其聚焦。

实际操作中形成 SAD 花样的关键步骤在 9.3.1 节的操作步骤#4 中进行了介绍。需要记住的两个关键点是（i）确保处在最佳聚焦位置，使得所关心区域的图像聚焦于荧光屏上。（ii）不要忘记通过中间透镜来聚焦衍射花样（衍射聚焦）。

请记住，用光阑在像平面选择区域还有一个优点：选择区域已经被放大了，典型放大倍数为 25 倍。因此，一个直径为 50 μm 的光阑实际选择的是样品上直径为 2 μm 的区域。

你也许会问，为什么不能用更小的 SAD 光阑来选择一个更小的区域呢？可以通过图 11.11 找到答案：物镜的不完美性。正如在第 6 章所看到的，离光轴越远的电子束在经过物镜时弯曲得越厉害。相对于光轴以 β 角入射的电子

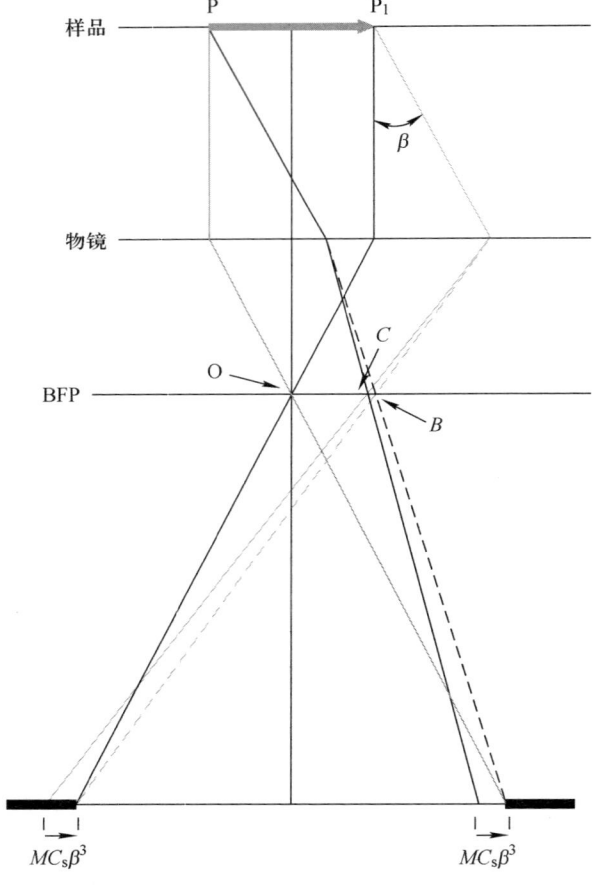

图 11.11 SAD 花样的形成，表明如果所有透射电子束并不是与光轴成相同的角度传播，选取区域将存在误差，这是由物镜存在球差所造成的。B 是完美透镜衍射斑点的位置，C 是有球差时斑点的位置

束，在放大倍数为 M 时，像所移动的距离 r_M 由下式给出：

$$r_M = MC_s\beta^3 \tag{11.17}$$

所以用 SAD 光阑选择的区域仅对透射束而言才对应于物平面上的 PP_1 区域。β 越大误差越大，所以误差也随着布拉格角或 g 的增大而增大。以上结论通过示意图 11.12 进行了说明，具体数值列于表 11.1。（注意，用 M 除 r_M 以给出样品上的距离。）表 11.1 中间一栏的数值是在 C_s 为 3.3 mm、电子能量为 100 keV 的条件下计算得到的。如果采用更小的光阑，选择直径小于 1 μm 的区域，那么即使是来自这个区域的四阶 111 反射，即 444 反射，也不会对 SADP 有所贡献。而其他区域，甚至可能是相邻的晶体反而有所贡献。

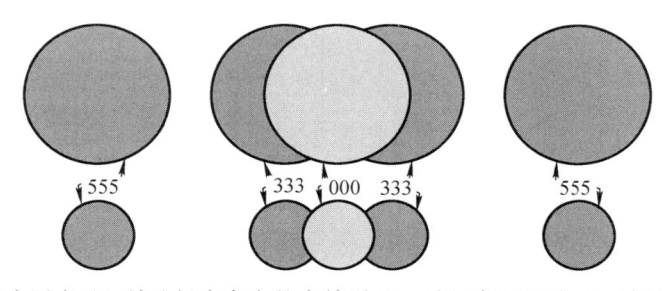

图 11.12 示意图表示区域选择中存在的有效误差，误差来源于球差。该图对应 Al(a_0 = 0.404 nm)的 111 系列晶面的不同反射，假设电子能量为 100 keV，C_s = 3 mm。000 和 111 圆盘几乎重合（平移为 13 nm）。上面一行每个圆盘的直径为 1 μm，下面一行为 0.5 μm

表 11.1 "反射 G" 所形成的图像由于球差所导致的位移

SAD 花样中的反射	老式 TEM 的 $C_s\beta^3$/nm	现代 IVEM 的 $C_s\beta^3$/nm
111	13	1.2
222	100	9.1
333	350	31.9
444	760	69.3
555	1 620	150
666	2 800	250

如果光阑不是在像平面内，会产生另一种选择误差。这种效应可以从图 11.13 中明显看出来，其物镜聚焦于 P_f 面上而不是样品上。通过简单的几何知识，将衍射光线反向延长至样品所在平面，就可以看到该效应。第一个像平面（SAD 光阑所在面）的位移在样品平面上对应的距离为 y，由下式给出：

$$y = D\beta \tag{11.18}$$

在一些老式仪器中，"点击"中间图像聚焦控制（即物镜聚焦）可以改变焦距，D 约为 3 μm。在使用中会发现，在许多 TEM 中当衍射花样聚焦时，SAD 面的光阑并不总是聚焦的。当研究厚样品时，也应考虑到这种情况造成的影响。牢记这两种误差来源是可以累加的，因而影响十分明显。

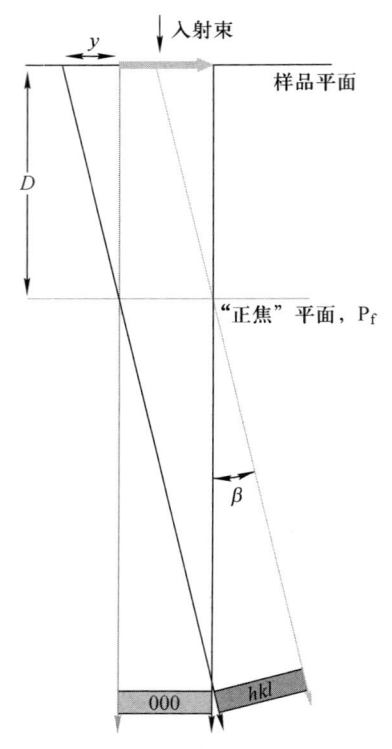

图 11.13 如果透镜不聚焦于 SAD 平面，不同 **g** 矢量对应图像之间的相对位置将会发生漂移。D 为离焦量。选区的移动量由 $y = D\beta$ 给出

有时仍然想利用一个小光阑，但按常理讲在 SAD 中无法太小。此时，CBED 也许是最佳的选择。然而，应该意识到所谓的"常理"是基于表 11.1 的，这些数据最早由 Hirsch 等人在大约 1963 年给出并适用于 19 世纪 50 年代的机器！一台现代 300 kV 机器的 C_s 大约为 1 mm，λ（在 300 kV）为 1.968 pm。那么 $C_s\beta^3$ 的值就变得很小了，如表 11.1 中右栏所示。显然在这种条件下应该使用更小的光阑，但 10 μm 大概是可以制造的最小光阑了。

经常问到的一个问题是：如果 SAD 光阑放置于第一个像平面，它是怎样影响在其上方形成的衍射花样呢？SAD 花样和图像之间的关系可以通过

图 11.14A 中多重暗场像的形成过程来阐释。为达到此目的，必须先用常规方法形成 SAD 花样。然后增加中间镜的强度以使电子束聚焦在图 11.14B 所示后焦面的下方。由于电子束在后焦面是会聚的，所以看到的是一个圆盘而不是一个斑点。为了理解其中的过程，必须认识到在后焦面上样品的放大倍数为 0（即，当图 11.14B 中的"X"在后焦面上时）！当在衍射模式下增加中间镜的强度时，这些像的放大倍数会增大（一个明场像和多个暗场像）。当然，这些像不聚焦，但可以通过调整物镜的强度即传统的聚焦方法来校正。

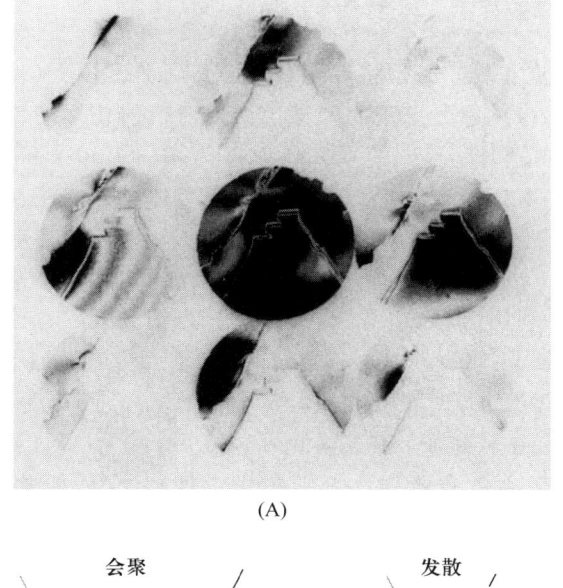

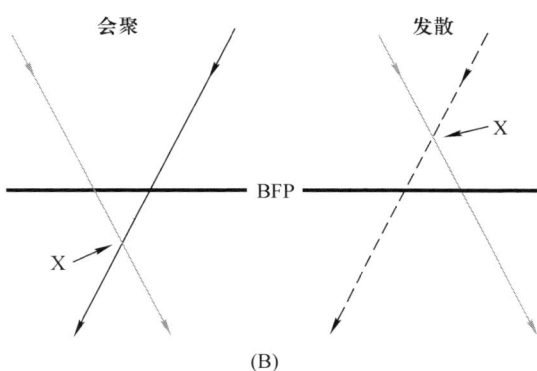

图 11.14 （A）离焦 SADP 形成的多重暗场像，表明衍射盘中的暗场像由物镜光阑所决定。进一步的观察显示出每个（孪晶界的）像相对于相邻的像有轻微的漂移，反映出高阶反射的区域选择误差更大；（B）离焦束在后焦面上会聚或发散导致了圆盘的形成，在此过程中优先选择欠焦的会聚束，因为它的平行度要优于过焦的发散束

现在能直接理解每一个圆盘对应于 SADP 中的一个反射。强的反射对应明亮的圆盘，此时该区域对应的反射接近于布拉格条件。很容易发现每个圆盘的亮度都不是均匀的。相反地，大部分圆盘只是部分明亮的！第 13 章将解释这种差异的原因。

相比于形成 SADP 时区域选择的不确定性，CBDP 在确定特定区域的晶体学信息时有其优越性。

下面将以一些更实际的问题来结束本章。

可以简单地通过改变 C2 透镜的设置和曝光时间来改变衍射花样中所表现的细节。

为了记录 SAD 花样，必须将曝光时间提高到 10 s 以上（但也会用短时间），如果不需要通过 1 s 的曝光来限制漂移！如果对衍射花样的细节感兴趣，应该选择 3 个不同的曝光时间，对于胶片，时间为 10 s、30 s 和 100 s。然后利用 C2 散开电子束并移去电子束挡针（最好保持其原来状态，不使用它；如果电子束强到需要使用电子束挡针，很可能会引起样品损伤）。将电子束散开后，校正中间镜的像散；当衍射斑点很小时，像散会变得很明显（并非所有显微镜都能进行此操作）。利用衍射（中间）透镜聚焦斑点使其变锐，这样一来就已经对衍射花样进行聚焦了。仅作为练习，可以将电子束会聚到最小的直径，然后聚焦通常看到的 SADP 的斑点。再用 C2 散开电子束并将斑点重新聚焦，会看到斑点的明锐程度会显著加强。在散开电子束之后，使用双目显微镜观察以聚焦斑点。除非衍射花样严格聚焦，否则会错过使得 SAD 如此有用的许多精细特征。

哪一张衍射花样是最好的，取决于所需求的信息。如果想观察 SADP 的细节，很可能需要通过 C2 将电子束欠焦。如果感兴趣的衍射束强度较弱，那么可能需要增加曝光时间，但同时会导致高强度斑点展宽，因此记录花样时需要选择一定范围的曝光时间。衍射花样可以通过视频记录，也可以通过录像机直接传输至计算机。与胶片相比，CCD 相机的应用能够接受更宽范围的强度；它是将来记录衍射花样时优先考虑的方法。而且也许在将来会别无选择（没有暗室）。

冷却样品可以减少热漫散射，从而大大减小背景强度。既然不是追求很高的精确度，晶格常数的改变一般不会对 SAD 产生明显的影响，但是它的影响在高阶劳厄区的 CBDP 中非常显著（见第 21 章）。

最后，如果样品带电荷，可能需要镀上一层碳膜。必要的话，应该在样品上多覆盖几层碳膜，并确保样品带电不是由于样品没有接触样品杆或样品杆没有接地。

章 节 总 结

衍射花样不仅是所有晶体学分析和缺陷表征的基础，也是 TEM 中所有图像形成的基础。可以从样品中原子面布拉格反射的角度来理解衍射花样，且能确定与每个布拉格反射相联系的衍射矢量 **g**，并使每个 **g** 与晶面 hkl 相联系。衍射平面均位于特定的带轴 UVW 中，且 UVW 的方向即为平行于入射束的方向。

参考文献

衍射和光学

Bragg，WL 1965 *The Crystalline State* I Ed. WL Bragg Cornell University Press Ithaca NY(第一版出版于 1933 年). 请在图书馆或网上寻找。

Hecht，E 2001 *Optics* 4th Ed. Addison-Wesley Reading MA. 非常通俗易懂。

James，RW 1965 *The Optical Principles of the Diffraction of X-ray*，*The Crystalline State* II Ed. WL Bragg Ed. Cornell University Press Ithaca NY(第一版出版于 1948 年). 同上。

Schwartz，LH and Cohen，JB 1987 *Diffraction from Materials* 2nd Ed. Springer New York. 两本标准教材之一。

姊妹篇

该理论会贯穿于整个姊妹篇，但不会明确提及。

自测题

Q11.1 列出电子衍射和 X 射线衍射的三个主要不同点。

Q11.2 既然 TEM 成像和衍射都如此精妙，为何还有研究人员会采用 X 射线来实现这两个目的？

Q11.3 为什么通常不会去测量 TEM 衍射花样中斑点的强度？

Q11.4 为何需要特别说明晶格中的平面？

Q11.5 SADP 和 CBDP 的主要区别是什么？

Q11.6 形成 SADP 意味着在选定区域时会存在误差。这些误差是怎样产生的？

Q11.7　横向移动样品时衍射花样中的斑点为什么会不断变化？

Q11.8　改变样品上的观察区域时为什么需要改变 C2 的设置以及曝光时间？

Q11.9　怎样限制热漫散射并减小背景强度？

Q11.10　总结 TEM 相比于 SEM 和光学显微镜的优点。

Q11.11　发生相长干涉的条件是什么？

Q11.12　写出布拉格定律。

Q11.13　样品厚度是如何影响动力学散射的？

Q11.14　在获取 SAD 花样时为什么要使会聚透镜欠焦？

Q11.15　在获取 SADP 时，为什么不能始终使用条件允许的最小选区光阑？

Q11.16　在记录 SADP 时，曝光时间应该是多长？

Q11.17　如果光阑不是精确位于样品平面上的，SAD 方法是如何工作的？

Q11.18　从 TEM 衍射花样中可以轻松地得到哪些关键信息？

Q11.19　在满足布拉格条件下，入射束和布拉格衍射束间的半角与布拉格角之间的关系是怎样的？

Q11.20　什么是"晶带轴"？

Q11.21　用图示的方法解释布拉格定律中 n 的意义。

Q11.22　衍射花样中存在斑点所体现的样品最基本的特征是什么？

Q11.23　证明位于同一平面上的原子所发生的散射是没有路径差的。

章节具体问题

根据刚刚介绍过的关于衍射花样的内容，这些问题都不难。

T11.1　根据书中的表达式推算出表 11.1。总结所使用的所有参数，制作出该表的扩展版本。

T11.2　观察图 11.14，如果样品是 Si，请标定该衍射花样。如果使用的是 300 kV 的 TEM，计算出相机长度。

T11.3　解释图 11.14 为什么不能是 Cu 所产生的。

T11.4　思考图 11.10。这里有 5 条光线和 4 个平面。按照画这些线条的顺序将其编号。并讨论如何按比例修改该图。

T11.5　图 11.1 中的衍射花样来自于一块多晶样品。确定出该图中的单晶衍射花样。

T11.6　在图 11.14 中，所有圆盘都显示样品的同一区域。它们的确来自完全相同的区域吗？讨论之。

T11.7　思考图 11.14。根据图中提供的信息，通过一个合理的发散度数值估算 Δf 的值。

T11.8　思考图 11.12。估算该图的精度。在 $C_s = 0.7$ mm，其他条件相同的情况下绘制出类似的图形。

T11.9　后面将会看到图像非定域作用对高分辨成像而言是一个严峻的挑战（微软 Word 软件建议 demoralization 一词更为贴切）。这一概念在第 11 章中是如何引入的？如果可以校正 C_s，那么 SAD 在 TEM 中的作用将有怎样的提升？

T11.10　使用矢量乘法推导 Weiss 晶带定律。

第 12 章
在倒空间思考

章 节 预 览

前一章中已经介绍过矢量 **k** 和 **g**，它们具有长度单位，nm^{-1}，这些矢量均为倒易点阵矢量。现在讨论倒易点阵的定义。倒易点阵就是倒空间中的一个点阵。请注意：该点阵与"实"空间里的"实点阵"一样真实。它就像格丽弗游记里的新世界，但与"我们"的世界之间不是遵循线性关系而是倒易关系。如果某物（物体或长度）在实空间中很大，那么在倒空间中就很小。

当在实空间中看到一个物体时，应该思考一下，"它在倒空间中会是什么样子呢？"

倒易点阵是一个纯粹的几何构型。我们将分两部分进行讨论：（ⅰ）数学描述；（ⅱ）点阵的性质。第一部分和在任一凝聚态物理学课本中所见无异；第二部分则讲述如何在 TEM 中使用这种构型。我们将会发现，倒易点阵提供了一种描述衍射几何的方法，它给出了衍射现象的"图形表示"。这有助于理解衍射花样随样品取向和物理特征变化的关系。

12.1 为何引入另一种点阵？

如果对衍射这一领域还不熟悉，倒空间的概念似乎是种令人非常头疼的理论描述。但必须坚持使用它，因为该模型给出了衍射几何的物理图像，这对实验科学家而言尤为重要。最佳的方法是认为每一个晶体均有两套点阵。一套点阵用来描述晶体（即样品）中原子组成的晶胞的排列情况。另一套点阵则是由给定晶体唯一定义的点的排列，但并不对应于原子阵列，而是每个阵点对应于晶体中一组特定的晶面。当然，倒易点阵就像实空间的"实"点阵，都是简单的几何构型。下面将利用倒易点阵来为晶体衍射过程提供一幅物理图像。

历 史 回 顾

倒易点阵是在 1911—1914 年之间由 Ewald 和 Laue 分别独立重新发现的，但是 Gibbs 和 Bravais（以一种不太有用的形式）分别在 1881 年和 1850 年就已描述过！推荐阅读在 1962 年讨论 Ewald 对倒易点阵贡献的资料。

在第 11 章中给出，当矢量 **K** 与 **g** 相等时，通过晶体的电子会发生布拉格衍射。倒易点阵这一概念允许我们定义一个点阵，其中每一个格点对应于一个可能的 **g** 矢量。

倒　易

任何晶体都可认为有两套点阵，一套为实点阵，另一套为倒易点阵。在倒易点阵中，一系列平行原子面(hkl)可以用距离点阵原点为 $1/d_{hkl}$ 的一个格点表示。

为了理解使用倒易点阵的原因，请记住总可以把布拉格定律式（11.2）和式（11.3）写成

$$\frac{2\sin\theta_B}{\lambda} = \frac{n}{d} = |\mathbf{K}| \tag{12.1}$$

因此，矢量 **K** 与 d 互为倒易关系。但是在使用这个新点阵之前，必须讨论其正式定义。

12.2 倒易点阵的数学定义

在本节中，我们将倒易点阵作为一种数学构型来讨论其定义，并证明矢量 **g** 的一些特殊数学性质。读者并不需要完全理解其证明过程，但需要知道这些方程。

倒易点阵构型的数学基础是简单的矢量代数。

在实空间里，通过以下方程式可以定义任一晶格矢量 $\mathbf{r}_n$

$$\mathbf{r}_n = n_1\mathbf{a} + n_2\mathbf{b} + n_3\mathbf{c} \tag{12.2}$$

式中，矢量 **a**、**b**、**c** 是实空间中晶胞的平移矢量；n_1、n_2、n_3 均为整数。

任何一个倒格矢量 $\mathbf{r}^*$ 都可以用类似的方法来定义

$$\mathbf{r}^* = m_1\mathbf{a}^* + m_2\mathbf{b}^* + m_3\mathbf{c}^* \tag{12.3}$$

式中，矢量 $\mathbf{a}^*$、$\mathbf{b}^*$、$\mathbf{c}^*$ 为倒空间中晶胞的平移矢量；m_1、m_2、m_3 均为整数。这些新矢量的方向由如下关系式定义：

$$\mathbf{a}^* \cdot \mathbf{b} = \mathbf{a}^* \cdot \mathbf{c} = \mathbf{b}^* \cdot \mathbf{c} = \mathbf{b}^* \cdot \mathbf{a} = \mathbf{c}^* \cdot \mathbf{a} = \mathbf{c}^* \cdot \mathbf{b} = 0 \tag{12.4}$$

或者说，$\mathbf{a}^*$ 与 **b**、**c** 均正交，其他亦然。

这些矢量的长度大小由另一组关系式定义

$$\mathbf{a}^* \cdot \mathbf{a} = 1;\quad \mathbf{b}^* \cdot \mathbf{b} = 1;\quad \mathbf{c}^* \cdot \mathbf{c} = 1 \tag{12.5}$$

当矢量 **a** 的长度已知时，式(12.5)唯一确定了矢量 $\mathbf{a}^*$ 的大小。因此，这些方程给出了倒易点阵的标度或尺度。**a** 的长度与 $\mathbf{a}^*$ 在 **a** 方向上投影大小的乘积等于 1。请注意，该结果并不意味着 $\mathbf{a}^*$ 平行于 **a**（请思考一下！）。$\mathbf{a}^*$ 的方向实际上完全由式(12.4)定义。它垂直于 **b** 和 **c**，因此必定是包含 **b** 和 **c** 的平面的法线。

矢量 $\mathbf{a}^*$ 总是垂直于平面(100)的，即便 **a** 不满足此条件。

当按惯例选择晶胞时，可以看到若 **a**、**b**、**c** 较大，那么相应的倒易点阵矢量就较小。

由于晶胞体积 V_c 是由 $\mathbf{a} \cdot \mathbf{b} \wedge \mathbf{c}$ 给出，那么根据式(12.5)可将 $\mathbf{a}^*$ 写成

$$\mathbf{a}^* = \frac{\mathbf{b} \wedge \mathbf{c}}{V_c} \tag{12.6}$$

该定义强调矢量 $\mathbf{a}^*$ 是正交于矢量 **b** 和 **c** 的。但是，就像 **a**、**b** 和 **c** 不需要相互垂直一样，$\mathbf{a}^*$、$\mathbf{b}^*$ 和 $\mathbf{c}^*$ 之间也不必相互垂直。通常采用右手螺旋的方法判定式(12.6)中矢量叉乘的方向。

12.3 矢量 g

将矢量 **g** 的定义更一般化一点。倒空间的任一矢量都可以定义为矢量 $\mathbf{a}^*$、

b^* 和 c^* 的组合。特别是可以将矢量 **K** 写成如下形式,以便于以后使用:

$$K = \xi a^* + \eta b^* + \zeta c^* \tag{12.7}$$

式中,ξ、η 和 ζ 为 3 个任意的数,不必为整数。一个特别重要的倒格矢是矢量 $\mathbf{g}_{hkl}$,其定义为

$$\mathbf{g}_{hkl} = h\mathbf{a}^* + k\mathbf{b}^* + l\mathbf{c}^* \tag{12.8}$$

式中,h、k、l 为整数,它们一起定义了平面(hkl)。

平面(hkl)定义为一个与 a、b、c 轴的截距分别为 $1/h$、$1/k$、$1/l$ 的平面。如图 12.1,可以看到,矢量 **AB** 可以写成 $\mathbf{b}/k - \mathbf{a}/h$。该矢量和($hkl$)面中的所有矢量都与式(12.8)中定义的矢量 $\mathbf{g}_{hkl}$ 垂直。可以通过式(12.4)和式(12.5)来计算 **AB** 与 **g** 的点乘来验证这一点。因此,矢量 $\mathbf{g}_{hkl}$ 一定垂直于面(hkl)

$$\left(\frac{\mathbf{b}}{k} - \frac{\mathbf{a}}{h}\right) \cdot (h\mathbf{a}^* + k\mathbf{b}^* + l\mathbf{c}^*) = 0 \tag{12.9}$$

矢量 **AB**、**BC**、**CA** 均位于面(hkl)内,且均与矢量 $\mathbf{g}_{hkl}$ 垂直。现在需要证明的是矢量 $\mathbf{g}_{hkl}$ 的长度 $|\mathbf{g}_{hkl}|$ 等于 $(d_{hkl})^{-1}$。为了证明此关系,考虑一个垂直于面(hkl)(即,平行于 $\mathbf{g}_{hkl}$)的单位矢量 **n**,并将其与任意同该平面斜交的矢量(如 $\mathbf{a}/h$ 或 $\mathbf{b}/k$)进行点乘运算。

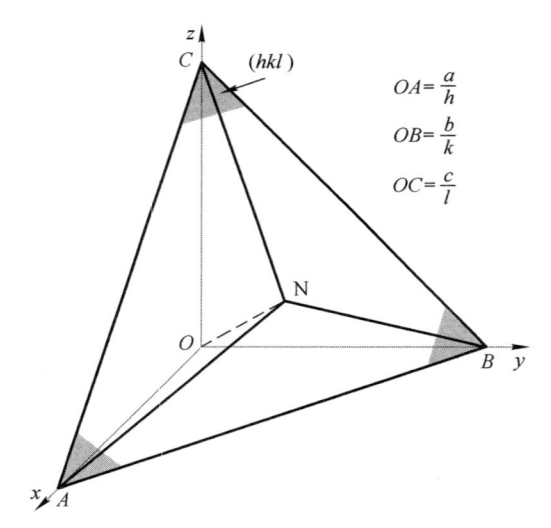

图 12.1 面 ABC 的米勒指数为(hkl)。矢量 **OA**、**OB**、**OC** 的长度分别为 a/h、b/k、c/l。矢量 **ON** 可以写为 **n**,垂直于面(hkl)。从正文中可以看到,与面(hkl)衍射相关的反射 **g** 既平行于 **n** 又垂直于(hkl)中所有的矢量

单位矢量 **n** 与矢量 **g** 平行,并可简单地表示为 $\mathbf{g}/|\mathbf{g}|$。因此,从原点 O 到平面的最短距离就是 **n** 与矢量 **OB**(或 **OC** 等)的点乘

$$\mathbf{n} \cdot \frac{\mathbf{a}}{h} = \frac{\mathbf{g}}{|\mathbf{g}|} \cdot \frac{\mathbf{a}}{h} = \frac{h\mathbf{a}^* + k\mathbf{b}^* + l\mathbf{c}^*}{|\mathbf{g}|} \cdot \frac{\mathbf{a}}{h} = \frac{1}{|\mathbf{g}|} \quad (12.10)$$

此处再次利用了式(12.4)和式(12.5)。根据定义，原点 O 是位于这一晶面族上的，式(12.10)就给出了平行平面族(hkl)之间的距离，因此

$$d_{hkl} = \frac{1}{|\mathbf{g}|} \quad (12.11)$$

正如所期望的结果一样。

- (hkl)指数的定义为 $OA = a/h$；$OB = b/k$；$OC = c/l$。
- 面 ABC 可以用(hkl)来表示。

进一步讨论之前需要强调以下几点：

- 请记住：倒易点阵之所以称为"倒易"是因为其中所有长度单位均为"倒易单位"。
- 如果熟悉基础固体物理学中能隙概念的来历，那么就已经用到过这些想法。不同之处在于电子显微镜中的电子能量一般大于或等于 100 keV，而固体中电子的能量为 1eV 左右。这一差异只会影响 $\mathbf{k}$ 的大小，但 $\mathbf{a}^*$ 等矢量不会随加速电压而变化。
- 倒空间符号。在 11.7 节引入了圆括号标记。现在将此标记扩展到倒易点阵中：由于倒空间的矢量(hkl)垂直于实空间的平面(hkl)，所以(hkl)作为倒空间中该矢量的简约记法，{hkl} 就是这些倒格矢的一般形式。[UVW]代表倒空间的特定晶面，例如，它可以包含许多{hkl}点，因而在实空间中它为实空间平面{hkl}的带轴方向（见表 12.1）。当对衍射斑点进行标定时，往往会发现圆括号被完全省略掉了，这是一种惯例。但在可能会产生混淆时或需要加以强调时，应该使用圆括号。
- 在非立方结构材料中，有一些特殊矢量对可能会互相平行，但是大部分矢量对并不平行。这种差异甚至会让经验丰富的显微学家也感到疑惑，尤其是在已经习惯了研究立方结构材料时。例如，如果将入射电子束的方向取为沿正交结构晶体（如橄榄石）的[123]带轴方向，那么电子束方向将不会垂直于面(123)。

> **注意**
>
> 具有相同指数的正格矢和倒格矢（例如[123]与(123)面的法线）只有在立方结构材料中才互相平行。

表 12.1　晶面、晶向以及衍射点的符号

实空间	倒空间	
特定方向	特定晶面	$[UVW]$
一般方向	一般晶面	$\langle UVW \rangle$
特定晶面	特定方向	(hkl)
一般晶面	一般方向	$\{hkl\}$
衍射晶面	衍射指数	hkl

12.4　劳厄方程及其与布拉格定律的关系

为了理解倒易点阵的重要性,将重新考虑一些之前已讨论过的术语。因为布拉格定律非常有用(见 11.5 节),所以一直利用该定律,它为相长干涉现象提供了一幅物理图像,但它并不真正对应于 TEM 中的实际情形。使用布拉格定律的理由也是因为可以认为其源于劳厄方程的一种特殊形式,而劳厄方程才真正描述了 TEM 中的衍射过程。

所以接下来将利用简单的矢量代数从劳厄方程推导出布拉格定律。对于大多数的讨论,假设晶体无限大;也总是认为倒空间是无限大的。那么从直觉上就可以看出,只有当

$$\mathbf{K} = \mathbf{g} \tag{12.12}$$

时,相长干涉才会发生。

从图 12.2 中可以看出,矢量 $\mathbf{K}$ 的大小始终为 $(2\sin\theta)/\lambda$。布拉格条件下,它也等于矢量 $\mathbf{g}$ 的大小,即 $1/d$。因此,在布拉格条件下,可以写出

$$\frac{2\sin\theta}{\lambda} = \frac{1}{d_{hkl}} \tag{12.13}$$

即

$$\lambda = 2d\sin\theta \tag{12.14}$$

这就是布拉格定律。

式(12.12)为相长干涉的劳厄条件;我们将此作为布拉格或劳厄衍射的条件。请读者自行证明 $\mathbf{g} \cdot \mathbf{r}_n$ 的值始终为整数 N。然后就可以利用式(12.12)来表达出劳厄条件

$$\mathbf{K} \cdot \mathbf{r}_n = N \tag{12.15}$$

式(12.15)说明,只有当 $\mathbf{K}$ 满足一定的条件时才会发生布拉格(或劳厄)衍射。

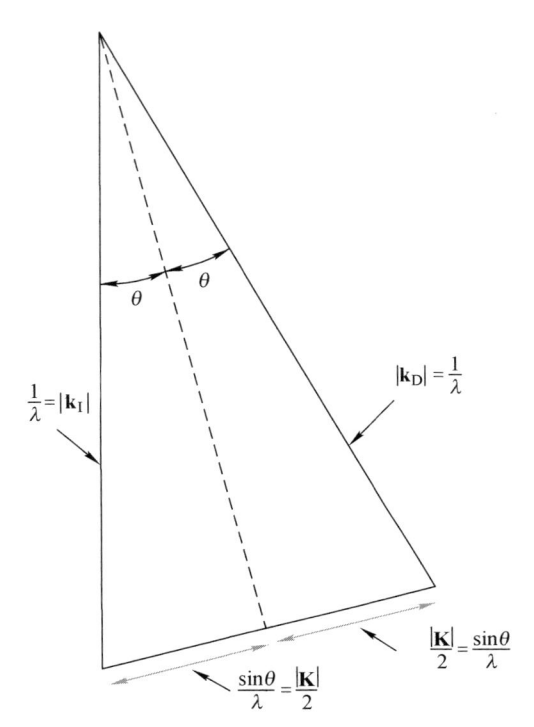

12.4 劳厄方程及其与布拉格定律的关系

图 12.2 k_I、k_D、K、θ 和 λ 之间的几何关系

利用式(12.7)并进行点乘,可以得出只有当 $\{n_1\xi+n_2\eta+n_3\zeta\}$ 为整数时上式才成立;当 ξ、η、ζ 为整数 h、k、l 时,$\mathbf{K}\cdot\mathbf{r}_n = N$。

请注意:这是一个非常特殊的情形。令 $\mathbf{r}_n$ 依次为 3 个方向的单位矢量,式(12.15)给出了 3 个关系式

$$\mathbf{K}\cdot\mathbf{a} = h \tag{12.16}$$

$$\mathbf{K}\cdot\mathbf{b} = k \tag{12.17}$$

$$\mathbf{K}\cdot\mathbf{c} = l \tag{12.18}$$

当然,上述等式同前面 3.10.2 节中介绍的劳厄条件完全一样,如式(12.15)所给出的。在 11.5 节中提到过布拉格定律,并用到"n"即

$$n\lambda = 2d\sin\theta \tag{12.19}$$

我们也曾讨论过 n 的物理根源。现在可以对其进行同样的数学处理。如果整数 h、k、l 有一个公因子,那么可写为

$$nd_{nh,nk,nl} = d_{hkl} \tag{12.20}$$

所以 n 就包含于式(12.14)所用的 d 之中。将会发现,还有许多其他的方法来处理该问题,而选择此方法是为了强调内在的几何原理。

12.5　Ewald 反射球

倒易点阵是点的三维排列，可以将每一个点与一个中心位于该点的倒易杆（英文简记为 relrod）联系起来。此外，也可以将每一倒易杆垂直于薄片排列，但平行于薄片法线方向的厚度是有限的。即使倾转样品，倒易杆的几何构型仍然不变。之所以会有"杆"是由 TEM 样品的形状所导致的。此时，这纯粹是一个经验构型，用于解释即使不严格满足布拉格条件时也能在衍射花样中观察到斑点。我们将会在第 16 章中讨论这些杆的形状及其来源。

现在构造一个半径为 $1/\lambda$ 的球，称之为反射球，或更一般地简称为"Ewald 球"，以纪念它的发明者 P. P. Ewald。由于 Ewald 具有德国血统，Ewald 的发音为"A. Valt"而不是"E. Walled"。Ewald 第一次描述该球的论文发表于 1913 年，题目为《对晶体中 X 射线干涉理论的贡献》。此文以及另外几篇由 Ewald 撰写的论文经翻译后被收录在由 Cruickshank 等人编辑的一本专著中；在该综述中所收集的文章全面介绍了衍射理论的整个发展历程。

Ewald 球通常用二维的圆来表示，在大多数图中，与倒易点阵的一个二维截面一同画出，如图 12.3 所示。

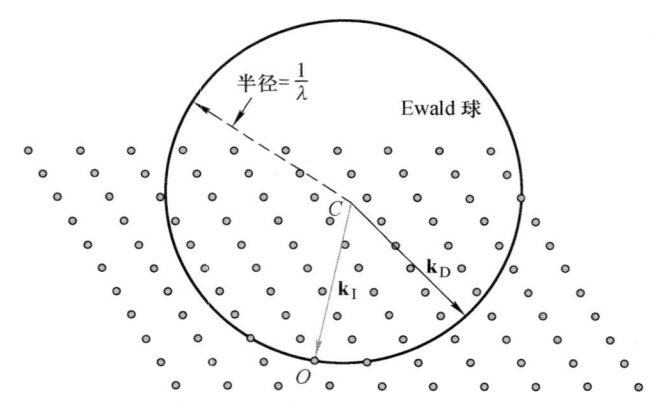

图 12.3　Ewald 反射球与非立方倒易点阵相交。矢量 **CO** 代表入射波的波矢 $\mathbf{k}_I$，O 代表倒易点阵的原点。$\mathbf{k}_D$ 为任一径矢量。当球的半径与倒易点阵点间距相近时，正如 X 射线入射时一样，图中所示球面只与少数几个倒格点相切。而当入射波波长 λ 较小时，例如 100 keV 的电子入射，Ewald 反射球半径会变得很大，球面变得相对平坦，因而会和更多的倒格点相切

关键在于当 Ewald 球与倒易阵点相切时正好满足布拉格条件。当与倒易杆相切时，即使不满足布拉格条件也仍然可以观察到衍射斑点。

12.5 Ewald 反射球

将倒易点阵、倒易杆和 Ewald 球构造等概念结合起来，可以想象出当倾转样品或电子束时每一个衍射束的强度是如何变化的。也可以看到，当 Ewald 球相对倒易点阵移动时衍射花样中的斑点也随之移动。

在倒易空间中画一半径为 $1/\lambda$ 的球，并使其通过倒易点阵的原点 O，正如在第 11 章所定义的。如果倒易点阵中某一点与该球面相切，对应于该点的平面族必定满足布拉格方程，从而发生强烈的衍射。式(12.11)表明所定义的矢量 **g** 的大小为 d^{-1}。由于矢量既有大小又有方向，选择 d^{-1} 为其大小，且将 **g** 作为对应于 (hkl) 面的唯一矢量，即平行于该平面的法线。

图 12.3 给出了 Ewald 球与倒易点阵相切的示意图。通常会画出类似的示意图，其中包括描述入射电子束的矢量 **CO**，但这也不是必需的。实际上，由于所用的示意图只是三维球的一个二维截面图，所以这只是一个特例。在做此类示意图时，一般选择包含原点 O 在内的平面，因为原点表示直射束。一个很容易混淆的地方是 Ewald 球的球心 C。C 并非原点，原点是点 O。实际上，C 也可能并不与倒格点重合。

强度和倒空间

可以将"强度"与倒空间的任一位置联系起来，尤其是沿着倒易杆方向上的任一位置。

强度值定义为：如果 Ewald 球与倒空间的某点相切，则衍射束 **g** 具有强度。一般而言，如果 Ewald 球移动，强度就会改变。需要记住的是，倒易点阵只是被用来形象描述衍射而构造出来的。

C 的位置？

矢量 **CO** 即为 $\mathbf{k}_I$，长度为 $1/\lambda$；这便定义了 C 的位置，即根据 O 的位置可以逆向推出 C 的位置。

现在就可以理解只有当入射束位于所选择的平面内时，矢量 **CO** 才会位于该平面中。例如，选择平行于显微镜光轴的平面，但让入射束偏离光轴。这种情况下，通常会对同时包含光轴和入射电子束的平面感兴趣。同时也注意到 $\mathbf{k}_D$ 可以是任意一个始于 C 而终止于球面的矢量。

下面考虑 d_{hkl} 和 λ 之间的相对大小。对于 X 射线，λ 为 0.2 nm 左右，$1/\lambda$ 约为 5 nm^{-1}，Ewald 球只能与少量倒易杆相切，因为 $1/d$ 大约只有 3 nm^{-1}。这解释了为什么在 X 射线衍射中必须使用白光辐射（提供较宽范围的 λ），或者进行摇摆、旋转或使用研磨粉末样品(因此获得许多不同的 d 和 θ 值),以产生足够多的衍射斑点进行结构分析。对于 100 keV 的电子,波长 λ 为 3.7 pm, $1/\lambda$ 为 270 nm^{-1},因此 Ewald 球的球面相对于倒易阵点的排列几乎为平面(但不幸的是,如 12.6 节所见,并不完全是平面)。因此在 TEM 中,许多晶面都近似满足布拉格条件,如图 11.1 所示,在薄样品中能观察到许多对应于倒易点阵截面的衍射点。

通常不会去确定样品在各个取向时所对应的衍射花样,而是倾转样品使入射电子束的方向平行于低指数带轴(U、V、W 均较小),然后将观察到的正带轴花样(ZAP)与标准衍射花样进行比较。将在第 18 章中给出一些标准衍射花样。对于已知晶体结构的材料,这是一种很好的方法。但对于未知结构的材料或无法将材料倾转至低指数带轴方向时,就需要知道完整的处理过程。例如表征晶界时,很有可能就出现这种情况。

12.6 偏离参量

现在引入一个新的物理量 $\mathbf{s}$,称之为偏离参量(英语为 excitation error 或者 deviation parameter)。在使用这些术语时总是需要非常小心!如果入射电子束严格平行于某一带轴,根据劳厄条件,在衍射花样上应该看不到衍射斑点。但明显会有许多斑点产生(如图 1.6 和图 2.13B),因此,即使不严格满足布拉格条件,衍射束仍有一定强度。其实际强度取决于偏离布拉格条件的程度。这种偏离程度是用倒易空间中的矢量 $\mathbf{s}$ 来描述

$$\mathbf{K} = \mathbf{g} + \mathbf{s} \tag{12.21}$$

在 $\mathbf{s}=0$ 时,Ewald 球与倒易杆中心的倒格点相交。式(12.21)并不是很精确!尽管矢量 $\mathbf{g}$ 已很好地定义过,但矢量 $\mathbf{K}$ 并没有,因为它取决于矢量 $\mathbf{k}_D$,而 $\mathbf{k}_D$ 可以是终止于 Ewald 球上的任一矢量。在图 12.4 中,通过选择两个特殊的 $\mathbf{k}_D$ 值,给出了矢量 $\mathbf{s}$ 的两个特殊值。其中一个 $\mathbf{k}_D$ 沿着矢量 CG 方向,所以 $\mathbf{s}_e$ 也平行于 CG;另一种情形下,$\mathbf{s}_z$ 平行于入射波矢量 CO。第三个特殊的情形是定义 $\mathbf{s}_m$ 垂直于样品表面,但并不知道具体位置在哪里。实际上,通常假设 $\mathbf{s}_m$ 垂直于矢量 OG,但这并不是必须的。在以下几种情况中将会用到矢量 $\mathbf{s}$: $\mathbf{s}_g$ 强调的是 $\mathbf{s}$ 对应于某一个特定的矢量 $\mathbf{g}$ 而定义的,$\mathbf{s}_z$ 则强调 $\mathbf{s}$ 沿 z 轴方向,这通常对应于电子束入射方向和样品的法线方向。在不是特指时,一般写成 $\mathbf{s}$。

矢量 s

矢量 **s** 是用来衡量偏离布拉格衍射条件的程度。

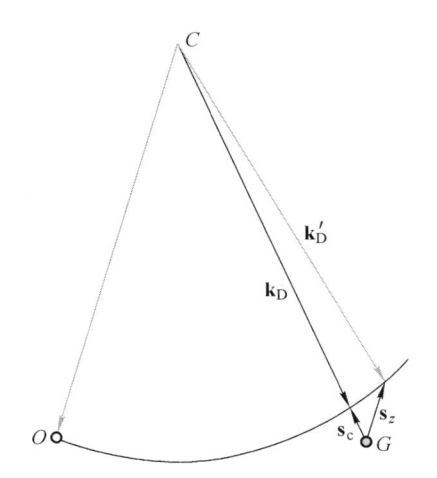

图 12.4 矢量 **s** 的两个特殊值。当 $\mathbf{k}_D$ 沿 **CG** 方向时，$\mathbf{s}_c$ 平行于 **CG**。也可以选择 **s** 平行于入射束方向 **CO**，那么 $\mathbf{s} = \mathbf{s}_z$，并且 $\mathbf{k}_D$ 变为 $\mathbf{k}'_D$。在每一种情形下，$\mathbf{k}_D$ 总是终止于 Ewald 球上

在图 12.4 中，会注意到点 G 是位于 Ewald 球面之外的。请注意，使用字母 G 是用来强调所谈及的是一个点而并非从原点到该点的矢量 **g**。在图 12.4 中，倒易点构成的排与入射束必定垂直。如果选取所有与入射束垂直的这种排（只标出了 G 点），就能构成一个与入射束垂直的点阵面，称之为零阶劳厄区（ZOLZ）。现在就可以对所有平行于 ZOLZ 而不包含原点 O 的点阵面进行编号，称它们为高阶劳厄区（或 HOLZ）。朝着 C 点方向的第一个点阵面就为一阶劳厄区（FOLZ），第二个为二阶劳厄区（SOLZ），其余的统称为高阶劳厄区（HOLZ）。

> **符 号 规 则**
>
> 当 G 位于 Ewald 球外时，定义 **s** 为负值，而 G 位于球内时，**s** 则为正值。

如果画如图 12.5 所示的 Ewald 球，会发现它与一阶劳厄区以及其他高阶劳厄区内的点相交。将会在第 20 章和第 21 章中看到此类衍射花样的例子。

可以通过两种途径改变 **s** 值：

■ 如果倾转样品，点阵列会随着移动，但 Ewald 球不动。

■ 如果倾转样品上方的电子束，会导致 C 点移动，所以 $\mathbf{k}_I$ 会倾转，从而 Ewald 球会移动。

需要注意的是，不同 **s** 值的衍射花样可能会相同（在下一章中有更详尽的

介绍）。其差异如图 12.6 所示。

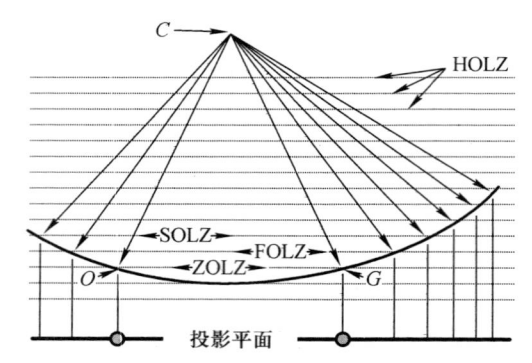

图 12.5 在与入射束呈较大角度处，Ewald 球与高阶劳厄区（HOLZ）内的点相交。如果球的半径增加（更高能量的电子束），则球面变平，与高阶劳厄区在更大的角度处相交

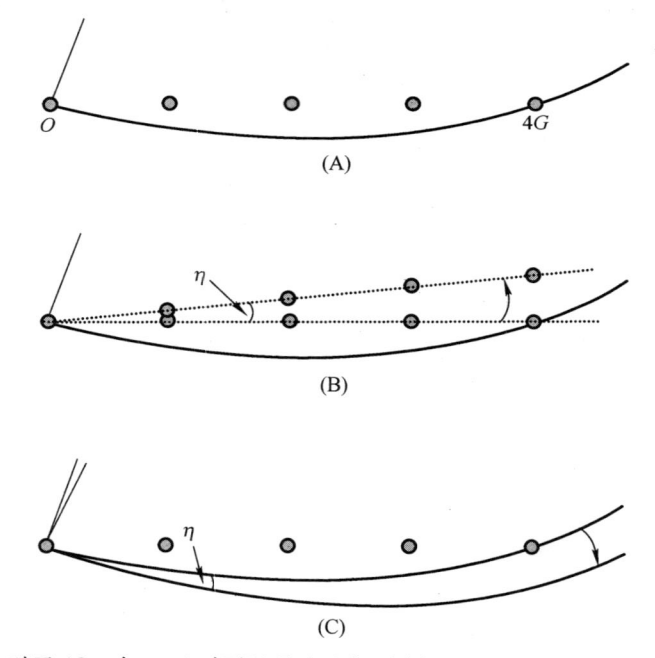

图 12.6 （A）对于 4G，在 $s_z = 0$ 时可以通过两种不同方法来改变 s_z。（B）如果使样品倾转角度 η，点列会向球内移动。（C）如果将样品上方的电子束反向倾转角度 η，球面会移出点列

通过对一幅实验衍射花样的思考来总结一下本节。图 12.7 为略微错向的孪晶界的衍射花样；需要知道的是，不同晶粒都产生衍射，从而给出两套不同

的衍射花样。来自不同晶体的亮点组成的圆环就可以很容易识别。问题是为什么两个环会彼此偏离呢？是的，不仅如此，该图中还有许多除第一眼所见之外的信息，将在 17.3 节中进行讨论。

图 12.7 尖晶石结构 $MgAl_2O_4$ 孪晶界面附近的衍射花样。图中亮斑点形成的圆环表示 Ewald 球面与孪晶界面两侧晶体的倒易点阵相切的位置

12.7 薄膜效应和加速电压效应

在介绍完更多的基础理论之后，将在第 17 章中就这个话题再进行详细的讨论。这里需要简单提醒的是：Ewald 球的半径会随着加速电压的变化而改变。当电压增加时，球面会变得更平坦。有幸一开始就在 TEM 中选择 100 keV 的电子束，因为 100 keV 的电子所对应的球面具有非常有用的曲率。该曲率是如何影响衍射花样的呢？已知 $\mathbf{k}_I - \mathbf{k}_D = \mathbf{K} = \mathbf{g}$，其中 $|\mathbf{g}|$ 等于 d^{-1}。因此，矢量 $\mathbf{g}$ 不会随波长 λ 而改变。由于 d 不变，而 λ 变化，那么布拉格定律表明 θ 必定会随着电压增加而减小。因此，如果保持相机长度不变，衍射花样中矢量 $\mathbf{g}$ 的长度似乎会随波长 λ 的减小而减小。请注意，此处的关键词为"似乎"。如果回顾 9.6.2 节，就会意识到问题在于必须为新的加速电压而重新校准相机长度。

样品不变，所以倒易点阵也不变。但是，随着加速电压增加，Ewald 球的半径增加，衍射斑点会相互靠近。

由于 λ 很小，Ewald 球的半径 λ^{-1} 就很大，因而 Ewald 球面很平，这对 TEM 非常重要。请注意，这不同于在低能电子衍射或典型的 X 射线劳厄背反射花样中所观察到的。所以在衍射花样中能看到许多斑点。表 12.2 给出了一些 Ewald 球的半径值。使用电子表格软件产生这个表格会是一个理解它们之间关系的有用练习。可以使用第 1 章所给出的一些数据：$m_0 = 9.109 \times 10^{-31}$ kg，$c = 2.998 \times 10^8$ m/s，$h = 6.626 \times 10^{-34}$ N·m·s，le V $= 1.602 \times 10^{-19}$ N·m。

表 12.2 λ 和 λ^{-1} 在一些特定加速电压下的值

电子能量 E	电子波长 λ/pm	球的半径, λ^{-1}/nm^{-1}	$(v/c)^2$
100 keV	3.701	270.2	0.300 5
120 keV	3.349	298.6	0.344 1
200 keV	2.508	398.7	0.483 4
300 keV	1.969	508.0	0.603 0
400 keV	1.644	608.3	0.685 3
1 MeV	0.871 9	1 147.0	0.885 6

章 节 总 结

当与 Ewald 球相结合时，倒易点阵提供了一种思考衍射的简捷方法。当一个点正好和球面相切时，劳厄方程或布拉格定律严格成立。当倒易格点刚好偏离球面时，定义矢量 **s** 来量化该偏离参量。换句话说，矢量 **s** 是衡量在何处与倒易杆相截的量。理想情况下，你将会对在空间中倾转倒易点阵与在样品杆中倾转实点阵一样熟悉。请记住，正点阵与倒易点阵是严格关联的：当其中一个转动时，另一个也转动同样的量。尽管小人国是不存在的，但至少对于电子显微学家来说倒易点阵是确实存在的！

请记住以下几何关系和尺寸大小：

■ Ewald 球的半径为 $1/\lambda$，并始终通过倒易点阵的原点 O。

■ 倒易点阵的尺度量级为 nm^{-1}，但仍可以用 Å^{-1}。很清楚 10 Å = 1 nm，但不容易记住 1 Å^{-1} = 10 nm^{-1}。

参考文献

历史

Cruickshank, DWJ, Juretschke, HJ, and Kato, N (Eds.) 1992 *PP Ewald and His Dynamical Theory of X-ray Diffraction* Oxford University Press New York. 课余阅读。

Ewald, PP 1962 *Fifty Years of X-ray Diffraction* NVA Oosthoek's Uitgeversmaatschappij

Utrecht Nether-lands. 介绍了 Ewald 是怎样完善对倒易点阵的描述的。PP Ewald 是 Hans Bethe 的岳父。

倒易空间

Cullity，BD and Stock，SR 2001 *Elements of X-Ray Diffraction* 3rd Ed. Addison-Wesley Reading MA. 该标准的最新版本简记为"Cullity"。

James，RW 1965 *The Optical Principles of the Diffraction of X-Rays*，*The Crystalline State* II Ed. WL Bragg Cornell University Press Ithaca NY（首次发表于 1948 年）. 专刊。

Schwartz，LH and Cohen，JB 1987 *Diffraction from Materials*，2nd Ed. Springer New York. 与 Cullity 类似。

Suryanarayana，C and Norton，MG 1998 *X-Ray Diffraction*：*A Practical Approach* Springer New York. 实用而与众不同。

姊妹篇

本章的内容贯穿于整个姊妹篇，但不详细。

自测题

Q12.1　实空间中物体的尺寸与倒空间中的尺寸具有怎样的关系？

Q12.2　在怎样的条件下，对于所有 h、k 和 l，(hkl) 与 $[hkl]$ 相互平行？

Q12.3　在 Ewald 球示意图中为什么入射束方向始终指向倒易点阵的 000 反射？

Q12.4　为什么 TEM 中的电子衍射反映的是倒易点阵中的晶面？

Q12.5　写出偏离参量的定义并解释为什么想改变它的值。

Q12.6　提高加速电压（kV）对于 Ewald 球的半径和球面会产生怎样的影响？

Q12.7　提高加速电压（kV）对衍射斑点和倒易点阵会发生怎样的变化？

Q12.8　提高加速电压（kV）对于高阶劳厄（HOLZ）线会产生怎样的影响？

Q12.9　给出"倒易点阵"的定义。

Q12.10　给出矢量 **g** 的定义。

Q12.11　什么是反射球，它的中心在哪里？

Q12.12　给出"零阶劳厄区"的定义。

Q12.13　用于描绘相长干涉的劳厄条件所对应的 **K** 与 **g** 之间的简单关系是什么，它和布拉格定律有怎样的关系？

Q12.14　$d_{nh,nk,nl}$ 和 d_{hkl} 之间具有怎样的关系？

Q12.15　正交晶系中 d_{123} 和 d_{321} 是一样的吗？

Q12.16　倾转样品时 Ewald 球有何变化？

Q12.17　倾转入射束时 Ewald 球有何变化？

Q12.18　实空间中，[UVW] 和 (hkl) 分别表示某一特殊的晶向和晶面。同样的指标在倒空间中表示什么意思？

Q12.19　给出倒易矢量 **a** 的定义。

Q12.20　偏离参数的符号通常是怎样定义的？

章节具体问题

T12.1　看图 12.7，给出两个晶粒与转轴间的偏转角度，假设完美孪晶间没有偏转。

T12.2　看图 12.6A。如果 G 是 Ge 的 220 反射，TEM 电压为 200 keV，那么对于反射 O、G、$2G$ 和 $3G$ 的 s 值分别为多少。对于 400 keV 的 TEM 情况又如何，描述两者之间的差异。

T12.3　对于问题 12.2，反射的布拉格角为多少？（分别用角度和弧度来回答。）

T12.4　看图 12.4，两个 s 值大小差异明显且矢量方向互成一定夹角。选择 Cu 的 220 反射和 100 keV 的电子，哪种影响（大小或方向）可能更重要？

T12.5　看图 12.5。这张图是怎样被夸大的？描述一种能给出这种几何图形的材料。

T12.6　根据文中给出的数据制作表 12.2。

T12.7　如果图 12.6 中的 G 为 Cu 的 220，估算 λ 值（忽略相对论效应）以及对应加速电压。

T12.8　假设图 12.7 中的衍射花样是由两晶粒产生的，区分两晶粒（迹线法）。然后解释为什么会存在两个不同的亮斑环。

T12.9　更专业而富有挑战性的问题。阅读历史资料后请描述劳厄（Laue）、Ewald 和布拉格（Braggs）之间的关系，并解释他们之间的相互影响。

第 13 章
衍射束

章 节 预 览

在第 11 章中讨论了为什么会发生衍射，本章将会给出更详细的数学处理，而且会比现阶段所需要的更详尽。衍射是能直接借助于详细的数学模型来处理的现象之一，然而需要注意的是，不要太注重于其中的数学表述而忽略其所蕴含的基本原理；反之，也不要因为数学上的繁琐而忽视它！本章的主题就是一个给许多显微学家带来主要问题的话题。接下来所要讨论的处理方法就是通常所说的"动力学理论"。然后我们会作一些粗略的简化，部分原因是它具有启发性，另外就是这些简化可以应用于一些重要的特殊问题上；运动学近似就是其中的一种简化。大多数电镜书籍都是从所谓的"运动学"处理开始，进而深入到更实际、更一般的动力学情形。本章不作类似处理，但在下册第 27 章中将引入一些相关的术语和假设。

动力学散射的主要原理在第 11 章中已经讨论过：电子束可被一组原子面强烈地散射。当这些原子面相对于电子束处于合适的取向时，就能产生衍射束。该衍射束还会被同一样品中的另一组原子面再次衍射，如此依次衍射下去。这种多次或动力学衍射的物理根源是电子束与晶体中的原子由于库仑力而发生强烈的相互作用。（X 射线受原子的影响要小得多，因此很可能只发生一次散射，即运动学散射。）衍射束和透射束之间的这种多次散射是贯穿于本章的主题。

如果读者具有很强的物理学背景，就可能发现这种处理中所用到的简化有点不够令人满意，因为在周期性物体中（晶体样品）应该考虑布洛赫波（Bloch waves）。我们在第 14 章中将讨论布洛赫波分析。请记住，实验上将衍射花样（DP）的一列列斑点和布拉格（Bragg）衍射束关联起来，然后将这些电子束与图像联系起来，这样在 TEM 的荧光屏上既可以观察到图像，也可以观察到"电子束"。

在接下来的章节中，在讨论样品厚度时会经常用到消光距离，此处引入该术语作为某一特定衍射束的特征长度。所以，即使在严格的布洛赫波分析中，理解引入的这些术语的由来仍然是很重要的（表 13.1）。请记住，讨论这些方程的原因在于它们对电子显微镜的使用会有直接的指导作用，因为它们既能描述衍射花样中电子束的强度，又能描述晶体材料的 TEM 图像衬度。

表 13.1 术语和符号

P 点的 ψ^T	在样品底部 P 点处测量的电子束的总波函数。这个波函数是样品内和样品外的 Schrödinger 方程的解。我们感兴趣的不是 ψ^T 而是 ϕ_g 和 ϕ_0
ϕ_g	反射 G 的衍射束振幅。强度为 $\|\phi_g\|^2$
ϕ_0	直射束振幅。请勿用"透射"束这个词，我们研究的所有电子束都是透射的。也不要称之为"前向散射"束；衍射束也可以前向散射。ϕ_0 是 ϕ_g 在 $\mathbf{g}=\mathbf{0}$ 时的一特定值。
θ	特定的一组晶面与被这组晶面散射的电子束方向之间的夹角
θ_B	布拉格角；为 $s=0$ 时 θ 的一个特定值
dz	衍射薄片的厚度。这个厚度可以是所需要的任意小值；不局限于原子面
ξ_g	反射矢量 $\mathbf{g}$ 的特征长度，称之为消光距离
D, G	D 为一衍射束；G 是某一特定的 D，表明它是一布拉格衍射束（两者都不是黑体）（见 11.5 节）
χ	真空中的电子波矢
$\mathbf{k}$	样品中的电子波矢

13.1 为什么要计算强度？

在本章仅考虑无缺陷的完整晶体材料的散射。

最终目的是要理解在电子显微镜中所观察到的图像。在这些图像上所看到的细节取决于所用电子束的强度，并随图像中不同的位置而变化。所以计算衍射束强度的目的是为了理解 TEM 图像中的衬度特征。

一般而言，衍射一次后的电子束很容易被再次衍射，所以 TEM 中衍射束的强度分析比较复杂。这种多次衍射被称为"动力学衍射"。在一个完整晶体中，设想将这个晶体分为两部分，一块叠加在另一块上边。上半部分晶体会使直射束发生衍射，而下半部分晶体会使直射束进一步发生衍射，同时也会使衍射束再次发生衍射。不要将此处的再次衍射与"二次衍射"概念混淆，二次衍射的确切含义将在下册第 23 章描述。如果样品不是切成两部分，而是切成很多薄片，将会产生多次衍射而不是只有两次衍射，我们称这种效应为动力学衍射。

由于动力学衍射的缘故，在电子衍射花样中，不能像在 X 射线衍射花样中那样利用衍射斑强度来确定晶体结构(除了在一些非常特殊的情况下，例如 CBED)。实际上，一个更重要的实际考虑是电子束的强度随样品厚度的改变而剧烈变化，样品厚度可以在远小于(小至 1.5 nm 或更小)电子束斑大小(在 TEM 成像模式下，一般超过 1 μm)的距离内改变。在下册第 24~27 章中讨论图像时将会看到，晶格中存在缺陷时，电子束的强度也会改变，这就是为什么能在 TEM 中"看到"缺陷的原因。

13.2 处理方法

这里采用的方法是为了建立描述衍射过程的基本方程以及确定对理解图像衬度很重要的参数。不同的图像将在下册第三篇中讨论。

在晶体材料内部，应该考虑用布洛赫波来描述，因为在无限周期结构中只有某些具有特定波矢的波才可以传播。当然，仅为了理解显微镜中的衬度特征并不需要对布洛赫波有彻底的理解。但是，在第 14 章中将对布洛赫波进行详细讨论，因为完全理解晶体衍射的基本原理需要用到这些知识。在电子衍射花样上所"看到"的衍射斑点与"电子束"直接相关，因为无论是在电镜中还是照片上电子衍射花样都是出现在晶体外部的。在本章，将接着第 11 章的分析考虑电子束的振幅，因为通过它能够较为直观地理解所观察到的图像——在 TEM 中所观察到的强度与振幅($I \propto |\phi|^2$)直接相关。

术语注解

在图 13.1 中，同时标出了衍射束和衍射花样中的斑点，G_i (i = 1, 2, …)。在讨论图像时，通常提到 **g**$_1$，即电子束 G_1 的衍射矢量。口头上称 **g** 为"反射 **g**"；该术语源于前面布拉格衍射的示意图，几何上它看起来像"反射"。

那么需要计算什么呢？需要计算的是样品出射面的电子束强度，如图 13.1 中的所有类似于点 P 那样的点，因为这些点通过合适的放大就形成了"图像"。

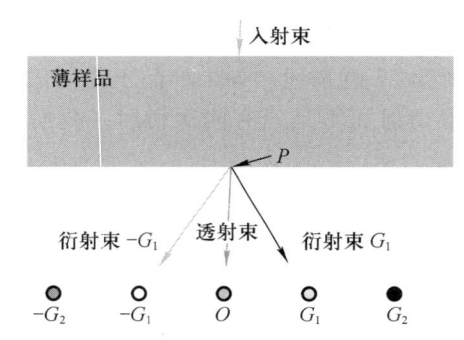

图 13.1 定义点 P。入射束在薄样品内被散射。想知道的是在样品下表面（出射面）上每一点 P 的透射束（O）和衍射束（G_i）的强度

在结束该话题之前，将简单讨论一下所采用的近似方法。其中最重要的一个是柱体近似，它通常会在不经意间引入。它并非是必须的假设，但是它能够简化计算并且有助于直观理解。将会看到，它与光学显微镜有很多相似之处，但需要注意的是，它们之间也存在很多不同。

13.3 衍射束振幅

在分析衍射束时，仅考虑晶体材料。既然任意晶体都可以通过晶胞堆垛而构成，那么就从回顾单个晶胞散射的振幅开始。参照式（3.18），单个晶胞散射的电子束振幅为

$$A_{\text{cell}} = \frac{e^{2\pi i \mathbf{k} \cdot \mathbf{r}}}{r} \sum_i f_i(\theta) e^{2\pi i \mathbf{K} \cdot \mathbf{r}} \tag{13.1}$$

式中，求和包含晶胞中所有原子 i；θ 为衍射束和入射束的夹角。由于波的传

播方式，在求和号外面增加一项；r^{-1}项的存在是因为电子通过半径为r的扩张球面的通量是常数。**k**、**K**、**r** 在第 11 章中已定义过，$f(\theta)$ 是原子散射因子。通常会看到 $f(\theta)$ 后面指数项的符号可以是相反的。存在两种不同的表示！这两种表示将在第 13.12 节讨论，为了和大多数材料科学类教科书相一致，此处使用正号表示。

从图 13.2 中可以看出 $\mathbf{K} = \mathbf{k}_D - \mathbf{k}_I$。矢量 **r** 和 $\mathbf{r}_i$ 是不同的：**r** 是从样品底部的点 P 到散射中心的距离，$\mathbf{r}_i$ 定义为晶胞内某一原子的位置。$f_i(\theta)$ 是第 i 个原子的散射强度（Au 的 $f_i(\theta)$ 要比 Al 的大，如图 3.5 所示）。既然要对晶胞内的所有原子求和，就把该求和项重新命名为 $F(\theta)$，即晶胞的结构因子（只是晶胞的散射因子）。$F(\theta)$ 取决于晶胞内所有原子的种类、原子的位置和电子束的传播方向（与 **K** 有关，因而也与 θ 相关），请见 3.9 节。

因此，式（13.1）可写为

$$A_{\text{cell}} = \frac{e^{2\pi i \mathbf{k} \cdot \mathbf{r}}}{r} F(\theta) \tag{13.2}$$

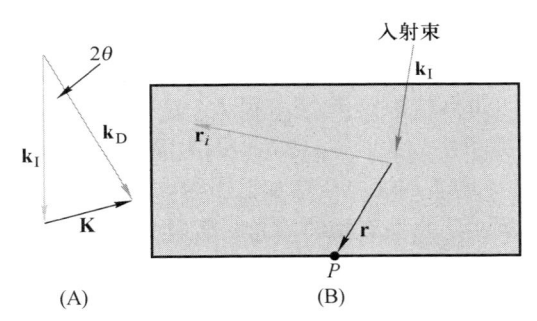

图 13.2 （A）矢量关系：$\mathbf{K} = \mathbf{k}_D - \mathbf{k}_I$。矢量 $\mathbf{k}_D$ 表示任意波的传播矢量。它并不一定是衍射束，但是当对应于一衍射束时，将在衍射花样上给出一个斑点。（B）球面波前的半径 **r**、第 i 个原子的位矢 $\mathbf{r}_i$ 和所计算强度的 P 点三者之间的关系

为了求得某点 P 的散射强度，就要对样品中所有晶胞求和。为简单起见，并不从数学上求解该问题，而简单引入其结果并讨论其含义。假设在平行于晶体表面的平面上单位面积内有 n 个晶胞，a 为面间距。单胞的体积 V_c 为 a/n。衍射束振幅 ϕ_g（其方向与 θ 相关）可表示为

$$\phi_g = \frac{\pi a i}{\xi_g} \sum_n e^{-2\pi i \mathbf{K} \cdot \mathbf{r}_n} e^{-2\pi i \mathbf{k}_D \cdot \mathbf{r}} \tag{13.3}$$

式中，$\mathbf{r}_n$ 表示每一个晶胞的位置（注意方程式中的符号）。在此分析中，$f(\theta)$ 和 $F(\theta)$ 均具有长度量纲。现在来解释式（13.3）中长度 ξ_g 的含义：它是一个长度，因为散射振幅 ϕ_g 是无量纲的（ξ 读音为 "ksi"，其尾音同 "sigh"）。

这些方程的推导包含一些非常巧妙的处理，稍后再回来讨论。某些分析实际上会做出不符合实际的假设，即直射束强度 $|\phi_0|^2$ 是不变的。这个假设通常是不合理的，特别是当样品具有有限厚度时！如果 $|\phi_g|^2$ 不为零，那么 $|\phi_0|^2$ 就不可能为 1。

13.4 特征长度 ξ_g

在现阶段的分析中，最好把 ξ_g 认为是衍射矢量 **g** 的特征长度，因而不用去猜想它代表什么。详细分析表明，ξ_g 的大小可表示为

$$\xi_g = \frac{\pi V_c \cos \theta_B}{\lambda F_g} \tag{13.4}$$

式中，F_g 是对应反射 **g** 的结构因子 $F(\theta)$（即 F_g 是在 θ 为布拉格角 θ_B 时 $F(\theta)$ 的一个特定值）。

ξ_g 是一个极其重要的参数，可以用它来思考几乎所有的衍射衬度现象。它以 nm（或 Å）为单位，通常称为"消光距离"，通过下面的讲解自然就明白其原因了。

从式（13.4）可以看出，ξ_g 的大小与 F_g（并且通过 V_c 与晶格常数相关）以及电子的波长 λ 相关。如果结构因子（F_g）很大，ξ_g 将很小。所以 Au 的 ξ_g 较小，而 Si 的 ξ_g 较大。当原子序数大时 F_g 也大，因为随着库仑相互作用的增大，$f(\theta)$ 也随着增大。类似地，随着加速电压增加，因为电子的波长变小，则特定材料的 ξ_g 将变大。表 13.2 列出了一些有用的消光距离（均对应于 100 keV 的电子）。

表 13.2 消光距离的一些实例（nm）*

材料					
$hkl=$	110	111	200	220	400
Al	—	56.3	68.5	114.4	202.4
Cu	—	28.6	32.6	47.3	76.4
Au	—	18.3	20.2	27.8	43.5
MgO	—	272.6	46.1	66.2	103.3
Fe	28.6	—	41.2	65.8	116.2
W	18.0	—	24.5	35.5	55.6
金刚石	—	47.6	—	66.5	121.5
Si	—	60.2	—	75.7	126.8
Ge	—	43.0	—	45.2	65.9

* 对应于 100 kV 时的双束条件。

> **对 ξ_g 的小结**
>
> ξ_g 是衍射矢量 **g** 的特征长度,称为消光距离,其原因会在下文中讲到。
> 请注意,ξ_g 是一个标量。ξ_g 依赖于晶格常数(与 V_c 相关)、原子序数(与 F_g 相关)和所用的加速电压(与 λ 相关)。

晶格常数对 ξ_g 的影响能通过比较金刚石、Si 和 Ge 的 ξ_{111} 值很好地看出来:与预期的一样,Si 的值比 Ge 的值要大,因为 Si 的原子序数较小,但是 Si 的 ξ_g 也比金刚石的大,而金刚石的原子序数却更小!金刚石的晶格常数特别小,因此在单位体积内的原子数更多。

13.5 Howie-Whelan 方程

直射束和衍射束是在晶体外被探测到的,可以在显示屏上观察到。可以把晶体内的波函数视为穿过晶体的电子束的总和。直射束的振幅为 ϕ_0(粗体 **0** 用来强调其衍射矢量长度为 0),而衍射束的振幅可以写成 ϕ_{g1}、ϕ_{g2} 等,每一电子束有一个适当的相位因子。总波函数 ψ^T 可写成

$$\psi^T = \phi_0 e^{2\pi i \chi_O \cdot r} + \phi_{g1} e^{2\pi i \chi_{G_1} \cdot r} + \phi_{g2} e^{2\pi i \chi_{G_2} \cdot r} + \cdots \quad (13.5)$$

式中,χ_O 和 χ_D 为波矢(χ(chi)发音为"kai",与"sky"尾音相同);χ_O 常简写为 χ。这里用 χ_O 来强调它是倒空间里以点 O 为终点的一个矢量;χ_{G_1} 以点 G_1 为终点,依此类推。此时用波矢 χ_O 和 χ_D 来描述真空中而非晶体中的波,但接下来很快就会将其改写为晶体内部的。大多数情况下,可以将 χ 写成 **k**,但是有些情况下它们之间的区别是很重要的,所以开始用 χ,然后再改为 **k**。

首先通过仅考虑一束衍射束 G,即做"双束近似"(O 表示另一束)来简化式(13.5)。这是经常用到的一个很重要的近似。双束条件就是将晶体倾斜到只有一个强的衍射束(**s**=0),而所有其他衍射束均很弱(**s**>>0 或 **s**<<0),从而忽略它们对 ϕ_g 的贡献。当电子束通过一个厚度为 dz 的薄晶体时,如果振幅 ϕ_g 有一个微小增量,可以利用式(13.3)中引入的概念来写出 ϕ_g 和 ϕ_0 的改变量的表达式,只要将 a 用微小距离 dz 代替即可得

$$d\phi_g = \left\{ \frac{\pi i}{\xi_0} \phi_0 e^{2\pi i (\chi_O - \chi_D) \cdot r} + \frac{\pi i}{\xi_g} \phi_g \right\} dz \quad (13.6)$$

$$d\phi_0 = \left\{ \frac{\pi i}{\xi_0} \phi_0 + \frac{\pi i}{\xi_g} \phi_g e^{2\pi i (\chi_D - \chi_O) \cdot r} \right\} dz \quad (13.7)$$

式中,$\chi_O - \chi_D$ 是电子束 ϕ_g 散射为 ϕ_0 时波矢的改变量。类似地,$\chi_D - \chi_O$ 是电子束 ϕ_0 散射为 ϕ_g 时波矢的改变量。此时,差值 $\chi_O - \chi_D$ 和 $\mathbf{k}_O - \mathbf{k}_D$ 是一致的,虽

然每一单项不相等。请记住，对于完整晶体 $k_D-k_O(=K)$ 为 $g+s$。

既然波矢 χ 看起来和式(13.1)中的 k 一样，那为什么还要引入它呢？原因是式(13.1)是描述任意一群原子散射的普适方程，但是现在要考虑两种特殊的情况，即一种是电子在真空中(波矢为 χ)，另一种是电子在晶体中(波矢为 k)。另外，偏离参量 s 其实应该写成 s_g，因为它是针对某一特定的矢量 g 而言的。可以认为参数 ξ_0 是前向散射的特征长度，即任一电子束自身的散射，而 ξ_g 则是对应于改变一个角度的散射，即对应于衍射矢量 g。

ϕ_g 的改变量与 ϕ_g 和 ϕ_0 的大小都有关。

这两个方程[式(13.6)和式(13.7)]可以重新整理给出一对耦合的微分方程，称 ϕ_g 和 ϕ_0 之间是"动力学耦合"的。因而动力学衍射意味着直射束和衍射束的振幅(强度)不断地改变，是动态的，即

$$\frac{d\phi_g}{dz} = \frac{\pi i}{\xi_g}\phi_0 e^{-2\pi i s z} + \frac{\pi i}{\xi_0}\phi_g \qquad (13.8)$$

和

$$\frac{d\phi_0}{dz} = \frac{\pi i}{\xi_0}\phi_0 + \frac{\pi i}{\xi_g}\phi_g e^{2\pi i s z} \qquad (13.9)$$

由于 Howie 和 Whelan(1961)奠定了理解 TEM 中衍射衬度的基础，因此显微学家们通常称这两个方程为"Howie-Whelan"方程；可能也会看到它们被称为"Darwin-Howie-Whelan"方程，因为 Darwin(1914)发展了 X 射线的动力学理论。请注意，还可利用如下表达式作进一步简化：

$$e^{-2\pi i s \cdot r} = e^{-2\pi i s z} \qquad (13.10)$$

这里作了一个近似，s 和 r 都与 z 轴平行，即此时忽略了 s 不平行于电子束的分量。该近似可写为

$$|s_g| = s_z \qquad (13.11)$$

然后再省去下标 z，只需记住它的含义，但有些情况下这个差别是不能忽略的。

虽然这种方法完全是唯象的(也就是说，并没有对所采用的假设真正给出任何物理证明，而实际上应该采用布洛赫波)，但是可以看到，它为图像和衍射花样的解释提供了很多思路。在下册第 25 章将利用这些观点来理解为什么在 TEM 中能观察到缺陷的存在。

基本思想是：在样品上任意给定位置处，直射束和衍射束的振幅变化都依赖于两者的振幅。回顾 2.2 节中散射的来源，ϕ_0 中改变部分是源于 ϕ_0 自身的大小，而这导致前向散射项的产生。注意到从 ϕ_g 到 ϕ_g 的散射也是前向散射，虽然它发生在不同的前向方向(即，$\theta=\theta_B$，散射平行于 k_D 而不是 k_O)。所以前向散射确实存在，但是它并不改变电子束的方向。然而，它也有一个特征长度 ξ_0；这个长度从另一种角度说明电子存在折射率效应，这将在之后的 14.4

节讨论。

> **直 射 束**
>
> 请记住：不要认为直射束是未被散射或者透射的电子束!

13.6 Howie-Whelan 方程的拓展

此后的数学推导就非常直接明了。接下来要做的似乎是用大量的工作去推导式(13.48)，其结果是使你能更清晰地理解衍射过程。如果不想被过多的数学描述所困扰，可以直接跳到式(13.47)和式(13.48)，但是一定不能忽略这两个方程式，因为它们对理解晶体材料的成像至关重要。

式(13.8)和式(13.9)可通过如下的替换进行简化(即变量代换)

$$\phi_{0(\text{sub})} = \phi_0 e^{\frac{-\pi i z}{\xi_0}} \quad (13.12)$$

和

$$\phi_{g(\text{sub})} = \phi_g e^{2\pi i s z - \frac{\pi i z}{\xi_0}} \quad (13.13)$$

则式(13.8)和式(13.9)可写为

$$\frac{d\phi_{g(\text{sub})}}{dz} = \frac{\pi i}{\xi_g}\phi_{0(\text{sub})} + 2\pi i s \phi_{g(\text{sub})} \quad (13.14)$$

和

$$\frac{d\phi_{0(\text{sub})}}{dz} = \frac{\pi i}{\xi_g}\phi_{g(\text{sub})} \quad (13.15)$$

由于 ϕ_0 和 $\phi_{0(\text{sub})}$ 只相差一个相位因子，在计算强度时将忽略两者的差别，因为只有振幅是重要的；类似地，ϕ_g 和 $\phi_{g(\text{sub})}$ 也一样。替换的结果是去掉了含有 ξ_0 的相位因子，即不考虑折射率效应。结合式(13.14)和式(13.15)可以得到 ϕ_0 的二阶微分方程

$$\frac{d^2\phi_0}{dz^2} - 2\pi i s \frac{d\phi_0}{dz} + \frac{\pi^2}{\xi_g^2}\phi_0 = 0 \quad (13.16)$$

对于 ϕ_g，可以得到类似的方程，然后就能得到这些改写后的表达式的解。

请注意，在关于 ϕ_0 的方程中出现的其他量只有 z、s 和 ξ_g，其中 z 和 s 是几何参数，材料的特性仅通过 ξ_g 来引入。

13.7 求解 Howie-Whelan 方程

如果能求解出 Howie-Whelan 方程，就能得到直射束和衍射束的强度（即双束情况下的 $|\phi_0|^2$ 和 $|\phi_g|^2$）。如果一步步地求解下去，就能知道式 (13.16)（关于单变量 ϕ_0 的二阶微分方程）的解一定具有如下形式

$$\phi_0 = C_0 e^{2\pi i \gamma z} \tag{13.17a}$$

因此可写出

$$\frac{d\phi_0}{dz} = 2\pi i \gamma C_0 e^{2\pi i \gamma z} \tag{13.17b}$$

和

$$\frac{d^2\phi_0}{dz^2} = -4\pi^2 \gamma^2 C_0 e^{2\pi i \gamma z} \tag{13.17c}$$

需要确定的是相位 γ 和振幅 C_0。注意到由于 z 是实空间的距离，所以 γ 必定是倒空间的距离。将该式代入式 (13.16) 可得出 γ 必为以下代数方程的解

$$\gamma^2 - s\gamma - \frac{\xi_g^{-2}}{4} = 0 \tag{13.18}$$

此时 ϕ_g 通过式 (13.15) 与 ϕ_0 关联起来。将式 (13.17a) 代入式 (13.15)，发现对于每个 ϕ_0，也有一个与之对应的 ϕ_g

$$\phi_g = 2\xi_g \gamma C_0 e^{2\pi i \gamma z} \tag{13.19}$$

为了强调与式 (13.17) 的相似性，定义

$$\phi_g = C_g e^{2\pi i \gamma z} \tag{13.20}$$

则可以直接得到

$$\frac{C_g}{C_0} = 2\xi_g \gamma \tag{13.21}$$

实际上根本不用解任何方程就能得到结果！二次方程式 (13.18) 有两个解。利用标准公式

$$x = \frac{-b \pm \sqrt{b^2 - 4ac}}{2a} \tag{13.22}$$

给出

$$\gamma^{(1)} = \frac{\left(s - \sqrt{s^2 + \frac{1}{\xi_g^2}}\right)}{2} \tag{13.23a}$$

和

$$\gamma^{(2)} = \frac{\left(s + \sqrt{s^2 + \dfrac{1}{\xi_g^2}}\right)}{2} \tag{13.23b}$$

现在已经得到了 Howie-Whelan 方程的两个解。

ϕ_0 有两个不同的值，ϕ_g 也有两个相应的值。

现在需要理解这些解的物理意义。确切地说，从 $\gamma^{(1)}$ 和 $\gamma^{(2)}$ 能够知道些什么？注意到它们总是实数，但实际上它们可正可负，取决于 s 的符号和大小，并且与 z 无关。

13.8 $\gamma^{(1)}$ 和 $\gamma^{(2)}$ 的重要性

既然 $\gamma^{(1)}$ 和 $\gamma^{(2)}$ 都是式(13.18)的解，根据二次方程的性质或结合式(13.23a)和式(13.23b)，可知

$$\gamma^{(1)} + \gamma^{(2)} = s \tag{13.24}$$

这是一个纯几何量，且

$$\gamma^{(1)} \times \gamma^{(2)} = -\frac{1}{4\xi_g^2} \tag{13.25}$$

这是材料的一个属性。请记住，γ 是倒空间里的长度。

为便于求解方程，定义另一个量纲一但与 s 同符号的量 w，即：

$$w = s\xi \tag{13.26}$$

在实际情况中，w 可以从 0 到 ±10 之间变化。可以用 γ 或者更方便地用 w 来表示式(13.21)的两种形式(因为 γ 有两个值)

$$\frac{C_g^{(1)}}{C_0^{(1)}} = 2\xi_g \gamma^{(1)} = w - \sqrt{w^2 + 1} \tag{13.27}$$

和

$$\frac{C_g^{(2)}}{C_0^{(2)}} = 2\xi_g \gamma^{(2)} = w + \sqrt{w^2 + 1} \tag{13.28}$$

式中，$C_g^{(1)}$ 等的上标对应于 $\gamma^{(1)}$ 和 $\gamma^{(2)}$ 的上标，即前面二次方程的两个解。现在，可以采用另一个代换来简化这两个关系。定义 β

$$w = \cot \beta \tag{13.29}$$

现在对 ϕ_g 和 ϕ_0 的绝对值加以限制使其满足关系式

$$C_0^{(1)2} + C_g^{(1)2} = 1 = C_0^{(2)2} + C_g^{(2)2} \tag{13.30}$$

通过对每一个 γ 值所对应的 C 值进行归一化，可将电子束的强度值限制在 0 到 1 之间(见下文)。如果将式(13.29)代入式(13.27)，然后再代入式(13.28)，

可发现[利用关系式 $1-\cos\beta = 2\sin^2(\beta/2)$ 和 $\sin\beta = 2\sin(\beta/2)\cos(\beta/2)$] C 的值具有如下简单形式：

$$C_0^{(1)} = \cos\frac{\beta}{2} \qquad C_g^{(1)} = -\sin\frac{\beta}{2}$$
$$C_0^{(2)} = \sin\frac{\beta}{2} \qquad C_g^{(2)} = \cos\frac{\beta}{2}$$
（13.31）

现在就能理解在式（13.29）中引入 β 的原因了。改写后的关于 ϕ_0 的 Howie–Whelan 方程式（13.16）的两个独立的解为 $\phi_0 = C_0^{(1)}\exp(2\pi i\gamma^{(1)}z)$ 和 $\phi_0 = C_0^{(2)}\exp(2\pi i\gamma^{(2)}z)$，且每一个值有一个对应的 ϕ_g 值。

可以看出式（13.21）中衍射束和直射束的振幅比值 C_g/C_0（也就是强度比）依赖于波的相位 γ，因而也取决于偏离参数 s。所以式（13.27）和式（13.28）中的比值 C_g/C_0 取决于样品接近于布拉格取向的程度。由于是在双束条件下，通常考虑布拉格衍射条件。

> **代　换**
>
> 正是通过简单的数学代换，可以很容易地确定双束条件下在某一电子束或另一电子束中发现电子的概率恒为 1（$|\psi^T|^2 = 1$）。这就是在式（13.30）中使用归一化强度的原因。

在双束近似中，式（13.5）是用 ϕ_0 和 ϕ_g 来表示的，而这两个量均依赖于 γ[式（13.17）]，所以式（13.5）可以用 γ 的两个值来表示（因此也可以用 $C_0^{(1)}$ 和 $C_0^{(2)}$ 等），由此给出两个独立的量，$b^{(1)}$ 和 $b^{(2)}$。这两个函数中的其中一个可以作为总波函数 ψ^T。此外，总波函数也可能是两者的某种组合，即部分 $b^{(1)}$ 加上部分 $b^{(2)}$。这两个波函数都与 $\mathbf{r}$ 相关，并且都有各自的 $\mathbf{k}$ 值，记为 $\mathbf{k}^{(j)}$。

每一个 γ 值给出一个不同的 $\mathbf{k}$ 值，称之为 $\mathbf{k}^{(j)}$。

因而，可以写出 $b^{(1)}$ 和 $b^{(2)}$ 的表达式

$$b^{(1)}(\mathbf{k}^{(1)},\mathbf{r}) = C_0^{(1)}e^{2\pi i\mathbf{k}^{(1)}\cdot\mathbf{r}} + C_g^{(1)}e^{2\pi i(\mathbf{k}^{(1)}+\mathbf{g})\cdot\mathbf{r}} \qquad (13.32)$$

和

$$b^{(2)}(\mathbf{k}^{(2)},\mathbf{r}) = C_0^{(2)}e^{2\pi i\mathbf{k}^{(2)}\cdot\mathbf{r}} + C_g^{(2)}e^{2\pi i(\mathbf{k}^{(2)}+\mathbf{g})\cdot\mathbf{r}} \qquad (13.33)$$

请记住：每一布洛赫波函数都可能是晶体中的一个波——每一波函数只与某个 $\mathbf{k}$ 值相关。一般而言，总波函数将是这两个波的组合。在 13.9 节中还会继续讨论 $\mathbf{k}$ 和 γ 间的重要关系。此处使用字母"b"是因为实际上已经得出 13.2 节中所提到的布洛赫波的表达式，这将在下一章讨论。

13.9 总波振幅

现在已经找到了可以在晶体中传播的两种不同波函数，但仍然需要确定 ϕ_0 和 ϕ_g。总波函数 ψ^T 是两个布洛赫波 $b^{(1)}$ 和 $b^{(2)}$ 的组合

$$\psi^T = \mathcal{A}^{(1)} b^{(1)} + \mathcal{A}^{(2)} b^{(2)} \tag{13.34}$$

式中，常数 $\mathcal{A}^{(1)}$ 和 $\mathcal{A}^{(2)}$ 确定了每一布洛赫波的相对贡献。现在可以结合最后的几个方程式[式(13.31)~式(13.33)以及式(13.34)]给出

$$\begin{aligned}\psi^T = \mathcal{A}^{(1)}&\left\{\cos\frac{\beta}{2}e^{2\pi i\mathbf{k}^{(1)}\cdot\mathbf{r}} - \sin\frac{\beta}{2}e^{2\pi i(\mathbf{k}^{(1)}+\mathbf{g})\cdot\mathbf{r}}\right\} + \\ \mathcal{A}^{(2)}&\left\{\sin\frac{\beta}{2}e^{2\pi i\mathbf{k}^{(2)}\cdot\mathbf{r}} - \cos\frac{\beta}{2}e^{2\pi i(\mathbf{k}^{(2)}+\mathbf{g})\cdot\mathbf{r}}\right\}\end{aligned} \tag{13.35}$$

现在剩下的就是要确定 $\mathcal{A}^{(1)}$ 和 $\mathcal{A}^{(2)}$ 的大小，这可以通过使用薄 TEM 样品来确定。在数学描述上，常数 $\mathcal{A}^{(1)}$ 和 $\mathcal{A}^{(2)}$ 可以利用边界条件来确定。

先将式(13.35)重新排列

$$\begin{aligned}\psi^T = &\left\{\mathcal{A}^{(2)}\sin\frac{\beta}{2}e^{2\pi i\mathbf{k}^{(2)}\cdot\mathbf{r}} - \mathcal{A}^{(1)}\cos\frac{\beta}{2}e^{2\pi i\mathbf{k}^{(1)}\cdot\mathbf{r}}\right\} + \\ &\left\{\mathcal{A}^{(2)}\cos\frac{\beta}{2}e^{2\pi i\mathbf{k}^{(2)}\cdot\mathbf{r}} - \mathcal{A}^{(1)}\sin\frac{\beta}{2}e^{2\pi i\mathbf{k}^{(1)}\cdot\mathbf{r}}\right\}e^{2\pi i\mathbf{g}\cdot\mathbf{r}}\end{aligned} \tag{13.36}$$

式中，只有第二项与 $\mathbf{g}$ 相关，所以这一定是 ϕ_g 项。在样品的上表面（$\mathbf{r} = 0$），ϕ_0 为 1，而 ϕ_g 为 0（与 γ 无关）——因为发生衍射前衍射束振幅为 0！由此直接给出

$$\mathcal{A}^{(1)} = \cos\frac{\beta}{2} \tag{13.37}$$

和

$$\mathcal{A}^{(2)} = \sin\frac{\beta}{2} \tag{13.38}$$

这些方程式[式(13.37)和式(13.38)]说明式(13.34)中的 $\mathcal{A}$ 仅由 $\mathbf{s}$ 值决定，即偏离布拉格条件的量。所以可以通过改变 $\mathbf{s}$，即倾转样品来调整 $\mathcal{A}$ 的值。

现在终于可以写出 ϕ_0 和 ϕ_g 关于 z 的函数的一般表达式。首先需要利用式(13.12)和式(13.13)的代换来修正式(13.5)，得出

$$\psi^T = \phi_0 e^{2\pi i\mathbf{k}\cdot\mathbf{r}} + \phi_g e^{2\pi i(\mathbf{k}+\mathbf{g})\cdot\mathbf{r}} \tag{13.39}$$

请记住，$\chi_D = \chi_0 + \mathbf{g} + \mathbf{s}$（或 $\mathbf{k}_D = \mathbf{k}_0 + \mathbf{g} + \mathbf{s}$），其中 $\mathbf{k}_0$ 写成 $\mathbf{k}$，D 是式(13.5)中的 G_1，由此可以看出省略了式(13.13)中含 $\mathbf{s}$ 的项。方程式(13.36)中 ϕ_0 和 ϕ_g 的部分可通过 $\exp(2\pi i\mathbf{g}\cdot\mathbf{r})$ 项很容易找出。比较式(13.36)和式(13.39)（已经

用式(13.37)和式(13.38)代替 $\mathcal{A}$ 可得出

$$\phi_g = \sin\frac{\beta}{2}\cos\frac{\beta}{2}\{e^{2\pi i(\mathbf{k}^{(2)}-\mathbf{K})\cdot\mathbf{r}} - e^{2\pi i(\mathbf{k}^{(1)}-\mathbf{K})\cdot\mathbf{r}}\} \qquad (13.40)$$

由于只考虑 z 分量，从式(13.17)和式(13.19)可以看出，指数项一定具有相位 $2\pi i\gamma z$，即

$$(\mathbf{k}^{(2)} - \mathbf{K})_z = \gamma^{(2)} \text{ 和}(\mathbf{k}^{(1)} - \mathbf{K})_z = \gamma^{(1)} \qquad (13.41)$$

我们感兴趣的是 $\gamma^{(1)}$ 和 $\gamma^{(2)}$ 的大小。

现在利用式(13.41)和表达式 $e^{i\theta}=\cos\theta+i\sin\theta$ 改写式(13.40)，给出

$$\phi_0 = \{\cos(\pi z\Delta k) - i\cos\beta \cdot \sin(\pi z\Delta k)\}e^{\pi isz} \qquad (13.42)$$

和

$$\phi_g = + i\sin\beta \cdot \sin(\pi z\Delta k) \cdot e^{\pi isz} \qquad (13.43)$$

式中，Δk 为 $|\mathbf{k}^{(2)}-\mathbf{k}^{(1)}|$。在这些方程式中省去 $e^{\pi isz}$ 这一项并不影响 ϕ_0 和 ϕ_g 的大小(或电子束强度)，但是保留这一项将更易于检验这些表达式是否满足上述方程式，如式(13.16)。

一个重要结论

直接给出了式(13.39)中的 ϕ_0 是包含 $\mathbf{k}^{(1)}$ 和 $\mathbf{k}^{(2)}$ 的混合项，这就是 ϕ_0 取决于 Δk 的原因。

13.10　有效偏离参量

现在可以写出样品下表面(出射面，$z=t$)处的强度，并把 Δk 和 w 代入这些方程式。式(13.42)和式(13.43)中的 Δk 与 $\Delta\gamma$ (即 $\gamma^{(2)}-\gamma^{(1)}$)相同[见式(13.41)]。考虑到式(13.27)和式(13.28)，Δk 可写为

$$\Delta k = \frac{\sqrt{w^2+1}}{\xi_g} \qquad (13.44)$$

从式(13.43)可得到衍射束强度 $|\phi_g|^2 = \phi_g\phi_g^*$

$$I_g = |\phi_g|^2 = \sin^2\beta \cdot \sin^2(\pi t\Delta k) \qquad (13.45)$$

$$I_g = |\phi_g|^2 = \frac{1}{w^2+1}\sin^2\left(\frac{\pi t\sqrt{w^2+1}}{\xi_g}\right) \qquad (13.46)$$

为了使该方程看起来更熟悉，定义有效偏离参量 s_{eff}

$$s_{\text{eff}} = \sqrt{s^2 + \frac{1}{\xi_g^2}} = \frac{\sqrt{w^2+1}}{\xi_g} \qquad (13.47)$$

现在方程可写为

$$|\phi_g|^2 = \left(\frac{\pi t}{\xi_g}\right)^2 \frac{\sin^2(\pi t s_{eff})}{(\pi t s_{eff})^2} \quad (13.48)$$

该方程式给出了布拉格衍射束的强度。在给出式(13.47)的过程中，定义了另一个重要的新参数 s_{eff}，如此标记的是原因它为有效偏离参量。

非常重要的方程

它是如此的重要，在这里再重复一次

$$|\phi_g|^2 = \left(\frac{\pi t}{\xi_g}\right)^2 \frac{\sin^2(\pi t s_{eff})}{(\pi t s_{eff})^2}$$

式(13.45)直接给出的一个重要结果就是从样品出射的衍射束强度 I_g 正比于 $\sin^2(\pi t \Delta k)$，因而 I_0 正比于 $\cos^2(\pi t \Delta k)$。I_g 和 I_0 关于 t 和 s_{eff} 均是周期性的。随着 ϕ_g 增大或减小，ϕ_0 会有相反的变化行为，所以

$$I_0 = 1 - I_g \quad (13.49)$$

在验证该公式时请记住 $I = \phi\phi^*$（ϕ^* 是 ϕ 的复共轭）。

有效偏离参量 s_{eff} 是一个非常重要的量，它的一些重要特性总结如下：
- s_{eff} 不可能为 0。
- 当 s 为 0 时，s_{eff} 为 ξ_g^{-1}。
- 当 s 很大时，s_{eff} 会变得与 s 相等。

13.11 柱体近似

在成像时，需尽量使物镜聚焦于样品内或偏下方的平面（请记住，这里的偏下方表示欠焦）。可以选择样品下表面作为一个特殊的平面，假设该平面垂直于电子束传播方向。无论选择哪一平面，所观察到的都取决于最终离开样品下表面的电子束，因此主要关注这个平面。如图 13.3A，P 是样品下表面的一点，通过计算该点处的 ϕ_0 和 ϕ_g 值来构造图像。对 ϕ_0 和 ϕ_g 有贡献的电子来自于哪一部分呢？答案是角度大约为 $2\theta_B$ 的圆锥体 APB。换句话说，从上表面到 P 点，不可能只有一束衍射束穿过样品。实际上，整个圆锥体内的材料都对 P 点的强度有贡献。这个圆锥体的形状可以利用菲涅耳（Fresnel）区构造法计算出来，这种方法实际上是大约 200 年前在可见光光学中发展起来的。图 13.3B 给出了圆锥体的一般画法以及相关参数；请记住，是圆锥形而不是三角形内的材料对 P 点的强度有贡献。Hecht(1987)对此给出了一个很清晰的推导。为什

是菲涅耳衍射呢？因为成像是在近场或菲涅耳范围内进行的，即考虑的平面非常接近于发生衍射的地方（见 2.9 节）。

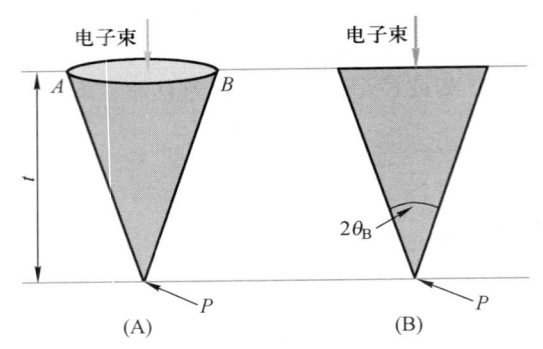

图 13.3 （A）样品下表面点 P 的电子束强度受圆锥体内材料所有散射的影响。圆锥体的立体角由菲涅耳区的直径决定，而这原则上又由 λ 决定。（B）横截面是圆锥体的一种更典型的视图

聚　焦

通常情况下，应该只通过上下移动样品来实现聚焦，但往往没有这么做。

考虑一些实际数值：在 100 kV 下，$\lambda = 3.7$ pm，θ_B 约为 0.01 rad 或 0.5°。所以，如果样品的厚度为 100 nm，则 AB 约为 2 nm。如果 t 增加，那么柱体也相应变宽。然而，如果增大加速电压以增大可穿透厚度，波长会减小，导致布拉格角也减小。这使得在计算 ϕ_0 和 ϕ_g 时可以采用图 13.4A 和 B 中所示的近似。该模型被称为柱体近似。

这个近似很大的一个优点在于，它可以计算沿具有确定方向（通常平行于 $\mathbf{k}_D$）的柱体内具有相同厚度的薄片的散射。也许会预料到精细结构中微小缺陷所带来的问题，特别是当这些特征会随薄片中的不同位置而变化时。Takagi 引入了更准确的非柱体近似的处理方法；计算机程序中所使用的是由 Howie 和 Basinski 给出的分析方法。

柱 体 近 似

柱体近似很少提及，但事实上被广泛应用于图像计算中。

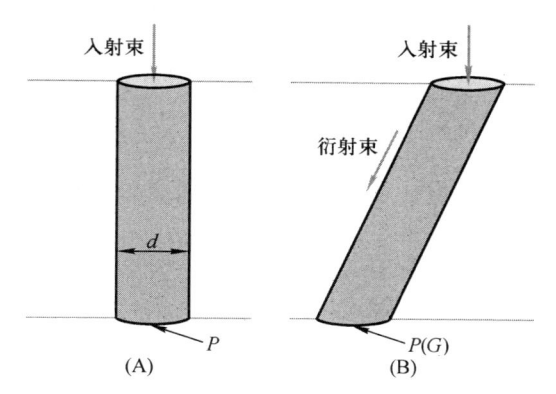

图 13.4 对直射束(A)和衍射束(B)采用的柱体近似,用圆柱体取代圆锥体。该圆柱体的直径(d)应该为它所替代的圆锥体的平均直径(图 13.3 中的 $AB/2$)。这个值将取决于样品厚度。实际上,它通常约为 2 nm

13.12 近似和简化

为了尽量减少数学描述而强调衍射束分析中涉及的潜在物理原理,作了大量的假设、简化和近似。尽管不打算涵盖所有的这些要点,但是应该了解其中的一些:

- 已完全忽略了任何由电子背散射引起的效应。该近似是合理的,因为在 TEM 中所考虑的是高能电子。然而,如果对 SEM 比较熟悉,就会遇到过背散射电子(BSE)成像,甚至摇摆束通道花样(RCPs)或者背散射电子衍射(BSED)花样。所以有些电子肯定会是背散射的。

- 在一些讨论中,有一个隐含的假设就是晶体具有对称中心。这个假设隐藏于 ξ_g 的使用中。如果材料是非中心对称的,那么明场像和仅由一排系统反射束形成的像将不会受到影响。但某些暗场像中或者当非系统反射束对成像有贡献时,这种差异就会体现出来。在这些情况中,将需要利用电脑程序来预测或解释图像衬度。

两种相反的表示

通常有两种用于描述 **k** 和 **r** 的指数关系的表示,两者都很常用

$$e^{2\pi i \mathbf{k} \cdot \mathbf{r}} \text{ 或 } e^{-2\pi i \mathbf{k} \cdot \mathbf{r}}$$

这两种表示已经由 Spence 讨论过。在这里的分析中,采用的是 $e^{2\pi i \mathbf{k} \cdot \mathbf{r}}$,就是由 Spence 定义的"量子力学"表示的。(注意:Spence 除了在讨论布洛赫波时均使用另一种"晶体学"表示。)

■ 从第 11 章可知，对于 TEM 薄样品不可能获得一个真正的双束条件，总会观察到不止一个衍射斑点。那么该如何精确测量 ξ_g 呢？答案是不对其进行精确测量，但总是可以做出很好的估算。

■ 请记住 z 和 t 的使用。在考虑衍射束时，z 和 t 都是沿着衍射束的方向测量。一般而言，这个距离对每一电子束都是不同的。但是通常只关心很小的布拉格角。作为一个思考练习，可以考虑一个倾斜很厉害的楔形样品或者样品虽然两表面平行但相对于电子束倾斜很大时所导致的效应。

■ 对散射的完整分析应包括 r^{-1} 项，它表明强度以 r^{-2} 的方式减小。这就是标准的通量关系——通过散射点周围球面的电子数是常数（球表面积正比于 r^2）。由于它只影响绝对强度，所以在整个讨论中将省略这一项。从这里可以知道应该使用能给出所需分辨率的最小放大倍数。请记住 TEM 图像中最高有用放大倍数约为 10^6 倍（见 6.6.2 节）。

在量子力学表示中，含时 Schrödinger 方程可写为

$$\frac{h^2}{8\pi^2 m}\nabla^2\psi = -\,\mathrm{i}\,\frac{h}{2\pi}\frac{\mathrm{d}\psi}{\mathrm{d}t} \tag{13.50}$$

完整解为

$$\psi(\mathbf{r},t) = A e^{+\mathrm{i}(\mathbf{k}\cdot\mathbf{r}-\omega t)} \tag{13.51}$$

■ 电子波折射率效应的概念与光波或者任何其他电磁辐射所对应的概念很类似，即晶体势引起电子动能的改变（因为总能量不变），因而电子的速度也会改变，当然通常认为是电子波长的改变。$\mathbf{k}$ 的值总是比 $\mathbf{\chi}$ 大。

■ 至今并未提及布拉格衍射束的吸收，然而这种吸收是肯定会发生的，因为在 TEM 中仅能观察很薄的样品。电子束的吸收会在 14.6 节和下册 23.8 节中考虑到。

13.13 类比耦合谐振子

当 $s=0$ 时，衍射束强度的表达式特别简单。由式 (13.48) 可写出

$$|\phi_g|^2 = \sin^2\!\left(\frac{\pi t}{\xi_g}\right) \tag{13.52}$$

类似地

$$|\phi_0|^2 = 1 - \sin^2\!\left(\frac{\pi t}{\xi_g}\right) \tag{13.53}$$

现在这两个方程式都只有一个变量，即样品厚度。在下册第 23 章中讨论图像时还会提到这两个方程式，但很快会注意到在 $t=0$ 和 $t=\xi_g$（或更一般的，$t=n\xi_g$，n 为整数）时，I_g 为 0，这就是称 ξ_g 为消光距离的原因。这种情形对应

于能量（即强度 I_0 和 I_g）连续地从一个转移到另一个然后再转移回来的两个耦合简单谐振子。请注意，只有当 $s=0$ 时 I_g 才能增加到 1。

章 节 总 结

在本章中，已经推导出了一些方程并介绍了一些术语，这些内容将成为讨论衍衬像的基础。其实没有必要完全掌握这些数学推导，但是式(13.47)和式(13.48)是非常重要的，而且需要好好理解。前面的分析过程都是在双束条件下，即只有直射束和布拉格衍射束。在推导 Howie–Whelan 方程时，必须同时考虑前向散射和布拉格衍射。其中引入了一个新的参数，临界长度 ξ_g，并且解释了称其为消光距离的原因。这个参数在式(13.4)中进行了定义，该方程式也表明 ξ_g 与材料、衍射束以及电子的波长有关。需要特别记住的两点是：

- 如果电压增加，那么 λ 减小，同时 ξ_g 增大。
- 每一布洛赫波的贡献大小由 s 决定。

在下册 24.3 节中将给出如何使用散射矩阵的概念来扩展双束分析。

参考文献

衍射束的这种处理方法源自于 Hirsch 和 Whelan 所做的工作以及 Hirsch 等人所著的参考书，是建立在 Darwin 关于 X 射线衍射的处理基础之上的。

历史

Darwin, CG 1914 *Röntgen-Ray Reflection* I；II Phil, Mag. **27** 315-333 and 675-690. Charles Galton Darwin was a grandson of Charles Robert Darwin and, like (*the*) Darwin(and Hirsch), became a Fellow of Christ's College.

Hecht, E 1987 *Optics*, 4th ed., Addison-Wesley, Reading MA.

Howie, A and Whelan, MJ 1961 *Diffraction Contrast of Electron Microscope Images of Crystal Lattice Defects*. II *The Development of a Dynamical Theory* Proc. Roy. Soc. **A263** 217-237.

柱体近似

Howie, A and Basinski, ZS 1968 *Approximations of the Dynamical Theory of*

Diffraction Contrast Phil. Mag. **17** 1039–1063.

Takagi, S. 1962 *Dynamical Theory of Diffraction Applicable to Crystals with Any Kind of Small Distortion* Acta Cryst. **15** 1311–1312.

表示法

Spence, JCH 2003 *Experimental High-Resolution Electron Microscopy* 3rd Ed. Oxford University Press New York. 使用量子力学表示而不是晶体学表示。

姊妹篇

H–W 方程是许多自编程序的基础，包括 Head 等人著作中所用到的。如果需要模拟衍衬像，就可能需要用到一个软件包，至少能够估算系统衍射束的影响，然后对多束成像和通过该分析处理方法所预期的结果进行比较。在姊妹篇中有完整的章节来阐述这个话题。

自测题

Q13.1　特征长度 ξ_g 取决于什么？

Q13.2　结构因子如何与特征长度 ξ_g 相关联？

Q13.3　双束条件的含义是什么？它在什么条件下成立？

Q13.4　前向散射会改变电子束的方向吗？

Q13.5　在双束条件情形下，动力学散射的含义是什么？

Q13.6　常数 $\mathcal{A}^{(1)}$，$\mathcal{A}^{(2)}$ 和 s 之间的关系是什么？

Q13.7　如何改变常数 $\mathcal{A}$ 的值？

Q13.8　解释如何通过改变加速电压来影响特征长度 ξ_g。

Q13.9　为什么需要利用柱体近似？

Q13.10　如果样品的厚度增加，柱体的宽度如何变化？如何改变柱体的宽度？

Q13.11　动力学衍射是如何影响衍射花样的解释的？

Q13.12　什么是结构因子？它与什么相关？

Q13.13　为什么特征长度 ξ_g 通常被称为消光距离？

Q13.14　总波函数是什么？为什么真正需要讨论布洛赫波？

Q13.15　入射束的强度与衍射束强度之间的关系是什么？请给出相应的方程及其名字。

Q13.16　写出有效偏离参量的表达式。

Q13.17　样品厚度为 t 时，利用有效偏离参量 s_eff 给出布拉格衍射束强度

Q13.18 当 $s=0$ 时，有效偏离参量是多少？有效偏离参量能够等于零吗？（给出理由）

Q13.19 当偏离参量 s 很大的时候，有效偏离参量趋近于一个什么值？

Q13.20 用本章内容来定义 ϕ_g 和 ϕ_0 的含义，以及它们是如何与电子束强度 I_g 和 I_0 相关联的？

Q13.21 从原理上说，Howie-Whelan 方程所推导的强度会影响所看到的衍射花样吗？在实际中这种情形是否有可能发生？

章节具体问题

T13.1 检查表 13.2。(a) 讨论为什么 MgO 的 111 看起来有点反常。(b) 解释金刚石的 ξ_{220} 比 Si 的 ξ_{220} 小的原因，以及为什么这一点起初看起来很意外。

T13.2 为不同参数设定合理的值：V_c、θ_B、λ 和 F，利用方程式（13.4）推导出 Cu 和 W 的 ξ_{111}。

T13.3 从式（13.6）和式（13.7）出发，推导出式（13.8）和式（13.9），指出哪些地方做了近似。

T13.4 已知道应该使用布洛赫波进行描述。为什么是这样？如果样品是非晶，该方法还可行吗？如果不是，请问该怎么做（假设样品是非晶材料）？

T13.5 推导方程式（13.18）。

T13.6 文中给出了 Howie-Whelan 方程的两个解。用文字解释其原因。这个解的物理意义是什么？

T13.7 指出为什么方程式（13.42）和式（13.43）确实满足方程式（13.16）。

T13.8 考虑在 200 kV TEM 中的 Cu_{220} 反射。将 s 按六等分均匀增加至 2×10^{-3} Å^{-1}（6 个值不包括 0，但包括 2×10^{-3} Å^{-1}）。制表给出 s_{eff} 是如何变化的，结果以 Å^{-1} 和 nm^{-1} 为单位。

T13.9 在图 13.4 中，d 的值约为 2 nm。考虑厚度分别为 20 nm、50 nm、100 nm、200 nm 和 1 μm 的 Si 样品在 200 kV TEM 下 220 被激发的情形。给出每种情形下所用的 d 值。

T13.10 对 Cu 的 111 情形，再次考虑问题 13.9。

T13.11 文中所述的 TEM 最高可用放大倍数是 10^6 倍。如果加上 CCD 相机会如何改变？在有或者没有 CCD 的情形下，最低有用的放大倍数是多少（除了衍射花样）？如果使用 FEGTEM，那么这个值会如何变化？

T13.12 对于完整晶体，当 s 的值为 10^{-1} Å^{-1} 和 10^{-2} Å^{-1} 时，对于 100 kV 下 Cu 和 Si 样品的 220 反射，$|\phi_g|^2$ 和 $|\phi_0|^2$ 的比值是多少？解释所做的

假设。

T13.13　你认为 Darwin 的文章真的与 Howie-Whelan 方程有关吗？

T13.14　利用合理的 f 值，推导出以下情形的 ξ_g 值：（a）Cu 的 220，在 100 keV 下；（b）Si 的 111，在 200 keV 下；（c）W 的 100，在 300 keV 下。在应用这些公式时做了哪些假设？

T13.15　表 13.2 中所给出的 Al、Fe 和 Ge 的值是否一致？

T13.16　已经能够区分 χ 和 $\mathbf{k}$，是否能预测到两者之间有重要的区别？讨论这种区别的大小，它随着加速电压如何变化，以及如何估算这个值。

T13.17　利用之前的方程，推导式(13.8)和式(13.9)。

T13.18　X 射线的动力学衍射如何与电子的动力学衍射作对比？

T13.19　在讨论式(13.16)后，说明材料的性质只体现在 ξ_g 上，为什么？

T13.20　考虑图 12.6A 中 100 keV 加速电压下 Cu 的 $G=220$ 衍射。推导出式(13.26)中的 w 以及式(13.2)中的 β。

T13.21　利用前一个问题的结果推导式(13.31)中的 $C_0^{(1)}$，等等。

第 14 章
布洛赫波

章 节 预 览

布洛赫波这个主题是相当数学化的，包含一系列微分方程。这里给出的布洛赫波的讨论是沿用 Hirsch 等人的处理方法，而这又是基于 Bethe(1928)对电子衍射最初的分析。我们在这里基本上沿用 Bethe 所使用的符号。虽然也会用 **g** 表示某个特定的矢量，但是记住它可以是任意倒格矢。

这里的分析直接引出了用于理解薄样品缺陷像最重要的一个概念：它解释了消光距离 ξ_g 的物理学起源，并说明了为什么这个概念如此重要，所以这部分内容值得努力去掌握。但仍有很多成功的显微学家都跳过了这一内容。我们建议首先浏览本章，然后当意识到它的重要性并在看到关键方程时，再回到开头按自己的方式进行学习。

我们对所考虑的材料和所用的电压作了某些假设。在应用这些概念时必须谨记这些假设。最重要的一点是，在采用的近似限度内，这些分析是严格的，并且 ξ_g 的含义明确。如果以前接触过运动学衍射的观点，通过本章将会明白这个理论最多只是实际情况的一种近似。

我们从考虑熟知的晶体性质即内势开始。应该记住，严格地讲，在这一部分中将要讨论的所有内容只适用于完整晶体；有表面的晶体是"不完整的"。晶体势的周期性特征导致了布洛赫函数和布洛赫波的概念。

这里包含了对双束情形的讨论，因为该问题可以很容易地求出解析解，并且也可以与第 13 章中关于衍射束的讨论结果直接联系起来。在第 15 章中将讨论这里所推导的方程的图像表示。在实际使用 TEM 时，结合 Ewald 球和倒易点阵，这些图像使 TEM 操作更易于理解并能给出有用的指导。在这里将考虑布洛赫波的吸收，但是只有在应用它时，例如在下册 24.7 节中，其物理意义才会更加明显。

14.1 TEM 中的波动方程

为了阐明布洛赫波的形式，我们将改写薛定谔方程使用在 TEM 中的形式，但并不打算从数学上严格地推导这个修改的方程；为此在本章末列出了一些相关的参考书目。我们先从定态薛定谔方程开始

$$\left[-\frac{h^2}{8\pi^2 m}\nabla^2 + v(\mathbf{r}) \right] \psi(\mathbf{r}) = E\psi(\mathbf{r}) \qquad (14.1)$$

式中，第一项 (∇^2) 表示动能；第二项表示势能；E 表示总能量。在 TEM 中通常使用加速电压和晶体势，所以我们按照加速电压来重新整理这个方程。这样处理时要特别注意符号，因为电子所带电荷为负电，而外加电场（与加速电压相关）方向是指向电子枪的！方程式 (14.1) 表明，电子因在电子枪中加速而具有动能，这是电子的初始总能量。当电子通过晶体时，由于晶体中与原子相关的周期势的作用，它将具有一个势能。

符　　号

■ 电子所带电荷 q 为一个负值 $-e$，其中 e 为正值。

■ 对于一个离开电子枪的正电荷，加速电压 $-V$（通常为 100 kV~1 MV）为负值。$-V$ 这个量实际上就是"电场势"。

■ 电子的初始能量为正值，$E(\text{eV})$；它就是电荷乘以加速电压。可以将这写成 eV，其中 e 和 V 均为正值。

■ 晶体内的电势 $V(\mathbf{r})$ 为正值，在原子核处达到局域极大值；原子核带正电。

■ 电子的势能 v 在晶体外为零；而当电子进入晶体内时则减小[v 等于 q 乘以 $V(\mathbf{r})$，即 $-eV(\mathbf{r})$]，因而恒为负值。

14.2 晶体

现在可应用加速电压和晶体势来重新整理方程式(14.1)

$$\nabla^2\psi(\mathbf{r}) + \frac{8\pi^2 me}{h^2}[V + V(\mathbf{r})]\psi(\mathbf{r}) = 0 \tag{14.2}$$

面临的任务很明显：必须求解式(14.2)。然而，这通常是一个很困难的问题！但由于仅考虑晶体材料，$V(\mathbf{r})$ 所具有的特殊性质使得求解此方程成为可能。

14.2 晶体

晶体的最基本性质是其内势 $V(\mathbf{r})$ 具有周期性。因而可以将此性质表示为

$$V(\mathbf{r}) = V(\mathbf{r} + \mathbf{R}) \tag{14.3}$$

式中，$\mathbf{R}$ 表示晶体的任意晶格矢量；$\mathbf{r}$ 表示任意实空间矢量。式(14.3)是完整晶体最基本的定义：点 $\mathbf{r}$ 处的情况与点 $\mathbf{r}+\mathbf{R}$ 处完全一致。可以画出一维情况下的内势，如图 14.1 所示，由此可以想象出 3D 的情况。原子核带正电；周围电子逐渐屏蔽该电荷，从而使原子从外面看是电中性的。在晶体中，原子核之间不可能相距很远，所以穿过晶体的电子总是会受到一个正电势的作用；所以正如 14.1 节和图 3.1 中所标注的一样，$V(\mathbf{r})$ 始终为正。

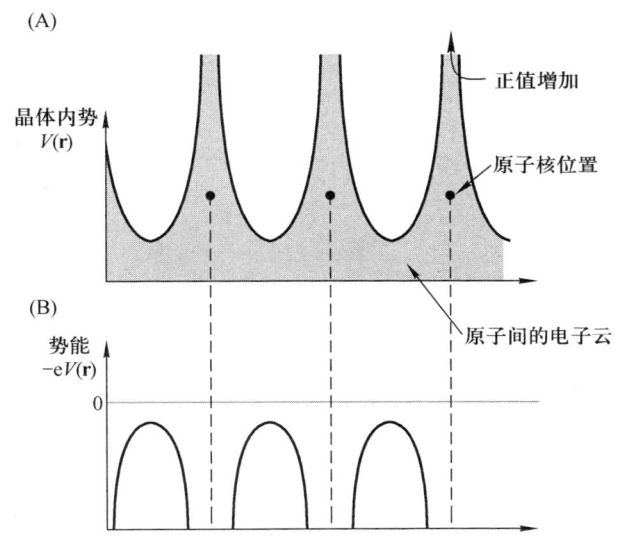

图 14.1 （A）电子束通过金属时感受到的局域电荷，用电子海中的一排"离子"实心点（黑圆点）表示。局域电荷在离子附近非常大并且为正值，而在离子之间变小但并不为零。最小电荷和零之间的差值对应于晶体的平均内势，约为几 eV（正值）。所以当电子束进入晶体时将受到一个小的正吸引力，因此它的动能（速度）会增加。（B）$V(\mathbf{r})$ 为电子受到的电势，电子的势能是负值，并且电子经过离子时距离越近，势能绝对值越大

电子束可以用总波函数 ψ^{tot} 来描述，而它必定是薛定谔方程的一个解；即该方程同时描述电子在晶体内部和外部的行为。

在接下来的讨论中，采用电势，因而单位为 V。总是可以将其改写成能量的形式，但是要注意到电子的电荷为负值。

对任一晶体，其内势一定是实数，即势能一定为实数，所以 $V(\mathbf{r})$ 和它的复共轭 $V^*(\mathbf{r})$ 是相等的

$$V(\mathbf{r}) = V^*(\mathbf{r}) \tag{14.4a}$$

现在为了简化处理过程，考虑晶体具有对称中心的情况

$$V(\mathbf{r}) = V(-\mathbf{r}) \tag{14.4b}$$

非中心对称的晶体，例如 GaAs，也可以考虑，但是方程式会变得更复杂。由于 $V(\mathbf{r})$ 是周期性的，可以将其表示为傅里叶级数，即对倒空间中的所有格点求和

$$V(\mathbf{r}) = \sum_{\mathbf{g}} V_{\mathbf{g}} e^{2\pi i \mathbf{g} \cdot \mathbf{r}} \tag{14.5}$$

式中，$V_{\mathbf{g}}$ 是傅里叶级数中 V 的 $\mathbf{g}$ 分量。现在为了使下面的表达式更为简洁，定义一个与 $V_{\mathbf{g}}$ 相关的参数 $U_{\mathbf{g}}$

$$V_{\mathbf{g}} = \frac{h^2}{2me} U_{\mathbf{g}} \tag{14.6}$$

在式(14.5)和经式(14.6)改写过的傅里叶级数中，$V_{\mathbf{g}}$ 和 $U_{\mathbf{g}}$ 为傅里叶系数。方程式(14.5)变为

$$V(\mathbf{r}) = \frac{h^2}{2me} \sum_{\mathbf{g}} U_{\mathbf{g}} e^{2\pi i \mathbf{g} \cdot \mathbf{r}} \tag{14.7}$$

现在 $V(\mathbf{r})$ 已被展开为傅里叶求和；$V_{\mathbf{g}}$ 满足的所有条件也都适用于每一个 $U_{\mathbf{g}}$，所以

$$U_{\mathbf{g}} = U_{\mathbf{g}}^* = U_{-\mathbf{g}} \tag{14.8}$$

可以用 $-\mathbf{r}$ 代替 $\mathbf{r}$ 来验证这些关系。然而，在继续讨论之前，浏览一下表 14.1 中所列出的能量的相对大小是很有用的。

现在讨论的大部分内容在数学形式上与在凝聚态物理中所看到的是一样的。最大的不同在于入射电子的动能比 Si 的能隙要大 5~6 个数量级。注意方程式(14.1)中平均内势能的值 v，其实际值有时并不像看起来的那么精确。应该记住 v 是平均的背景势能，并且与第 13 章中引入的特征长度 ξ_0 直接相关。表 14.2 中给出了更多的 v 值。该表一个有趣的特征是当原子序数从 4 改变到 74 时，v 的大小仅增加到 3 倍。

表 14.1　本章讨论中能量的数量级比较

物理量	能量/eV
kT（室温：T = 293 K）	0.025
Si 的能隙	1.1
Si 的平均内势能	~11
TEM 中电子的能量	≥100 000

表 14.2　不同元素平均内势能的比较

元素	内势能/eV
Be	7.8±0.4
C	7.8±0.6
Al	12.4±1
Cu	23.5±0.6
Ag	20.7±2
Au	21.1±2
Si	11.5
Ge	15.6±0.8
W	23.4
ZnS	10.2±1

14.3　布洛赫函数

由于电子处于一个周期势中，所以它的波函数必定具有晶体的对称性。具有所需平移对称性的薛定谔方程的解被称为布洛赫波。由于这些波函数 $\psi^{(j)}(\mathbf{r})$ 的特殊性，可定义为

$$\psi^{(j)}(\mathbf{r}) = b(\mathbf{k}^{(j)}, \mathbf{r}) = b^{(j)}(\mathbf{r}) \tag{14.9}$$

式中，加上上标"j"的原因是每一个布洛赫波都有一个独立的 $\mathbf{k}$ 值（每一个布洛赫波都是平面波），记为 $\mathbf{k}^{(j)}$。一般而言，对于一个特定的物理情形会存在多个布洛赫波。下面采用这种符号标记，每当表达式中有一个 $\mathbf{k}^{(j)}$ 时，就通过上标来标明，这意味着这个函数随 $\mathbf{k}^{(j)}$ 而变化。布洛赫理论表明周期势中的波函数可写为

$$\begin{aligned} b^{(j)}(\mathbf{r}) = b(\mathbf{k}^{(j)}, \mathbf{r}) &= \mu(\mathbf{k}^{(j)}, \mathbf{r}) e^{2\pi i \mathbf{k}^{(j)} \cdot \mathbf{r}} \\ &= u^{(j)}(\mathbf{r}) e^{2\pi i \mathbf{k}^{(j)} \cdot \mathbf{r}} \end{aligned} \tag{14.10}$$

所以，布洛赫函数 $\mu^{(j)}(\mathbf{r})$ 本身就可以表示为傅里叶级数，因为 $\mu(\mathbf{r})$ 也是 $\mathbf{r}$ 的周期函数，即

$$\mu^{(j)}(\mathbf{r}) = \sum_{\mathbf{g}} C_{\mathbf{g}}^{(j)}(\mathbf{k}^{(j)}) e^{2\pi i \mathbf{g} \cdot \mathbf{r}} \tag{14.11}$$

称 $C_{\mathbf{g}}^{(j)}$ 为 j-sub-g 平面波振幅，一般称 C 的值为平面波振幅；它们与 $\mathbf{k}^{(j)}$ 有关，但与 $\mathbf{r}$ 无关。结合这些定义给出与 j 相关的 b 值

$$b^{(j)}(\mathbf{r}) = \sum_{\mathbf{g}} C_{\mathbf{g}}^{(j)} e^{2\pi i (\mathbf{k}^{(j)} + \mathbf{g}) \cdot \mathbf{r}} \tag{14.12}$$

采用所给出的表示法，C 的上标表明 $C^{(j)}$ 与 j 值相关，因为它与 $\mathbf{k}^{(j)}$ 相关。现在可以写出 $b^{(j)}(\mathbf{r})$ 的展开式，这是薛定谔方程的一个解

$$b^{(j)}(\mathbf{r}) = C_0^{(j)} e^{2\pi i \mathbf{k}^{(j)} \cdot \mathbf{r}} + C_{\mathbf{g}}^{(j)} e^{2\pi i (\mathbf{k}^{(j)} + \mathbf{g}) \cdot \mathbf{r}} + \cdots \tag{14.13}$$

级数中的第一项为 C_0；下标为 $\mathbf{0}$ 是因为 $\mathbf{g}$ 矢量的长度为 0。接下来的分析大部分与学习半导体能隙理论时所遇到的情况完全相同。不同之处在于，此处可以作某些近似，因为 TEM 中电子的能量（100 keV~1 MeV）远高于晶体内势能（约 7~24 eV）。有必要记住所考虑物理量大小的数量级以及布洛赫函数是具有晶格周期性的。当阅读其他教材时将会发现，在物理课本中趋向于在这些表达式中去掉 2π 项，这样 $|\mathbf{k}|$ 就变为 $2\pi/\lambda$，而不是 $1/\lambda$。

每一个布洛赫波

需要记住的是，每一个布洛赫波只与一个 $\mathbf{k}^{(j)}$ 相关，但它是 $\mathbf{r}$ 的连续变化函数。每一个布洛赫波都是对倒空间所有点的求和。换句话说，每一布洛赫波与每一个 $\mathbf{g}$ 都相关，反过来说，每一个 $\mathbf{g}$ 也与每一布洛赫波相关。

除了重新表述问题并回顾布洛赫理论外，还没有进行任何实际处理。刚才所进行的分析是沿用 Bethe 最初的处理方法（1928）。现在可以利用式（14.9）来表示 ψ^{tot}

$$\psi^{\text{tot}} = \sum_{j=1}^{n} \mathcal{A}^{(j)} \psi^{(j)} = \sum_{j=1}^{n} \mathcal{A}^{(j)} b(\mathbf{k}^{(j)}, \mathbf{r}) \tag{14.14}$$

式中 $\mathcal{A}^{(j)}$ 将由样品类型和取向等条件（即边界条件）决定。$\mathcal{A}$ 被认为是布洛赫波激发系数，因为它们给出了每一布洛赫波的相对贡献值，即每一布洛赫波的激发强度。

14.4 布洛赫波的薛定谔方程

现在要做的是重写薛定谔方程，从而自动地呈现出布洛赫波的主要特征。

也可以直接跳过这一节,仅需要接受式(14.27)所给出的结果。通过将方程式(14.2)中的内势表示为式(14.7)所给出的傅里叶级数,可将周期性包含进去

$$\nabla^2\psi(\mathbf{r}) + \frac{8\pi^2 me}{h^2}\left(E + \frac{h^2}{2me}\sum_g U_g e^{2\pi i \mathbf{g}\cdot\mathbf{r}}\right)\psi(\mathbf{r}) = 0 \qquad (14.15)$$

现在通过简化代数关系给出

$$\nabla^2\psi(\mathbf{r}) + 4\pi^2\left(\frac{2me}{h^2}E + \sum_g U_g e^{2\pi i \mathbf{g}\cdot\mathbf{r}}\right)\psi(\mathbf{r}) = 0 \qquad (14.16)$$

因此有

$$\frac{1}{4\pi^2}\nabla^2\psi(\mathbf{r}) + \left(\frac{2me}{h^2}E + \sum_g U_g e^{2\pi i \mathbf{g}\cdot\mathbf{r}}\right)\psi(\mathbf{r}) = 0 \qquad (14.17)$$

接下来引入一个新的参量 K,由下面的等式定义

$$K^2 = \frac{2meE}{h^2} + U_0 = \chi^2 + U_0 \qquad (14.18)$$

利用该定义,从对所有 **g** 的求和中去掉了 U_0 项,所以方程式(14.15)可写为

$$\frac{1}{4\pi^2}\nabla^2\psi(\mathbf{r}) + K^2\psi(\mathbf{r}) + \sum_{g\neq 0} U_g e^{2\pi i \mathbf{g}\cdot\mathbf{r}}\psi(\mathbf{r}) = 0 \qquad (14.19)$$

这样做的原因是,下面将考虑不同的衍射矢量 **g**,而 U_0 项与 **g** 无关。称 U_0 为晶体平均内势,这个势是晶体的一种"背底"或者连续特性,它并不直接依赖于晶体结构。(你可以用折射率的观点来看待这种处理方法。)

当 $V(\mathbf{r})$ 为 0 时,U_0 也为 0,所以 K^2 具有一个特定值,已经称其为 χ^2

$$\chi^2 = \frac{2meE}{h^2} \qquad (14.20)$$

式中,质量 m 实际上为相对论值,而不是静止质量;eE 是电子的动能(在电子枪和样品之间的真空中)。我们知道

$$\frac{1}{2}mv^2 = \frac{(mv)^2}{2m} = \frac{p^2}{2m} = \frac{(hk)^2}{2m} \qquad (14.21)$$

式中,v 是速度,**p** 是动量,**k** 是波矢。因而和第 13 章中的一样,**χ** 是晶体外电子的波矢。

现在 K 的含义很清楚:**K** 是在样品内部电子的波矢,即经过了折射率效应的修正。由于 U_0 是正值,所以 K 总是比 χ 大。因此电子在晶体内的动能比在真空中的大。晶体内的势能为负,虽然有些违背直觉,但现在可以知道电子在晶体内运动得更快!所以电子在晶体内的波长比在晶体外要小(λ 是 k 的倒数)。

晶体中的电子速度

电子在晶体内运动得更快,而光在晶体内的传播速度变慢。

记住光是电磁辐射。光的折射率为 $n=c/v$，总是 $\geqslant 1$ 的；c 是真空中的光速，v 是光在其他材料中的速度。这是将光波所对应的思路应用到电子波时所需要注意的情形之一。

> **色　散**
>
> 当讨论光时，色散一词的含义是电磁辐射可分解成不同波长的波。在电子光学中，它的含义是完全相同的，但是强调的是不同的 **k** 矢量或不同的能量。

式(14.18)和式(14.20)是色散关系。这些等式将波矢的大小 K 或 χ 与电子的能量联系起来。下面将简化式(14.19)。已经知道 $\psi(\mathbf{r})$ 是一个布洛赫波（由式(14.12)给出），所以可通过对 $b^{(j)}(\mathbf{r})$ 求导得到 $\nabla^2\psi(\mathbf{r})$ 的表达式。而 $C_\mathbf{g}^{(j)}$ 与 **r** 无关，因此

$$\nabla^2\psi(\mathbf{r}) = \sum_\mathbf{g} C_\mathbf{g}^{(j)} \nabla^2(e^{2\pi i(\mathbf{k}^{(j)}+\mathbf{g})\cdot\mathbf{r}}) \tag{14.22}$$

即

$$\nabla^2\psi(\mathbf{r}) = -(2\pi)^2 \sum_\mathbf{g} |\mathbf{k}^{(j)}+\mathbf{g}|^2 C_\mathbf{g}^{(j)} e^{2\pi i(\mathbf{k}^{(j)}+\mathbf{g})\cdot\mathbf{r}} \tag{14.23}$$

现在将该表达式代入式(14.19)，有

$$\frac{1}{4\pi^2}\Big(-4\pi^2 \sum_\mathbf{g} |\mathbf{k}^{(j)}+\mathbf{g}|^2 C_\mathbf{g}^{(j)} e^{2\pi i(\mathbf{k}^{(j)}+\mathbf{g})\cdot\mathbf{r}}\Big) +$$
$$K^2 \sum_\mathbf{g} C_\mathbf{g}^{(j)} e^{2\pi i(\mathbf{k}^{(j)}+\mathbf{g})\cdot\mathbf{r}} + \sum_{\mathbf{h}\neq 0} U_\mathbf{h} e^{2\pi i\mathbf{h}\cdot\mathbf{r}} \sum_\mathbf{g} C_\mathbf{g}^{(j)} e^{2\pi i(\mathbf{k}^{(j)}+\mathbf{g})\cdot\mathbf{r}} = 0 \tag{14.24}$$

在代入过程中为了表述更为清楚，将式(14.19)求和中的 **g** 替换为 **h**；两者都被称为"虚拟"变量。如果对一个变量的所有值求和，可以将这个变量置于所希望的任何位置。通过合并指数项并重新命名 **g**，可以进一步简化式(14.24)中的第三项

$$\sum_\mathbf{g} \sum_{\mathbf{h}\neq 0} U_\mathbf{h} C_\mathbf{g}^{(j)} \cdot e^{2\pi i(\mathbf{k}^{(j)}+\mathbf{g}+\mathbf{h})\cdot\mathbf{r}} = \sum_{\mathbf{g-h}} \sum_{\mathbf{h}\neq 0} U_\mathbf{h} C_{\mathbf{g-h}}^{(j)} e^{2\pi i(\mathbf{k}^{(j)}+\mathbf{g})\cdot\mathbf{r}} \tag{14.25}$$

对所有 **g−h** 矢量求和与对所有 **g** 矢量求和是相同的，所以可以用 **g** 代替 **g−h**。（记住，这里只是用一致的方法来重新命名这些虚拟变量。）那么式(14.24)和式(14.19)变得更为简单

$$\sum_\mathbf{g} \Big(\{-|\mathbf{k}^{(j)}+\mathbf{g}|^2 + K^2\} C_\mathbf{g}^{(j)} + \sum_{\mathbf{h}\neq 0} U_\mathbf{h} C_{\mathbf{g-h}}^{(j)}\Big) e^{2\pi i(\mathbf{k}^{(j)}+\mathbf{g})\cdot\mathbf{r}} = 0 \tag{14.26}$$

注意到每一 $\exp(2\pi i\mathbf{g}\cdot\mathbf{r})$ 项的系数都必须为零，这样可得到一个有用的关系式。式(14.26)成立的唯一可能是括号里的项始终为零。结果可以得到一系列方程(每一个 **g** 值对应一个方程)

$$\{-|\mathbf{k}^{(j)}+\mathbf{g}|^2 + K^2\}C_{\mathbf{g}}^{(j)} + \sum_{\mathbf{h}\neq 0} U_{\mathbf{h}} C_{\mathbf{g-h}}^{(j)} = 0 \qquad (14.27)$$

这是另外一组非常重要的方程，它们重新表述了薛定谔方程的布洛赫波表示。

注意到在式(14.27)中并没有对 $\mathbf{g}$ 求和。因为在第一项中已经包括了 $\mathbf{h}=0$，所以在求和中要扣除这一项。

14.5　平面波振幅

可以再一次通过重新命名变量 $\mathbf{h}$ 为 $\mathbf{g-h}$ 对式(14.27)进行重新整理。此时，必须从求和中扣除 $\mathbf{h}=\mathbf{g}$

$$\{K^2 - |\mathbf{k}^{(j)}+\mathbf{g}|^2\}C_{\mathbf{g}}^{(j)} + \sum_{\mathbf{h}\neq \mathbf{g}} U_{\mathbf{g-h}} C_{\mathbf{h}}^{(j)} = 0 \qquad (14.28)$$

做这样的变形是为了强调"U"项将不同的"C"项耦合在一起。换句话说，该方程给出晶体势 U 是如何使不同的布洛赫波混合起来的。C 项为布洛赫波振幅。这是动力学耦合概念。

该方程式代表动力学理论的一组基本方程。(在固体物理课本中称之为久期方程。)这个方程也将布拉格电子束和布洛赫波的概念联系起来。

$U_{\mathbf{g-h}}$ 是将倒格矢为 $\mathbf{g}$ 和 $\mathbf{h}$ 的布拉格电子束互相耦合的内势分量。

现在通过限制为双束情形 O 和 P 作进一步的简化，即考虑的情形是，$C_{\mathbf{g}}$ 不为零的仅有 $C_0^{(j)}$ 和 $C_p^{(j)}$，而 U_p 和 U_{-p} 都是可以存在的。C 的上标表明 $\mathbf{k}^{(j)}$ 是一个可变量，P 可以是任意衍射束。令方程式(14.27)中的 $\mathbf{g}=0$，给出

$$(K^2 - |\mathbf{k}^{(j)}|^2)C_0^{(j)} + U_{-p}C_p^{(j)} = 0 \qquad (14.29)$$

在推导此方程以及下面的方程时，要考虑能给出 $C_0^{(j)}$ 或者 $C_p^{(j)}$ 的 $\mathbf{h}$ 的所有可能值。

接下来，如果在式(14.28)中使 $\mathbf{g}=\mathbf{p}$，同时颠倒各项的顺序以强调有两个关于 C_0 和 $C_{\mathbf{g}}$ 的方程

$$U_{\mathbf{p}}C_0^{(j)} + (K^2 - |\mathbf{k}^{(j)}+\mathbf{p}|^2)C_p^{(j)} = 0 \qquad (14.30)$$

没有其他可能的方程了，所以为了解这两个方程，令系数行列式为零，即

$$\begin{vmatrix} K^2 - |\mathbf{k}^{(j)}|^2 & U_{-\mathbf{p}} \\ U_{\mathbf{p}} & K^2 - |\mathbf{k}^{(j)}+\mathbf{p}|^2 \end{vmatrix} = \qquad (14.31)$$

$$(K^2 - |\mathbf{k}^{(j)}|^2)(K^2 - |\mathbf{k}^{(j)}+\mathbf{p}|^2) - U_{\mathbf{p}}U_{-\mathbf{p}} = 0$$

晶体平均内势通常 ≤20 V，而电子能量 ≥100 000 eV。因为 $|\mathbf{k}^{(j)}+\mathbf{p}|$ 和 $|\mathbf{k}^{(j)}|$ 都很接近于 K，所以重要的是它们之间的差。因为 $\mathbf{P}$ 可以是任意衍射束，可以把它重命名为 $\mathbf{G}$ 而使方程看起来更为熟悉!，即

$$\begin{vmatrix} K^2 - |\mathbf{k}^{(j)}|^2 & U_{-g} \\ U_g & K^2 - |\mathbf{k}^{(j)} + \mathbf{g}|^2 \end{vmatrix} =$$
$$(K^2 - |\mathbf{k}^{(j)}|^2)(K^2 - |\mathbf{k}^{(j)} + \mathbf{g}|^2) - U_g U_{-g} = 0 \tag{14.32}$$

现在可以利用简单的代数关系

$$x^2 - y^2 = (x - y)(x + y) \tag{14.33}$$

并采用高能近似,则 $|\mathbf{k}^{(j)}|$、$|\mathbf{k}^{(j)}+\mathbf{g}|$ 和 K 的大小相近。那么式(14.32)变为

$$(|\mathbf{k}^{(j)}| - K)(|\mathbf{k}^{(j)} + \mathbf{g}| - K) = \frac{U_g U_{-g}}{4K^2} = \frac{|U_g|^2}{4K^2} \tag{14.34}$$

重要的是不要将 $\mathbf{k}^{(j)}$ 和 $\mathbf{k}_I$ 或 $\mathbf{k}_D$ 弄混淆了,同时必须记住 $|\mathbf{K}|$ ($= |\mathbf{k}_D - \mathbf{k}_I|$) 并不等于 K。顺便提一下,并非只有在写此方程时才用到了晶体具有对称中心这个假设[见式(14.4b)]。

式(14.34)是一个比式(14.18)和式(14.20)更复杂的色散关系。由于 $\mathbf{k}^{(j)}$ 可以指向任意方向,这个色散关系定义了一个面,称之为色散面,即为某一特定能量下所有 $\mathbf{k}^{(j)}$ 矢量的轨迹。(见第 15 章。)更简洁的色散关系式(14.18)和式(14.20)分别定义了一个球面;并且在这两个等式中矢量 $\mathbf{K}$ 和 $\mathbf{\chi}$ 可指向任意方向。

根据方程式(14.29)(将 $\mathbf{p}$ 重命名为 $\mathbf{g}$)可得

$$\frac{C_g^{(j)}}{C_0^{(j)}} = \frac{|\mathbf{k}^{(j)}|^2 - K^2}{U_{-g}} \tag{14.35}$$

可将之改写为

$$\frac{C_g^{(j)}}{C_0^{(j)}} = \frac{(|\mathbf{k}^{(j)}| - K)(|\mathbf{k}^{(j)}| + K)}{U_{-g}} \approx \frac{2K(|\mathbf{k}^{(j)}| - K)}{U_{-g}} \tag{14.36}$$

因此,该式原则上说明了 $C_0^{(j)}$ 和 $C_g^{(j)}$ 是如何关联的。

现在可以扩展此分析以说明多束情形中所有的 C 值是如何关联的。这样就可以写出一个新的表达式

$$\mathcal{A}^{(j)}\{\mathbf{C}^{(j)}\} = \mathbf{0} \tag{14.37}$$

式中, $\{\mathbf{C}_g^{(j)}\}$ 表示元素为 $C_g^{(j)}$ 的一个列向量。$\mathcal{A}^{(j)}$ 为一个矩阵,定义为

$$a_{gg} = K^2 - |\mathbf{k}^{(j)} + \mathbf{g}|^2 \tag{14.38}$$

非对角元由晶体势的傅里叶系数给出

$$a_{gh} = U_{g-h} \tag{14.39}$$

在 $\mathcal{A}$ 矩阵中,g 表示行指标,h 表示列指标。除了在特殊情况下,例如方程式(14.31)中的双束情形,只有在计算机程序中才会遇到这个公式!Metherell 给出了一个很清楚的例子,适用于这里的 5 电子束情形,包含 $\bar{\mathbf{g}}$、$\mathbf{0}$、$\mathbf{g}$、$2\mathbf{g}$ 和 $3\mathbf{g}$ 电子束。这个 5×5 的矩阵可以写为(用 g 和 h 而不是 $\mathbf{g}$ 和 $\mathbf{h}$ 表示)

$$\mathbf{A} = \begin{pmatrix} a_{-g-g} & U_{-g-0} & U_{-g-g} & U_{-g-2g} & U_{-g-3g} \\ U_{0-(-g)} & a_{00} & U_{0-g} & U_{0-2g} & U_{0-3g} \\ U_{g-(-g)} & U_{g-0} & a_{gg} & U_{g-2g} & U_{g-3g} \\ U_{2g-(-g)} & U_{2g-0} & U_{2g-g} & a_{2g2g} & U_{2g-3g} \\ U_{3g-(-g)} & U_{3g-0} & U_{3g-g} & U_{3g-2g} & a_{3g3g} \end{pmatrix} \quad (14.40)$$

在第一列中 h 为 $-g$；在第二列中 h 为 0，等等。在第一行中"g"为 $-g$；第二行中"g"为 0。所以可以简化该矩阵为

$$\mathbf{A} = \begin{pmatrix} a_{-g} & U_{-g} & U_{-2g} & U_{-3g} & U_{-4g} \\ U_{g} & a_{0} & U_{-g} & U_{-2g} & U_{-3g} \\ U_{2g} & U_{g} & a_{g} & U_{-g} & U_{-2g} \\ U_{3g} & U_{2g} & U_{g} & a_{2g} & U_{-g} \\ U_{4g} & U_{3g} & U_{2g} & U_{g} & a_{3g} \end{pmatrix} \quad (14.41)$$

需要注意的几点是：

- $U_\mathbf{g}$、$C_\mathbf{g}^{(j)}$ 和 a_g 通过一组线性方程联系起来[式(14.37)中的矩阵]。
- 虽然无法求解出 $C_\mathbf{g}^{(j)}$ 的实际值，但可以得到比值 $C_\mathbf{g}^{(j)}/C_\mathbf{0}^{(j)}$。

下面将不再进一步讨论这个问题，但是要再次推荐 Metherell 的经典文章，他提出式(14.37)可以表示为一个本征值方程，其中 $\{C_\mathbf{g}^{(j)}\}$ 为本征矢，波矢 $\mathbf{k}^{(j)}$ 为本征值。将该方程表示为

$$\mathbf{M}\{C_\mathbf{g}^{(j)}\} = \gamma^{(j)}\{C_\mathbf{g}^{(j)}\} \quad (14.42)$$

式中，矩阵 $\mathbf{M}$ 的对角元为 m_{gg}，非对角元为 m_{gh}。在此处提及该方程是因为 m_{gg} 项对应于偏离参量 s_g，而 m_{gh} 项对应于消光距离 ξ_{g-h}。h 是列指标，注意这里的下标是 $\mathbf{g-h}$；消光距离与 $\mathbf{g}$ 和 $\mathbf{h}$ 电子束之间的干涉有关。如果对此问题有较浓厚的兴趣且数学功底扎实的话，可以阅读 Metherell 的文章。

如果对这种数学方法很熟悉，就会认识到本征矢必须满足一定的归一化和正交条件。回顾第 13 章将会看到，在给出式(13.30)时已经将 $C_\mathbf{g}^{(j)}$ 归一化了。

可以看到，数学处理开始变得很有技巧性了！在下一章中将推导出双束情形中 ξ_0 和 $\xi_\mathbf{g}$ 的明确表达式，即

$$\xi_0 = \frac{2K\cos\theta_\mathrm{B}}{U_0} \quad (14.43)$$

和

$$\xi_\mathbf{g} = \frac{2K\cos\theta_\mathrm{B}}{U_\mathbf{g}} = \frac{1}{|\Delta\mathbf{k}|} \quad (14.44)$$

在推导中，将采用色散方程的图像表示。此方法与衍射中的 Ewald 球/倒易点阵方法有很多共同点。其重要之处在于它为显微学家们提供了另一种图

像，而这与成像相关。

14.6 布洛赫波的吸收

当只有两束电子 O 和 G 时，在 13.9 节中已经看到可以将波函数表达为

$$\psi(\mathbf{r}) = \mathcal{A}^{(1)} b^{(1)}(\mathbf{r}) + \mathcal{A}^{(2)} b^{(2)}(\mathbf{r}) \tag{14.45}$$

式中

$$\mathcal{A}^{(1)} = \cos\frac{\beta}{2}, \quad \mathcal{A}^{(2)} = \sin\frac{\beta}{2} \tag{14.46}$$

在简立方晶体中电子束接近[001]带轴时，可以画出 $\mathcal{A}^{(1)}$ 和 $\mathcal{A}^{(2)}$ 相对于原子位置的曲线。图 14.2 显示出布洛赫波 1 的强度集中在原子列上（图 14.2A），而布洛赫波 2 集中在两列原子之间（图 14.2B）。（如果阅读过 Hirsch 等人的论文，就会注意到他们标记的 1 和 2 同这里的相反。）因此，布洛赫波 1 与原子列之间的相互作用更强，并优先被"吸收"。相反地，布洛赫波 2 将沿原子通道穿过

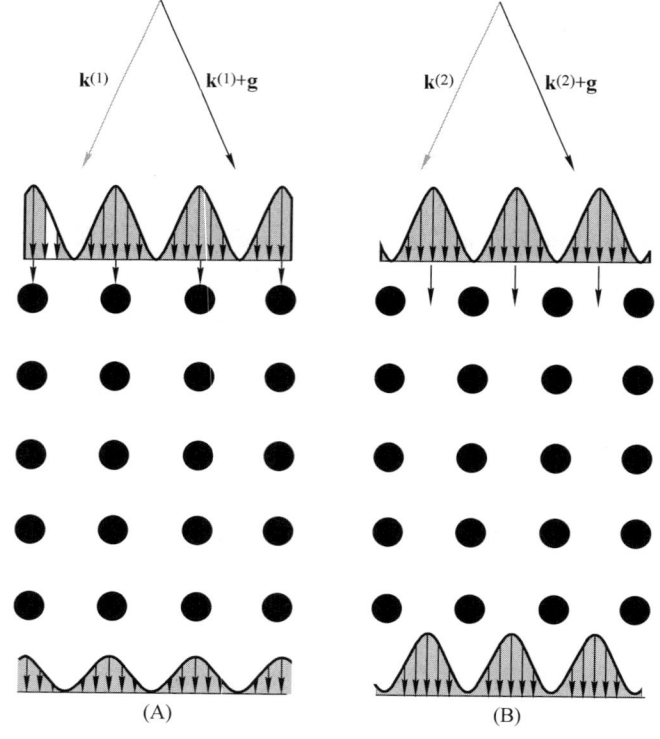

图 14.2 在布拉格条件下晶体中的两种布洛赫波：(A) 最大值处于离子核位置，因而布洛赫波 1 相互作用较强；(B) 最大值处于离子之间，所以相互作用较弱

样品。由于两布洛赫波之间的干涉，电子束 **g** 的强度与样品厚度有关。这种优先吸收意味着电子束强度与厚度的关系失效，即便电子束仍然能够透过样品。将在下册第 24 章中继续讨论此话题。

章 节 总 结

在本章开头就已经说明这里的讨论似乎仅仅是理论或只是对方程的处理。然而还是有一些很重要的观点：
- 晶体的基本特征就是它的内势 $V(\mathbf{r})$，它是周期性的，并且为正值。
- 晶体中的一个电子可由一系列布洛赫波的和来描述，而这些布洛赫波本身就是薛定谔方程的解。
- 波函数 ϕ_0 和 ϕ_g 并不是这个方程的解，因此它们在晶体内实际上并不存在。
- 所有布洛赫波都具有相同的总能量。

因此，如果想真正理解电子在晶体中的运动情况，就必须理解布洛赫波的概念。然而，不用考虑布洛赫波也能理解图像与样品结构是如何联系起来的。但必须知道采用电子束的分析方法（ϕ_0 和 ϕ_g）通常是唯象的。方程式（14.27）和式（14.28）对实际发生的过程给出了一个很重要的提示：每一组方程式都给出了布洛赫波是如何耦合的。在学习完本章后，建议复习一下 13.8 节和 13.9 节。

薛定谔方程有许多可能的解，且每一布洛赫波都是一个平面波；也就是说，它可以与一个确定的传播矢量 $\mathbf{k}^{(j)}$ 联系起来，如式（14.9）所示。

由于 U_g 的不同，即具有不同的势能，布洛赫波通常也是不同的。因而它们具有不同的动能和波矢。

最后，考虑相对论效应。虽然已经使处理方法尽可能简化，但是应该记住这些方程需要进行相对论修正；大部分的课本在讨论这一话题时都忽略了相对论效应。

参考文献

本章依循 Hirsch 等人所撰写的经典教材的第 9 章的处理方法；具体细节来自 Metherell 的书。

布洛赫波

Ashcroft, NW and Mermin, ND 1976 *Solid State Physics* W. B. Saunders

Co. Philadelphia PA. 第 8 章（使用的是 $2\pi/\lambda$）。

Bethe, HA 1928 *Theorie der Beugung von Elektronen an Kristallen* Ann. Phys. Lpz. **87** 55–129. 另一部经典参考资料（德语）。

Howie, A 1971 in *Electron Microscopy in Materials Science* 275–305 Ed. U Valdré Academic Press New York.

Kittel, CJ 2004 *Solid-State Physics* 8th Ed. John Wiley & Sons New York. 适合于物理学家。

Metherell, AJF 1975 in *Electron Microscopy in Materials Science* Ⅱ 397–552 Eds. U Valdré and E Ruedl CEC, Brussels. 它可能是该领域里最详尽最全面的文章了（长度超过 150 页）。如果在阅读完本章后准备开始编程，强烈推荐阅读这篇文章。

姊妹篇

EMS 软件可以利用布洛赫波方法模拟 HRTEM 像。

自测题

Q14.1 总结为加速电压、电子能量、势以及势能定义符号的根据和理由。

Q14.2 即便原子序数从 4 变化到 74，内势能仅仅增加到 3 倍。为什么？

Q14.3 已经知道 W 的内势能为 23.4。对这个值进行一下评论。

Q14.4 什么是布洛赫波？

Q14.5 什么是布洛赫函数？

Q14.6 什么是布洛赫理论？

Q14.7 为什么平面波的概念会贯穿于本章？

Q14.8 写出描述 K 和 χ 之间关系的表达式。

Q14.9 写出晶体外将 K 和 E 联系起来的表达式。

Q14.10 写出薛定谔方程的布洛赫表示式。方程传递了什么信息？

Q14.11 简述 U_{g-h} 项的含义。

Q14.12 在晶体中，光速变慢而电子速度变快。这两种现象的本质区别是什么？

Q14.13 U_g、$C_g^{(j)}$ 和 a_g 通过矩阵 **A** 由一组线性方程联系起来。在仅当 $\bar{\mathbf{g}}$、**0**、**g**、**2g** 和 **3g** 占主导的情况下写出矩阵 **A**。

Q14.14 双束衍射条件下，有多少布洛赫波是重要的？

Q14.15 "U"项将"C"项耦合在一起。这句话的含义是什么？

Q14.16 U_{g-h}是将布拉格电子束和倒易矢量 **g** 和 **h** 关联起来的内势分量。但晶体中实际上并不存在布拉格束。解释这种明显的不一致性。

Q14.17 所有的布洛赫波为什么具有相同的能量？

Q14.18 在 TEM 像中，电子束强度与厚度的关系失效，即便电子束仍然能够透过样品。布洛赫波理论是如何解释这一效应的？

Q14.19 如果样品是 YAG（bcc，$a = \sim 1$ nm），而不是一种模型的单原子简立方晶体，则对布洛赫波的分析有何影响？

Q14.20 对于一块 Si/SiO$_2$/Si 三明治结构且各层厚度相同（20 nm）的样品，电子束连续穿过各层，这对布洛赫波的讨论会产生怎样的影响？

章节具体问题

T14.1 比较电子和光进入晶体时速度的变化情况。考虑以下几种情形所带来的影响：(a) 如果样品为非晶；(b) 如果加速电压从 100 kV 增加至 1 MV；(c) 如果采用的是 TPM（p：正电子）显微镜。

T14.2 思考方程式(14.44)。在加速电压为 100 kV，$s = 0$，Cu 220 的条件下计算 $\Delta \mathbf{k}$ 的值。该值与 **g** 和 λ^{-1} 的大小关系是怎样的。进行此比较的意义何在？

T14.3 对于 100 kV 的电子，估算式(14.20)的值。

T14.4 在 Si 和 Cu 中，图 14.1A 中的[001]、[110]和[111]会产生怎样的变化？

T14.5 怎样修改图 14.1B 才能更加清晰地解释表 14.2 中的值？

T14.6 思考图 14.2。假设晶体的厚度仅为消光距离。画出布洛赫波在 $\xi/4$、$\xi/2$、$3\xi/4$ 和 ξ 厚度处的强度分布图。

T14.7 除去与 GaAs 类似的 III-V 族化合物，列出另外 5 种不具有对称中心的晶体种类。

T14.8 思考方程式(14.1)和式(14.2)。相对论修正从哪里开始引入？

T14.9 在式(14.45)和式(14.46)中，$\mathcal{A}^{(1)2} + \mathcal{A}^{(2)2}$ 为 1。为什么会这样？

T14.10 矢量 **k** 和 **χ** 不同是由于折射率效应。折射率为多大？这个值与光的折射率有何关系（如果两者存在关联）？

T14.11 （附加题）如果消光距离取决于晶体的 U_g，非晶样品会出现厚度条纹吗？

T14.12 （附加题）220 和 2$\bar{2}$0 同时被激发时为什么 ξ_g 会减小？

第 15 章
色散面

章 节 预 览

前一章介绍的布洛赫波分析与凝聚态物理或半导体理论中对波的经典分析有着密切的关系。尤其是在半导体理论中经常提到能带图以及间接或者直接带隙。这里采用如导带、价带和布里渊区边界（BZB）等术语。通过绘制电子能量 $E(\mathbf{k})$（$\mathbf{k}$ 的函数）与波矢 $\mathbf{k}$ 的曲线，可以形象化地将这些量表现出来。$E(\mathbf{k})$ 与 $\mathbf{k}$ 的关系曲线称为色散图。为了说明这个数量级，Si 的能隙为 1.1 eV，Ge 的能隙为 0.7 eV。在好的绝缘体中，能隙可以达到 10 eV。现在用相同的方法来图形化表示第 13 和第 14 章中用方程所描述的内容。记住与固体物理处理方法中的很大不同在于 TEM 中电子束中的电子能量 $\geqslant$ 100 keV。

本章将阐明方程式（13.4）中所引入的消光距离 ξ_g 的真正来源。讨论它如何与特定材料相关联以及它为什么会随所采用的衍射矢量的不同而变化。然后讨论有效消光距离这一概念的物理根源：即当

第 15 章 色散面

$s \neq 0$ 时消光距离的值。色散面作为单独的一章来进行讨论，因此可以略过它而不会影响对接下来内容的理解。警告：这是一个可能将很多有潜质的显微学家拒之门外的主题。它可以是很数学化的、纯理论物理的，但也能够为成像提供许多有益的见解。本书尽量实现后者。如果未能完全实现也没有关系，几乎每个成功的显微学家都未曾完全掌握这个概念！

15.1 引言

应用于固体中电子的布洛赫波分析方法在凝聚态物理文献中有很好的阐述。然而，我们想从理论中得到的与电子工程师们想获得的是不同的：需要理解它是如何应用于 TEM 图像衬度与衍射花样形成的。为此，我们再次沿用第 13 章和第 14 章中提到的 Metherell 经典但很晦涩的文章中所采用的处理方法。在第 14 章中推导出了联系 **k** 与 U_g 的方程（见 14.2 节中 U_g 的定义）。特别是我们发现，如果存在两个布拉格束 **0** 和 **g**，那么就存在两个布洛赫波。利用方程式 (14.32)，可以将式 (14.35) 改写为

$$\frac{C_g^{(j)}}{C_0^{(j)}} = \frac{(\mathbf{k}^{(j)})^2 - K^2}{U_{-g}} = \frac{U_g}{(\mathbf{k}^{(j)} + \mathbf{g})^2 - K^2} \quad (15.1)$$

式中，$C_0^{(j)}$ 是波矢为 $\mathbf{k}^{(j)}$ 的平面波振幅；$C_g^{(j)}$ 是波矢为 $\mathbf{k}^{(j)} + \mathbf{g}$ 的平面波振幅。布洛赫波由式 (14.12) 给出

$$b^{(j)}(\mathbf{r}) = \sum_{\mathbf{g}} C_g^{(j)} e^{2\pi i (\mathbf{k}^{(j)} + \mathbf{g}) \cdot \mathbf{r}} \quad (15.2)$$

式 (15.1) 表明，$C_g^{(j)}$ 和 $C_0^{(j)}$ 的值直接与 $k^{(j)2} - K^2$ 相关，因此与 $k^{(j)} - K$ 有关。

在一般的多束情形下（实际上任何情形下都有多于两束的电子束），情况就更为复杂。不过可以把问题分为两部分：

■ 确定晶体中所有允许的波矢 $\mathbf{k}^{(j)}$，包括所有可能的晶体取向。
■ 在确定的晶体取向下，确定实际存在哪组允许的波矢 $\mathbf{k}^{(j)}$。

第一个描述是确定电子的总能量并选取晶体。第二个描述对所考虑的特定情形应用了边界条件，如 15.5 节和 15.6 节中将要阐述的。

通过使 $|\mathcal{A}^{(j)}| = 0$ 就能找到问题第一部分的解。（在 14.3 节中定义了 $\mathcal{A}^{(j)}$，并在 14.5 节中给出了它的表达式）。计算行列式，可得到 $\mathbf{k}^{(j)}$ 的 $2n$ 次幂多项式

$$\mathcal{A}_{2n}(\mathbf{k}^{(j)})^{2n} + \mathcal{A}_{2n-1}(\mathbf{k}^{(j)})^{2n-1} + \mathbf{K} = 0 \quad (15.3)$$

式中，系数 $\mathcal{A}_n$ 取决于 $\mathbf{K}^2$（即能量）和 **g**（即晶体）。

因此，$\mathbf{k}^{(j)}$ 的多项式把 $\mathbf{k}^{(j)}$ 和总能量联系起来了。这正如在 14.4 节中所定义的色散关系。方程有 $2n$ 个根，其中有一些可能是复数。引用 Metherell 的话

"乍看起来,情况好像很复杂!"因此沿用 Metherell 的方法作出两个简化:
- 仅考虑高能情形。
- 假设只激发零阶劳厄带(ZOLZ)的反射。

有 3 个原因提醒你对这些简化引起注意:
- 如果想做含有两个以上布拉格束的布洛赫波计算,将需要使用计算机。
- 本章所考虑的图形是一个形象化的表示。这种图形有助于理解布洛赫波的真实行为。如果只是一味地进行运算,则有可能难以从物理学上"感知"这个问题。
- 所画的图形均未考虑高阶劳厄带(HOLZ)的反射;如果电子束能量足够高,就不需要考虑高阶劳厄带。但是,实际上能量并没有高到这种程度,HOLZ 反射不仅在实验上可以观察到,而且可以提供如在第 20 章和第 21 章中所看到的有价值的信息。现代计算机可以轻松地处理这些方程,特别是现在我们能够很容易地进行矩阵操作。

色 散 面

色散面是 **k** 与能量关系的图形表示。

15.2 $U_g = 0$ 时的色散图

从方程式(14.34)开始,即

$$(|\mathbf{k}^{(j)}| - K)(|\mathbf{k}^{(j)} + \mathbf{g}| - K) = \frac{|U_g|^2}{4K^2} \tag{15.4}$$

注意该方程是在双束情形下推导出来的。当电子处于真空中即样品外时,傅里叶系数 U_g 为 0。当 $U_g = 0$ 时,方程右边为 0,则方程有两个解

$$K = |\mathbf{k}^{(j)}| \quad \text{或} \quad K = |\mathbf{k}^{(j)} + \mathbf{g}| \tag{15.5}$$

式中,j 是 1 或 2。如果画出这两个解,会发现有两个交叉的球面,因为 $\mathbf{k}_I$ 和 $\mathbf{k}_D$ 都可取任意方向,如图 15.1 所示。由于这两个 **k** 矢量具有相同的长度,所以这两个球面表示等能面,称之为色散面,一个球心位于 O 点,另一个在 G 点。

当然,已知道真空中电子的能量与波矢的关系为

$$E = \frac{p^2}{2m} = \frac{h^2 \chi^2}{2m} \tag{15.6}$$

式中,动量 **p** 与真空中波矢 **χ** 的关系为 $\mathbf{p} = h\boldsymbol{\chi}$。此处,**χ** 即为电子在真空中时

第 15 章 色散面

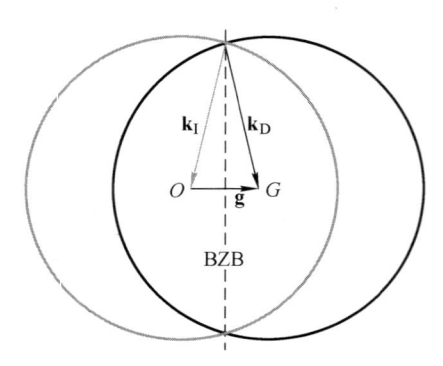

图 15.1 半径分别为 k_I 和 k_D，中心分别在 O 和 G 的两个球面的截面。球面表示等能面，虚线为衍射面的迹（也相当于布里渊区边界）

的 **K**。

重新整理后得到

$$\chi = \left\{\frac{2m}{h^2}E\right\}^{1/2} \tag{15.7}$$

图 15.1 中所画的虚线表示一个平面，即为由两相交球面所产生的圆。在凝聚态物理中该平面被称为布里渊区边界（BZB）。

在分析本章中的图示时，必须记住高能电子的散射角 $2\theta_B$ 通常很小，因此在倒易空间中所感兴趣的区域接近于布里渊区边界。在图 15.2 中重新画出了图 15.1 中靠近布里渊区边界的一个局部放大图。在高能情形下，因为 λ 非常小，所以将这两个面近似为一对直线。

15.3 $U_g \neq 0$ 时的色散图

当 $U_g \neq 0$ 时，从方程式（15.4）可知 K 不再等于 $|k_I|$ 或 $|k_D|$。由于方程式（15.4）是二次方程，$|k|$ 必定有两个值，因此如果 $U_g \neq 0$，两个球面就不会相交。注意到方程式（15.4）类似于双曲线方程 $xy = a$，其中 x 轴和 y 轴如图 15.2 所示。可以画出这两条双曲线及其渐近线，如图 15.3 所示。这些面（记住是在三维中）称为色散面的分支。较高的分支（用"1"标明）对应于 $k^{(1)}$，而较低的分支（用"2"标明）对应于 $k^{(2)}$。现在用 $k^{(1)}$ 和 $k^{(2)}$ 来代替前面所用的 K_I。在第 13 章和第 14 章的讨论中要记住如下一些要点：

- 布洛赫波 $b^{(1)}(k^{(1)}, r)$ 与 $k^{(1)}$ 相关。
- 布洛赫波 $b^{(2)}(k^{(2)}, r)$ 与 $k^{(2)}$ 相关。
- 布拉格束的强度是厚度的函数，$|\phi_g(t)|^2 \propto \sin^2(\pi t \Delta k)$ [来自于式

15.3 $U_g \neq 0$ 时的色散图

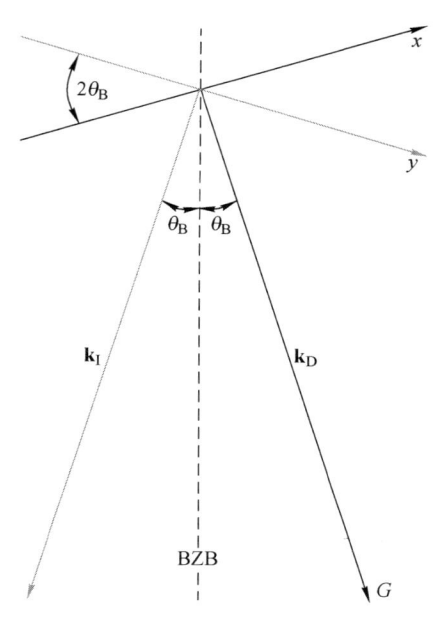

图 15.2 两色散面在布里渊区边界处相交的放大图，这两个色散面的投影近似为两条直线 x 和 y，分别与 $\mathbf{k}_D$ 和 $\mathbf{k}_I$ 垂直

(13.45)]。

图 15.1 与图 15.3 的区别在于图 15.3 中两个分支间存在间隙。间隙的出

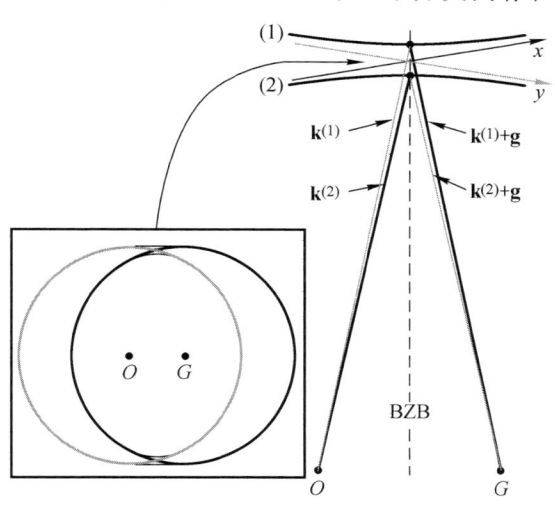

图 15.3 当电子在样品内(即 $U_g \neq 0$)，$\mathbf{k}$ 有两个值，两色散面不相交，且色散面产生两个分支(1)和(2)：非相交球面及其放大图给出矢量对，$\mathbf{k}^{(1)}$ 和 $\mathbf{k}^{(2)}$ 以及 $\mathbf{k}^{(1)}+\mathbf{g}$ 和 $\mathbf{k}^{(2)}+\mathbf{g}$

现是因为 U_g 不为零；而 U_g 不为零是因为原子的周期性排列，也就是晶体。这个间隙可以直接类比于半导体理论中的带隙，晶体中电子能量存在禁止值。

15.4 色散面与衍射花样的关系

通过构造色散面而不用计算机解布洛赫波方程可以得到更多关于布洛赫波的物理图像。方法相对比较简单：

■ 从如图 15.4A 所示的色散面出发，做一条起始线表示穿过薄样品的入射电子束。假设一个理想化的具有平行表面的薄样品，它垂直于竖直线以及 TEM 的光轴。同时选择 **g** 矢量平行于表面。入射束允许向样品表面倾斜。

■ 然后做一条直线使之垂直于任一与初始线相交的面。这使得平行于该表面的波矢分量相匹配，即为波匹配构型。

> **波 匹 配**
>
> 如果采用数学处理，那么这个匹配就是边界条件。

■ 将点 M_1 和 M_2 延伸至如图 15.4B 所示的 **k** 球面。在晶体中，这些球就是 **χ** 球。

■ 该过程的最后一部分是将晶体中的波与真空中的电子束联系起来，因为记录用的底片、CCD 相机等总是在晶体外。

这就是整个思路，下面一步一步来做。如图 15.5 中放大部分，每一个 **k** 矢量都具有一个和它相关的波振幅 $C_g^{(j)}$。

在此处的讨论中，仅限于双束 O 和 G。由 13.8 节可知，C（布洛赫波的系数）的非零值仅有 $C_0^{(1)}$、$C_0^{(2)}$、$C_g^{(1)}$ 和 $C_g^{(2)}$。

首先，需要知道色散面上的哪一点实际对应着所选择的衍射条件。其次，需要知道样品相对于电子束的取向以及布拉格平面的取向（这就是在开始固定样品取向的原因）。

从考虑样品表面平行于 **g** 的情况开始；然后解释为什么这种情况如此特殊。

现在已经固定了样品和 **g** 相对于光轴的取向。接下来倾转入射电子束。注意电子束并不平行于 (hkl) 平面；它的 $\mathbf{k}_I$ 由 **χ** 决定，但并没有在图中画出。这样将激发色散面不同分支上的点 M_1^B 和 M_2^B，因为这是虚线与两面相交的地方。如 13.10 节，当 $s = 0$ 时消光距离将对应于 Δk^{-1}。现在如果倾转入射电子束使得 **χ** 更接近竖直方向（保持样品不动），那么激发点会变成 M_1 和 M_2，如

15.4 色散面与衍射花样的关系

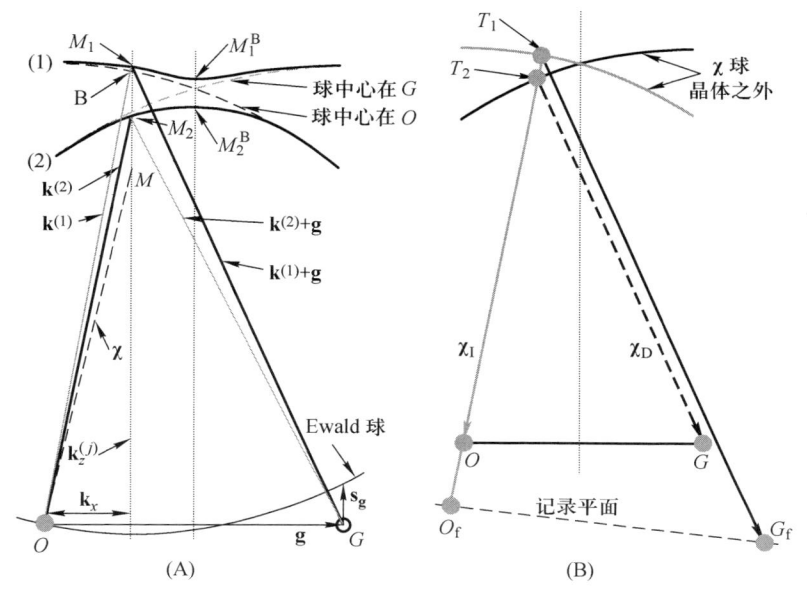

图 15.4 （A）中心分别为 O 和 G 的色散面（1）和（2）与 Ewald 球面相结合的构型。样品表面与 **g** 平行，因此在分支（1）和（2）上的点 M_1^B 和 M_2^B 被激发。入射电子束方向由矢量 **MO** 给出。如果倾斜电子束使 χ 更倾向于竖直，则激发点移至 M_1 和 M_2，由此给出结线 M_1M_2。矢量 $\mathbf{k}^{(1)}$ 和 $\mathbf{k}^{(2)}$ 分别以 M_1 和 M_2 为起点，以 O 为终点。（B）分别延长图（A）中直线 OM_1 和 OM_2 至 χ 球面交于 T_1 和 T_2，从而使晶体中的波与晶体外的电子束联系起来。点 O_f 和 G_f 为照相底片上所记录的点

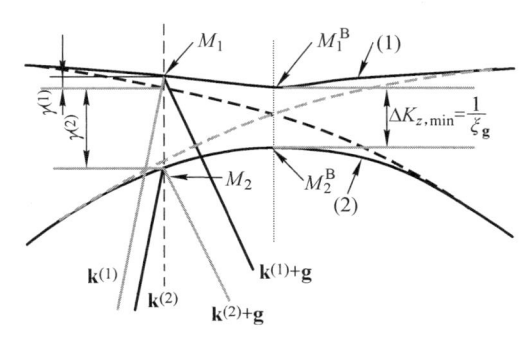

图 15.5 图 15.4A 中一个区域的放大图，给出了矢量 $\mathbf{k}^{(1)}$、$\mathbf{k}^{(2)}$ 与 $\gamma^{(1)}$、$\gamma^{(2)}$ 以及距离 Δk_z 之间的关系

图 15.4 所示，s 变为负值。

将直线 $M_1^B M_2^B$ 和 $M_1 M_2$ 定义为结线，因为它们联结色散面不同分支上的

点。由于所选样品的上表面平行于 **g**，因此两条结线都平行于布里渊区边界。

每一条结线都垂直于产生它的面。

图 15.4 和图 15.5 中色散面的图示有很多需要注意的地方：

- 对于该取向，所有终点为 O 点的 **k** 矢量具有相同的 $\mathbf{k}_x$。
- 从 13.7 节可知 $\gamma^{(1)}$ 和 $\gamma^{(2)}$。
- 真空波矢 **χ** 总比 **K** 或 **k** 要短。

从以下的讨论中可以理解这些变化。O 束总是被激发的，因此 $C_0^{(1)}$ 和 $C_0^{(j)}$ 总是相对比较大。其他 C 值的大小取决于 Ewald 球切割规则排列的倒易杆的位置。

现在考虑样品表面不平行于 **g** 的情形。此时表面的法线 **n** 不平行于布里渊区边界（因为布里渊区边界垂直于 **g**）。但结线总是平行于 **n**，因此结线不再平行于布里渊区边界。请记住：该几何构型与平行于样品表面的 **k** 矢量分量相一致。在图 15.4 中可以清楚地看出这一点，那里指出对所有终点为 O 点的矢量，$\mathbf{k}_x$ 都相同，因为在该情形下 **g** 平行于表面而且表面垂直于光轴。

如果电子总是在完整晶格中运动，即不用考虑表面，则在固体物理中就不需要采用结线。

结　　线

结线是一种满足 TEM 样品边界条件的图形法。

现在考虑更普遍的 TEM 楔形样品，如图 15.6A 所示，下面将会看到这些激发的布洛赫波与衍射花样是如何联系起来的。

在这张图中，将楔形样品的上表面画成水平，这样结线 $\mathbf{n}_1$ 沿着光轴。当电子从倾斜的下表面离开晶体时，再次匹配平行于该表面的分量可以得到结线 $\mathbf{n}_2$。注意，$\mathbf{n}_2$ 必须通过 M_1 和 M_2。这些结线不会激发色散面上额外的点，因为电子正在离开晶体。

一旦在晶体外，波矢必须是 **χ**，而且 **χ** 定义了一对圆心分别为 O 和 G 的球面，因此延长结线 $\mathbf{n}_2$ 至 **χ** 球。正如在图 15.6A 中所看到的，有四个点被激发，圆 O 上的点记为 O_1 和 O_2；圆 G 上的点记为 D_1 和 D_2。如图 15.6A 所示，采用此种下标方法是因为它们对应于平面波 $\boldsymbol{\chi}_0^{(1)}$、$\boldsymbol{\chi}_0^{(2)}$ 等。

现在到了最后一步：必须把这些电子束与衍射花样联系起来。此时它们是真正的电子束，不是布洛赫波，因为现在已经在样品外部并处于真空中了。如图 15.6B 所示。所有的 **χ** 束都已经与点 O_1 相关联，因为 $\boldsymbol{\chi}_0^{(1)}$ 是入射束。请记住：因为使 **g** 水平而倾转了入射束，所以 $\boldsymbol{\chi}_0^{(1)}$ 不是竖直的。矢量 $\boldsymbol{\chi}_0^{(1)}$ 和 $\boldsymbol{\chi}_0^{(2)}$

不平行，因为虽然它们都是半径为 χ 的圆的半径，但是实际上源于圆上不同的点（见图 15.6A）。

结论是，在 O 和 G 处将分别有两个斑点。换句话说，楔形样品使 G 处的点劈裂。在第 18 章中将看到这些劈裂的点，在第 23 章中讨论图像的时候将回到这个话题。

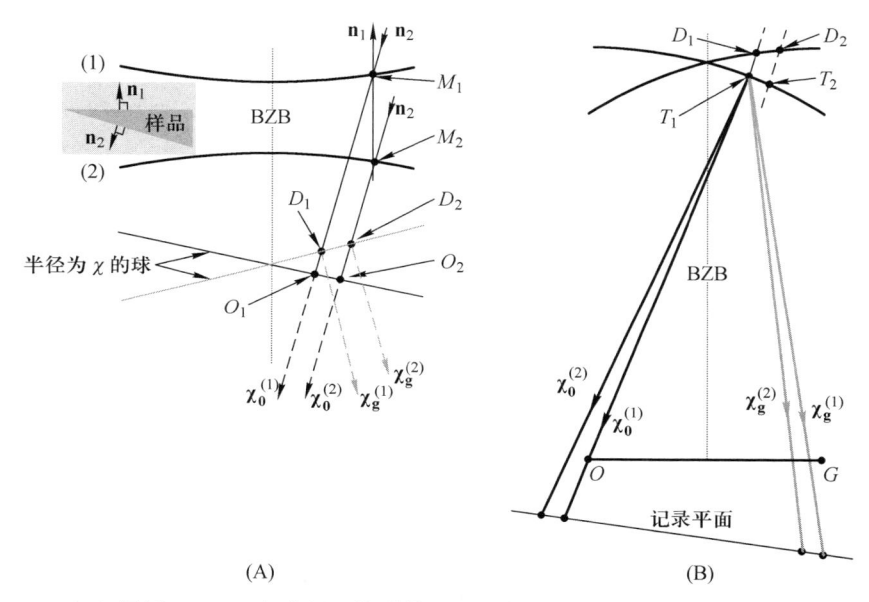

图 15.6 （A）同图 15.4B，但应用于楔形样品，上表面平行于 g（法线为 n_1），下表面法线为 n_2。除了激发 O_1 和 O_2 两点外，还激发了另外的 D_1 和 D_2 两点，这对应于晶体外的平面波 $\chi_0^{(1)}$ 和 $\chi_0^{(2)}$。（B）把所有的电子束与点 O_1 联系起来，分别在 O 和 G 点附近都产生两电子束。因此可预想到一个楔形薄片将会在 O 和 G 产生双重点。

将楔形样品的情形推广到双楔形情形是很有用的。例如，如图 15.7 所示，设想在一个两表面平行的薄片中存在一个倾斜的面缺陷，**g** 与薄片表面平行。上表面的情况与之前的一样，而在倾斜界面上，结线在色散面的分支 1 和 2 上分别产生了新的激发点 B_1 和 B_2。

此时，n_3 是因底表面而产生的结线，并且 n_3 平行于 n_1。延长结线 n_3 至 χ 球，此时有 3 个 χ_0 矢量和 3 个 χ_D 矢量。平移这些 χ 矢量使 O_1 为其共同起点，得到如图 15.7B 所示的电子束图形。现在有 3 个点在圆 O 上，3 个点在圆 G 上。在下册第 24 章中讨论面缺陷的图像时将回到这一话题。这里小结一下所给出的新概念：

■ 色散面是考虑布洛赫波的一种图形法。

- 必须使任何进入和离开任意内表面或外表面的波矢量的分量一致。
- 用出射表面的结线连接 χ 球。
- 两个倾斜表面会导致布拉格束的劈裂。
- 一个内部界面,例如堆垛层错,会增加色散面上激发点的数目以及反射 G 上斑点的数目。

为了理解这些概念的重要性,可以设想晶体中存在缺陷时会发生什么现象(15.8 节中有更多关于这方面的内容)。

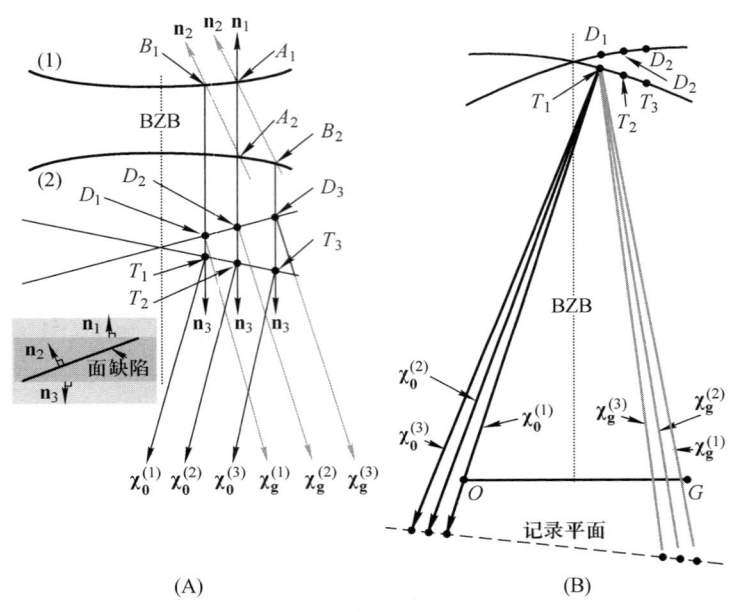

图 15.7 图 15.6 中接近布里渊区边界的色散面放大图,但此时样品两个表面都平行于 $\mathbf{g}$,且存在一个倾斜的层错,由此产生波 $\boldsymbol{\chi}_0^{(3)}$ 和 $\boldsymbol{\chi}_g^{(3)}$。(B)如果再次移动所有矢量至点 O_1,可以预见在 O 和 G 处将都有 3 个点

15.5 U_g、ξ_g 和 s_g 之间的关系

通过图 15.4 可以更好地理解色散面构造的重要性。在此图中用虚线表示原始球面:在靠近布里渊区边界处,它们几乎是平的。电子束最初以波矢 $\boldsymbol{\chi}$ 在晶体外传播。当电子束进入晶体时,该波矢的 z 分量改变(即在第 11 章和第 13 章中所看到的折射效应),但是 xy 分量保持不变,因此在晶体中允许的 $\mathbf{k}$ 矢量为 $\mathbf{k}^{(1)}$ 和 $\mathbf{k}^{(2)}$。一个 $\mathbf{k}$ 矢量起始于分支 1 结束于 O 点,而另一个起始于分支 2 结束于 O 点。

分 支 与 束

因为色散面仅有两个分支，所以仅存在两个 **k** 矢量。因为存在晶体势（U_g），所以色散面会有两个分支。因为只考虑两个束，所以只有两个分支。

很显然，通过加上 **g** 可以画出 $\mathbf{k}_g^{(1)}$ 和 $\mathbf{k}_g^{(2)}$。此时 $\mathbf{k}_0^{(1)}$ 与 **K** 是如何联系起来的呢？点 K 仍由穿过 χ 球面的结线确定，且位于以 O 为圆心的圆周上。最重要的是，$\mathbf{k}_1$ 和 $\mathbf{k}_2$ 都不等于 **K**。如果回到式(13.41)，可以看到

$$k_z^{(i)} - K_z = \gamma^{(i)} \tag{15.8}$$

因此，$\gamma^{(i)}$ 就是从点 M_j 到以 O 为中心的球面 K 的距离。可以明确地写出这个关系

$$\mathbf{k}^{(i)} = \mathbf{k}_z^{(i)} + \mathbf{k}_x^{(i)} \tag{15.9}$$

$$= (K + \gamma^{(i)})\mathbf{u}_z + k_x \mathbf{u}_x \tag{15.10}$$

注意，这里的最后一项与 i 无关。回顾图 15.4，可以看到当 M_1 和 M_2 位于布里渊区边界上时，Δk_z 取极小值。此种情况下

$$\Delta k_{z_{\min}} = \gamma^{(1)} - \gamma^{(2)} \tag{15.11}$$

通过该图可以轻易地看出，正如第 13 章所预期的，有

$$\gamma^{(1)} - \gamma^{(2)} = \frac{U_g}{k} = \frac{1}{\xi_g} \tag{15.12}$$

因此

$$\Delta k_z = \frac{1}{\xi_g} \tag{15.13}$$

在双束 TEM 成像中，厚度振荡的根源在于两布洛赫波的不同波长。它是两布洛赫波之间的竞争。

因此可以看到在布里渊区边界上的带隙 Δk_z 由消光距离的倒数给出。为了更清楚，这里再次做一下小结：

- 所考虑的是晶体，因此 $U_g \neq 0$。
- 因为 $U_g \neq 0$，所以色散面有两个分支，并且由此存在带隙。
- 带隙为 Δk_z。
- 因此消光距离 ξ_g 为有限值（即 ξ_g 不是无穷大的）。

旁白：试想如果 ξ_g 是无穷大，那么 s_{eff} 与 s 之间是什么样的关系[回到式(13.47)]。

如果结线 M_1M_2 不在布里渊区边界上，那么在画刚好在 M_1 下方的 Ewald 球（半径为 $1/\lambda$ 或 $|K|$）时，可以看到 s_g 不为零。从 13.10 节中的等式可以很容易地看出，一般而言，Δk_z 由下式给出：

$$\Delta k_z = s_{\text{eff}} = \frac{1}{\xi_{\text{eff}}} \qquad (15.14)$$

该等式是理解消光距离根源以及为什么有效消光距离取决于偏离参量 s 大小的关键。该式表明，带隙会随着 s 的增加而增大。换言之，当把结线移离布里渊区边界时，带隙 Δk 会增大。

由此引出的问题是：

■ Δk_z 与 s 相关的物理原因是什么？
■ 如果 **g** 不平行于薄片表面或者薄片表面不互相平行，情况将如何？

现在可以充分理解当第一次遇到 s 时为什么难于给出定义！

15.6 布洛赫波振幅

在 13.9 节中，对于双束情形，总波函数可表示为两布洛赫波之和

$$\psi(\mathbf{r}) = \mathcal{A}^{(1)} b^{(1)} + \mathcal{A}^{(2)} b^{(2)} \qquad (15.15)$$

两布洛赫波 $\mathcal{A}^{(1)}$ 和 $\mathcal{A}^{(2)}$ 的相对贡献分别为 $\cos(\beta/2)$ 和 $\sin(\beta/2)$，并且 $w = \cot\beta = s\xi_g$。

13.8 节中也给出

$$b^{(1)}(\mathbf{k}^{(1)}, \mathbf{r}) = C_0^{(1)} e^{2\pi i \mathbf{k}^{(1)} \cdot \mathbf{r}} + C_g^{(1)} e^{2\pi i (\mathbf{k}^{(1)} + \mathbf{g}) \cdot \mathbf{r}} \qquad (15.16)$$

以及

$$b^{(2)}(\mathbf{k}^{(2)}, \mathbf{r}) = C_0^{(2)} e^{2\pi i \mathbf{k}^{(2)} \cdot \mathbf{r}} + C_g^{(2)} e^{2\pi i (\mathbf{k}^{(2)} + \mathbf{g}) \cdot \mathbf{r}} \qquad (15.17)$$

布洛赫波的系数由方程式(13.31)给出

$C_0^{(1)}$	$C_0^{(2)}$	$C_g^{(1)}$	$C_g^{(2)}$
$\cos(\beta/2)$	$\sin(\beta/2)$	$-\sin(\beta/2)$	$\cos(\beta/2)$

现在考虑一些特殊情况并验证 $C_0^{(1)}$、$\mathcal{A}^{(1)}$ 等的实际值(表 15.1)。

对于布拉格条件，$s_g = 0$，**g** 正好被激发，$\mathcal{A}^{(1)}$ 和 $\mathcal{A}^{(2)}$ 都等于 $1/\sqrt{2}$。也就是说，两布洛赫波被同等激发。

对于 $s_g < 0$ 的情形，有 $\cos(\beta/2) > \sin(\beta/2)$，因此 $\mathcal{A}^{(1)}$ 大于 $\mathcal{A}^{(2)}$。如果改变 s 的符号，则 $\cos(\beta/2) < \sin(\beta/2)$，且 $\mathcal{A}^{(1)}$ 小于 $\mathcal{A}^{(2)}$。

表 15.1 布洛赫波变量的值

s	w	β	β/2	$\cos(\beta/2)$	$\sin(\beta/2)$
0	0	$\pi/2$	$\pi/4$	$1/\sqrt{2}$	$1/\sqrt{2}$
+0.01	+Δ	$(\pi/2)-\delta$	$(\pi/4)-(\delta/2)$	$(1/\sqrt{2})+\varepsilon$	$(1/\sqrt{2})-\varepsilon$
−0.01	−Δ	$(\pi/2)+\delta$	$(\pi/4)+(\delta/2)$	$(1/\sqrt{2})-\varepsilon$	$(1/\sqrt{2})+\varepsilon$

> **布洛赫波振幅**
>
> 布洛赫波 1 还是布洛赫波 2 具有最大振幅取决于 s 的符号。

现在把该信息与图 15.4 中的色散面联系起来。当 $s_g<0$ 时，结线 M_1M_2 位于布里渊区边界的左侧，这与反射 G 相关。当结线相比 G 更接近于 O 时，布洛赫波 1 将被更强烈地激发；当结线穿过布里渊区边界，反过来也成立。应该记住第 13 章中的分析是对于双束情形而言的，且接近布拉格条件。因此对 $\mathcal{A}^{(1)}$ 和 $\mathcal{A}^{(2)}$ 的讨论仅限于 s 值很小情况。

15.7 扩展到多束情形

如果允许更多的电子束对成像有贡献，那么对于 $U_g=0$ 的情况，可以通过构造更多的球面来画出色散面，如图 15.8 所示。如果有 n 束电子，那么就有 n 个球面。注意每个球面都以它对应的倒易格点为中心，并且相邻球面与周期性分布的布里渊区边界相交。图 15.3 中的间隙总是出现在布里渊区边界上。布里渊区边界本身总是对应着一个 **g** 矢量的垂直平分面。因此对于图 15.8 中多于双束的情形，多个带隙和多个分支使得图形更加复杂，如图 15.9 所示。带隙的大小将随着相邻分支级数的增加而减小。

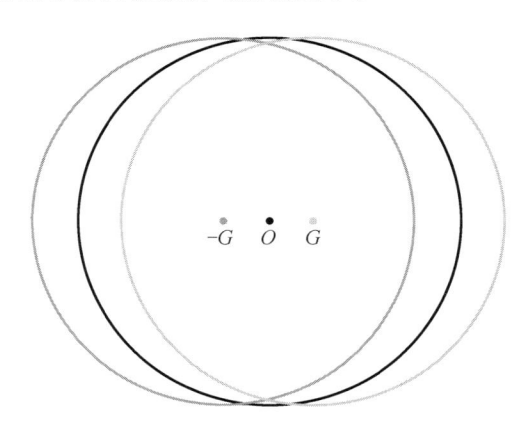

图 15.8 由 3 个反射（$-G$、O 和 G）产生的 3 个色散球面。如果有 n 个点，就会有 n 个球面

第 27 章将讨论当 $3g$ 被激发时成像的变化情况。将会实际考虑 **0** 和 **3g** 的双束条件。

沿用 Metherell 采用的惯例，从上至下给色散面的分支排序。此时 $i=1$ 对

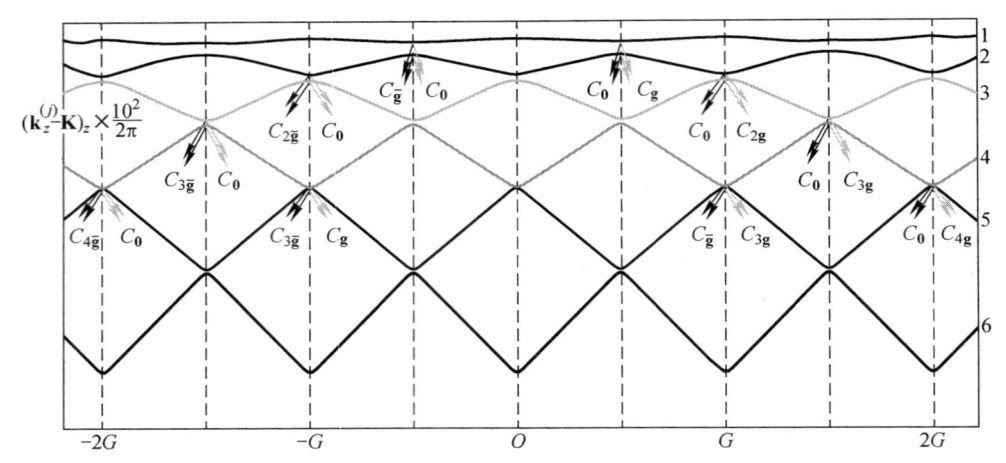

图 15.9 六个色散面分支。$i=1$ 和 $i=2$ 的两个分支具有最高能量并给出最大的带隙;注意到这些分支用 C_0 和 C_g 给出各项;小的带隙出现在低能分支之间。该图可近似为一组中心在 O、$\pm G$ 和 $\pm 2G$ 等的球面;C_0 垂直于中心为 O 的球面,而 C_g 垂直于中心为 **g** 的球面,依此类推

应动能最高的分支。请记住,在该处理方法中所有电子具有相同的总能量。也必须意识到一些较早期的课本中把最顶端的分支标记为 2,把第二分支标为 1,沿用了 Hirsch 等人的惯例。当仅考虑两个分支时,这种标记法还是可取的。

仍然可以把振幅 C_0 和 C_g 与球心在 **0** 和 **g** 处的球面关联起来,结果如图 15.9 中所标记的 C_0 和 C_g。例如,设想以 **0** 和 **g** 为中心的原始球面,它们在穿过 **g**/2 的布里渊区边界上相交,因此就能如图中那样标记为 C_0 和 C_g。

类似地,球心在 **0** 和 3**g** 的球面在穿过 3**g**/2 的布里渊区边界上相交,因此也可标出 C_0 和 C_{3g}。一般原则,对于一对被激发的反射,即 **0** 和 n**g**,C_{ng} 为最大,并且这对反射将通过 n**g**/2 布里渊区边界联系起来。

现在将这些讨论扩展至多电子束被激发的情形。除了 C_0 和 C_{ng} 以外,C 的其他值也都不为零,因为它不再是双束情形。因此结线 $M_1 M_2$ 将与色散面上的多个分支相交。当 **g** 被激发时,因为它们不与圆 **0** 相交,所以它们的贡献比较小。然而它们对图像仍然有贡献。图 15.9 给出了该结果的图形化表示。(记住,色散面是一种使布洛赫波系数图形化的方法。)如果满足 2**G** 反射,那么 $C_0^{(1)}$、$C_0^{(2)}$、$C_{2g}^{(1)}$ 和 $C_{2g}^{(2)}$ 都很大。在 G 点处(布里渊区边界上)分支 4 和 5 之间的间隙 $\Delta k_{4,5}$ 很小;这些圆在真空中相交。如果考虑 Ewald 球,则对 $\bar{g}$ 和 3**g**,s 值是相同的。在后面的章节中(下册第 26 章)将会看到这些反射之间实际上是强耦合的,尽管它们都是弱激发并且消光距离也很大(因为间隙 $\Delta k_{4,5}$ 很小)。

当 2g 被强激发时，对于 g 和 3g 耦合，消光距离为 $\xi_{4g}(\xi_{3g-(-g)})$，可通过观察布里渊区边界上 G 点处 4/5 分支的带隙证实这一点。

15.8　色散面和缺陷

引入布洛赫波概念的最初原因是，只有布洛赫波能够存在于周期势中，即在晶体中没有电子束。那么当存在缺陷时会是什么情况？将在下册第 23~26 章对此详细讨论，但在这里也会提到一些基本思想，强调布洛赫波而不是缺陷。

在 15.4 节中，用色散面表示法讨论了面缺陷对布洛赫波的影响。实际上所做的是使平行于面缺陷的分量相匹配，所以面缺陷的效应就是产生了新的结线 n_2。其一般性结果是，当存在缺陷时能量从某一布洛赫波沿着结线转移到另一布洛赫波；称之为带间散射。这一概念不仅对理解面缺陷的图像很重要，而且也给出了缺陷的一般性原理。

处理非面缺陷的困难在于结线无法很好地定义。但也可以设想一下结果：存在一个点的分布，而不是在色散面上有点。然后将这种分布与衍射花样联系起来。实现这一步可通过使结线垂直于出射表面，然后用通常的方法平移至 O_1。因此色散面上点的分布将变成衍射花样上斑点的分布；在第 17 章中将这种分布称为条纹。

章 节 总 结

色散面使得可以用图形来表示第 14 章中所给出的方程。这些面本质上为布洛赫波的 **k** 矢量(直接与能量相关)与 **K** 矢量的关系图。它们直接对应于广泛应用于半导体中表示能级的能带图；区别在于在半导体中通过能量与倒易点阵矢量(对应于这里的 **K** 矢量)的关系图来强调能量。**k** 矢量本身是变化的，因为尽管每个电子的总能量是常数，但当电子靠近原子核时势能会减小，从而导致动能的增加。

对于成像理论最重要的方程是式(15.14)，它把 Δk_z、s_{eff} 和 ξ_{eff} 联系起来。请注意：Δk_z 是相对于双布洛赫波定义的，但仅当布拉格方程近似满足时才会很小。这个关系使布洛赫波和布拉格束相关联。因为晶体中的周期势，Δk 只能取非零值。Δk 导致了厚度条纹的出现以及所有的厚度效应。因此所看到的厚度变化是源于布洛赫波对的干涉或竞争。随着 n 的增大，ξ_g 会增大，因为色散面两个相关分支的带隙变得更窄了。晶体中的缺陷导致了布洛赫波的混合或耦合：它们把色散面的各分支"联结"在一起并导致带间散射。

在整章中一直都强调色散面是 **k** 与 **K** 关系的图形化表示。我们将引用 Kato 推导的结果作为结束语。

在任何波场中，能流的方向是沿色散面的表面法线方向。该结论对"电子波包"和其他形式的波同样有效。物理学家可能会表述为 Poynting 矢量垂直于色散面。

尽管有许多讨论半导体中色散面和带隙的书，请注意 $2\pi/\lambda$ 与 $1/\lambda$ 的问题，因为其中很多书籍要么是物理学家写的，要么是为他们所写的。用布洛赫波分析缺陷一直是物理学家们所不愿意采用的方法。但是，还是有一些使用布洛赫波方法分析的很好的程序。

给出常见的警告：注意黑匣子。Metherell 的文章比这里所阐述的要深入得多。不过，本章大部分内容都受到他的启发，并强烈推荐将他的书用于进一步的学习。他写得很精彩，解释也很清晰，内容当然也比本书更深奥。如果想更深入地钻研这一问题，这是一个很好的参考资料。注意 Metherell 习惯采用符号 e^{ikr}。

参考文献

同第 14 章一样，这里采用 Hirsch 等人提出并由 Metherell 扩展和阐明的处理方法。对于熟悉 Mathematica™（或相应的）MatLab 的读者，建立（并共享）这些图的手册将是一项很有趣的挑战。

布洛赫波

Ashcroft, NW and Mermin, ND 1976 *Solid State Physics* W. B. Saunders Co. Philadelphia. 第 8 章（使用的是 $2\pi/\lambda$）。

Kato, N 1957 *The Flow of X-rays and Materials Waves in Ideally Perfect Single Crystals* Acta Cryst. **11** 885–887.

Kittel, CJ 2004 *Solid-State Physics* 8th Ed. John Wiley & Sons New York.

Metherell, AJF 1975 in *Electron Microscopy in Materials Science* **II** 397–552 Eds. U Valdré and E Ruedl CEC Brussels. 见参考文献。

姊妹篇

姊妹篇中对这个话题没有进行多少扩展，但是希望在将来对 Mathematica™ 手册的使用做一下讨论。

自测题

Q15.1　在本章中"色散"是什么意思？

Q15.2　用 $\mathbf{k}^{(j)}$ 和 $C_{\mathbf{g}}^{(j)}$ 写出 $b^{(j)}(\mathbf{r})$ 的表达式。

Q15.3　本章中，将讨论限制在只有 ZOLZ 的反射被激发的情况。这么做的物理原因是什么？

Q15.4　画出晶体内势为零时双束条件的色散面图，然后解释术语"色散面"。

Q15.5　矢量 $\mathbf{k}^{(1)}$ 和 $\mathbf{k}^{(2)}$ 相互不平行的物理原因是什么？有什么含义吗？

Q15.6　为什么 $\mathbf{k}^{(1)}$ 和 $\mathbf{k}^{(2)}$ 在分支(1)和分支(2)上结束(开始)，而不是在"曲线" x 和 y 上？

Q15.7　过去经常用到 $\mathbf{K}_D$，现在用 $\mathbf{k}^{(1)}+\mathbf{g}$ 和 $\mathbf{k}^{(2)}+\mathbf{g}$，为什么不用 $\mathbf{K}_D$？$\mathbf{K}_D$ 仍然存在吗？

Q15.8　什么是 BZB？写出它的全名并解释它的来源。

Q15.9　画出当 $\mathbf{g}$ 不满足双束条件时的色散面(不参考图 15.4)。

Q15.10　当入射束 $\mathbf{\chi}_1$ 平行于衍射面时考虑图 15.4。为何这不是一个很好的双束衍射的例子？

Q15.11　图 15.4 中，M 在色散面"下面"。它可以在色散面上面吗？证明你的答案。

Q15.12　图 15.4 中，$\mathbf{k}^{(2)}+\mathbf{g}$ 比 $\mathbf{k}^{(2)}$ 长，这是否表明 λ 已经改变了？

Q15.13　图 15.4 中，为什么结线垂直于 $\mathbf{g}$？

Q15.14　波矢 $\mathbf{\chi}$ 总是比 $\mathbf{K}$ 或者 $\mathbf{k}$ 短。解释其原因？

Q15.15　结线是一种满足样品引入的边界条件的图示方法。解释其原因？

Q15.16　图 15.6 中点 O_1、O_2、D_1 和 D_2 并没有在晶体的色散面上，那么它们确实有关联吗？

Q15.17　用文字阐述为什么图 15.7 中有 3 个 $\mathbf{\chi}_0$ 矢量($\mathbf{\chi}_0^1$、$\mathbf{\chi}_0^2$、$\mathbf{\chi}_0^3$)？

Q15.18　在双束情形，当 G 在 Ewald 球上时，布洛赫波系数的数量级是多少？

Q15.19　如果 $s_g < 0$，可以看到 $\mathcal{A}^{(1)} > \mathcal{A}^{(2)}$，这有什么具体物理意义吗？

章节具体问题

下面的问题包含提出者的警告标记。

T15.1　为什么方程式(15.1)中有 $C_g^{(j)}/C_0^{(j)}$ 的两种表达式？

T15.2　Δk_z 和 s 相关的物理原因是什么？

T15.3　如果 **g** 不平行于薄样品表面，布洛赫波构造会怎么变化？

T15.4　如果样品的两个面不相互平行，布洛赫波构造会怎么变化？

T15.5　当样品取向使 G 在 Ewald 球上时，可获得与图 15.9 所示相同的条件，很多束被激发，但只有一束满足 $s_g=0$。形成明场像。厚度条纹的周期性如何与这个图相关？尤其是，消光距离如何与双束情形下的值相关联？

T15.6　当样品取向使电子束平行于衍射面时，可获得与图 15.9 所示相同的条件，很多束被激发，但是没有一束满足 $s_g=0$。形成明场像。厚度条纹的周期性如何与这个图相关？

T15.7　开始时依照 Metherell 的简化，假设只有 ZOLZ 的反射被激发。试讨论如果不做这个假设，将会带来什么难题？现实中可能会遇到这个问题吗，如果有，是在什么条件下？

T15.8　本章中做了加速电压很高的近似。讨论什么时候这个近似不成立。

T15.9　图 15.4 中，画出 OG，使其不平行于 O_fG_f，这有可能发生么？讨论为什么 T_1G_f 平行于 T_2G？这种情形是必然会出现的吗？

T15.10　图 15.6B 中，为什么 $\boldsymbol{\chi}_0^{(2)}$ 不平行于 $\boldsymbol{\chi}_0^{(1)}$？为什么在晶体外有这两个矢量？这张图中 D_2 和 T_3 有什么关系？

第 16 章
晶体衍射

章 节 预 览

既然重点在晶体材料上,我们首先讨论一下晶体对称性的细节对衍射花样的影响。这里使用倒易点阵的概念并把它应用到实际例子中。需要了解的主要有两个方面:

■ 必须了解推导特定晶体结构的一些定则;以面心立方(fcc)晶体为例说明哪种反射允许出现。

■ 另一方面更为普遍,是关于为什么要采用这些定则。为什么有些反射不存在或者比较弱,以及如何利用这些信息对材料作更多的了解。

根据不同的晶体结构可以推导出一些选择定则来说明哪种反射允许出现,建议记住最常用的几个。本章中假设晶体是完整无限大的,虽然实际上并不是这样。在 17 章中,将会说明如果晶体包含缺陷或者衍射晶体相对很小的情况下会发生什么情况。第 18 章中会给出标定实验衍射花样的过程。

第 16 章 晶体衍射

16.1 简单点阵衍射回顾

在第 11～15 章中研究了规则排列点阵的衍射。把这种规则排列的阵列定义为简单点阵,其中一个单胞中只有一个阵点。事实上,在 11.5 节和 12.4 节讨论布拉格方程 $2d\sin\theta_B = n\lambda$ 中 n 的含义的时候就开始考虑这个问题了。我们会指出即使只在(100)面上有原子,(200)面的衍射也会产生 200 反射。

结合式(13.3)和式(13.4),可以将衍射束的振幅表示为

$$\phi_g = \frac{a\mathrm{i}\lambda F_g}{V_c \cos\theta} \sum_n e^{-2\pi\mathrm{i}\mathbf{K}\cdot\mathbf{r}_n} e^{2\pi\mathrm{i}\mathbf{K}_D\cdot\mathbf{r}} \quad (16.1)$$

式中,F_g 为材料的结构因子。由于每个阵点上都是同种类型的原子,在第 13 章中只需要考虑一个原子的散射因子 f。现在要用不同类型的原子构造真实的晶体单胞。通过 3.7 节知道,散射因子 f 随散射角变化。然而,在本章中将限定 θ 取很小的值(不包括 0),并且假设 f 有固定值;也可以很容易地扩展到其他散射角。为方便查找,表 16.1 总结了一些常用的 f 值。

这些数据出自 Ibers 的原文,如果阅读了就会发现这些数据并不为人们所熟知。这很不幸,因为大部分的分析都是基于这些 f 值。此外,在表 16.1 中选择 θ 不为零的另外一个原因是这些数据并不可靠。所幸的是,只在某些特殊情况下对强度的细节感兴趣,因此 f 值的精度不会对结果产生很大的影响。

只需直接使用这些数据,但如果要深入研究,就要考虑以下几点:
- 为什么这些数据不受重视? 在第 2 章和第 3 章中已讨论过这个问题。原子散射因子与微分散射截面有关(见 3.7 节)

$$|f(\theta)|^2 = \frac{\mathrm{d}\sigma(\theta)}{\mathrm{d}\Omega} \quad (16.2)$$

而在典型 TEM 电压下的散射截面却不是很清楚。
- 如果是离子晶体,用 $f(\theta)$ 表示原子还是离子?
- 如果是共价化合物材料,怎样在散射模型中引入共价键?

如何计算 $f(\theta)$ 取决于用来描述原子的模型。本章末尾列出的一些参考文献对这方面有更详细的介绍,但需注意这不是一个容易的问题。

最简单的方式就是忽略所有的离子特征!仔细看一下表 16.1,会发现如果原子序数足够大,那么移走一个电子带来的 f 值的变化可能不会很大。在离子晶体中,采用移走或添加外层电子的方式形成离子,因此电子束与核的相互作用不会受到很大影响。但需要注意的是,此讨论只适用于 f。在下册第四篇中,可以利用电子能量损失谱来探测不同原子结合方式的差异。所以,成键方式确会影响电子束。

表 16.1 $\theta = \theta_B$ 时部分原子散射因子 $f(\theta)$ 的值

元素	$f(\theta)$/Å	元素	$f(\theta)$/Å
H	0.31	Cr	3.56
Li	0.75	Mn	3.55
Be	1.16	Fe	3.54
B	1.37	Co	3.51
C	1.43	Ni	3.48
N	1.44	Cu	3.44
O	1.42	Zn	3.39
Na	1.59	Ga	3.64
Mg	1.95	As	4.07
Al	2.30	Ag	5.58
P	2.59	W	7.43
Ca	3.40		

注：这些数据是基于自洽场理论（$\sin\theta/\lambda = 0.2$ Å^{-1}）和静止质量给出的。对于速度为 v 的电子的 $f(\theta)$ 值必须要乘以 $(1-(v/c)^2)^{-1/2}$。

通常忽略由共价键带来的影响，如方向性、成键组分。然而会发现，例如在硅晶体中，所有键都沿着特殊类型的晶体学方向分布，所以在衍射花样中可能会发现一些特殊的性质。

16.2 结构因子：思想

这一部分建立在第 12 章的基础上。为简单起见，在立方晶体中描述结构因子的概念。对于立方晶体，**g** 的所有可能值都会在衍射花样中产生一个反射。每一个倒易阵点都对应着一个可能的光束。下一步将结构基元（即与每个阵点相关的一组原子）添加到简单点阵上。由于仍然保持简单点阵，所有这些点在倒易点阵中都会存在，但是反射将会加强。有 3 种不同的方式来理解这个问题，事实上它们都是等价的。

■ 选择定则：这可能是最接近物理学的。晶体的结构会通过某种选择定则来决定哪种光束被允许通过。

■ 权重（或权重因子）：可以给倒易点阵中的每个点分配一个权重（可能为 0），这是 Ewald 用过的术语。权重因子的优越性在于它类似于散射因子。

■ 结构因子(F)：和原子散射振幅$f(\theta)$意义相同，但这是单胞的特征；可以看成是单胞的散射振幅。这是材料科学中常用的术语。

可以用两种方式说明这个问题：

■ 可以像第 2 章和第 3 章那样，研究干涉的物理思想。这种方法可以给出一些有用的指导。例如，会发现硅中 200 反射通常都是不存在的。但在 GaAs 中，它虽然很弱，但总是存在的。类似地，100 反射在 Ni_3Al 中很弱，但在 Ni 中是不存在的。

■ 一些材料在实空间中会有一个特定的点阵，例如，面心立方(fcc)或体心立方(bcc)点阵。这些情况下可以在倒易空间中描述相应的特定点阵。即对于这些特定结构的一些特定反射总是禁止的；称为"运动学禁止"反射。（然而会发现，由于动力学散射它们也会出现，而结构因子不考虑任何动力学散射）。fcc 晶体的倒易点阵（允许的反射）是 bcc，反之，bcc 晶体的倒易点阵是 fcc。

在方程式(13.1)中，把晶胞的散射表示为

$$A_{cell} = \frac{e^{2\pi ikr}}{r} \sum_i f_i(\theta) e^{2\pi i \mathbf{K} \cdot \mathbf{r}_i} \tag{16.3}$$

这个方程表明，晶胞中所有原子的散射都存在一个相位差 $2\pi i \mathbf{K} \cdot \mathbf{r}_i$，其中 $\mathbf{r}_i$ 为单胞中每个原子的位置矢量

$$\mathbf{r}_i = x_i \mathbf{a} + y_i \mathbf{b} + z_i \mathbf{c} \tag{16.4}$$

由于这里是无限大的完整晶体，所以从只考虑 $\mathbf{K} = \mathbf{g}$ 的情形开始

$$\mathbf{K} = h\mathbf{a}^* + k\mathbf{b}^* + l\mathbf{c}^* \tag{16.5}$$

因此得到

$$F_{hkl} = \sum_i f_i e^{2\pi i (hx_i + ky_i + lz_i)} \tag{16.6}$$

这是个关键方程，是最普遍的形式。

这个方程适用于任意晶体，不管单胞中有 1 个或 100 个原子，不管它们的位置如何，这个方程都适用。下一步要做的就是将原子坐标带入方程式(16.6)计算 F_{hkl}。

16.3 一些重要的结构：体心立方、面心立方和密排六方

现在计算体心立方和面心立方晶体的结构因子，阐明刚才在 16.2 节中的观点，而且作为一个材料学家，必须知道这些结论。可以从以下两方面认识倒易点阵：

■ 体心立方和面心立方的倒易点阵是它们自身特殊的点阵。

■ 立方晶体的倒易点阵是简单立方，但是其中一些阵点结构因子为零。

16.3 一些重要的结构：体心立方、面心立方和密排六方

体心立方：体心立方结构非常简单。如果将一个格点设为原点 $(0,0,0)$，另一个格点在 $(1/2,1/2,1/2)$ 处。然后将这些 (x,y,z) 的值代入方程式 (16.6) 可得到

$$F = f\{1 + e^{\pi i(h+k+l)}\} \qquad (16.7)$$

此时，由于 h、k、l 都是整数，如果令 $h+k+l=N$，则指数部分就可以用两个值来代替：当 N 为偶数时，+1；当 N 为奇数时，-1。

因此可以得到：

- $F = 2f$，如果 $h+k+l$ 为偶数。
- $F = 0$，如果 $h+k+l$ 为奇数。

没有其他的可能值了。标定的体心立方的倒易点阵如图 16.1 所示。允许反射的格子是面心立方。它在实空间看起来可能不像面心立方格子，是因为倒易空间中的指数必须都是整数。

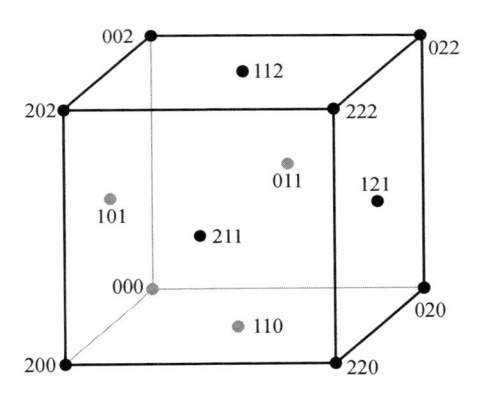

图 16.1 体心立方晶体结构的倒易点阵。系统消光的阵点已经去掉了，所以点的实际排列为面心立方点阵

面心立方：如果用同样的方式分析面心立方结构，晶胞中必须包含 4 个原子。可以把它看成基元有 4 个原子的简立方，这 4 个原子的坐标为

$$(x,y,z) = (0,0,0), \left(\frac{1}{2},\frac{1}{2},0\right), \left(\frac{1}{2},0,\frac{1}{2}\right), \left(0,\frac{1}{2},\frac{1}{2}\right) \qquad (16.8)$$

将这些数值代入式 (16.6) 得到

$$F = f\{1 + e^{\pi i(h+k)} + e^{\pi i(h+l)} + e^{\pi i(k+l)}\} \qquad (16.9)$$

进一步分析整数 h、k 和 l 的可能值。如果 3 个全为奇数或偶数，则所有指数项均为 $e^{2n\pi i}$。因此所有衍射波的相位都是 2π 的整数倍，同相位。但是，如果 h、k、l 中的某一个值为奇数其他两个为偶数，或者其中一个为偶数其他两个为奇数，那么其中两个的相位是 π 的奇数倍，在式 (16.9) 中就会出现两个 -1。

因此

- $F = 4f$, 如果 h、k、l 全为奇数或偶数。
- $F = 0$, 如果 h、k、l 为奇偶混合。

得到的倒易点阵如图 16.2 所示。这时允许反射的倒易点阵是体心立方结构，且所有指数为整数。

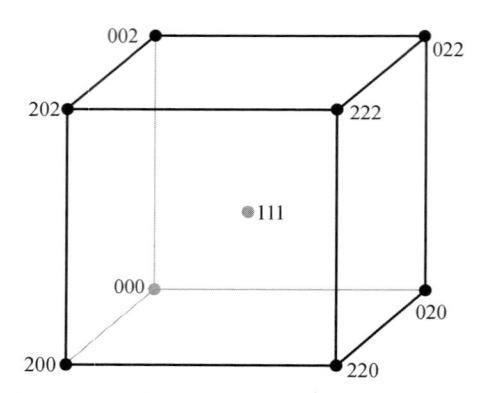

图 16.2 面心立方晶体的倒易点阵。系统消光的阵点已经去掉了，所以点的实际排列为体心立方点阵

密排六方：通常密排六方晶体的衍射花样标定起来相对复杂一些，有以下原因：

- 除了(0001)面，由于 c/a 的比率不同，不同晶体的衍射花样就会不同。
- 采用三指数符号推导结构因子定则。
- 用四指数 Miller-Bravais 符号标定晶面和衍射花样。

对于密排六方结构，每个单胞中只包含两个原子。可以把它看成是基元有两个原子的简单菱方单胞。原子的坐标分别为

$$(x,y,z) = (0,0,0), \left(\frac{1}{3}, \frac{2}{3}, \frac{1}{2}\right) \tag{16.10}$$

将上述坐标代入方程(16.6)中得

$$F = f\{1 + e^{2\pi i \left(\frac{h}{3} + \frac{2k}{3} + \frac{l}{2}\right)}\} \tag{16.11}$$

令 $h/3 + 2k/3 + l/2 = X$ 来简化方程；分析的复杂性体现在 X 可能是分数。如果考虑强度的表达式中所需要的 $|F|^2$, 则分析会很直接。那么方程可以写为

$$|F|^2 = f^2(1 + e^{2\pi i X})(1 + e^{-2\pi i X}) = f^2(2 + e^{2\pi i X} + e^{-2\pi i X}) \tag{16.12}$$

$$|F|^2 = f^2(2 + 2\cos 2\pi X) = f^2(4\cos^2 \pi X) \tag{16.13}$$

现在可以给出密排六方结构的定则，它由 $h+2k$ 是否能够被 3 整除决定：

- $|F|^2 = 0$, 如果 $h+2k = 3m$ 且 l 是奇数。

16.3 一些重要的结构：体心立方、面心立方和密排六方

- $|F|^2 = 4f^2$，如果 $h+2k = 3m$ 且 l 是偶数。
- $|F|^2 = 3f^2$，如果 $h+2k = 3m \pm 1$ 且 l 是奇数。
- $|F|^2 = f^2$，如果 $h+2k = 3m \pm 1$ 且 l 是偶数。

因此 $11\bar{2}0$ 和 $11\bar{2}6$ 反射得到加强，而 $11\bar{2}3$ 反射将消失。同理，$10\bar{1}0$ 和 $20\bar{2}0$ 被削弱，而 $30\bar{3}0$ 得到加强。更重要的是，0001 消失。可以发现要掌握四指数 Miller-Bravais 符号需要一段时间。第三个指数只是为了强调对称性；如果第三个指数不包括在内，可能不会意识到晶面的等价性，例如（110）和（1$\bar{2}$0）在晶体学上是等价的。

还需要了解一下此系统的其他表示方法。如果正在研究密排六方型材料，必须有一份 Frank 在 1965 年发表的标定此系统的文章。

如果晶向 $[uvtw]$ 平行于平面 $(hkil)$，可以得到

$$uh + vk + ti + wl = 0 \tag{16.14}$$

平面 (h, k, i, l) 的法线是笛卡儿矢量 $[h, k, i, l/\lambda]$，同样晶向 $[u, v, t, w]$ 在笛卡儿坐标系中为矢量 $[u, v, t, \lambda w]$。因此采用四指数笛卡儿矢量符号，方程式（16.14）可表示为

$$[u, v, t, \lambda w][h, k, i, l/\lambda] = 0 \tag{16.15}$$

在立方晶体中，晶向 $[hkl]$ 总是和平面 (hkl) 垂直，但是在密排六方晶体中不是。通过简单的几何关系可知

$$\lambda^2 = \left(\frac{2}{3}\right)\left(\frac{c}{a}\right)^2 \tag{16.16}$$

因此垂直于平面 $(hkil)$ 的笛卡儿矢量 $[HKIL]$ 为

$$\left(h, k, i, \left(\frac{3}{2}\right)^{\frac{1}{2}}\left(\frac{a}{c}\right)l\right) \tag{16.17}$$

因此，由于 $l=0$，$[11\bar{2}0]$ 垂直于 $(11\bar{2}0)$ 面；但 $[01\bar{1}2]$ 不垂直于 $(01\bar{1}2)$ 面。

现在可以把两平面 $(hkil)$ 和 $(defg)$ 的夹角 ϕ 表示出来。利用方程式（16.17）推导出平面的法线，然后对这两个四指数矢量进行点积推出 $\cos\phi$ 具有如下形式

$$\cos\phi = \frac{hd + ke + \frac{1}{2}(he + kd) + \frac{3}{4}lg\left(\frac{a}{c}\right)^2}{\left\{h^2 + k^2 + hk + \frac{3}{4}l^2\left(\frac{a}{c}\right)^2\right\}^{1/2}\left\{d^2 + e^2 + de + \frac{3}{4}g^2\left(\frac{a}{c}\right)^2\right\}^{1/2}} \tag{16.18}$$

密排六方单胞如图 16.3 所示。记住有 3 个晶体学等价轴 x、y 和 u，任意平面的指标可以表示为 $(uviw)$，这里 $i = -(u+v)$。

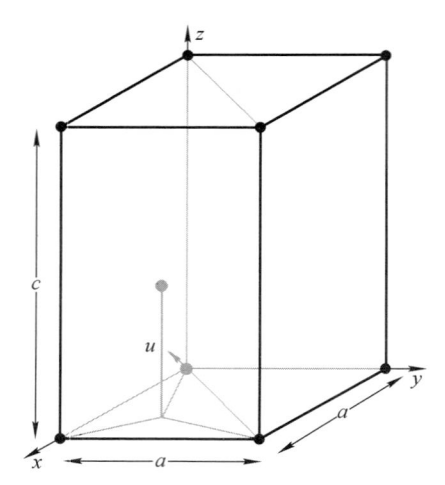

图 16.3 密排六方单胞显示了 Miller-Bravais 标定系统中采用的 4 个轴，基平面上的 3 个轴 x、y 和 u 都是晶体学等价方向，z 轴垂直与基平面

16.4 扩充 fcc 和 hcp 使之包含基元

在前面章节中，计算了由四个原子构成的面心立方结构和两原子构成的体心立方结构这两种简单立方晶体的倒易点阵。现在开始进一步分析面心立方并且增加一个基元。这种扩充一方面阐明这种方法，另一方面还推出了以下三种重要材料的结构因子定则。

NaCl，*GaAs* 和 *Si*：这三种晶体结构都是含有一个基元的面心立方点阵。换句话说，可以区分组成面心立方点阵的原子和组成这个基元的原子。

NaCl：将 Na 原子放在面心立方格点上；尽管 *NaCl* 是离子型晶体，由于通常不考虑离子的电荷，所以将离子看作原子。

对于每个 Na 原子，相对于它的 [1/2, 0, 0] 矢量处有一个 Cl 原子。然而，为了强调立方对称性，可以选择基矢 [1/2, 1/2, 1/2]。Cl 原子的相位因子应该与 Na 原子相同，但是相位增加 $\pi i(h+k+l)$。当然，两种原子的原子散射振幅 f 也不相同。可以将 F 表示为

$$F = \{f_{Na} + f_{Cl} e^{\pi i(h+k+l)}\} \{1 + e^{\pi i(h+k)} + e^{\pi i(h+l)} + e^{\pi i(k+l)}\} \quad (16.19)$$

这又给出了一些结论：

- $F = 4(f_{Na} + f_{Cl})$，如果 h、k、l 都为偶数。
- $F = 4(f_{Na} - f_{Cl})$，如果 h、k、l 都为奇数。
- $F = 0$，如果 h、k、l 奇偶混合。

显然，对于任何面心立方结构第三种情况都是一样的，因为四项的因子结果为零。这与前面对面心立方结构的推导结果一致。如果 f_{Cl} 设为零，就可以验证这一点。无论 $(f_{Na} \pm f_{Cl})$ 中的符号为正或为负都是一个新的特征。实际上它们表示，在衍射花样中 h、k、l 全为偶数的反射强度要高于全为奇数的。请见表 16.1 中给出的 f 值。LiF、KCl、MgO、NiO、FeO 和 ErAs 都属于 NaCl 结构。既然它们有不同的原子散射振幅对，每种情况下对应的 $4(f_{Na}-f_{Cl})$ 项也会不同。h、k、l 全为奇数的反射对化合物化学组分敏感，称之为"化学敏感反射"。将在第 29 章中通过例子说明如何在成像中利用这种敏感性。

GaAs：与上述步骤相同，将 Ga 放置在面心立方晶格的格点上，As 相对它的基矢为 [1/4, 1/4, 1/4]。（晶体学家会立即注意到这是将 As 原子放置在四面体中而不是像 NaCl 一样的八面体中。）F 的表达式变成 [F_{fcc} 的定义见式 (16.9)]

$$F = \{f_{Ga} + f_{As} e^{\frac{\pi}{2}i(h+k+l)}\} F_{fcc} \tag{16.20}$$

因此由上式得出的规则稍微有点复杂：

- $F = 0$，如果 h、k、l 既有奇数也有偶数（面心立方结构）。
- $F = 4(f_{Ga} \pm i f_{As})$，如果 h、k、l 都是奇数。
- $F = 4(f_{Ga} - f_{As})$，如果 h、k、l 都是偶数且 $h+k+l = 2N$，其中 N 为奇数（例如，200 反射）。
- $F = 4(f_{Ga} + f_{As})$，如果 h、k、l 都是偶数且 $h+k+l = 2N$，其中 N 为偶数（例如，400 反射）

可以通过在 (001) 平面上画出的投影和在第 11 章中讨论的物理概念来比较 200 反射与 400 反射的区别。三个指数都是奇数的情况很有意思。但是只能看到强度（即 $|F|^2$ 而不是 F），而 $|F|^2 = 16(f_{Ga}^2 + f_{As}^2)$，与最初的正负号无关。当然，结构因子仍旧与其他情况不一样。

Si：现在可以很容易地将这种分析方法应用于 Si、Ge 或者金刚石。只需要将结果中的 f_{Ga} 和 f_{As} 用 f_{Si} 来代替即可。最主要的区别就是：当 $h+k+l = 2N$ 且 N 为奇数时，F 为零。最好的例子就是 200 反射。对于 Si 和 Ge 来说 $F = 0$，但对 GaAs，则 F 为有限值。

下面介绍密排六方结构。

纤锌矿：纤锌矿结构之于密排六方就像 GaAs（闪锌矿）之于面心立方。这是一种重要的结构，它包括 BeO、ZnO、AlN 和 GaN，都被广泛地研究。可以把它看成由两个密排六方点阵相互平移 [1/3, 1/3, 1/8] 或 [0, 0, 3/8] 构成。由于密排六方单胞中第二个原子不在格点位置，所以就有了一个四原子的基元。如果提前阅读 16.8 节，这将是一个很好的练习。

16.5 将体心立方和面心立方的分析用于简单立方结构

将体心立方扩展到 NiAl(B2)：对于这种材料，可以很容易地修改体心立方结构的原始处理方式。既然中心的原子是不同的，所以 NiAl 是简单立方。如果选择将 Ni 原子置于(0，0，0)，Al 原子置于[1/2，1/2，1/2]，那么

$$F = \{f_{Ni} + f_{Al}e^{\pi i(h+k+l)}\} \tag{16.21}$$

这就产生两个不为零的 F 值：

- $F = f_{Ni} + f_{Al}$，如果 $h+k+l$ 是偶数。
- $F = f_{Ni} - f_{Al}$，如果 $h+k+l$ 是奇数。

当然，如果 f_{Ni} 与 f_{Al} 相同，那么结果与体心立方相同。由于 f_{Ni} 与 f_{Al} 不同，F 总是不为零，就导致 NiAl 的所有反射都会在衍射花样中出现。当然这也是所期望的，因为 NiAl 是简单立方。具有这种结构的其他材料有：CsCl、CoGa、FeAl 和 CuZn 等。对于 NiAl，像(100)这样的反射都是化学敏感的。

$Cu_3Au(L1_2)$ 结构：有许多重要的有序金属间化合物都具有这种结构，例如 Al_3Li 和 Fe_3Al。最重要的是 Ni_3Al（因为它在 Ni 基超合金中的重要地位）。利用处理 NiAl 的方式处理 Ni_3Al。此处 Al 原子在(0，0，0)位置，3 个 Ni 原子在面心。F 的表达式变为

$$F = f_{Al} + f_{Ni}\{e^{\pi i(h+k)} + e^{\pi i(h+l)} + e^{\pi i(k+l)}\} \tag{16.22}$$

对于 Ni_3Al 有：

- $F = (f_{Al} + 3f_{Ni})$，如果 h、k、l 全奇或全偶。
- $F = (f_{Al} - f_{Ni})$，如果 h、k、l 奇偶混合。

同样，因为是简单立方结构，Ni_3Al 的所有可能的倒易点阵点都会产生布拉格反射。奇偶混合的 hkl 反射都是化学敏感反射。这种材料非常有趣，因为通过热处理可以使这两个元素任意排列；此时每一位置由 Ni 原子占据的概率均为 75%，由 Al 原子占据的概率均为 25%，而且对于奇偶混合的 hkl 的 F 值为零。由于这个原因，奇偶混合的 hkl 的反射被定义为超晶格反射（见 16.7 节）。

16.6 将密排六方结构扩展到 TiAl

TiAl 结构不像前面两种情况那样被人们所熟悉，但也描述了一类材料。在 16.4 节中讲过密排六方结构中的两个原子是不等价的。在 TiAl 中，实际上也使它们在化学上不同。这意味着密排六方结构的定则将再次被修正。使用式(16.11)可得

$$F = f_{Ti} + f_{Al}e^{2\pi i\left(\frac{h}{3} + \frac{2k}{3} + \frac{l}{2}\right)} \tag{16.23}$$

最重要的是，由于 $F=f_{Ti}-f_{Al}$，（0001）反射是可以发生的，TiAl 确实具有简单的六角单胞结构。

16.7 超晶格反射与成像

Ni$_3$Al 和 NiAl 的倒易点阵如图 16.4 中所示；小圆圈表示化学敏感的倒易格点。把化学敏感的反射称为**超晶格反射**；在倒易空间中，将面心立方看作格子，化学敏感反射就发生在倒空间中尺度更小的格子上。化学敏感的超晶格反射在无序的面心立方结构中都是禁止的。

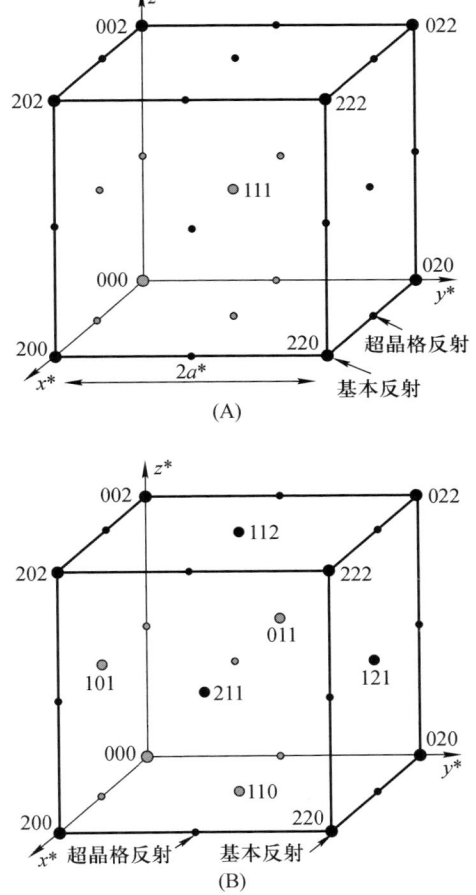

图 16.4 （A）Ni$_3$Al 和（B）NiAl 结构的倒易点阵。在（A）中，Ni$_3$Al 是面心立方，所以面心立方的禁止反射（h、k、l 为奇偶混合）允许出现，所以变成了化学敏感反射（超晶格）。在（B）中，NiAl 是体心立方，所以体心立方的禁止反射（如果 $h+k+l$ 为奇数）是允许的超晶格反射

超晶格反射发生在有序结构的材料中，致使实空间中单胞更大，倒易空间单胞更小。

多年来，这些超晶格反射都被认为是一些不寻常材料的特殊性质。然而在有序材料中，特别是 16.4 节中提到的金属间化合物中发现它们有更多的应用。我们可以通过选取一些例子来说明超晶格效应的众多种类。

图 16.5 给出了一幅 Cu_3Au 的图像，属于 A_2B 类型的有序面心立方结构。晶体已经被离子辐射过，因此一小部分分层区域已经被破坏，Cu 和 Au 已经部分混合，也就是说有序已经被局域破坏了(Jenkins 等)。所成暗像利用已知的超晶格反射 110。通过破坏有序，就破坏了最终无序区域的超晶格衍射，因此无序区域显示黑色，有序区域显示白色。这样就可以观察到无序区域，测量它的尺寸等，即使它不是电子衍射。畴间的暗带为倾斜反相畴边界(APB)，这是一种特殊的面缺陷，将在下册 24.6 节详细介绍。

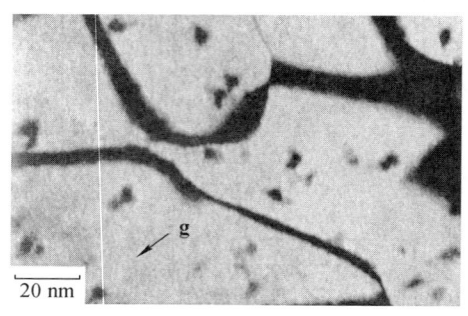

图 16.5 化学敏感的 110 反射的暗场像显示了 Cu_3Au 中的比较亮的有序畴。亮畴中比较暗的区域是由离子束损伤诱导的局域无序区域

图 16.6A 和 B 给出的是 $GaAs/Al_xGa_{1-x}As$ 量子阱结构的 002 暗场像和相应的衍射花样。因为 002 反射是超晶格反射，所以 $Al_xGa_{1-x}As$ 层比 GaAs 亮；请记住，在 GaAs 中，如果 f_{Ga} 与 f_{As} 相等，这种反射点是禁止的。$Al_xGa_{1-x}As$ 显得比较亮是因为将含量为 x 的 Ga 原子用更轻的 Al 原子替代了，这样就提高了 $f_{III}-f_V$ 的差值。显然，这是一类化学敏感反射的经典例子。需要提醒读者注意的是图像和衍射花样的强度。上述讨论都假设样品很薄，且是在第一厚度区（即样品的厚度小于一个消光距离）进行的。换句话说，定量描述强度时一定要谨慎，因为超晶格光束也是动力学衍射。

第三个例子是 VC(陶瓷碳化钒)。VC 的结构与已知定则的 NaCl 结构相同。然而，这种碳化物通常都是非化学计量的，组分为 V_xC_y，且 $x>y$。图 16.7 中给出的是有序 V_6C_5 和 V_8C_7 的图像和衍射花样，其中分别有 1/6 和 1/8 碳的位置没有被 C 原子占据；我们说这些位置被空位占据，并且这些空位形成

16.7 超晶格反射与成像

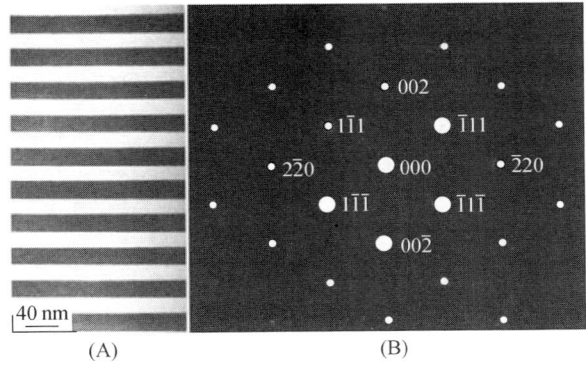

图 16.6 （A）GaAs/Al$_x$Ga$_{1-x}$As 中化学敏感的 002 反射的暗场像。由于 Al 替代了 GaAs（暗区域）中 Ga 的位置，Al$_x$Ga$_{1-x}$As 为比较亮的区域。（B）衍射花样显示了较弱的 002 反射和其他超晶格反射

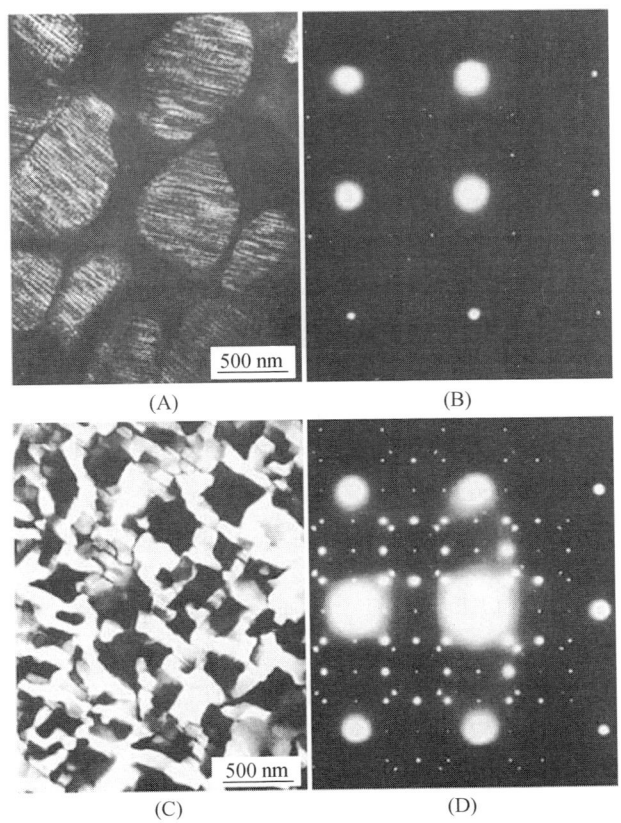

图 16.7 有序 V$_6$C$_5$ 的暗场像（A）和相应的衍射花样（B）。V$_8$C$_7$ 的暗场像（C）和衍射花样（D）。两个碳化物中的有序都是由 C 的子晶格上的空位引起的

有序排列。显然，由于单胞中每个元素只有四个原子，空位一定分布在不止一个单胞中，因此新的晶格常数一定比面心立方 VC 的晶格常数 a 大。因此能找到比(001)距原点还要近的点，这两幅图就是这种情况。有序实际上破坏了立方晶体的对称性，所以这类有序碳化物的取向有几种，根据它们破坏对称性的方式相互关联。通过暗场像可以区别样品的哪个区域对应哪种变化（Dodsworth 等）。

16.8 长周期超晶格衍射

在前面的章节中，不同结构中的原子或空位必要时会发生重排来增加点阵常数，从而引起超晶格反射。在本节中将讨论一些人工的（或天然的）具有长周期超晶格的例子。从图 16.8 所示的图像和衍射花样开始介绍，这是一个人工制备的 $GaAs/Al_xGa_{1-x}As$ 的超晶格。这个超晶格是从化学上将四层 GaAs 替换为四层 $(Al_xGa_{1-x})As$。因此在衍射花样中看见一系列 3 个邻近的额外点，它们对应实空间中新的长周期点阵常数。

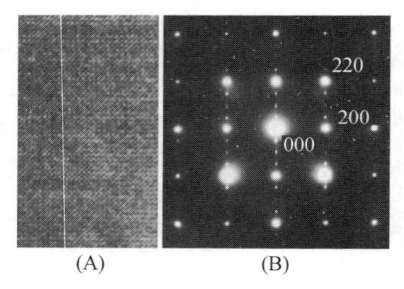

图 16.8 （A）$GaAs/Al_xGa_{1-x}As$ 结构，其中四层 GaAs 和四层 $Al_xGa_{1-x}As$ 交替排列形成有序结构。（B）衍射花样显示了沿 020 方向基本反射点间的 3 个超晶格点

另外一个例子见图 16.9，这是一个更长周期（约 10 nm）的人工制备的 Si 原子层和 Mo 原子层交替排列的超晶格。额外的反射非常密集，尽管没有图 16.6 中的有用，但它可以非常容易、快速地检验实空间的周期性，而不需要使用 HRTEM（下册第 28 章）。这非常有用，特别是对人工设计生长的超晶格，因为在衍射花样中材料晶格间距是超晶格周期的"内在标尺"。（请注意，相比之下，TEM 图像的放大倍数通常都会带来 ±10% 的误差。）

16.9 禁止反射

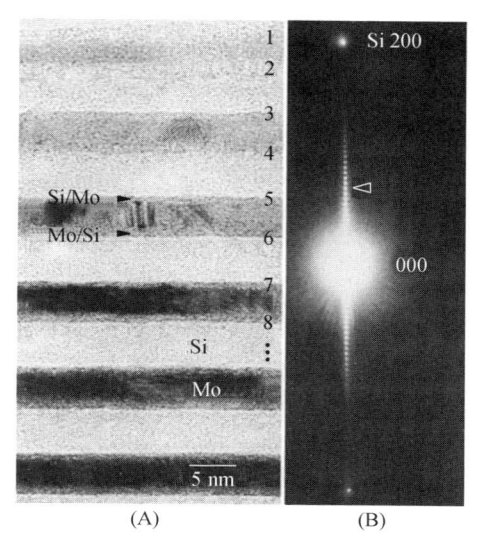

图 16.9 （A）人工制备的约 5 nm 厚的 Si 和 Mo 层超晶格结构。（B）放大的透射斑 000 附近的衍射花样，显示有很多的超晶格点（箭头所示）。实空间中比较大的超晶格间距在倒空间衍射花样中就会形成非常小的超晶格反射间距。与图 16.8 对比

16.9 禁止反射

在 16.2 节中提到，对于某些结构由于 $F=0$，一些特定的反射是禁止的。它们被称为运动学上的禁止反射，因为这些反射由于动力学散射效应有时也会出现。图 16.10 描述了这个过程，衍射花样沿 Si 的 [011] 方向，那么根据 16.4

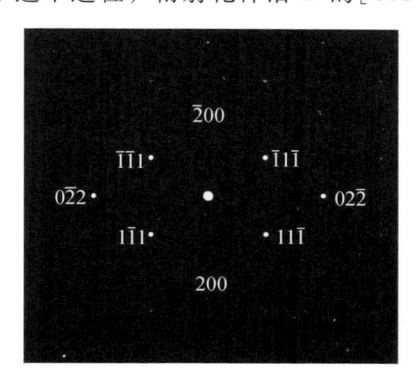

16.10 Si 的 [011] 带轴衍射花样。200 反射是禁止的，但由于 $(11\bar{1})$ 衍射束作为新的入射束重新被 $(1\bar{1}1)$ 面反射，200 反射就会出现。两个允许反射 $(11\bar{1})$ 与 $(1\bar{1}1)$ 之和会导致 200 反射的出现，但比较弱，以致可能会看不见

节，200 反射就应该不存在。然而实际上它通常会出现，因为在带轴方向，$(11\bar{1})$ 光束的 $F\neq 0$，它可以作为新的入射束被 $(1\bar{1}1)$ 面散射。由于

$$(11\bar{1}) + (1\bar{1}1) = (200) \tag{16.24}$$

200 反射就会出现。通过这个例子，就可以理解"运动学禁止"这个词了。

16.10 国际标准表格的使用

只要对面心立方或体心立方材料或这里提过的其他特殊结构的金属进行研究，就可以运用这章所得到的结论。随着研究的深入，应尽快熟悉国际晶体学表格（Hahn），特别是介绍性的手册，必须了解所观察材料的晶体结构，如果不知道，通常学习完第 21 章就能确定晶体结构。例如，如果正在研究 α-Al_2O_3，已知它的空间群是 $R\bar{3}c$，或者编号为 167。通过查国际标准表格，会找到如图 16.11A 所示的信息。这样，你必须决定是使用菱方坐标轴还是六角坐标轴；你会发现在六角单胞里有 3 倍的原子。图 16.11B 中的表格说明哪些反射可以发生，尽管根据需要可以计算或查出 F 值。即使知道材料的化学式，但仍需要知道它们的占位。通过 X 射线衍射数据可以确定占位。Lee 和 Lagerlof 的文章对这个例子的分析进行了总结。

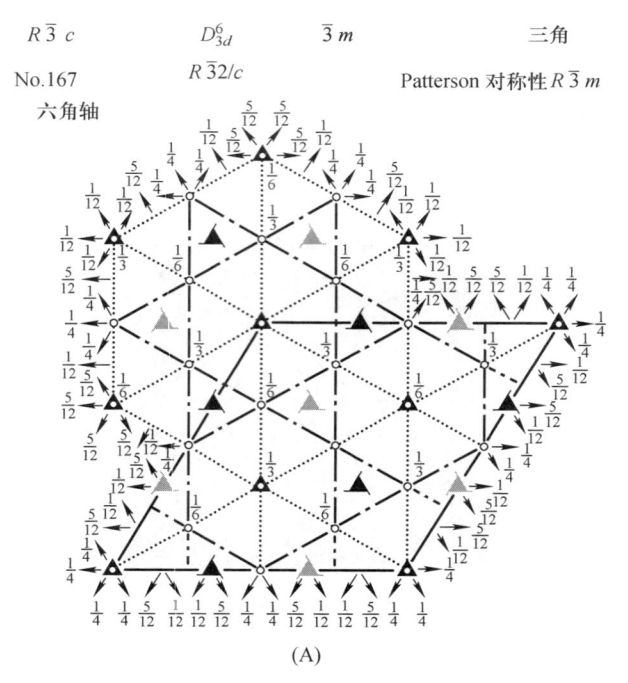

$R\bar{3}c$ D_{3d}^6 $\bar{3}m$ 三角

No.167 $R\bar{3}2/c$ Patterson 对称性 $R\bar{3}m$

六角轴

(A)

16.10 国际标准表格的使用

位置 多重因子 Wyckoff 符号 点对称性			坐标			反射条件 普通
36	f	1	(1) x,y,z (4) $y,x,\bar{z}+\frac{1}{2}$ (7) $\bar{x},\bar{y},\bar{z}$ (10) $\bar{y},\bar{x},z+\frac{1}{2}$	$(0,0,0)+$ (2) $\bar{y},x-y,z$ (5) $x-y,\bar{y},\bar{z}+\frac{1}{2}$ (8) $y,\bar{x}+y,\bar{z}$ (11) $\bar{x}+y,y,z+\frac{1}{2}$	$(\frac{2}{3},\frac{1}{3},\frac{1}{3})+\quad(\frac{1}{3},\frac{2}{3},\frac{2}{3})+$ (3) $\bar{x}+y,\bar{x},z$ (6) $\bar{x},\bar{x}+y,\bar{z}$ (9) $x-y,x,\bar{z}$ (12) $x,x-y,z+\frac{1}{2}$	$hkil$: $-h+k+l=3n$ $hki0$: $-h+k=3n$ $hh2\bar{h}l$: $l=3n$ $h\bar{h}0l$: $h+l=3n, l=2n$ $000l$: $l=6n$ $h\bar{h}00$: $h=3n$
18	e	.2	$x,0,\frac{1}{4}\quad 0,x,\frac{1}{4}\quad \bar{x},\bar{x},\frac{1}{4}$	$\bar{x},0,\frac{3}{4}\quad 0,\bar{x},\frac{3}{4}\quad x,x,\frac{3}{4}$		特殊 如上，加上 无额外条件
18	d	$\bar{1}$	$\frac{1}{2},0,0\quad 0,\frac{1}{2},0\quad \frac{1}{2},\frac{1}{2},0$	$0,\frac{1}{2},\frac{1}{2}\quad \frac{1}{2},0,\frac{1}{2}\quad \frac{1}{2},\frac{1}{2},\frac{1}{2}$		
12	c	3.	$0,0,z\quad 0,0,\bar{z}+\frac{1}{2}\quad 0,0,\bar{z}\quad 0,0,z+\frac{1}{2}$			$hkil$: $l=2n$
6	b	$\bar{3}.$	$0,0,0\quad 0,0,\frac{1}{2}$			$hkil$: $l=2n$
6	a	32	$0,0,\frac{1}{4}\quad 0,0,\frac{3}{4}$			$hkil$: $l=2n$

位置 多重因子 Wyckoff 符号 点对称性			坐标			反射条件 普通
12	f	1	(1) x,y,z (4) $\bar{y}+\frac{1}{2},\bar{x}+\frac{1}{2},\bar{z}+\frac{1}{2}$ (7) $\bar{x},\bar{y},\bar{z}$ (10) $y+\frac{1}{2},x+\frac{1}{2},z+\frac{1}{2}$	(2) z,x,y (5) $\bar{x}+\frac{1}{2},\bar{z}+\frac{1}{2},\bar{y}+\frac{1}{2}$ (8) $\bar{z},\bar{x},\bar{y}$ (11) $x+\frac{1}{2},z+\frac{1}{2},y+\frac{1}{2}$	(3) y,z,x (6) $\bar{z}+\frac{1}{2},\bar{y}+\frac{1}{2},\bar{x}+\frac{1}{2}$ (9) $\bar{y},\bar{z},\bar{x}$ (12) $z+\frac{1}{2},y+\frac{1}{2},x+\frac{1}{2}$	hhl: $l=2n$ hhh: $h=2n$
6	e	.2	$x,\bar{x}+\frac{1}{2},\frac{1}{4}\quad \frac{1}{4},x,\bar{x}+\frac{1}{2}\quad \bar{x}+\frac{1}{2},\frac{1}{4},x$ $\bar{x},x+\frac{1}{2},\frac{3}{4}\quad \frac{3}{4},\bar{x},x+\frac{1}{2}\quad x+\frac{1}{2},\frac{3}{4},\bar{x}$			特殊 如上，加上 无额外条件
6	d	$\bar{1}$	$\frac{1}{2},0,0\quad 0,\frac{1}{2},0\quad 0,0,\frac{1}{2}\quad \frac{1}{2},0,\frac{1}{2}\quad 0,\frac{1}{2},\frac{1}{2}\quad \frac{1}{2},\frac{1}{2},0$			hkl: $h+k+l=2n$
4	c	3.	$x,x,x\quad \bar{x}+\frac{1}{2},\bar{x}+\frac{1}{2},\bar{x}+\frac{1}{2}\quad \bar{x},\bar{x},\bar{x}\quad x+\frac{1}{2},x+\frac{1}{2},x+\frac{1}{2}$			hkl: $h+k+l=2n$
2	b	$\bar{3}.$	$0,0,0\quad \frac{1}{2},\frac{1}{2},\frac{1}{2}$			hkl: $h+k+l=2n$
2	a	32	$\frac{1}{4},\frac{1}{4},\frac{1}{4}\quad \frac{3}{4},\frac{3}{4},\frac{3}{4}$			hkl: $h+k+l=2n$

(B)

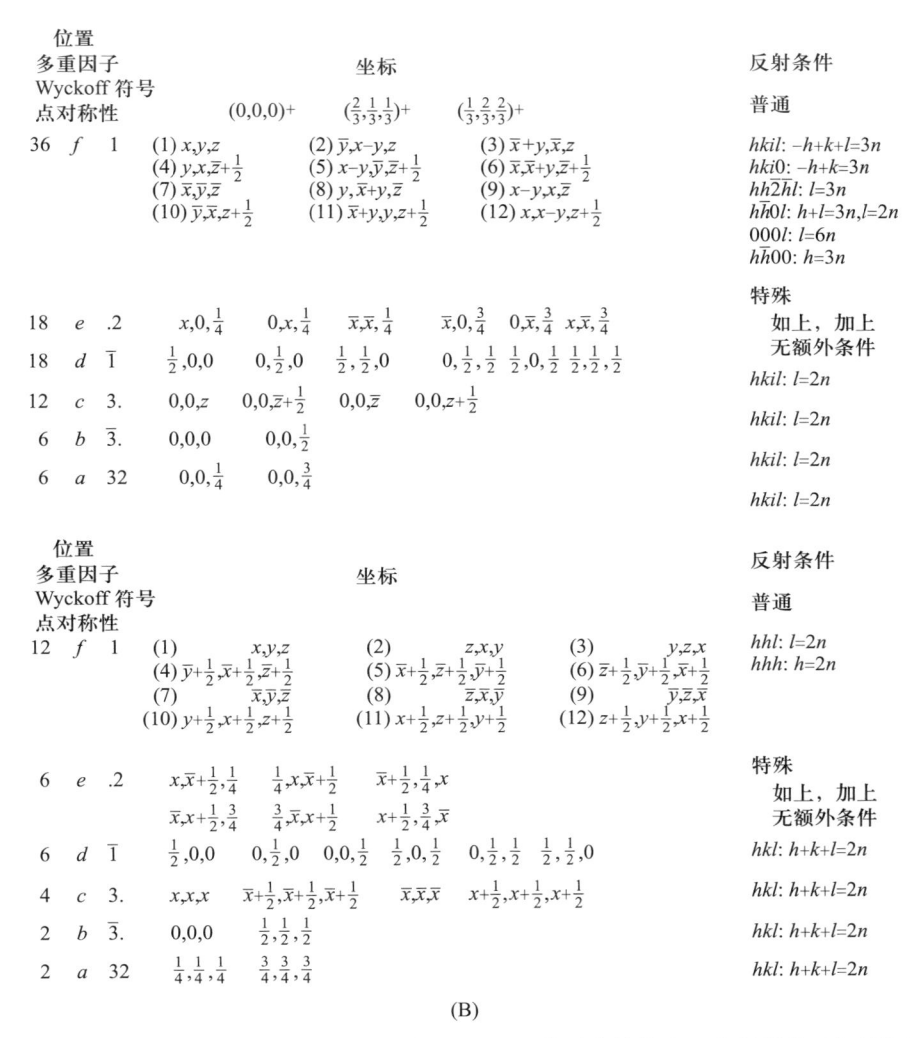

图 16.11 （A）国际晶体学表给出的三角 α-Al_2O_3 的对称性信息，空间群为 $R\bar{3}c$（第 167 号），基于菱方和六角单胞给出了两种可能的单胞，同时也给出了特殊阵点的对称性元素。（B）给出了（A）图中两种可能单胞的原子位置

这是传统方法。现在应该可以通过 EMS 或 Crystal Kit 这些软件来完成，也可以在网上用 jEMS 来完成（1.6 节）。在所有这些软件包中，只需要输入空间群或者通过选择下拉菜单就能找到结构因子信息。

第 16 章 晶体衍射

章 节 总 结

在本章开头介绍初级点阵的时候,只考虑了实际定义单胞的格点。如果有其他格点,就得到 Bravais 格子。在表 16.2 中总结了一些不同结构的选择定则。

实际上,初步了解所研究材料的一些衍射花样是很重要的。你可以查询第 1 章中所列出的教科书中的衍射花样,但最好阅读 Andrews 等人的书以及 Edington 的书,图 18.17~图 18.19 是从书中复制过来的其中的一部分。其中,万维网(1.5 节)上的软件(例如 jEMS)会输出一些重要晶体结构的标准衍射花样。在做 TEM 实验时,没有时间按照第一性原理标定一个花样以及决定所在的极图是否含有想要的反射。要做这些就必须会标定衍射花样和确定电子束方向,在第 18 章中将作详细介绍。

表 16.2 几种晶体结构的选择定则,F 是结构因子

晶体类型	反射出现条件	F	单胞中的格点数
简单格子	任意的 h、k、l	f	1
体心	$h+k+l=2n$	$2f$	2
面心,包括 GaAs 和 NaCl	h、k 和 l 全是奇数或全是偶数	$4f$	4
金刚石	类似于面心立方,但全为偶数且 $h+k+l\neq 4n$ 时消光		
底心	h、k 和 l 全是奇数或全是偶数	$2f$	2
			反射例子
密排六方	$h+2k=3n$,且 l 为奇数	0	0001
	$h+2k=3n$,且 l 为偶数	$2f$	0002
	$h+2k=3n\pm1$,且 l 为奇数	$3^{1/2}f$	$01\bar{1}1$
	$h+2k=3n\pm1$,且 l 为偶数	f	$01\bar{1}0$

参考文献

Edington 和 Andrews 等人的书中给出了标定的衍射花样的例子。通常建议读者查阅 Kelly、Groves 和 Cullity 的书。

衍射花样和晶体数据

Andrews, KW, Dyson, DJ, and Keown, SR (1971) *Interpretation of Electron Diffraction Patterns* 2nd Ed. Plenum Press New York. 书中涉及极图、角度、间距等很多内容。

Massalski, T, Okamoto, H, Subramanian, PR and Kacprzak, L (Eds.) (1990) *Binary Alloy Phase Diagram* 2nd Ed. ASM International Materials Park OH. 附录 A1 给出了带有空间群信息的 Pearson 符号和 Strukturbericht 符号的完整列表。

Misell, DL and Brown, EB (1987) *Electron Diffraction: An Introduction for Biologists*, Volume 12 of the series *Practical Methods in Electron Microscopy* Ed. AM Glauert Elsevier New York. 材料学专业的学生不要看到题目就不看这本书了,实际上这本书在标定衍射花样方面很有用。

晶体学

Dodsworth, J, Kohlstedt, DL and Carter, CB 1983 *Grain Boundaries in Transition Metal Carbides* Adv. Ceram. **6** 102–109.

Frank, FC 1965 *On Miller – Bravais Indices and Four – Dimensional Vectors* Acta Cryst. **18** 862–866. 很好的一本书。

Hahn, T 1988 *International Tables for Crystallography. Brief teaching edition of volume A, space-group symmetry*, Kluwer Academic Publishers Dordrecht Netherlands.

Ibers, JA 1957 *New Atomic Form Factors for Beryllium and Boron* Acta Cryst. **10** 86. 只有一页。

Jenkins, ML, Katerbau, K-H and Wilkens, M 1976 *Transmission Electron Microscopy Studies of Displacement Cascades in Cu_3Au* Phil. Mag. **34** 1141–1153.

Lee, WE and Lagerlof, KPD 1985 *Structural and Electron Diffraction Data for Sapphire (α-Al_2O_3)* J. Electron Microsc. Tech. **2** 247–258.

姊妹篇

jEMS 对模拟衍射花样很有用。

自测题

Q16.1　在本章的振幅计算中主要的假设是什么？

Q16.2　为什么衍射花样的选择定则有时会失效，给出一个原因？

Q16.3　对于体心立方的 Fe 样品，衍射花样中会有运动学禁止反射吗？

Q16.4　在一个体心立方样品中，110 反射是否存在？

Q16.5　在面心立方中，能否看见 111 和/或 100 反射？

Q16.6　在 NaCl 中，哪些 hkl 反射是化学敏感的？

Q16.7　在 GaAs 中，哪些反射是禁止的？

Q16.8　当判断一个反射是否允许时，是否只需要考虑结构因子 F？

Q16.9　如果一种材料非常有序，那么在衍射花样中形成超晶格意味着什么？

Q16.10　例举一些在确定超晶格间距中衍射花样相对于图像的优点。

Q16.11　为什么在图 16.9 中能看见 Si 的 200 反射？

Q16.12　为什么密排六方的衍射花样比立方的衍射花样更难标定？

Q16.13　用文字解释结构因子的概念。

Q16.14　在查原子散射因子值表时，应该记住的两件事是什么？

Q16.15　图 16.8 中，在 [020] 方向上真正的周期是多少？

Q16.16　术语"化学敏感反射"是什么意思？举两个例子。

Q16.17　什么时候使用国际标准表特别重要？

Q16.18　为什么 f 值的不确定性通常不影响衍射花样的分析？

Q16.19　为什么 f 值无法精确得到？

Q16.20　给出结构因子的一般公式。

Q16.21　写出体心立方晶体结构因子定则并描述倒易点阵。

Q16.22　写出面心立方晶体结构因子定则并描述倒易点阵。

Q16.23　写出密排六方晶体结构因子定则。你能描述它的倒易点阵吗？

Q16.24　垂直于平面 ($hkil$) 的笛卡儿矢量是什么？

Q16.25　在计算简单立方、面心立方、体心立方和密排六方结构的结构因子时所需要的（最少）的原子数是多少？

Q16.26　NaCl 和 NiAl 的结构有什么区别？

Q16.27　在图 16.5 中，为什么能看见有序畴而看不到无序畴？

Q16.28 在图 16.6 中，为什么 $Al_xGa_{1-x}As$ 的区域比 GaAs 区域亮？

Q16.29 在图 16.7 中，为什么两个衍射花样的对称性改变了？

Q16.30 在图 16.8 中，为什么在亮点之间会有弱点排列？

Q16.31 在图 16.9 中，为什么即使一半材料是无定形的，却仍然能看到超晶格反射？

Q16.32 如果是离子型晶体，用 f 表示原子还是离子？

Q16.33 什么是基元？

Q16.34 给出晶体中系统消光的 3 个等价解释。

Q16.35 如何轻易地将 GaAs 和 Si 的(001)衍射花样区分开？

Q16.36 在图 16.6B 的衍射花样中为什么看不见超晶格点？

章节具体问题

T16.1 从面心立方的例子开始，推导出 NaCl 的结构因子定则。

T16.2 推导出 NiAl 的结构因子定则。

T16.3 考虑图 16.6，画一张衍射花样的示意图，标定所有剩下的反射。观察 002 反射，指出由超晶格引起的额外反射的位置。确认你的答案。

T16.4 用图 16.10 中所示的同样大小的面积画出图中衍射花样的草图。加上所有其他所希望看到的反射。确认你的答案。

T16.5 看图 16.9。解释在这幅图中所看到的所有衬度特征（在读完下册第三篇之后）。

T16.6 利用图 16.11，解释 Al_2O_3 的菱方和六角单胞中哪些位置被占据了？忽略动力学散射的可能性，解释为什么能够或者不能够看到 0001、$1\bar{1}00$ 和/或 $11\bar{2}0$ 反射。能否看见 112、111 和/或 100 反射？

T16.7 一个简单正交晶格有如下的晶格常数：$a = 0.30$ nm，$b = 0.40$ nm，$c = 0.50$ nm。当沿着[100]、[010]和[001]方向观察晶体时，画出衍射花样。衍射花样要在同一个尺度上画出。注意：这种结构并没有"禁止"反射。（感谢 Anders Thølen 提供此问题。）

T16.8 合金 Cu_3Au 是有序结构。当沿着[110]方向观察晶体时衍射花样看起来是什么样子？（感谢 Anders Thølen 提供此问题。）

T16.9 粉末样品得到的电子衍射是环状花样。当入射束相对于光轴倾斜 θ 角时，衍射花样会移动。当衍射花样的中心移动到原来花样的{222}环上时，计算入射束倾斜的 θ 角的值。材料是晶格常数为 0.392 nm 的 Pt(fcc)，加速电压为 100 kV。（感谢 Anders Thølen 提供此问题。）

T16.10 一个 c 心单斜晶胞的电子衍射花样中能看到哪些反射？（感谢

Anders Thølen 提供此问题。)

T16.11 $Ti_2Nb_{10}O_{29}$ 晶体的单胞是正交的(空间群 $Amma$),晶格常数为 $a=28.5$ Å,$b=3.8$ Å,$c=20.5$ Å。1a 的衍射花样是主带轴花样。请给出这个花样的密勒指数。1b 的花样是稍微倾转的晶体产生的花样。从环绕的衍射点中找出倾转轴、倾转角和偏离参量。进一步倾转晶体给出 1c 的花样(同样的尺度)。哪些衍射点的密勒指数是允许的?($\lambda = 0.037$ Å)(见 J. Appl. Phys. **42** 5891)(感谢 John Spence 提供此问题。)

T16.12 $LaMnO_3$ 是钙钛矿结构。计算 $\{110\}$、$\{100\}$、$\{200\}$ 和 $\{220\}$ 的结构因子,用原子散射因子表示(例如 f_{La}、f_{Mn}、f_O)。(a)使用点的尺寸来表示强度,画出该结构的[001]带轴的衍射花样。(b)标定最初的 8 个衍射点。(感谢 ZL Wang 提供此问题。)

T16.13 立方结构三元相的原子占位如下:A 在 (0, 0, 0),B 在 (1/2, 1/2, 0),C 在 (1/2, 0, 1/2),(0, 1/2, 1/2)。用 f_A、f_B 和 f_C 表示以下晶面的结构因子表达式:(a)(001)和(010),(b)(100)和(200)。(感谢 ZL Wang 提供此问题。)

T16.14 在较高温度时三元合金相(A_2BC)具有面心立方结构。随着温度降低,所有的 C 原子都移到了晶格的顶角,而 A 和 B 原子随机占据着面心位置。在更低温度下,B 原子占据(1/2, 1/2, 0)位置。画出每种结构的[100]衍射花样,标出不同反射的位置和相对强度。(感谢 ZL Wang 提供此问题。)

T16.15 考虑面心正交晶格。通过倒易点阵的定义,给出这个实空间晶格的 3 个倒易晶格基矢的表达式,用矢量 **a**、**b**、**c** 表示。(感谢 ZL Wang 提供此问题。)

T16.16 Fe-C-Al 系统中的一个相的原子占位如下:Al 在 (0, 0, 0),Fe 在 (1/2, 1/2, 0),(0, 1/2, 1/2),(1/2, 0, 1/2),C 在 (1/2, 1/2, 1/2)。3 种元素的原子散射因子如下所述。(a)推导结构因子的表达式,用 f_{Al}、f_{Fe} 和 f_C 表示。(b)计算衍射花样中以下反射的相对强度的比值:(i) $I_{(001)}/I_{(002)}$ 和 (ii) $I_{(011)}/I_{(002)}$。(c)画出并标定这个相的[100]衍射花样。(感谢 ZL Wang 提供此问题。)

第 17 章
小体积衍射

章 节 预 览

TEM 中一个很重要的概念就是衍射来自于小的体积，这些体积现在称为纳米颗粒、纳米晶、纳米带等。按照定义，样品在各个方向都不可能是无限的，而且所有的缺陷也都很小。当然，电子束也不可能无限宽！因此这一章就要讨论样品尺寸对衍射花样的影响。尽管会讨论很多不同情况下的衍射，但下面所有这些讨论都基于 3 个重要的概念：

- 小体积衍射。
- 晶体衍射。
- 标定衍射花样并将它与图像联系起来。

由于样品形状对衍射强度分布的影响，从同一带轴就有可能同时获得几个平面的衍射。如果样品没有缺陷且在各个方向都无限大，那么衍射点只是数学意义上的点。例如，一个 TEM 样品在样品平面相对单胞尺寸无限大(约 3 mm)，但在平行于电子束方向很薄（小于 0.5 μm）。这意味着衍射强度在倒易点阵中可以用一个平行于倒空间中电子束拉长的倒易杆（见第 12 章）来代替，而不是一个点，倒易杆是有宽度的。因此，在一定角度范围内，Ewald 球仍然会与这个倒易杆相截，仍然会产生衍射强度。这等于说，由于样品形状的影响，劳厄条件在 TEM 的某一维度方向上放宽了限制。因此用传统的 TEM 衍射来分析未知样品的精确结构是很困难的，如果样品很大，X 射线通常是确定结构最精确的方法。在第 21 章中会再次讨论这个问题。

17.1 引言

在第 12 章中说明了倒易点阵中的每个点都实际对应一根杆。根据这个构型，结合当 s 不严格为零时也能在衍射花样里看到衍射斑的实验事实，就可以讨论衍射花样的几何问题。事实上如果没有这个构型，讨论 s 就没有意义。下面会定量地说明为什么会产生杆。之前提到过产生的原因是由于样品非常薄：在实空间里，很小的厚度在倒空间中就会产生很大的长度。这个概念在所有方向都是有效的，不只是平行于电子束的方向。因此，被称为"形状效应"。对于给定厚度，当 **K** = **g** 时衍射束的强度最强，但当 **K** 不严格等于 **g** 时也有强度，可表示为

$$\mathbf{K} = \mathbf{g} + \mathbf{s} \tag{17.1}$$

于是从方程式（13.48）可以写出

$$|\phi_g|^2 = \left(\frac{\pi t}{\xi_g}\right)^2 \frac{\sin^2(\pi t s_{\text{eff}})}{(\pi t s_{\text{eff}})^2} \tag{17.2}$$

将样品抽象为如图 17.1 所示的薄矩形平板。为了数学简化，假设单胞是矩形的，边长为 a、b、c，在 x 方向有 N_x 个单胞，y 方向有 N_y 个单胞，z 方向有 N_z 个单胞。要确定的总衍射振幅是单个晶胞的衍射振幅相加，由于晶胞彼此有位移，因而存在相位因子。每个晶胞都有相同的结构因子 F。

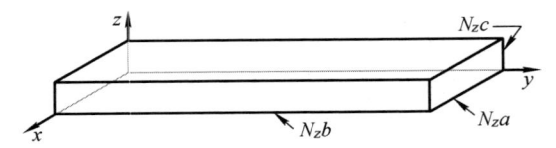

图 17.1 边长为 a、b 和 c 的矩形单胞构成的理想矩形薄片样品。x、y 和 z 方向分别有 N_x、N_y 和 N_z 个单胞

振幅的叠加有两种方式。第一种是求和，第二种是积分。通过对 ϕ_g 的表

达式进行积分可以得到与求和相同的结果。从这些表达式能导出倒易杆和次级最大的重要概念；在衍射花样中能看到倒易杆效应，但可能永远看不到次级最大效应。

下面将推导 12.5 节中引入的倒易杆形状方程，在 13 章中用它解释了为什么当 $\mathbf{s} \neq 0$ 时仍能在衍射花样中"看到"衍射点。整个过程有助于理解小体积衍射。在得到了简单情况的理论后，我们会继续讨论复杂情况，因为要研究的对象是真实材料，而真实材料的样品通常都不是平板。

17.1.1 求和方法

这个方法把衍射束总振幅 A 表示为两边平行的样品中所有单胞的贡献之和。（注意：这个是运动学方法，忽略了动力学散射。）

$$A = F \sum_{n_x} e^{i2\pi n_x \mathbf{K} \cdot \mathbf{a}} \sum_{n_y} e^{i2\pi n_y \mathbf{K} \cdot \mathbf{b}} \sum_{n_z} e^{i2\pi n_z \mathbf{K} \cdot \mathbf{c}} \qquad (17.3)$$

式中，n_x、n_y 和 n_z 具有特定的含义并都是整数。样品中共有 $N_x \times N_y \times N_z$ 个单胞。如图 17.1 所示，n_x 可以从 0 到 $N_x - 1$ 之内变化，n_y 和 n_z 与之类似。每个单胞的位置可以用矢量 $\mathbf{r}_n$ 表示

$$\mathbf{r}_n = n_x \mathbf{a} + n_y \mathbf{b} + n_z \mathbf{c} \qquad (17.4)$$

为了简化第一个求和项，用 X 代替 $e^{i2\pi \mathbf{K} \cdot \mathbf{a}}$。于是每一单独求和项构成几何级数，对 n_x 项进行求和

$$S = \sum_{n_x=0}^{n_x=N_x-1} X^n = X^0 + X^1 + \cdots + X^{N_x-1}$$

$$SX = X^1 + X^2 + \cdots + X^{N_x} = X^{N_x} - X^0 + S \qquad (17.5)$$

$$S = \frac{1 - X^{N_x}}{1 - X}$$

用 $e^{i2\pi \mathbf{K} \cdot \mathbf{a}}$ 代替 X 得到总和，即

$$\sum_{n_x=0}^{n_x=N_x-1} e^{i2\pi n_x \mathbf{K} \cdot \mathbf{a}} = \frac{1 - e^{i2\pi N_x \mathbf{K} \cdot \mathbf{a}}}{1 - e^{i2\pi \mathbf{K} \cdot \mathbf{a}}} \qquad (17.6)$$

因为感兴趣的是强度，将该式同它的复共轭相乘。使用一些简单的三角关系式，有

$$(1 - e^{-i\alpha})(1 - e^{i\alpha})$$
$$= (1 - \cos\alpha + i\sin\alpha)(1 - \cos\alpha - i\sin\alpha)$$
$$= (1 - 2\cos\alpha + \cos^2\alpha) + \sin^2\alpha \qquad (17.7a)$$
$$= 2(1 - \cos\alpha) = 4\sin^2\frac{\alpha}{2}$$

或者

$$(1 - e^{-i\alpha})(1 - e^{i\alpha}) = 4\left(\frac{e^{i\frac{\alpha}{2}} - e^{-i\frac{\alpha}{2}}}{2}\right)\left(\frac{e^{-i\frac{\alpha}{2}} - e^{i\frac{\alpha}{2}}}{2}\right) \tag{17.7b}$$

强度与下式相关:

$$\left|\sum_{n_x=0}^{n_x=N_x-1} e^{i2\pi n_x \mathbf{K}\cdot\mathbf{a}}\right|^2 = \frac{1 - e^{-i2\pi N_x \mathbf{K}\cdot\mathbf{a}}}{1 - e^{-i2\pi \mathbf{K}\cdot\mathbf{a}}} \frac{1 - e^{i2\pi N_x \mathbf{K}\cdot\mathbf{a}}}{1 - e^{i2\pi \mathbf{K}\cdot\mathbf{a}}} \tag{17.8a}$$

或

$$\left|\sum_{n_x=0}^{n_x=N_x-1} e^{i2\pi n_x \mathbf{K}\cdot\mathbf{a}}\right|^2 = \frac{4\sin^2(\pi N_x \mathbf{K}\cdot\mathbf{a})}{4\sin^2(\pi \mathbf{K}\cdot\mathbf{a})} \tag{17.8b}$$

于是可以写出

$$I = |A|^2 = |F|^2 \frac{\sin^2(\pi N_x \mathbf{K}\cdot\mathbf{a})}{\sin^2(\pi \mathbf{K}\cdot\mathbf{a})} \frac{\sin^2(\pi N_y \mathbf{K}\cdot\mathbf{b})}{\sin^2(\pi \mathbf{K}\cdot\mathbf{b})} \frac{\sin^2(\pi N_z \mathbf{K}\cdot\mathbf{c})}{\sin^2(\pi \mathbf{K}\cdot\mathbf{c})} \tag{17.9}$$

如果 $\mathbf{K}\cdot\mathbf{a}$ 是个整数,那么上式中的第一项就是 1。当然,此时满足布拉格条件,对应强度最大值。也有次级最大或最小,当

$$\pi N_x \mathbf{K}\cdot\mathbf{a} = \frac{\pi}{2}C \tag{17.10}$$

其中 C 为整数,等式可记为

$$\mathbf{K}\cdot\mathbf{a} = \frac{C}{2N_x} \tag{17.11}$$

方程式(17.9)是形状效应的基础,从而形成倒易杆的概念,即前面提及的倒易点阵杆概念(参考 12.5 节)。

17.1.2 积分方法

式(13.2)表示单个晶胞的衍射振幅,如果对样品中所有晶胞进行求和,那么可以得到

$$\phi_g = \frac{e^{2\pi i \mathbf{k}\cdot\mathbf{r}}}{r} \sum_n F_g e^{(-2\pi i \mathbf{K}\cdot\mathbf{r}_n)} \tag{17.12}$$

由于之前定义过 $\mathbf{K} = \mathbf{g} + \mathbf{s}$,把这个方程重写为

$$\phi_g = \frac{e^{2\pi i \mathbf{k}\cdot\mathbf{r}}}{r} \sum_n F_g e^{[-2\pi i (\mathbf{g}+\mathbf{s}_g)\cdot\mathbf{r}_n]} \tag{17.13}$$

通过 $\mathbf{g}$ 和 $\mathbf{r}_n$ 的定义可知 $\mathbf{g}\cdot\mathbf{r}_n$ 是整数,将 $\mathbf{s}_g$ 简记为 $\mathbf{s}$。因此方程式(17.13)可写为

$$\phi_g = \frac{e^{2\pi i \mathbf{k}\cdot\mathbf{r}}}{r} \sum_n F_g e^{(-2\pi i \mathbf{s}\cdot\mathbf{r}_n)} \tag{17.14}$$

对于反射 $\mathbf{g}$ 来说,$\mathbf{s}$ 是偏离参量。假设晶体包含许多单胞,可以通过积分取代

求和，给出

$$\phi_g = \frac{e^{2\pi i \mathbf{k}\cdot\mathbf{r}}}{rV_c} F_g \int_{\text{crystal}} e^{(-2\pi i \mathbf{s}\cdot\mathbf{r}_n)} dv \qquad (17.15)$$

这就是与前一种方法的不同之处。如果把 **s** 和 $\mathbf{r}_n$ 表示成矢量

$$\mathbf{s} = u\mathbf{a}^* + v\mathbf{b}^* + w\mathbf{c}^* \qquad (17.16)$$

和

$$\mathbf{r}_n = h\mathbf{a} + k\mathbf{b} + l\mathbf{c} \qquad (17.17)$$

那么，可写出

$$\phi_g = \frac{e^{2\pi i \mathbf{k}\cdot\mathbf{r}}}{rV_c} F_g \int_0^C \int_0^B \int_0^A e^{-2\pi i(ux+vy+wz)} dx dy dz \qquad (17.18)$$

式中，$A = N_x a$，等等。这个积分是直接的。

$$\int_0^A e^{-2\pi i ux} dx = \frac{e^{-2\pi i uA} - 1}{-2\pi i u} = \left(\frac{e^{-\pi i uA}}{\pi u}\right)\left(\frac{e^{\pi i uA} - e^{-\pi i uA}}{2i}\right)$$
$$= \frac{e^{-\pi i uA}}{\pi u}\sin(\pi uA) \qquad (17.19)$$

$$\phi_g = \frac{e^{2\pi i \mathbf{k}\cdot\mathbf{r}}}{rV_c} F_g \frac{\sin \pi Au}{\pi u} \frac{\sin \pi Bv}{\pi v} \frac{\sin \pi Cw}{\pi w} e^{iD} \qquad (17.20)$$

(D 是不太重要的相位因子。)强度与方程式(17.9)给出的一样，需要指出的是 r^{-2} 和 V_c^{-2} 决定了强度大小。

注意式(17.9)和式(17.20)，它们与描述光栅衍射的式(2.12)形式相同。相应的衍射光栅有 N_x 条狭缝，间距为 a。这种物理上的相似性说明了晶体就像光栅一样，具有有限大小。

17.2 薄膜效应

对于 TEM，方程式(17.9)是很重要的。如果测量到第一个最小值，这个方程式解释了为什么在第 12 章中引入的倒易杆是有限长度的。该方程式还说明了衍射强度确实依赖于 **s** 值；沿杆上任何位置它都不是常数。

倒易杆和强度

请记住，当提及"强度"时，实际上指的是"s 等于特定值时衍射束的强度，即 Ewald 球在那一点与倒易杆相切时衍射束具有的强度。"

画出强度曲线和 Ewald 球，能更好地理解强度沿倒易杆的变化，图 17.2

只画出了一个方向上的强度变化。左图显示了 Ewald 球与倒易杆的一边相切，而右图显示了沿倒易杆方向强度的变化。

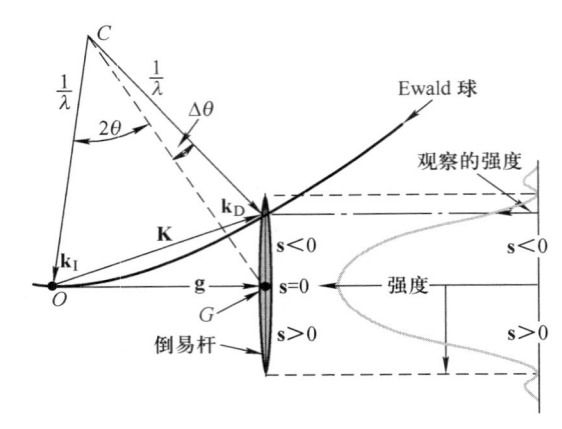

图 17.2 入射束偏离布拉格条件 $\Delta\theta$ 时的矢量 g_{hkl} 的倒易杆。定义 $K = g+s$，图中 Ewald 球与倒易杆相切处 s 为负。右图画出了衍射强度随 Ewald 球与倒易杆相切位置的变化关系。此处强度几乎降到了零

  图 17.2 是对衍射的 Ewald 图形表示的扩展。可以在图 17.3 中画出简立方结构的倒易点阵，这样每个点都用倒易杆代替，每一个倒易杆都用方程式（17.9）描述。如果晶体表面严格平行于（112）平面，让样品取向稍微偏离[001]方向，那么 Ewald 球与倒易杆相对于方形点阵相截于不同的位置，方形点阵是零倾斜时斑点的投影（见图 17.3B）。出现的衍射花样则如图 17.3C 所示。在图 17.3C 中，C 是 Ewald 球中心的投影位置。作为练习，考虑表面稍微偏离（001）面而电子束取向在[001]方向，则图案是否会有不同。然后使样品不动，让电子束倾斜相同的小角度，重复练习。

  注意，方程式（17.9）是通过简单地将来自所有单胞的振幅相加推导出来的，并且考虑了晶胞的位置。

  对整个体积计算结构因子：称计算得到的因子为形状因子，整个体积对 ϕ_g 都有贡献。

  在动力学计算 ϕ_g 时，应该使用形状因子而不是结构因子[因为 F 包含在方程式（17.9）中]。当然，问题是对每个样品形状因子是不同的。

  刚才推导了一个描述完整平行六面体形状的样品（大小是 $N_x a$、$N_y b$ 和 $N_z c$）如何影响衍射花样的方法。下一步将使用形状因子的概念去研究衍射花样如何被更复杂的形状影响，例如许多真实 TEM 样品的楔形边缘或者平行六面体的堆垛层错。然后，考虑没有明锐边界的缺陷，其中位错是很好的一个

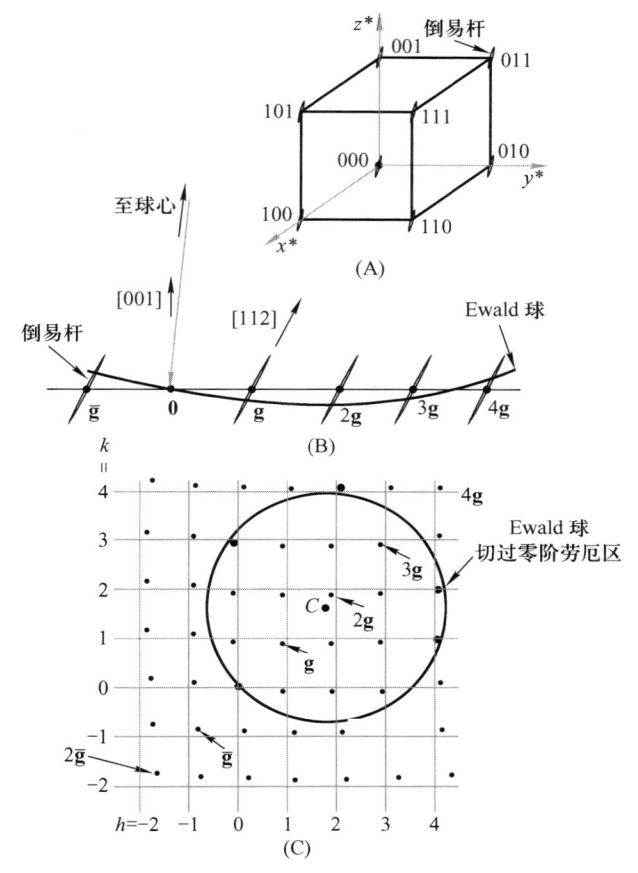

图 17.3 （A）对于薄样品，倒易点都用倒易杆代替。（B）晶体稍微偏离（001）方向时，Ewald 球与（A）中倒易杆相切情况。（C）（B）图中的倾斜对衍射花样的影响。注意衍射花样中的每个点相对方形网格上的位置（没有倾斜时斑点的投影）都有偏离，但偏离的大小跟偏离参量 s 的正负和大小有关。当然，透射斑是严格位于 000 处的

例子。

17.3 楔形样品的衍射

大多数 TEM 样品的两个表面都不平行，而是楔形的。对于这种楔形样品画倒易杆时，需要通过倒易杆总是与表面垂直的性质来扩展 17.2 节的结果。所以，对于楔形样品（图 17.4A）必须有图 17.4B 所示的两个倒易杆。衍射花样取决于 Ewald 球如何与这两个倒易杆相截。如图 17.4C 和 D 所示，会看到连线

垂直于楔形边缘的两个衍射点。注意，所有成对的点连线都在同一个方向，**s** 较大时点的间隔也较大。这个简单的倒易杆模型表明，如果 **s** = 0，将只会看到一个点。事实上，当动力学衍射很强时，倒易杆模型不再成立，从而能看到两个或更多的点。在下一节以及下册第 24 章中会再次谈及该内容。

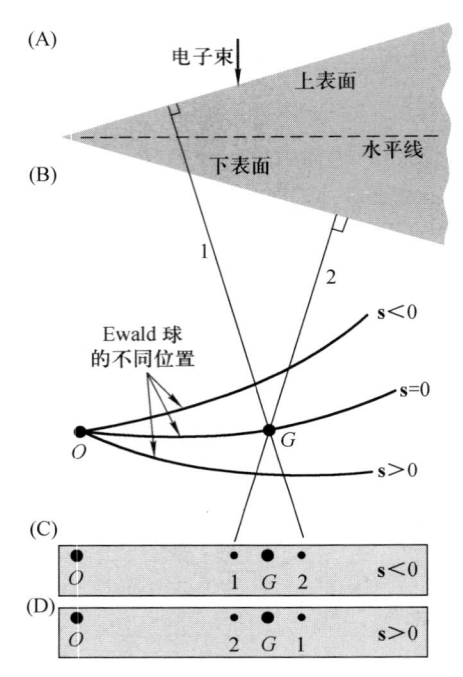

图 17.4　(A) 楔形晶体的衍射。(B) 当 **s**<0 时，倒易杆 1 在倒易杆 2 的左边，而当 **s**>0 时，则顺序相反。倒易杆对会产生如 (C) 和 (D) 所示的一对衍射点。中间的斑点对应于平行薄片的主倒易杆产生的点，而在 A 中的楔形样品中会消失

17.4　面缺陷的衍射

通过形状因子的概念很容易理解平整薄片或层错的衍射，几何关系如图 17.5 所示。薄片本身就是一个平行六面体，和样品的平行六面体有一定的倾斜角度 (图 17.5A)。这样倒空间中就会有两个倒易杆，一个垂直样品表面，另一个更长且垂直薄片 (图 17.5B 和 C)。当 Ewald 球和这些倒易杆相截时，衍射花样中就会产生两个点，类似楔形样品，两点的间距随 **s** 的增加而增加。线 MN 垂直于薄片与样品表面相交所产生的迹线。然而，这里的情况与前面所介绍的楔形样品不尽相同。尽管 m 和 n 倒易杆在长度和实际强度上有很大不同，

17.4 面缺陷的衍射

但样品的衍射体积远大于薄片的衍射体积,因此通常能区别 M 和 N 反射。

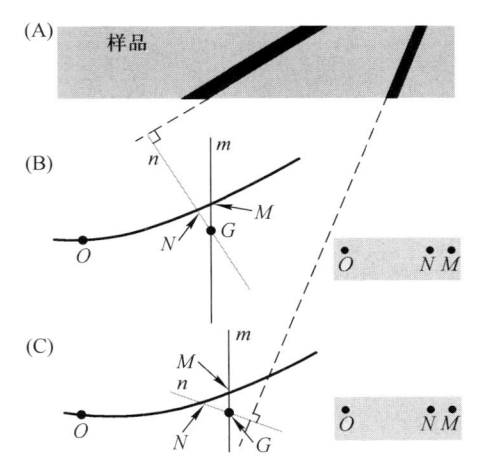

图 17.5 薄样品中倾斜薄片的效应。(A) 通过两块薄片来说明它们与样品表面不同的夹角所产生的影响。当 $s \neq 0$ 时,在衍射花样中可以看到两个衍射点,因为两个不同倾斜角度的面缺陷都有两根相应的倒易杆,见(B)和(C)

如果知道样品相对于衍射花样的取向,就能判断倾角是小于还是大于 90°,即能在不移动样品或使用像衬理论的情况下确定面缺陷的倾角(见下册第 24 章)。正如在 17.3 节中描述的,如果能使得衍射斑点足够小,当 $s = 0$ 时,实际上能观察到两个点。在 17.7 节中会再次讨论这个话题。

在面心立方晶体中的堆垛层错缺陷可以认为是厚度很薄的密排六方材料,如图 17.6 所示;所以它实际上是一个平行于样品表面且晶格匹配完好的薄片。

可以分以下两个情形来理解平面界面的衍射效应:

■ 如果界面两侧晶粒的反射率相同,那么衍射效应类似于薄片衍射。

■ 对两侧晶粒反射不同的情况,其衍射行为就类似于一个表面平行于面缺陷的楔形样品。可以忽略那些没发生衍射的晶体。

图 17.7 中的两幅衍射花样表明,在这两种类型的边界上确实可以观察到成对的点。与之前描述的一样,两斑点的连线垂直于界面的迹线,这里的迹线是指界面与样品表面的交线。

强调界面附近出现的额外点有两个原因:

■ 对任何不能以该方法解释的额外点都应仔细检查。

■ 在确定斑点间距时(估算晶格常数时)必须小心。由于这个原因,必须把 s 设为 0,且任何时候通常只有几个反射能这样做。

第 17 章 小体积衍射

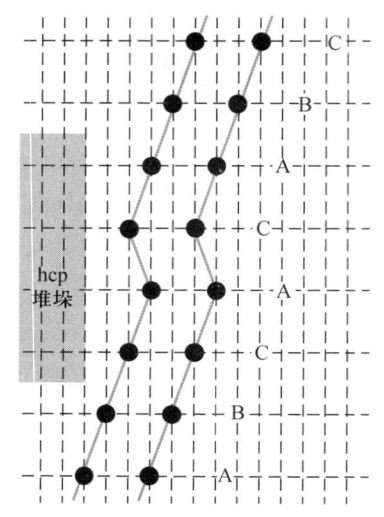

图 17.6 面心立方晶体中密排面 A、B 和 C 排列形成的层错示意图，堆垛层错类似于密排六方材料的薄层，ACAC 堆垛

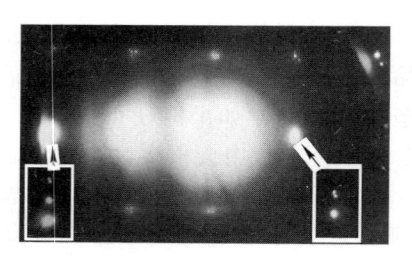

图 17.7 晶界衍射花样中的衍射点对

孪晶界在特定取向通常会包含较平的一段。面心立方晶体中的一阶孪晶界倾向于与晶面族{111}平行，如图 17.8A 所示。这意味着如果适当调节样品的取向，这个面几乎平行于电子束，会激发{111}反射。薄片平行于电子束，则它的倒易杆垂直电子束。如果样品也很薄，可以使 Ewald 球沿着倒易杆长度方向与之相截。在图 17.8B 中，可以在衍射花样中看到一个"条纹"而不是一个点。这个条纹实际上是从[111]方向延伸过来的，因为从图 17.8A 中可以看出孪晶是非常薄的薄片。

17.5 来自颗粒的衍射

> **纳米颗粒效应**
>
> 由于只关心颗粒小于 100 nm 时的效应,因此这些颗粒可以称为纳米颗粒。任何研究纳米颗粒的人都必须明白这种效应和 XRD 中的 Debye-Scherrer 分析密切相关。

如果我们认为表面是面缺陷,由于表面重构,在衍射花样中也能看到额外点。但要注意,明显的表面重构也会受样品表面污染的影响,因为 TEM 通常不是 UHV 系统。

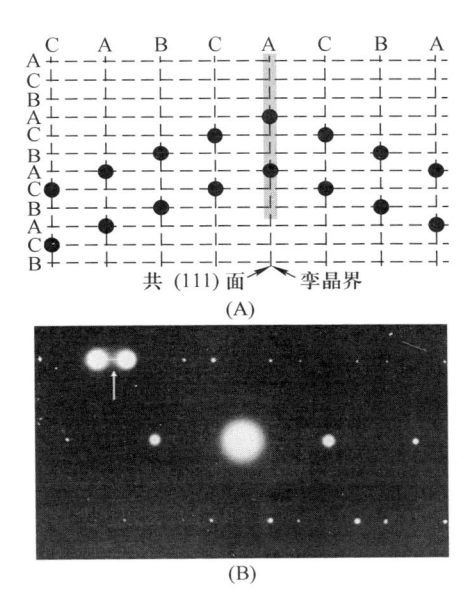

图 17.8 (A) 孪晶模型和(B) 有条纹(箭头所示)的衍射花样,条纹垂直孪晶面。注意两个亮衍射点的偏离参量 $s=0$

17.5 来自颗粒的衍射

颗粒有各种形状和大小,所以不可能逐一考究。实际上,决定形状因子的原理很简单,在倒空间就是"小的变大",反之亦然。图 17.9 画出了几种典型颗粒的形状因子。在实际中可能永远看不到图中所示的次级极小。

图 17.10 给出了一个常见的薄片衍射的例子;这些现象可以发生在 GP 区,或其他薄的盘状析出物中。当薄片取向平行于电子束时可以在衍射花样中看到类似图 17.8B 所示的条纹。不同的是,薄片可以处在晶体中所有晶体学等

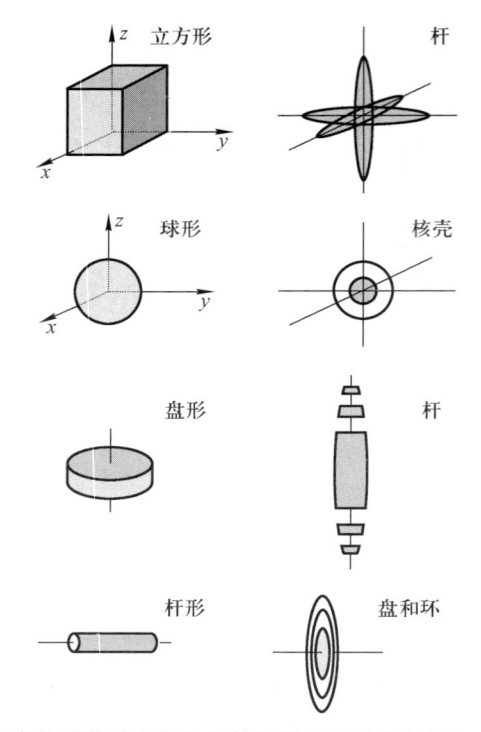

图 17.9 倒易空间中斑点的形状是由发生衍射的颗粒的形状决定的

价面上。对于这些 GP 区，条纹位于{001}面上，所以对立方晶体，条纹沿着⟨001⟩方向连接 000 和 200。注意到，即使晶体不是立方结构，这些点仍是连接的。也会看到，即使体心立方晶体 100 是消光的，100 位置也还会有明锐的点。能看到这个点的原因在于[001]方向与 Ewald 球相截的倒易杆与电子束平行。

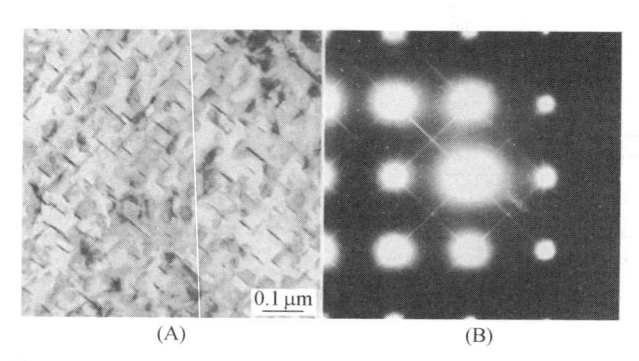

图 17.10 非常薄的片状析出物(A)会在衍射花样中形成比较长的条纹(B)。图中析出物是 Fe 原子比例为 2.5% 的 Mo 合金中的 GP 区

最小的粒子可以认为是空位、替代原子或间隙原子。虽然无法清晰地看到单个点缺陷的衍射效应，但如 16.7 节所说，这些点缺陷会有序排列，形成清晰的超晶格并产生额外的斑点。

若存在许多点缺陷但不足以形成长程有序，那么有可能会形成短程序。这种现象最明显的例子也发生在金属碳化物中，如图 17.11 所示。短程有序在衍射花样中导致了漫散射，出现得比较随机，有些是绕着点的圆环，有些是在点之间的环，还有些根本不是环。结合许多不同的图案，Sauvage 和 Parthé 认为漫散射可以模拟，如图 17.11D 所示。这个图与在固体物理中见过的费米面的图很相似。在下册 29.4 节中将会讨论一些漫散射电子成像的性质，但要记住重要的两点：

- 点缺陷确实能产生衍射效应，特别是它们彼此之间有相互作用时。
- 漫散射可以通过 Ewald 球构造来解释。

如果对这个课题感兴趣，可以查一些插层材料中关于无公度结构的文献。在图书馆或者网络上搜索"discommensurate"和"intercalated"会更快地找到新近的文章。

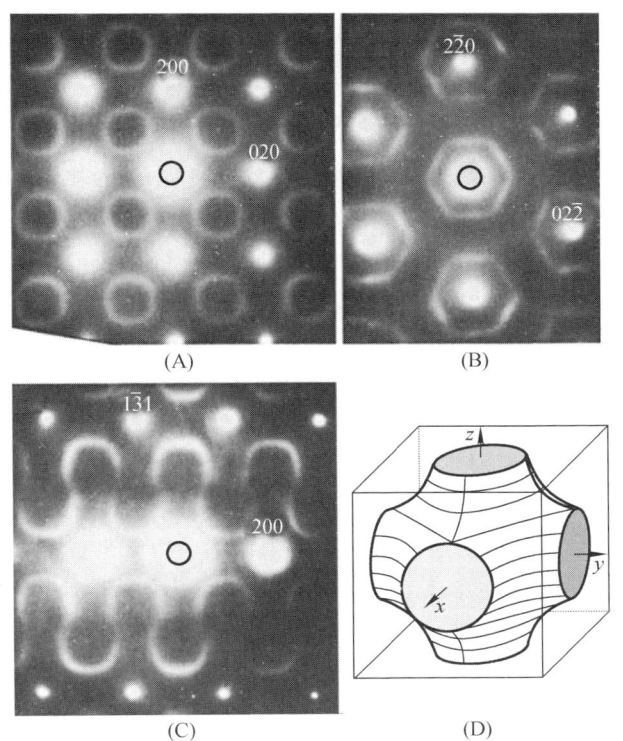

图 17.11 短程序可以在衍射花样中引起漫散射(A~C)。这个例子是碳化矾的衍射图，漫散射强度的 3D 示意图形状跟费米面非常相似(D)

17.6 单位错和多位错的衍射

在下册第 25 章还会讨论位错的图像。位错是一种线缺陷，可以用位错线的方向和伯格斯矢量来描述。缺陷周围的晶体会变形或有应变。

对于一个单位错，应变可能不会在衍射花样中产生新的点，但由于位错是线缺陷，会有漫散射产生。如果在中心 0.2~1 nm 的区域周围有明显的形变（下册第 25 章中会看到这个应力的作用），那么倒格点中的漫散射会从 $1\ \text{nm}^{-1}$ 扩展到 $5\ \text{nm}^{-1}$，从而产生弥散的盘（倒易形状为长针形）。有的平面几乎不受位错影响，所以就可以观察到不同倒格点的漫反射强度会有不同变化。（下册第 24 章中将会讨论 $\mathbf{g} \cdot \mathbf{b} = 0$ 的效应。）

通过简单的讨论，甚至不需要看到漫散射，就可以得出一个重要结论：想要研究位错中心的结构，必须在成像过程中包含漫散射的影响，必须在物镜光阑和相应的图像计算中包含这个漫散射强度。

> **漫 散 射**
>
> 位错的漫散射强度不在倒易点阵点上。

由于单个位错引起的体积扭曲非常小，很难在衍射花样中看到单个位错引起的强度变化，除非有许多位错有序排列（就像 17.5 节中的点缺陷）。图 17.12 说明位错的有序排列是可以产生衍射强度的。形成该图像的样品非常特殊，位错出现在区域 A，而不是区域 B。实际上这种排列在 A 区域中形成了结构晶界，而 B 区域中有一层玻璃层。插图给出的是这两个区域的选区电子衍射花样的相同部分。在 B 区中能看到 3 个点，上面的两个点来自同一个晶粒，下面的一个点来自其他晶粒。上面出现一对点是因为那个晶粒对应的 s 比较大，但对于另一个晶粒 s 几乎是零。这是对 17.3 节内容进行实际应用的一个例子。

在 A 区中，同样会看到 3 个点（因为这两个晶粒仍然存在），此外还多出两个点。出现两个额外点的原因是存在两列位错。由于形成了长程有序的位错列，可以看到来自位错的散射，类似第 16 章中给出的 V_8C_7 中的空位。

当位错列平行电子束时，在衍射花样中能看到一组条纹，如图 17.13 所示。条纹间距与实际位错间隔成反比。看到条纹是因为在倒空间中产生了倒易杆，且沿杆的方向与 Ewald 球相切。杆的长度可以说明位错应力场在两个晶粒中的扩展距离。换言之，可以探知应变区域的厚度。以上讨论的目的不是要确定晶界，而是说明位错列的应变场可以引起衍射花样中的散射，这样可以推断

17.6 单位错和多位错的衍射

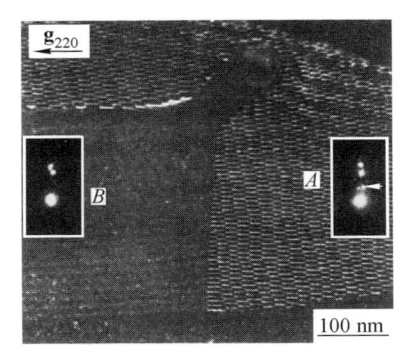

图 17.12 有序位错列的衍射。A 区存在位错而 B 区没有。插图给出是两个区域衍射花样的一小部分。A 中箭头所示的额外点是由明显的位错阵列引起的；这些斑点成对出现是因为还存在一组跟这组位错近乎垂直的位错列，就像光栅一样。另外一对点是由样品的楔形引起的，所以两个区域中都存在

出单个位错也会引起散射，只是会更弥散（且非常弱）。

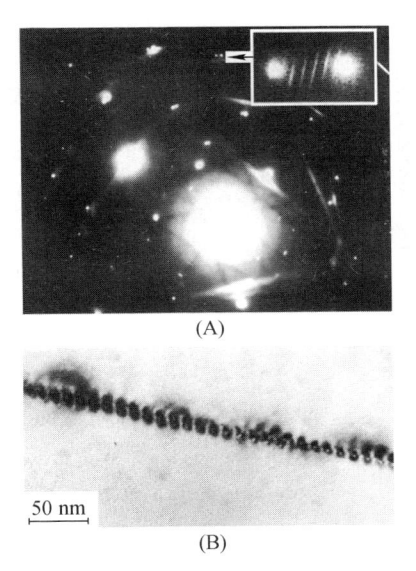

图 17.13 (A) Al_2O_3 中的位错列产生的一组条纹，位错列平行于电子束方向。条纹间距反比于位错间的距离，位错间距如 (B) 图所示

现在再考虑图 17.12 中的衍射点。为什么位错衍射点对（箭头所示）会出现在那里？从另一个角度考虑：B 区域的两个点哪个对应 N 倒易杆，哪个对应 M 倒易杆？(M、N 的定义见图 17.5)。

第 17 章　小体积衍射

> **周期性定律**
>
> 如果实空间中存在周期性结构，在倒空间中就会存在点列或倒易杆阵列，衍射花样中就会出现点列或条纹。

一个简单的问题：要在衍射花样中产生明显的效应需要多少个物体？答案是两个！图 17.14 说明了这一点，图中给出了一副衍射花样和两个距离大约 15 nm 的孪晶界的图像。在衍射花样中（在插图中放大）孪晶点之间新点的间隔是 0.067 nm^{-1}，与预期的一致。然而，为什么会这样？这与可见光的杨氏狭缝实验类似。插图也说明了 TEM 的一个特殊性质，即便没有 FEG，电子束也有明显的相干性。

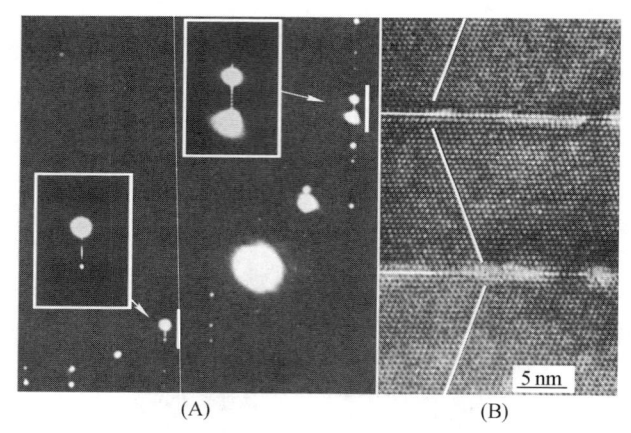

图 17.14　仅当两个缺陷产生的散射同相位时在衍射花样（A）中才会出现额外点。额外点间距与图（B）中两孪晶界间距成反比

17.7　衍射和色散面

本章中几次提到："实际上在 s = 0 时会看到两个点"，而即便是根据倒易杆模型也只能看到一个。楔形样品的两个点（对更复杂的缺陷可能有更多）来源于散射过程的动力学特性，Amelinckx 和他的合作者在一系列文章中推导了这个理论。虽然这个小组使用了不同的符号，但他们用图解的方法总结了结果。在下册第 24 章讨论图像的时候还会回到这个话题。作为一个例子，在图 17.5 中给出的堆垛层错的倒易杆应该被拉伸，以致倒易杆渐近于两条直线。当 Ewald 球与曲线在 s = 0 相切时，可以看到随着 s（无论正的或这里所示的负

的)增加，两个点会分开，直到这些直线段的端点。然而，会有矢量与 **g** 精确一致吗？答案是肯定的，因为邻近的完美晶体肯定会有 3 个点，但很难观察到，因为 **s** 必须非常接近于零。不需要借助任何理论就能猜到这些曲线的来源，它们与有渐近线的色散面曲线(见图 15.3)非常像。实际上这些曲线是直接相关的。

增加 **s**，会远离动力学范畴而进入运动学范畴，就可以使用简单的倒易杆模型(见下册第 26 章)。**s** = 0 时曲线间的距离反比于反射 **g** 的消光距离 ξ_g。

通过图 17.15 可以更好地理解。衍射花样决定了在图像中能看到的内容，而衍射花样中看到的内容由倒易杆或者表面与 Ewald 球相切决定。所有有关消光距离和衍射束耦合的信息基本都包含在色散面内(**s** = 0 时，ξ_g 为 Δk^{-1})。色散面和倒易晶格/Ewald 球模型都形象地反映了相同的衍射过程。所以色散面模型中的所有信息在倒易晶格/Ewald 球模型中也会有。

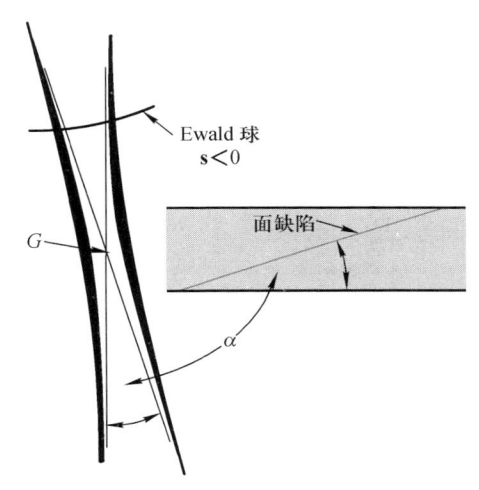

图 17.15 夹角为 α 的两个面的倒易杆实际上是两条直线的渐近线，这样就不会在 G 点相交；当 **s** = 0 时，这两条曲线的距离是 ξ_g^{-1}

倒易杆是这两条双曲线的渐近线。可以说，倒易杆和渐近线是运动学衍射近似的结果。布里渊区边界附近色散面上的特性和 Ewald 球与倒易杆在倒格子点 G 附近相截时的特性是一一对应的。可以想象将色散面图形旋转 90°。针对这个问题，van Landuyt、de Ridder、Gevers 和 Amelinckx 等人广泛地研究过，本章末尾的参考文献中有相关的总结。Amelinckx 小组给出了如何把相关信息从色散面转换到倒易晶格从而传递到衍射花样的规则。在下册 24.9 节中会把这个概念和图像联系起来。如果觉得色散面难于理解，可以让 **s** 变大而使用倒易杆模型。

第17章 小体积衍射

章 节 总 结

本章开始研究TEM中衍射的特殊性质,产生这些特征是因为衍射总是来源于小体积。样品的尺寸和样品中存在的特殊性质总是很小,所以必须考虑到形状效应。这对纳米颗粒和纳米晶尤其重要——成像时必须牢记在心。当然,其他形式的衍射也应该有相同的考虑;只有TEM能研究来自晶体缺陷附近的衍射信息。换言之,由于使用了高能电子束,形状效应不是一个限制,通过理解形状效应的概念,能了解到很多关于晶体中缺陷的信息;相反,如果不懂形状效应会犯一些明显的错误。要记住两点:

■ 当一个薄片平行于电子束时,它的倒易杆正交于电子束。样品很薄的话,Ewald球沿着倒易杆的纵向相截。此时你会在衍射花样中看到一个"条纹"而不是一个点。

■ 在$s=0$时电子束的分裂和色散面都是由于动力学散射产生的。

参考文献

界面衍射

面缺陷的衍射和图像之间的关系一直是Severin Amelinckx教授领导的小组所发表的一系列文章的主题。开始研究前可以研读下面给出的来自Phys. stat. sol. 的例子。

Carter, CB (1984) *Electron Diffraction from Microtwins and Long-Period Polytypes* Phil. Mag. A **50** 133–141. TEM中的杨氏狭缝实验。

de Ridder, R, Van Landuyt, J, Gevers, R and Amelinckx, S (1968) *The Fine Structure of Spots in Electron Diffraction Resulting from the Presence of Planar Interfaces and Dislocations. IV. Wedge Crystals* Phys. stat. sol. **30** 797–815; See also: (1970) *ibid.* **38** 747; (1970) *ibid.* **40** 271; (1970) *ibid.* **41** 519; (1970) *ibid.* **42** 645.

Gevers, R (1971) in *Electron Microscopy in Materials Science* (Ed. U. Valdrè) p302–310, Academic Press, New York. 介绍了Amelinckx小组的工作。

Gevers, R, Van Landuyt, J and Amelinckx, S (1966) *The Fine Structure of Spots in Electron Diffraction Resulting from the Presence of Planar Interfaces and Dislocations. I. General Theory and Its Application to Stacking Faults and Anti-*

phase Boundaries Phys. stat. sol. **18** 343-361；See also(1967)*ibid.* **21** 393；(1967)*ibid.* **23** 549；(1968)*ibid.* **26** 577.

Van Landuyt, J (1964) *An Electron Microscopic Investigation of Phenomena Associated with Solid Solution of Oxygen in Niobium* Phys. stat. sol. **6** 957-974.

Van Landuyt, J, Gevers, R and Amelinckx, S (1966) *On the Determination of the Nature of Stacking Faults in fcc Metals from the Bright Field Image* Phys. stat. sol. **18** 167-172.

漫散射和插层

Carter, CB and Williams, PM, 1972, *An Electron Microscopy Study of Intercalation in Transition Metal Dichalcogenides* Phil. Mag. **26**(2), 393-398.

Sauvage, M and Parthé, E (1972) *Vacancy Short-Range Order in Substoichiometric Transition Metal Carbides and Nitrides with the NaCl structure. II. Numerical Calculation of Vacancy Arrangement* Acta Cryst. A **28** 607-616.

Wilson, JA, Di Salvo, FJ and Mahajan, S (1975) *Charge-Density Waves and Superlattices in the Metallic Layered Transition Metal Dichalcogenides* Adv. Phys. **24** 117-201. 关于插层的早期综述。

姊妹篇

尽管对纳米材料的研究很多，而且经常用 XRD 来表征，然而较少使用纳米材料的 TEM 衍射，因为成像几乎是一种常规方法。因此除了 CBED 外电子衍射并没有最新进展，在姊妹篇中也对其进行了讨论。

自测题

Q17.1 在不严格满足布拉格条件时，为什么衍射花样中仍能出现斑点？

Q17.2 重新对振幅进行积分和求和运算来说明倒易杆存在的原因。

Q17.3 当样品轻微偏离特定带轴时，为什么衍射花样中的斑点可能会偏离它们的理想位置？

Q17.4 倒易杆是实物吗？

Q17.5 在包含薄片的样品中，如何才能把和样品厚度相关的衍射花样斑点和来自薄片的衍射花样斑点区分开？

Q17.6 如果在样品中能看到单个位错，衍射花样会有变化吗？

Q17.7 什么情况下才能沿着倒易杆的整个长度方向观察？

Q17.8　图 17.14 右边插图中的斑点非常清楚，为什么要给出这个区域而不是位于 000 和 111 之间的区域呢？

Q17.9　孪晶界的定义是什么？

Q17.10　什么情况下才能看到衍射花样斑点周围的弥散环？

Q17.11　TEM 薄膜样品的厚度是如何影响劳厄条件满足程度的？

Q17.12　样品厚度是如何影响点阵常数计算精度的？

Q17.13　楔形样品是如何影响衍射斑点出现的？

Q17.14　当偏离参量 $s=0$ 时，弯曲倒易杆模型预测在衍射花样中会出现两个斑点，为什么？

Q17.15　在图 17.8 中，在衍射花样的两个斑点之间能看到一个条纹，这说明什么？

Q17.16　只有当样品很薄时才能在衍射花样中看到条纹，解释原因。

Q17.17　短程序会对衍射花样产生影响吗？

Q17.18　图 17.5 中，M 和 N 斑点之间的距离是由什么决定的？

Q17.19　当对几乎平躺的孪晶面进行观察时，观察衍射花样，在 $-2g$ 处会出现 3 个斑点，$+g$ 处只出现两个斑点？为什么在 $-2g$ 处会存在一个额外斑点？

Q17.20　图 17.3C 的衍射花样中，为什么 $2g$ 反射在方框内，而 $4g$ 反射在方框外？

Q17.21　对于楔形样品，由于有两个面，因而有两套倒易杆。这种情况如何与倒易杆源于薄片的思路相一致？

Q17.22　在衍射花样中能观察到平躺的孪晶面产生的影响吗？

Q17.23　图 17.10 中为什么能看到 (100) 反射？

Q17.24　要在衍射花样中形成可探测的周期需要多少个物体？

章节具体问题

T17.1　思考图 17.13 以及条纹长度和缺陷（界面）宽度的关系，根据衍射花样确定晶界的宽度是多少？

T17.2　查看图 17.12A 区中的额外斑点，比较一下产生这些斑点的位错间距和斑点周期。

T17.3　解释图 17.12B 区中为什么会出现斑点。

T17.4　思考图 17.15，如果去掉图的上半部分（面缺陷以上），这幅图会有什么变化？

T17.5　思考图 17.14B，假设是 Si，画出衍射花样。

T17.6　思考图 17.7，如果这个衍射花样来自 001 孪晶界，其孪晶夹角是多少？

T17.7　思考图 17.7，在两幅插图中下面的反射为什么会更亮？

T17.8　思考图 17.3，当 Ewald 球经过(-2，-2)和(0，-2)时重新绘制该图。

T17.9　完整地标定图 17.10 中的衍射花样，解释一下为什么这块材料必须是体心立方而不是面心立方。

T17.10　图 17.8 中条纹出现的位置由什么确定？

T17.11　图 17.8A 给出了两个晶粒，指出图 17.8B 中斑点和晶粒的对应关系。

T17.12　观察图 17.14，插图中小斑点的间距和图像一致吗？证明其结论。

T17.13　思考图 17.14，为什么会出现多个斑点组成的点列而不是一个额外斑点？

T17.14　图 17.13 中，当沿着插图中一个斑点看向另一个斑点时，为什么条纹会沿平行于它们的长度方向偏移呢？

T17.15　一层 Al 金属薄膜中含有直径为 2 nm 和长为 20 nm 的针形析出物。析出物位于(001)面内，轴向平行于[110]方向。画出薄膜[001]带轴衍射花样。（感谢 ZL Wang 提供此问题。）

第 18 章
平行束衍射花样的获取与标定

章节预览

TEM 的一个关键性优势是能同时得到来自样品同一区域的衍射花样和图像(不包括各种能谱)。要获得晶体学信息,用于解释和标定衍射花样的方法就很重要,这是下面 4 章的主题。本章将介绍传统的选区衍射花样(SADP)及其标定方法,也会介绍一些其他相关的应用较少的方法,如平行束衍射法。

标定衍射花样有好几种方法,采用什么方法取决于对样品的了解程度。我们将以尽可能找到快捷方式的目的去考虑实验方法,并开始本章的讨论。虽然有经验的显微学家通过观察一些衍射花样就能很轻松地进行标定,但有时候也会需要标定一些新的或者不熟悉的花样。最快、最有效的实验方法可能要用到之前两章和接下来 3 章中的一些概念。目前高级计算机软件能够帮助人们实现一些乏味的标定过程。

TEM 中获取 SADP 的区域(<1 μm)通常比大多数工程材料的典

型晶粒尺寸小，因此多数衍射花样都来自单个晶体。但是，随着纳米晶材料（晶粒尺寸<0.1 μm）的地位越来越重要，包含来自多个晶体信息的衍射花样以及圆环/织构的 SADP 也越来越常见。[会聚束(CBED)和作用区域小于 10 nm 的微晶/纳米晶衍射花样的其他形式将在第 20 章和第 21 章中介绍。]通过衍射花样能够确定晶体(通常事先已经知道了)以及它相对于电子束或邻近晶体的取向(可能事先不知道)。允许的 hkl 衍射位置是晶系的特征。通过标定把衍射花样中的一个斑点或圆环与晶体中的一个(hkl)平面或$\{hkl\}$平面族联系起来。通过斑点的标定，并根据标定的平面所在的带轴$[UVW]$可以推断出晶体的取向。

电子束方向

通常将$[UVW]$定义为电子束方向，该方向垂直于衍射花样所在平面，并反平行于电子束。

如果想知道两个晶体之间的取向关系，需要知道每个晶体中的至少两个$[UVW]$方向。不同相或不同取向的晶粒之间的取向关系是标定衍射花样最有用的信息。标定取向对于 TEM 非常重要，将在姊妹篇中用一整章介绍这个主题。虽然目前利用计算机提取衍射花样的信息并标定衍射花样已经很规范，但是如果不理解这些原理，就可能盲目相信计算机输出的结果(即 GIGO)。因此，在本章最后将专门讨论一下计算机辅助标定。

18.1 选择合适的技术

选择研究样品的技术手段取决于想知道和能知道什么信息。例如，如果想知道一个特定区域的晶体结构，通常用衍射方法，尽管使用莫尔条纹(下册第 23 章)或者 HRTEM(下册第 28 章)相对来说更合适。总的来说，有 3 种衍射方法：

■ 可以展宽电子束得到近乎平行的照明束，然后用光阑选择物镜形成的第一幅像中的一个区域(第 9 章和第 11 章的 SADP)。本章重点介绍 SAD 的标定。

■ SADP 中通常包含菊池线，可以给出更精确的取向信息(见第 19 章)。

■ 可以把电子束聚焦到样品上一个很小的区域形成 CBED 花样(不用 CBDP 表示)。(见第 20 章和第 21 章)。

> **SAD 缩写**
>
> SADP 对应 SAD 花样，SAED 对应 SAD，CBEDP 对应 CBDP 以及 CBED 花样。全书中尽量使用衍射花样(DP)，但是某些缩写都已经形成习惯了！

也可以根据材料晶粒大小来总结各种衍射方法使用的可能性。让我们考虑特定的样品特征：

■ 晶粒尺寸可能很小，远小于 10 nm，例如许多典型的纳米晶薄膜。这是一个难点，因为单个晶粒贯穿整个样品厚度的情况很少，大多数情况下都是在样品厚度方向有很多晶粒，这种情况下就很难标定单个晶粒的衍射花样。[这就是衍射花样的犀牛问题(图 1.7)!]然而，在这种情况下可能并不想知道某个特定晶粒的取向，反而是对材料的织构感兴趣。

■ 晶粒尺寸在 10 nm 到 100 nm 范围。这时 CBED 可能比较有用，因为它能给出很小的束斑。然而 CBED 的大多数有用信息来自厚度大于 100 nm 的样品。这个最佳厚度值取决于样品的结构因子(原子数)。然而，如果足够细心并利用最近发展的 C_s 和 λ 都很小的 TEM，可以获得晶粒尺寸范围内的 SAD，如表 11.1 所示。

■ 晶粒尺寸在 100 nm 到 2 μm 的范围。在这种情况下，现代 TEM 中的 SAD 用得相当普遍。必须了解各种限制并作好拆分复杂衍射花样的准备。由于 C_s 和 Δf 带来的误差，面临的难点将是要分辨哪些点来自所选择的区域，哪些点来自邻近的区域。

■ 样品是晶粒大于 2 μm 的均匀薄区。这种样品只是上一种情况更简单的版本。甚至在低压和旧一点的显微镜中用 SAD 技术都应该不成问题。在检测一个晶粒内的局域结构变化时，CBED 非常有用。

■ 感兴趣的晶粒很大(大于 2 μm，甚至大于 5 μm)，同时具有薄区域(<100~300 nm，取决于材料)和足够观察到菊池线(见下一章)的厚区域。这种情况下分析织构会变得很困难，除此之外，可以使用这些技术中的任意一种进行分析。对于织构分析，这时应该考虑使用 SEM 中的背散射电子衍射(EBSD)技术研究块状样品，来给出更好的统计数据(Schwartz 等)。

本章重点在 SAD 的实用分析方法上，并把 CBED 留到第 20 章和第 21 章中介绍。本章结尾还将介绍空心锥和旋进衍射，这些方法有时会使 SADP 更加有用。由于最佳的技术取决于样品，所以不可能给出一个万无一失的指南。

18.2　SAD 实验技术

到现在为止，应已知道实验相机长度(L)和从显微镜上读到的值如何进行比较了，而且也知道当放大倍数改变时 SADP 相对于图像如何旋转(除非某些特别的 TEM 能自动地对这个旋转进行自动补偿)。检查有没有丢掉 180°反演，过去的研究者忽略了这个。如果需要复习得到 SADP 的具体步骤，查看 9.3~9.6 节和 11.9 节。

可以改变 L，但衍射花样可能会随之旋转。对于 SAD 通常使用约 500 mm 的 L 值，但这取决于 TEM 和样品的面间距，以及是否想在 HOLZ 中看到细节。最好选择某一 L 值并在同样的设备和样品中一直使用这个值。为了得到高分辨率的衍射可能要增加 L，但这样可能会丢掉很多其他的衍射束，增大照相底片几乎总能提供所需要的放大倍数。广角 CCD(第 7 章)能够覆盖比标准 TEM 底片大得多的倒易空间，因此更有用。

倾斜和旋转样品：TEM 最大的优点之一是倾斜和旋转样品时也能观察衍射花样。旋转衍射花样需要旋转样品杆(第 8 章)，特别是对于侧插式样品台，如果要调节某一反射使它平行于倾斜轴，这种样品杆是最理想的。这种调节在三维显微镜中特别有用(见下册第 29 章)。因为所有的侧插式样品台都会有一个平行于样品杆的倾斜轴，所以倾斜样品比旋转样品更常见。在第 9 章已经讨论了最佳高度的重要性。

倾　　斜

倾斜样品会改变衍射条件，同时可能改变聚焦状态。

无论何时记录图像，都要养成留心倾转设置的好习惯。如果想要用这些设置去粗略估计样品的倾斜程度，应该意识到由于机械上的滞后效应而存在的反冲。所以如果要尽可能准确，需要不断地从相同的倾斜方向接近某一特定的设置。在下一章中将讨论倾斜样品时如何使用菊池图作为向导。如果样品太薄或弯曲程度太大而没有菊池线，仍然可以利用这种方法。设置一个特定的衍射束并倾斜样品使这一衍射束始终存在，需要做的是倾斜样品使得同一晶面始终平行于电子束方向。(思考这是什么意思，提供了怎样的晶体信息。)

倾斜电子束：如果只是对出现在衍射花样中的细节感兴趣，而觉得图像并不是很重要，就可以通过使用暗场偏转线圈以可控的和可逆的方式去倾斜电子束，从而改变衍射条件。这比倾斜样品台更精确，而且机械反冲不再成问

题。为了增加精确度，可能需要增大 L。当想要研究的 **s** 的微小变化对衍射斑点有影响时，这个方法特别有用。

例如，如果想激发明场像中的三阶反射 $3\mathbf{g}$，用图 18.1 所示方法。（虽然不会真去这样做，但这样的练习是必要的！）

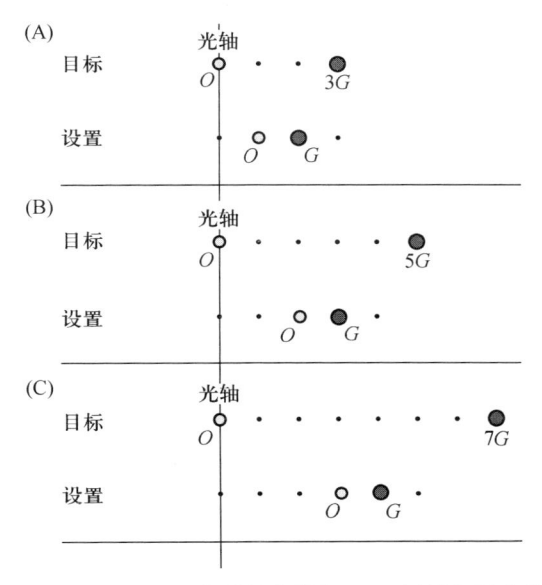

图 18.1 激发高阶反射的步骤。（A）在明场中激发 $3G$，倾斜电子束使 G 在光轴上并被强烈激发，然后倾斜 O 回到光轴上。（B）在明场中激发 $5G$，倾斜电子束使 $-2G$ 在光轴上并且 G 被强烈激发，然后倾斜 O 回到光轴上。（C）在明场中激发 $7G$，倾斜电子束使 $-3G$ 在光轴上并且 G 被强烈激发，然后倾斜 O 回到光轴上

■ 使用束倾斜（暗场偏转线圈）使 $\bar{\mathbf{g}}$ 在光轴（O 的位置）上（图 18.1A）。倾斜样品使 $\mathbf{g}$ 激发。然后倾斜电子束使 O 点回到光轴上。这样 $3\mathbf{g}$ 就被激发了。重复练习，下一步激发 $5\mathbf{g}$。

■ 使用束倾斜（暗场偏转线圈）使 $2\bar{\mathbf{g}}$ 在光轴（O 的位置）上（图 18.1B）。倾斜样品使 $\mathbf{g}$ 激发（和前面一样）。然后倾斜电子束使 O 回到光轴上。这样 $5\mathbf{g}$ 就被激发了。重复练习，下一步激发 $7\mathbf{g}$。

■ 使用束倾斜（暗场偏转线圈）使 $3\bar{\mathbf{g}}$ 在光轴（O 的位置）上（图 18.1C）。倾斜样品使 $\mathbf{g}$ 激发。然后倾斜电子束使 O 回到光轴上。这样 $7\mathbf{g}$ 就被激发了。

你可以尝试激发 $11\mathbf{g}$，会发现通过移动 $5\bar{\mathbf{g}}$ 到光轴上在衍射花样上看不到 $11\mathbf{g}$。想想可能发生的情况。

在第 19 章中将进一步讨论这种技术的其他变化形式，而在下册第 27 章中将会看到图 18.1 的情形在较高电压的弱束显微术中确实出现了。本章结尾将

讨论计算机控制束倾斜在空心锥及旋进显微术中不可或缺的作用。

18.3 极射赤面投影

衍射花样不仅能给出电子束的方向，而且还能给出被电子束照亮的那部分样品区域的取向。如果样品中存在晶界或相界（即任意面缺陷），就能确定晶粒和界面所在平面的取向。经常会想知道两个晶粒之间的相互联系，但首先需要一种方法去表示这种关系，此时极射赤面投影是很有用的。可惜 Johari 和 Thomas 以及 Smaill 的经典材料学教材已经不再印刷了。所以要深入理解这项技术，需要借助于晶体学教材，例如那些在书后参考文献中列出的书籍，或者其他领域的极射投影专著（例如，Lisle 和 Leyshon 的书）。跟其他工具一样，在完全认识到它的价值之前必须理解和使用它。如果对它的构造方法不熟悉，强烈推荐你花些时间去熟悉。从任何一本介绍性的晶体学书本开始都行，其中一些书已列在了参考书目中。

构造：设想一个晶体位于一个球的中心如图 18.2 所示。从球（投影球）心画一条射线使它垂直于一个晶面，与球相交于北半球的点 P；截面图看起来更清楚一些。从南极到点 P 画第二条线。

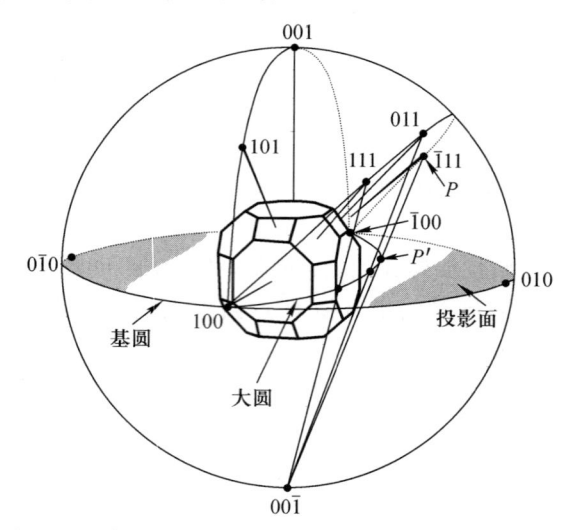

图 18.2 极射赤面投影。晶体位于球的中心。晶面法线与球面交于点 P，然后将它投射到球面的南极（$00\bar{1}$）。这条射线与赤道面交于 P'，这个点就唯一地代表原来的那个晶面。晶体中属于同一带轴的晶面投影在极射赤面投影上是一个大圆。直径（或经线）以及赤道面的边界都是大圆

第二条线与赤道平面交于点 P'，通过赤道面的盘就是极射赤面投影，其中点 P' 唯一代表了与通过点 P 的射线垂直的平面。如果 P 位于南半球，则从北极画这样的线并将相应的投影面上的 P' 标记为圆圈而非一个点。

再来看晶体，它具有简单立方结构，但其构造完全具有普适性。(100)、(111)、(011)、($\bar{1}$11) 晶面的法线都位于围绕着投影球的圆周上。在这个特殊情形下，这个圆周上所有的点都投影在极射赤面投影上的同一个大圆上，其对应的圆周称为基圆。图 18.3 所示的吴氏网给出了 90 个这样的大圆，它们都连接北极和南极，还有另外一个大圆是围绕着赤道的：大圆总是通过投影面直径的两端。这些圆与地球仪上的经线很相似。不包含球心的圆相对较小，它们在投影面上形成的圆叫小圆，如果它们与基圆共心则所形成的投影和纬线相似。(但是注意，大多数小圆与基圆不共心)。可以任意旋转吴氏网，去重新排列大圆。

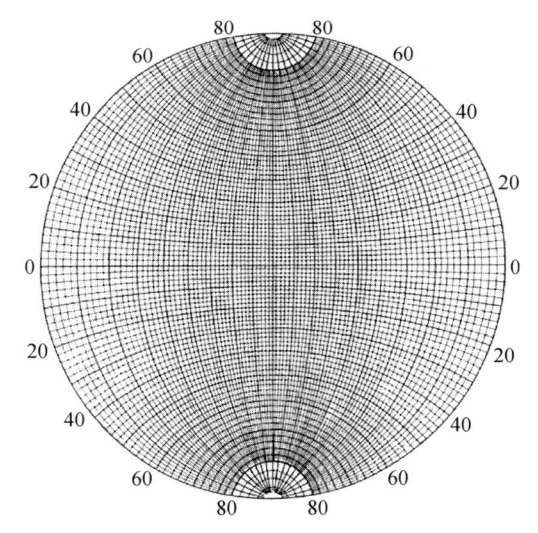

图 18.3 一张包含 90 个如图 18.2 所示大圆的吴氏网。每两个大圆之间相隔 2°，所以整张网覆盖 180°的范围。唯一一个看起来真正是圆形的大圆是投影面的边线，称为基圆。这个大圆上的点所代表的晶面法线与球北极之间角度是 90°(北极投影在吴氏网的中央)。因此，网上所有的间距都与真实空间中的角度成正比，但只有在基圆上的间距才与真实空间的角度准确对应

- 即使不平行，也可以在同一个投影面上标示出晶面法线(也叫做极)和方向。更重要的是，可以读取它们之间的夹角。记住，通常只在立方结构中晶面 (hkl) 的法线才平行于 [hkl] 晶向。
- 晶面法线与其所属带轴方向之间的夹角总是 90°。所有属于同一带轴

[UVW]的晶面，都在一个大圆上。

■ 任意两个晶面间的夹角等于它们法线之间的夹角，沿着吴氏网中的大圆可以测量这个角度。

■ 可以用相同的构造方法去总结任何晶系的所有对称元素。

对于 UVW 带轴，极点代表可能的衍射面，[UVW]是电子束方向。所以，如果[UVW]位于投影面中心，hkl 反射将会在投影面的圆周（大基圆）上。现在就应该能够理解为什么极射赤面投影对于解释衍射花样这么有用了。

图 18.4 给出了一些极射赤面投影的例子。观察吴氏网并注意一些简单的事实。例如，对于立方晶系，注意哪些极与[001]方向夹角为 90°。($0\bar{1}1$)和(011)之间的角度多大？如果材料变为 $c/a>1$ 的四方结构，这个角度将如何改

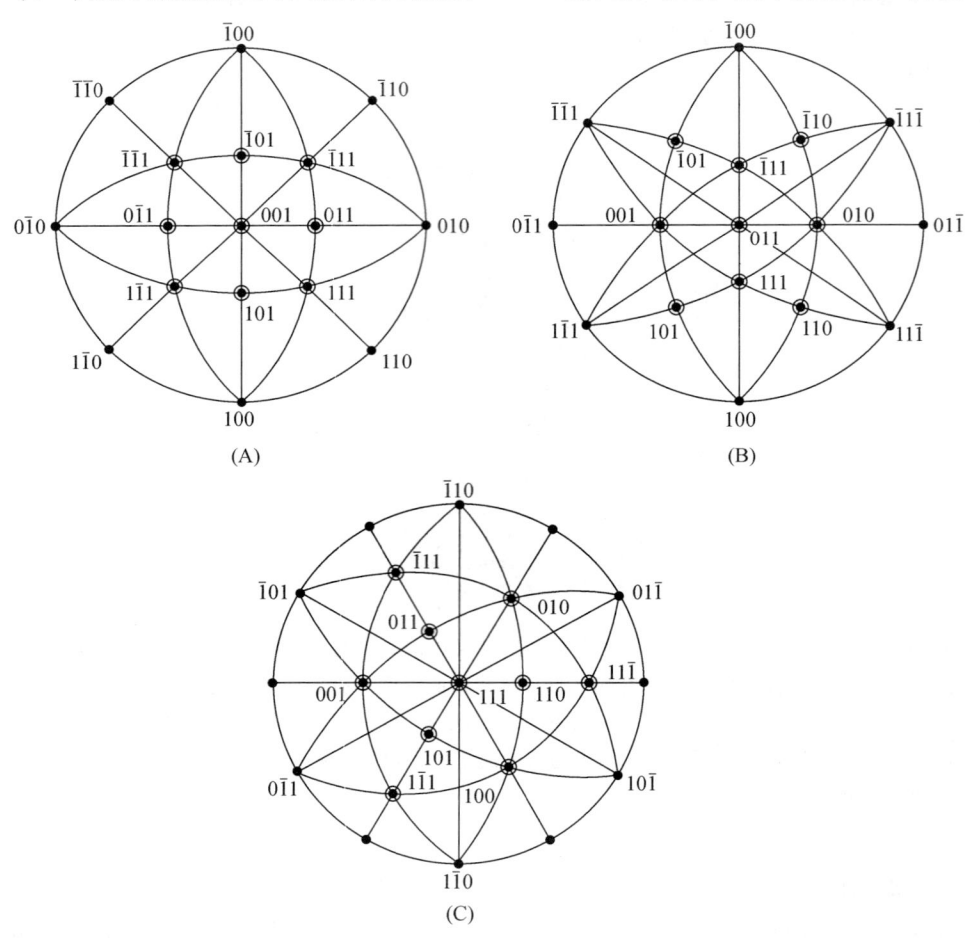

图 18.4 几个标准的立方晶系极射赤面投影。位于中央的极点代表投影方向，分别为 001、011 和 111

18.3 极射赤面投影

变？在这种情况下$(1\bar{1}1)$极和$(1\bar{1}0)$极会受到什么影响？现在考虑图 18.5 中更多的点。如果样品是立方结构而且表面法线为[001]，若想用$0\bar{2}2$反射成像，应朝哪个极倾转？（一个答案是[011]带轴，为什么？）对于相同的样品，如果想使$\bar{1}11$反射处于激发状态，可以使 200 反射处于激发态并朝着[$0\bar{1}1$]带轴方向倾转，而不是朝着[011]带轴倾转。

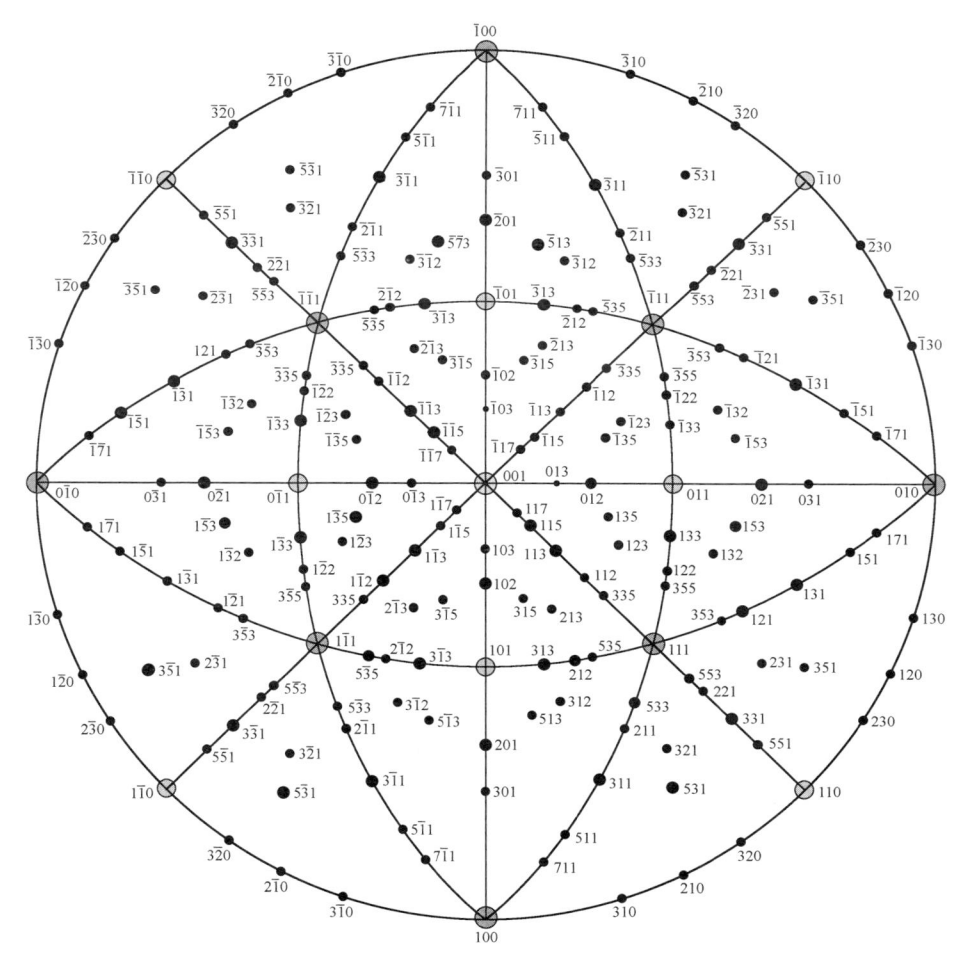

图 18.5 法线方向为[001]的立方结构薄膜的极射赤面投影，并假设电子束沿[001]向下传播。如果要用$0\bar{2}2$反射成像，需要倾转样品使$0\bar{1}1$极旋转到基圆上，亦即使它与电子束方向夹角为 90°。需要绕着一个轴进行倾转，这个轴与$0\bar{2}2$之间的夹角为 90°，例如[100]、[111]和[311]等带轴

- 可以用方程把这些计算出来，但当你坐在显微镜前时，极射赤面投影可以告诉你怎么做。
- 如果研究的是非立方材料，可以买一张大的吴氏网并构建自己的极射赤面投影。对于立方材料可以买到标准的极射赤面投影图。因此，成为冶金学家通常比成为陶瓷学家或矿物学家容易。
- 使用 EMS 之类的程序可以画出那些点，或者从网上也可以下载到合适的软件(见参考文献中的网址 1)。
- 网上也有吴氏网和画图软件(见网址 2)。

18.4 单晶衍射花样的标定

衍射花样中的基本关系(见 9.6.2 节)为

$$Rd = \lambda L \quad (18.1)$$

在衍射花样上测量到的透射斑到任意衍射点的距离或者任意衍射圆环的半径 R，都与晶体中两个晶面之间的间距 d 相关。由于 λL 为常数，可以测量一些 R 的值，并且知道

$$R_1 d_1 = R_2 d_2 = R_3 d_3 = R_4 d_4 = \cdots \quad (18.2)$$

如果知道晶体的晶胞参数，就会知道允许的衍射，并且只有一些特定的 d 值与衍射斑点相关。表 18.1 列出了一些立方晶系中允许和禁止出现的反射。更多晶系的消光规律在表 16.2 中已经给出。

表 18.1 立方晶体结构的选择定则

bcc		fcc		金刚石立方	
$h^2+k^2+l^2$	hkl	$h^2+k^2+l^2$	hkl	$h^2+k^2+l^2$	hkl
2	110				
		3	111	3	111
4	200	4	200	4	200
6	211				
8	220	8	220	8	220
10	310				
		11	331	11	331
12	222	12	222		
14	321				

续表

bcc		fcc		金刚石立方	
$h^2+k^2+l^2$	hkl	$h^2+k^2+l^2$	hkl	$h^2+k^2+l^2$	hkl
16	400	16	400	16	400
18	411				
	330				
		19	331	19	331
20	420	20	420		
22	332				
24	422	24	422	24	422
26	431				
		27	511	27	511
		27	333	27	333
30	521				
32	440	32	440	32	440

> **R 与晶面间距 d**
>
> 任意两个 R 值之间的比值反比于它们晶面间距 d 之间的比值。

一旦试验性地确定了 $\mathbf{g}_1$ 和 $\mathbf{g}_2$ 的可能值,就需要通过检查 $\mathbf{g}$ 矢量之间的夹角(即晶面法线之间的夹角)确认结果。在本章末(图 18.19 ~ 图 18.21)完全标定的衍射花样给出了主要晶面夹角和基矢的比值 $\mathbf{g}_1/\mathbf{g}_2$。因此,实际上标定某一带轴的衍射花样时,很少需要测量两个或 3 个以上的晶面间距。然而,如果样品取向并没有沿着某个带轴就需要提前阅读 18.10 节。

> **Weiss 晶带轴定律**
>
> 用 Weiss 晶带轴定律检查标定的一致性。每个 hkl 反射一定属于 $[UVW]$ 带轴,即 $hU+kV+lW=0$。

Weiss 晶带轴定律仅适用于倒易点阵的零层衍射,这里看到的衍射斑称为零阶劳厄带(ZOLZ)。高阶劳厄带(HOLZ)的衍射分布在一个圆环上，第 20 章和第 21 章将讨论这种现象。本章和下一章提到的所有 SADP，特别是讨论和标定的 SADP 都是 ZOLZ 花样。

晶面$(h_1k_1l_1)$和$(h_2k_2l_2)$法线间的夹角是ϕ；$[U_1V_1W_1]$和$[U_2V_2W_2]$之间夹角是ρ。可以把它们推导出来并用衍射花样进一步核实。在许多书中都有标准的方程（例如，Edington 和 Andrews 等人的著作）。可能会发现最有用的是针对立方晶系的方程，即

$$\cos\phi = \frac{h_1h_2 + k_1k_2 + l_1l_2}{(h_1^2 + k_1^2 + l_1^2)^{1/2}(h_2^2 + k_2^2 + l_2^2)^{1/2}} \tag{18.3}$$

$$\cos\rho = \frac{U_1U_2 + V_1V_2 + W_1W_2}{(U_1^2 + V_1^2 + W_1^2)^{1/2}(U_2^2 + V_2^2 + W_2^2)^{1/2}} \tag{18.4}$$

请记住，对任何晶系，利用两个合适矢量的点积总能得到类似的方程。

理论上，即使不知道晶体结构，利用方程式(18.1)也能算出衍射面的面间距 d。然而，应该记住 SAD 不是确定晶面间距 d_{hkl} 或它们之间的夹角 ϕ 最精确的方法。一般来说，可以很好地区分 SAD 中不同的花样，但当两个花样之间的差别是 180°旋转时，如 GaAs 或 GaN 等一些极性材料的衍射花样，它是无能为力的。

总结如下：

- 倾转样品到低指数的极。
- 对于最靠里的衍射，使 $s=0$。
- 记录 SADP。
- 倾斜样品使 $s=0$ 后用高阶衍射重复练习。只有确定 $s=0$ 时，测量才会更精确。

第 16 章中讨论倒易杆时提到过如果没有使衍射的 $s=0$，特别是可能已经倾转了样品时，得到的 d 和 ϕ 值会有很大的误差。

到现在为止，只标定了一个衍射花样。很可能需要更多的衍射花样去确定取向关系。在操作显微镜时，保持 g_1（见图 18.6）处于强激发，将样品倾斜到#2 极，重复标定过程。回到#1 极并将样品倾转到#3 极，保持 g_2 处于强激发。根据兴趣可以不断地重复这个标定过程。重要的是能测量角度，从而可以交叉检查所确定的 g_1 和 g_2 以及晶带轴的正确性。当然，在图 18.7 中可以看到，对于面心立方晶体这个任务比较简单，给出了该过程的一个实验图示。当晶体对称性低时就具有挑战性了。如果已经知道晶体结构，应该画出最重要的极，确定它们彼此之间的取向关系(18.11 节和第 19 章会介绍更多这方面的内容)，并要特别注意结构因子为零时产生的系统消光信息（参考 3.9 节和第 13 章）。

黄 金 定 则

尽可能使工作简单。在做 TEM 观察时记录所有可能需要的衍射花样以及它们之间的关系（画出路径图）。

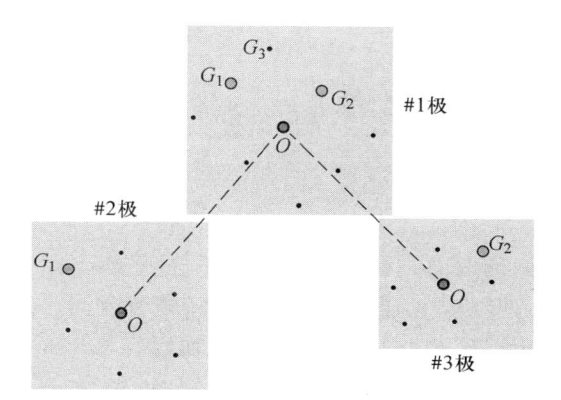

图 18.6 如何用倾转到其他极的方式去确定所标定的反射和极点的正确性。从 #1 极的 g_1 和 g_2 被强激发开始。保持 g_1 强激发倾转到 #2 极，然后回到 #1 极，并保持 g_2 强激发转到 #3 极。每一次都标定所有强反射，测量每个反射之间的夹角，并估算极点间的转角

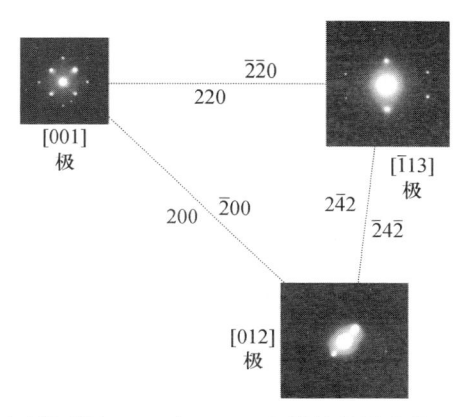

图 18.7 用一个实际例子说明图 18.6 中面心立方材料所描述的过程，所用材料为 MgO

18.5　多晶材料的环形花样

多晶样品(特别是晶粒尺寸为纳米级时)的衍射很大程度上类似于粉末 X 射线衍射。对于一个取向完全随机的多晶材料,沿所有的轴旋转倒格子会得到一系列嵌套的球。当用 Ewald 球(在 TEM 中近似为一个平面)去截这些球时,会看到粉末衍射花样中的环。

> **纳米与衍射花样**
>
> 晶粒越小,衍射花样上的点越大。纳米晶会产生更大的点,或……

如果多晶具有择优取向,就会有一个几乎在所有晶粒中都相同的特殊晶面。由于晶粒很小,形状效应会使所有的倒易阵点都变大;对于多晶来说,倒易球或圆环也是如此。对于纳米晶这种情况会加剧。

如果沿垂直于织构面的点阵矢量方向旋转倒格子,在倒空间就会得到一系列圆环,如图 18.8 所示。如果是立方材料,倒格矢 g_{hkl} 将平行于实空间的 $[hkl]$ 方向。但是大多数情况下并不是这样的。

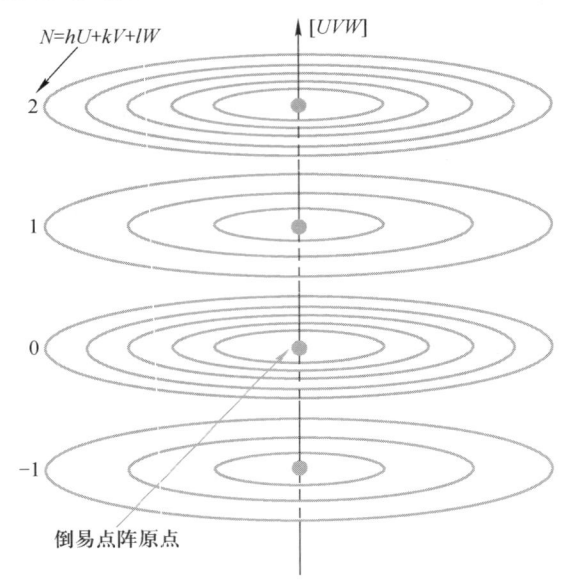

图 18.8　在倒空间由织构多晶产生的一系列圆。当倒格子绕一个特定的方向 $[UVW]$(在这里这个方向垂直于织构面)旋转时,对于劳厄带中允许的反射,每个劳厄带($N=1, 2, \cdots$)都会产生一系列同心圆

18.5 多晶材料的环形花样

这种衍射花样的一个例子如图 18.9A 和 B 所示，因为晶粒大小不一样而导致衍射花样不同。晶粒越大，衍射环越不连续。

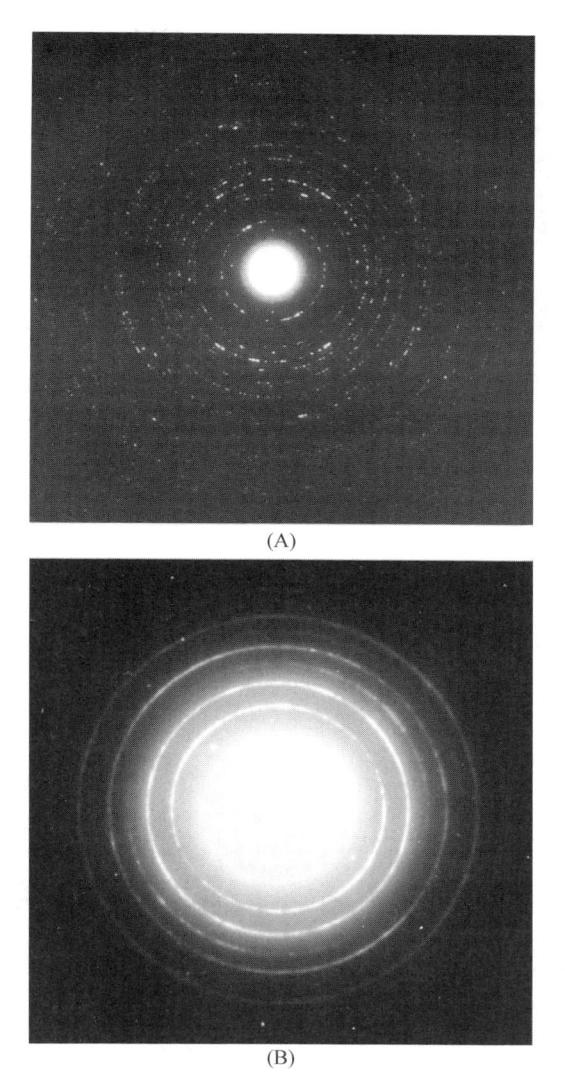

图 18.9 多晶膜的衍射环。(A)中晶粒尺寸比(B)中的大，因此环由离散的点组成。如图(B)，晶粒尺寸小会产生更连续的环状花样，但衍射环的宽度会增加，这个宽度的倒数与晶粒尺寸成反比

通过倾转可以区分随机取向的多晶和织构样品所产生的衍射花样。如果样品具有择优取向，则圆环变成如图 18.10A 所示的圆弧，通过图 18.10B 中构

造的 Ewald 球，利用衍射强度的圆弧形成的中心暗场像就能确定产生圆弧的晶粒。在图 18.10C 中，这些择优取向晶粒均匀分布，但是可能遇到不均匀分布的情况，想想这种情况下衍射花样会怎样变化。

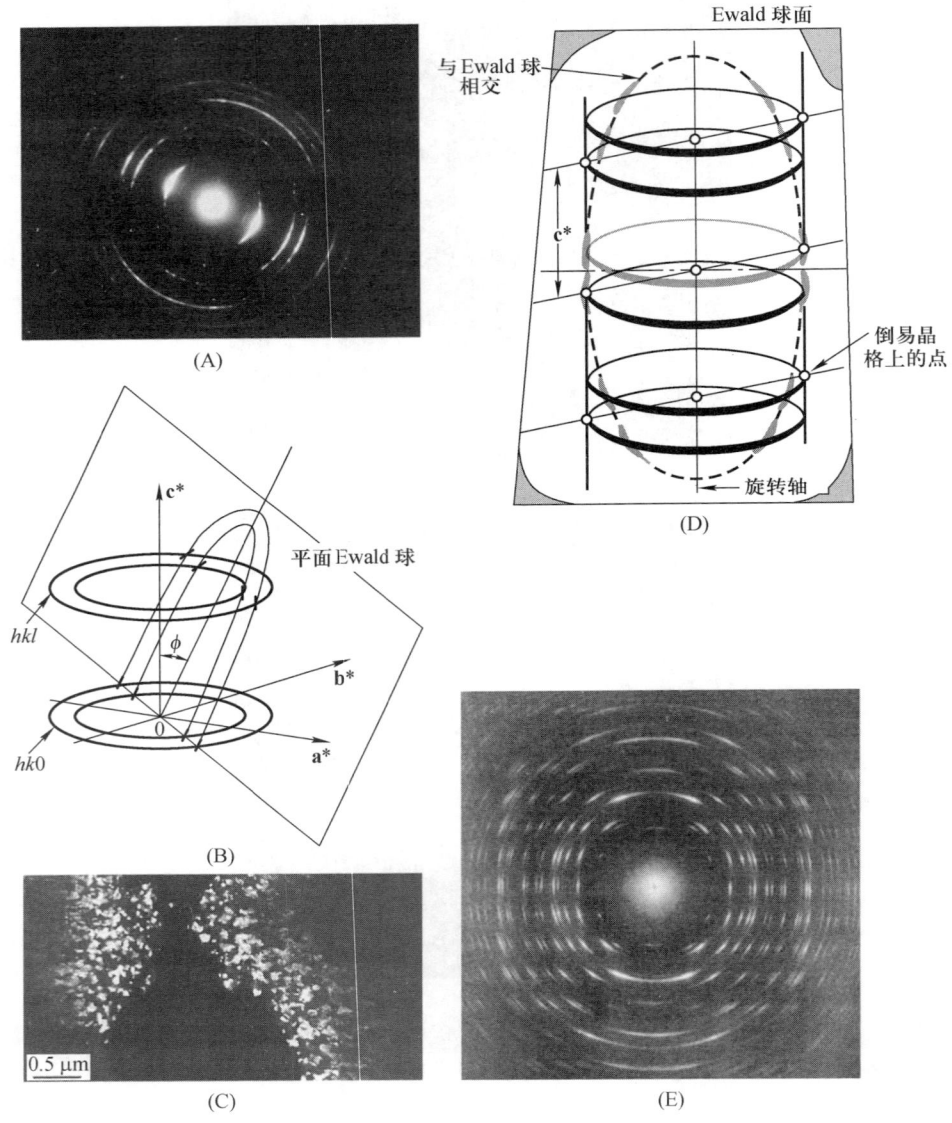

图 18.10 （A）织构衍射环，其中一定角度范围内的衍射强度会相对较强。（B）对应的 Ewald 球（平面）与倒易晶格相交。（C）利用一个 hkl 环中强度相对较大的部分所成的织构晶粒的暗场像显示出同轴结构。（D）样品的织构方向与入射束成一定角度，所以 Ewald 球在衍射花样（E）中产生拉长的点或者圆弧

图 18.10D 和 E 强调了这些花样可能很不一样。这里样品是 α-Ag$_2$Se，沿着倾斜于入射束的轴择优取向。当 Ewald 球与圆环相切时，就会产生位于椭圆上的拉长的点。Vainshtein 等人（1992）指出，椭圆上所有点的指数 hk 相同，l 不同，并称这种花样为倾斜织构电子衍射花样。在标定这些织构花样时应该小心，因为并不是所有可能的 d_{hkl} 值都会出现，这取决于织构面。

环状花样比斑点花样包含有更多的信息。与粉末衍射类似，利用环的宽度可以估算晶粒大小，但是观察暗场像更直观（更可靠）。因为并不能保证在每一个晶粒中电子束只有单次散射，所以也能观察到运动学近似禁止的圆环。

纳米晶材料非常具有挑战性，它的晶粒尺寸（约 10 nm）属于 TEM 能研究的最小晶粒尺寸范围，在 TEM 样品厚度方向上通常不止一个晶粒。暗场像结合 HRTEM 或最小可能束斑的 CBED（通常称为纳米束衍射，见 21.8.2 节）也许是最好的选择，但前提是需要寻找具有相似取向晶粒的团簇。

18.6 空心锥衍射的环形花样

可以把小晶粒材料的环形花样和大晶粒材料的衍射点花样的优点结合起来。如 9.3.4 节所述，对于纳米/微晶样品，通过小心地倾转样品得到单个晶粒的衍射花样以及单个区域的暗场像效率会非常低，同样，通过倾转照明束获得单个晶粒内部的不同像也比较困难。利用计算机可连续改变照明束的方向，就可以产生不同角度的照明束，并将所有晶粒的衍射花样相互重叠（即获得环形花样，也适用于晶粒相对大的材料）。这就是空心锥（有时称"锥形"）衍射的原理（见图 9.15）。在本章还将介绍空心锥暗场像的概念。早期的 TEM 不是计算机控制照明束，因而空心锥照明是通过环形 C2 光阑而非圆孔实现的。通过圆环的照明束与光轴成特定的角度照射样品，其原理如图 9.15A 所示。利用计算机控制样品前的扫描线圈使照明束以特定（或一定范围的）锥形角入射在样品上会更容易，也更灵活些，典型的锥形扫描衍射花样如图 9.15B 所示。（图 18.14C 给出的是非晶衍射花样的空心锥暗场像的例子。）当然，在图中是用 18.5 节介绍的标定晶粒尺寸比束斑小很多的多晶样品环形花样的方法标定圆环的。

空心锥照明可以对薄样品中符合{hkl}衍射条件的所有晶粒成暗场像，而不是只对光阑选择的衍射环上的一小部分区域成像。这两种成像方法所含信息的区别见图 9.15B 和 C。空心锥技术广泛应用于 CBED（见第 21 章）并逐渐用作旋进衍射（见 18.8 节）的基础。

18.7　非晶材料的环形花样

过去非晶材料是材料科学的边缘领域。但是，最近几十年来，由于光学通信推动的玻璃技术的迅速发展、块状金属玻璃的发展，以及人们对玻璃态薄膜在界面处的作用(特别是半导体氧化栅极)认识的加深，产生了这样一个疑问：这种材料是非晶的还是(亚)纳米晶的？实际上，在讨论无定形材料以及更受广泛关注的氧化物和金属玻璃时，这个问题仍然存在争论，因为晶粒小到什么程度以后就不存在稳定的晶体结构还没有被普遍接受的定义。最好将纳米晶到非晶当做连续的态转变。

> **衍射花样和非晶材料**
>
> 非晶材料的衍射花样和多晶材料的相似，只是衍射环更宽且没有斑点。

Rudee 和 Howie 指出，直径不大于 1.5 nm 区域的电子散射是可以相干的。Graczyk 和 Chaudhari 提出，可以用随机网络模型给出这些材料的结构。如果很细心，可以对非晶材料的结构了解很多，但是首先应该弄清楚"非晶"的确切含义。

非晶材料是近邻原子位置用概率函数来定义的材料，这个概率值永远不等于 1。

这个观点用称为径向分布函数(RDF)的概率曲线来说明。在 RDF 中，$\rho(r)$ 是单位体积元内一个原子被发现距离另一个原子为 r 的概率。图 18.11A 中的第一个例子是液体钠和晶体钠的曲线的对比，晶体的曲线上的数字说明晶体中每一个钠原子周围有 8 个最近邻的钠原子，依此类推。第二幅图 18.11B 给出了石英玻璃的 RDF。此时峰与不同 Si 和 O 原子对之间的距离相关。需要注意的特征是：

■ 两条曲线都有确定的峰。
■ 两条曲线是不同的。

衍射理论：因为这些材料很不一样，所以将简单介绍一下非晶材料中的散射理论。假设电子束只散射一次，这是运动学近似，但它比晶体中在布拉格衍射时更接近运动学近似。利用 Howie 的结果，将运动学强度 $I(\mathbf{k})$ 的表达式写为

$$I(\mathbf{k}) = |f(\mathbf{k})|^2 \sum_{i,j} e^{i2\pi \mathbf{k} \cdot (\mathbf{r}_i - \mathbf{r}_j)} \tag{18.5}$$

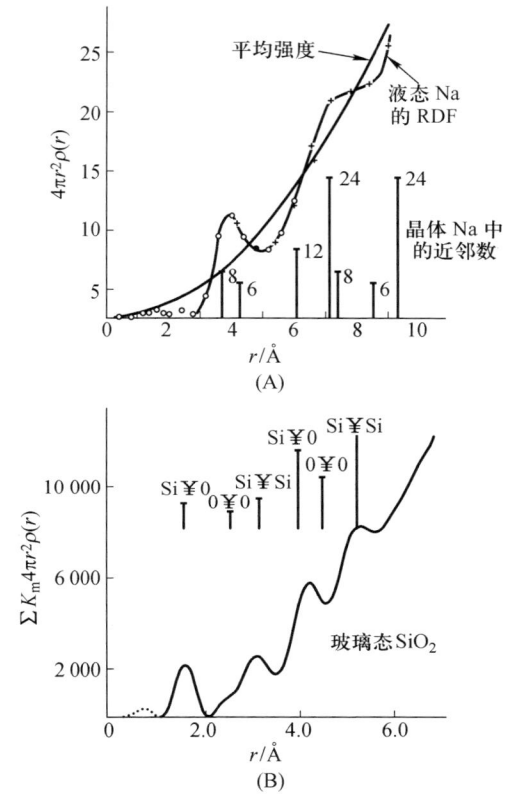

图 18.11 （A）液态 Na 的径向分布函数以及平均密度曲线和晶体 Na 中的最近邻原子数分布（垂直的线）。（B）非晶 SiO_2 的 RDF，各个峰位所对应的间距代表不同的原子间距

这里假设有 N 个全同原子对散射强度有贡献，它们位于不同的位置（$\mathbf{r}_i$ 或 $\mathbf{r}_j$）。

$f(\mathbf{k})$ 项是原子散射振幅，$\mathbf{k}$ 表明 f 与角度有关。如果材料是各向同性的，可以把方程式（18.5）简化为

$$I(\mathbf{k}) = N |f(\mathbf{k})|^2 \left(1 + \frac{F(\mathbf{k})}{k}\right) \tag{18.6}$$

式中

$$F(\mathbf{k}) = \sum_{i \neq j} e^{i2\pi \mathbf{k} \cdot (\mathbf{r}_i - \mathbf{r}_j)} \tag{18.7}$$

$$F(\mathbf{k}) = k \int \rho(r) e^{i2\pi \mathbf{k} \cdot \mathbf{r}} dV \tag{18.8}$$

$$F(\mathbf{k}) = 4\pi \int_0^\infty \rho(r) \sin(2\pi k r) r \, dr \tag{18.9}$$

$\rho(r)$ 是 RDF，方程式(18.9)可以转化成关于 ρ 的表达式

$$\rho(r) - \rho_0 = \frac{1}{r}\int_0^\infty F(\mathbf{k})\sin 2\pi kr dk \qquad (18.10)$$

这个方程式表明，原则上 RDF 可以直接从衍射花样中得到。如果衍射花样经过能量过滤去除非弹性散射的影响（见第 37 章和 Cockayne 等人的工作），那么这个方法会更有效，见图 18.12 和图 18.13，并将这些图与图 2.13A 对比。确定 RDF 的方法还包括同步辐射 X 射线中的扩展 X 射线吸收精细结构（EXAFS）以及较便宜但噪声大的 EXFLFS（见下册第 40 章）。此外，还可以重新调整方程式(18.6)以给出"强度减小函数"，像 Graczyk 和 Chaudhari 的工作中描述的一样，他们清楚地说明了结构相关性可以扩展到 1.5 nm 或更远。探索纳米尺度下的结构会更有意义。Treacy 等人对一种称为波动显微术的新成像技术进行了综述。这种技术将成像/衍射结合起来，对非晶材料的中程有序结构的存在比较敏感。第 29 章将深入探讨这种技术。也应知道非晶材料研究是 TEM 确定材料结构的前沿。

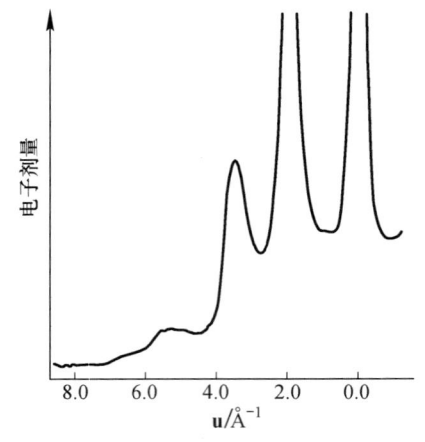

图 18.12 无定形 Si 的能量过滤衍射花样的强度分布曲线，其方法为将衍射花样沿着 EELS 谱仪的入口狭缝扫描并只记录弹性散射（轴上）电子

对这个讨论进行总结，散射理论已广为人知，但将去除非弹性散射影响作为一种常规手段只是现在才实现，并且还不常用。回答材料究竟是纳米晶还是非晶的最好方式是结合 SAD 和 EELS。非晶材料的明场像一般无法提供有用信息（图 18.14A），但如果试着去形成暗场像将会看到暗背景下的亮斑点，如图 18.14B 所示。斑点的大小随着欠焦量的增加而增加，所以根据非晶结构中各种区域的大小来解释图像的时候要加倍小心。如图 18.14C 所示的空心锥暗场像，它能给出更多、更精细的结构信息。产生这种类型的点状衬度是很重要

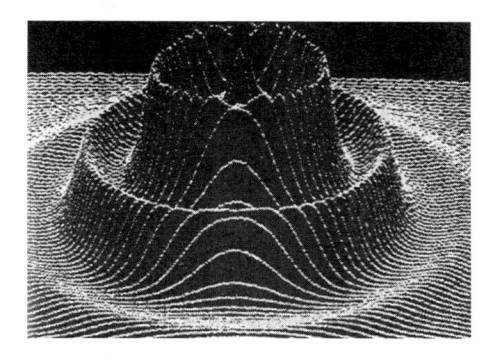

图 18.13 计算机绘制的非晶结构的衍射强度分布图，显示出弥散的环状强度分布。入射束强度超出量程范围

的，因为要研究的可能是非晶支持膜上的小颗粒（比如催化剂），这种情况下，在增加其他物质之前，需要知道支持膜的像是什么样子。

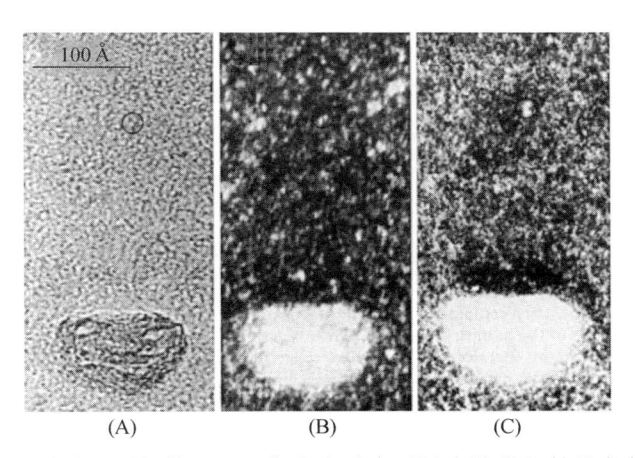

图 18.14 （A）非晶碳的明场像。（B）欠焦电子束下用弥散的衍射强度获得的暗场像。（C）空心锥像可以给出更多结构信息

界面和晶界处的玻璃：分析陶瓷材料的晶界或半导体器件的栅极中是否存在非晶材料是另一个重要的领域。当膜厚小于 1 nm 时，回答这个问题会严重受到 HRTEM 局限的制约，最新的半导体器件栅极正是这种情况。研究稍厚的薄膜时可以使用常规的 HRTEM 或其他技术，例如弱束暗场像（DDF）技术，可以从 SADP 中的某个区域得到一幅像，如果存在玻璃态，SADP 中会出现非晶环。在第 29 章中将回到 DDF 成像。

18.8 旋进衍射

旋进是形成电子衍射一种相对比较新的方法。它与同名的 X 射线方法类似(尽管 XRD 中是晶体而非照明束旋进)，也与前面介绍的空心锥衍射密切相关。旋进衍射的最大优点是消除衍射花样中强烈的动力学效应，只留下高质量的运动学数据，例如，消除动力学效应产生的多余斑点。旋进衍射也可用于晶体结构和全部对称性的确定。该方法由 Vincent 和 Midgley 首次应用到 TEM 中。近年来 CCD 相机和球差校正的发展使得旋进衍射操作及花样的解释更容易。

旋进衍射利用通常的暗场扫描线圈相对置中的带轴方向(图 18.15)将电子束双倾(平行或会聚)成环形空心锥(半径为 G，锥角为 C)，然后在样品下面再将照明束退扫描到衍射花样的晶面上，因此这是真正的双锥摇摆体系。标准的 TEM 空心锥衍射包含多个晶粒的多重(即环形)花样；而旋进模式试图平均单个晶粒的衍射条件，获取消除掉动力学效应的单个晶粒的衍射花样。如果空心锥角足够大，所有的衍射数据都对应双束条件且消除了动力学衍射，因为离轴条件下并没有太多反射被激发。当旋进照明束时，根据布拉格条件对衍射强度做积分就可以平均掉样品的小幅倾转，这样可以更好地解释衍射花样中包含的晶体对称性信息。将旋进角连续改变几度有助于确定点群和空间群(见第 21

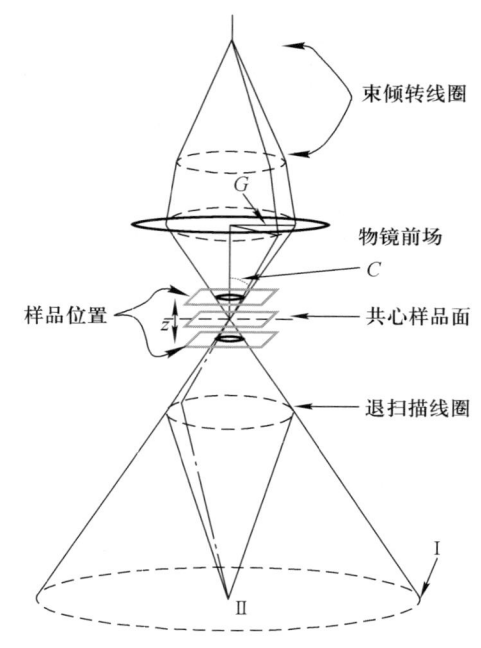

图 18.15 旋进衍射光路示意图

章、姊妹篇以及 Morniroli 等人的文章）。图 18.16A 和 B 分别展示了 Si 单晶小旋进角与大旋进角衍射花样的差异。与小旋进角的衍射花样相比，大旋进角衍射花样消除了运动学禁止反射，原因是这些衍射的多重衍射路径在旋进过程中不存在。照明束旋进的大多数时间内，只有透射束和一个衍射束强度很大。这并不意味着动力学交互作用消失了，它们只存在于透射束和一个衍射束中（与双束情况相同）。

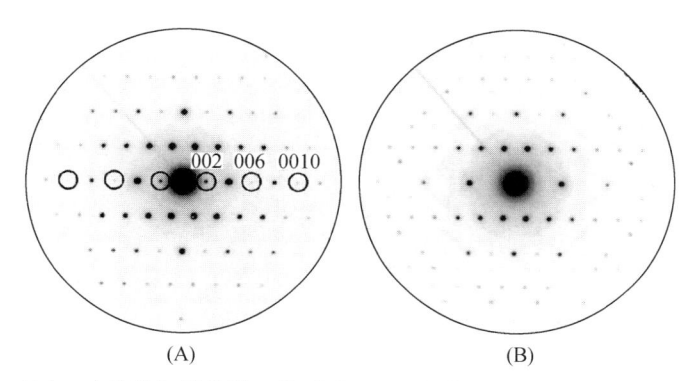

图 18.16 Si 的 ⟨130⟩ 带轴衍射花样，分别采用（A）小旋进角（1°）（B）大旋进角（3°）记录。大旋进角下运动学禁止反射 002、006、0010 消失。也请注意单个 hkl 衍射点的强度的最大值差异也很大

旋进是电子衍射研究的一个重要方向，在很多其他领域的应用也越来越广泛。任何 TEM 都可以做有效的商业改进（例如网址 3）。但是，如果想自己改进，Own 等人给出了很好的详细说明。

18.9 二次衍射

当通过晶体的衍射束在这个晶体内或通过第二块晶体时再次发生衍射就产生了二次衍射。如果这条衍射束原始的衍射矢量是 $\mathbf{g}_1$ 并且被 $\bar{\mathbf{g}}_2$ 反射再次衍射，则最终二次衍射束的衍射矢是（$\mathbf{g}_1 - \mathbf{g}_2$）。如果在第一个晶体中 $\mathbf{g}_2$ 是消光的，则二次衍射束既不是第一个也不是第二个晶体的特征。

二次衍射是具有外延或者拓扑关系的两相材料电子衍射的一个共同特征，包括氧化物金属材料等。可能会形成相当复杂的衍射花样，因而需要小心地分析，以区分二次衍射和"真实的"衍射。二次衍射直接导致莫尔条纹的出现，这将在下册第 23 章中讨论。图 18.17A 给出的例子是单晶 $\alpha\text{-Al}_2\text{O}_3$（氧化铝或蓝宝石）衬底上生长 $\alpha\text{-Fe}_2\text{O}_3$（赤铁矿）颗粒，从中可以看到这种效应。与赤铁矿和氧化铝的衍射束相关的二次衍射点位置的变化实际上取决于颗粒位于样品

的上表面还是下表面。这种顶-底效应可以从简单的几何关系中推出来。然而，当材料较厚时必须考虑动力学衍射效应。

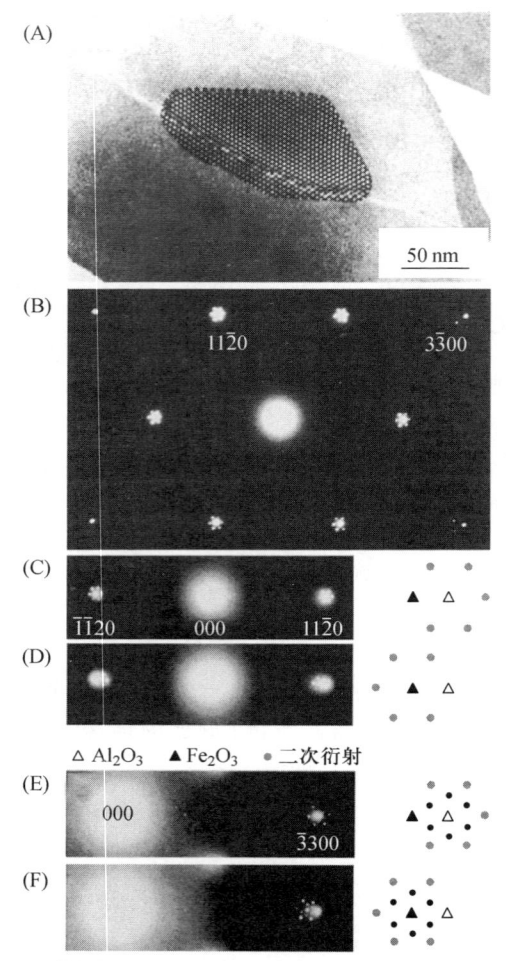

图 18.17 （A）α-Fe$_2$O$_3$ 颗粒在 α-Al$_2$O$_3$ 上时得到的明场像。（B）α-Fe$_2$O$_3$ 的 [0001] 带轴的 SADP，在 {11$\bar{2}$0} 和 {3$\bar{3}$00} 反射周围有二次衍射斑点。（C）当 Fe$_2$O$_3$ 颗粒位于上表面时，{11$\bar{2}$0} 反射附近区域的放大图。（D）当 Fe$_2$O$_3$ 颗粒位于下表面时，{11$\bar{2}$0} 反射附近区域的放大图。（E）当 Fe$_2$O$_3$ 颗粒位于上表面时，{3$\bar{3}$00} 反射附近区域的放大图。（F）当 Fe$_2$O$_3$ 颗粒位于下表面时，{3$\bar{3}$00} 反射附近区域的放大图

图 18.17B 给出了来自其中一个 α-Fe$_2$O$_3$ 颗粒 [0001] 带轴的 SADP。与透射束最近的衍射是 6 个 {11$\bar{2}$0} 反射。次近邻的衍射是 6 个 {3$\bar{3}$00} 反射，在图

中只能看到其中 4 个。在每个主衍射点周围都有二次衍射斑点。透射束周围也有这样的斑点，但在图 18.17B 中它们被透射束的强度掩盖了。

图 18.17C 和 D 给出的是 [0001] 带轴 SADP 中 $\{11\bar{2}0\}$ 反射附近区域的放大图，在图 18.17C 中，赤铁矿颗粒在蓝宝石衬底的上表面，在图 18.17D 中，赤铁矿颗粒在下表面。两种情况的 **g** 和 **ḡ** 反射都在图中标示出来了。在图 18.17C 中，6 个二次衍射斑点环绕着 Al_2O_3 的衍射斑点，而在图 18.17D 中，二次衍射斑点环绕着 Fe_2O_3 的衍射点。

在 SADP 中 $\{3\bar{3}00\}$ 附近区域也能观察到类似的现象，如图 18.17E 和 F 所示。此时，与图 18.17C 和 D 中的二次衍射点有相同间隔和取向的二次衍射斑点（小实心圆）组成靠里的环，而且还能看到靠外的环绕着的斑点（大实心圆）。通常靠外的二次衍射斑点组成的环比靠里的环强度高。

不管是这种特殊的顶-底效应，还是通常的二次衍射，都能用图 18.18 中作的简单几何分析来解释。位于底部的晶体是 Al_2O_3，它的晶格常数小，因而倒易矢量长。根据以下两个不同的规则，二次衍射点可以在赤铁矿的主衍射点 g_H 周围产生：

- $2g_H + \bar{g}_A$（A：氧化铝，H：氧化铁）给出在 g_H 以内的二次衍射点。
- $\bar{g}_H + 2g_A$ 给出 g_H 以外的二次衍射点。

这两种方法看上去似乎是等价的，然而如果考虑 Ewald 球曲率的影响，这两种方法中的偏离参量是很不同的。在位于上方晶体的衍射中，2**g** 束的偏离参量比 **ḡ** 束偏离参量的两倍稍大。由于倒格点在平行于电子束方向的拉长（形状效应），这个差异不会明显影响穿过很薄的上反射层的电子束强度。

现在可以分析通过下方晶体时的衍射效应：

- 对第一种情行，将 Ewald 球的原点置于 $2g_H$，并画出倒格子，然后在第二种情况中将原点置于 $\bar{g}_H$。
- 保持 Ewald 球半径不变，因为只考虑弹性散射。
- 对于下方晶体，两种情形下入射束分别位于 2**g** 和 **ḡ** 方向。
- 因为原点的偏离参量必须是零，所以 ZOLZ 的高度在两种情况中略有不同。

从图 18.18A 中可以看出，对于 $2g_A$，偏离参量近似为零。然而对于 $\bar{g}_A$，偏离参量和 g_H 的具有相同的数量级。因而第二个方法中总的偏离参量比第一个方法中的小很多。对于相反结构的类似分析如图 18.18B 所示。在两种情况下，**ḡ**（上面的晶体）加 2**g**（下面的晶体）的方法的偏离参量比 2**g**（上面的晶体）加 **ḡ**（下面的晶体）的方法的偏离参量小很多。所以出现在上下晶体的衍射点同一侧的二次衍射点会比出现在不同侧的二次衍射点激发得更强。在二维情下，对于薄膜，最强的二次衍射点总是那些对称排列在来自下面晶体衍射点周围的二次衍射点。

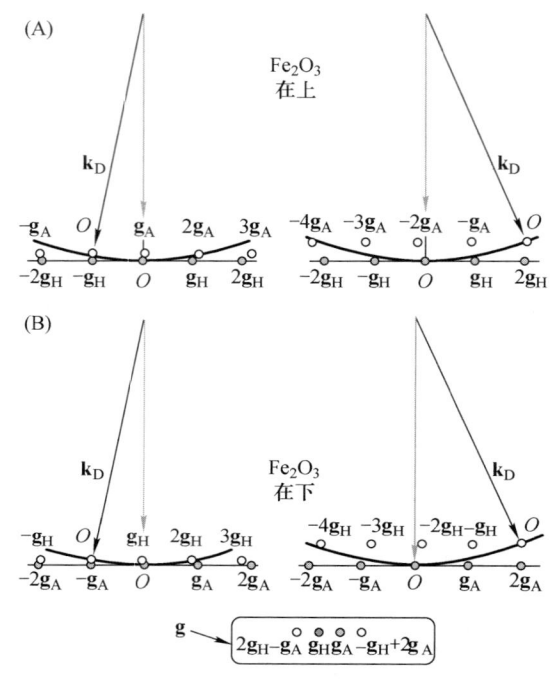

图 18.18 二次衍射中的顶-底效应。衍射花样取决于两种晶体中哪个在上。这种情况下 α-Fe_2O_3 颗粒位于 α-Al_2O_3 上方，图(A)和图(B)中分别给出了产生二次衍射的两种光路（不等价）。注意：g_A 来自于 Al_2O_3，g_H 来自于 α-Fe_2O_3。

对于稍厚的层，$\bar{g}$ 和 $2g$ 束的相对强度会随着动力学衍射效应的发生而改变。可以利用 MacTempas 程序（见下册第 30 章和 1.6.2 节）模拟这些结构的衍射花样。在 13 nm 厚氧化铝上附着 2.7 nm 厚的赤铁矿的情况下顶-底效应很明显，但在 13.5 nm 厚赤铁矿上附着 2.6 nm 厚的氧化铝的情况可忽略不计。在后面的情形中，动力学衍射效应更强。

将在下册第 23 章中讨论莫尔条纹时再回到这个话题。由于已考虑了斑点出现位置的各种细节，使得这个分析比通常的要难一些。也可以简化这个过程：

■ 画出每个晶体各自的衍射花样。
■ 将来自上面晶体的每条衍射束作为下面晶体的入射束，构造出一幅新的衍射花样。

莫尔花样的强度显示出即使对于薄膜，动力学散射也很强。

18.10　样品的取向

如果确定了一个单晶电子衍射花样中的 3 个 **g** 矢量：$\mathbf{g}_1$、$\mathbf{g}_2$ 和 $\mathbf{g}_3$，就能计算出入射束的方向 **B**。由下面的矢量叉乘可以估算 **B**，其精度为 10° 以内

$$\mathbf{B} = \mathbf{g}_1 \times \mathbf{g}_2 = \begin{bmatrix} \mathbf{i}_1 & \mathbf{i}_2 & \mathbf{i}_3 \\ h_1 & k_1 & l_1 \\ h_2 & k_2 & l_2 \end{bmatrix} \tag{18.11}$$

$$= (k_1 l_2 - k_2 l_1, l_1 h_2 - l_2 h_1, h_1 k_2 - h_2 k_1) \tag{18.12}$$

对于三束情形，能在约 3° 的精度内确定 **B**。首先需要确定 3 个矢量的顺序正确。通过这 3 个反射画一个圆：如果 O 在圆内，**g** 矢量应逆时针标上数字；如果 O 在外面，则顺时针标数字。检查所做的标记；方程式(18.13)中行列式的值应该是正的

$$\mathbf{g}_1 \cdot (\mathbf{g}_2 \times \mathbf{g}_3) = \frac{1}{V} \begin{bmatrix} h_1 & k_1 & l_1 \\ h_2 & k_2 & l_2 \\ h_3 & k_3 & l_3 \end{bmatrix} \tag{18.13}$$

现在写出 **B** 的权重平均表达式

$$\mathbf{B} = \frac{\mathbf{g}_2 \times \mathbf{g}_3}{|\mathbf{g}_1|^2} + \frac{\mathbf{g}_3 \times \mathbf{g}_1}{|\mathbf{g}_2|^2} + \frac{\mathbf{g}_1 \times \mathbf{g}_2}{|\mathbf{g}_3|^2} \tag{18.14}$$

一个惯例

矢量 **B** 沿着镜筒并指向上方。它垂直于底片的感光面。电子束沿 −**B** 方向传播。

在图 18.19~图 18.21 中，给出了体心立方、面心立方和密排六方晶体中一些最常用的电子衍射花样。使用矢量叠加就能任意扩展这些花样。请记住这些反射对应于倒易点阵矢量。例如，在图 18.19C 中

$$(12\bar{1}) = (110) + (01\bar{1}) \tag{18.15}$$

可以以这种方式扩展花样，然后利用选择定则找到 Si 等其他晶体相应的花样，对照简单的例子。

- 体心立方实空间—>面心立方倒空间
- 面心立方实空间—>体心立方倒空间

对于面心立方晶体，利用 Edington 使用的例子，如图 18.22 所示。测量到

$$\frac{L}{M} = \frac{\sqrt{4}}{\sqrt{2}} = 1.414 \quad \mathbf{B}=[001]$$

(A)

$$\frac{L}{N} = \frac{\sqrt{6}}{\sqrt{2}} = 1.732 \quad \frac{M}{N} = \frac{\sqrt{4}}{\sqrt{2}} = 1.414 \quad \mathbf{B}=[011]$$

(B)

$\mathbf{B}=[\bar{1}11]$

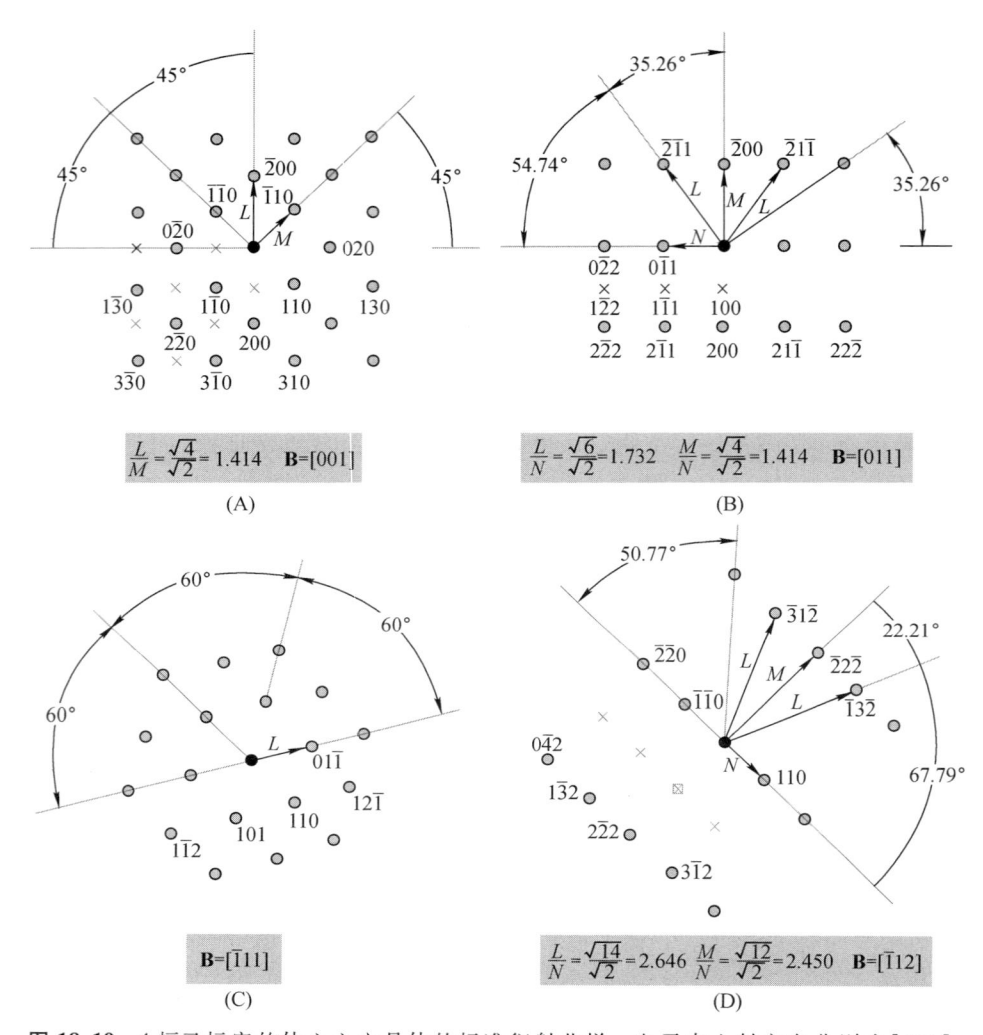

(C)

$$\frac{L}{N} = \frac{\sqrt{14}}{\sqrt{2}} = 2.646 \quad \frac{M}{N} = \frac{\sqrt{12}}{\sqrt{2}} = 2.450 \quad \mathbf{B}=[\bar{1}12]$$

(D)

图 18.19 4 幅已标定的体心立方晶体的标准衍射花样，电子束入射方向分别为 [001]、[011]、[$\bar{1}$11] 和 [$\bar{1}$12]。基本点间距的比值以及基本面法线之间的夹角也已给出。消光反射被标为 ×

反射 x、y 和 z 的距离。因为材料是面心立方的，可以用 d^2 的比值或使用校准过的相机长度找到合适的指数。因此会发现平面 $A = (4\bar{2}0)$、$B = (111)$ 和 $C = (\bar{3}31)$。可通过下面的公式检查角度的正确性：

$$\cos \phi_{AB} = \frac{\mathbf{g}_A \cdot \mathbf{g}_B}{|\mathbf{g}_A| |\mathbf{g}_B|} \tag{18.16}$$

类似地可以得到 ϕ_{BC} 和 ϕ_{CA}。应该可以立即识别这是 $\pm[12\bar{3}]$ 极，但还是继续进行推导。把这些指数代入方程式(18.11)或式(18.14)就能得到 $\mathbf{B}=[\bar{1}23]$。

最后，使用[001]极射赤面投影。利用吴氏网画一个通过(111)、$(2\bar{1}0)$ 和 $(\bar{3}31)$ 的大圆：由于属于同一个带轴，因此它们都位于一个大圆上。现在通过

$$\frac{L}{M}=\frac{\sqrt{2}}{1}=1.414 \quad \mathbf{B}=[001]$$

(A)

$$\frac{L}{M}=\frac{2}{\sqrt{3}}=1.155 \quad \mathbf{B}=[011]$$

(B)

$$\mathbf{B}=[\bar{1}11]$$

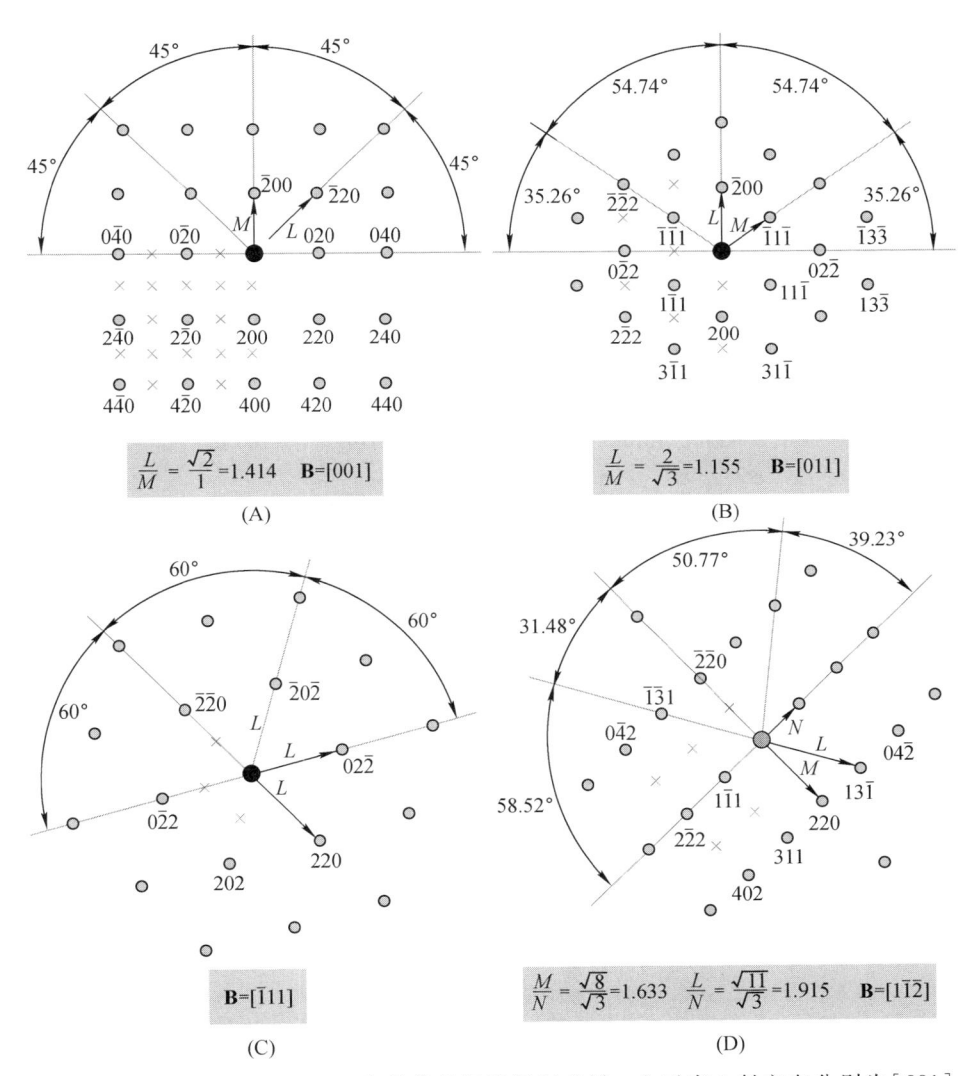

(C)

$$\frac{M}{N}=\frac{\sqrt{8}}{\sqrt{3}}=1.633 \quad \frac{L}{N}=\frac{\sqrt{11}}{\sqrt{3}}=1.915 \quad \mathbf{B}=[1\bar{1}2]$$

(D)

图 18.20 4 幅已标定的面心立方晶体的标准衍射花样，电子束入射方向分别为[001]、[011]、$[\bar{1}11]$ 和 $[\bar{1}12]$。基本点间距的比值以及基本面法线之间的夹角也已给出。消光反射被标为×

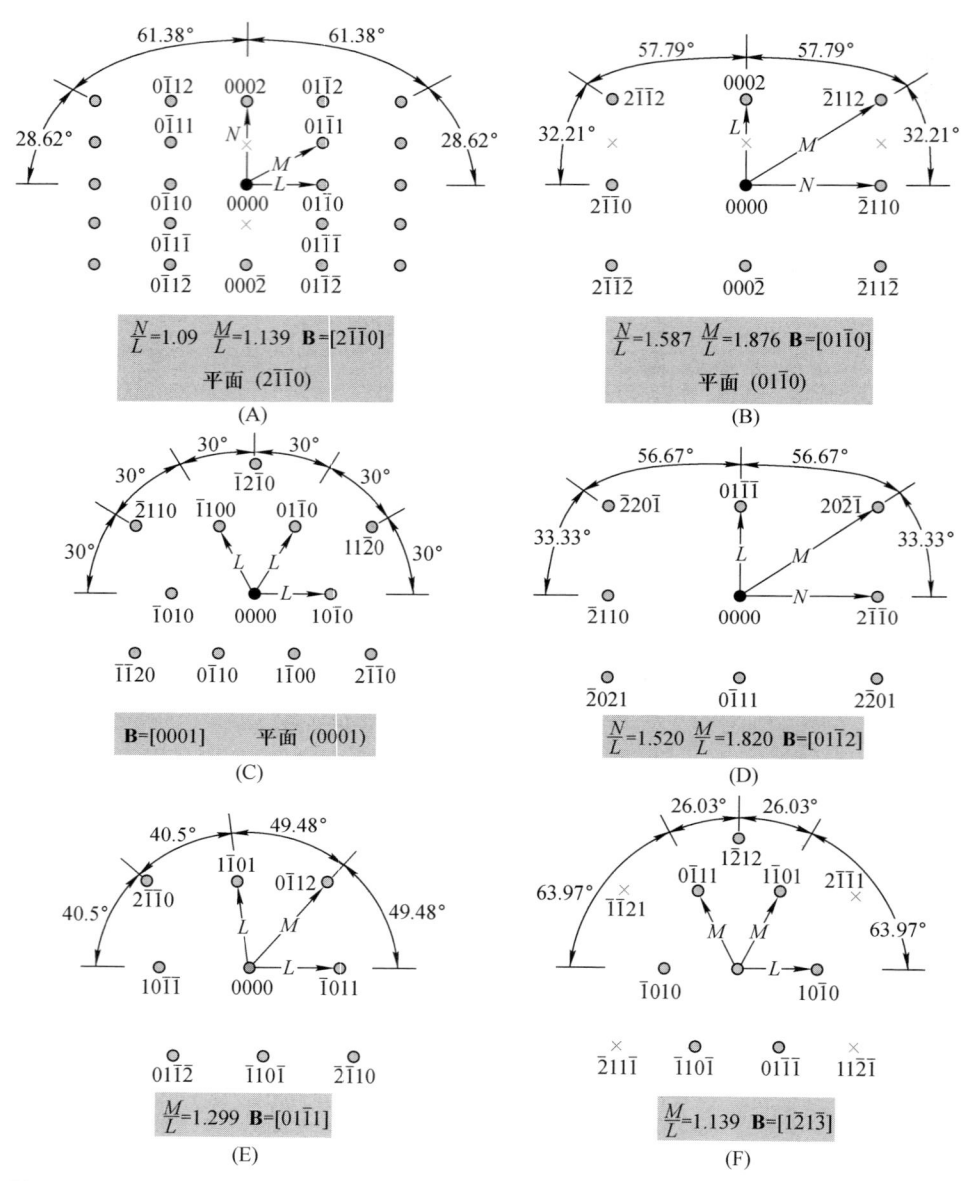

图 18.21 6 幅已标定的密排六方晶体的标准衍射花样，电子束入射方向分别为 $[2\bar{1}\bar{1}0]$、$[01\bar{1}0]$、$[0001]$、$[01\bar{1}2]$、$[01\bar{1}1]$ 和 $[1\bar{2}13]$。还给出了基本点间距的比值以及基本面法线之间的夹角。消光反射位置标记为 ×

测量与所有极点成 90° 的极点就可以直接标出晶带轴。结果当然在每种情况下都是相同的。

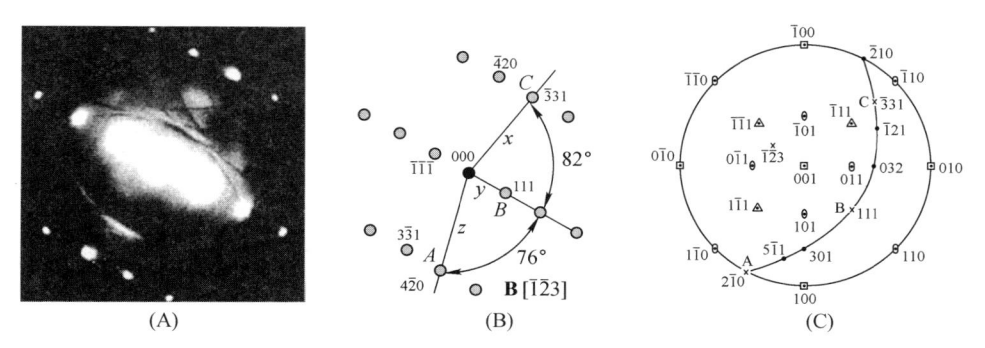

图 18.22 （A）一幅面心立方晶的体电子衍射花样。（B）衍射花样的标定。（C）极射赤面投影图，画出了标定的主要极点，由此标定出大圆的极为 $\bar{1}23$，因此这也是（A）中衍射花样的电子束入射方向

- 需要注意的是，如果使用极射赤面投影技术处理非立方材料，可能会得到一个不是晶面法线的方向。
- 使每个反射的 $s=0$ 可以更精确地确定 **B**，然后估算实际的取向与这个理想值的偏离量。如果样品较厚，就可以利用菊池线（见第 19 章）。

18.11 取向关系

一旦学会了如何标定衍射花样和确定 **B**，就能确定取向关系（OR），对材料学家和纳米科学家来说，这是 TEM 衍射最有用的方面之一，因为两个不同晶粒、相或晶体之间的取向关系会影响材料的多种性能。例如，取向关系决定两个不同相或晶粒之间相界怎样结合在一起，进而影响相间界面（如相干或不相干）或晶界（有序或随机）的性质，最终决定面缺陷与位错发生相互作用的方式，从而控制材料的力学性能。取向关系的此类影响还有很多，例如总希望知道纤维与相邻基底、纳米粒子或薄膜与衬底之间的取向关系。因此，对于很多材料，两个不同晶体之间的取向关系很重要，可以用下面两种方式之一来描述：

- 两个方向或平面法线（或两套平行平面）在两个晶体中可以是平行的（平行-平面/方向关系）。可以用这种方法描述不同晶系析出相-基体（β-α）之间的取向关系。
- 两个晶体可能有共同的晶向（轴），所以可以将其中一个晶体旋转一定角度，使它与另一个晶体（轴-角对）精确共轴。对于两边材料相同的晶界，常使用这种方法。

记录三幅电子衍射花样，每个晶体各有一幅，另外一幅包含界面。如果运气好，可以直接标定两幅单晶花样。如果其中的一幅中衍射点太少，应该试着记录菊池花样（见下一章）或 CBED 花样（见后两章）作为补充来提供更多的信息。由于用来得到 CBED 花样的区域很小，必须先从一个晶体上得到花样，然后平移样品或电子束，再从另一个晶粒上得到花样。

下面将详细给出分析 α 和 β 两相平行-平面/方向关系的实验步骤：

■ 将基体相 α 倾斜至正带轴花样（ZAP）1。记录并标定它以得到 $B_1(\alpha)$。

■ 平移析出相 β 至光轴上而不改变束倾斜设置，并记录它的电子衍射花样。因为这个花样可能不是精确地位于正带轴上，所以可能很难标定；此时菊池线能提供很大帮助。然而，需要确定一个析出相的平行于电子束的方向 $B_1(\beta)$。

■ 移回到基体上。沿着已知方向倾斜样品直到找到另一个不同的 ZAP（可再次利用菊池花样）。记录并标定 ZAP 2 以得到 $B_2(\alpha)$。

■ 再将析出相移回，记录电子衍射花样并标定它，得到 $B_2(\beta)$。

■ 将 α 和 β 对应的 B_1 和 B_2 的位置在极图上画出并构造与每个 B 垂直的重要晶面的极。这些晶面将会是每个花样中标定的低指数晶面。

现在知道，$B_1(\alpha)$ 平行于 $B_1(\beta)$，$B_2(\alpha)$ 平行于 $B_2(\beta)$。从极图上可以看出哪些晶面的法线是平行的（如果有的话）。所以对于每个 B，根据这样的两对平行晶向或一对晶向和一对平面法线，就能确定取向关系。事实上，有可能找不到两个低指数晶面或晶向是平行的，这种情况下，取向关系不是很强。然而，有一些常用的不同相之间的取向关系应该知道：

■ 最为人熟知的是立方/立方取向关系。如果一个面心立方析出相在一个面心立方基体内形成（例如 Al_3Li（δ′）在 Al-Li（α）固溶体中），我们就可以发现：$[100]_{\delta'}$ 平行于 $[100]_\alpha$，$(010)_{\delta'}$ 平行于 $(010)_\alpha$。显然，此时任何两个 $\langle UVW \rangle$ 晶向或 $\{hkl\}$ 晶面在立方晶系中是平行的。通常选择最低指数晶面或晶向定义取向关系。当最低指数晶面和晶向取向一致时，不同相之间的表面能趋于最低，所以这种构型是热动力学有利的。

■ Kurdjumov-Sachs 取向关系经常在面心立方和体心立方晶粒之间出现。密堆面（或在体心立方中的最密堆面）与密堆方向平行，但此时它们并不一致：$(111)_{fcc}$ 平行于 $(011)_{bcc}$（最密堆面），$[10\bar{1}]_{fcc}$ 平行于 $[11\bar{1}]_{bcc}$（密堆方向），$(\bar{1}2\bar{1})_{fcc}$ 平行于 $(\bar{2}1\bar{1})_{bcc}$。

■ Nishiyama-Wassermann 取向关系与 Kurdjumov-Sachs 取向关系有关：$[0\bar{1}1]_{fcc}$ 平行于 $[001]_{bcc}$，$(\bar{1}11)_{fcc}$ 平行于 $(\bar{1}10)_{bcc}$（最密堆面），$(211)_{fcc}$ 平行于 $(110)_{bcc}$。如果画出极射赤面投影图，会发现它和 Kurdjumov-Sachs 关系只相差几度。

■ 面心立方和密排六方晶系也有一个共同的取向关系，密堆面与密堆方向平行：$(111)_{fcc}$ 平行于 $(0001)_{hcp}$（密堆面），$[1\bar{1}0]_{fcc}$ 平行于 $[1\bar{2}10]_{hcp}$（密堆方向）。

如果想要确定一个轴-角度对，可以以类似的方式进行操作。在每个晶体中得到两个标定的电子束方向 $\mathbf{B}_1$ 和 $\mathbf{B}_2$，在极射赤面投影图中标出它们。然后需要从极射赤面投影图确定哪个角度能使一块晶体的晶向和晶面与另一块晶体的晶向与晶面重合。

在 Edington 的书中有对这个方法的全部讨论。Randle 和 Ralph 总结了用于确定界面晶体学的多种方法，并且该书的姊妹篇中给出了更多的关于取向关系的例子。

18.12 计算机分析

尽管通过手动处理也可以分析和标定衍射花样，但也可以利用一些软件，特别是当材料不是立方结构的时候（见 1.6 节、网址 1 以及网址 4~7）。真正的挑战在于标定一个新材料的衍射花样。实验室应该有一些在章节末列出的标准参考资源。这个方法只需要收集所有能得到的数据，然后通过 ICDD PDF 文件进行搜索，更好的方法是使用 NIST/Sandia/ICPD 电子衍射数据库（见网址 5），直到找到相匹配的数据。这个工作量很大，必须记住一些准则：

■ 在经过校准的 SADP 上测量的精度为 1%~2%。如果想要更精确，从数据库中可能检索不到相应的材料。

■ 首先检查多重畴和二次衍射。这种衍射花样的示意图如图 18.23 所示。从示意图中可以看出，必须避免将这样的衍射花样与那些有系统消光的衍射花样混淆。

Lyman 和 Carr 给出了一个搜索-匹配方法的策略。这么做的目的是确定所有可能产生这种衍射花样的化合物。然后使用其他数据（例如由 XEDS 或 EELS 得到的化学成分信息）去做出最终的鉴定。计算机不仅在速度上使得这种搜索成为可能，而且更加客观。该过程有 4 个简单的步骤：

■ 得到可靠的数据（对精确度不要太乐观或过度自信）。

■ 从数据库中找到可能的匹配材料。有了正确的数据库，化学信息才会有用。

■ 测试所找到的匹配材料。在已有样品信息的基础上，它们中的一些是否可能？

■ 确认这个标定。再次进行 TEM 实验，利用 CBED 去研究对称元素，改进晶格常数的测量等（第 20 章和第 21 章）。

■ 也可以模拟衍射花样去确认所用的软件确实能再现实验所观察到的。

在模拟未知样品区域前最好先模拟样品的已知区域或者标准样品。

● 晶体 1　　● 正常反射
○ 晶体 2　　○ 二次衍射点

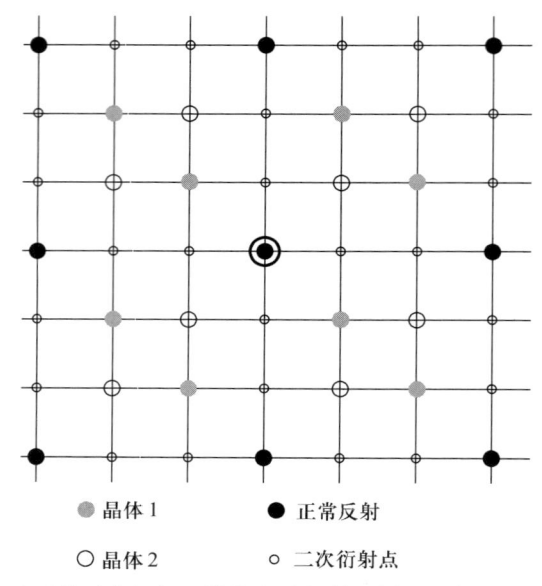

图 18.23　需要小心地区分两个相似区域的电子衍射花样,它们的对称性不同,但电子衍射花样看起来可能相同。所有的斑点都位于正方阵列中,这可能会错误地将之标定为 100 花样。实际上衍射花样包含由两块叠加的晶体产生的不同斑点,再加上二次衍射点

18.13　取向的自动确定与取向分布图

类似 SEM 中的 EBSD 花样,一系列计算机标定的衍射花样可以转换成一张取向图,即用对比度或颜色表示取向相似的区域。实现途径之一是使用 TEM 自动晶体学(ACT)方法,它是由 Dingley 开发并由 EDAX 实现商业化的。ACT 使用空心锥暗场像进行及时取向标定。如图 9.15A 所示,照明束通过扫描线圈实现倾斜和旋转,当符合布拉格衍射条件时,强衍射束沿光轴传播。当每个晶粒发生衍射的方向不同并形成一幅平行束 SADP 时,由光轴上的 CCD 相机在每一个衍射束位置收集数字化的暗场像。

当入射束满足给定晶粒的布拉格衍射条件时,暗场像中相应的区域就显得比较亮。扫描后检查暗场像。在不同入射束位置下记录的暗场像中,某一特定像素总是对应样品的同一区域。每一个像素的强度都可以按照入射束倾角和旋转角的函数绘图(即一幅衍射花样)。具有同样衍射花样的邻近像素来自同一个晶粒,这样就可以绘成晶粒分布图。图 18.24A 给出的是 Cu 样品的四个晶粒,5 个晶界。图 18.24B 给出了四个晶粒(Ⅰ~Ⅳ)的重构衍射花样。一旦重

构出了多个晶粒的衍射花样，就可以推断出相邻晶粒晶界(1~5)两侧的取向关系，图 18.24C 给出了 4 个晶粒的取向分布图。与 SEM 类似，结合衍射数据和 XEDS 或 EELS 收集的元素成分数据就很容易及时地标定各种相。

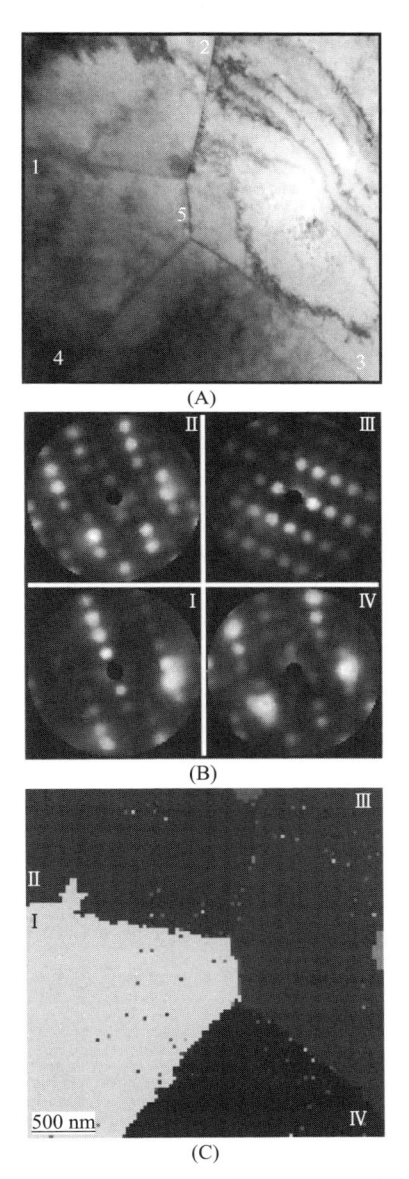

图 **18.24** （A）Cu 样品中四个晶粒的 STEM 明场像。（B）电子束扫过各晶粒时得到的一系列衍射花样。（C）各晶粒相对于电子束方向的晶粒取向分布图，采用不同的颜色标记不同晶粒。见书后彩图

章 节 总 结

本章几乎全部是关于实验技术的。

■ 极射赤面投影很有用。它类似于绘制世界地图所用的投影。衍射空间（类似于球形空间）是三维的。极射赤面投影提供了一张二维的地图，可以指导我们从一个极转到另一个极。

■ 如何得到样品最好的衍射花样？对于不同大小的感兴趣的区域，应正确地曝光，聚焦衍射花样，同时采用最好的技术（CBED 或 SAD 以及菊池线）。

■ 花费一些时间和精力总能获得好的衍射花样。你不知道什么时候真正需要那些信息，并且考虑到分析结果花费的时间，额外的 9 s 或 29 s 的曝光时间并不算长。

■ 应该使用哪种类型的衍射花样？这取决于样品的特征和想要知道什么信息。

■ 请记住：具有中等大小的 g 的反射应该能给出最好的 d 和 ϕ 值，但对于你所选择的 g 必须确保 $s=0$。

■ 来自多晶、纳米晶和非晶材料的衍射花样包含了大量的信息。相对于 X 射线衍射，各种 TEM 技术带来的价值是空间分辨率和图像。TEM 可能给不出最好的统计数据，XRD 却只能给出统计数据。

■ 如果了解材料，计算机标定衍射花样应该是规范化和自动化的。如果理解这里讨论过的一些基本原理会避免一些纰漏。

■ 计算机控制入射束和计算机标定也可以结合起来用于形成不同晶粒取向或织构分布的取向分布图。

最后，重复一个警告：曾经有过一篇很著名的关于陶瓷材料中间隙缺陷的文章，后来还有一篇关于空位缺陷的文章。第一篇文章丢掉了衍射花样中的 180°不确定性！不要犯同样的错误。

参考文献

本章列出的参考文献比以往多一些。查看不同的例子时请根据不同的出处选择。

晶体学与衍射

Andrews，KW，Dyson，DJ and Keown，SR 1971 *Interpretation of Electron Diffraction Patterns* 2nd Ed. Plenum Press New York. 电子衍射的基本参考书。

Burger，MJ 1978 *Elementary Crystallography* MIT Press Cambridge Massachusetts. 很经典的一本书，在图书馆能找到。

Champness，PE 2001 *Electron Diffraction in the TEM* Bios（RMS）Oxford UK. Superb，介绍性的参考书，里面有很多例子。

Cullity，BD and Stock，SR 2001 *Elements of X-ray Diffraction* 3rd Ed. Prentice-Hall New York. 关于 XRD 的标准课本。

Edington，JW 1976 *Practical Electron Microscopy in Materials Science* Van Nostrand-Reinhold New York. 该书第二部分有很多关于分析电子衍射的提示和例子。

Giacovazzo，C，Monaco，HL，Artioli，G，Viterbo，D，Ferraris，G，Gilli，G，Zanotti，G and Catti，M 2002 *Fundamentals of Crystallography* 2nd Ed. Oxford University Press and IUCr Oxford. 很全面的一本参考书。

Glazer，AM 1987 *The Structure of Crystals* Adam Hilger Bristol United Kingdom. 精华都浓缩在一本 50 页的专著中了，图书馆能找到。

Hammond，C 1992 *Introduction to Crystallography* 2nd Ed. Royal Microscopical Society Oxford United Kingdom. 非常简洁地介绍了晶体学知识，还有一张是关于晶体学家传记的。

Johari，O and Thomas，G 1969 *The Stereographic Projection and Its Applications in Techniques of Metals Research* Ed. R F Bunshah Interscience New York. 如果能在图书馆找到复印本，这将是一本非常有用的书(已经不出版了)。

Kelly，A，Groves，GW and Kidd，P 2000 *Crystallography and Crystal Defects* Wiley New York. 这是 1970 年经典版本的更新，所有的材料学家应该都已经有了这本书，这本书不仅对晶体学和晶体缺陷进行了介绍，同时还介绍了极射赤面投影。

Klein，C and Hurlbut，CS 1985 *Manual of Mineralogy* Wiley New York. 这是 James D Dana 所写经典版的现代版，对极射赤面投影给出了一个极具可读性的综述，以及它与全面的基础晶体学的关系。

Lisle，RJ and Leyshon，PR 2004 *Stereographic Projection Techniques for Geologists and Civil Engineers* 2nd Ed. Cambridge University Press New York.

Smaill，JS 1972 *Metallurgical Stereographic Projections* Adam Hilger Ltd London. 第 20 章有极射赤面投影和吴氏网的资料。

Vainshtein, BK 1981 *Modern Crystallography* I – IV Springer-Verlag New York. 这本书不新但很经典。

Villars, P and Calvert, LD 1991 *Pearson's Handbook of Crystallographic Data for Intermetallic Phases* 2nd Ed. ASM Metals Park Ohio. 这本书现在有很多卷，涉及目前的很多材料。

Wells, AF 1984 *Structural Inorganic Chemistry* 6th Ed. Oxford University Press New York. 无机材料晶体结构数据资料。

非晶材料

Graczyk, JF and Chaudhari, P 1973 *A Scanning Electron Diffraction Study of Vapor-Deposited and Ion Implanted Thin Films of Ge. I* Phys. Stat. Sol. **B58** 163–179. 早期的模型；如果你正好在研究这个领域，应该查一下这些作者的其他文章。

Howie, A 1988 in *High-Resolution Transmission Microscopy and Associated Techniques* p 607 Eds. P Buseck, J Cowley and L Eyring Oxford University Press New York. 关于非晶材料。

McCulloch, DG, McKenzie, DR, Goringe, CM, Cockayne, DJH, McBride, W, Green, DC 1999 *Experimental and Theoretical Characterization of Structure in Thin Disordered Films* Acta Cryst. **A55**(2) 178–187.

Rudee, ML and Howie, A 1972 *The Structure of Amorphous Si and Ge* Phil. Mag. **25** 1001–1007.

Treacy, MMJ, Gibson, JM, Fan, L, Paterson, DJ and McNulty, I 2005 *Fluctuation Microscopy: a Probe of Medium Range Order* Rep. Prog. Phys. **68** 2899–2944.

衍射技术

Dingley, DJ 2000 in *Electron Backscatter Diffraction in Materials Science* p1 Eds. AJ Schwartz, M Kumar and BL Adams Kluwer New York.

Lyman, CE and Carr, MJ 1992 in *Electron Diffraction Techniques* **2** p 373 Ed. JM Cowley Oxford University Press New York.

Morniroli, JP, Redjaimia, A and Nicolopoulos, S 2007 *Contribution of Electron Precession to the Identification of the Space Group from Microdiffraction Patterns* Ultramicroscopy **107** 514–522.

Own, CS, Marks, LD and Sinkler, W *Electron Precession: a Guide for Implementation* Rev. Sci. Instrum. 2005 **76** 33703-1-13.

Randle, V and Ralph, B 1986 *A Practical Approach to the Determination of the Crystallography of Grain Boundaries* J. Mater. Sci. **21** 3823-3828.

Schwartz, AJ, Kumar, Mand Adams, BL (Eds.) 2000 *Electron Backscatter Diffraction in Materials Science* Kluwer New York.

Tietz, LA, Carter, CB and McKernan, S 1995 *Top-Bottom Effects in Double Diffraction* Ultramicroscopy **60** 241-246. 对"二次衍射"的一个挑战。

Vainshtein, BK, Zuyagin, BB and Avilov, AV 1992 in *Electron Diffraction Techniques* **1** p 216 Ed. JM Cowley Oxford University Press New York.

Vincent, R and Midgley, PA 1994 *Double Conical Beam-Rocking System for Measurement of Integrated Electron Diffraction Intensities* Ultramicroscopy **53** 271-282. 旋进电子衍射。

网址

1. 衍射花样标定起始于 EM 黄页和 EMS 软件 http：//cimewww.epfl.ch/EMYP/emyp.html 和国际晶体学协会 http：//journals.iucr.org/iucr-top/comm/ced/index.htm。也可以试试 SingleCrystal™，它是广泛应用的衍射花样和电子结构软件 CrystalMaker® 的一部分。通过 www.crystalmaker.co.uk/singlecrystal/index.html 可免费下载演示版.

2. www.jcrystal.com/products/winwulff/index.htm-WinWulff：极射赤面投影到 Wulff 网的程序。

3. www.nanomegas.com-旋进衍射的商业改造。

4. www.icdd.com-国际衍射数据中心提供的 ICDD 粉末衍射文件（12 Campus Boulevard，Newtown Square，PA 19073）。最新的粉末衍射文件安装程序，2006 年发布，包含 ICDD 粉末实验数据和由 NIST 收集、编辑并标准化的数据以及 ICSD 数据库，CD/DVD 格式。很贵，但是学校或实验室应该购买其权限。

5. http：//icsd.ill.fr/icsd/index.html-无机材料晶体结构数据库（ICSD）：始于 1913 年，世界上最贵的无机材料晶体结构数据库，包含所有的无机材料晶体结构信息（单质、矿物、金属、金属间化合物，包括原子占位）。每年更新两次，每次增加近 3 000 个记录。没有许可的用户只能进入演示版，包含 2006 年 2 月更新的 3 592 个结构子集的 93 720 种无机结构。权限由 ICDD CD 颁发。

6. http：//icsd.ill.fr/icsd/index.html-NIST 晶体数据包含标准单胞参数、单胞体积、空间群及其编号、计算密度、化学式、化学名称、化学分类。该文件包含来自固体材料的可靠数据，包括无机物、有机物、矿物、金属间化合物、金属、合金。数据库附带化学、晶体学和检索软件。权限也是由 ICDD CD 颁发。

7. http://www.nist.gov/srd/nist15.htm-NIST/Sandia/ICDD 电子衍射数据库得益于 M Carr 的无限努力。为电子衍射的物相鉴定而设计，这个数据库和软件适应于宏观和微观晶体材料的选择性识别。数据库涵盖 81 534 种矿物、金属、金属间化合物以及一般无机化合物的化学、物理和晶体学信息。现有 CD-ROM 格式。

姊妹篇

标定衍射花样的技能得益于练习。能量过滤可以提高衍射花样的清晰度，但几何上是一样的。

自测题

Q18.1 晶粒尺寸多大时 SAD 开始起作用？
Q18.2 怎样激发高阶反射？
Q18.3 分析衍射花样时为什么极射赤面投影非常有用？
Q18.4 极射赤面投影中的大圆或小圆类似于(a)纬线，(b)经线吗？
Q18.5 极射赤面投影中，如果晶带轴位于圆心，那么属于此带轴的晶面的极点位于何处？
Q18.6 大晶粒的多晶样品的衍射花样会出现哪种环？
Q18.7 怎样区分衍射花样中的非晶环与多晶环？
Q18.8 为什么二次衍射会使理解衍射花样变得更加困难？
Q18.9 哪种情况下 SAD 优于 CBED；反之，哪种情况下 CBED 优于 SAD？
Q18.10 为什么晶粒小于 10 nm 会对 TEM 衍射分析造成困难？
Q18.11 怎样确定样品是纳米晶（晶粒大小约 1 nm）还是非晶？
Q18.12 给出径向分布函数的定义。
Q18.13 怎样确定多晶样品含有织构？
Q18.14 哪种情况下倾转入射束比倾转样品好？
Q18.15 什么叫取向关系(OR)？
Q18.16 使用 TEM 研究衍射花样的最大优点是什么？
Q18.17 确定取向关系需要多少张衍射花样？
Q18.18 怎样区分衍射花样来自织构样品还是多晶无序样品？
Q18.19 非晶样品最好的成像方法是什么？
Q18.20 衍射花样总是随着相机常数的改变而旋转吗？

Q18.21 为什么 SAD 不能区分两幅 180°旋转的花样？

Q18.22 什么情况下不产生二次衍射？

Q18.23 检验衍射花样细节的最简单方法是什么？

Q18.24 为什么选择样品的某个晶向时要按一个方向倾转？

Q18.25 辨别空心锥与锥形衍射。

Q18.26 辨别空心锥与旋进衍射。

章节具体问题

T18.1 解释当 O 在光轴上而观察屏上看不到 $13g$ 时，怎样激发 $13g$。

T18.2 标定图 18.7 中的衍射花样，使之与菊池线(此处看不到)一致且彼此一致(阅读第 19 章后做此题)。

T18.3 18.6 节提到过，与多晶材料不同，非晶材料的衍射花样不出现斑点。然而，非晶材料的斑点是波动显微技术的基础。这两种说法如何同时成立？(利用参考文献及图 18.14 解释其答案。)

T18.4 文中提到过，如果某些圆环由于织构而消失会给标定 OTEDP 带来困难。将样品倾转 30°，这些圆环会重新出现。用图 18.10D 那样的三维图解释它们重新出现的原因。

T18.5 讨论图 18.14 中的哪种技术最适于非晶碳成像。考虑图 18.14B 中的大片白色区域。为什么图 18.14B 和 C 的像不相同？

T18.6 用图 18.17 给出的信息解释图 18.17E 和 F 的差异。用自己的语言或画图总结文章中的争论。

T18.7 图 18.19A~D 给出的 **B** 都正确吗？

T18.8 将图 18.21A 和 C 描在白纸上，描述怎样从一个极点倾转到另一个极点。

T18.9 注意图 18.21D~F 只给出了 **B**，而没给出晶面。假设 **B** 是晶面的法向，请给出晶面。

T18.10 图 18.23 所示衍射花样在实际中存在吗？如果存在，请举一个例子。

T18.11 画出 Cu 的 45°[100]孪晶界的 SADP。假设沿 GB 面法向观察。

T18.12 画出以下衍射花样(按比例)。描述所有的步骤，标出透射束 $2g$ 范围内的所有衍射点。假设每个阵点只有一个同种原子。(a)电子束沿[123]方向，面心立方，$a = 3.68$ Å，$\lambda L = 50$ mm·Å。(b)电子束沿[011]方向，c 心正交晶系，$a = 4.12$ Å，$b = 3.15$ Å，$c = 5.42$ Å，$\lambda L = 50$ mm·Å。(c)电子束沿[113]方向，体心四方晶系，$a = 3.41$ Å，$c = 3.0$ Å，$\lambda L = 50$ mm·Å。(感谢

Lucille Giannuzzi 提供。)

T18.13　见图 18.4，沿水平轴旋转 90°画出立方晶系投影图。

T18.14　在图 18.5 中标出 $22\bar{1}$、$01\bar{1}$ 和 $21\bar{2}$ 极点。与图中的其他极点相比，这 3 个极点有什么不同？

T18.15　为什么图 18.9 中的衍射环强度差异很大？在哪种情况下，可以得到每个花样由于膜厚度差异引入的信息？

第 19 章
菊池衍射

章 节 预 览

在本章及接下来的两章中，将讨论电子衍射的两种特殊情况。将会看到非相干散射的发散电子束在选区衍射花样中会产生许多成对的线条，也就是所说的菊池花样。在接下来的两章中，将利用会聚束而非发散束(或者前面章节中所提到的平行束)来形成衍射花样。这两种技术有诸多相同点。首先，电子被晶体中的原子散射而"失去对方向的所有记忆"，并且可能还会损失能量。可以认为这些电子是以发散的"入射"方向进入样品的。当方向合适时，这些电子会被再次散射，此时即为布拉格衍射。在第二种技术中，特意在照明系统中形成会聚束，使电子在不同的角度范围内入射到晶体上，从而产生会聚束电子衍射花样(CBED)。相比于SAD，这种方法的另一个优势在于可以将电子聚焦在更小的样品区域上。这两种方法中，增加样品的厚度都可以增强所获得的信息；对于菊池花样，样品必须足够厚从而发生非弹性散射，而对于 CBED，样品厚度必须足以使其发生动力学散射。所以，如果所制备的样品不能足够薄以满足所有其他 TEM 技术（那些通常样品越薄产生信息质量越好的电镜技术）的要求，那么接下来的 3 章是相当有用的。

本章将介绍菊池花样，可以用来获得相比于 SADP 更为精确的沿电子束方向的信息以及极射赤面投影与倒易空间之间的直接联系。将要讨论的主题基本都是实验性的（尽管实验现象都有很好的理论解释），菊池花样的计算机模拟软件也都很便捷实用。后续两章将讨论 CBED 花样（菊池线也会出现）中的高阶劳厄线（HOLZ），在那里将会用到本章中的一些概念。

19.1 菊池线的来源

菊池花样形成的原因在于，如果样品足够厚，那么将会产生大量以各种不同方向（主要还是向前运动）运动的散射电子；也就是说，电子与样品发生非相干散射，但不一定是非弹性散射（尽管其中的一部分电子会明显损失能量）。它们有时被称为漫散射电子。这些电子然后与晶体平面作用发生布拉格衍射。剩下该讨论的仅仅是衍射几何了。

在 19.5 节中会涉及一些理论描述，但现在只关注如下一些实验事实：

■ 相比于电子的入射能量 E_0（100～400 keV），一般能量损失很小（15～25 eV），因而可以假设漫散射电子与入射电子具有相同的波长 λ。只要样品不是太厚，这个假设就能成立。

■ 大多数漫散射电子一经形成，就沿着接近入射束的方向运动。在第 3 章中讲过非弹性散射"在向前散射方向中最强"。

■ 理想样品厚度就是能同时观察到衍射点花样和菊池线，如图 19.1 所示。如前所述，这是少数几个并非样品越薄越好的特例之一。

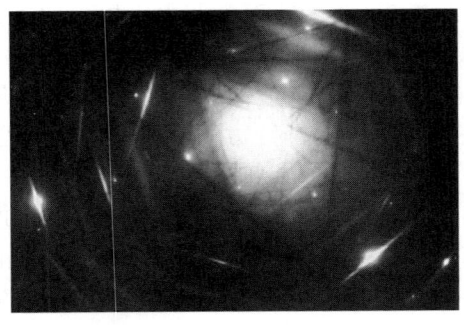

图 19.1 包含明锐衍射点以及清晰明（增强）暗（减弱）菊池线对的理想衍射花样

■ 尽管这种现象仅与电子散射有关，但 Kikuchi 在 TEM 发明之前的 1928 年就描述过它；它可以发生在任何晶体样品中。

在下册 31.5 节中讨论漫散射电子成像时会再次涉及漫散射的重要概念。可以选择一个包含漫散射电子的倒易空间区域来成像，并且通过能量过滤器（见下册 38.2 节和 40.5 节）将其与非弹性散射电子分开。样品需要足够厚，但过厚的样品也会导致非弹性散射占主导地位而没有菊池线出现，也不存在这些电子的布拉格衍射，因而将不会有布拉格点以及可用的衍射花样。

19.2 菊池线和布拉格散射

图 19.2 说明了菊池花样形成的几何过程，可将样品中所发生的散射同观察到的衍射花样联系起来。让我们想象一下（图 19.2A）电子入射后从图中所示点向所有方向散射（主要是向前散射）。图中电子均从同一点发散，但实际上散射点遍布于样品内的所有点。其中一些电子将相对于面 hkl 以角度 θ_B 运动（如图 19.2B 所示），从而与这些特定晶面发生布拉格衍射。因为散射电子沿各个方向运动，衍射束将位于两个圆锥中的一个内（图 19.2C）。换言之，因为入射 $\mathbf{k}$ 矢量有一定范围，而不是单一确定的 $\mathbf{k}$ 矢量，所以观察到的是衍射电子的圆锥而不是确定的衍射束。考虑与 hkl 晶面成 θ_B 角度方向的所有矢量所构成的圆锥，称之为 Kossel 圆锥，并且圆锥角（$90-\theta_B$）非常小（请记住，此处的角度为半角）。对于 $\pm\mathbf{g}$ 存在一对 Kossel 圆锥，对于 $\pm2\mathbf{g}$ 则有另一对，依此类推。

观察 Kossel 圆锥

在衍射花样中看到的是这两个圆锥与荧光屏或探测器的交线。

由于荧光屏/探测器是平面并且几乎垂直于入射束，Kossel 圆锥将以抛物线形式出现。如果考虑近光轴区域，这些抛物线看上去就像两条平行线（锥角非常接近 90°）。有时把这两条菊池线和它们之间的区域称为"菊池带"；实际上两线之间区域的衬度是相当复杂的（见 19.6 节）。

菊池线对的特征

一条对应于 θ_B，而另一条对应于 $-\theta_B$；一条为 $\mathbf{g}$ 菊池线，另一条对应为 $\bar{\mathbf{g}}$ 菊池线。不存在 0 菊池线。

第 19 章 菊池衍射

再次考虑图 19.2，在这些菊池线的强度上可观察到一些重要的信息。在图 19.2B 中可以看到，起初最靠近光轴的散射束强度越大，则经过布拉格衍射后偏离光轴就越远。该电子束产生增强（亮）线，而另一束则产生减弱（暗）线。可以看到这个简单的思路可以解释图 19.1 中的现象。

这一结论对于标定菊池线有重要意义：当找到一条亮线后，其对应的必定是平行于它且更靠近 O 点的暗线。两条线之间的夹角为 $2\theta_B$。

图 19.2C 所示的圆锥就好像牢牢地固定在平面 hkl 上，因而它们也就"固定"于晶体上。两条菊池线中间的中线为平面 (hkl) 的迹线。要注意，这些角度都很小。这种简单的观察就解释了为什么要用一整章的内容来讲解菊池线。

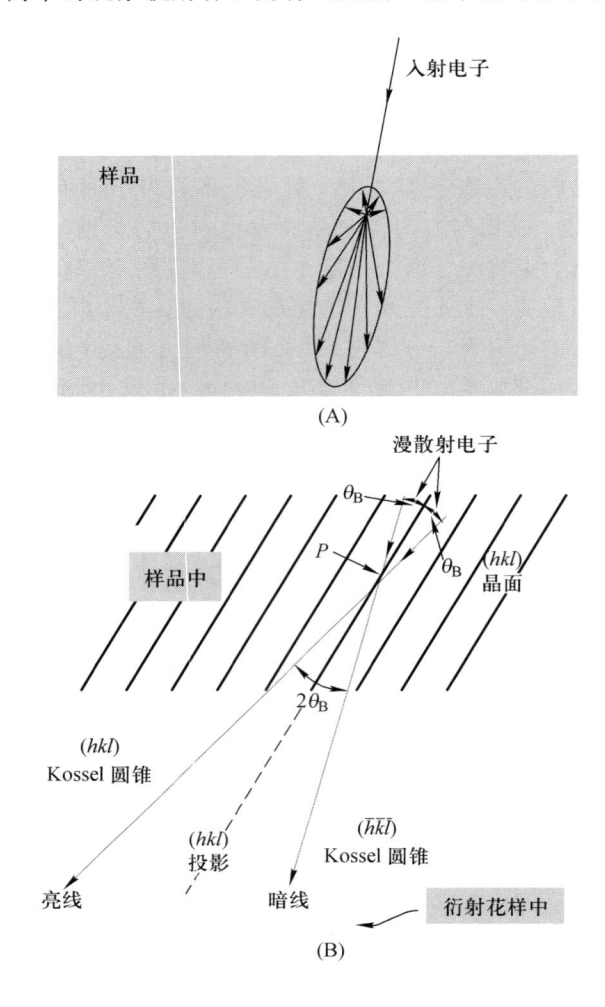

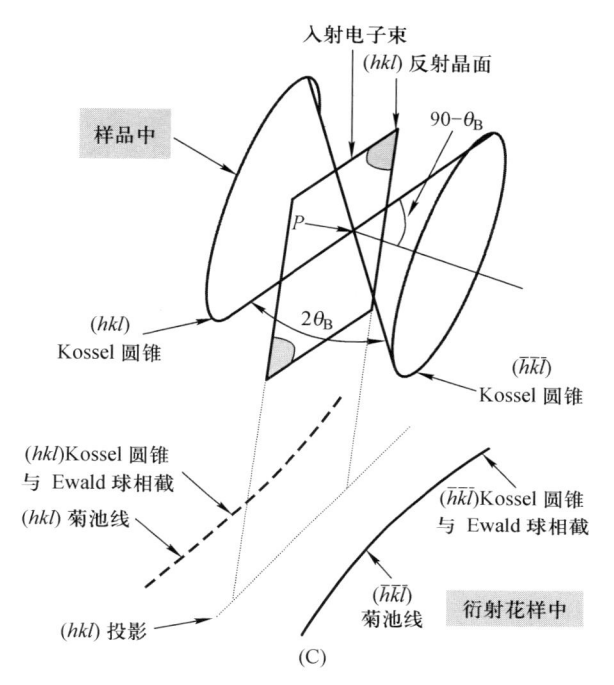

图 19.2 （A）在样品中某一点处所有电子散射的示意图。（B）部分散射电子以布拉格角 θ_B 入射特定 hkl 晶面而发生衍射。这些散射电子形成以衍射面上 P 点为顶点的 Kossel 圆锥。靠近入射束方向为暗（减弱）线，远离入射束为亮（增强）线。（C）这些圆锥与 Ewald 球相交，由于 θ_B 很小，在衍射花样上产生了近似直线的抛物线

倾转和菊池线

如果样品倾转一个很小的角度，菊池线会发生移动，但衍射点的强度基本不变，而且位置也保持不动。因此相比于 SADP 中的衍射点，菊池线对电子束/样品的倾转更为敏感。

从菊池线的位置可以得知偏离参量 s 的正负，而从衍射花样则无法推断出。

倒易空间中 $\bar{\mathbf{g}}$ 和 $\mathbf{g}$ 菊池线之间的距离是 $\mathbf{g}$（不是 $2\mathbf{g}$），因为两个 Kossel 圆锥之间的夹角是 $2\theta_B$。由于如下原因，这种关系显得非常重要：

■ 当 $\mathbf{g}$ 菊池线通过反射点 G 时，那么 $\mathbf{s_g} = \mathbf{0}$（即严格满足布拉格条件），并且 $\bar{\mathbf{g}}$ 菊池线通过 O 点。所以在倾转样品时可以根据菊池线得到特定的衍射条件，从而产生特定的反射（图 19.3）。后面还会讲到使用菊池线可以确定轻微偏离布拉格条件下 $\mathbf{s_g}$ 的精确值。

■ 推论：如果透射束严格平行于平面 hkl，则 **g** 和 **ḡ** 菊池线关于 O 点对称分布。**g** 菊池线"通过"**g**/2，**ḡ** 菊池线"通过"**ḡ**/2。

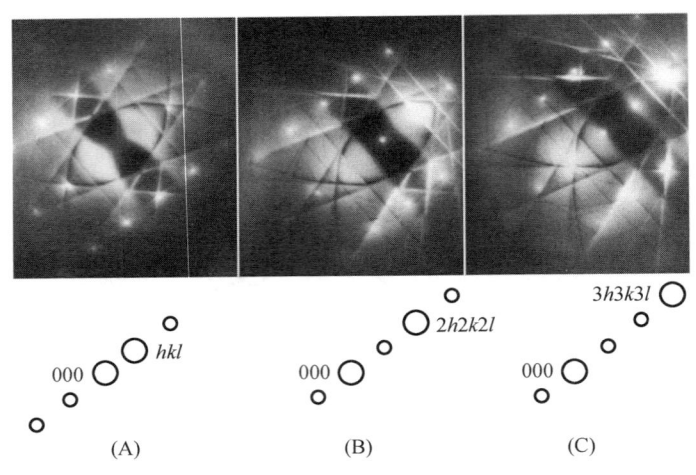

图 19.3 纯 Al 样品在不同倾转条件下的 3 幅双束电子衍射花样，如下方的示意图所示。(A) hkl 斑点满足严格的布拉格条件(亮菊池线穿过 hkl)，(B) $2h2k2l$ 斑点和(C) $3h3k3l$ 斑点分别严格满足布拉格条件，它们都产生较强的衍射。注意到，虽然将它们被视为"双束"衍射花样，但依然可见许多其他衍射斑点。

在后一种情况下，菊池线形成原理的简单解释不再成立，因为由图 19.2 给出的结果是增强菊池线和减弱菊池线强度相同，从而在漫散射背景中无法分辨出来。因此，如果电子束完全平行于晶带轴，那么将看不到菊池线，这与事实明显不符。因此菊池线的完整解释更为复杂，并且（很不幸）需要引入布洛赫波理论。但是仍然可以详细地了解该过程。

19.3 绘制菊池图

如果不仅仅是记录菊池线对，而且在倒易空间中还记录大量菊池线和衍射花样，那么可以绘制出一幅菊池图。

菊 池 图

如果想进行详细的衍射衬度像/SAD 的实验分析，那么绘制菊池图是一项非常值得推荐的练习，因为熟悉菊池图非常有利于在 TEM 荧光屏上迅速地确定样品的取向。

19.3 绘制菊池图

菊池图的绘制方法如图 19.4A 所示。首先，画出 [001] 菊池极严格地在光轴上时的菊池线。这些线是零阶劳厄区中每个 **g** 矢量的垂直平分线。每对线之间的间距为 $|\mathbf{g}|$。那么就可以将每条线用 **g** 唯一地标记。

±11$\bar{1}$ ±1$\bar{1}\bar{1}$ ±200

(A)

菊池线   菊池线

[101]极   —— 0$\bar{2}$0 ——   [001]极
      —— 020 ——
         45°

(B)

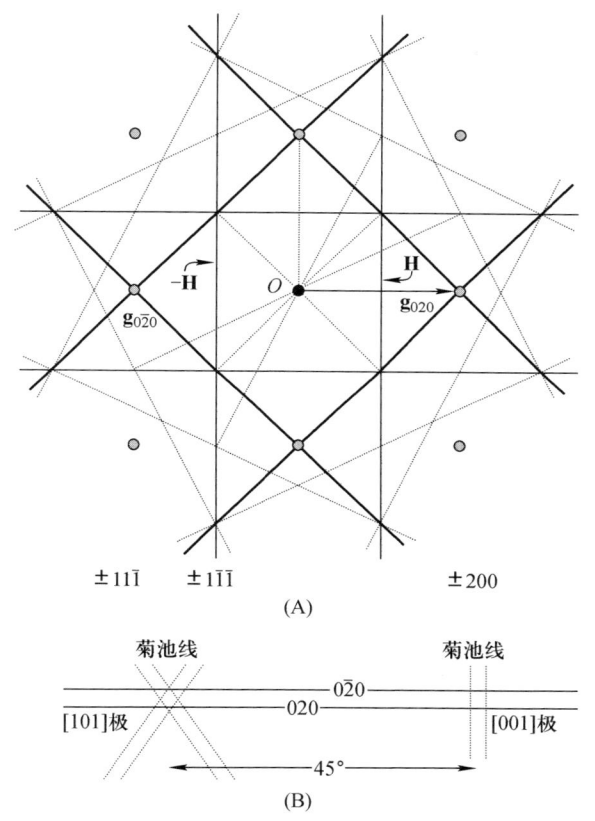

图 19.4 （A）为了绘制菊池花样，先画出矢量 ±**g** 的垂直平分线。例如，当面心立方 [001] 菊池极位于光轴上时，矢量 $\mathbf{g}_{020}$ 被垂线 **H**(020) 平分；相应地，另一条菊池线为 −**H**(020)。对于其他任何 **g** 矢量，相应的菊池线对都可同样构造出来。（B）我们可以从一个菊池花样通过拓展菊池线得到第二个菊池图。例如，可以根据 [001] 花样来构造 [101] 花样，因为有一对菊池线是公用的。因此从 [001] 极转 45° 到达 [101] 菊池极就可以知道哪两条是 0$\bar{2}$0 和 020 菊池线

接下来，可以绘制对应于 [101] 菊池极的菊池图。由图 19.4B 所示的方法开始，保证两者共同的 020**g** 矢量在相同的方向。所以，020 和 0$\bar{2}$0 菊池线在两幅图中是相同的。虽然 [001] 和 [101] 菊池极间的夹角是 45°，仍可以把 020 线画为平行的直线，因为观察到的总是菊池图中很小的一部分。请注意，就像

电子衍射花样中那样，也可以根据它们的角度等价地定义它们之间的距离。

现在加上[112]菊池图。该图与[001]菊池极共有 $2\bar{2}0$ 和 $\bar{2}20$ 衍射，并与[101]菊池极共有 $\bar{1}\bar{1}1$ 和 $11\bar{1}$ 衍射。相应地，菊池线对也是共用的，所以可以形成如图 19.5A 所示的三角形。可以加入其他菊池极和菊池线对（如图 19.5B 所示）来得到完整的菊池图。

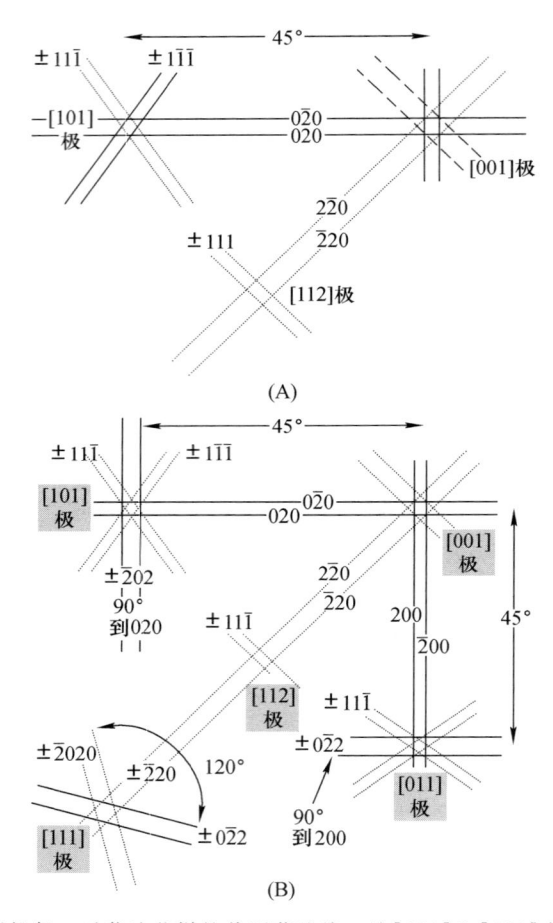

图 19.5 （A）延长每一对菊池花样的共用菊池线，从[001]和[101]菊池花样可以绘制出[112]菊池花样。[$11\bar{1}$]菊池线对由[101]与[112]极共用，$\bar{2}20$ 菊池线对由[001]与[112]极共用。(B) 也可以添加其他菊池极，如[011]和[111]。请注意，菊池线对并不是连接极点的直线。实际上它们是曲线，因为当角度范围较大时，其抛物线形状会比较明显。但是在一定的条件下将它们画为直线

图 19.6 是面心立方材料的一幅菊池图。在文献中可以找到面心立方、体

心立方、金刚石立方以及一些六方密堆结构材料的菊池图。这些图主要来自于发展这门技术的 Tomas 及其合作者(Levine 等人，1966；Okamoto 等人，1967；Johari 和 Thomas，1969)。Edington(1976)在附录中给出了几幅菊池图。也可以通过 EMS(网址 1)从网上下载菊池图。

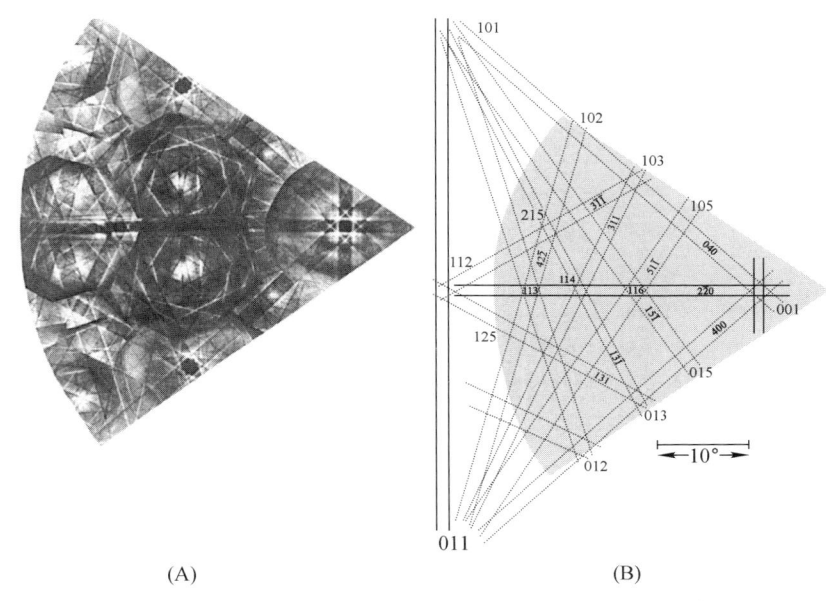

(A)　　　　　　　　　　　　　　(B)

图 19.6　(A)面心立方晶体的实验菊池图。(B)具有标定的菊池线示意图

从图 19.7 所示的非立方材料菊池图中可以体会到菊池图的重要性。这幅图是根据 Ag_2Al 绘制的，具有与 Ti 相同的 c/a 比值。图中的菊池带都已标定(它们对应于晶面)。带轴同样也被标记：它们对应于晶向。回想一下第 16 章 Frank 的文章关于四指数符号的简单讨论，应该会看到在此处的一个很明显的应用。

■ 对立方材料，只需含有 [001]、[101] 和 [111] 极的三角形菊池图，如图 19.5B 所示。

■ 对于六角密堆积材料，角度一般取决于材料的 c/a 值，此时将需要更大区域的菊池图。

■ 对于大多数非立方材料而言，特别是单斜和三斜晶体，实验上构造一个完整的菊池图是不实际的。不然很可能更容易地成为一位冶金学家！

对于任一材料，可以通过如下步骤来得到一些有价值的实验帮助：

■ 绘制类似于图 19.5B 所示的部分菊池图。可以借助某种软件包来完成该工作。每幅图都复制两份。

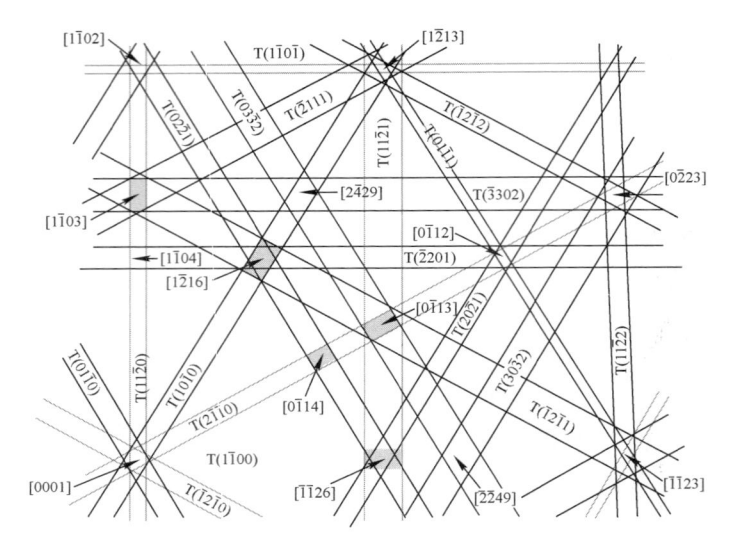

图 19.7 六角结构 Ag_2Al 材料的局部菊池图，主要极点和菊池线对都已标定

- 在操作 TEM 时，对几个特殊的低指数菊池极记录菊池花样和衍射花样。
- 对衍射花样进行标定。
- 按照绘制菊池图时采用的比例来打印每一晶带轴的衍射花样。
- 将实验菊池花样叠加到线图上，就拥有两个非常有用的实验帮手了。如图 19.8 所示。

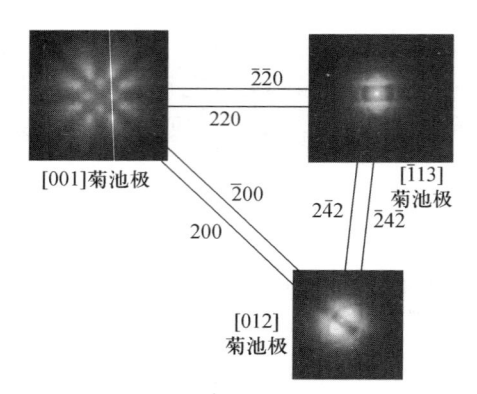

图 19.8 MgO 中 3 个主要极点对应的实验菊池花样，极点间的公共菊池线对都已绘出。可以将其与图 18.7 中的衍射花样进行比较

在讨论菊池图时，喜欢采用路线图进行类比。（再次使用了这种方法！）这

里推荐的是通过照片来记录小镇地图，这样就能认出它们。当行驶于一个城镇到另一个城镇的高速路上时，尽管确实想知道已经行驶了多远以及还剩多少路程，但已不需要太关心具体的路线了。

到目前为止，已经可以体会到第 18 章中介绍的极射赤面投影的重要性了。极射赤面投影和菊池图通常可以结合使用。极射赤面投影简明地总结了所有平面法线和带轴的相对位置。利用极射赤面投影可以表示 Storrs 和 Huntsville 之间的联系，而通过菊池图则可以定位 Benton 艺术博物馆和 Von Braun 中心。

19.4 晶体取向和菊池图

在前一章中讲述了如何利用选区衍射花样在 ±3° 的精度内来估算电子束相对于晶体的方向。使用菊池花样可以把这一精度提高到 ±1°。

Thomas 及其合作者（例如 Okamoto 等人）发展了一种测定晶体取向的常规方法；他们率先在 TEM 分析中使用了菊池图。在图 19.9 中，电子束方向 $[UVW]$ 沿光轴 O 方向。A、B 和 C 是可以通过观测来确定的主要极点（即带轴）。将其标定为 $A=[p_1q_1r_1]$，$B=[p_2q_2r_2]$，$C=[p_3q_3r_3]$。极点标定后，可以通过测量图 19.9A 中平面迹线间的夹角 α、β 和 γ（等于所有体系中平面法线间的夹角 ϕ）来验证得到的结果；如果材料是立方的，则必须使用方程式（18.3）计算每个角度。

样 品 校 准

菊池线将选区电子衍射花样从一种近似的校准技术转变为一种非常精确的校准技术。

如果测量图 19.9A 中的 OA、OB 和 OC 的长度，可使用校准过的相机常数把这些长度转化为角度 ρ_1、ρ_2 和 ρ_3（它们由图 19.9B 定义）。如果 $[UVW]$ 是电子束方向，那么可以使用矢量点乘的方法［方程式（18.4）适应于立方晶系］给出 ρ_1、ρ_2 和 ρ_3 的方程。注意 ρ 和 ϕ 之间是有所区别的（见 18.4 节）。图 19.9A 中的角度 α、β 和 γ 都是轻微偏离 $(90-\phi)$ 的值的。

以 U、V 和 W 作为未知数求解这 3 个方程，由此可以得到 **B**。最后，如 18.10 节所描述的，总是需要检查 **B** 的符号。

有可能所得到的电子衍射花样并不明显地靠近带轴。如果能找到如图 19.10 所示的菊池线对，那么所有的信息都不会丢失。如果找到一条亮线，则在靠近 000 点处很容易能找到一条暗线。沿着这些线的两个方向就能找到极

第 19 章 菊池衍射

(A)

(B)

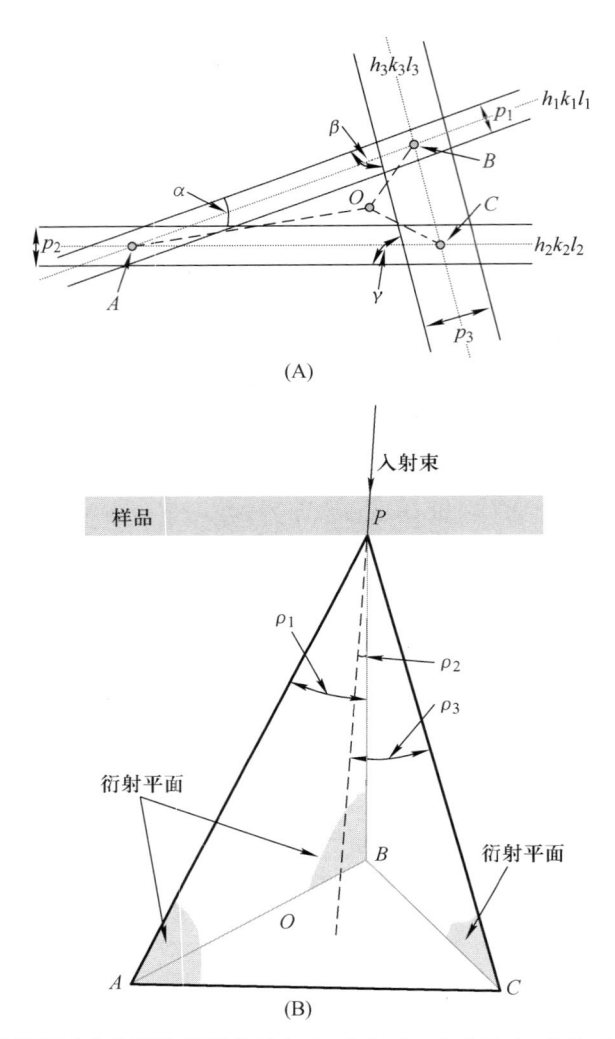

图 19.9 （A）反射面对应的菊池线相交于点 A、B 和 C。O 点至 A、B 和 C 点的距离对应于电子束方向与 3 个带轴之间的夹角，α、β 和 γ 则对应于反射面法线间的夹角。α 是 $(h_1k_1l_1)$ 与 $(h_2k_2l_2)$ 面法线的夹角，依此类推。（B）样品中透射束 O 周围 3 个反射面的迹线 $AB(h_1k_1l_1)$、$AC(h_2k_2l_2)$ 和 $BC(h_3k_3l_3)$；反射面的迹线分别两两相交于 $A(AB, AC)$、$B(AB, BC)$ 和 $C(AC, BC)$

点。根据已知的面间距 d 就可以标定菊池线对。请记住，带轴是平行于每个平面的，所以带轴就定义为两个平面迹线相交的地方。如果能标定 3 个极点，那么就能得到图 19.9 中所示的 **B**。

> **实时晶体学分析**
>
> 在操作电镜时,通常沿着不同的菊池带倾斜样品,直到发现合适的极点,从而有助于后续工作。

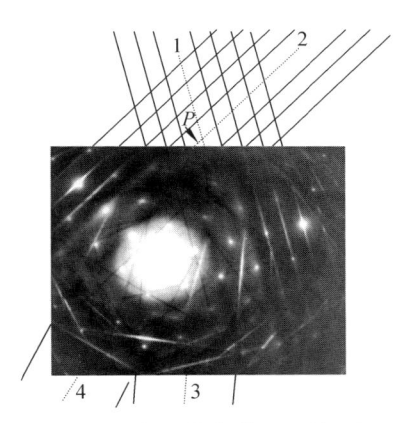

图 19.10 通过延长菊池线来标定远离低指数带轴的衍射花样。暗线 1~4 表示相交于极点 P 的衍射面迹线。在图中画出了菊池线 1 和 2 的高阶延长线。根据 d 值可以标定菊池线对。电子束方向与极点(P)之间的夹角可以直接测量

19.5 设置 s_g 值

因为菊池线"严格固连"在晶体上,因而可以精确地测量偏离参量 s_g。根据 Okamoto 等人的理论,衍射几何如图 19.11 所示。当 s_g 是负值时,$\mathbf{g}$ 菊池线与 O 点位于 $\mathbf{g}$ 的同一侧;当 s_g 是正值时,$\mathbf{g}$ 菊池线位于 $\mathbf{g}$ 的另一侧。从图 19.10 中可以看出,衍射花样左上角的亮衍射点对应于 s_g 为正值的情况(亮菊池线位于衍射点外侧),右方中上部的衍射点对应 s_g 为零的情况(亮菊池线穿过衍射点),衍射花样底部的亮衍射点则对应 s_g 为负值的情况(亮菊池线位于衍射点内侧)。

对于高能电子,如果知道相机长度 L,可以写出图 19.11 中角度 η 的表达式

$$\eta = \frac{x}{L} = \frac{x\lambda}{Rd} \tag{19.1}$$

式中,d 等于 $|\mathbf{g}|^{-1}$。距离 x 和 R 在照相底片上测量得到。

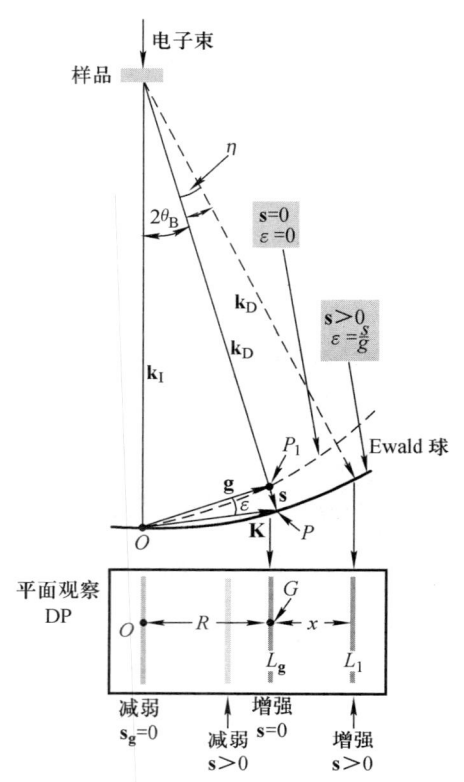

图 19.11 从衍射点和相应菊池线之间的距离可以直接给出 **s** 值。角度 ε 为 s/g，在严格满足布拉格条件时等于零。方框内：通过测量 x，即 O 点与暗线（或者 G 点与亮线）之间的距离来确定 **s**

角度 ε 由下式给出

$$\varepsilon = \frac{s}{g} \tag{19.2}$$

此时，使 $\varepsilon = \eta$，可以给出

$$s = \varepsilon g = \frac{x}{L}g = \frac{x}{Ld} \tag{19.3}$$

再一次采用小角近似，亮菊池线和暗菊池线之间的距离 R（衍射花样上的测量距离 g）等于 $2\theta_B L$。所以，利用布拉格定律，有

$$\frac{R}{L} = 2\theta_B = \frac{\lambda}{d} \tag{19.4}$$

因此 s 的表达式为

$$s = \frac{x}{Ld} = \frac{x}{d}\frac{\lambda}{Rd} \qquad (19.5)$$

$$s = \frac{x}{R}\frac{\lambda}{d^2} = \frac{x}{R}\lambda g^2 \qquad (19.6)$$

在第 27 章讨论弱束电子显微术时将再次用到这个方程。

利用在 19.4 节所描述的方法,Ryder 和 Pitsch 给出了一种确定 **B** 的方法,其精度由方程式(19.6)给定。**B** 的表达式为

$$\mathbf{B} = \alpha_1 |\mathbf{g}_1|^2 (\mathbf{g}_2 \times \mathbf{g}_3) + \alpha_2 |\mathbf{g}_2|^2 (\mathbf{g}_3 \times \mathbf{g}_1) + \alpha_3 |\mathbf{g}_3|^2 (\mathbf{g}_1 \times \mathbf{g}_2) \qquad (19.7)$$

式中,α_i 由下式给出

$$\alpha_i = \frac{R_i + 2x_i}{R_i} \qquad (19.8)$$

式中,R 和 x 的定义见图 19.11。

19.6 强度

为了进一步思考,通过一些讨论来作为总结:

■ Tan 等人从实验上表明,如果增加样品的厚度,菊池线对的间距可能会由于动力学散射而发生改变。

■ 背散射电子也能产生菊池线。在 SEM 中,这些图案被称为背散射电子衍射花样(EBSP),而该技术被称为 EBSD。人们一直对其感到好奇,直到发现不用减薄样品,利用这些花样也可以绘制出多晶材料的织构(见 Dingley 的论文)。但是在新型探测系统发明之前的十多年里一直没有多大进展,CCD 相机和快速计算机算法的运用促进了取向成像显微术(OIM)的快速发展(见 Dingley 的综述)。正如 18.13 节所讲到的,类似技术还可以用于自动标定 TEM 衍射花样以及菊池图。它们的自动化程度以及标定衍射花样的数量都不如 EBSD 软件,这是因为通常 TEM 样品中的薄区远少于 SEM 样品中的晶体。但是原则上 TEM 能更精确地确定界面平面,因此两者将会变得越来越互补。

■ 在下一章中,将讨论 HOLZ 线;HOLZ 线与菊池线是密切相关的,但是更为复杂,因为布拉格平面相对于透射束总是倾斜的。

■ 在下册第 24 章将会以图像形式讨论正带轴花样(ZAP);从许多方面来看,这些 ZAP 可认为是菊池线的一种实空间图像。然而,它们的物理根源是完全不同的;ZAP 最重要的特征是与非相干、非弹性或漫散射都无关联。

■ 波矢为 $\mathbf{k}^1$ 的布洛赫波的散射比相应色散面分支 2 的散射更为强烈。因此,反常吸收(见下册第 24 章)能够影响菊池花样的强度。这种效应确实导致

了亮暗菊池带。由于还未找到这些带所提供信息的任何用途，相关内容可以作为练习进行深入阅读！

■ 前面提到过菊池线之间（即菊池带）的衬度是很复杂的。非相干散射电子的相干散射过程导致的布洛赫波反常吸收对衬度影响很大。因而所有过程都是清晰的。

■ 菊池线产生过程和光学中单色器的作用非常相似：两者都是选择并衍射特定波长或频率的波。

■ 可以理解当衍射平面严格平行于入射束时散射过程是相当复杂的：两条菊池线都是可见的，尽管可能已经猜到。

回顾第 6 章，注意到电子通过物镜磁场时的路径是螺旋形的，但是在所有衍射讨论中（包括菊池线和后两章中的 CBED 花样）都把电子路径画成直线，忽略了任何的旋转。然而，特别是在现代会聚-物镜型 TEM 中，透镜磁场相对较强，使得离轴入射电子和衍射电子产生明显的旋转（在第 9 章几个不同小节中描述了 c/o 透镜以及它们对射线路径的影响）。该效应导致了一个有趣的结果，即现代 TEM 中的菊池线反而不如以前 TEM 的明锐，除非电子束只照射在样品一个很小的区域上。如果对该问题感兴趣，则必须阅读 Christenson 和 Eades 编写的 *Skew Thoughts on Parallelism*。

章 节 总 结

菊池线对相当于道路，而这些道路一起便能构成一幅倒易空间的地图。然而不同于实空间的路线图，在菊池图中比较窄的道路是最重要的！那么路缘之间有什么关联呢？它们给出了道路，并指出什么时候是站在道路上，但对于它们的具体外貌并不太感兴趣。至此应该有一个正确的印象了，即认为菊池线和菊池图对电子显微学家而言是一种非常有价值的工具。其关键点为：

■ 菊池线源于样品中发散的非相干电子与样品产生的布拉格衍射。

■ 菊池线由增强（亮）线和减弱（暗）线组成。在衍射花样中，亮线较暗线偏离透射束更远。

■ 菊池线有效固连在晶体上，所以可以利用它们精确地测定晶体取向。

■ 衍射平面的迹线在亮线和暗线的中间。

■ 可以利用菊池线来设置特定的衍射条件（如双束条件），这是衍射衬度成像的核心。

■ 通过测量 **g** 菊池线和 G 衍射点之间的距离（当 $s_g = 0$ 时，间距为零）来调控和确定 s_g 值。s_g 的精确值对于控制衍射衬度同样非常重要。

在设置晶体样品取向（或确定取向）时，菊池线和菊池图是两个非常重要的帮手。无论是通过衍射衬度分析位错伯格斯矢量，在晶格分辨率下对晶界成像，还是通过 EELS 或 XEDS 测量化学变化，知道样品取向对于任何形式的 TEM 定量分析，都是非常重要的。在结合极射赤面投影中将极点和带轴图（方向和平面法线）的过程中，菊池图显得尤为重要。使用计算机可以帮助人们检查或构造某种材料的菊池图，但如果要做严格的晶体学分析，那么在做 TEM 实验时最好能有一张菊池图作为参考。

参考文献

一般参考文献

Edington，JW（1976）*Practical Electron Microscopy in Materials Science*，Van Nostrand-Reinhold New York. 如果希望亲自拍摄并分析衍射花样，该书的第二部分是非常优秀的指导手册，附录里有大量的菊池图。

Schwartz，AJ，Kumar，M and Adams，BL（Eds.）（2000）*Electron Backscatter Diffraction in Materials Science*，Springer NY. SEM 中的菊池花样：从 TEM 取向测定这一角度深入分析了哪些具体工作是可以开展的。

Thmas，G（1978）in *Modern Diffraction and Imaging Technique in Materials Science* p 399 Eds. S Amelinckx，R Gevers and J Van Landuyt North-Holland Amsterdam. 自 40 年前 Gareth Thomas 开展工作以来，TEM 菊池花样并没有实质性的进展，因而这依然是最好的参考资料（请参考下面的其他参考资料）。

历史和应用

Christenson，KK and Eades，JA 1988 *Skew Thoughts on Parallelism Ultramicroscopy* **26** 113-132.

Dingley，DJ 1984 *On-Line Determination of Crystal Orientation and Texture Determination in an SEM*. Proc. Royal Microsc. Soc. **19** 74-75. SEM 中发展起来的关于织构绘图的思想可以用于 TEM。

Dingley，DJ 2004 *Progressive Steps in the Development of Electron Backscatter*

Diffraction and Orientation Imaging Microscopy J. Microsc. **213** 214–224.

Johari, O and Thomas, G 1969 *The Stereographic Projection and its Applications in Techniques of Metals Research* Ed. RF Bunshah Interscience New York.

Kikuchi, S1928 *Diffraction of Cathode Rays by Mica* Japan J. Phys. **5** 83–96.

Levine, E, Bell, WL and Thomas, G 1966 *Further Applications of Kikuchi Diffraction Patterns*; *Kikuchi Maps* Appl. Phys. **37** 2141–2148.

Okamoto, PR, Levine, E and Thomas, G 1967 *Kikuchi Maps for H.C.P. and B.C.C. crystals* J. Appl. Phys. **38** 289–296.

Ryder, PL and Pitsch, W 1968 *On the Accuracy of Orientation Determination by Selected Area Electron Diffraction* Phil. Mag. **18** 807–816.

Tan, TY, Bell, WL and Thomas, G 1971 *Crystal Thickness Dependence of Kikuchi Line Spacing* Phil Mag. **24** 417–424.

网址

1. http://cimewww.epfl.ch/EMYP/comp_sim.html.

姊妹篇

在姊妹篇中与该主题相关的主要章节涉及 CBED 以及 EFTEM。

自测题

Q19.1 当观察样品不同区域时，菊池线强度会发生改变。这是因为厚度的改变所引起的吗？

Q19.2 为什么靠近 000 的菊池线要比与之对应的另一条远离 000 的菊池线要暗？

Q19.3 沿着菊池带倾转样品并记录下一系列衍射花样。将衍射花样粘贴到一起，会发现菊池线轻微弯曲，但所画的菊池线都是直线，请解释。

Q19.4 观察衍射花样可以发现一明一暗两条平行线。为什么会发生这种现象，每条线是如何命名的？

Q19.5 如果在 Aruba 的海滩上撰写论文，手边没有可用的晶体学软件，但手提电脑里存放着的某种 fcc 样品的重要衍射花样能显示菊池线。你能确定取向吗？如果能，步骤是怎样的？

Q19.6 如果偏离参量 s_g 小于零，那么 **g** 菊池线相对于 O 和 G 的位置是怎么样的？

Q19.7 菊池线间距随样品厚度是如何变化的？

Q19.8 如何根据菊池线精确地确定晶体取向？

Q19.9 在相同的取向和厚度条件下，一台传统的 LaB_6 灯丝 TEM 产生的菊池线会比一台新的场发射枪 TEM 所产生的更好吗？

Q19.10 菊池线来源于非相干散射电子？但这种描述过于简单，为什么？

Q19.11 为什么菊池花样可以用来设置 **s** 值？

Q19.12 什么是菊池锥？

Q19.13 菊池线对的间距是多少？

Q19.14 能从菊池线与系统行相交的位置读出 **s** 的值吗？

Q19.15 在观察菊池衍射时为什么会有样品的最佳厚度这一说法？

Q19.16 怎样从菊池线出发找到平面的位置？

Q19.17 简要描述怎样通过菊池线找到极点。

Q19.18 在 TEM 中可以实现 EBSD 吗？

Q19.19 倒空间里 $-5\mathbf{g}$ 和 $+5\mathbf{g}$ 菊池线间距为多少？

Q19.20 HOLZ 线和菊池线区别在哪里？（请先阅读第 20 章和第 21 章再作答。）

Q19.21 请绘制[001]极严格位于光轴上时的菊池图。

Q19.22 为什么对于 fcc 晶体只需要包含[001]、[101]和[111]三角的菊池图，而对于 hcp 晶体则需要在倒易空间里绘制更大区域？此外，对于不同晶体所需绘制的最大区域各是多少？

章节具体问题

T19.1 假设图 19.1 是从立方晶系材料获得的，试确定样品的大致取向。

T19.2 对于[011]和[111]极重新绘制图 19.4A，但每幅图中需要画出两个低指数衍射。

T19.3 根据图 19.6 画出并标记穿过 115 极的菊池带。

T19.4 根据图 19.6 画出当倾转 fcc 样品时所期望看到的 102、116 和 013 极点对应的衍射花样。（因此也需要适当地倾转它们。）

T19.5 根据图 19.7 画出当倾转 hcp 样品时所期望看到的 $1\bar{2}13$、$1\bar{1}02$ 和 $0\bar{1}12$ 极点对应的衍射花样。（因此也需要适当地倾转它们。）

T19.6 在图 19.10 中，确定是什么极点，并确定它相对于电子束的倾斜程度。怎样倾转样品才能使得 P 位于光轴上（假设 O 位于光轴上）？

T19.7 考虑图 19.10。找出并标定 10 对菊池线(即使只能看到其中的一条)。

T19.8 在图 19.11 中，衍射平面在哪里？为什么可以在两个地方观察到

Ewald 球？哪一个与简图中所画的相对应？

T19.9　简述图 19.7 中显示了 Be 所对应的 $1\bar{1}02$、$1\bar{2}13$、$0\bar{2}23$ 和 $\bar{1}\bar{1}23$ 极。现在将 Ti 的图叠加在该图上，就像在精确的 0001 取向的 Be 上生长一层 Ti。

T19.10　选择一块橄榄石的 010 样品，并绘制出该极点周围半径为 45°的菊池图。标定菊池带并画出所要找的主要衍射花样。（回答该问题时需要借助于网络或 ICDD 文件。）

T19.11　沿着严格的[011]方向观察 Al 晶体（fcc）。画出对应的衍射花样及其菊池线（带）。轻微偏转晶体后，菊池线穿过 3 个低指数衍射点。请问晶体被偏转了多少，偏转轴在哪里？铝的晶格常数为 0.405 nm。电子波长为 0.002 5 nm。（感谢 Anders Tholen。）

T19.12　解释如何根据 Si 的衍射花样推断 TEM 的加速电压。

第 20 章
CBED 花样的获取

章 节 预 览

尽管 SAD 能给出有用的样品信息，但也存在两个很严重的局限性。

■ 在解释直径约小于 0.5 μm 的微区上得到的 SADP 时要特别小心，因为该衍射花样所给的信息不仅仅局限于该区域。这个尺寸比材料科学中感兴趣的许多晶体特征的尺寸仍然要大一些，也要比纳米技术中的尺寸大得多。

■ SADP 仅包含并不很准确的二维晶体学信息，因为对于薄样品和样品中的小晶粒而言，布拉格条件被放宽了（见第 17 章）。

而 CBED 技术则克服了这些局限性，并且能得到更多新的衍射信息，这些将在第 21 章中予以介绍，并且在姊妹篇中会进一步扩展。

本章主要介绍如何利用现代 TEM 的多功能性很容易地获得一系列含有各种非常有用衬度效应的 CBED 花样，例如高阶劳厄区（HOLZ）的点和线。在第 21 章和姊妹篇中可以看出 HOLZ 特征如此有用的原因。它可以给出样品完整的三维晶体学分析。现在可以意识到，用 TEM 观测的主要优势在于：在观察 TEM 图像的同时还可在高空间分辨率下获得其他信息。CBED 也不例外。对于大部分 TEM 操作，样品越薄越好。但是对于 CBED 花样，与菊池花样类似，一般情况下要求样品较厚，这样动力学散射效应较明显。最后，和其他复杂的分析技术一样，CBED 中也会用到难懂的首字母和缩略词，这一点会在介绍它们时加以阐明。

20.1 为什么使用会聚束？

历史上 CBED 是应用在 TEM 中最古老的电子衍射技术。最初是由 Kossel 和 Möllenstedt 发展起来，早于 LePoole 发展的 SAD。SAD 是把 TEM 像中的衍射衬度信息和样品取向联系起来的经典方法，但也存在明显的缺点。SAD 所能选取的最小区域的直径约为 0.5 μm，此时所对应的误差也在这个量级，可参考第 9 章和第 11 章。然而，假如有一台非常低的球差系数（C_s）的中等电压 HRTEM，SAD 选区的直径可达到约 100 nm，但是对于纳米尺度的材料（颗粒、薄膜和器件）以及影响传统工程材料性质的所有晶体缺陷和大部分第二相析出物来说，这个尺度还是太大。所有这些特征的尺度均小于 0.1 μm。采用会聚电子束是克服这一局限的方法之一，如图 9.4 所示。由会聚束选择的区域是束斑大小和电子束与样品相互作用体积的函数，它随样品厚度的增加而增大，但一般要比 SAD 的空间限制小很多。实际上，在过去的 40 年中，还发展了几种称为微衍射和纳米衍射的方法以克服 TEM 中 SAD 空间分辨率的限制。但迄今为止，在这些技术中 CBED 的操作最简单，功能最多，且很容易就达到纳米科技的尺寸范畴（<100 nm），实际上已经达到单个晶胞的尺度（真正的纳米衍射）。

除了提高空间分辨率以外，CBED 花样还包含许多通过 SAD 方法很难或者不可能得到的晶体学信息及其他信息，将会在下一章以及姊妹篇中对这些新信息进行描述。

正是由于 CBED 具有这些功能，才把与 X 射线和中子衍射相比"相对较差"的 TEM 衍射转变为更为全面的、在某种意义上独一无二的技术。CBED 已经开始进入了 XRD 的定量晶体学分析的传统领域，要对其作大概了解可参考 *Acta Crystallographica* 中的内容。

也许有人会认为 CBED 应该是操作 TEM 时使用衍射方法的第一选择，考虑到由 CBED 得到的所有新信息，这一观点也并不使人感到惊奇。然而，许多衍射理论和标定方法等历史上都是对应于平行束 SADP 而发展起来的，并且标准的明场/中心暗场像以及其他成像技术都是建立在此平行束花样基础上的。因此我们选择以 SAD 作为开始来构造全文，并将 CBED 当作为 SAD 的一种"改进"形式。

CBED 的优点

和其他衍射技术相比，CBED 的优点是其大多数信息来自极小的样品区域，这是其他衍射方法所无法比拟的。

本章的重点是如何通过控制实验变量来获得并标定 CBED 花样。下一章主要介绍如何构建"电子晶体学"的基础。CBED 的所有优点能同时与 TEM 图像和能谱数据结合起来，这样可以实现对样品的同一区域同时进行充分的表征。

CBED 有两个潜在缺点，必须引起注意：
- 聚焦光斑会对样品产生污染，甚至引入局部应力。
- 会聚束会加热甚至损坏样品的观察区域。

在早期 TEM 中，在碳污染堆积至一定厚度以至于掩盖所有信息之前，操作人员只有几秒钟的时间来观察和记录 CBED 花样。对于现代 TEM，特别是超高真空（UHV）设备则没有这个问题（见第 8 章）。可以数分钟甚至数小时地观察所关注的洁净样品的小区域，而不会有明显的污染。

污 染

大多数污染来自样品的制备过程或粗心的拿放过程。

正如第 4 章所描述的，对于导热性不好的材料，电子束加热/损伤可能是个很大的问题，但可以使用薄导电涂层或液氮冷台来减小这些效应。之后将会看到在 CBED 中使用冷台的其他优点。

实验上 CBED 比 SAD 的操作更简单。SAD 主要用于成像，而在 CBED 中无须插入和移除光阑就可以得到小区域的更多信息。在你所读的很多 TEM 文献中并不会提及这一点，但要记住的是：研究人员（包括作者）通常都是使用自己最熟悉的实验技术而非最好的。这里同样要说明为什么在 CBED 中包含"E"而 SAD 中却没有；这是因为可以将 CBED 发音成"see-bed"（幸好没有人将 SAD 读为"sad"或者"said"）。

CBED 样品台

在 CBED 中，使用双倾低背底冷台是非常有用的。

20.2 CBED 花样的获取

首先，应该使用哪种样品杆？ 就像在 SAD 中，需要不断地倾转样品，所以就得选用双倾样品杆。如果将样品冷却到液氮温度，则一些衍射现象（将会在后文描述）会变得更明显；如果想同时进行 XEDS 和 CBED 分析，就需要低背底样品杆。

单倾样品杆有时也有它的优越性（例如将界面对准某个方向），如果可以冷却而且是低背底时，那么它还是最好的选择（对于 XEDS）。

其次，应该使用多大的加速电压？ 不同于大部分其他 TEM 技术，在衍射中采用低加速电压是有利的，因为这样可以增大弹性散射截面，从而增大衍射花样的强度。同时，低电压下 Ewald 球的曲率会更大，就能得到比 ZOLZ 中更多的高角度散射电子信息。然而高电压能够从样品很小体积内给出更高空间分辨率的信息，而且还能"看透"更厚的样品。所以不得不权衡各种条件并收集不同电压下的衍射花样。

最后，样品应该多厚？ 正如前面所提到的，与其他大部分的 TEM 技术不同，在 CBED 中厚样品比薄样品更有用，因为这样才能有更多的动力学散射发生。大多数掩盖动力学信息的不想要的漫散射可以在 EFTEM 模式中过滤掉（更多相关内容见后文以及下册 38.2 节）。

20.2.1 SAD 和 CBED 的比较

首先考虑 SAD 和 CBED 在电子光学上的差异。在 SAD 中，入射到样品上的电子束是平行的（入射波矢量 k 固定），束斑相对较大（直径通常为 $1 \sim 10\ \mu m$）。而在 CBED 中，入射电子束是会聚的（k 有一定范围），束斑相对较小（直径通常为 $1 \sim 100\ nm$），如图 20.1 所示（与样品中发散电子束产生的菊池花样做比较）。第 11 章和第 16 章曾介绍过，平行入射电子束意味着 SADP 由物镜后焦面上一系列很锐的最强点（斑点）组成，正如第 9 章中所指出的，CBED 中会聚电子束产生了盘状衍射花样。图 20.2A 给出了纯 Si 样品的 SADP，图 20.2B 为该样品更小区域的 CBED 花样。虽然不能明显地从图中看出 CBED 来自样品的更小区域（即具有更好的空间分辨率），但是可以看到它含有 SADP 中没有的丰富衬度信息。000 盘内以及衍射盘之间的暗线是 HOLZ 效应，这在本章和下章中还会多次提到。会聚电子束有效扩大了观察倒易空间角度的范围，但也降低了衍射花样的角分辨率（这点并不是很关心）。

20.2 CBED 花样的获取

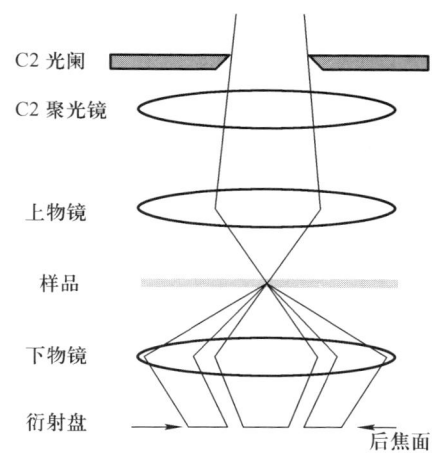

图 20.1 形成 CBED 花样的光路图。相比于平行束 SADP 的形成，如果 c/o 透镜系统将电子束会聚到样品上，照明区域会很小。电子束会聚在样品上会在物镜后焦面形成衍射盘

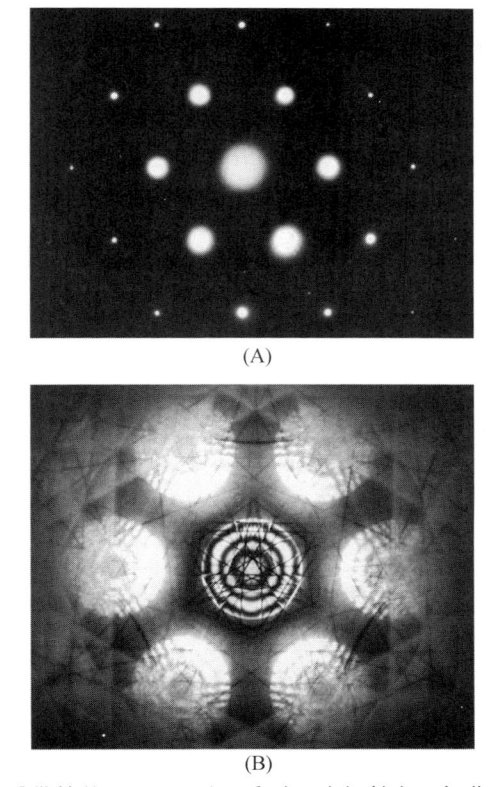

图 20.2 （A）硅[111]带轴的 SADP，可以看到一阶衍射点，但菊池线不可见。（B）硅[111]带轴的 CBED 花样，可以看到衍射盘中的动力学衬度以及弥散的菊池带和明锐的暗 HOLZ 线

> **SAD 与 CBED 的关联**
>
> 可将 CBED 看作 SAD 中衍射斑点内信息的放大。和 SAD 一样，当电子束沿样品带轴入射时得到对称的正带轴衍射花样(ZAP)或者倾转样品至双束条件，此时，CBED 是非常有用的。与 SAD 不同，故意使束斑欠焦和过焦时，CBED 花样会更有用。

从图 20.1 可以看出，需要会聚镜/物镜(c/o)(比如会聚能力较强的物镜上极靴)来形成会聚束，所以能形成会聚电子束斑的 TEM 或专用 STEM 都能产生 CBED 花样。在第 6 章和第 9 章中已经描述过形成会聚束的透镜系统和光路图，因此本章将主要强调能够调节的实验参数。下面所述的各个实验步骤，包括操作和非常详细的光路图都在 Morniroli 的著作中有详尽的描述。此处先从 TEM 模式开始，然后再描述 STEM 操作。

20.2.2 TEM 模式下的 CBED

开始练习 CBED 时应选取薄的 Si 单晶样品或者含有大块晶粒的不锈钢薄片，因为这些样品能够很快地给出包含将要描述的特征的有用衍射花样(无须冷却)。Si 样品会更容易，因为圆片会有一个特定的取向，例如〈111〉，因此常常能够得到如图 20.2B 所示的花样。

在像模式下会聚电子束，就仅能在 TEM 观察屏或计算机显示器上看到一个亮斑，无法得到任何有用的图像衬度信息。但是如果正确调节聚光镜系统，电子束将会在所要研究的样品区域聚焦。在积累一定经验之后，就会慢慢形成自己特有的操作流程。基本的方法如下：

■ 首先，将样品置于最佳高度平面。减弱 C2 得到一个较宽的平行电子束，然后将要采集 CBED 花样的样品特征区域移至屏幕中心并聚焦。如果不需要插入物镜光阑就能完成以上操作的话会比较好。如果需要，则之后还需将光阑移去(见下文)。

■ 选用直径为 $100 \sim 200~\mu m$ 的较大 C2 光阑，仔细对中之后调节 C2 透镜，在所要研究的区域上将电子束会聚成一点。

■ 保持 C1 较小的励磁电流，以得到 FWTM 约为 100 nm 的较大束斑(见第 5 章)，从而包含足够大的束流以给出较高强度的衍射花样。

■ 选择小的相机长度，小于 500 mm，以得到较大角度范围的衍射花样。

■ 要观察 CBED 花样，只需转换到衍射模式，并确保物镜光阑和选区光阑都已经移出。

请记住，可以通过增强 C1 透镜来控制屏幕上的最小照明区域(例如样品上的束斑直径），因此，了解这些基本步骤后，就会想到通过增加 C1 的强度来选择较小的电子束斑。

20.2.3 STEM 模式下的 CBED

首先要得到样品的一幅 STEM 聚焦像，如 9.4 节中所描述的。

这个步骤非常简单，因为在 STEM 模式下总是使用会聚电子束，并且不用考虑成像系统的光阑。

- 首先停止电子束扫描（即在 STEM 控制系统中选择"点"模式）。
- 而后将 STEM 屏幕上的束斑位置移至所要研究的样品区域。

这时在 TEM 的观察屏上应该显示出 CBED 花样，但是如果 STEM 探头在 TEM 屏的上方，要看到 CBED 花样就必须移去 STEM 探头，如果探头在下方，就需要放下 TEM 屏幕。在 STEM 操作过程中，TEM 一直处于衍射模式，因此 CBED 一直都会出现。如上文所述，必须减小 L 以确保多级衍射极大都能在屏幕上可见。在 STEM 模式中，除了某些 TEM 的 C2 透镜被自动关闭外，其他变量都是一样的。这意味着 C2 光阑唯一地决定了 α 值，因而只能通过物镜来聚焦衍射花样。

STEM 和 CBED

在 TEM 中，如果不将会聚电子束散开，就无法观察到所选的样品区域；在 STEM 中，总是能够通过会聚束扫描的方式来看到图像。

在 DSTEM 中，可以同时观察到图像和衍射花样，因为利用最后一个样品后置透镜后面的屏幕并在 TV 相机上观察该屏幕就可以看到 CBED 花样。利用观察屏上的小孔可以选择任一部分衍射花样通过 EELS 谱仪到达 BF 探头，因此可以同时观察到图像和衍射花样。如果没有样品后置透镜，那就无法改变 L；可以直接利用 TV 相机对物镜后焦面成像或者通过样品后置扫描线圈扫描 BF 探头上的花样来观察 CBED 花样（见 21.8 节）。

如果在观察 CBED 花样之前使它通过 EELS 谱仪，那么可以打开 EELS 谱仪并利用它过滤掉有能量损失的电子，或者用特定能量的电子来形成衍射花样。在之后的章节中会看到，能量过滤 CBED（在 TEM 和 STEM 中均可以实现）是一种功能非常强大的实验技术（见图 20.10）。

操作者可以选择任一种操作模式；TEM 和 STEM 都有各自的优势。

20.3 实验变量

要形成 CBED 花样，必须得到会聚半角 α 大于 10 mrads 的小束斑（<100 nm）。在 CBED 花样形成过程中，至少有 5 个需要控制的实验变量：

- 电子束会聚角 α（注意是半角）。
- 相机长度 L（即花样的放大倍数）。
- 束斑大小（电子束斑直径）。
- 样品厚度。
- 衍射花样的离焦量（欠焦/过焦或正焦）。

最后一个变量是最复杂的，因为有的 CBED 技术要求衍射花样正焦，而有时却需要故意离焦电子束来获得其他优点。所以需要对这个变量进行单独处理。如上文所述，可以根据需要改变加速电压，低的加速电压可以给出更好的衬度，但是也会被电子束亮度的降低和电子束发散的增大抵消部分。因此对于材料样品，和大部分其他 TEM 技术一样，一般选择最高加速电压采集 CBED。

20.3.1 C2 光阑的选取

读完接下来的几节就可以得出结论，任何完整的 CBED 研究应该包含在不同相机常数、不同曝光时间以及不同 C2 光阑大小下所获得的一系列衍射花样。而且 TEM 中的 C2 光阑越多越好。事实上的确如此。

在屏幕上观察到 CBED 花样之后，就可以通过改变 C2 光阑来调节会聚角 α，一定要将最后选取的光阑对中。如图 20.3 所示，衍射盘的大小取决于会聚角 α [参照方程式（5.6）]。开始选择用小光阑，那么可以得到与 SADP 类似的离散衍射盘花样。在之后的章节中会使用由 Steeds 首次提出的术语。

Kossel 和 Möllenstedt

衍射盘未重叠的衍射花样称为 Kossel-Möllenstedt（K-M）花样。衍射盘完全重叠的花样称为 Kossel 花样。

对于特定的样品和取向，要想获得 K-M 花样就需要选择适当的 C2 光阑，使衍射盘的尺寸（由 α 决定）小于盘间距（由 θ_B 决定）。通常布拉格角只有几毫弧度，C2 光阑尺寸在 10~50 μm 范围内往往就能确保满足 K-M 条件。

如果 α 足够大，以至于衍射盘都重叠在一起，从而无法分辨单个衍射极大，则称之为"Kossel 花样"（虽然这样可能会导致与几何上相似的 X 射线衍射花样所用的术语相混淆）。图 20.3A~C 给出了一系列光路图，表明随着 2α 增大 K-M 花样逐渐转变为 Kossel 花样。图 20.3D~F 给出了纯 Al 样品对应的实验衍射花样。图中所有的 CBED 花样都是在较小的相机长度下拍摄的，虽然衬度不是特别强，但从图中可以清楚地看到来自高角散射（$\pm 10°$）的亮环。本章还会继续讨论 HOLZ 的衍射效应。

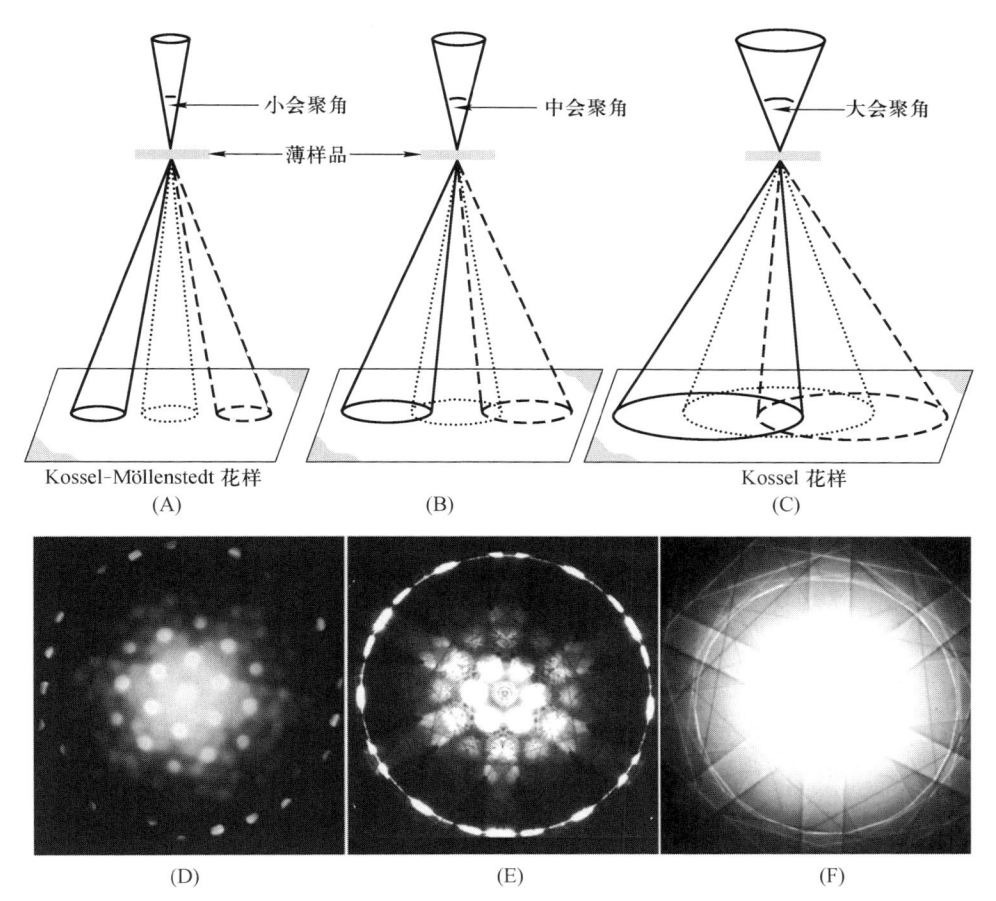

图 20.3 （A~C）C2 光阑尺寸增加导致 CBED 花样变化的光路图，从单个可分辨的衍射盘（K-M 花样）到重叠的衍射盘（Kossel 花样）；（D~F）在 TEM 观察屏上观察到的实验 CBED 花样随 C2 光阑大小的变化

在较小相机长度下拍摄的 Kossel 花样非常有用（见下节），因为可以得到倒易空间较大区域的信息，而且大会聚角可以产生菊池带。基于 20.7 节所述的原因，CBED 花样中的菊池线比 SADP 中的更为普遍，并且不要求厚样品。

如第 18 章中所描述的，当电子束沿正带轴入射时，菊池带会在衍射花样中心相交，如图 20.3F 所示。因此可以很容易倾转样品到特殊的带轴，只要简单地沿着菊池带倾转，直到它们相交。所以，要想形成 ZAP，在最初时最好选用较小的相机长度和较大的会聚角。然后再考虑最佳 C2 光阑的大小、最佳相机常数以及样品的聚焦。因为这些 Kossel 花样包含了倒易空间中较大角度的范围，因而它们也是一种大角 CBED(LACBED)的一个例子(见下面的 20.4 节)，相比于 Kossel 花样，在 LACBED 中可以通过使电子束离焦来增加衬度。

因为在实验中需要改变 α，所以需要具有一定范围的 C2 光阑，一般为 10 μm 至 200 μm，与其他实验技术所需的尺寸一致。如果只有 3 个 C2 光阑，则一个合理的选择是：常规 TEM 分析、EELS 和 Kossel 花样选用 200 μm 的光阑；XEDS 分析采用 50~70 μm 的超厚光阑(这也可以用于 STEM 成像和一些 K-M 花样)，大部分的 K-M 花样则使用 10~20 μm 的光阑。通常很多 TEM 中不只有 3 个 C2 光阑。光阑越多越好。

在 TEM 模式下 C2 透镜是正常工作的，因而可以用来改变会聚半角 α。如果要这么做，就必须改变物镜使衍射花样聚焦。如果用 C1 透镜改变束斑大小或者需要的 α 值在固定 C2 光阑所给出值的中间，那么就需要去调节 C2 强度。

保 持 正 焦

在倾转样品的过程中要用样品高度(z)控制使样品保持为最佳高度。计算机控制的测角台会更有优势。

如果需要知道 α 值，就得用已知晶体来标定，即在典型的 C2 透镜强度下标定 α 随 C2 光阑大小的变化，在 9.1 节和方程式(5.6)中已有描述。

20.3.2 相机常数的选取

相机常数 L 的选择取决于要从衍射花样中得到的信息，并且 L 决定着衍射花样的放大倍数，因此很容易引起混淆。

当想在最大的可能放大倍数下观察 000 (BF)盘中的细节时，通常在成像系统中调节后物镜使 L 在 1 500~6 000 mm 之间。L 减小到<500 mm 时，可观察到低倍衍射花样，有时将该花样称为"全花样"(WP)，它包含高角散射电子。图 20.4 为不同相机常数下的 3 种 CBED 花样，从中可以看出，L 比较大时只能得到 000 盘(图 20.4A)，随着 L 减小，可以看到与 SADP 等同的一系列 ZOLZ 盘(图 20.4B)，而在最小的 L 值时，可以看到上文中提到的 HOLZ 衍射效应在高角度处以亮环状出现(图 20.4C)。因此，通常有必要在不同相机常数

（和不同 α 角）下记录 CBED 花样。

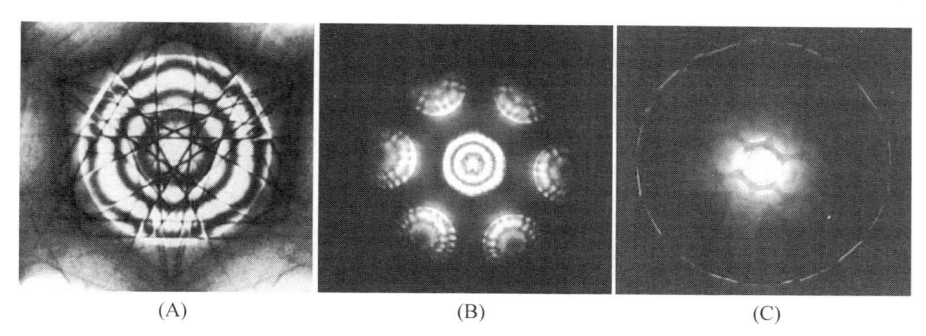

(A)　　　　　　　　　(B)　　　　　　　　　(C)

图 20.4　减小相机长度 L 可以增大倒易空间的视场。（A）相机常数较大时，可以看到 CBED 花样只包含 000 衍射盘。（B）随着 L 减小，可以看到 ZOLZ 中的电子分布，与典型的 SADP 相似。（C）在最小相机长度时，在明亮的 ZOLZ 衍射盘周围隐约可见 HOLZ 衍射环。通常可以记录散射角范围在 ± 10° 以内的电子

大 L，小角度

在大 L 值时可得到高放大倍数的衍射花样，却只涵盖倒易空间中的小角度范围。

在专用 STEM 中没有样品后置透镜，CBED 花样以固定的放大倍数投影在 BF 或者 ADF 探测器上。

20.3.3　束斑大小的选择

前面已经提到，应选择具有足够束流的合适大束斑以在屏幕上得到较高强度的衍射花样。当然，大束斑不利于小晶体的分析。空间分辨率取决于电子束斑所照射的样品体积，因此控制束斑的大小就显得非常重要。对于非常薄的样品，空间分辨率接近于束斑大小，但是对于较厚的样品，弹性散射会使电子束斑发散，从而降低空间分辨率，这与 XEDS 的情况类似（见下册第 36 章）。使用薄样品和 FEG，可以获得极小区域的 CBED 花样，21.8.2 节描述了亚纳米衍射的可行性。然而，薄样品的一个缺点在于散射过程中没有动力学衍射效应，而在下文会提到这种动力学衍射其实是非常有用的。

20.3.4　样品厚度的影响

如果样品非常薄，就能够满足运动学衍射条件。这种情况下会得到亮度均匀的衍射盘，几乎没有衬度信息，如图 20.5A 中 ZAP 所示。将样品移到同一

取向的较厚区域，衍射花样就会从一系列运动学的柔和衍射盘变为具有明显动力学衍射衬度的衍射花样(图20.5B)，后者在后文中会详细地讲解。因此，为了从 CBED 花样中获得足够多的信息，样品的厚度必须大于消光距离(见第16章)。已多次提到过，CBED 对样品厚度的要求与 TEM 的其他技术完全不同，例如 HRTEM、XEDS 和 EEELS，这些都要求样品很薄的情况下才能得到最佳信息。因此，即便样品因太厚而无法进行其他实验，仍能从它们的 CBED 花样中得到有用的信息。正如 20.5 节中所讨论的，对厚样品的 CBED 花样总是可以进行能量过滤，从而减小漫散射背底以增强有用的动力学衍射衬度。

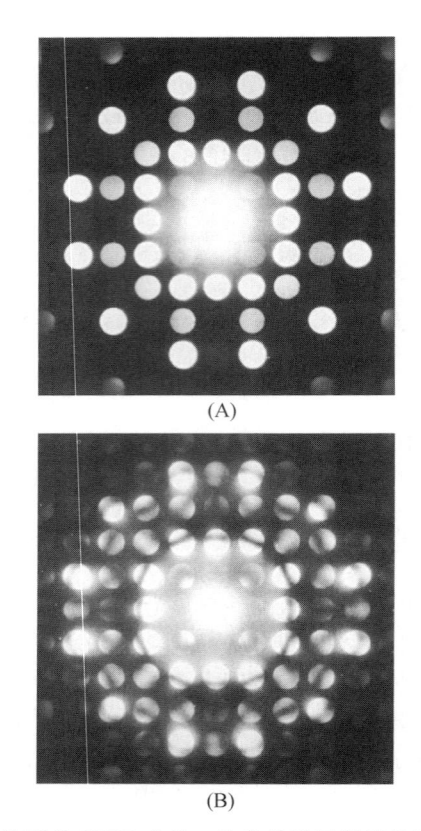

图 20.5 （A）运动学条件下的 CBED 花样。这种花样不能提供比 SADP 更多的信息，其唯一的优势在于它来自样品较小的区域。（B）来自(A)中同一样品较厚区域的 CBED 花样，显示出了详细的动力学衬度现象

20.4 CBED花样的聚焦和离焦

在实验中常常需要聚焦或者离焦CBED花样。聚焦的CBED花样总是来自样品上极小的区域，如果没有聚焦衍射花样，就会错过很多细节信息！然而，如果电子束是离焦的，那么一部分图像信息会在CBED花样上显示出来（同产生多重暗场像的方法相同，在9.6节中曾用该方法来校准SADP的旋转）。因此，在离焦CBED技术中可同时得到实空间和倒空间的信息。此外，轻微离焦物镜可以增强衍射花样的衬度。这些优势在直接分析晶体缺陷时变得特别有用，例如利用大角度会聚束电子衍射（LACBED）分析位错和晶界。

20.4.1 聚焦CBED花样

如果样品处在最佳高度，则TEM图像是正焦的。在转换到衍射模式之前，调节C2透镜从而在TEM荧光屏上形成最小的电子束斑。通过以下步骤可聚焦CBED花样：

- 选择K-M条件（选择C2光阑）并选用适当的L值，以便能清晰地看到000盘。
- 故意欠焦（减弱）物镜直至在衍射盘中看到明场像，这是因为电子束在样品面上发散；见图20.6A，它与图6.5C的光路图等价。
- 增强物镜电流。当电子束的交点移向样品面时，像会扩大至更高倍数，直到在严格正焦时发生反转（见图20.6B，这与图6.5B等价）。
- 过焦后会在000盘中再次看到明场像，但相对于欠焦像发生了反转（图20.6C）。从图20.6B可以看出，正焦时在000盘中没有任何空间信息（即衍射衬度信息）。（如下一节中所描述的，事实上有多种CBED实验技术都要有意欠焦或过焦电子束）。

若固定物镜电流，通过调节C2使电子束聚焦在样品上，将可以看到与图20.6所给出的类似效果，这是因为两个透镜在c/o系统中是耦合的。如果用第二个（非共心）倾转轴或者移到样品的另一个区域，则很可能需要通过高度（z）控制来重新聚焦衍射花样，除非样品台可由计算机完全控制。

物 镜 电 流

清楚所用TEM中将电子束聚焦到最佳物平面时物镜的电流值。如果CBED花样在不同电流值下聚焦，那么就需要调节透镜电流，并通过z控制重新聚焦从而保持在最佳高度。

CBED 花样必须精确聚焦于物镜后焦面上，常用方法就是微调中间镜的电流使 C2 光阑的像变明锐。也可以通过使样品相对于最佳物平面向上或者向下移动来得到离焦的衍射花样。但是若需要倾斜样品以设置特定的衍射条件，此时偏离最佳样品高度会使倾转样品变得繁琐，因为在倾转样品的同时图像会移动。

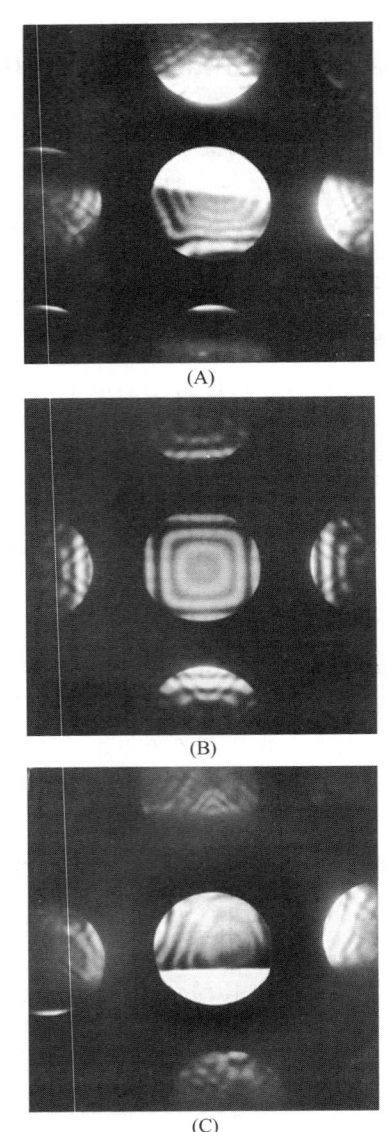

图 20.6 调节 C2 透镜强度来准确聚焦 CBED 花样的过程。欠焦（A）和过焦（C）情况下，可以在 000 盘中看到明场像，而在 *hkl* 衍射盘中看到暗像；在正焦（B）情况下衍射盘中没有正空间信息，只有动力学衍射衬度信息。可与图 6.5 进行对比

20.4.2 大角度(离焦)CBED 花样

某些情况下,例如 TEM 像中严格正焦,会导致衬度最小,因而需要使物镜离焦。从图 20.3F 中的聚焦 Kossel 花样就能很清楚地看出来。在严格正焦条件下,亮暗菊池线交叠,从而降低了总体衬度,如图 20.7A 所示[即使在花样边缘,(即电子束远离轴向传播)球差提高了衬度;这是该透镜缺陷所带来的不多见的一个好处]。但是,如果使物镜离焦(过焦或欠焦),就可以使同一 Kossel 花样中的衬度显著增强,如图 20.7B 所示。这种新方法首先由日本的 Tanaka 及其合作者提出(见参考文献)。有多种形式的离焦 CBED 花样,此处总结了 3 种,并且在姊妹篇中给出了这种技术的一些应用。

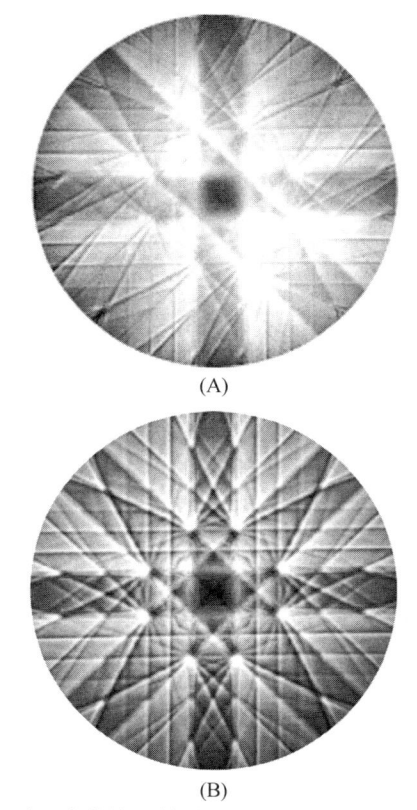

(A)

(B)

图 20.7 电子束沿 Si 样品⟨001⟩带轴入射时的 Kossel 花样:(A)正焦情况。(B)减弱衍射透镜强度以在物镜后焦面之前能看到一平面

第一种也是最常用的离焦技术是大角度 CBED 或 LACBED(Tanaka 等人,1980)。这些花样非常有用,细读 Morniroli 的书就会发现这一点,而且在分析

晶体的线缺陷和面缺陷时极其重要，例如位错和界面（如 Spence 和 Zuo）。有多种方式形成 LACBED 花样，不过它们都基于 Kossel 花样，而 Kossel 花样显示了最大的倒易空间区域，因为它们采用了可能的最大的 C2 光阑。如果想要得到离焦花样，如在图 20.6 中所描述的，方法很简单：可以通过调节样品台上的 z 控制来改变样品高度，或使 C2 透镜离焦，从而电子束就不会在样品面上形成交点（如图 20.8A 所示）。这是个漂亮但最初又会让人畏惧的图，这也是 Morniroli 书中很多图的一个特征，不过值得花时间去好好理解。

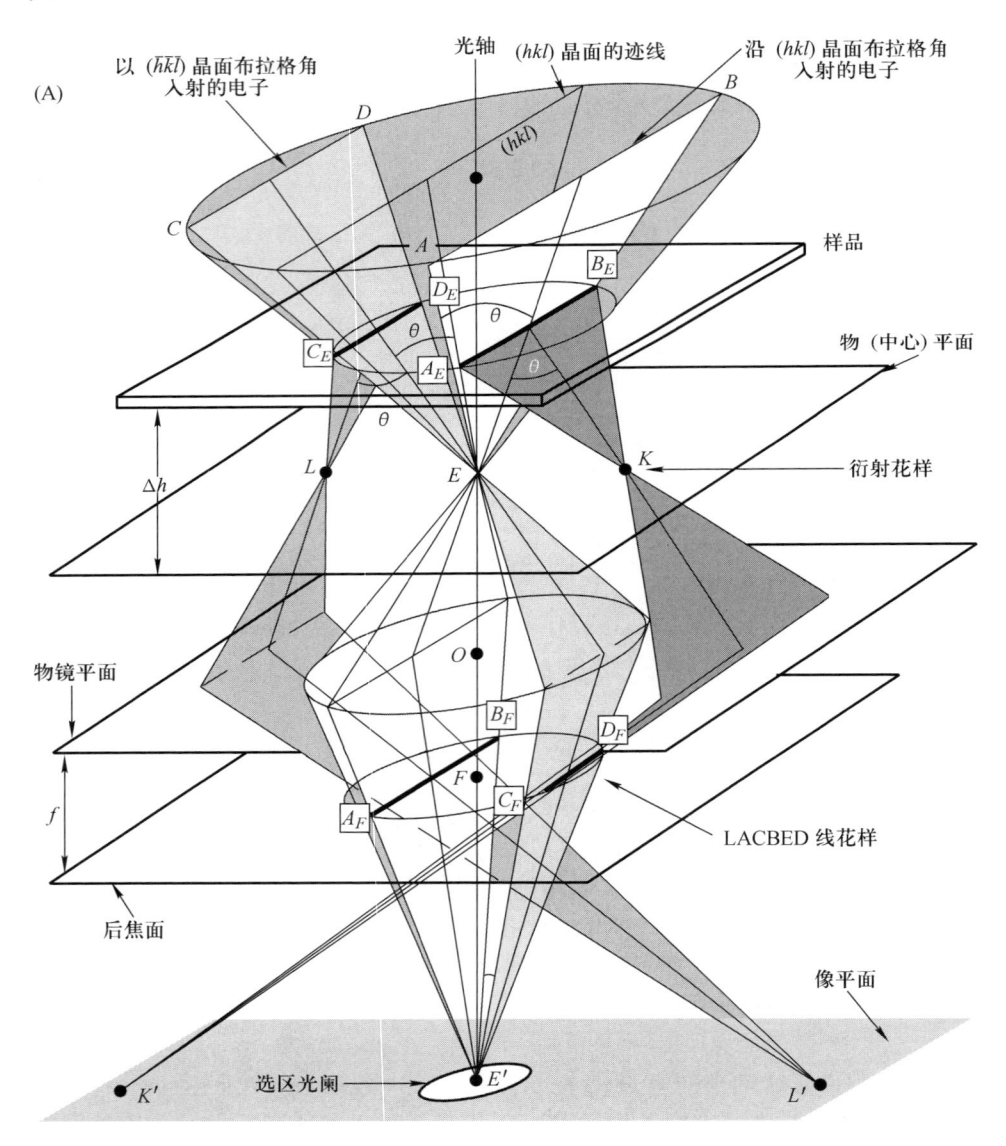

20.4　CBED 花样的聚焦和离焦

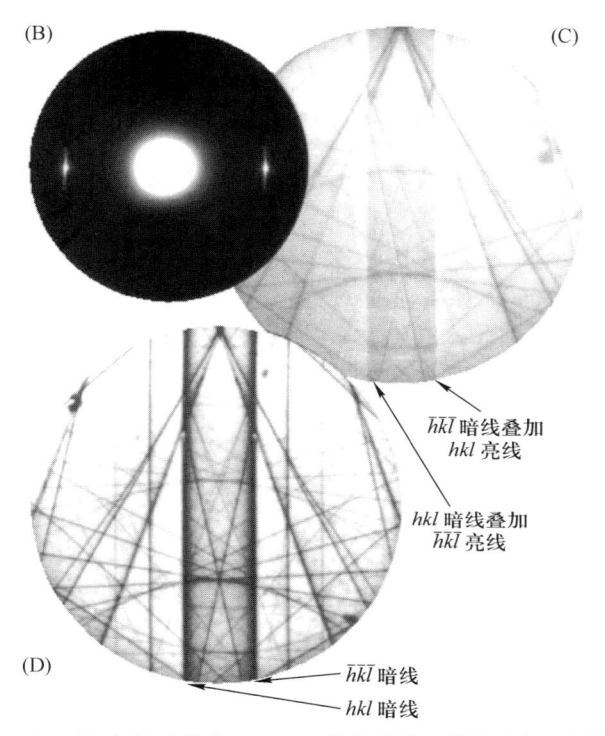

图 20.8 （A）在 $\pm h$（三束）条件下形成 LACBED 的光路图。样品升高至物镜的最佳物平面上方 Δh 处，入射圆锥内在 hkl 面两侧严格满足布拉格条件入射的电子在最佳物平面上形成衍射花样（B），并在后焦面上形成 LACBED 花样（C）。插入 SAD 光阑可提高 LACBED 花样的衬度，通过仅选择一束电子可以得到明场 LACBED 花样（D）。见书后彩图

观察入射电子形成的圆锥，其中两个平面（ABE 和 CDE）满足 $\pm hkl$ 的布拉格衍射条件，且这两个平面被 hkl 平面的迹线平分。电子束聚焦在物镜的物平面上，样品向上移动离该平面距离为 Δh，因此照射到样品上的电子束是一个圆盘。这样可将 $\pm g_{hkl}$ 衍射电子束分开。沿着 A_E-B_E 线和 C_E-D_E 线入射的电子满足布拉格衍射条件，并且分别在物平面上的 K 点和 L 点形成 $\pm g_{hkl}$ 的衍射点，而透射电子束在 E 点处形成 000 点。通过这些点后所有电子会发散，然后由物镜再次聚焦从而在像平面上分别形成斑点（K'，L' 和 E'），图 20.8B 给出了这些斑点形成的花样。在后焦面上由衍射盘组成的 LACBED 花样与称为布拉格线的暗线（和菊池线相似但来源于弹性散射）相交（见 20.7 节）。这些暗线（A_F-B_F 和 C_F-D_F）对应于样品中在 $\pm hkl$ 衍射面上发生强衍射的线（如图 20.8C），来源于 $\overline{hkl}$ 亮线与 hkl 暗线（A_F-B_F）的叠加，反过来对（C_F-D_F）也一样。可以看出，这幅图上有来自多个衍射面的线，为了简单起见，图 20.8A 只显示了两

529

个恰好在 $s=0$ 时的强衍射面的光路图。

图 20.8A 表明，获得最佳 LACBED 花样的关键在于 SAD 光阑的精确使用。如果在像平面上插入 SAD 光阑，并只允许透射斑通过光阑，就可以在屏幕上看到(明场)LACBED 花样得到显著增强，如图 20.8D 所示(同图 20.8C 中未插入选区光阑时的 LACBED 花样进行比较)。如果利用 SAD 光阑选取像平面上的某一个 g_{hkl} 衍射斑就可得到暗场 LACBED 花样，该花样只由单一的 $\pm hkl$ 亮线组成。通过选择更小的 SAD 光阑以去掉一部分非弹性高角散射，可以提高 LACBED 花样中的衬度。如果仔细观察图 20.8D，可以看出所有的 LACBED 中均包含样品的实空间信息，但是倒易空间信息明显占主导地位。图 20.9 给出了 Si 在 [111] 方向上明场和多个暗场 LACBED 花样的拼接图。这种花样的美妙之处在于，可以利用花样中的对称性信息直接确定晶体的点群。更多内容请见姊妹篇中的阐述。

图 20.9 Si [111] 带轴的明场 LACBED 花样(中心)的拼接图，周围是六个 $\{2\bar{2}0\}$ 暗场 LACBED 花样

第二种技术称为会聚束成像(CBIM)，它比 LACBED 稍晚一些(Humphreys 等人)。CBIM 相对而言用处不大，因为它真正能做的只是给出获得 CBED 花样的样品区域的图像。如果使用物镜光阑，非常小的束斑以及能量过滤器就会使 CBIM 花样的质量接近于 LACBED 花样的，但 CBIM 强调的实空间信息多过倒空间信息。

最后一种离焦技术是平行记录暗场像(PARODI)，它是样品厚度的函数。在离焦 CBED 花样的系列衍射盘(Wu 等人)中所见到的多个暗场像中的强度变化可以在单次曝光中被记录下来。如果有较好的物理背景，可以利用这种方法来确定晶体样品的许多性质，例如结构因子和价电子分布。

Morniroli 还总结了获得 LACBED 花样的其他几种技术，例如中心 LACBED、样品摇摆、明场和暗场 LACBED 以及 CBED 花样的拼接图，最后一种如图 20.9 所示。

20.4.3 最后调节步骤

有时无论是离焦还是正焦 CBED 花样，要得到像图 20.2B 那样非常对称的 ZAP 花样是相当困难的。这往往出现在样品轻微倾转或平移不足够精确时，或者出现于机械振动时。在这种情况下，使用电子束倾转或偏移来做最终的调节可以获得对称的衍射花样。在 18.2 节中利用同样的方法得到了 SAD 中的高阶反射。还可以移动 C2 光阑，使中心在带轴上，但这会使照明系统合轴不好，因此尽量不用这种方法。

正如 SAD 一样，一系列曝光时间的 CBED 花样将会给出最大量的信息。

现在总结一下获得 CBED 花样的实验步骤：

■ 把电子束聚焦成一点在最佳物平面的样品上，进入 TEM 的衍射模式（或者在 STEM 中停止电子束扫描）。

■ 减小相机长度，可以看到包含 HOLZ 散射的完整衍射花样，然后倾转到所需的取向。

■ 用 C2 光阑调节会聚角。

■ 有必要的话，通过调节 C1 透镜增大束斑尺寸，使衍射花样更明亮。

■ 减小束斑尺寸和/或移到样品较薄的部分选择一个较小区域（一般可以提高衍射花样的质量）。

■ 增大 L，观察 000 盘，并聚焦衍射花样。

■ 如果想要做 LACBED、PARODI、CBIM 或者其他形式的离焦 CBED 技术，可以利用物镜或者相对于最佳物平面升高/降低样品来使衍射花样处于离焦。

20.5 能量过滤

每种衍射花样都包含有穿过样品后损失能量的电子。正如前面所讲到的，如果这些非弹性散射的电子能形成菊池线，则会非常有用。但如果样品太厚，非弹性漫散射电子会增加背底强度从而掩盖衍射花样中有用的衬度信息。不过 CBED 花样是一个特例，回顾 20.2 节和图 20.5 可知，CBED 是 TEM 技术中少数几种在厚样品下能从衍射花样中得到更多有用信息的技术之一，因为厚样品能在 CBED 衍射盘中产生许多更有意思的动力学衬度。

因此，这里存在一个平衡：想要更厚的样品来增强动力学衍射，但是如果样品太厚，非弹性漫散射又会掩盖有用的衬度。这种情况其实相当于既要保留蛋糕但同时又想要吃掉它。因此，需要利用能量过滤器从衍射花样中去除漫散射电子。

> **能量过滤与否？**
>
> 如果能够对 CBED 花样进行能量过滤，就应该总是这么做。

在下册第四篇最后 4 章中讨论 EELS 的时候还会详细讨论能量过滤问题。关于能量过滤有重大影响的书籍是由 Remer 编辑的。能量过滤可以通过镜筒内置或后置过滤器两种方式实现。如果去除掉非弹性散射电子，CBED 花样包含的电子是没有能量损失的。这就相当于去掉了花样中所有由样品导致的色差效应，因而衍射花样中所有的衬度都会更明锐，因为所有的电子都在（相同的）后焦面聚焦（如果是 LACBED 花样，则在像平面上）。图 20.10 所示的例子中

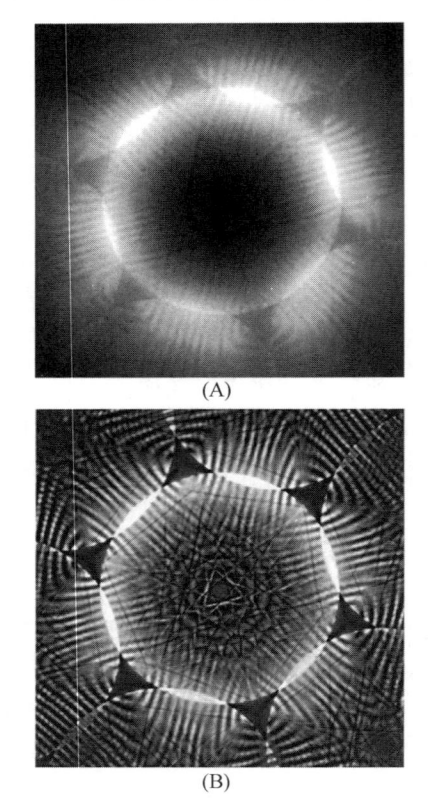

图 20.10 Si 样品较厚区域的 CBED 花样。(A) 无能量过滤。(B) 有能量过滤。此处给出这幅图的原因是它非常吸引人，而且很多 TEM 实验室的圣诞卡片上都会用到类似的图片

可以清楚地看出这一对比。图像衬度能得到如此大的提高,如果有必要的设备,那么除了对 CBED 花样进行能量过滤外,其他任何方法都不会有太大的意义。

20.6 零阶和高阶劳厄带衍射

20.6.1 ZOLZ 花样

如果将 L 增加到大于 800 mm,将会在屏幕上放大衍射花样,并且只能看到如图 20.4A 所示的少数几个衍射盘。如果 C2 光阑足够小,CBED 花样则由一些衍射盘组成,与 SADP 中的一系列衍射斑类似,即在中心 000 盘周围分布着离散的衍射盘。请记住,此种衍射花样称为 ZOLZ 花样(见 18.4 节),因为 hkl 衍射极大一定都满足 Weiss 带轴定律:$hU+kV+lW = 0$,其中 UVW 为电子束方向。也请记住,衍射花样中的所有 hkl 衍射极大都对应于包含倒易晶格原点 000 的倒易晶格面上的点,这个晶面也称为 ZOLZ。所以,实际上 SADP 通常就是 ZOLZ 花样,只是不常这样描述它们。从 ZOLZ 花样通常可以得到面间距和晶面夹角等信息。用于标定 hkl 衍射极大和确定 UVW 的方法与 18.4 节中描述的 SADP 方法完全一样,可采用比例法或者标准校正法确定相机常数来进行标定。

由于衍射盘有一定尺寸,所以测量 hkl 点间距时必须小心选取每个衍射盘中的等价点。如果 α 过大(Kossel 条件),可能看不到单独的衍射盘,此时应选择小的 C2 光阑(K-M 条件)。

20.6.2 HOLZ 花样

由于低角散射相对较强(回顾图 3.5),CBED 花样的中心部分较亮。随着散射角越来越大,ZOLZ 强度降低,因为原子散射振幅 $f(\theta)$ 减小,而且 Ewald 球也不再与 ZOLZ 中的倒易杆相截。但是,当 Ewald 球与倒易空间 HOLZ 中的倒易杆相截时,强度会再次增大,此时能观察到如图 20.3D~F 和 20.4C 所示的 ZOLZ 花样周围明亮的衍射圆或环(在几何上圆可定义为球与平面的截面)。

如果 C2 光阑足够小并满足 K-M 条件,就可得到图 20.3D 中那样的由分散的 HOLZ 点构成的环。而较大的 C2 光阑会得到图 20.3F 所示的由交叉线组成的 HOLZ 环。HOLZ 的强度来自于不与电子束平行的晶面的较弱的大角散射。低温会使 HOLZ 散射增强,同时也会减小热漫散射(声子),在一些 Debye-Waller 因子比较大的材料中,热漫散射会掩盖较弱的 HOLZ 强度。所以这就是使用液氮冷台的好处。无法通过能量过滤来减小漫散射，因为声子散射的能量损失很小（<<1 eV），并且这些散射电子大部分对过滤后的衍射花样仍有贡献。

小 L，大角度

请记住，在衍射花样中从 000 点出发的径向距离与散射角相关；利用小 L 去观察大角散射。

现在考虑 Ewald 球与倒易晶格相截的问题。HOLZ 倒易晶格点/杆的面与 Ewald 球相截（和 ZOLZ 与 Ewald 球相切不同）。第一个环称为 FOLZ，因为所有可能的衍射 hkl 满足 $hU+kV+lW=1$ 的关系，依此类推。考虑到结构因子的影响，可以估算出 Ewald 球与 HOLZ 倒易杆的截面处的衍射强度（见下节）。

因为电子束会聚于样品上的角度范围为 2α，那么 Ewald 球会相对原点旋转 2α，因此沿每一倒易杆的一定角度范围会被选择到，如图 20.11A 所示。该角度范围体现为 CBED 衍射盘，反映了倒易杆的有效角度展宽，如图 20.11B 所示。相截于倒易杆上不同的点对应于衍射盘中不同的点，如图 20.11C 所示。图 20.11D 给出了一张 K-M CBED 花样，它包含了图 20.11A 中 Ewald 球构造所期望的衍射极大分布。

3D

需要记住的最重要的一点是，重要的 HOLZ 衍射强度无论是否出现，在 CBED 花样中都含有三维晶体学信息。

在下一章和姊妹篇中会用到这些三维信息。

除了观察 ZOLZ 花样，为了观察 HOLZ 环，应选择较小的 L（<500 mm），以便能观察到成像系统所允许的后焦面的整个角度范围（约 ±10°）。如图 20.11A 中的示意图所示，Ewald 球仅与 HOLZ 中远离透射束的高阶衍射极大的倒易杆相截。由于是大角度散射，HOLZ 衍射点强度都相对较低，而通常使用足够长的曝光时间使 HOLZ 衍射极大可见，但这肯定会使底片上的 ZOLZ 过度曝光（图 20.3）。如果区域较薄就比较幸运；有时在同一次曝光中能获得合理的 ZOLZ 和 HOLZ 强度（图 20.11D）。但总的来说，如果坚持用底片来记录衍射花样，很可能需要至少记录两张衍射花样：一张选用较短的曝光时间来记录仅含有二维晶体学信息的 ZOLZ 花样；另一张则用较长的曝光时间来记录

含有三维信息的弱 HOLZ 反射。如之前所述，对任何衍射花样，系列曝光是非常有用的。

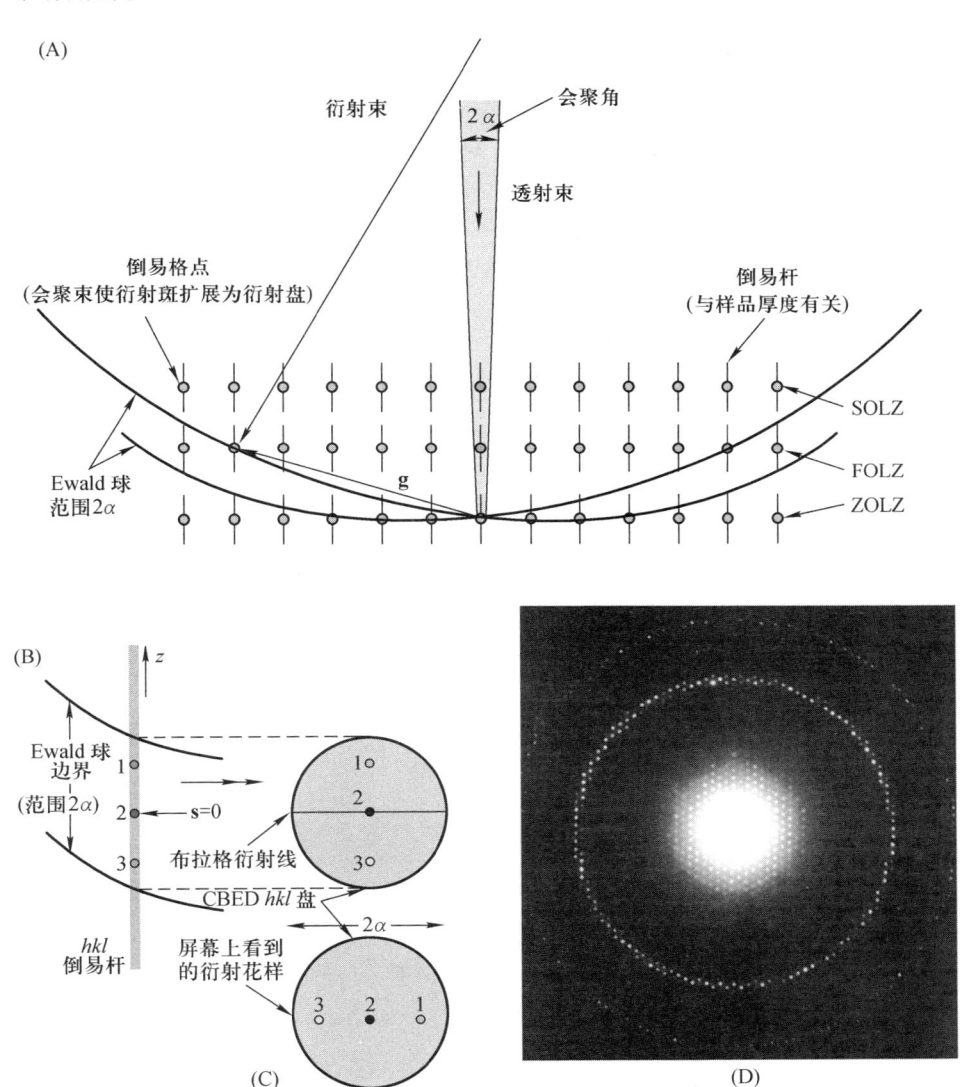

图 20.11 （A）Ewald 球与不平行于入射电子束的晶面所对应的倒易格点相截，其 **g** 矢量与入射电子束不垂直。由于电子束的会聚角，Ewald 球的有效厚度为 2α，并与一系列 HOLZ 的倒易晶格点相截；倒易杆的形状如图（B）所示，倒易杆上某一点 x_i 处的强度与 hkl 衍射盘（C）中等价点的强度直接相关。Ewald 球与 HOLZ 层相截形成衍射环：第一个环称为 FOLZ，第二个为 SOLZ，依此类推，如实验花样（D）所示。

几种替代方法：

■ CCD 相机可以给出更大的动力学范围，使得更容易记录好的衍射花样，以便能同时给出小角度和大角度散射的细节信息。

■ 可以在计算机上利用图像处理技术把不同曝光时间的衍射花样拼接起来（见下册第 31 章）。

由于 HOLZ 环半径是由 Ewald 球与倒易空间中允许的 HOLZ 倒易杆的截点定义的，所以它与晶面间距、电子波长（即 kV）、L 以及离轴透镜畸变都相关。由于与样品的晶体结构有关，有些 HOLZ 衍射环半径会很大，使得即使在 L 很小时也很难在实验上观察到。在这些情况下，应该把样品倾转到低对称性的带轴（如 $\langle 114 \rangle$），因为这比在高对称的带轴（如 $\langle 001 \rangle$）下更有可能观察到 FOLZ（若此处解释不清楚，可参考图 20.12）。冷却样品可以减小掩盖 HOLZ 效应的热漫散射。如果仍然看不到 HOLZ 环，就只能通过降低加速电压来增大电子束波长。如果所有这些都不凑效，那么就需要换一个样品了！

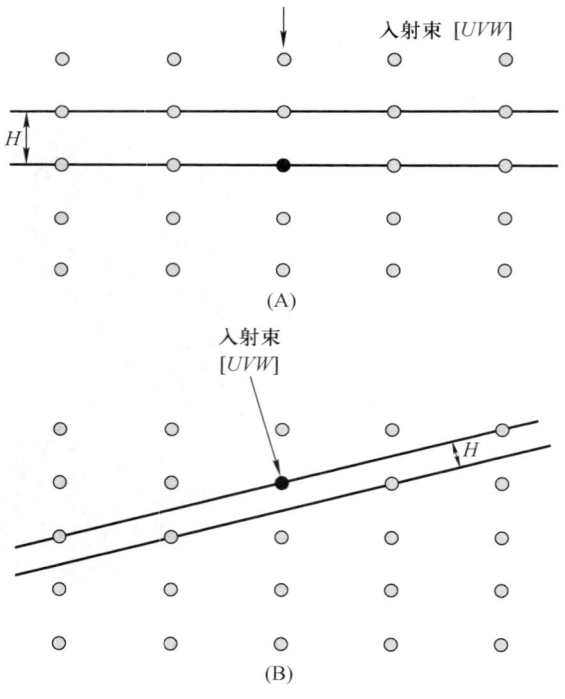

图 20.12 （A）如果电子束沿晶体主带轴入射，倒易空间的面间距（H）较大。（B）如果电子束沿低对称性方向入射，则间距较小

在下一章中，将会讲到如何标定 HOLZ 花样以及如何通过测量 HOLZ 环来

推导出平行于电子束方向的晶格平移矢量，进而确定各种晶体学参数以及对称中心的类型。

20.7　CBED 花样中的菊池线和布拉格线

在 CBED 花样中经常能看到明锐的菊池线，而 SADP 中的菊池线通常是弥散的或者消失的（见第 19 章）。其差异部分是因为会聚束所照射的区域比 SAD 光阑选择的区域要小得多。所以，对 CBED 花样有贡献的小体积样品中几乎没有应力、弹性（源于样品弯曲）或塑性形变（源于晶体缺陷）的影响。因此，CBED 中的菊池线一般比 SAD 中的明锐。这种效应如图 20.13A 所示，该图为包含弥散菊池线的常规 SADP，拍摄于存在大范围严重形变的铜样品。作为对比，图 20.13B 为同一样品更小区域的 CBED 花样，显示出了成对的明锐菊池线。所以可以利用 CBED 中的菊池线来解决 SAD 无法解决的问题，例如，精确地确定形变材料中晶粒间的取向关系（见 Heilman 等人的文章）。然而，如果电子束恰好照射到有明显应力的缺陷上，即使是 CBED 花样也会变模糊。有利的一方面的是，这种效应可以用在 LACBED 中，用以表征缺陷的晶体学结构（如伯格斯矢量），这在姊妹篇中会有详细的解释。因此，除非想研究缺陷，否则在获得 CBED 花样之前最好确认一下 TEM 图像，并倾转样品以保证所观察区域没有缺陷。

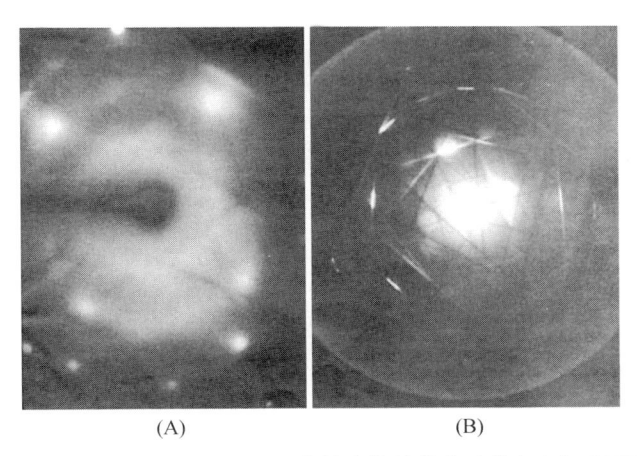

图 20.13　比较存在形变的铜样品的 SADP 中衬度较差的菊池线（A）与 CBED 花样中相对清晰的菊池线分布（B）

如果 CBED 花样不在正带轴，如图 20.13B 所示，则菊池线以成对的亮线和暗线出现，这与 SADP 中的相似。但一旦带轴转正，ZOLZ 菊池线就会以亮带出现。这些带的强度和清晰度随着会聚角的增大而增大,如图 20.3D~F 所示 。类似的效应在 SEM 的通道花样中也可以观察到,这是由于平行电子束在光轴附近摇摆所产生的。若想进一步了解 SADP 中的菊池线与 CBED 中菊池带的区别,请见 Reimer 在他 1997 年的书中所给出的清晰的论述。

CBED 花样中菊池线的产生比 SADP 中的要稍微复杂一些。请记住平行电子束照射样品如何产生菊池线(参看第 19 章)以及散射电子的发散束如何选择不同的晶面(见图 20.14A)。在图 20.14B 中可以看到会聚束中菊池线形成的示意图。此种情况下,是入射电子束而非散射电子具有一定角度范围,因此,正如菊池线的产生情形,其中一些电子将很可能刚好以 ZOLZ 面的布拉格角入射(这与对图 20.8A 中的 LACBED 花样中菊池线的解释一致)。因而有弹性散射电子对菊池线有贡献,并与 CBED 花样中的 ZOLZ 衍射盘相交。若选用图 20.3F 中的 Kossel 条件(即 $2\alpha > 2\theta_B$),总会有入射电子满足 UVW 带轴中晶面对应的布拉角,因此总会有弹性散射电子对菊池线有贡献。

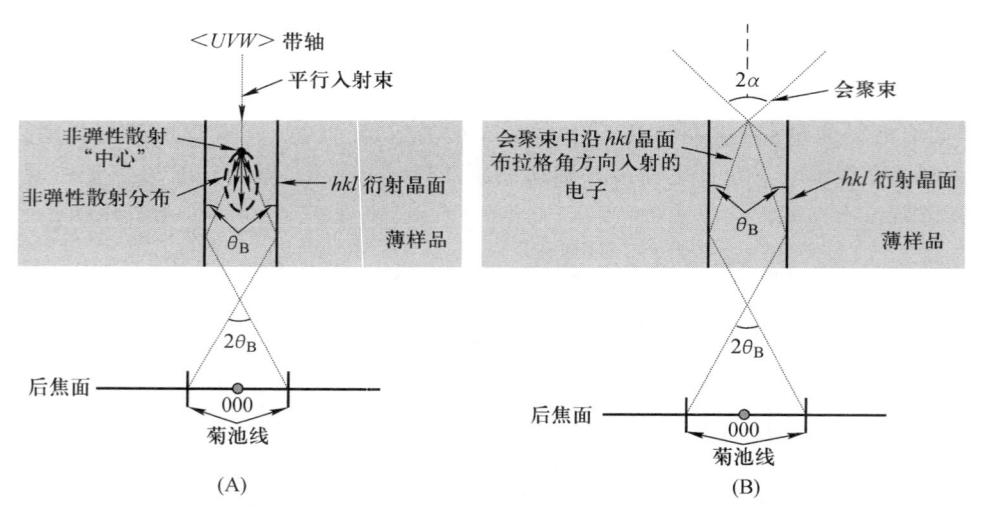

图 20.14 比较菊池线形成的两种机制:(A)平行束入射电子的非弹性散射;(B)会聚束入射电子的弹性散射,其中会聚角 α 远大于布拉格角 θ_B。

严格来讲,仅有非弹性散射的贡献时才能使用"菊池线"这一术语(即任一 hkl 衍射盘之间的线)。然而,该术语在文献中还是很随意地用于描述 ZOLZ 菊池带,尽管弹性散射对散射强度有贡献。Morniroli 提出用"布拉格线"来描述 CBED 和 LACBED 中的暗线来解决这个问题;目前该术语已经获得了广泛的认可。

20.8 HOLZ 线

20.8.1 HOLZ 线与菊池线的关系

如上所述，HOLZ 面的非弹性散射电子也会形成菊池线，所以 CBED 衍射花样中一般都存在 HOLZ 菊池线。如图 20.2B 所示，在 ZOLZ 极大之间存在一系列暗 HOLZ 菊池线。原则上，这些 HOLZ 菊池线比 ZOLZ 菊池线更有用，因为它们来自于具有大布拉格角（以及 **g** 矢量）的晶面，因此它们比 ZOLZ 线对晶格常数的变化更为敏感。既然

$$|\mathbf{g}| = \frac{1}{d}, \quad |\Delta\mathbf{g}| = -\frac{\Delta d}{d^2} \quad (20.1)$$

d 值越小，同一 Δd 对应的 $|\Delta\mathbf{g}|$ 就越大。要想利用这个优点，就要找出与之密切相关的现象（称为 HOLZ 线），而不是特定地利用 HOLZ 菊池线。简单来说，HOLZ 线是 HOLZ 菊池线的弹性散射部分，也就是说，它们是出现在衍射盘里的线的一部分。类比菊池线的产生过程，如图 20.8A 中 LACBED 花样的形成（尽管两者都提及 ZOLZ 衍射），当入射束圆锥内的电子处在 *HOLZ* 晶面衍射的布拉格角时，就会产生 HOLZ 线。因此与 ZOLZ 衍射相比，这些电子被散射到高角度区域。这种散射的结果是产生穿过 HOLZ 盘的亮线和穿过 000 盘的暗线。无须奇怪的是，假设你已掌握了下面九章中的内容，你会发现 HOLZ 线起源的理论要远比这里的简单总结要复杂。当你有时间和有必要了解时，请参考 Jones 等人的文章。

> **HOLZ 线对**
>
> 与菊池线类似，HOLZ 线也是成对出现的，其中亮（增强）线位于 HOLZ *hkl* 衍射盘内，而暗（减弱）线位于 000 盘内。

图 20.15 给出了 HOLZ 线的一个例子，可将其与图 20.2B 中的实验花样作比较。因为这些 HOLZ 线包含三维信息，所以它们能给出真实的面心立方三维的 {111} 三重对称性，而 ZOLZ 菊池线和衍射点给出了二维的 {111} 六重对称性。在第 21 章和姊妹篇中将会利用这些差异来标定上述花样以及确定晶体对称性。

20.8.2 HOLZ 线的获取

早在 1981 年 Steeds 就详细描述了记录 HOLZ 线的实际问题。在之后的几

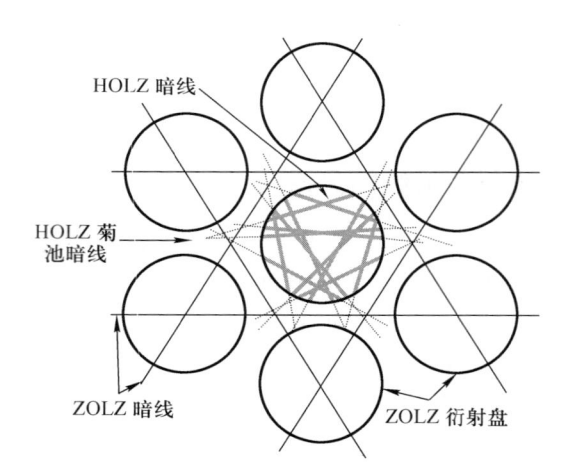

图 20.15 立方晶体⟨111⟩方向的 CBED 花样中菊池线和 HOLZ 线之间的关系。3 对 2$\bar{2}$0 ZOLZ 菊池带显示出了六次对称性(二维 111 面的特征),并平分了从 000 到六个 2$\bar{2}$0 ZOLZ 极大的 **g** 矢量。在 ZOLZ 衍射盘之间区域存在来自 HOLZ 面的非弹性散射的暗 HOLZ 线,而来自 HOLZ 面的弹性散射的暗线位于 000 盘中。在两种情况下,HOLZ 线都显示出沿着三维晶体的⟨111⟩方向观察所具有的三重对称性特征

十年中并未有大的变化,以下为必须考虑到的几点:

■ 这些线一般只在底片上可见,而在荧光屏上无法观察到,所以应该记录下所有的衍射花样,而非只记下能看到 HOLZ 线的衍射花样,利用 CCD 可以解决这个问题,因为很容易增强所获得的花样。

■ 为了看到 HOLZ 环,需要在操作电压或晶体取向上做些小的改变,尤其是平行于电子束方向的晶面间距较小时以及后焦面的视角比较小时。

■ 样品的弯曲或者热应变引起的应力都会减小 HOLZ 线的强度。选择最小的样品区域(即最小的束斑)有助于解决这个问题,也可以减小局域厚度变化。

■ 面缺陷或点缺陷以及热效应(Debye-Waller)都可以减小高角散射。这意味着在实际中使用冷台或者降低加速电压,都有利于减小样品污染和降低电子束加热,从而增强 HOLZ 线的可见度。

■ 微调 HOLZ 线的位置有助于区分重叠在一起的 HOLZ 线,而这需要微调加速电压。

调节 kV

所使用 TEM 加速电压的连续可调是获得重要 CBED 工作的必要条件。

观察 HOLZ 线的实验步骤非常简单，但是因为 HOLZ 线本身不是很明显，如在本章开头所建议的，最好利用那些 HOLZ 线几乎总是可见的样品来练习，如硅或不锈钢。寻找这些线的最佳方法是：

■ 选择最大的 C2 光阑以及最小的 L（3～500 mm），这样就可以看到后焦面的整个角度范围的视场。

■ 检查 Kossel/LACBED 花样（增大 2α），可以看到菊池带相交于多个菊池极，横跨立体三角的很大一部分，如图 20.16A 所示。

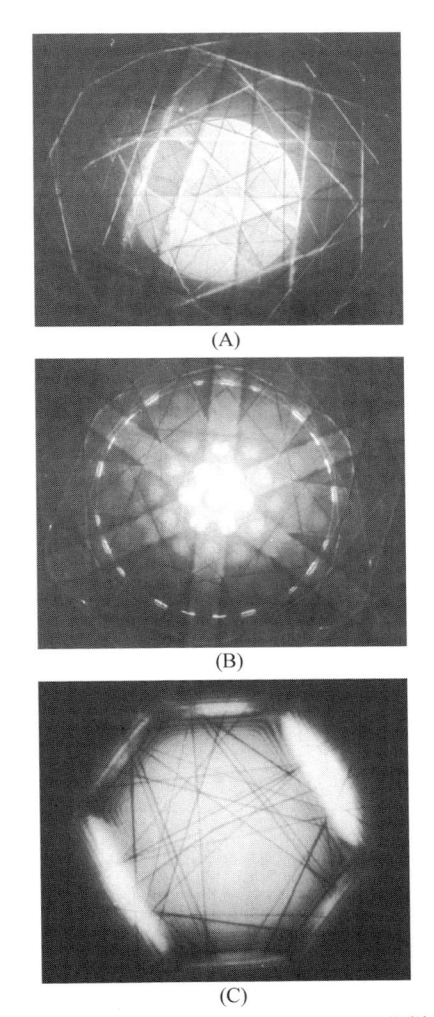

图 20.16 （A）远离 ZAP 情况下，小 L 和大 α 情形的 CBED 花样。（B）当样品倾转到高对称性的〈111〉ZAP 情形，并且插入较小的 C2 光阑时，就会出现亮 HOLZ 线。（C）L 较大时，在低对称性的〈114〉带轴花样的中心 000 盘中可观察到暗 HOLZ 线

- 倾转样品至某一极点,可以观察到 HOLZ 强度的环,如图 20.16B 所示。
- 倾转样品至合适带轴以得到最佳的 HOLZ 线。请记住,观察 000 盘中 HOLZ 线的最佳取向并非在低指数高对称性的极点,如 ⟨100⟩ 或 ⟨111⟩,而是在高指数低对称性的极点,如 ⟨114⟩。
- 为了观察到暗线,需要增大 L,以便在衍射花样的 000 盘中详细观察。有必要的话,应插入较小的 C2 光阑,对中,然后寻找穿过亮衍射盘的细暗线,如图 20.16C 所示。通常只需要这些暗线的分布。

需要利用一定范围的 L 值(300~1 500 mm)去获得所有这些信息,这在 1980 年以后的任一 TEM 中都很容易实现。装有多个样品后置透镜的 DSTEM 就具有很多功能。能量过滤能够改善前面所描述的所有信息的质量。

20.9 空心圆锥/旋进 CBED

如第 18 章对于 SAD 的描述,通过绕空心圆锥中的光轴旋转入射会聚束就可以获得 CBED 花样。正如 SAD 一样,空心圆锥 CBED 能够作为静态电子束花样(即目前为止所讨论的所有衍射花样)信息的有用补充。请记住,空心圆锥操作使得入射电子束偏转并在后焦面上旋转衍射花样,而旋进不会扫描电子束,因此实际的衍射花样是静态的。Tanaka 在 1986 年发表了一篇很好的综述文章,是关于空心圆锥 CBED 以及与其他 CBED 方法之间关系的。空心圆锥花样并不像 CBED 花样那样给出特定的衍射点,因为旋转盘的强度被平均掉了,并且唯一的静态特征是在特定角度的衍射,如 HOLZ 线。可以好好地利用这一点,例如,将圆锥角设定为 FOLZ 环的布拉格角,那么衍射花样主要由一组亮的 HOLZ 线组成,如图 20.17 所示。通常很亮以致掩盖亮线的 ZOLZ 盘会被去掉,因为入射电子束的旋转将强度平均掉了。

图 20.17 空心圆锥 CBED 花样只显示了明亮的亮 HOLZ 线。所有普通衍射盘强度都被平均掉了(石墨 0001;200 kV)

CBED 的旋进花样具有 18.8 节中讨论的旋进 SADP 的所有优点。图 20.18 比较了旋进衍射花样与在 K-M 条件下的标准衍射花样。旋进将 FOLZ 环扩展至宽度约为 10 mrad 的圆环。通过相当大地简化背底扣除问题，这种动力学背底通常可改善衍射花样的强度测量。

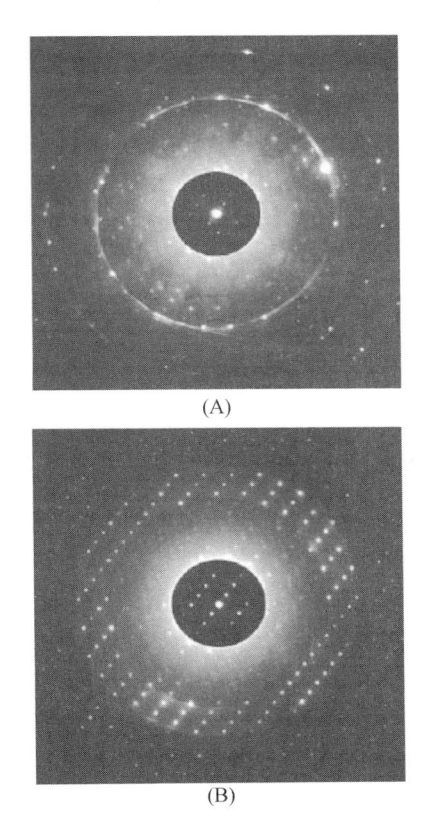

图 20.18　较厚的 $Mg_3V_2O_8$ 样品未旋进（A）与旋进（B）衍射花样的比较。用于形成（B）图的旋进角度很小（~ 5 mrad），从中可以更清楚地定义 ZOLZ 中的衍射点。因为动力学散射仍对衍射花样有贡献，因此薄样品会更好

第 20 章　CBED 花样的获取

章 节 总 结

本章主要讨论了如何在实验中得到各种 CBED 花样，应该知道以下几点：

■ 如果改变样品厚度、α、L 和焦距，就可以得到具有不同特征的 CBED 和 LACBED 花样。和 SAD 一样，双束和正带轴条件是获得最有用信息的标准操作条件。

■ 有必要记录不同 α 和 L 值的衍射花样，且采用不同曝光时间。

■ 如果有 EELS 系统，最好对花样进行能量过滤。

■ 即便能对花样进行能量过滤，仍强烈推荐使用可冷却到液氮温度的双倾样品杆。

■ 如果要研究 HOLZ 线，必须能够很小步长地改变加速电压。

■ 可以使用旋进 CBED 花样或者利用入射电子束空心圆锥去形成花样。

■ 着重理解 ZAP、ZOLZ、FOLZ、HOLZ、K-M 以及 Kossel 花样等术语的意思。

在下一章中将会讲解如何利用这种衬度信息获得最大量的样品的晶体学信息。

参考文献

参考书

Champness, PE 2001 *Electron Diffraction in the Transmission Electron Microscope* BIOS Oxford UK. 一本简明扼要的总结性教科书，里面有许多有用的例子，通常为非立方系统，因为作者是一位矿物学家而不是冶金学家。

Morniroli, J-P 2002 *Large-Angle Convergent-Beam Electron Diffraction* SFμ (Société Francaise des Microscopies) Paris France. 强烈推荐高年级学生阅读，对他们而言，CBED 将会是一种重要的工具。

Reimer. L (Eds.) 1995 *Energy-Filtering Transmission Electron Microscopy* Springer-Verlag New York.

Reimer, L 1997 *Transmission Electron Microscopy*; *Physics of Image Formation and Microanalysis* (4th Ed.) Springer New York.

Spence, JCH and Zuo, JM (Eds.) 1992 *Electron Microdiffraction* Kluwer New York.

专门从事 CBED 研究的参考书。

Steeds, JW 1979 *Convergent Beam Electron Diffraction in Introduction to Analytical Electron Microscopy* 387-422 Eds. JJ Hren, JI Goldstein and DC Joy Plenum Press, New York. 第一章专门针对 CBED 技术,也是一个很好的介绍。

日本电子公司(JEOL)的 CBED 图集

这个系列的四卷书也许是 CBED 的权威性著作,描述了一个能够代替第 20 章和第 21 章以及姊妹篇中所讨论的大部分内容的方法。这些书包含了数百张漂亮而有用的衍射花样。

Tanaka, M and Terauchi, M 1985 *Convergent Beam Electron Diffraction* JEOL Tokyo.

Tanaka, M, Terauchi, M and Kaneyama, T 1988 *Convergent Beam Electron Diffraction* II JEOL Tokyo.

Tanaka, M, Terauchi, M and Tsuda, T 1994 *Convergent Beam Electron Diffraction* III JEOL Tokyo.

Tanaka, M, Terauchi, M and Tsuda, T 2002 *Convergent Beam Electron Diffraction* IV JEOL Tokyo.

历史

也可参考第 9 章中的参考文献。

Kossel, W and Mollenstedt, G 1938 *Elektroneninterferenzen im konvergenten Bündel* Naturwissenschaften **26** 660-661.

应用和技术

Heilmann, P, Clark, WAT and Rigney, DA 1983 *Orientation Determination of Subsurface Cells Generated by Sliding* Acta Met. **31**(8) 1293-1305.

Humphreys, CJ, Maher, DM, Fraser, HL and Eaglesham, DJ 1988 *Convergent Beam Imaging—A Transmission Electron Microscopy Technique for Investigating Small Localized Distortions in Crystals* Phil. Mag. **58A** 787-798. CBIM.

Jones, PM, Rackham, GM and Steeds, JW 1977 *Higher Order Laue Zone Effects in Electron Diffraction and Their Use in Lattice Parameter Determination* Proc. Roy. Soc. **A354** 197-222. 当你有时间来真正研究 HOLZ 线时。

Steeds, JW 1981 *Microanalysis by Convergent Beam Electron Diffraction in Quantitative Microanalysis with High Spatial Resolution* 210-216 Eds. GW Lorimer, MH Jacobs and P Doig The Metals Society London. 对于 20.3.1 节

中的术语。

Tanaka, M, Saito, R, Ueno, K and Harada, Y 1980 *Large Angle* CBED J. Electr. Microsc. **29** 408-412.

Tanaka, M 1986 *Conventional Transmission-Electron-Microscopy Techniques in Convergent-Beam Electron Diffraction* J. Electr. Microsc. **35** 314-323. 包含一篇对空心圆锥 CBED 的很好的综述。

Wu, L, Zhu, Y and Tafto, J 1999 *Towards Quantitative Measurements of Charge Transfer in Complex Crystals Using Imaging and Diffraction of Fast Electrons* Micron **30** 357-369.

姊妹篇

在姊妹篇中有针对 CBED 的完整章节。其中一些材料是最原始的版本；包括那些非常有用却不是那么广泛使用的技术。

自测题

Q20.1 如果 CBED 是在 SAD 之前发明的，为什么经过许多年后才被广泛使用？

Q20.2 相对于平行束，会聚束电子衍射花样的优势是什么？

Q20.3 与 SAD 相比，CBED 的缺点是什么？

Q20.4 在 CBED 中如何控制束斑大小？

Q20.5 使用较小束斑形成 CBED 花样的优缺点各是什么？

Q20.6 如何控制 CBED 花样中衍射盘的尺寸？

Q20.7 在观察 CBED 花样时，为什么要改变相机长度？

Q20.8 给出 HOLZ、ZOLZ、FOLZ、K-M、ZAP 以及 LACBED 的定义。找出本章中不在以上所列清单中的其他术语并给出定义。

Q20.9 当衍射花样未聚焦时，解释为什么 CBED 花样盘中有图像的信息。

Q20.10 当衍射花样聚焦时，解释为什么图像可有效地扩展到无限放大倍数。

Q20.11 当进行 CBED 操作时，为什么调节 C2 光阑是如此的重要？

Q20.12 厚度对 CBED 花样的衬度有什么影响？

Q20.13 三维信息如何包含在二维 CBED 花样中？

Q20.14 在观察 CBED 时，为什么高指数 ZAP 比低指数的更好？

Q20.15 为什么空心圆锥 CBED 花样中没有任何衍射盘，而只有 HOLZ 线？

Q20.16 旋进 CBED 花样的优势是什么？

Q20.17 000 盘中的 HOLZ 线和盘外的线是连续的。形成盘内的线和盘外的线的电子有什么区别？

Q20.18 某些样品由于太薄或者形变太大而在 SADP 中无法观察到菊池线，但为什么在这些样品的 CBED 花样中能够观察到菊池线？

Q20.19 为什么 HOLZ 线在低温下看起来更清晰？

章节具体问题

T20.1 根据图 20.1，如果 C2 透镜较弱（a）或者足够强以致在上物镜之前相交（b），这两种情形中电子束会聚角有什么变化。画出每一种情形的光路图。改变 C2 光阑的大小，进行同样的计算。

T20.2 观察图 20.2A 和 B 中衍射斑的对称性，并与图 20.2B 中 000 盘内线的对称性进行比较。这两者是不一样的。根据已知的面心立方晶体[111]方向的对称性，判断哪种衍射花样的对称性是正确的，解释为什么会出现另一种对称性？

T20.3 在图 20.3D~F 中，为什么总衍射花样的强度在增加？当 C2 光阑尺寸增大时，会聚束斑的尺寸会保持不变吗？若改变，是为什么？根据已知的透镜限制，在增大束流获得高质量衍射花样时，是什么限制了不能有非常小的束斑以得到局域的 CBED 花样？是否有实验方法可以解决这个问题？

T20.4 观察图 20.4，解释为什么大部分强度都集中在 000 盘中，而在图 20.4C 中很难观察到散射到高角度的强度？是否有方法能够增加散射到高角度的强度？

T20.5 画出光路图来解释图 20.6 中 000 盘内图像的方向随物镜欠焦、过焦而反转的原因。

T20.6 列出 TEM 与 STEM 模式下形成 CBED 花样的利弊。

T20.7 为什么说动力学散射导致了图 20.5B 中 CBED 盘内低强度（零强度）区域的出现。

T20.8 随着加速电压的升高，CBED 中 HOLZ 强度将会如何变化？（提示：参考图 20.11 并注意 kV 对 λ 的影响。）

T20.9 在低相机长度的 CBED 花样中，从产生原理、强度和分布等几方面来比较 HOLZ 线和菊池线。

T20.10 已知弹性散射的强度会随着偏离透射束角度的增大而迅速减小，那么图 20.16B 中外环的高强度来自哪里？

T20.11 根据图 20.15 解释暗 HOLZ 菊池线延长到与 ZOLZ 中的其他 hkl 衍射盘相交时，会出现什么现象？

T20.12　根据图20.8A解释，为何相对最佳物平面上下移动样品对形成LACBED花样没有影响。而样品一旦偏离最佳物平面，哪种实验操作就会变得逐渐困难？

T20.13　为什么LACBED明场花样的范围如此大而LACBED暗场花样却只包含倒易空间的很小区域(见图20.9)？

第 21 章
会聚束技术的应用

章 节 预 览

在前面的章节中描述了如何在不同实验条件下获得各种 CBED 花样。在本章将会发现为什么 CBED 花样是如此有用，它们含有很丰富的定量数据，其中很多数据是无法通过其他技术手段获得的，也有很多数据是对标准的 X 射线晶体学方法的补充（但总是在更高的空间分辨率上）。成熟的技术很大程度上取决于衍射花样的简单观察，而更新的技术则涉及衍射花样的定量模拟。

CBED 给出的定量数据包括：

- 样品厚度。
- 丰富的晶体学信息，例如晶胞及相关的晶格常数、布拉格点阵、晶系以及三维晶体对称性（点群和空间群）。
- 晶格应力的准确测量（这对半导体和其他多层纳米结构材料来说是非常有用的）。
- 对映形态和极性。

- 价电子分布、结构因子和化学键。
- 线缺陷和面缺陷的表征。

在本章和姊妹篇中，将介绍 CBED 的一些主要应用。首先介绍如何标定 CBED 花样和 HOLZ 线（当在这些衍射花样中出现时）。也会介绍样品厚度的测量，这在 TEM 的许多方面都是非常有用的，尤其是在下册第四篇所描述的能谱分析中。接下来会介绍样品对称性分析的步骤，这在姊妹篇中也有完整的描述。然后介绍测定晶格常数微小变化的方法，可用于晶格应力的测量以及间接的化学成分表征。和其他 TEM 技术一样，可以对 CBED 花样中的衬度进行非常详细的模拟，也将介绍如何模拟。此外，还会讨论其他 CBED 方法，以及不同的微束和纳米束衍射方法，所有的这些方法都能获得比 SAD 更高的空间分辨率，在本章末就会对这些方法作简单的总结。

需要注意的是，目前所介绍的一些分析方法都要求具有很好的晶体学知识。学习和具体操作都是很耗时间的，这取决于个人的知识背景。对于冶金学家，对立方结构材料的分析相对容易，但在其他材料科学领域，例如功能材料和纳米材料，其晶体结构通常很复杂。在研究这些材料时，CBED 绝对是非常有用的，但也是很有实际挑战性的。考虑到所掌握的晶体学和晶体缺陷的知识，建议略读此章，只看与之相关的几节。如果仍一无所获，那么在继续阅读之前，应该阅读第 18 章所列出的一些基础书籍。

21.1 CBED 花样的标定

在前面章节中已知道，除了提高空间分辨率，CBED 花样通常包含许多 SADP 所不具有的、新的、甚至有时是令人惊奇的衬度信息。然而，在进行任何定量分析之前，必须先标定衍射花样。对 CBED 中的 ZOLZ 花样进行标定与对 SADP 标定没什么区别，这在前面的第 18 章中已经描述过。CBED 花样标定后，就可以完全像利用 SADP 一样确定样品取向，但是是在更小的尺度上，因而适合于纳米结构的晶体学分析，如图 21.1 所示，该图还给出了 CBED 花样模拟的作用。

接下来需要学习的就是如何对 HOLZ 中的点、盘和线进行标定，理解这些需要一些额外的思考，因为这些衍射效应来自与电子束不平行的晶面（这不同于 SADP），这也是获得样品三维信息的关键。

21.1.1 ZOLZ 和 HOLZ 花样的标定

请记住，在 ZAP 中的 HOLZ 衍射是由斑点组成的圆环（或强度圆环），（如图 20.3、图 20.4 和图 20.11 等）。如果不在正带轴方向，则 HOLZ 衍射点可能

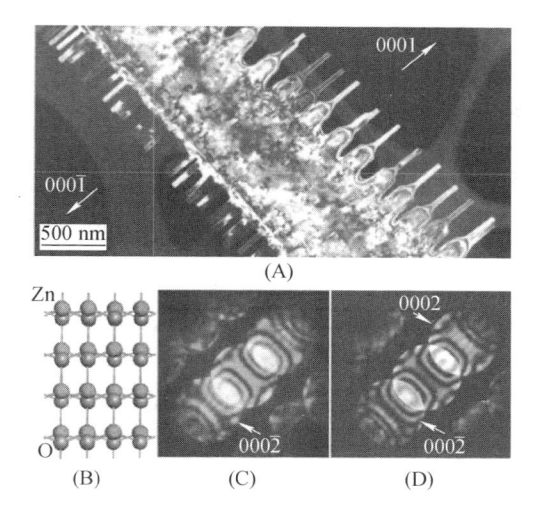

图 21.1 （A）梳状 ZnO 纳米结构的 TEM 暗场像。（B）沿 0110 方向投影的 ZnO 结构模型，显示出（0001）表面的极性。（C）带状物的实验 CBED 花样。（D）利用动力学电子衍射理论模拟的 CBED 花样。该模拟包含了 ZOLZ 和 HOLZ 中 127 束电子束以及室温 Debye-Waller 因子。衍射强度对厚度很敏感，200 kV 时沿〈0110〉方向的最佳厚度是 165 nm

呈弧形，也可能无规则地分布，但总是比 ZOLZ 衍射更远离入射束。正如 SAD，很容易标定 ZAP，所以在 Kossel 条件下倾转样品直到找到菊池带相交的 ZAP。然后选用合适孔径的 C2 光阑，在 HOLZ 环内形成衍射盘（K-M 条件），如图 20.11D 和图 20.16B，其标定过程如下：

- $hU+kV+lW=0$ 时，标定 ZOLZ 花样（见 18.4 节）。
- 结合极射赤面投影来确定主衍射面的极点，以此构成 FOLZ（$hU+kV+lW=1$）和 SOLZ（$hU+kV+lW=2$）等。
- 也可利用 Weiss 带轴定律得到合适的 UVW（见 18.4 节）。
- 检查极射赤面投影上的极点是否为允许的衍射。
- 标定 HOLZ 极大值。

如果想利用极射赤面投影，请参考第 18 章。请记住，极射赤面投影只给出主要的低指数 hkl 面，并忽略了系统消光。

图 21.2A~C 为面心立方在入射电子束方向分别为[001]、[110]和[111]时标定的 ZOLZ、FOLZ 和 SOLZ 花样；图 21.3A~C 为体心立方类似的花样。在这些图中只给出了前几阶衍射极大，但事实上很难观察到这些点，尤其是在正带轴下将无法观察到。这是因为 Ewald 球与 HOLZ 相截于大散射角（请参考图 20.11），所以只有相对高阶的衍射极大才会在 HOLZ 中出现。因此图 21.2 和图 21.3 中的示意图应做相应的延伸以与实验花样吻合。从图 21.2 和图 21.3

中的 HOLZ 花样可以看出，在每一个 HOLZ 花样中仍保留着相应 $\langle UVW \rangle$ 带轴的对称性，但相对于 ZOLZ 有一定的偏移量，因为在带轴方向上不可能出现 HOLZ 衍射（即直接在 ZOLZ 的 000 盘上）。请注意，在 HOLZ 花样中并不标定中心斑点的。利用下面将要讨论的方程，任一带轴的偏移量都可以计算出来。所以，对于利用 CBED 进行研究的任一样品的主要带轴，最好模拟类似的花样。此外，还得模拟对称性较图 21.2 和图 21.3 中的低的衍射花样[如，[233]

fcc[001]ZOLZ $hU+kV+lW=0$
fcc[110]ZOLZ $hU+kV+lW=0$
fcc[111]ZOLZ $hU+kV+lW=0$

fcc[001]FOLZ $hU+kV+lW=1$
fcc[110] $hU+kV+lW=1$
fcc[111]FOLZ $hU+kV+lW=1$

fcc[001]SOLZ $hU+kV+lW=2$
fcc[110]FOLZ $hU+kV+lW=2$
fcc[111]SOLZ $hU+kV+lW=2$

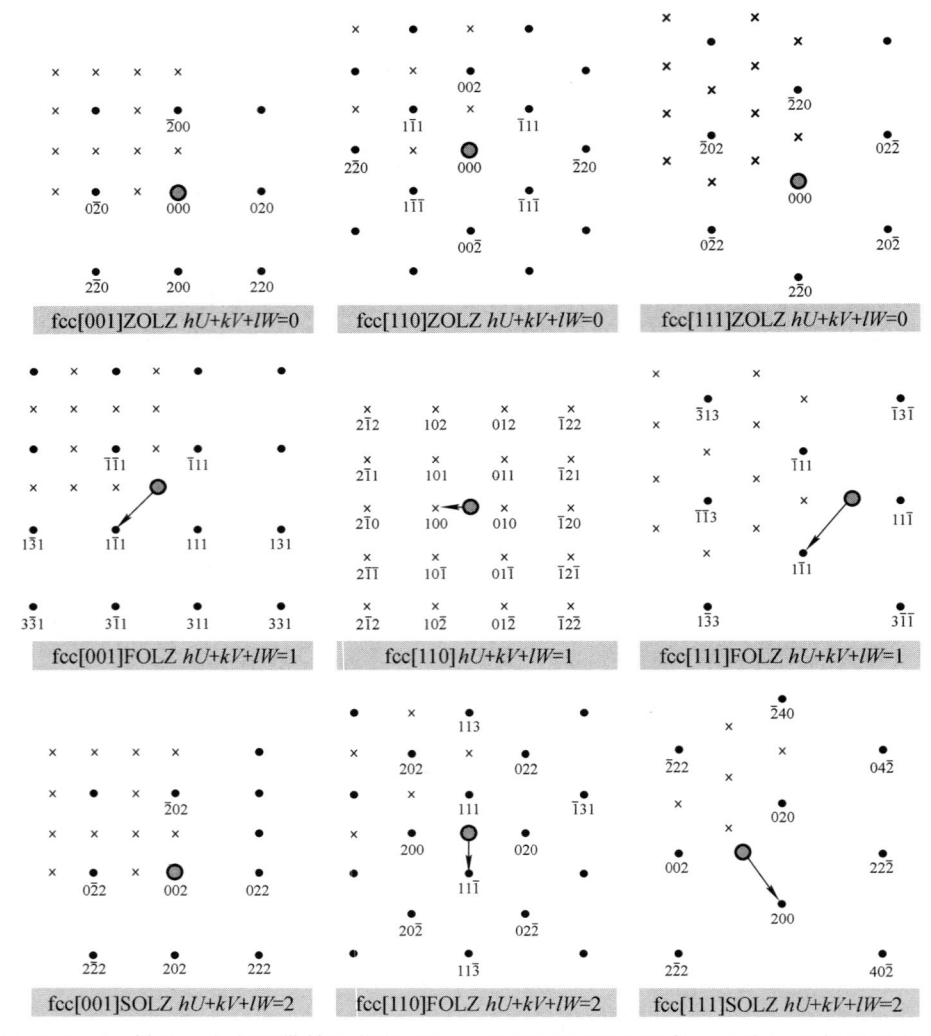

图 21.2 fcc 样品 3 个主要带轴可能的 ZOLZ、FOLZ 和 SOLZ 衍射。允许的衍射用黑点表示，禁止的衍射用叉表示，透射束用较大黑点表示，箭头表示 ZOLZ 和 FOLZ 之间的位移矢量

或[114]，因为它们产生的 FOLZ 环的半径较小(如图 20.12)]，对应的 HOLZ 会更容易地观察到。

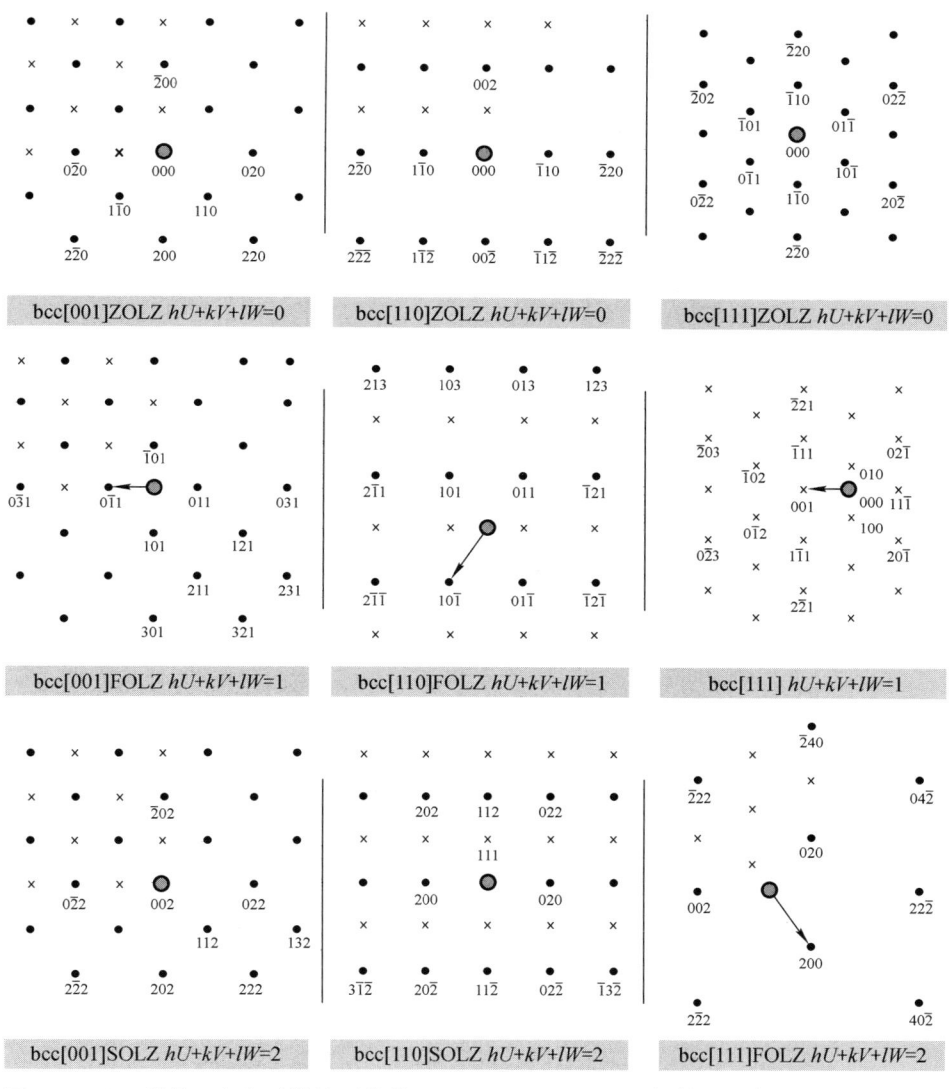

图 21.3 bcc 样品 3 个主要带轴可能的 ZOLZ、FOLZ 和 SOLZ 衍射。允许的衍射用黑点表示，禁止的衍射用叉表示，透射束用大的黑点表示，箭头表示 ZOLZ 和 FOLZ 之间的位移矢量

在有些情况下，观察到的第一个衍射环源于倒易点阵的第二层，但仍称为 FOLZ。例如，图 21.2 和图 21.3 中 fcc 的(110)和 bcc 的(111)花样。仅从晶体

对称性无法推断出 HOLZ 衍射环是否全部出现，它随取向而改变。例如，菱方 $\alpha\text{-}Al_2O_3$ 具有三次轴，电子束沿 [001] 入射时，所有的 HOLZ 层都会出现，但在该体系的其他方向上，如 [121]、[141] 和 [542]，仅有三分之一的 Laue 区出现。（对于 $\alpha\text{-}Al_2O_3$，陶瓷学家们喜欢用四指数进行标定，但其对称性仅为三重对称。）详细的描述请参考 Raghavan 等人的文章（1984）。与 SADP 一样，网络上也可找到 HOLZ 衍射极大的计算机标定的软件。一旦确定可以用第 18 章中学到的基本原理把 ZOLZ 外推到 FOLZ，就可以很容易地使用本章末列出的网址 1~3 中的商业软件。此外，网上也有很多免费软件（网址 4~7）。一个特别好的网站是 *WebEM APS*（网址 4）。图 21.4 给出了 GaAs 的 ZOLZ CBED 花样中计算的 HOLZ 指数和菊池线模拟。

> **FOLZ**
>
> 请注意，在标定 HOLZ 衍射环时，若结构因子引起 FOLZ 中的每个衍射点都消光，则通常把 SOLZ 视为 FOLZ。

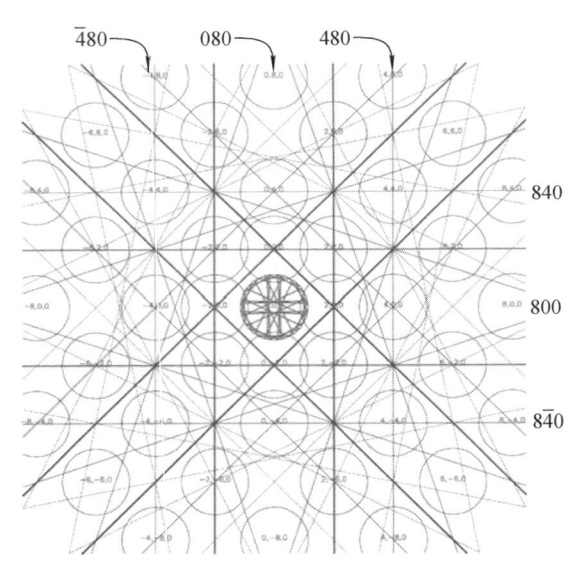

图 21.4 利用 WebEMAPS 得到的 GaAs（在 200 kV）的 ZOLZ 衍射盘的计算机标定，以及 000 盘中 HOLZ 暗线和 001 ZAP 中的菊池线的模拟。由于计算机输出字体大小的问题，ZOLZ 盘的指标很难看清楚，外面几个盘的指标要清楚些

21.1.2 HOLZ 线的标定

在拍摄含 HOLZ 暗线的花样时,还需在较小的 L 和 α 的条件下记录含 FOLZ 衍射盘的花样。首先要做的就是利用刚才所描述的方法对 FOLZ 中的 hkl 极大进行标定。然后观察哪个极大点的 HOLZ 亮线最清晰。每一 HOLZ 线对都垂直于从 000 到 FOLZ 衍射盘的 **g** 矢量。在 000 盘中应存在一平行的 HOLZ 暗线,该暗线的指标必须与 FOLZ 盘一致。在 FOLZ 圆环附近重复以上过程就能对大多数 HOLZ 线进行标定,如图 21.5。衍射花样示意图下方为 000 盘的放大像,从中可以看出每一 HOLZ 线和相应 FOLZ 极大之间的关联(Ecob 等)。

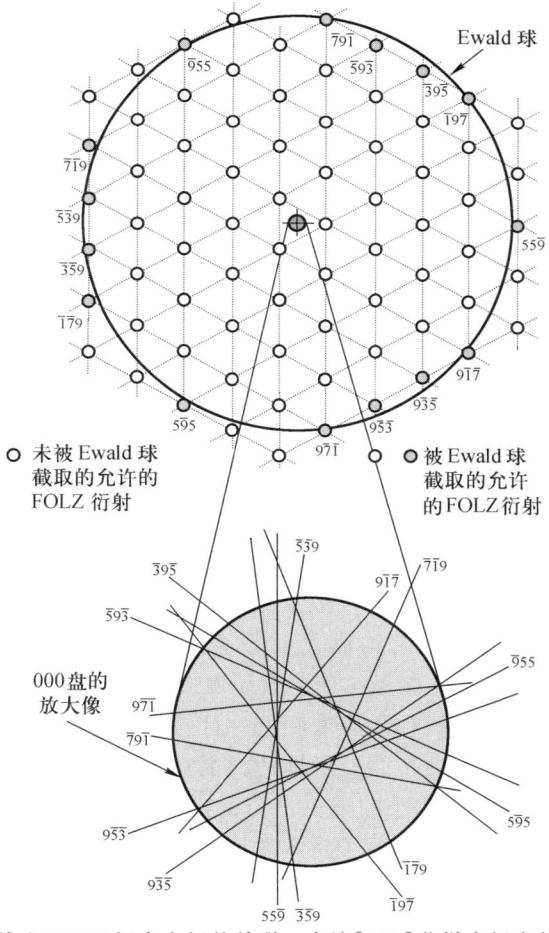

图 21.5 HOLZ 暗线和 HOLZ 极大之间的关联。在该[111]花样中标定的 FOLZ 衍射用实心圆表示,其余的未与 Ewald 球相截的 FOLZ 倒格点用空心圆表示。从 000 到每一 hkl FOLZ 盘的 **g** 矢量垂直于 hkl HOLZ 线,如下面 000 盘的放大图所示

在某些情况下，由于两个衍射极大的强激发，很难把000盘中的某一特定HOLZ暗线与FOLZ衍射联系起来。此时，两暗线可能合并而以双曲线的形式出现。若略微调节加速电压，重叠的暗线可能会分解为两条离散的线。还需注意的是，000盘中那些模糊的HOLZ线有时可能源于二阶甚至三阶劳厄带；与一阶HOLZ线相比，这些高阶线对加速电压和晶格常数的变化更加敏感。如HOLZ花样本身一样，HOLZ线的标定也可以借助计算模拟。如图21.4所示，这些程序在给定取向、晶格参数和加速电压kV的情况下能模拟出HOLZ线花样。计算模拟与实验花样相吻合就能直接对实验花样进行标定。该过程也是测量样品晶格常数的第一步，我们在下面会讨论到它以及其他应用，例如化学组分和应力测量。Fournier等人对花样一步一步标定的过程给出了一个清楚的介绍，读者最好能详细地阅读，然后再实际标定一些花样，以掌握其诀窍。另外，也不断有新的软件出现，以完善HOLZ线标定的各种方法（例如Morawiec）。

21.2 厚度测量

通读全书后会发现，直接而准确地测量样品厚度在TEM和AEM的各种分析中是非常必要的，例如样品中X射线吸收强度的校正（下册第35章）、X射线空间分辨率的确定（下册第36章）以及具有合理峰背比的EELS数据的获得（下册第37章和第38章）。所以说，CBED花样最有用的应用之一就是样品厚度的确定。

在记录图20.2B中$2\alpha_s<2\theta_B$条件下的ZAP时，000盘中通常会含有同心弥散的条纹，称为Kossel-Möllenstedt（K-M）条纹。如果在电子束照射下移动样品，且样品不太弯曲，就会看到这些条纹的数目会发生变化。事实上，每当样品厚度增加一个消光距离ξ_g，条纹数量相应增加一个；如果样品厚度小于ξ_g，则看不到条纹，000和hkl盘均满足运动学条件，并且其亮度均匀，如图20.5A所示。显而易见，这些条纹中包含了厚度信息。事实上，这种方法能对进行衍射和分析的微区进行样品厚度测量，且易于进行计算模拟，因此该方法已成为CBED花样最常用的功能。所选的样品微区应该平整且没有畸变（与使用宽束斑的SAD相比，采用小的聚焦束会更容易实现），并且电子束必须聚焦在样品面上。当然，该方法局限于晶体样品，也有点枯燥乏味，但对于完全结晶的材料，它是样品厚度测量最好且最准确的方法之一。

为了简化解释，实际上不在正带轴条件下测定厚度，而是把样品倾转到双束条件，此时只有一个强激发的hkl衍射。如此则会看到CBED盘中具有平行而不是同心的强度振荡，如图21.6所示。

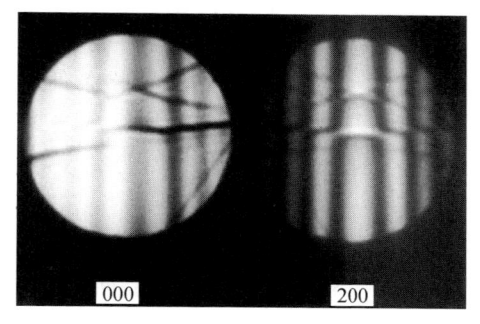

图 21.6 在(200)强激发的双束条件下拍摄的纯 Al 的 ZOLZ CBED 花样中的平行 Kossel-Möllenstedt 条纹

衍射盘中的条纹

在双束条件下,这些强度振荡在 hkl 盘中是对称的,在 000 盘中是非对称的

在下册第 23 章中将会发现这些 K-M 条纹类似于摇摆曲线强度振荡在倒空间的对应物,这种振荡出现于双束明场或暗场像中弯曲条纹的两侧。在第 23 章中也将看到,当弹性形变使衍射面发生弯曲时会产生弯曲条纹,因此平行入射电子束"看"到的是弯曲区域的一定散射角范围,如图 21.7A 所示。类似地,当会聚束照射到无形变的区域时,会聚束也会给出与 hkl 衍射面成一定范围的入射角(见图 21.7B)。从条纹花样中提取厚度信息的过程最初由 Kelly 等人提出,并由 Allen 完善,也很容易用计算机处理。此外,能量过滤也有助于提高 K-M 线的清晰度。

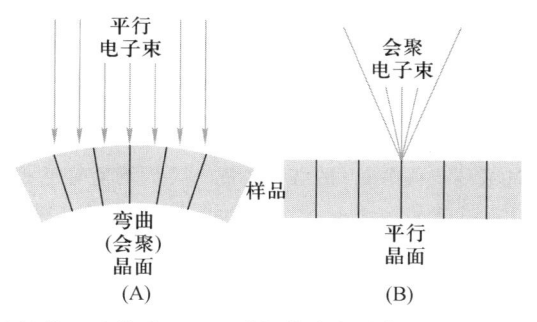

图 21.7 两种电子路径的互反关系:(A)明场像中弯曲条纹的形成,(B) CBED 盘中 K-M 条纹的形成

在上网搜索前最好先理解整个分析过程。如果用含网格线的 10 倍目镜来观察 hkl 衍射盘,则很容易测量到中心明条纹中间到每个暗条纹之间的距离,且精度约为 ±0.1 mm。中心亮条纹处于严格布拉格条件,$s=0$。条纹间距对应于角度 $\Delta\theta_i$,如图 21.8A 所示。利用下面的公式,从这些间距可以获得对应于第 i 根条纹的偏离参量 s_i(i 是整数):

$$s_i = \lambda \frac{\Delta\theta_i}{2\theta_B d^2} \tag{21.1}$$

式中,θ_B 为 hkl 衍射面的布拉格角;d 为 hkl 的晶面间距;s 只取大小而不考虑符号。000 和 hkl 衍射盘间的间距正好对应于 CBED 花样中的 $2\theta_B$。图 21.6 是纯铝样品 200 反射被激发时的衍射花样。对于 Al,d_{200} 为 0.202 1 nm。如果知道消光距离 ξ_g,就可以由下式求出样品厚度 t:

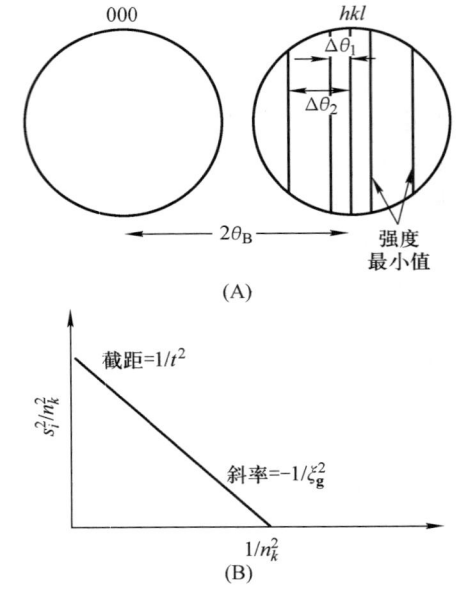

$$\frac{s_i^2}{n_k^2} + \frac{1}{\xi_g^2 n_k^2} = \frac{1}{t^2} \tag{21.2}$$

图 21.8 (A) 从 K-M 条纹获得厚度 t 的必要测量。从 n_i 测量间距 $\Delta\theta_i$,确定偏离参量 s_i。(B) 画出 $(s_i/n_k)^2$ 与 $(1/n_k)^2$ 的关系曲线。如果画出的是直线,外推到纵坐标得到 $1/t^2$,因此可以求出厚度 t

式中,n_k 为整数(k 与 i 相同或相差一整数常数,与 λ 无关)。如果消光距离 ξ_g 未知,则必须使用作图法,画出对条纹的测量,方法如下:

- 把第一根条纹设为 $n=1$，对应的偏离参量为 s_1。
- 第二根为 $n=2$，偏离参量为 s_2，依此类推。
- 画出 $(s_i/n_k)^2$ 与 $(1/n_k)^2$ 的关系曲线，如果是条直线说明这样取值是对的。也就是说，i 和 k 的关系由关系式 $k=i+j$ 给出，其中 j 为 $<(t/\xi_g)$ 的最大整数。
- 如果不是条直线，把第一根条纹设为 $n=2$，重复以上过程。
- 继续重复，直到找到直线为止，如图 21.8B 所示。

必须这么做的原因是，样品的最小厚度可能大于 ξ_g。从直线图可以看出，截距为 t^{-2}，斜率为 $-\xi_g^2$。下面给出一个的详细的实例。

实例：如果将该方法应用于图 21.6，将会发现 3 根暗线的 s_i 值分别为 s_1，s_2，s_3，如表 21.1 所示。表中第二栏为所猜测的 n 值，由此可推出第三栏中 $(s_j/n_j)^2$ 的值。

表 21.1 确定厚度所用的 CBED 数据

s_i/nm^{-1}	n_i	$s_i^2/n_i^2/\text{nm}^{-2}$
$s_1 = 0.84 \times 10^{-2}$	$n_1 = 1$	0.7×10^{-4}
$s_2 = 2.1 \times 10^{-2}$	$n_2 = 2$	1.1×10^{-4}
$s_3 = 3.0 \times 10^{-2}$	$n_3 = 3$	1.0×10^{-4}

这些数据给出的并非直线，因为 $(s_1/1)^2$ 和 $(s_3/3)^2$ 都比 $(s_2/2)^2$ 小。所以重新设置第一根条纹为 2，依此类推。由此得到的一系列数值如表 21.2 所示，所画出的也为直线，如图 21.8B 所示。直线与纵坐标的截距为 $1/t^2$，等于 $6.1 \times 10^{-5} \text{ nm}^{-2}$。由此得出 $t^2 = (6.1)^{-1} \times 10^5 \text{ nm}^2 = 1.64 \times 10^4 \text{ nm}$，因此 $t = 128 \text{ nm}$。

表 21.2 确定厚度所用的另一组 CBED 数据

s_i/nm^{-1}	n_i	$s_i^2/n_i^2/\text{nm}^{-2}$
$s_1 = 0.84 \times 10^{-2}$	$n_1 = 2$	1.7×10^{-5}
$s_2 = 2.1 \times 10^{-2}$	$n_2 = 3$	4.9×10^{-5}
$s_3 = 3.0 \times 10^{-2}$	$n_3 = 4$	5.6×10^{-5}

由此可以看出，该分析过程很适合用计算机处理。可以用 STEM 探测器或直接用 CCD 相机扫描花样来数字化这些 K-M 条纹。如前面提到的，软件可以做这种分析，而且也不难，可以自己尝试编写程序或把方程式 (21.2) 植入到

表格/图形绘制程序中。Berta 等人给出了纳米结构材料中用 CBED 和 EELS 测量样品厚度优劣的例子。

21.3 单胞的确定

在进行复杂的晶体结构分析之前,例如点群和空间群的分析,先确定样品的单胞会使之后的分析比较容易。

请记住,单胞是形成晶体三维晶格结构的原子或分子组成的最小重复单元。

单胞具有晶格一样的对称性和性质(假设能够测量单一的孤立单胞)。事实上,只有知道样品的晶系之后才能确定单胞,所以最好不要从未知结构下手。

请记住,所有的晶体可以分为七大晶系:立方、正交、四方、六角、三角、单斜和三斜。

在目前的 TEM 研究中,很少观察完全未知的样品,所以在本章中,假设已知样品的晶体结构。实际上,面对结构未知的材料,最好从对称性的确定入手,找出相应的点群/空间群(参考姊妹篇),进而推导出晶系。

请记住,点群定义了一套二维对称操作(旋转或反映),通过一个点操作,而保持晶体不发生变化。有 32 个不同的点群。

将对称性的定义扩展到三维。

请记住,空间群是保持晶体不变的整套三维对称操作(旋转、反映、平移以及它们的组合)。有 230 种空间群。

> **警　告**
>
> 如果对点群/空间群的定义不清楚,请阅读相关晶体学的教材(第 18 章中列出的参考文献),最好不要跳过此章。

假设晶系已知,下面就开始确定单胞的大小。在前面的章节中讲过 L 较小的 CBED 花样通常能给出一个或多个 HOLZ 强度环,且刚介绍过如何标定组成这些环的衍射盘以及与 HOLZ 衍射相关的 HOLZ 线对。如果不知道晶体结构,就不知道相应的系统消光规律,当然就很难对这些花样进行标定。但即使没有对单个衍射盘进行标定,这些环也是很有用的。

只要量出环的半径(G),就能推导出平行于电子束方向的晶体平移矢量。

因此,倾转样品使电子束平行于晶体的某一轴,例如正交晶体的[001]方向，在 ZOLZ 花样中衍射盘间距给出[100]和[010]方向的晶格常数，而 HOLZ 环的半径给出[001]方向的晶格常数。（由此可以看出，如果不知道晶系，就很难下手，因为不知道对应的晶面间距和夹角。）

所以，从单张 ZOLZ/HOLZ 花样上就能确定单胞的所有晶格常数。如果不能确定选用哪种衍射花样，可从任意低指数（即高对称性）的花样开始。有合适的解析表达式用来计算平行于电子束方向的晶面间距，这将在下文中讲到。根据这些公式就能得出晶格常数，因为晶格常数和晶面间距之间通过标准的公式联系起来，可参阅基础晶体学教材（第 18 章）。之后观察 ZOLZ 和 HOLZ 衍射盘花样之间的差异来确定晶格对称中心的类型。下面将开始介绍如何利用 CBED 花样的特殊之处，即从二维衍射花样获得晶体样品的三维信息。

21.3.1 实验思路

首先要做的是记录含清晰 ZOLZ 和 HOLZ 极大的 CBED 花样。采用较小的 L 以得到一个或多个衍射环。

两种衍射花样

最好练习记录两种衍射花样，一张用较大的 C2 光阑（即较大的 α，Kossel 条件），另一张采用较小的 C2 光阑，以获得独立的衍射盘（K-M 条件）。

两种衍射花样如图 21.9A 和 B 所示。将利用衍射环花样去测量 G，利用衍射盘花样去标定单个 HOLZ 衍射以及观察 ZOLZ 和 HOLZ 衍射的相对间距和位置。

21.3.2 HOLZ 环半径的重要性

如果回过头观察图 20.11A~D 和图 20.12，将会发现 H 和 G 之间存在简单的几何关系：

- 图 20.12 中的 H 是平行于电子束方向的倒易格子的晶面间距。
- G_n 是在记录的衍射花样上测量得到的 HOLZ 环的投影半径。如果 HOLZ 劈裂，则总是用最里面的环来测量 G_n。
- 如果环的阶数很高，电子被散射到很大的角度（$\geqslant \sim 10°$），则测量可能会受到透镜畸变的影响，因为电子是靠近极靴运动的。此时，必须利用已知样品校正倒空间畸变，计算 G_1、G_2 等的值，并与所获得的实验值相比较。当然，C_s 校正器将会减小这种畸变。

实验上将会发现，从一幅 Kossel 花样中更容易测量出 G，因为 HOLZ 强度表现为一个或多个环，如图 21.9A 所示。因为随着电子波长 λ 的减小，Ewald 球半径增大，对任一给定的取向，G 的值将随着加速电压的升高而增大，因此在中等电压范围观察 HOLZ 环就变得越来越难。

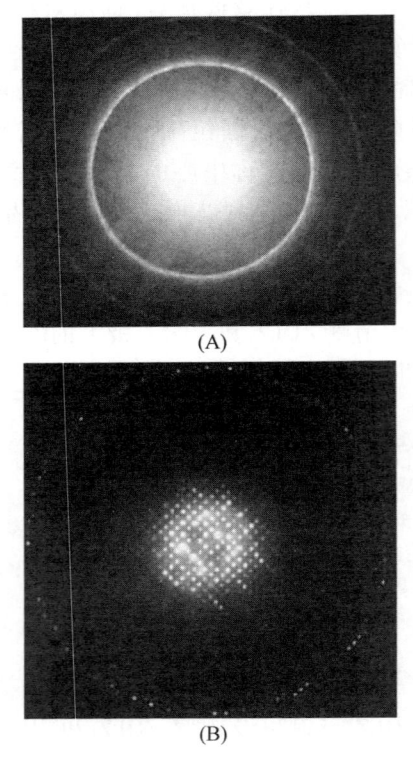

图 21.9 （A）C2 光阑为 150 μm 时拍摄的碳化物颗粒的 CBED Kossel 花样，显示了过度曝光的 ZOLZ 区域周围的 FOLZ 环。（B）C2 光阑为 20 μm 时拍摄的同一衍射花样，显示了 ZOLZ 和 FOLZ 中的单个衍射

根据图 20.11 和图 20.12 中的几何关系，并假设 H^2 项忽略不计，FOLZ 和 SOLZ 环的半径 G_1 和 G_2 为

$$G_1 = \left(\frac{2H}{\lambda}\right)^{1/2} \tag{21.3}$$

然后利用高中所学的几何定理就可以得到

$$G_2 = 2\left(\frac{H}{\lambda}\right)^{1/2} \tag{21.4}$$

式中，G 和 H 均采用倒空间单位（nm^{-1} 或 $Å^{-1}$）。如果需要，可以推导出第三阶

或更高阶的类似表达式。实际中，大多数人认为在实空间思考要比在倒空间更容易，因此采用实空间单位的劳厄区间距(H^{-1})重写这些表达式。对于 FOLZ，利用实空间和倒空间的关系可得

$$\frac{1}{H} = \frac{2}{\lambda G_1^2} \tag{21.5}$$

通过测量的半径 R(mm)和相机常数 λL(nm·mm)，H^{-1} 的值可用实空间单位(nm)来表示

$$\frac{1}{H} = \frac{2}{\lambda}\left(\frac{\lambda L}{R}\right)^2 \tag{21.6}$$

必须花时间去仔细测量 λL(见 9.6 节)，因为这可以减小 H^{-1} 中的误差。从方程式(21.6)可以看出，H^{-1} 与 $(\lambda L)^2$ 有关，这使得误差很大。从上面的方程以及图 20.12 可以看出，一个 H 较小的低对称性带轴给出的 HOLZ 环比高对称性带轴的小。对于任一选定的 L，更小的环将更容易被观察到。

对目前所讨论的内容进行小结：通过测量 R 值，可以确定实空间中平行于电子束方向的晶格间距(H^{-1})。接下来要做的是比较这一测量值 H_m^{-1} 与计算值 H_c^{-1}，假设是某一单胞。H^{-1} 与实空间矢量的大小直接相关，即

$$\frac{1}{H} = |[UVW]| \tag{21.7}$$

于是，对于特定电子束方向[UVW]，可以计算出其大小。

实例：对于一个 fcc 晶体(Steeds，1979)

$$\frac{1}{H} = \frac{a_0(U^2 + V^2 + W^2)^{1/2}}{p} \tag{21.8}$$

式中，a_0 是晶格常数；当 $U+V+W$ 为奇数时，$p=1$，当 $(U+V+W)$ 为偶数时，$p=2$。对于 bcc 晶体，如果 U、V 和 W 均为奇数，则 $p=2$，否则 $p=1$。这些针对 p 的条件只考虑了结构因子效应，这一效应能导致一些衍射或者有时是整个衍射环的系统消光。如果整个环消光，计算得到的倒格子层间距 H_c^{-1} 一定为测量得到的间距 H_m^{-1} 的整数倍。因此

$$\frac{1}{H_c} = n\frac{1}{H_m} \tag{21.9}$$

式中，n 为整数。如果 n 为非整数，则标定是错误的。Jackson 的文章(1990)给出了一种应选用哪个劳厄带的普适方法。如果已标定了 ZOLZ(即[UVW]已知)，R 可以测量得到，且 λ 已知，则不需要标定 HOLZ 环中单一的衍射点就能确定 H。

对于 H^{-1}，有比方程式(21.8)更普适的方程(请参考 Raghavan 和 Ayer 等人的文章)。

其他例子：在一个有相互垂直轴的晶系中（正交、四方或者立方晶系，晶格常数为 a、b、c），如果没有 HOLZ 层消光（$p=1$），则对于一个给定的带轴 UVW

$$\frac{1}{H} = (a^2U^2 + b^2V^2 + c^2W^2)^{1/2} \tag{21.10}$$

类似地，对于六方或菱方晶系，采用三指数形式

$$\frac{1}{H} = [a^2(U^2 + V^2 - UV) + c^2W^2]^{1/2} \tag{21.11}$$

也可采用四指数，即

$$\frac{1}{H} = [3a^2(U^2 + V^2 + UV) + c^2W^2]^{1/2} \tag{21.12}$$

对于有单一 b 轴的单斜晶系，有

$$\frac{1}{H} = (U^2a^2 + V^2b^2 + W^2c^2 + 2UWac\cos\beta^2)^{1/2} \tag{21.13}$$

如果是研究低指数高对称性的带轴，直接从倒格子结构上确定 H^{-1} 会比用公式更容易。但是对于对称性较低的晶体学方向，从这种倒格子结构上就不太可能看出来，此时就得利用这些公式。

因此，总结以上讨论能给出一些参考：
- 测量 HOLZ 环的半径能得到 HOLZ 与 ZOLZ 间距的倒数值，H_m^{-1}。
- 比较测量得到的间距和假设单胞已知时计算得到的间距 H_c^{-1}。
- 测量值应该与计算值一致，或者是它的整数倍。例如，如果得到一幅正方形的 ZOLZ 衍射花样，假设是立方晶系，那么在 3 个坐标轴方向的单胞基矢应该相同，因此 FOLZ 环的直径给出的 H^{-1} 值应该与由正方形[100]花样中的另外两个轴确定的值相同。如果 H^{-1} 不同，说明晶体不是立方晶系而属于其他晶系，例如四方。

21.3.3 晶格中心的确定

从 Kossel 花样测量 H^{-1} 后，下一步要做的是，在用较小的 C2 光阑获得的 K-M 花样中比较 ZOLZ 和 FOLZ 衍射，如图 21.9B。FOLZ 与 ZOLZ 的重叠能给出晶格类型的信息，因为与简单晶格相比，所有的有心晶格会给出不同的叠加花样。

在简单晶格中，由于没有系统消光，FOLZ 将直接叠加在 ZOLZ 上。然而，对于面心和体心晶格，在某些电子束方向，FOLZ 花样相对于 ZOLZ 会产生位移，如图 21.10A 所示。对于立方晶体中低指数方向，很容易就能算出位移矢量的大小，如前面的图 21.2 和图 21.3 给出的例子。但对于更复杂的晶体，并不那么简单。Jackson（1987）发展了一种适应于所有晶系和所有取向的确定位

21.3 单胞的确定

立方晶体[001]方向投影

面心立方　体心立方　简立方

● 透射束　○ ZOLZ　· FOLZ

(A)

(B)

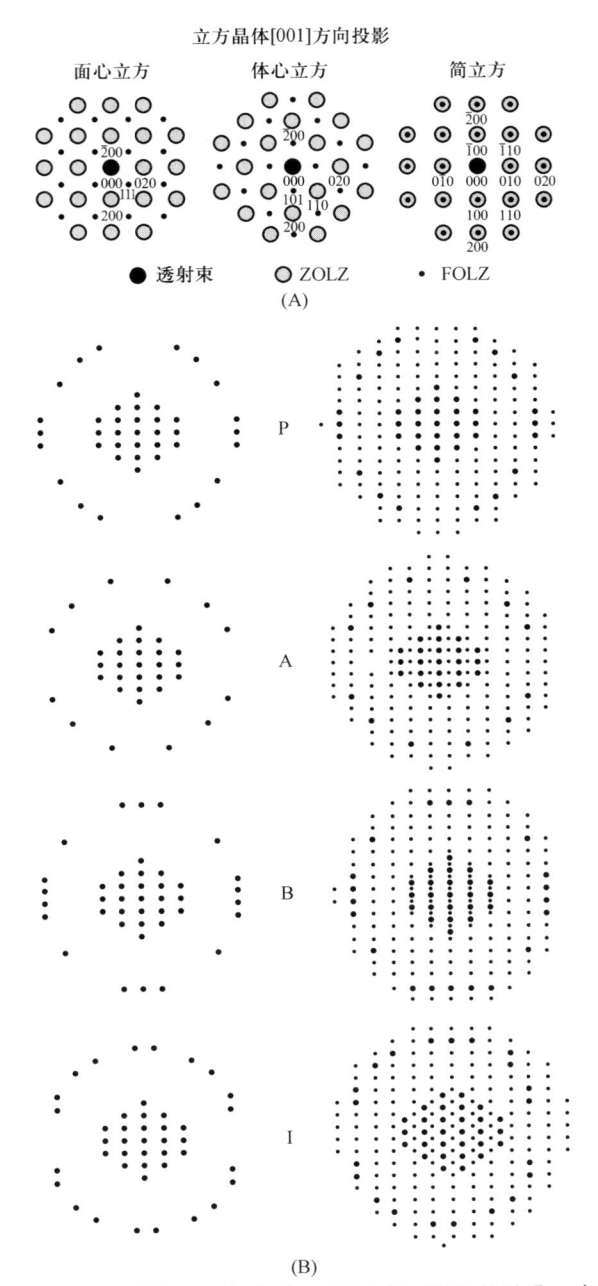

图 21.10 (A) 当沿立方晶体[001]轴观察时 ZOLZ 和 FOLZ 的重叠。在 fcc 花样中，111 是 FOLZ 的指标，就像 bcc 中的 101。在简立方中，仅标定了 ZOLZ。(B) 当电子束沿正交晶体的[001]方向入射时，FOLZ 花样和 ZOLZ 花样重叠的示意图，显示了简立方(P)、A 心立方(A)、B 心立方(B)以及 I 心立方(I)晶格的衍射花样重叠的区别

移矢量 **t** 的通用方法，即

$$t = g - u^* \frac{HN_L}{|u^*|} \tag{21.14}$$

式中，g 为 HOLZ 中的 hkl 衍射矢量；u^* 是垂直于 ZOLZ 且平行于 H 的矢量；N_L 是含有 hkl 衍射面的 Laue 区的数量。为了确定 **t**，所要做的就是从 Jackson 所列出的表中查出 H，u^* 和 $H/|u^*|$ 的值。

实例：图 21.10B 给出的正交单胞沿 [001] 带轴的一系列衍射花样的示意图（由 Ayer 提供）可以用来描述由于晶格类型不同导致的 ZOLZ 和 FOLZ 之间不同的位移。在每一幅花样中给出了实验观察到的 ZOLZ 和 FOLZ 衍射的分布；其右边是同样的衍射花样，只是包含了 FOLZ 倒格点。因此 FOLZ 环上的点总是与 FOLZ 倒格点相一致。在最上面的花样（P）中，ZOLZ 与 FOLZ 完全叠加在一起，这就是简单单胞的情形。在（A）中，FOLZ 相对于 ZOLZ 存在位移，其位移量是 ZOLZ 倒格点沿 [010] 方向的间距的一半，这对应于 A 面心晶格的情形。下面的两幅花样（B 和 I）给出了 B 面心晶格和 I（体心）晶格中的位移情形。

至此，已经清楚如何测量晶体的三维平移矢量以及确定晶格中心类型。这些信息足以确定样品的单胞，尤其是如果有更多的信息，例如通过 XEDS 或 EELS 进行元素分析。

21.4 对称性的确定

21.4.1 对称性概念的回顾

在姊妹篇中学习以下两节之前，必须对晶体对称元素（平移和旋转）有基本理解，以及对点群和空间群的国际标准符号很熟悉（请见 16.10 节）。此外，还需知道如何用 18.4 节中所讨论的极图来表示点群对称性。图 21.11 给出了晶体学专业的学生都熟悉的标准点群表。

历史上，点群的确定是 X 射线晶体学的范畴，电子显微学家们则很高兴避免了这些概念。然而，点群不仅可以用于根据基本的对称元素对晶体进行分类，也能反映很多晶体性质，例如电阻或折射率的各向异性（细节可参考 Nye 的经典文章）。利用 CBED，只要记录两三幅低指数的 ZAP 就能在 TEM 中直接确定晶体的点群。

与经典的 X 射线技术相比，这种方法具有非常明显的优势，因为：

■ 相对于 X 射线，可以从更小的区域获得点群信息。

■ 可以准确地区分出所有 32 个可能的点群，分析起来也比 X 射线简单。

因此，作为一个电子显微学家，为了充分利用现代 TEM 的优点就得掌握

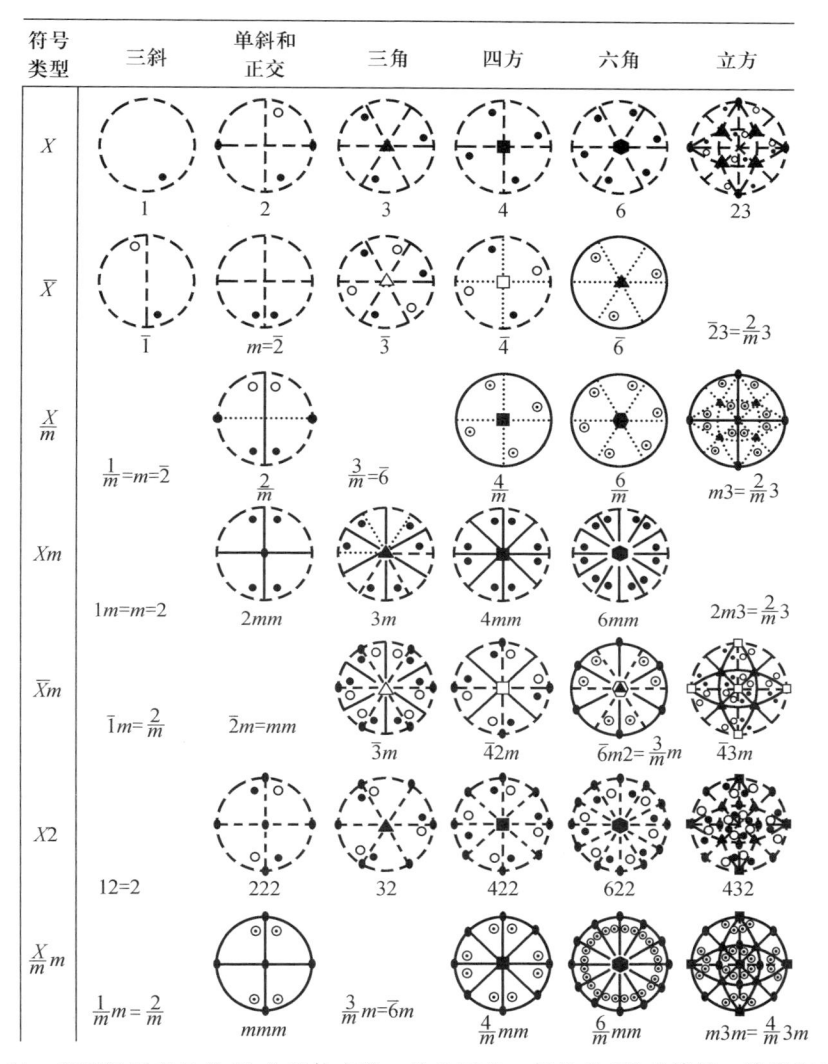

图 21.11 利用极图表示的 32 个晶体点群，给出了在一般极点 hkl 的旋转、镜面和反演对称操作。点群的国际符号在每一极图的下方给出

确定点群的细节。这在姊妹篇中有详细的描述，并会发现这并不是很难，但仍不可避免地需要理解一些晶体对称性的基本原理。这种练习过程需要大量的时间和精力。所以，要识别样品中的未知相，最好先利用一些其他技术，例如 XEDS 或 EELS。

21.4.2 Friedel 定律

晶体对称性的确定是由 Friedel 和 Von Laue 在 XRD 运动学理论的早期工作发展而来的。通过 Friedel 定律可以总结出 Friedel 工作的一个重要方面。

> **Friedel 定律**
>
> 在运动学衍射条件下，hkl 衍射的强度与 $\bar{h}\bar{k}\bar{l}$ 衍射的强度相等。

如果该定律成立，就不可能从衍射中判断晶体是否存在反演对称中心。这在单晶 XRD 花样中非常普遍，因为大多数 XRD 都是发生在运动学条件下的。

因此，在运动学衍射条件下是很难从平行于镜面的一个二次旋转轴中识别出镜面的存在的。也就是说，无法区别点群 m 和 2。类似地，若在晶体中平行于 c 轴方向存在四次旋转轴，则 $I_{hkl} = I_{\bar{h}kl} = I_{\bar{h}\bar{k}l} = I_{h\bar{k}l}$，其中 I_{hkl} 表示 hkl 的衍射强度。此衍射花样不能与含有两个相互垂直的镜面且其交线平行于旋转轴的衍射花样区别开来。

> **镜 面**
>
> 如果晶体中存在平行于 a 轴和 b 轴的镜面，则所有 hkl 衍射的强度与相应的 $\bar{h}\,\bar{k}\,\bar{l}$ 衍射的强度相等。

由于 Friedel 定律，很难从 XRD 中确定点群。因为不含对称中心的晶体（非中心对称晶体）在 X 射线衍射中仍表现出具有对称中心，所以很难与中心对称晶体区别开。如果回头看图 21.11 中的 32 个点群，并把不含对称中心的点群都去掉，则仅剩下 11 个中心对称的点群：$\bar{1}$、$2/m$（等同于 mm）、mmm、$\bar{3}$、$\bar{3}m$、$4/m$、$4/mmm$、$6/m$、$6/mmm$、$m\bar{3}$ 和 $m\bar{3}m$。在 XRD 中，这 11 个点群称为 Laue 群。除了在异常散射条件下，XRD 仅能确定这 11 个对称群。

> **Friedel 定律不成立的情形**
>
> 在 CBED 花样中，由于动力学散射 Friedel 定律不再成立。

因此，要想获得完整的对称性信息，样品必须足够厚，以致在 CBED 衍射盘中看到动力学衍射衬度。如果能观测到单个 hkl 衍射内的强度分布，就能区分晶体是否存在中心对称性。因此，在 CBED 花样中能够识别出 32 个点群，而非 XRD 中的 11 个劳厄群。

21.4.3 衍射花样中对称性的观察

如果不知道如何从 CBED 花样中识别对称元素，则不可能确定点群。在观察 CBED 花样中的对称性时还是用点群中一样的标记，即数字 $X(= 1，2，3，4$ 或 $6)$ 代表旋转轴，m 代表平行于旋转轴的镜面，第二个 m 代表独立的镜面。中心反演对称与垂直于电子束方向的镜面无法区分，所以不再用 $\bar{X}$ 或 X/m。所能得到的联合操作点群与 10 个 2D 点群一样：1、2、m、$2mm$、3、$3m$、4、$4mm$、6 或 $6mm$。这些符号对应于衍射花样中观察到的对称性。图 21.12 给出了不同花样对称性的 4 个例子。

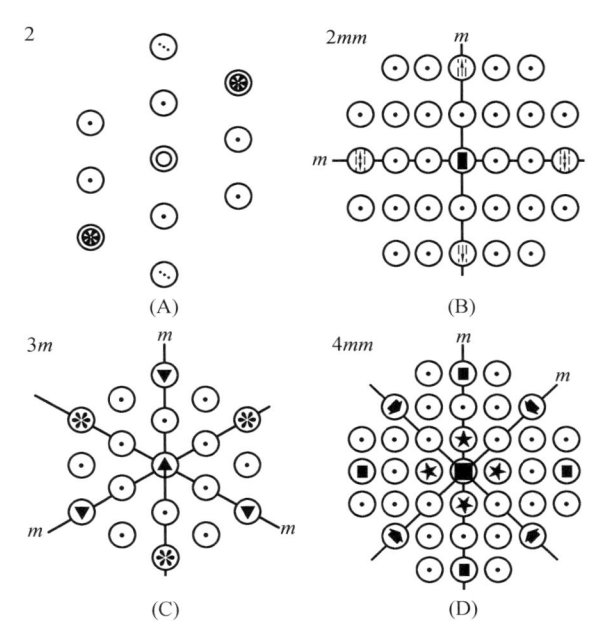

图 21.12 CBED 花样中对称性的 4 个例子。（A）2 表示二次旋转轴，即旋转 180°花样不变。（B）$2mm$ 表示有两个平行于二次轴的独立镜面的二次轴。（C）$3m$ 表示具有一个镜面的三次轴，即每旋转 120°有一个镜面，花样不变。（D）$4mm$ 表示有两个平行于四次轴的独立镜面的四次旋转轴

虽然离轴花样中包含有用的信息，但对称性的确定通常利用 ZAP 花样。请记住，一定要记录十分对称的 ZAP：

■ 利用束倾斜/平移控制，将很容易进行最后的调节，以获得严格的 ZAP。

■ 最后一招，移动 C2 光阑使其轻微偏离光轴，并使之精确地位于 ZAP 的对称中心。

在记录了中心对称的 ZAP 之后，需要找到特定的几种对称性：

■ 全花样(Whole-pattern，WP)对称性。

■ 明场(BF)对称性。

■ 投影-衍射对称性。

第一个也是最重要的就是全花样对称性。

为确保获得正确的对称性，应该用较小的相机长度拍摄包含 HOLZ 环的花样，因为在 ZOLZ 中很难观察到 HOLZ 效应(例如，可能被很强的 000 透射盘掩盖)。花样既可以是 Kossel 花样，也可以是 K-M 花样。任意取向的 WP 对称性必须属于列出的 10 个 2D 点群中的一种。

WP 对称性

WP 对称性如其所名，就是整个花样的对称性，包含 HOLZ 衍射和任一 HOLZ 菊池线的相对位置。

第二种对称性是明场对称性。

此时，HOLZ 线的存在说明 BF 盘的对称性包含 3D 信息。注意确保 C2 光阑足够小，以致能观察到 000 盘，并与其他衍射盘没有交叠。例如，图 20.2B 中 000 盘内有一排 HOLZ 暗线，显示出了 $3m$ 的 BF 对称性。

假如盘内只有二维弥散的强度，或者忽略了 HOLZ 线，则称为 BF 投影对称性会更准确。后面几种情形中的任一对称性也应该归类为 10 个 2D 点群中的一种。在姊妹篇中将会看到，3 个 ZAP 中 WP 和 BF 对称性的结合通常足以用来确定点群。

BF 对称性

当 HOLZ 线出现时，BF 对称性仅是 000 盘的对称性。

在某些情况下仅能得到投影衍射对称性。

这些衍射盘内弥散的衬度源于晶体的零阶倒易晶格层内的动力学相互作用，并产生 K-M 条纹，可用于厚度的测定。投影衍射对称性仅是 SADP 中显示出来的对称性。由于这种对称性只是二维的，因而不如 WP 和 BF 对称性那样有用。如果回过头去看图 20.2B，在 ZOLZ 菊池带中也能看到投影衍射对称性，给出了含有两个独立镜面的六次旋转对称性，一个在菊池带内，一个在它们之间，从而给出 6 mm 对称性。类似的对称性在图 20.2A 所示的 Si 的 SADP 中也存在。

> **投影衍射对称性**
>
> 它显示为 000 透射束和 ZOLZ 层内 hkl 衍射束的强度，对应于沿所选带轴方向晶体的投影的二维对称性。忽略了 HOLZ 层的任何贡献，例如 HOLZ 线和 HOLZ 衍射，但包含这些盘内任意弥散的强度。

既然已经学会了基础知识，就可以轻易地读懂姊妹篇了，它一步一步地描述了确定点群的过程。确定点群后，也会给出怎么确定空间群，这种练习有一定的挑战性，根据晶体对称性和材料性质的关联，空间群不如点群重要。但样品空间群是一个重要的晶体学特征，因为有 230 个空间群，因而比点群更具有选择性。

接下来继续讨论从 HOLZ 线中获得的更多信息。但在此之前，或在阅读姊妹篇中的 CBED 章节之前，你应当注意，利用 CBED 花样确定对称性时要求凭双眼判断是否存在某种对称元素，因而这不是严格的科学方法。CBED 对称性存在误差，姊妹篇中给出了判断花样中对称性的不完整性是否可以忽略的指导。

21.5 晶格应变的测量

应变源于材料晶面间距的局域变化。它可能源于缺陷，例如位错和共格析出相，或通过局域化学成分变化。这些局域化学成分变化可以自然产生或者通过精确控制层状纳米结构（利用 MBE 或 CVD 方法形成）的沉积参数而引入。另外，知道应力的准确值在力学、电子学和光学等领域都是非常重要的。通过标定 ZOLZ 中的衍射和/或测量 HOLZ 环的直径，可以精确地测量晶格常数（误差约 2%）。但最好的方法是利用 BF 盘中 HOLZ 线的位置，因为 HOLZ 线源于高阶衍射，所以对晶格常数的变化非常敏感。再通过计算模拟不同晶格常数对应的 HOLZ 线的位置，所得结果的精确度要高一个数量级（约 0.2%）。与实验上观察到的 HOLZ 线的位置匹配得最好的值就被认为是晶体的晶格常数。所以通过测量 HOLZ 线的位置就能获得晶格常数的变化。材料科学家和纳米科学家，尤其是在电子工业领域，对晶格应变引起的变化更感兴趣。

材料学家总是对晶格应变的局域测量感兴趣，因此下册第 25 章的整章内容都用来介绍对应变效应的成像。一般来说，直接测量晶格应变是通过 X 射线方法，但在半导体技术和纳米结构材料中需要更高的空间分辨率，这为基于 CBED 的方法开创了一个很大的市场。例如，在半导体制造和光学技术中广泛使用应变层超晶格（如晶格参数稍微不同的 GaAs 和 AlGaAs 的外延层）。可以做到调节特定红外传感器、调制光波导、调节激光阈值电压等。为了提高载流子迁移率以及减小源极和漏极之间的电阻，在半导体隧道节的沟道内引入局域应变，这样能明显地改善芯片的性能，使摩尔定律的有效性推后好几年。这种概念通常称为"应变工程"，是纳米结构电子学和光学器件能取得成功的一个关键。

该领域早期 CBED 工作集中在薄膜中析出相周围应变的测量（参考 Rozeveld 和 Howe 的著作）。为了与 HOLZ 线花样吻合以及应变测量，CBED 工作已扩展到与复杂算法相结合的纳米探针技术了。图 21.13 所示为利用 Zuo 的软件目前所能达到的实验和理论的匹配，该软件是由早期 Spence 和 Zuo 的方法发展而来的。类似的软件已得到不断的改善和发展，很多都能从本章末所列出的网站上获取。即使软件免费也需注意，总是要检查已知样品在已知晶向上的花样是否与模拟的一致，以检查软件的可靠性。

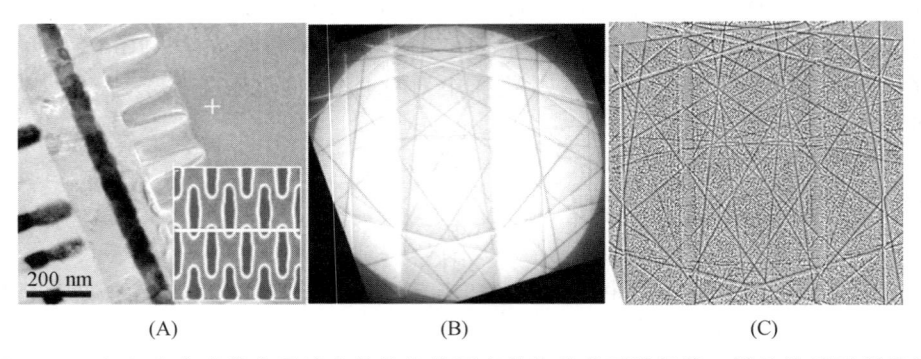

图 21.13 （A）高密度等离子填充的浅沟槽隔离结构的截面明场像，样品沿插图所示的 SEM 像中的线的方向制备。（B）离沟槽结构约 10 μm 的交叉处拍摄的 CBED HOLZ 花样。（C）图（B）中某一区域的模拟像，其中 HOLZ 线交叉给出了应变分析最好的拟合。实验和理论花样都做了适当处理以增强衬度

在早期的计算程序中，模拟的 HOLZ 线位置仅是从运动学衍射理论推出的，但动力学效应也是非常重要的，也应当考虑进来，否则吻合的结果也可能不对（Eades 等）。具体方法归纳为如下 3 个步骤：

■ 从已知晶格常数的标准样品出发确定准确的电子波长，以利于接下来的模拟。

■ 连续调节加速电压。既然知道晶格常数，就能计算出准确的加速电压。

■ 对于预先设定的加速电压，从未知样品获得 HOLZ 线花样，在一定范围内调节晶格常数以获得模拟花样，与实验花样比较，直到获得较好的匹配（见图 21.13）。理论上，精度可达 0.02%，但实际精度一般也就在 0.2% 左右。

> **从 CBED 获得晶格常数**
>
> 为确定精确值，将实验的 HOLZ 线花样与计算模拟花样进行比较。

用这种方法测量晶格常数变化是非常成功的，可参考 Randle 等人的综述，也应意识到引起 HOLZ 线变化的其他可能原因以及理论和实验严格匹配的困难性。通常 HOLZ 线花样是不对称的，这使得匹配更加困难。请记住，在某些材料中，很有可能需要通过冷却样品才能观察到 HOLZ 线。需要注意以下几点：

■ 在相同实验条件下比较标准的和未知的衍射花样。

■ 如果冷却样品至液氮温度，还需考虑冷缩效应导致的差别。

■ 还需注意表面弛豫、局域应变或位错线的影响，这些都会影响到晶格常数测量的准确性。

利用同样的方法还可测量缺陷或析出相周围的局域应变，但所得结果通常是沿样品厚度的平均，且是一维的，所以解释会比较困难。此外，样品表面产生的应变弛豫也是始终存在的一个挑战。然而，通常很容易倾转样品使局域应变沿电子束方向投影，尤其是在平面薄膜层状结构中。通过比较未知样品和组分已知的标准样品的晶格参数，也可以利用这种 HOLZ 线移动的方法间接推断样品的组分，或者在二元固溶体中外推到其他组分，假设 Végard 定律成立。这种分析不受元素种类或吸收效应的限制，例如在 XEDS 中，也不需要像 EELS 中那样薄的样品。然而，该方法是间接的，仅在某些假设条件下才成立。这是一个不得已的选择。

21.6 手性的确定

术语"handedness"、"chirality"和"enantiomorphism"都是一回事。如果晶体或分子具有两种结构形式，并且当用右手坐标系来描述其中一种结构的原子坐标时与另一种结构的原子坐标在左手定则坐标系中是等同的，则称它是"handed"。这两种结构被称为"enantiomorphism"或者"chiral"，互为镜像，称为右手和左手手性。(观察自己的手,并试着旋转它们以致完全重合,这样就能明白该概念了。)如果回顾前面晶体对称性概念的部分,就可以理解含有镜面(m)、反演中心($\bar{1}$)或四次反演轴($\bar{4}$)的任何晶体都不具有手性。

如果认为手性这种难懂的问题并不那么重要,但事实是镇静剂(2-(2,6-dioxo-3-piperidyl)isoindole-1,3-dione)就是具有手性的晶体。其中一种对映结构(S型)能引起新生儿严重的先天畸形,而另一种(R型)对解决孕妇怀孕困难有很好的效果,它还是一种治疗麻风病等引起的皮损的特效药。正是由于这两种手性的作用常被弄混,导致成千上万新生儿的严重先天畸形。这一悲剧导致了单手性药物的发展(目前仅在美国每年就有 1 000 亿美元的市场),避免了在大多数化学处理过程中经常产生的两种手性形式的混合。

虽然并不需要知道所看到的是哪种手性形式,但有时却是非常重要的,并有很多研究组已经进行了大量工作来利用 CBED 确定手性。

本质上,手性是种三维现象(再次观察自己的双手)。因为晶体投影是二维的,所以结构投影也不能给出晶体的手性信息。这意味着要想在 ZAP 中观察手性,就必须观察 HOLZ 衍射效应,或者更一般地,如果样品不在正带轴,衍射中除了透射束外至少还需要 3 个非共面的衍射矢量。此时并不意味着要观察 HOLZ 花样,而是要观察 HOLZ 衍射效应,它除了直接出现在 HOLZ 中,还出现在 ZOLZ 中。图 21.14 给出了一个实例,非对称效应仅在第一个 HOLZ 环的衍射中才能观察到。

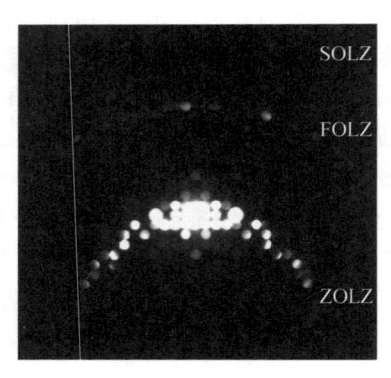

图 21.14 $Ho_2Ge_2O_7$ 样品的 CBED 花样,稍微偏离正带轴以提高衬度。ZOLZ(图中心偏下的亮点)显示出镜面对称,但在 HOLZ 环(中心偏上)中,衍射是不对称的。如果样品有另外一种手性,则 HOLZ 环会关于花样的纵轴镜面对称

观察 HOLZ 效应就能很容易地看到手性间的不同,但仅仅观察这种区别并不能给出哪种结构具有哪种手性。它只能给出两种晶体是否具有相同或相反的手性。

要想确定某一晶体具有右手手性还是左手手性，需要动力学计算来模拟 CBED 花样，而后再与实验花样比对。需要注意的是：

■ 将会发现，与实验的对比也不总是很容易，因为在衍射花样的标定中通常存在不确定性。如果标定出错，所判断的手性也就是错的。

■ 用动力学模拟来确定手性需要知道全部晶体结构信息。

■ 也有人认为，用动力学模拟来确定手性只需手算就行了，例如计算结构因子的相位并求解出多重散射路径效应。但是这种计算需要对动力学衍射有很好的理解，而利用一些已经提到过的软件进行动力学模拟会更加容易，也更加可靠。

最近 Inui 等人已经为含手性的所有点群系统归纳出确定手性的合适带轴。在手性研究中，确定 CBED 花样中是否含镜面对称是非常关键的。镜面的确定也并不容易，如果使用离轴花样而非 ZAP，非对称性会更强，如 Jones 的文章所描述的（也可参考图 21.14）。

21.7　结构因子和电荷密度的确定

当阅读到 CBED 及其应用的文献时，常常会遇到从 CBED 获得结构因子（F_{hkl}）的问题。（电子衍射中结构因子的重要性可参考第 3 章。）应该记得 $|F(\theta)|^2$ 是电子衍射强度的直接量度。在 SADP 中，直接可重复定量测量衍射强度基本是不可能的，但在 CBED 花样中，尤其是在能量过滤的 CBED 中则是可行的。确定样品的特定晶体结构，实际上就相当于把结构因子的相位分配给花样中的衍射盘。实现的方法有很多，而计算模拟和 CCD 相机的发展使得衍射强度的直接定量解释更加容易，但必要步骤都已经由 Spence 和 Zuo 描述过。总的来说，可以使计算机模拟的 CBED 盘中强度变化与实验花样相吻合，将特定的 F_{hkl} 值赋予不同衍射，直到获得最佳拟合。这是计算机的问题，但在今天这已不是问题。

一旦获得结构因子数据，就能从低阶结构因子中测量出价电子密度，但前提是晶体具有反演对称性（Spackman 等人）。得到价电子密度之后就能把它画出来，该工作的一大成就是首次对原子键直接成像（Zuo 等人）（图 21.15）。

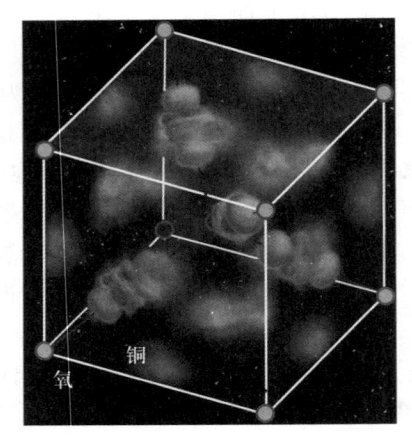

图 21.15 O^{2-} 和 Cu^+ 离子的静态晶体电荷密度（通过 CBED 花样的定量分析得出）和叠加的球形电荷密度之差的三维实验图。蓝色表示电荷密度差为负（$\Delta\rho<0$），白色为 0（$\Delta\rho=0$），红色为正（$\Delta\rho<0$）。如果是完全离子模型（即离子是球形的），则密度差在任何地方都为 0。Cu 原子上的非球形电荷畸变显示出 d 轨道的特征形状。四面体间隙处的正电荷表明是 Cu–Cu 共价键。见书后彩图

21.8 其他方法

21.8.1 扫描法

衍射在扫描束仪器中和在 TEM 中一样有用。在第 18 章中讨论过，目前电子背散射衍射（EBSD）研究与 SAD 和 CBED 一样普遍，且具有很大的互补性。很多晶体都可以用 EBSD 进行研究，而且样品不需要减薄。EBSD 花样中也含有类似 CBED 花样中的 HOLZ 线。

历史上，电子通道效应是 SEM 中获得晶体学信息的另一种手段，但花样的衬度很低，以致目前 EBSD 已经淘汰了这种通道技术。

在 STEM 中，利用样品上下方的各一套或两套线圈可获得扫描衍射花样。在这两种情形中，电子束固定在样品面上，然后前后摇摆进行扫描，类似于第 18 章和第 20 章中描述的空心锥或旋进衍射方法。在样品下方只用一套扫描线圈可部分地减弱摇摆电子束，而用两套线圈可完全阻止摇摆电子束，以致 000 盘总是处于光轴上，也就是在 BF 探头上，而不是衍射花样沿 BF STEM 探头扫描并依次记录。然而，HOLZ 线等将沿探头连续移动，因为它们与菊池线一样是跟样品固定在一起的。与普通 CBED 盘的几分之一度相比，所记录的双摇摆花样（通常以它们的发明者 Alwyn Eades 命名）的范围有好几度。从图 21.16 可

以看出，这些花样很漂亮；可以在 BF 或 DF 中观察到，与所有的 CBED 花样一样，可通过能量过滤变得更明锐。这些扫描方法可以用于研究消光衍射的产生，这对晶体对称性的确定非常重要，更详细的内容将在姊妹篇中给出。

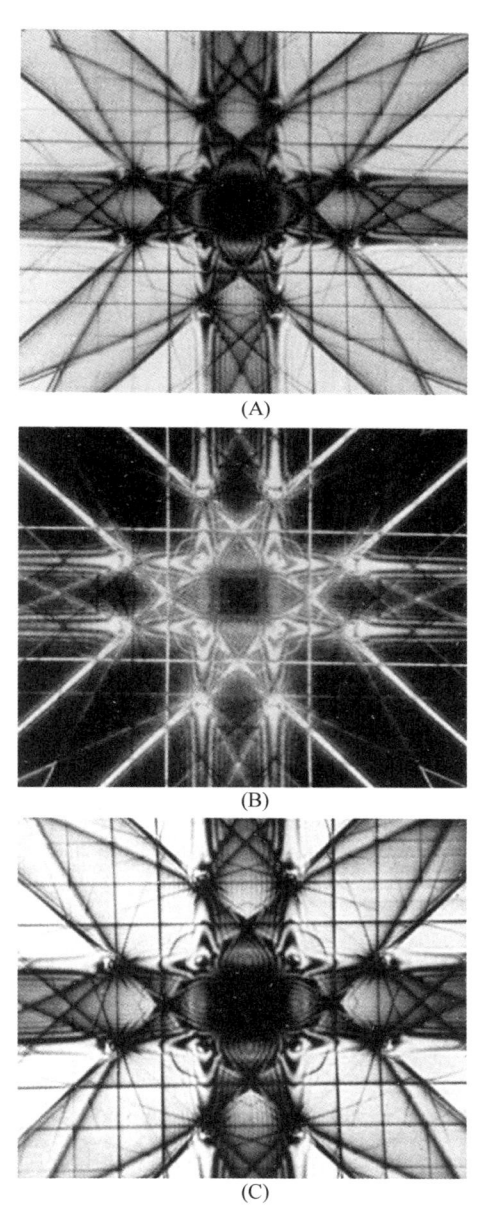

图 21.16 从 Al 的[001]方向获得的系列 Eades 双摇摆 ZAP。(A) 明场像。(B) 200 的暗场像。(C) 能量过滤后的(A)。扣除能量损失电子使图像明锐

21.8.2 纳米衍射

纳米衍射就是利用纳米尺度的束斑进行的电子衍射，最初由 Cowley 发展起来。由于纳米束的束流只有几皮安，所以花样噪声大，需要 FEG-TEM（或 DSTEM），它们也提供了相干性很好的电子束。在查阅文献时会发现纳米衍射可用于晶体学局域变化的确定，例如在单个大单胞、位错芯、晶界隔离膜、单根纳米管或催化剂等纳米粒子内。图 21.17 为单根多壁碳纳米管的纳米衍射花样。

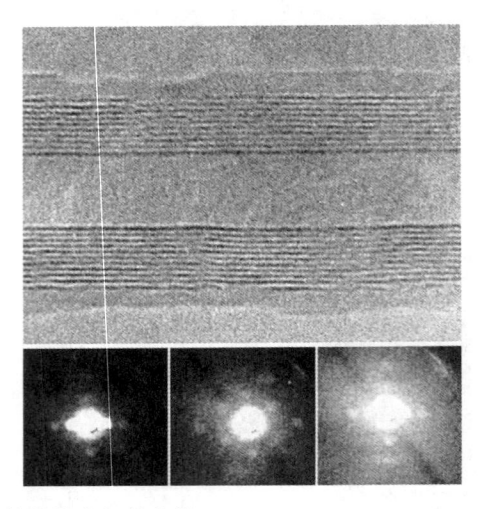

图 21.17 多壁碳纳米管的纳米衍射花样

此外，通过关联几纳米距离内的原子位置，可以研究与中程有序相关的晶体学效应。纳米衍射方法已推动了波动显微术这一新领域的发展，这会在下册第 29 章中再次提到；它们对原子分辨的衍射成像也非常重要。

章 节 总 结

含衬度信息的 CBED 花样能对小晶体进行比较完善的晶体学表征，还能给出样品厚度等其他信息。要充分利用这些功能就需要详细了解晶体对称性概念和极赤投影图，以及具有从不同晶体取向得到 ZAP 的能力。此外，对于一位经验丰富的操作者，他不仅能得到非常漂亮的花样，还能从中分析出很多有用的信息。在阅读姊妹篇中关于 CBED 的内容之前，请记住，如果想利用 CBED 花样来确定点群或空间群，还需要确定如下几种对称性：

- 全花样对称性。
- 明场对称性。
- 投影-衍射对称性。

从 000 盘中 HOLZ 线的分布获得的 CBED 对称性信息也有利于测量样品的其他特征，尤其是那些用其他实验技术无法在纳米尺度获得的特征。给出的例子包括电子学和光学产业中的一个基本变量——晶格应变、手性、结构因子以及电荷密度的确定。如果已经完全掌握了这两章的内容，就可以阅读姊妹篇以及 CBED 中更具有挑战性的内容了，例如缺陷晶体学、结构因子、Debye-Waller 因子、极性以及电荷密度的测量，这在 Spence 和 Zuo 的书以及 Morniroli 的书中都有比较深入的讨论。

参考文献

日本电子公司（JEOL）的 CBED 图集

Tanaka，M et al，1985-2002 *Convergent Beam Electron Diffraction* Ⅰ-Ⅳ JEOL Tokyo. 细节请参考第 20 章。

实验技术

Eades，JA 1989（Ed.）Journal of ElectronMicroscopy Techniques 13（Ⅰ&Ⅱ）. 以 CBED 为专题，收录了许多有用的文章，包含了本章的部分内容。

Jones DN 2007 *Sensitive Detection of Mirror Symmetry by CBED Applied to LaAlO$_3$ and GdAlO$_3$* Acta Cryst. B63 69-74. 离轴 CBED 的应用。

Mansfield，JF 1984 *Convergent Beam Electron Diffraction of Alloy Phases* AdamHilger Ltd. Bristol UK. 包含钢的各种 CBED 花样，是非常漂亮的。

Morniroli，J-P 2002 *Large-Angle Convergent-Beam Electron Diffraction*（*LACBED*） SFμ.（Société Française des Microcopies）Paris，France. 这是一本基本的介绍性书籍，包含许多很好的示意图和实例，以及非常优秀的书目。

Spence，JCH and Zuo，JM 1992 *Convergent Beam Electron Diffraction* Plenum Press New York. 如果要广泛使用 CBED，最好拷贝一下这本书。在所列出的参考书目中还可能找到有关早期 CBED 研究的结果。尽管有些人认为这些已经过时，但附件中还是包含了绘制 HOLZ 线的源代码，以及 Bloch 波和多层法的 Fortran 源代码。

样品厚度的测量

Allen, SM 1981 *Foil Thickness Measurements from Convergent-Beam Diffraction Patterns* Phil. Mag. **A43** 325–335.

Kelly, PM, Jostons, A, Blake, RG and Napier, JG 1975 *The Determination of Foil Thickness by Scanning Transmission Electron Microscopy* Phys. Stat Sol. **A31** 771–780.

应用

Ayer, R 1989 *Determination of Unit Cell* J. Electron Microsc. Tech. **13** 16–26.

Berta, Y, Ma, C and Wang, ZL 2002 *Measuring the Aspect Ratios of ZnO Nanobelts* Micron 33 687–691.

Cowley, JM 2001 *Electron Nanodiffraction Methods for Measuring Medium-Range Order* Ultramicrosc. **90** 197–206. 纳米束电子衍射。

Kim, M, Zuo, JM and Park, G-S 2004 *High-Resolution Strain Measurement in Shallow Trench Isolation Structures Using Dynamic Electron Diffraction* App. Phys. Lett. **84** 2181–2183.

Mansfield, JF 1985 *Error Bars in CBED Symmetry?* Ultramicrosc. **18** 91–96.

Raghavan, M, Scanlon, JC and Steeds, JW 1984 *Use of Reciprocal Lattice Layer Spacing in Convergent Beam Electron Diffraction Analysis* Metall. Trans. **15A** 1299–1302.

Randle, V, Barker, I and Ralph, B 1989 *Measurement of Lattice Parameter and Strain Using Convergent Beam Electron Diffraction* J. Electron Microsc. Tech. **13** 51–65. 利用 HOLZ 线测量晶格常数的精度。

Steeds, JW 1979 *Convergent Beam Electron Diffraction in Introduction to Analytical Electron Microscopy* 387–422 Eds. JJ Hren, JI Goldstein and DC Joy Plenum Press, New York.

晶体学

Eades, JA, Moore, S, Pfullman, T and Hangas, J 1993 *Discrepancies in Kinematic Calculations of HOLZ Lines* Microscopy Research and Technique **24** 509–513. 在 HOLZ 线计算中动力学散射的重要性。

Inui, H, Fujii, A, Sakamoto, H, Fujio, S and Tanaka, K 2007 *Enantiomorph Identification of Crystals Belonging to the Point Groups 321 and 312 by Convergent-Beam Electron Diffraction* J. Appl. Cryst. **40** 241–249.

Jackson, AG 1987 *Prediction of HOLZ Pattern Shifts in Convergent Beam Diffraction* J. Electron Microsc. Tech. **5** 373-377.

Jackson, AG 1990, *Identification of the Laue Zone Number in HCP Systems in Convergent Beam Electron Diffraction* Ultramicrosc. **32** 181-182.

Nye, JF 1985 *Physical Properties of Crystals*(2nd Ed.) Oxford University Press New York.

标定和晶格常数

Ecob, RC, Shaw, MP, Porter, AJ and Ralph, B 1981 *Application of Convergent-Beam Electron Diffraction to the Detection of Small Symmetry Changes Accompanying Phase Transformations -* Ⅰ*. General and Methods* Phil. Mag. **A44** 1117-1133. 早期的 HOLZ/FOLZ。

Fournier, D, L'Esperance, G, Saint-Jacques, RG 1989 *Systematic Procedure for Indexing HOLZ Lines in Convergent Beam Electron Diffraction Patterns of Cubic Crystal* J. Electr. Microsc. Tech. **13** 123-149.

Morawiec, A 2007 *A Program for Refinement of Lattice Parameters Based on Multiple Convergent-Beam Electron Diffraction Patterns* J. Appl. Cryst. **40** 618-622.

Rozeveld, SJ and Howe, JM 1993 *Determination of Multiple Lattice Parameters from Convergent-Beam Electron Diffraction Patterns* Ultramicrosc. **50** 41-56.

化学键

Spackman, MA, Jiang, B, Groy, TL, He, H, Whitten, AE and Spence, JCH 2005 *Phase Measurement for Accurate Mapping of Chemical Bonds in Acentric Space Groups* Phys. Rev. Lett. **95** 085502-05. 反演对称性。

Zuo, JM, Kim, M, O'Keeffe, M and Spence, JCH 1999 *Direct Observation of d-Orbital Holes and Cu-Cu Bonding in Cu_2O* Nature **401** 49-52. 对原子轨道成像。

网址

1. http://cimewww.epfl.ch/people/stadelmann/jemsWebSite/Diffraction-Patterns.html（EPFL 的 Stadelmann 的 EM 黄页）

2. www.gatan.com/imaging/dig_micrograph.php（Gatan 的软件）

3. www.soft-imaging.net（奥林巴斯软件成像系统）

4. http://emaps.mrl.uiuc.edu（UIUC 的 Zuo 维护的）

5. http://cimesg1.epfl.ch/CIOL（学生版的 JEMS 软件）and http://

cimewww. epfl. ch/people/stadelmann/jemswebsite/jems. html，the main site

6. www. amc. anl. gov（Zaluzec 在阿贡国家实验室的站点）

7. www. public. asu. edu/~jspence/ElectrnDiffn. html（IUCr 站点）

自测题

Q21.1 为什么要用 CBED 测量样品厚度？

Q21.2 在观察 K-M 条纹前为什么要一定厚度的样品？

Q21.3 为什么 K-M 条纹数会随样品厚度的增加而增多？

Q21.4 列出限制样品厚度测量精度的实验因素。

Q21.5 怎样才能获得连续的 HOLZ 强度环而不是 HOLZ 盘？这样做会失去花样中单个盘的分布，为什么还要这么做？

Q21.6 为了得到所有信息，为什么要记录多个 CBED 花样？

Q21.7 为什么 HOLZ 环半径很重要？应该用怎样的电镜参数来保证得到清晰的 HOLZ 环？

Q21.8 如何区分 A 心、B 心、C 心及 I 心晶体？

Q21.9 Friedel 定律是什么？在利用 CBED 花样推断对称性时，为什么它很重要？

Q21.10 如何区分明场对称性和全花样对称性？

Q21.11 如何区分衍射群和点群？

Q21.12 点群和空间群的区别是什么？

Q21.13 WP 和 CBIM 的定义是什么？

Q21.14 在 CBED 花样中，组分变化是如何呈现出来的？

Q21.15 晶格应变效应为什么会出现在 HOLZ 线花样中？

Q21.16 什么是手性，为什么它会影响衍射花样的对称性？

Q21.17 当电子束是扫描而非固定时，为什么要成形成衍射花样？

Q21.18 就像在 CBIM 中，为什么在同一幅图中同时看到像和衍射信息比较有用？

Q21.19 为什么图 21.17 中的纳米衍射花样有噪声？

Q21.20 列出标准 SAD 技术所不具有的 CBED 的主要应用。

章节具体问题

T21.1 双束条件下，在 CBED 花样和 TEM 像中都能获得平行条纹，解释为什么是这样的，以及为什么在 000 和 hkl 盘中条纹对称性的变化与在明场和

暗场像中的变化是类似的。（提示：参考成像的章节）

  T21.2 用本章中给出的信息重新计算表 21.1 和表 21.2 中的数据。

  T21.3 若不锈钢的晶格常数为 0.405 nm，从图 20.16B 的 HOLZ 环中算出 [111] 方向的面间距。

  T21.4 画出类似图 21.12 那样的示意图，以给出三次轴和 $6mm$ 对称性。

  T21.5 看图 20.4A 和图 20.16C，指出每一情形的明场对称性。

  T21.6 与更多传统的 XRD 技术相比，为什么 CBED 技术在晶体结构确定中应用越来越广？

  T21.7 如图 21.17 所示，在图像中心看不到晶面，但为什么从这个位置获得的花样还有衍射点？

  T21.8 在图 21.16C 中，为什么能量过滤能得到比较明锐的衍射花样？（提示：参考 EELS 的章节）

  T21.9 如果晶格应变使晶面间距在三维方向上都发生了改变，如何从二维 HOLZ 线分布中推断出该晶格应变？

索引

A

艾里斑　　55，167
暗场像　　244，245，247，329
暗电流　　186

B

半导体探测器　　185，193
背散射　　38，41
表面势垒　　116
波长　　8，137，314
波函数　　376
波粒二象性　　19，64
波矢　　315
伯格斯矢量　　442
薄晶体　　357
薄膜效应　　347，433
布拉格点阵　　549
布拉格定律　　314，336，340
布拉格反射　　80
布拉格角　　131，315，321
布拉格衍射　　42，80，336，369，493
布洛赫波　　352，353，358，373
布洛赫波振幅　　400
布洛赫函数　　377

C

测角台　　192，195，210，211，225，226，239

长程有序　441
场发射枪　127
超薄切片　292
超高真空　202
超晶格　416，417
超晶格反射　419
成像系统　225，226
磁透镜　127，151
萃取　294

D

大角度（离焦）CBED 花样　527
高角环形暗场（HAADF）探测器
　193
带轴　324，339
单次散射　42
单晶　313
单倾样品杆　213
单色器　121，129，136，165，166
单位立体角　119
弹性散射　38，39，63，65，314，
　316
弹性散射截面　137
倒格矢　338
倒空间　343
倒易点阵　335，336，343
倒易杆　342，343
等离子体　100，101
低背底样品杆　215
低能电子　69
低温转移样品杆　216
低指数带轴　344
低指数晶面　482
底片　58，195
第二聚光镜　130

第一聚光镜　130，134
点缺陷　540
点群　13，472，549，560，566
电磁透镜　141，146，151
电荷密度　575，579
电荷耦合器件（CCD）探测器　189
电解抛光　282，291
电离　88
电离辐射　183
电离截面　89
电流密度　117，129
电压中心　255
电子　19
电子-空穴对　99
电子光学　141，143
电子剂量　104
电子能量损失谱　43，86，159
电子枪　116，122，128，225
电子全息　129
电子散射　38，76
电子束损伤　15，103，105，106，
　137
电子隧穿　118
电子探测器　182，184，194
电子衍射　13，38
电子衍射花样　57，311
电子源　10，115，144，201
钉薄仪　280
顶插式样品杆　212
动力学衍射　322，353，418
短程序　441
堆垛层错　437
对称操作　560
对称性　313，566，569
多晶　464

多束　401
多重散射　42

E

俄歇电子　86，88，98
二次电子　96，182
二次散射　38
二次衍射束　323

F

法拉第杯　130，134，158
反射球　342
反相畴　418
反演对称性　575
放大倍数　9，142，148-150，240，259，454
非弹性散射　38，39，85，87，494
非弹性散射截面　137
非晶　313
非相干　41
非相干散射　494
菲涅耳条纹　136，257
菲涅耳衍射　50
费米面　441
分辨率　5，6，141，142，150，159，171
分辨率极限　163
分离式极靴　153
夫琅禾费衍射　50
辐照损伤　106
复型　294
傅里叶级数　379

G

干涉　66，78

高角环形暗场像　253
高阶反射　321
高阶劳厄带　391，462
高阶劳厄区　345
高能 BSE 电子　193
高压电子显微镜　8
功函数　116，118
固态探测器　185
观察屏　152，183
光阑　12，121，141，143，159
光轴　142
国际标准符号　566
国际晶体学表　423
过焦　150

H

后焦面　147
厚度测量　556
厚度条纹　403
环形暗场像　253
环形探测器　253
会聚半角　130，132，238
会聚角　131，144，174，227，520
会聚束　225，226，514
会聚束电子衍射　131，132，225
彗差　166
惠更斯原理　66

J

极射赤面投影　456
极图　566
极靴　151，153
极靴间隙　151
加热样品杆　216
加速电压　8，16，123，266，288

尖晶石结构　347
交叉点　117
交叉截面　226
焦距　142，146，148，166
焦平面　141，146-148
焦深　12，142，159，172
结构因子　76，355，408-410，423，550，575，579
结线　396
截面样品　288
禁止反射　421
晶带　324
晶带轴　480
晶格常数　313，549，573
晶格应变　571
晶界　313
晶面　324，336，339
晶面间距　81，461，561
晶体　313，336，375
晶体结构　353
晶体取向　313，503
晶体缺陷　71
晶体学　331
晶系　549
景深　12，142，159，172
径向分布函数　468
静电透镜　127，151
镜面　568，569
菊池带　495
菊池花样　482，494
菊池图　498
菊池线　452，454，494，495，537
菊池线对　495
菊池衍射　493
聚光镜　225，226

聚光镜光阑　174
聚焦　148，150
聚焦离子束　16，300

K

空间分辨率　129
空间群　13，472，549，560，566
空间相干性　121，122，136
空心圆锥 CBED　542
空心锥衍射　247，467
库仑相互作用　314
扩散泵　204，205
扩展 X 射线吸收精细结构　470

L

拉伸样品杆　216
劳厄方程　80，340
劳厄群　569
劳厄条件　314
冷冻样品杆　216
冷阱　210
离焦量　520
离焦像　150
离子泵　206，207
离子减薄　282
量子探测效率　183
临界电离能　89，91
零阶劳厄区　345
卢瑟福散射截面　67，92
孪晶界　313，329，437
洛伦兹力　155
洛伦兹显微镜　129

M

慢曝光感光胶片　195

漫散射　441，442
密排六方　410
面缺陷　481，528，540，550
面心立方　410
明场 STEM 像　251
明场（BF）探测器　193
明场像　244，245，252，329
莫尔条纹　452

N

内势　375
能量发散度　116，121，129，136
能量过滤器　495
能量损失　40

P

喷射式电解抛光　284
偏离参量　344，432，559
偏压　123，125
平均自由程　47，59
平面波　66，74，315
平行记录暗场像　530
平行束　225，226

Q

前向散射　41，369
欠焦　150，151
欠焦量　150
球差　8，133，142，161，166，236
球差系数　133，162
球差校正电镜　142
球面波　66
全花样对称性　570
全息　139

缺陷　331

R

热电子发射电子源　115
热漫散射　330
韧致辐射　88，95
入射半角　56
入射波　315
入射束　315，354
瑞利判据　7，133，168，169

S

三维重构样品杆　215
三重对称性　540
散射　37，144
散射波振幅　74
散射角　38，43，56，59，67，87
散射截面　44，49，64，87，183
散射强度　72
散射矢量　316
散射束　39
散射因子　74，408
散射振幅　76，355
扫描电子显微镜　10
色　差　8，142，161，164，166，170，236
色差系数　165
色差校正　12
色散关系　382
色散面　382，389，390，444
闪烁体探测器　187
声子　100，101，103
时间相干性　120，122
实点阵　336
矢量　335

收集半角　7，56
收集角　141，144，159
手性　573
束流　124，130，192，288
束倾斜　455
双倾样品杆　215
双束近似　357
损伤阈值　15

T

特征 X 射线　88
特征长度　356
特征能量　98
体心立方　410
投影衍射对称性　570
透镜　123，139，141，146，153，201，225
透镜像差　127
透镜旋转中心　254
透射电子显微镜　3
透射束　39，43，78，86
图像衬度　159

W

微分散射截面　44，64，68，74，408
微栅　276
韦氏极　123，124
位错　442，528
位移损伤　137
位移阈能　109
涡轮分子泵　205-207
污染　209，515
无公度结构　441
物镜　153，225，239

物镜光阑　153，243，246，247
物镜后焦面　244
物镜像平面　244
物镜像散　136
物平面　147，148

X

吸附泵　207
系统消光　551
限制光阑　39，142，174
线缺陷　442，528，550
相长干涉　56，78，317
相对论效应　70
相干长度　121
相干电子波　167
相干性　72，122
相机常数　522
相位　74
相位衬度　136，256
相位衬度像　122
相消干涉　78，317
向前散射　42，144
像差　142，164，169，235
像差校正器　86
像模式　241，245
像平面　147，148，150
像散　155，161，166，235，236，256
消光距离　352，356，373，390，418
消像散器　166
肖特基电子源　116
楔形样品　396，435
信噪比　197
形状效应　432

旋进 CBED　542
旋进衍射　233，453，467，472
选区电子衍射　242，244
选区光阑　184，242，243
薛定谔方程　378

Y

衍衬像　311
衍射　13，42，79，444
衍射衬度　122，137
衍射花样　39，59，77，81，122，146，240，242，244，312，324，480，566
衍射环　465
衍射模式　184，241
衍射盘　517
衍射矢量　318，331
衍射束　78，86，315，354，360
衍射振幅　77
衍射指数　340
阳极　116，123，127
杨氏双缝实验　51
样品杆　130，202，210，225
摇摆曲线　557
阴极　117，123
阴极发光　99
荧光产额　89
有效电子源　121
有效偏离参量　364
阈能　107
原子的微分散射截面　59
原子散射截面　59
原子散射因子　72，408
原子散射振幅　410
原子序数　16

运动学散射　352

Z

噪声　187
栅极　123
照明系统　144，226
照相底片　174
振幅　72，353，354
正带轴　344
正交结构　339
正焦　151，522
织构　453，465
直射束　360
中心暗场像　233，246
中心反演对称　569
周期结构　353
柱体近似　365
撞击损伤　107
最佳高度　239
最佳物平面　158

其他

ADF 像　252
BF 探测器　252
c/o 透镜　232
C2 光阑　228，236，520
C2 透镜　249
CCD 相机　174
Debye-Waller 因子　579
Ewald 反射球　342
Friedel 定律　568
HOLZ 花样　533
Howie-Whelan　357
Kossel-Möllenstedt（K-M）花样　520

索引

Kossel 花样　520
Kossel 圆锥　495
O 圈　212
Richardson 方程　128
Rutherford 散射　253
STEM 成像　233

TEM 成像　225
Weiss 晶带轴定律　324，461
X 射线能谱　43
X 射线衍射　49，353
ZOLZ 花样　533

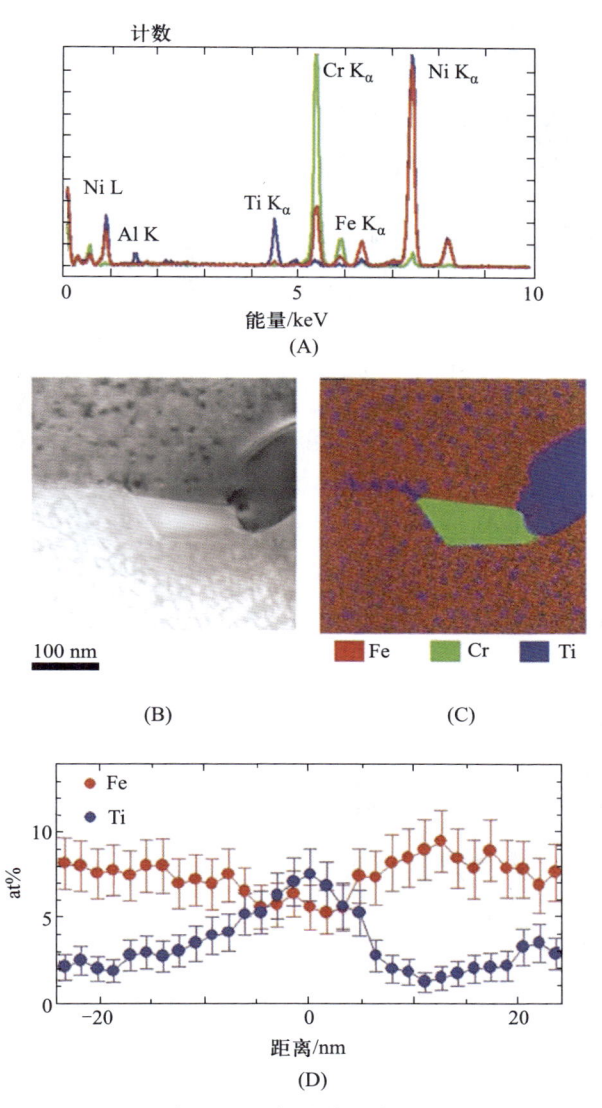

图 1.4 （A）为（B）图中 Ni 基超合金的 X 射线谱，给出 3 个不同区域内化学元素的特征峰。（C）为各个区域的元素分布，与（A）图中不同灰度的能谱相对应。（D）为横穿（C）图中一个小的基体析出相的元素定量分布曲线

(A) (B)

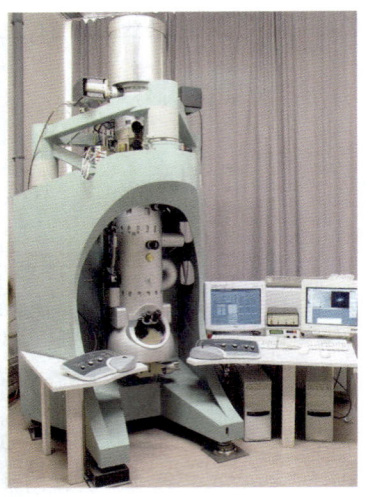

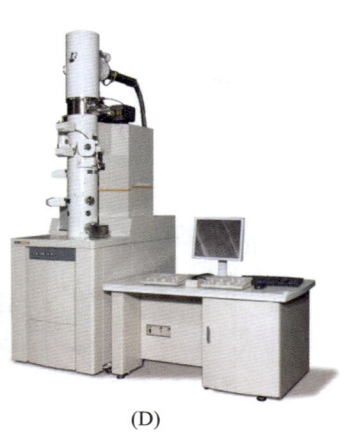

(C) (D)

                                    (E)   (F)

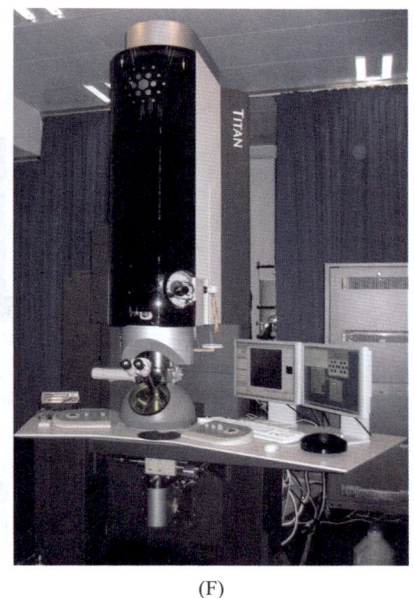

图 1.9 不同类型的商用 TEM：(A) JEM 1.25 MeV 高压 TEM。注意其体积很大，镜筒上面的高压部分一般放于另一个房间。(B) 安装有球差校正器和能量过滤器的 Zeiss 高分辨 TEM。注意电镜外的大框架可以提高机械稳定性，保证高分辨图像质量。(C) Hitachi 200 keV 专用 STEM，电镜中没有观察窗。主要用于半导体器件的损坏分析，从生产线上的晶片上减薄的样品很容易转移和观察。(D) JEOL 200 keV TEM/STEM。注意没有观察窗。(E) Nion 200 keV 超高真空 SuperSTEM。唯一美国制造的(S)TEM，目前图像分辨率的世界纪录保持者。(F) FEI Tian。可以和 Ruska 的设备（已经有 70~80 年的历史）(图 1.1)进行比较，还是发人深省的

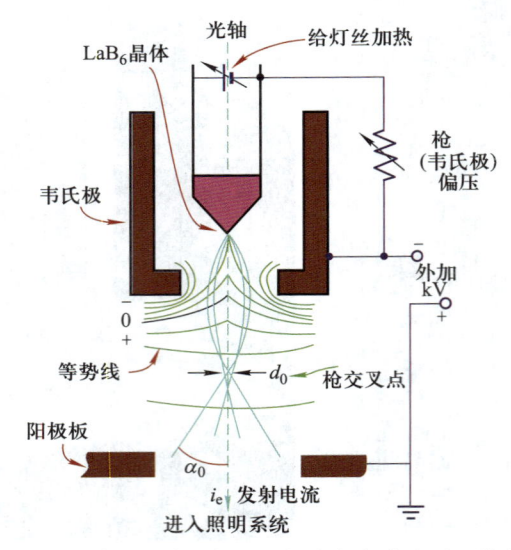

图 5.1 热发射电子枪结构示意图。在阴极和阳极之间加高电压，该电压可由韦氏极（其作用相当于三极真空管系统中的栅极）的电势调控，韦氏极上的电场使电子汇聚成一个直径为 d_0，会聚/发散角为 α_0 的交叉点。这是 TEM 照明系统中透镜的真实电子源

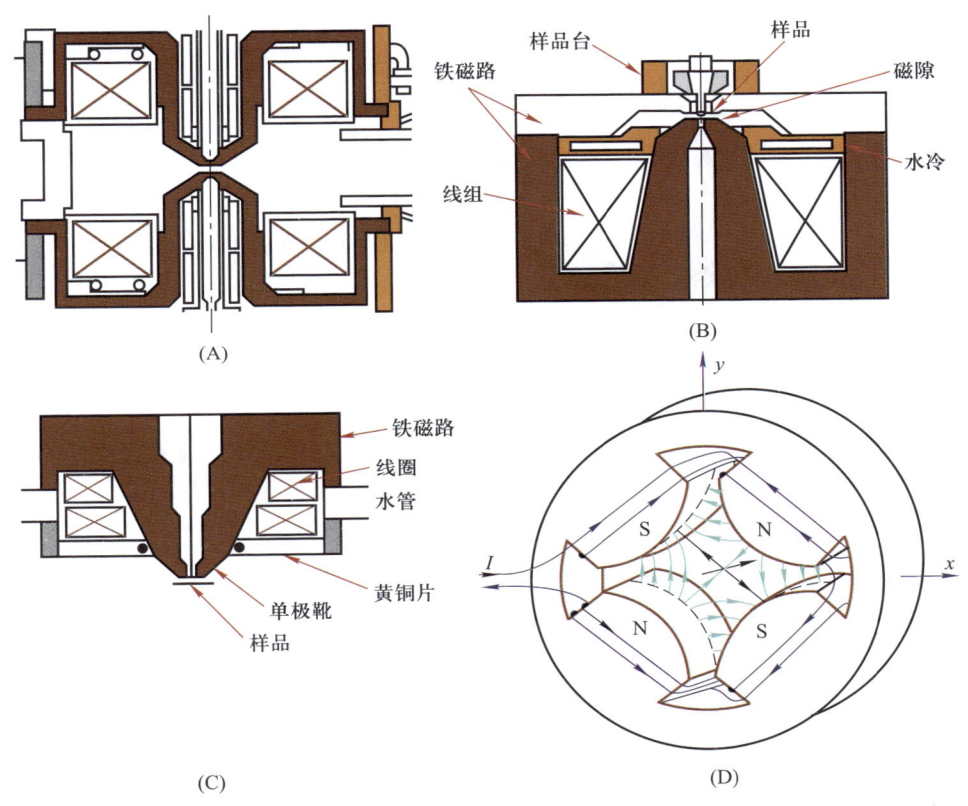

图 6.8 不同透镜的选择：(A) 分离式极靴的物镜，(B) 顶插式的浸没透镜，(C) 通气管式透镜，以及(D) 四极透镜

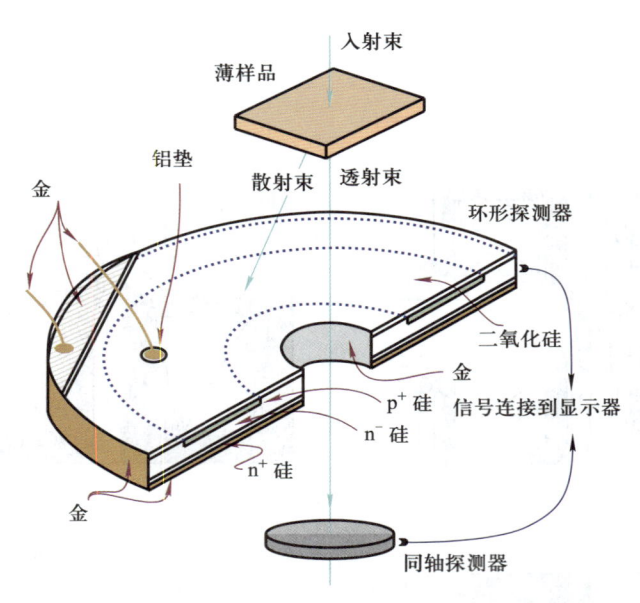

图 7.1 面垒型半导体探测器，可以用来探测前向散射的高能电子，位于光轴的小的圆形探测器探测透射电子，周围同心的广角环形探测器用来探测散射电子

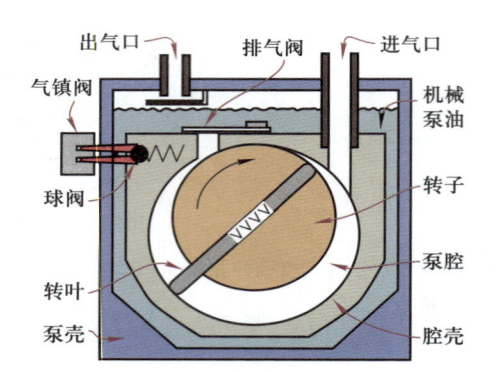

图 8.1 获得粗真空的机械泵。转子离心旋转在 RH 一侧形成真空后从进气口吸入气体，转子不断旋转，关闭进气口，从 LH 一侧的出气口排出空气，在进气口处再次形成真空，如此反复运行。由于转子和泵内壁不断摩擦，就需要用油进行润滑以减小摩擦产生的热

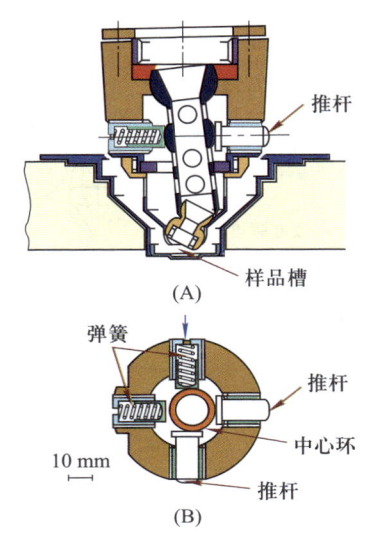

图 8.7 顶插式样品杆。(A) 侧面图。(B) 俯视图。锥形筒与物镜极靴的锥形间隙孔吻合,样品位于镜筒底部的小杯槽中,入射电子束会通过这个锥形。简单的操作诸如倾斜或旋转都需要很复杂的机械设计,由于样品位于筒的底部,完全被极靴包围。对于倾转样品来说,例如(A)所示,需要按下推杆以便在两个正交方向挤压弹簧,使环在镜筒周围偏移(B),这样就使样品槽发生倾斜

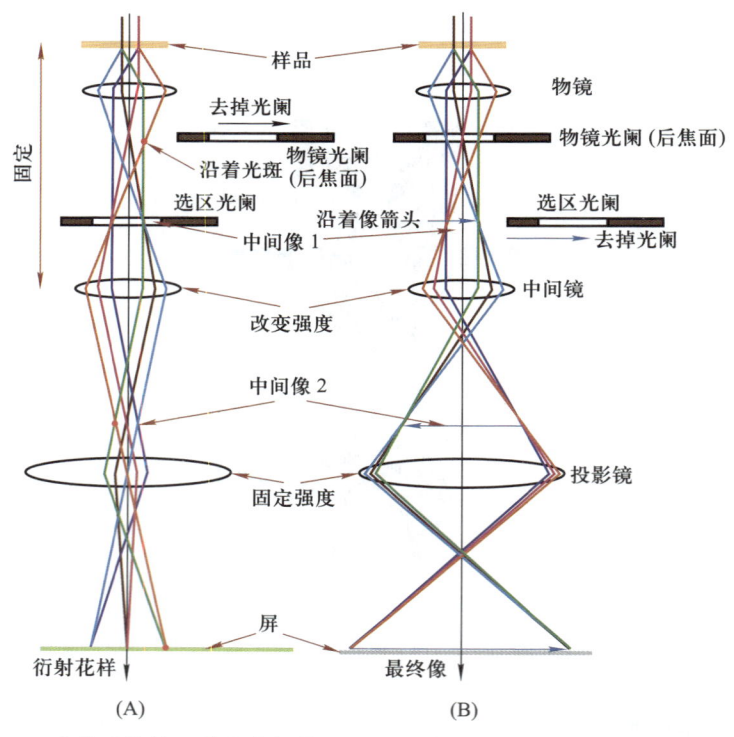

图 9.12 TEM 成像系统的两种基本操作。(A) 衍射模式：将衍射花样投影在观察屏上。(B) 像模式：将像投影在屏上。两种情况下中间镜分别选择物镜后焦面(A)和像平面(B)作为它的物平面。这里给出的成像系统图是高度简化了的。大多数 TEM 中用于成像的透镜比图中多很多，这样在成像和衍射花样时对放大倍数和聚焦范围的选择更加灵活。对选区光阑和物镜光阑的操作也只是近似地用插入或移出来表示。请注意：这幅图只示意地给出 3 个透镜。现代 TEM 的成像系统都有很多个透镜

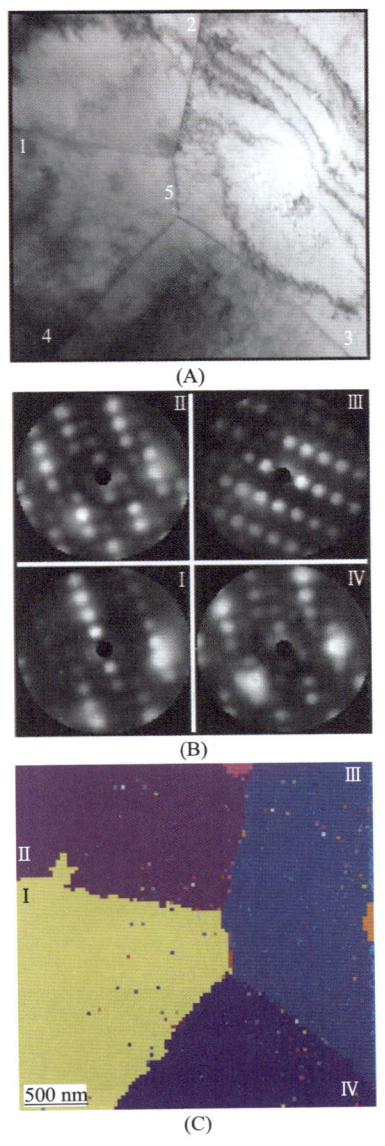

图 18.24 （A）Cu 样品中四个晶粒的 STEM 明场像。（B）电子束扫过各晶粒时得到的一系列衍射花样。（C）各晶粒相对于电子束方向的晶粒取向分布图，采用不同的颜色标记不同晶粒

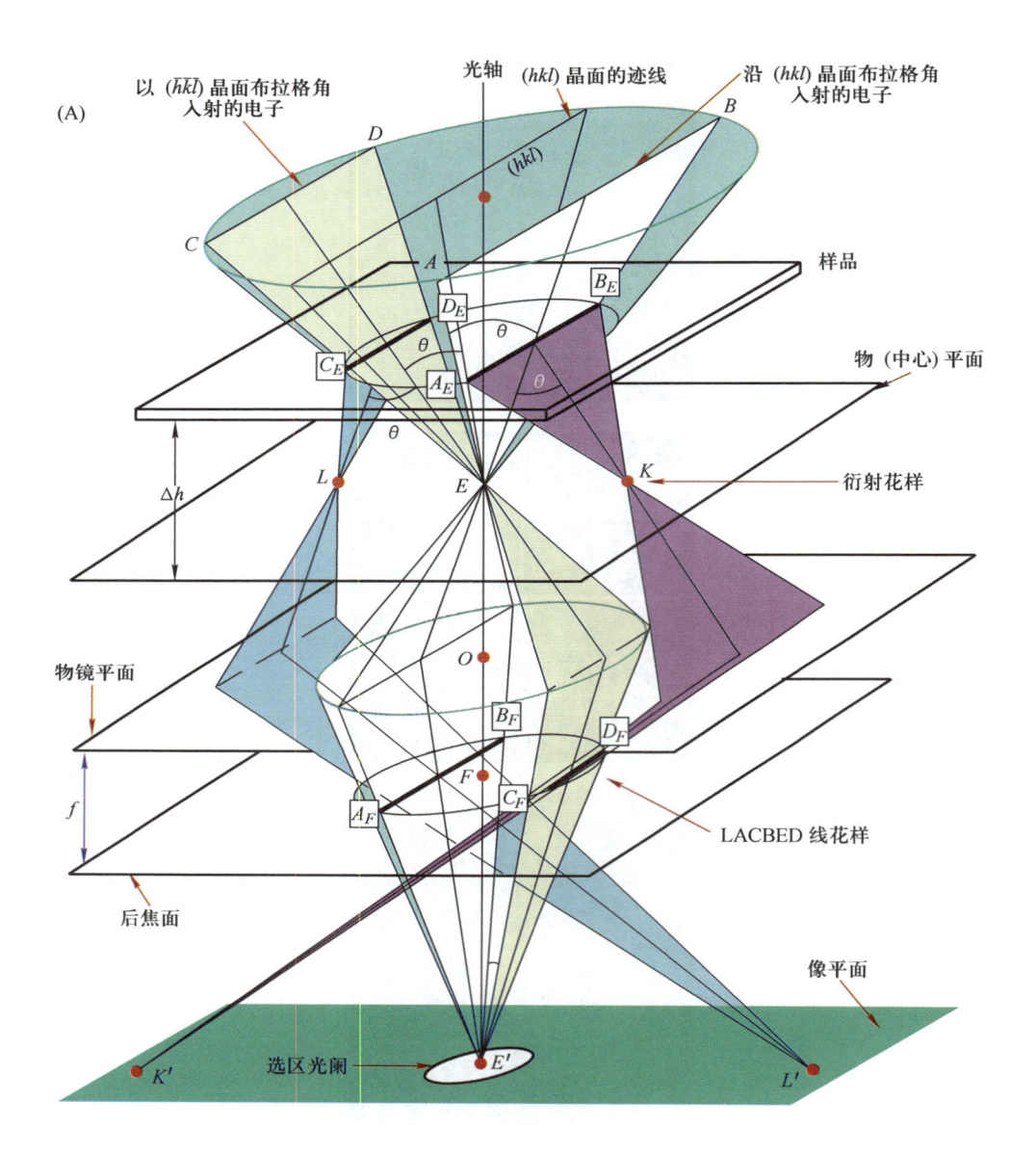

(A)

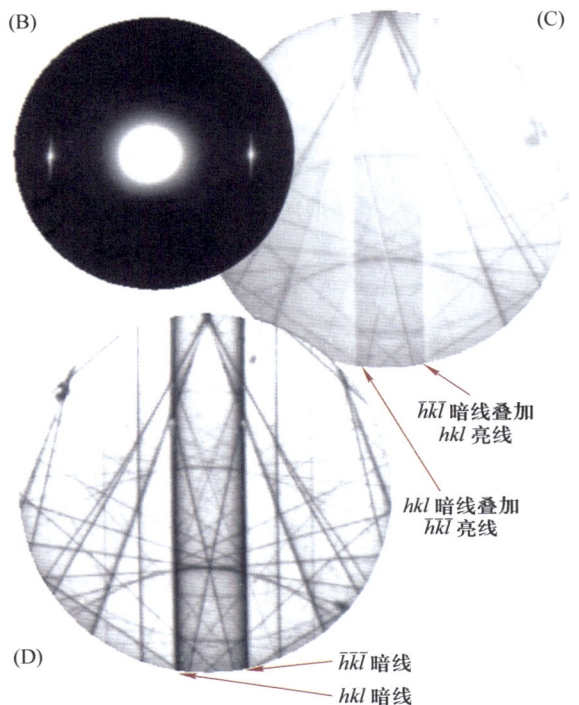

图 20.8 （A）在 ±h（三束）条件下形成 LACBED 的光路图。样品升高至物镜的最佳物平面上方 Δh 处，入射圆锥内在 hkl 面两侧严格满足布拉格条件入射的电子在最佳物平面上形成衍射花样（B），并在后焦面上形成 LACBED 花样（C）。插入 SAD 光阑可提高 LACBED 花样的衬度，通过仅选择一束电子可以得到明场 LACBED 花样（D）

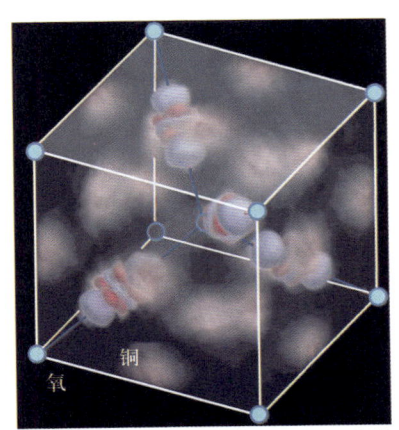

图 21.15 O^{2-} 和 Cu^{+} 离子的静态晶体电荷密度（通过 CBED 花样的定量分析得出）和叠加的球形电荷密度之差的三维实验图。蓝色表示电荷密度差为负（$\Delta\rho<0$），白色为 0（$\Delta\rho=0$），红色为正（$\Delta\rho<0$）。如果是完全离子模型（即离子是球形的），则密度差在任何地方都为 0。Cu 原子上的非球形电荷畸变显示出 d 轨道的特征形状。四面体间隙处的正电荷表明是 Cu-Cu 共价键

郑重声明

高等教育出版社依法对本书享有专有出版权。任何未经许可的复制、销售行为均违反《中华人民共和国著作权法》，其行为人将承担相应的民事责任和行政责任；构成犯罪的，将被依法追究刑事责任。为了维护市场秩序，保护读者的合法权益，避免读者误用盗版书造成不良后果，我社将配合行政执法部门和司法机关对违法犯罪的单位和个人进行严厉打击。社会各界人士如发现上述侵权行为，希望及时举报，本社将奖励举报有功人员。

反盗版举报电话　（010）58581897　58582371　58581879
反盗版举报传真　（010）82086060
反盗版举报邮箱　dd@hep.com.cn
通信地址　北京市西城区德外大街4号　高等教育出版社法务部
邮政编码　100120

材料科学经典著作选译

已经出版

非线性光学晶体手册（第三版，修订版）
V. G. Dmitriev, G. G. Gurzadyan, D. N. Nikogosyan
王继扬 译，吴以成 校
ISBN 978-7-04-027780-7

非线性光学晶体：一份完整的总结
David N. Nikogosyan
王继扬 译，吴以成 校
ISBN 978-7-04-027779-1

脆性固体断裂力学（第二版）
Brian Lawn
龚江宏 译
ISBN 978-7-04-025379-5

凝固原理（第四版，修订版）
W. Kurz, D. J. Fisher
李建国 胡侨丹 译
ISBN 978-7-04-028879-7

陶瓷导论（第二版）
W. D. Kingery, H. K. Bowen, D. R. Uhlmann
清华大学新型陶瓷与精细工艺国家重点实验室 译
ISBN 978-7-04-025600-0

晶体结构精修：晶体学者的SHELXL软件指南（附光盘）
P. Müller, R. Herbst-Irmer, A. L. Spek, T. R. Schneider, M. R. Sawaya
陈昊鸿 译，赵景泰 校
ISBN 978-7-04-028880-3

金属塑性成形导论
Reiner Kopp, Herbert Wiegels
康永林 洪慧平 译，鹿守理 审校
ISBN 978-7-04-028136-1

金属高温氧化导论（第二版）
Neil Birks, Gerald H. Meier, Frederick S. Pettit
辛丽 王文 译，吴维㶽 审校
ISBN 978-7-04-030273-8

金属和合金中的相变（第三版）
David A. Porter, Kenneth E. Easterling, Mohamed Y. Sherif
陈冷 余永宁 译
ISBN 978-7-04-030567-8

电子显微镜中的电子能量损失谱学（第二版）
R. F. Egerton
段晓峰 高尚鹏 张志华 谢琳 王自强 译
ISBN 978-7-04-031535-6

纳米结构和纳米材料：合成、性能及应用（第二版）
Guozhong Cao, Ying Wang
董星龙 译
ISBN 978-7-04-032624-6